高等学校水利学科教学指导委员会组织编审

普通高等教育"十五"国家级规划教材

高等学校水利学科专业规范核心课程教材·水文与水资源工程

水文水利计算（第2版）

主 编 河海大学 梁忠民 钟平安 华家鹏
主 审 南京水利科学研究院 吴正平

中国水利水电出版社
www.waterpub.com.cn

内 容 提 要

本书为高等学校水利学科专业规范核心课程教材，同时也是普通高等教育"十五"国家级规划教材。书中阐述了工程水文设计和水利计算的基本原理与方法，包括：洪水频率分析方法、设计洪水（暴雨、年径流）计算、城市设计洪水计算、可能最大暴雨（洪水）计算、需水量计算与预测方法、水电站水能计算、灌溉工程水利计算以及防洪工程水利计算等内容。

本书为高等院校水文与水资源工程专业本科核心课程教材，也可供从事水文、水利工程管理、交通工程和市政工程专业的技术人员使用参考。

图书在版编目（CIP）数据

水文水利计算/梁忠民，钟平安，华家鹏主编．—2版．
北京：中国水利水电出版社，2008（2023.2重印）
普通高等教育"十五"国家级规划教材．高等学校水
利学科专业规范核心课程教材．水文与水资源工程
 ISBN 978-7-5084-5762-8

Ⅰ．水… Ⅱ．①梁…②钟…③华… Ⅲ．①水利工程—水
文计算—高等学校—教材②水利工程—水利计算—高等
学校—教材 Ⅳ．TV12

中国版本图书馆CIP数据核字（2008）第108440号

书　名	普通高等教育"十五"国家级规划教材 高等学校水利学科专业规范核心课程教材·水文与水资源工程 **水文水利计算（第2版）**
作　者	主编　河海大学　梁忠民　钟平安　华家鹏 主审　南京水利科学研究院　吴正平
出版发行	中国水利水电出版社 （北京市海淀区玉渊潭南路1号D座　100038） 网址：www.waterpub.com.cn E-mail：sales@mwr.gov.cn 电话：（010）68545888（营销中心）
经　售	北京科水图书销售有限公司 电话：（010）68545874、63202643 全国各地新华书店和相关出版物销售网点
排　版	中国水利水电出版社微机排版中心
印　刷	天津嘉恒印务有限公司
规　格	175mm×245mm　16开本　24.25印张　560千字
版　次	2006年8月第1版 2008年10月第2版　2023年2月第8次印刷
印　数	23001—26000册
定　价	**68.00元**

凡购买我社图书，如有缺页、倒页、脱页的，本社营销中心负责调换

版权所有·侵权必究

高等学校水利学科专业规范核心课程教材编审委员会

主　任　姜弘道（河海大学）

副主任　王国仪（中国水利水电出版社）　谈广鸣（武汉大学）
　　　　　李玉柱（清华大学）　　　　　　吴胜兴（河海大学）

委　员

周孝德（西安理工大学）　　　李建林（三峡大学）
刘　超（扬州大学）　　　　　朝伦巴根（内蒙古农业大学）
任立良（河海大学）　　　　　余锡平（清华大学）
杨金忠（武汉大学）　　　　　袁　鹏（四川大学）
梅亚东（武汉大学）　　　　　胡　明（河海大学）
姜　峰（大连理工大学）　　　郑金海（河海大学）
王元战（天津大学）　　　　　康海贵（大连理工大学）
张展羽（河海大学）　　　　　黄介生（武汉大学）
陈建康（四川大学）　　　　　冯　平（天津大学）
孙明权（华北水利水电学院）　侍克斌（新疆农业大学）
陈　楚（水利部人才资源开发中心）　孙春亮（中国水利水电出版社）

秘　书　周立新（河海大学）

丛书总策划　王国仪

水文与水资源工程专业教材编审分委员会

主　任　任立良（河海大学）

副主任　袁　鹏（四川大学）　　　梅亚东（武汉大学）

委　员

沈　冰（西安理工大学）　　　陈元芳（河海大学）
吴吉春（南京大学）　　　　　冯　平（天津大学）
刘廷玺（内蒙古农业大学）　　纪昌明（华北电力大学）
方红远（扬州大学）　　　　　刘俊民（西北农林科技大学）
姜卉芳（新疆农业大学）　　　金菊良（合肥工业大学）
靳孟贵（中国地质大学）　　　郭纯清（桂林工学院）
吴泽宁（郑州大学）

总 前 言

随着我国水利事业与高等教育事业的快速发展以及教育教学改革的不断深入，水利高等教育也得到很大的发展与提高。与1999年相比，水利学科专业的办学点增加了将近一倍，每年的招生人数增加了将近两倍。通过专业目录调整与面向新世纪的教育教学改革，在水利学科专业的适应面有很大拓宽的同时，水利学科专业的建设也面临着新形势与新任务。

在教育部高教司的领导与组织下，从2003年到2005年，各学科教学指导委员会开展了本学科专业发展战略研究与制定专业规范的工作。在水利部人教司的支持下，水利学科教学指导委员会也组织课题组于2005年底完成了相关的研究工作，制定了水文与水资源工程，水利水电工程，港口、航道与海岸工程以及农业水利工程四个专业规范。这些专业规范较好地总结与体现了近些年来水利学科专业教育教学改革的成果，并能较好地适用不同地区、不同类型高校举办水利学科专业的共性需求与个性特色。为了便于各水利学科专业点参照专业规范组织教学，经水利学科教学指导委员会与中国水利水电出版社共同策划，决定组织编写出版"高等学校水利学科专业规范核心课程教材"。

核心课程是指该课程所包括的专业教育知识单元和知识点，是本专业的每个学生都必须学习、掌握的，或在一组课程中必须选择几门课程学习、掌握的，因而，核心课程教材质量对于保证水利学科各专业的教学质量具有重要的意义。为此，我们不仅提出了坚持"质量第一"的原则，还通过专业教学组讨论、提出，专家咨询组审议、遴选，相关院、系认定等步骤，对核心课程教材选题及其主编、主审和教材编写大纲进行了严格把关。为了把本套教材组织好、编著好、出版好、使用好,我们还成立了高等学校水利学科专业规范核心课程教材编审委员会以及各专业教材编审分委员会,对教材编纂与使用的全过程进行组织、把关和监督。充分依靠各学科专家发挥咨询、评审、决策等作用。

本套教材第一批共规划52种,其中水文与水资源工程专业17种,水利水电工程专业17种,农业水利工程专业18种,计划在2009年年底之前全部出齐。尽管已有许多人为本套教材作出了许多努力,付出了许多心血,但是,由于专业规范还在修订完善之中,参照专业规范组织教学还需要通过实践不断总结提高,加之,在新形势下如何组织好教材建设还缺乏经验,因此,这套教材一定会有各种不足与缺点,恳请使用这套教材的师生提出宝贵意见。本套教材还将出版配套的立体化教材,以利于教、便于学,更希望师生们对此提出建议。

高等学校水利学科教学指导委员会

中国水利水电出版社

2008年4月

前言

第 2 版

《水文水利计算》是高等学校水利水电类本科专业的通用教材。本教材是根据普通高等教育"十五"国家级规划教材编制计划编写完成的,同时也是高等学校水文与水资源工程本科专业核心课程教材。

水文水利计算是水文与水资源工程专业的主要专业课程,课内讲授64学时,课程设计2周,主要任务是系统地介绍水文水利计算的方法原理及其应用。

根据高等学校水利学科专业规范核心课程教材的建设要求,本教材在第1版的基础上主要对下述内容进行了适当修订:

(1) 对第1章绪论的内容进行了重新组织和改写,增加了水文水利计算研究方法及进展的介绍。

(2) 在第6章可能最大暴雨与可能最大洪水中,按照我国最新《水利水电工程设计洪水计算规范》(SL 44—2006)中当地暴雨放大和移置暴雨放大的方法,对推求可能最大暴雨的方法进行了编写;扩充了暴雨组合法的内容;增加了短历时可能最大暴雨的推求方法;对可能最大暴雨时空分布计算方法的内容进行了重新组织和改写。

(3) 对第8章、第9章的部分基础数据,按新资料进行了修订与更新,对第9章年调节水库时历法的部分内容进行了扩充。

本教材由河海大学梁忠民、钟平安和华家鹏主编,梁忠民、华家鹏主持编写了水文计算部分,钟平安主持编写了水利计算部分。全书共分12章,各章节的编写人员为:第1章由梁忠民、钟平安编写;第2章、第3章由梁忠民编写;第4章由南京大学王栋和梁忠民编写;第5章由河海大学刘俊编写；第 6 章、第 7 章由华家鹏编写；第 8～11 章由钟平安编写；第 12 章由河海大学陆宝宏编写。

  本教材由吴正平教授主审。主审人对书稿进行了认真细致的审查，提出了许多建设性的修改意见，编者在此深表谢意。

  本教材编写中，主要引用和参考了刘光文主编的《水文分析与计算》（水利电力出版社，1989）和叶秉如主编的《水利计算及水资源规划》（中国水利水电出版社，2003），同时还参阅和引述了其他的相关教材、著作和技术资料，并在每章的最后列出了主要参考文献。本书的出版，得到了河海大学水文水资源学院、中国水利水电出版社的大力支持，并得到了河海大学"211 工程"项目的资助，中国水利水电出版社刘小莉编辑对书稿进行了认真仔细的编辑，编者在此一并致谢。

  最后，恳请读者对本书的不妥之处提出宝贵意见。

编　者

2008 年 5 月

目 录

总前言
第 2 版前言

第 1 章 绪论 ·· 1
1.1 中国水资源开发利用及洪水灾害治理 ·· 1
1.2 水文水利计算任务与内容 ·· 2
1.3 主要研究方法及进展 ·· 4
1.4 本课程主要内容 ··· 8
参考文献 ··· 9

第 2 章 洪峰流量及时段洪量的频率分析 ·· 10
2.1 水文过程的随机特性描述 ·· 10
2.2 洪水资料的分析处理 ·· 12
2.3 历史洪水的调查和考证 ··· 17
2.4 考虑历史洪水资料信息的洪水频率计算方法 ···································· 24
2.5 设计成果的合理性分析 ··· 35
2.6 洪水设计值的抽样误差和安全修正值问题 ······································· 37
参考文献 ··· 38

第 3 章 防洪安全设计与设计洪水 ·· 40
3.1 防洪安全设计 ·· 40
3.2 设计洪水概念 ·· 46
3.3 设计洪水过程线的拟定 ··· 50
3.4 设计洪水的地区组成 ·· 55
3.5 入库设计洪水 ·· 59
3.6 分期设计洪水与施工设计洪水 ·· 61
参考文献 ··· 63

第 4 章 由暴雨推求设计洪水 …… 65
4.1 概述 …… 65
4.2 暴雨特性分析 …… 66
4.3 点暴雨量频率计算 …… 74
4.4 面暴雨量频率计算 …… 83
4.5 设计暴雨量的时空分布计算 …… 89
4.6 分期设计暴雨 …… 93
4.7 由设计暴雨推求设计洪水 …… 96
参考文献 …… 99

第 5 章 小流域及城市设计洪水 …… 100
5.1 小流域设计洪水计算特点 …… 100
5.2 小流域设计暴雨 …… 101
5.3 由推理公式推求设计洪水的基本原理 …… 105
5.4 地区经验公式推求设计洪水 …… 112
5.5 城市化对水文的影响 …… 114
5.6 城市排水管网设计流量计算 …… 116
5.7 管渠排水系统设计流量过程线推求 …… 123
参考文献 …… 129

第 6 章 可能最大暴雨与可能最大洪水 …… 130
6.1 前言 …… 130
6.2 可降水量 …… 131
6.3 可能最大暴雨 …… 138
6.4 暴雨组合法 …… 147
6.5 短历时可能最大降雨 …… 150
6.6 可能最大暴雨的时空分布 …… 150
6.7 PMP 等值线图的应用 …… 152
6.8 PMP 成果的合理性分析 …… 154
6.9 可能最大洪水 …… 157
参考文献 …… 158

第 7 章 设计年径流及其年内分配 …… 159
7.1 概述 …… 159
7.2 影响年径流的因素 …… 162
7.3 具有长期实测资料时设计年径流量及年内分配的分析计算 …… 164
7.4 具有短期实测径流资料时设计年径流量及年内分配的分析计算 …… 170
7.5 缺乏实测径流资料时设计年径流量及年内分配的分析计算 …… 174
7.6 设计枯水径流量分析计算 …… 178
7.7 流量历时曲线 …… 179
参考文献 …… 180

第8章 需水量计算与预测 ············ 181
8.1 用水户分类及其层次结构 ············ 181
8.2 工业需水量的计算与预测 ············ 183
8.3 灌溉用水量的计算与预测 ············ 194
8.4 生态需水的计算与预测 ············ 208
8.5 其他用水的计算与预测 ············ 212
8.6 综合需水过程计算 ············ 215
参考文献 ············ 216

第9章 径流(量)调节计算 ············ 217
9.1 概述 ············ 217
9.2 年调节水库径流调节计算方法 ············ 226
9.3 年调节水库保证供水量与设计库容之间的关系 ············ 241
9.4 时历法多年调节计算 ············ 244
9.5 数理统计在径流调节中的应用 ············ 250
9.6 数理统计法多年调节计算 ············ 253
9.7 水库水量损失计算 ············ 267
参考文献 ············ 273

第10章 水电站水能计算 ············ 274
10.1 概述 ············ 274
10.2 电力系统的负荷及其容量组成 ············ 279
10.3 保证出力和多年平均年发电量计算 ············ 284
10.4 水电站装机容量选择 ············ 291
10.5 正常蓄水位与死水位选择 ············ 300
10.6 水电站水库调度图 ············ 307
10.7 抽水蓄能电站简介 ············ 310
参考文献 ············ 312

第11章 灌溉工程水利计算 ············ 314
11.1 概述 ············ 314
11.2 引水灌溉工程水利计算 ············ 318
11.3 蓄水灌溉工程水利计算 ············ 321
11.4 提水灌溉工程水利计算 ············ 325
11.5 地下水灌溉工程水利计算 ············ 328
参考文献 ············ 332

第12章 防洪工程水利计算 ············ 333
12.1 概述 ············ 333
12.2 水库防洪水利计算 ············ 339
12.3 水库防洪计算有关问题 ············ 349

12.4 堤防防洪水利计算 …………………………………………………… 352
12.5 分（蓄）洪工程水利计算 …………………………………………… 361
12.6 溃坝洪水计算 ………………………………………………………… 364
参考文献 …………………………………………………………………… 367
附录一 ……………………………………………………………………… 368
附录二 ……………………………………………………………………… 372

第1章 绪论

1.1 中国水资源开发利用及洪水灾害治理

水是人类社会生存发展所必不可少的物质基础，是不可替代的自然资源。洪水和干旱始终是威胁人类社会生存的自然灾害。我国的水资源供需矛盾和洪水灾害问题十分突出，局部地区已成为制约其进一步发展的主要因素，尤其是水资源紧缺有可能引起的粮食安全问题，在国际上也引起广泛关注。以水资源可持续利用支撑社会经济的可持续发展，系统解决水问题，已成为中国全社会的共识，并采取了积极的行动。

我国是一个水资源短缺的国家。虽然我国水资源总量居世界第六位（约2.8万亿m^3），但是我国人口众多，按1997年统计，人均占有水资源量只有2220m^3，约为世界人均水量的1/4。我国的水资源不仅人均水平很低，而且在地区上分布极不均匀，特别是水资源的空间分布与土地资源的分布不相匹配，使矛盾更加尖锐。黄河、淮河、海河三流域耕地面积占全国的39%，人口占35%，GDP占32%，而水资源量仅占7.7%，人均水资源量约500m^3，是我国水资源最为紧张的地区。长江流域耕地面积占全国的24%，人口占34%，GDP占33%，水资源量占34%，人均水资源量约2289m^3。而西南诸河流域耕地面积仅占全国的1.8%，人口占1.6%，GDP占0.7%，但水资源量却占21%，人均水资源量约29427m^3，是我国水资源最为丰富的地区。

近20年来，在气候变化和人类活动的共同影响下，我国水资源数量也发生了一定的变化。对比1980～2000年系列（代表近期下垫面条件）与1956～1979年系列（代表20世纪70年代下垫面条件），就全国而言，降水量变化不大；南方地区水资源总量增加约4%，北方部分地区水资源量减少明显，其中以黄河、淮河、海河和辽河区最为显著，4个区合计降水量减少6%，水资源总量减少12%。一方面，水资源数量在减少；另一方面，水资源需求却在增加，这更加剧了水资源的供需矛盾。1949年我国总用水量仅1031亿m^3，人均用水量187m^3，到1980年达4408亿m^3，人均用水量 449m³；1980～2000 年，全国总用水量始终在增长，2000 年全国总用水量为 5628 亿 m³，现阶段仍处于增长趋势。

我国又是一个水旱灾害频繁的国家。我国受东南、西南季风的影响显著，降雨时空分布极不均匀，长江以南地区汛期 4 个月降雨量占全年的 50%～60%，华北、东北、西南地区，多雨期 4 个月雨量可占全年的 70%～80%，热带风暴和台风常常深入内地产生特大暴雨造成洪涝灾害。降水量在年内和年际间的剧烈变化，既有可能出现罕见的特大暴雨和特大洪水，又有可能出现连续几个月的无雨或少雨，甚至发生持续若干年的干旱现象。

水灾害不仅取决于自然因素，也与人类活动有着密切关系。我国 50% 以上的人口、70% 以上的工农业总产值集中于七大江河中下游约 100 万 km² 的土地上，这些地区地面高程多在洪水位以下，加之水土资源组合不平衡，水土资源利用上的不合理，造成洪涝灾害频繁，人类对自然的过度干预，也加重了洪涝灾害发生的频度和强度。据 1950～1990 年统计，全国平均每年受水灾面积约 1.2 亿亩，受旱灾面积约 3 亿亩。如 1954 年长江和淮河的大洪水，1959～1961 年连续 3 年全国范围的严重干旱，都给当时的工农业生产、人民生活和国民经济发展带来困难。1990 年到 20 世纪末，水灾有愈演愈烈之势，1991 年水灾损失 779 亿元，1994 年达 1797 亿元，1995 年为 1653 亿元，1996 年达 2200 亿元，1998 年已达 2700 亿元。

为了解决水资源供需矛盾、减轻水灾害，我国开展了以防洪减灾和水资源综合利用为主要目标的大规模水利工程建设。根据第一次全国水利普查成果，截止到 2011 年，全国共有水库 98002 座，总库容 9323.12 亿 m³；水电站 46758 座，装机容量 3.33 亿 kW；地下水取水井 9749 万眼，地下水水源地 1847 处；跨水资源一级区的调水工程 80 余处，年调水能力超过 200 亿 m³；全国堤防总长度为 413679km。

1.2 水文水利计算任务与内容

水文水利计算是工程水文的重要组成部分，总体上可以分为水文计算和水利计算两个主体内容。水文计算的根本任务是分析水文要素变化规律，为水利工程的建设提供未来水文情势预估；水利计算的根本任务是拟定并选择经济合理和安全可靠的工程设计方案、规划设计参数和调度运行方式。

任何一个流域的开发与水利工程建设过程中，都必须经历规划设计、施工及运行管理三个阶段（见图 1-1），不同阶段水文水利计算承担不同的服务内容。

规划设计阶段水文水利计算的主要任务是合理地确定工程措施的规模。倘使规模定得过大，将会造成投资上的浪费；如果定得过低又会使水利资源不能得到充分地利用，造成资源浪费，或需水量得不到保证，影响社会经济发展；对于防洪措施，还可能造成工程失事，甚至对人民的生命财产酿成巨大的损失。由于水利工程的使用年限一般为几十年甚至百年以上，因此在规划设计时，必须知道工程所控制的水体在未来整个使用期间可能出现的水文情势，以及根据可能的水文情势所确定的开发方式、工程规模和主要设计参数等。严格来说，规划设计方案实施后，所在流域的天然水文情势必将有相应的改变，因此，在规划设计阶段中还需要预计这部分变化。

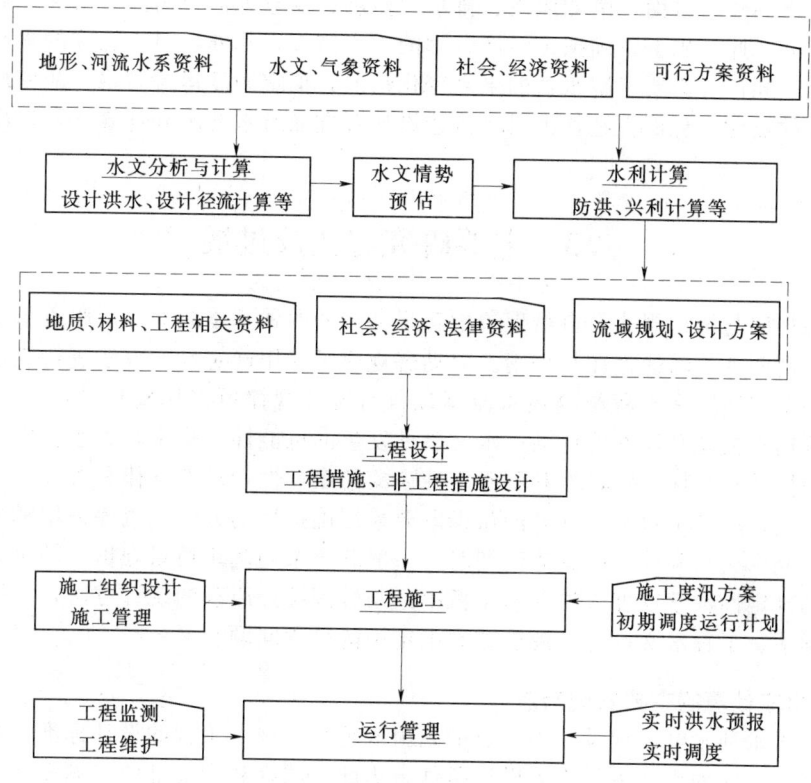

图 1-1　流域综合开发规划设计实施工作流程图

施工阶段的任务是将规划设计好的建筑物建成，将各项非工程措施付诸实施。由于水利工程施工期限一般较长，往往需要一个季度以上，甚至长达几年之久，所以需要修建一些临时性建筑物，如围堰、引水隧洞或渠道等。这样，必须通过水文计算途径预先估计整个施工期间可能出现的来水情势，在此基础上确定这些临时性工程的规模和尺寸。同时，在这一阶段，需要根据未来施工期间的水情变化和工程进度计划，通过水利计算确定水利工程枢纽的初期运行计划和调度方案。在具体施工期间，再结合短期的（例如几天甚至几小时）水文预报，实时进行施工安排和组织调度。

运行管理阶段的主要任务在于充分发挥已成水利措施的作用。为此就需要知道未来一定时期内的来水情况，以便确定最经济合理的调度运用方案。这一阶段对于水文工作的要求，就是根据水文分析计算获得未来长期内可能出现的平均情势，再考虑到水文预报所提供的较短期内的实时预报，通过水利计算拟定出实时的最佳调度运用方案，保证获得最大的社会效益和经济效益。

国民经济还有许多部门，诸如工矿企业、城市建设、交通运输，尤其是农林水利建设，都需要了解有关的水情变化状况并确定合理的规划设计和调度运行方案。譬如工矿企业必须解决工业用水的水源问题；城市建设必须解决供水、排洪及排污等问题；在交通运输方面，由于铁路、公路往往需要跨越江河，因而必须研究这些江河的水情变化规律，并合理确定有关建筑物的尺寸，如桥梁的高度、涵洞的大小等；在农、林、水利建设方面，诸如灌溉、排水、防洪、发电等，更需要了解和掌握水情变化规律，并在此基础上正确拟定经济合理的工程措施。此外，对于已成的水利工程之调度运用，同样有必要了解水情的未来变化情况，拟定调度运行策略，能使现有工程发挥较大的效用。总而言之，国民经济建设从多方面对水文水利计算学科提出了任务和要求。

1.3 主要研究方法及进展

动态规律与统计规律是自然现象中客观存在的两种基本规律，反映着事物的必然性和偶然性两类范畴的存在与作用。对动态规律可采用确定性的方法进行描述，如水文科学中采用圣维南方程组描述水流运动；对统计规律可采用随机性的方法进行描述，如根据水文观测样本估计某一水文事件发生的可能性（概率）大小。由于自然水文过程的极端复杂性，确定性和不确定性表象的多样性，动态规律和统计规律的共存和交互作用，决定了对水文现象的认识既要采用确定性的方法，也要采用随机性的方法。在研究水文水利计算的具体问题时，一般联合采用基于质量守恒、动量守恒、能量守恒的确定性数学物理方法和基于概率论与数理统计原理的统计方法，共同解决水文要素预估、工程水文设计、调度方案确定中的科学问题。

1.3.1 水文计算的主要研究方法

在我国水利水电工程设计中，目前是由规范统一规定工程的设计标准，再根据这个标准确定相应的水文事件作为设计条件。为此，国家和有关部门曾颁发相关的国家和行业标准，以及相应的设计规范，如 GB 50201—94《防洪标准》、SL 44—2006《水利水电工程设计洪水计算规范》、SDJ 11—77《水利水电工程水利动能设计规范》等。在进行具体工程设计时，根据水利工程的规模、重要性及效益情况，按其中的规定即可确定其等级和相应的设计标准，再采用相应方法进行工程设计计算。因此，对水文计算的具体要求是：推求在工程运用期间，当地可能出现的符合设计标准的水文变量或水文过程。譬如设计洪峰流量、某一历时（如1日、3日、5日）洪量及设计洪水过程线，这样的一场洪水称为设计洪水。

从对水文计算的要求可以看出，它解决的是几十年或几百年以上"工程时间尺度"水文情势的预估问题，在采用的方法上，目前主要有水文频率分析和水文气象成因分析两类途径。

水文频率分析方法将水文事件作为随机事件，其变化规律服从概率分布律，所以采用概率论和数理统计方法对未来水文情势进行"概率预估"。与水文学中的确定性预报（如短期降雨径流预报）不同，水文频率分析提供的是对某事件未来出现可能性（概率）大小的估计，并认为该事件在未来的任何时刻都是可能发生的，而且发生的可能性是相同的。因此，可以采用水文频率分析方法对暴雨、洪水和径流事件进行概率预估，作为工程设计的依据。

水文气象成因分析方法认为洪水现象是一种必然事件，取决于降雨和流域下垫面条件，所以可以采用成因途径从形成降雨的物理机制研究洪水事件。对于具体的一个流域，降水应该有其物理上限，不可能是个无穷大的值。这个降水的上限，习惯上称为可能最大暴雨（Probable Maximum Precipitation，简称 PMP），理论上可以通过大气科学的理论和方法推求。再根据水文学方法将 PMP 转化为洪水，即为可能最大洪水（Probable Maximum Flood，简称 PMF），以此作为水利工程的设计依据，即称为 PMP/PMF 方法。

不管是水文频率分析方法还是水文气象成因分析方法，都是预估未来水文情势，在具体的做法上都是根据以往观测或调查的水文资料推测未来的可能情况，所以水文计算中必须重视基本水文资料的分析和处理。譬如，水文频率分析的基础是数理统计理论，当采用历史水文资料（样本）进行统计分析时，必须满足数理统计方法对样本的要求，即样本是独立、随机地抽自同一个总体分布。所以，进行水文频率分析时，必须首先对水文资料进行可靠性、一致性和代表性分析，以尽可能满足分析计算的前提假设，提高估计精度。在 PMP/PMF 的计算中也是如此，由于是根据历史上已经发生的特大暴雨近似估计降水的物理上限，所以特大暴雨数据的多寡、代表性的高低等都直接影响到成果的精度。

应该指出，现行水文计算方法在解决水文极值数量大小和时、空分配等问题上，理论还很不完善，在面临实际设计时又受到资料条件的限制，因此在实用上就往往不够可靠（缺乏实测资料时更甚）。鉴于这种情况，目前在水文计算的实际工作中，当计算成果可能偏大或偏小，而根据又不很充分时，往往适当地考虑安全因素，如在设计值上增加安全修正值等，来确定最后选用的计算成果。

水文计算方法的发展在国内外都经历了从早期的经验估算，过渡到近代基于数理统计理论的水文频率分析和基于水文气象成因分析的 PMP/PMF 计算，至目前侧重各种方法融合、随机性与确定性方法平行发展的过程。近几十年来，气候变化和人类活动对自然水文过程的影响不断加剧，给依靠历史资料推断水文极值变化规律的水文计算带来了新的挑战，但同时，新问题的出现和理论的进步也推动了水文计算方法的不断发展。除了传统的水文频率分析和 PMP/PMF 方法仍在不断完善外，水文计算在包括如下诸多方面逐渐形成研究热点并取得进展：

（1）基于风险分析理论的防洪标准研究。现代意义的风险是事故发生概率和其后果的度量（通常定义为两者的乘积），因此其既具有自然属性也具有社会属性。以水利水电工程为例，工程失事后的风险不仅取决于工程失事的可能性（事故风险率）大小，而且也取决于失事后造成洪灾损失的大小（包括生命、经济和环境损失），前者是工程风险的自然属性，后者是其社会属性。现行防洪工程的建设是以防御设计洪水作为其设计依据，在确定设计标准时根据的是工程的重要性和规模，并不直接考虑工程失事后引起损失的大小，认为工程失事的风险就是设计洪水被超过的可能性。按照这样的观点，两个具有相同设计标准的工程，不管其建于失事后引起损失较大的地区还是损失较小的地区，其承担的风险都是一样的，这显然不甚合理。另外，工程是否失事不仅与洪水有关，而且与工程的防洪能力或承载能力有关。随着工程使用年限的增加、材料的老化等因素，承载能力是变化的（如可能会降低），所以工程的事故风险率并不就等于洪水的发生频率，而目前采用的方法中是将两者等同。由于上述原因，现行防洪工程的设计标准并不能确切反映工程所应承担的实际风险。因此，基于现代风险理念的防洪标准问题得到了广泛的关注和研究,有些研究成果已应用于国外的大坝安全评价中。

(2) 气候变化和人类活动对设计成果的影响。现行的水文计算方法假设水文事件的规律在过去、现在和未来都是不变的,即假设研究的水文过程是平稳的。要满足这一假设,意味着形成水文过程的气象气候条件在很大的时间尺度上也必须是平稳的,人类活动对水文过程的影响也必须是始终相同的,显然这极难满足。虽然通过水文资料的一致性分析可以一定程度地考虑迄今为止的人类活动影响,但却很难考虑气候条件可能改变的影响,而且也无法考虑未来人类活动可能产生的影响。全球范围的观测表明,百余年来的气候发生了较明显的变化(如全球变暖),这种变化是否改变了水文规律?未来的人类活动对下垫面及气候条件可能产生的影响,进而影响到水文过程,也是很难预测的。变化环境下,如何提高设计成果的可靠性,或者如何定量评价变化条件对设计成果的影响?这些都是目前水文计算研究中的热点,也是难点。

(3) 不确定性新理论、新方法的应用研究。水文过程是复杂的自然过程,蕴涵着随机性、模糊性、混沌等多种不确定性特征,现行的水文计算主要是采用统计方法描述其中的随机性特征。近年来,很多新的理论和方法被应用于研究水文计算问题。譬如,采用模糊数学方法进行水文极值的聚类和评估分析,采用混沌、分形理论研究降雨径流时空变化、设计洪水地区综合等问题。这些研究为揭示水文规律、丰富水文计算方法提供了新的途径。

1.3.2　水利计算的主要研究方法

除了与水文计算一样,需要采用概率预估的思想方法来解决水利计算的问题外,基于水量平衡原理的调节计算方法是水利计算的主要研究方法。按照研究的对象和重点,调节计算可分为洪水调节和枯水调节,洪水调节主要解决防洪问题,枯水调节重点解决兴利问题。调节计算过程中必须兼顾工程或规划方案的经济性、安全性和可靠性要求,在研究方法上有传统方法与近代系统分析方法之分。

对于综合利用水利工程,传统调节计算方法在处理多目标问题时往往选择一个主要目标,如发电为主、灌溉为主、城镇供水为主等,其他次要目标在兴利调节过程中则简化处理,又如对于水量不大但很重要的部门需水,可选择在来水中扣除的方法处理(百分之百地满足)。

兴利调节计算,需要供需两方面的信息,径流系列(来水)资料由水文计算提供,需水量必须结合国民经济、社会和生态环境保护规模与发展状况确定。在以需定供的水利系统中,一般水利工程建设在解决供需矛盾时,都要求有一定的预见性,需水量不以现状实际需水为基础,而是采用设计水平年的需水为基础。需水预测精度是影响工程经济性和可靠性的重要因素,预测结果偏小,工程很快达到设计供水能力,很快就不能满足受水区域的需水要求,供水保证率下降,丧失供水可靠性;反之,预测结果偏大,工程长时间达不到设计效益,建设资金积压,造成经济损失,经济性下降甚至丧失。需水预测是一项十分复杂和困难的工作,目前大都分类预测,根据不同用户的用水特点和需水影响因素采用不同的预测方法,常用的方法有:趋势预测、指标(定额)预测、重复利用率提高法、弹性系数法等。

灌溉、城镇供水等只要求水利工程在特定的时间提供特定数量的水量，属于水量调节的范畴。水量调节计算方法可分为时历法和数理统计法两大类。

时历法是先根据实测流量过程逐年逐时段进行调节计算，然后将各年调节后的水利要素值（如调节流量、水位或库容等）绘制成频率曲线，最后根据设计保证率得出设计参数，时历法是一种先调节计算后频率统计的方法。时历法根据资料情况和计算深度要求又有长系列与典型年法之分，长系列对计算结果作频率分析，得到设计值，其保证率概念明确，在条件许可时，是首选方法；典型年法以来水的频率代替设计保证率，忽略了供需平衡中的"过程"组合，由于来水年内分配影响，往往来水的频率与设计保证率不完全一致。

数理统计法则先对原始流量系列进行数理统计分析，将其概化为几个统计特征值，然后再通过数学分析法或图解法进行调节计算，求得设计保证率与水利要素值之间的关系，也就是先频率统计后调节计算的方法。对于多年调节水库设计，数理统计法可以一定程度上克服径流系列不够长，或即使有较长期的水文资料，多年调节中水库蓄满、放空的次数也不够多的缺陷。根据几率组合理论推求水库的供水保证率、水库多年蓄水量变化和弃水情况等，理论上较为完善；数理统计方法采用相对值计算，便于计算成果处理和概括，以及在不同河流上、不同水库间的计算成果的综合推广应用。为了得到多年调节所必需的连续枯水年的不同组合，实用中常根据历史资料建立随机模型，通过随机模拟的方法人工生成足够长的水文系列，供调节计算使用。

水电站水能计算属于水能调节的范畴。水能调节计算比水量调节计算复杂，水能的大小同时受到水量与水头两个因素的共同影响，水能开发的效益还与开发方式以及设备的效率等密切相关。水能计算全过程围绕水量平衡、电力平衡和电量平衡展开，计算方法上，由于水量平衡方程与出力方程组成的方程组无法得到解析解，所以，试算是水能计算中常用的求解方法。在保证出力计算、调度图绘制、多年平均电能计算等许多方面都需要试算，而且根据问题的性质还有顺时序与逆时序的差别。

洪水调节本质上属于水量调节，与兴利水量调节相比，有两点差别：①计算时段变小，洪水调节时段长一般以小时为量级；②在特定的时段调节计算时必须考虑泄流能力的影响，具体求解方法以水量平衡计算和试算为基础，与兴利计算基本相同。

目前水资源的利用越来越趋向多单元、多目标发展，规模、范围日益增大。但水资源又不能无限制地满足需求，许多矛盾需要协调，需要整体、综合地考虑。现代意义的水资源规划与管理，已经牵涉到社会和环境问题，故已经不是作为纯粹工程性质的所谓技术科学的一部分，而是在一定程度上已经从工程技术的水平过渡和提高到了环境规划的水平。因此，现代意义的水资源的开发、利用或水利系统的规划、设计和管理运用，其内容、意义、目标都比传统更为广泛。

近代水资源开发利用综合、整体的观点和策略，引起了水资源研究方法的三个重要进展，即：

（1）产生了多目标优化、矛盾决策的思想原则和求解技术。

（2）流域库群系统整体优化的原则和方法。

（3）大系统分层和分解协调优化技术。

水资源的综合利用，即如何处理在规划和管理的优化决策中多个目标或多个优化准则的问题,这些目标样式各异,多半是不可公度(如发电量和灌溉的农作物产量间),甚至有些是不能定量而只能定性的。于是引入运筹学中新发展起来的多目标规划的理论和方法,应用于水资源系统的规划和管理中。

流域或区域范围的水资源问题,往往是一个庞大复杂的系统。例如流域的干支流的梯级库群、兴利除害的各种水利水电开发管理、地表地下水各种水源的联合共用等。为了使这样的大系统能易于优化求解,利用大系统的分层和分解协调技术常常是非常有利和必要的。

一个流域或地区水资源开发利用的整体性的概念和特性,导致了最新发展起来的系统工程和系统分析方法逐渐在水资源领域得到应用和发展。系统分析是一种组织管理"各种类型的系统"的规划、研制和使用具有普遍意义的科学方法。它能更全面深入地进行水资源利用的分析研究,提高水利系统规划、管理的水平和效益。

随着大型水利系统的形成,水质、土地资源、环境质量等问题越来越重要,规划水利系统时不仅要着眼工程和水利经济效益,还要考虑对社会和环境的影响,在决策时应充分顾及或协调各方面的合理要求和意见,因此,应用系统分析的方法来研究水资源成为水资源开发利用课题的新方向。

1.4 本课程主要内容

本教材根据水文水利计算的基本任务,并结合学科发展趋势,精选出一些主要内容,共分12章进行编写。第1章主要对水文水利计算的任务、方法及内容进行介绍;

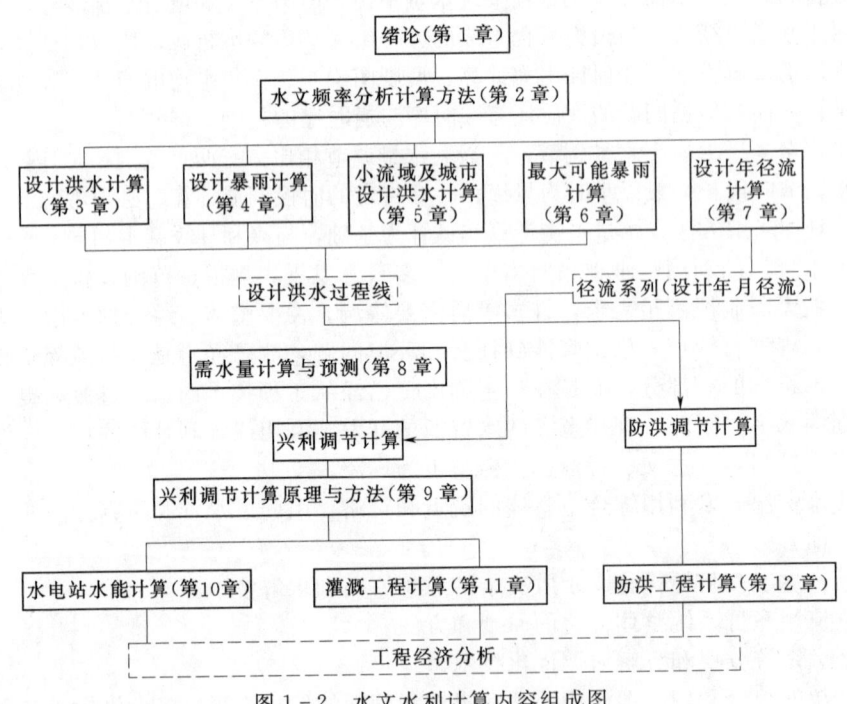

图1-2 水文水利计算内容组成图

第2～7章介绍水文计算的相关内容，重点包括水文频率分析计算的原理与方法、设计洪水计算、设计暴雨计算、推理公式及城市区设计洪水计算、可能最大暴雨（洪水）计算，以及设计年径流和枯水径流计算。第8～12章介绍水利计算内容，重点包括需水量的计算与预测、年月径流调节计算以及径流调节原理在灌溉、发电和防洪工程中的应用问题。整体内容组成及逻辑关系大致如图1-2所示。

参 考 文 献

[1] 刘光文主编. 水文分析与计算. 北京：水利电力出版社，1989.
[2] 叶秉如编著. 水利计算及水资源规划. 北京：中国水利水电出版社，1995.
[3] 钱正英，张光斗主编. 中国可持续发展水资源战略研究综合报告及各专题报告. 北京：中国水利水电出版社，2001.
[4] 国家防汛抗旱总指挥部办公室，水利部南京水文水资源研究所. 中国水旱灾害. 北京：中国水利水电出版社，1997.
[5] Maidment D R. Handbook of Hydrology. NewYork：McGRAW－HILL，INC.1992.
[6] 中华人民共和国水利部. 水利水电工程设计洪水计算规范（SL 44—2006）. 北京：中国水利水电出版社，2006.
[7] 中华人民共和国水利部. 水利水电工程水文计算规范（SL 278—2002）. 北京：中国水利水电出版社，2002.
[8] Australian National Committee on Large Dams（ANCOLD）. Guidelines on Risk Assessment，2003.

第 2 章 洪峰流量及时段洪量的频率分析

2.1 水文过程的随机特性描述

2.1.1 水文过程的随机特性

随时间或其他变量连续变化的现象统称为"过程"。水文现象在时间和空间上一般都是连续变化的，属于多维过程。目前，对多维水文过程进行完整的数学描述在理论上仍然存在困难，因此，人们往往通过观测客观的水文过程，分析归纳其变化特性，并根据研究问题侧重点的不同，将主观的认识概括成远比实际过程简单的模型，用来模拟和预估水文过程的某些（不是全部）特性。

与其他自然现象一样，水文现象也同时存在着"确定性过程"和"随机性过程"的共同作用。对"确定性过程"，可以采用确定性模型描述，以反映其中的必然性规律；对"随机性过程"，可以采用随机性模型描述，以反映其中的偶然性规律。对某些特定的水文过程或在过程的不同阶段，必然性和偶然性的影响程度不同，需要根据两者作用的主次地位差别确定采用哪类模型描述客观的水文现象。例如，在短期水文预报研究的问题中，由于要求提供的预见期较短，往往是根据现象的前一过程（已发生）来预报后一过程（未来）的情况。这时，必然性联系对于现象的发展起主导作用，因此在水文预报中，主要采用探讨动态规律性的方法。如根据上游断面的水文情况，或通过水流在河道中的传播规律，预报下游断面未来的水文情势；又如根据流域产汇流规律由降雨预报洪水过程。在这种过程中，虽然也存在着偶然性影响因素的作用，但并不决定着过程的本质方面。随着预见期的逐渐加长，对于所研究的水文现象来说（如分析研究一个地区在今后 50 年期间年最大洪峰流量的变化过程），其影响因素众多，而每个因素（如温度场、湿度场、下垫面条件等）本身又都是一个复杂变化过程。这时，现象之间的必然性联系退居次要地位，而偶然性因素起着主导性地位，所以必须采用"随机性模型"对年极值洪峰流量的统计规律进行描述。

不考虑任何随机性因素影响的确定性模型和不考虑任何确定性因素影响的纯随机模型是反映两种理想的极端情况。介乎两者之间的即由随机因素和确定性因素共同作用下的模型，统称为"随机模型"。两种因素成分比例不同，模型的性质也就逐步由一个极端过渡到另一个极端。图2-1对水文过程的随机模型分类作示意性说明。

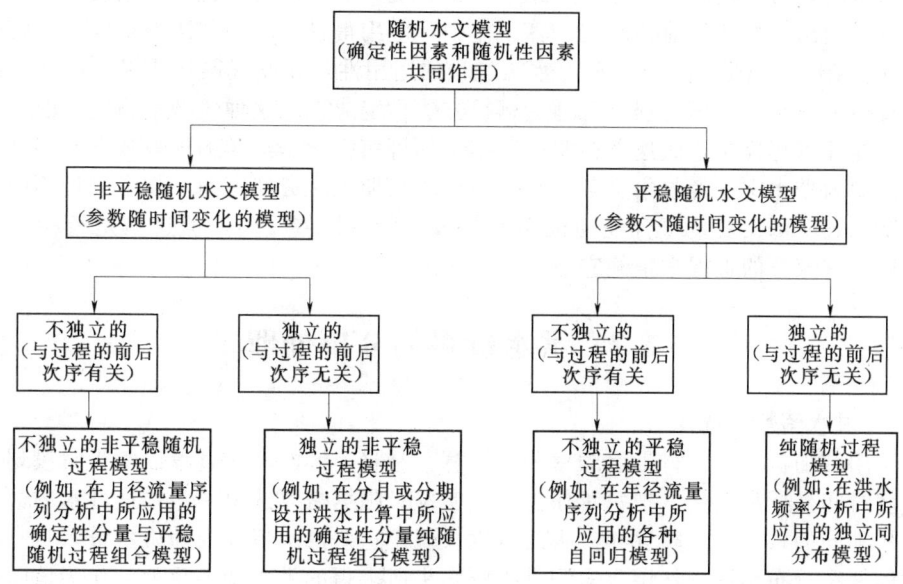

图2-1 水文过程的随机模型分类示意图

2.1.2 纯随机模型对水文过程的适用性

水文过程的实际变化一般是随时间变化的不平稳随机过程。由于水文观测资料只是时间序列的一个现实，又无法通过人工试验来扩大资料信息，人们很难根据现有的几十项资料序列，构造一个复杂的随机模型，来确切地反映水文随机过程的时变性和不平稳性。因此，在采用随机方法解决水文计算问题时，依据的是概率统计理论中的纯随机模型，即假设所研究的水文变量是独立随机地抽自同一客观总体，而这个总体是通过概率分布函数（或概率密度函数）来描述的。水文频率分析计算的任务，就是根据水文变量的样本对总体进行统计（如估计参数、推求指定标准的设计值等）和推断（如假设检验、推求置信限等）。

采用纯随机模型分析计算可能出现的水文情势，需要满足统计上随机样本的独立同分布假设，然而实际的水文过程或样本往往并不能严格满足这一计算前提，势必将给计算结果带来一定的误差。为了消除或减少这部分误差，通常采取一些措施，如取"年"作为时段，这样就可以不考虑水文变量在年内因季节不同而造成的波动，同时又可将连续的水文时间过程离散化抽样。又如，不以日历年而以水文年来分界，以尽量消除相邻年水文变量之间的相关关系，从而尽可能满足计算样本的独立性要求。再如，在进行计算前，力求对水文资料作还原计算（或称一致性改正），消除或减少水文过程中趋势项和突变项所造成的不平稳性影响，以使样本满足同分布的假设。在进行水文计算样本选样时，往往选用各种年极值系列（如年最大洪峰流量和最大1日、3日、7日洪量）或时段径流量（如最小1个月、3个月、……的径流量），由于年极值的出现在时间上一般具有较大的任意性，更可能满足纯随机模型对样本抽样的随机性要求。

总之,应该正确理解在水文计算工作中进行各种资料处理的目的和作用,并且对原始资料的分析、整理、选样、还原或修正、统计等工作给予足够的重视。

应当指出,虽然目前在水文计算工作中,应用得最广泛的方法都是以"纯随机模型"为基础的,但是纯随机模型对水文过程的适用性,并没有得到严格的论证。由于无法直接分析水文物理过程,以通过解析方法肯定或否定这种模型,因此只能通过经验统计途径进行检验,而这种检验所得结论的可信程度是与实测资料数量的多寡密切关联。国内外水文学者收集了各种水文变量的长期水文资料序列,作了多种不同的检验,结果表明水文变量符合纯随机模型的假设是可以接受的,但这只是经验性的结论,还没有充分的把握来拒绝它。

2.2 洪水资料的分析处理

2.2.1 洪水资料的选样

采用纯随机模型进行洪水频率分析计算,是将连续的流量过程以年为时段划分开来,使时间坐标离散化,把每年作为一次实验。根据需要选取一些描述洪水的数字特征,从不同的角度来反映逐年洪水的特性。假定这些洪水特征为随机变量,具有共同的总体概率分布函数,从历年实测洪水资料中所求得的洪水特征系列,作为该随机变量从其总体分布中独立随机抽取的一组样本。

一般是取洪峰流量和指定时段内洪水总量作为描述一次洪水过程的数学特征。不管对单峰型还是复峰型洪水,洪峰流量 Q_m 可从流量过程线上直接得到。对洪量,在我国通常取固定时段的最大洪量 W_t。洪量统计时段的长度,可根据洪水过程的实际历时及水库调节能力确定:对较大流域,实际洪水汇流历时较长,要求拟建水库的蓄洪能力大,可取较长时段统计洪量,否则,可以取较短时段,如取时段 $t=1$ 日,3 日,7 日,15 日,30 日等。对一次洪水过程,取某一时段前后滑动,求得最大洪量作为时段洪量。

由于我国河流多属雨洪型,每年汛期要发生多次洪水,因此就存在如何从年内多次洪水中选定该年的洪水特征组成计算样本的问题,通常有如下四种选样方法:

(1) 年最大值法。每年选取一个最大值,n 年资料可选出 n 项年极值,包括洪峰流量和各种时段的洪量。同一年内,各种洪水的特征值可以在不同场洪水中选取,以保证"最大"选样原则。这是目前水利水电部门水文设计中所采用的方法,图 2-2 为年最大值法选样的示意图。

(2) 年多次法。每年选取最大的 k 项,则由 n 年资料可选出 nk 项样本系列。k 对各年取固定值,如三次、五次等,可根据当地洪水特性确定。

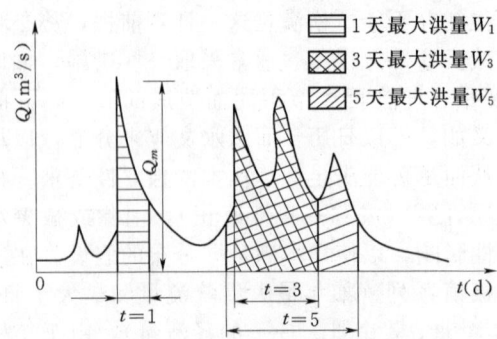

图 2-2 年最大值法选样示意图

(3) 超定量法。各年出现大洪水的次数是不同的，根据当地洪水特性，选定洪峰流量和时段洪量的阈值 Q_{m0}、W_{t0}，超过该阈值的洪水特征均选作为样本。这样，某些年的洪水可能没被选取，而有些年有多次洪水入选。

(4) 超大值法。把 n 年资料看作一连续过程，从中选出最大的 n 项洪水特征。此法相当于以第 n 项洪水作为超定量选样的阈值。

对于同一洪水流量资料，采取哪种选样方法，主要取决于工程设计所关注的洪水特性的差别。对于大多数水利水电工程，发生超过设计标准的洪水所引起的洪灾损失往往是一次性的，在一年之内很难立即恢复正常工作，洪水年极值分布可以说明当地出现这类洪水灾害的概率，因此，以年最大值法选样为宜。对于城市雨洪排水和工矿排洪工程，超标准洪水所造成的洪水损失一般能迅速得到恢复，若年内发生多次超标准洪水将造成多次损失，因此年多次法或超定量法较为适用。国内外的研究表明，各种抽样方法计算结果的差别一般不大，而且，差别主要是在设计标准不高的情况。

另外，选样时一般不考虑各洪水特征之间的相互关联，即在选取某种时段洪量的年极值时，并不考虑洪峰或其他时段洪量极值发生的时间和位置是否与该时段洪量的发生有关。

2.2.2 洪水资料的审查和分析

洪水资料是进行频率计算的基础，是决定成果精度的关键，必须充分重视洪水资料的审查和分析工作。分析内容包括资料的可靠性、一致性和代表性审查（也称"三性"审查）。同时，对资料进行审查和分析，也是为了满足统计上对样本独立同分布的要求，保证频率分析的前提成立。

1. 洪水资料的可靠性审查

审查内容包括：①检查和协调水位观测资料，了解河道有无冲淤，水尺零点高程有无变迁，检查施测断面有无变动，或水尺被冲、水位观测中断的情况等；②检查流量测验情况。包括测站水力特性及断面布设情况，测验方法、仪器及人员等情况；③检查用来推求最大流量的水位流量关系，特别是高水延长部分的合理性；④检查上下游河道整治、溃堤、分洪、改道、堵口等情况，并了解流域内人类活动的情况；⑤检查历年流量资料整编工作成果，误差的分析评定及平差情况。

审查的方法可参照水文资料整编方法和要求进行。一般可作历年水位流量关系曲线的对照检查（特别是高水外延部分），审查点据离差情况及定线的合理性；通过上下游、干支流各断面的水量平衡及洪水流量、水位过程线的对照，流域的暴雨过程和洪水过程的对照等，进行合理性检查，从中发现问题。

检查的重点应放在观测及整编质量较差的年份，特别是战争年代及政治动乱时期的观测记录，同时应注意对设计洪水计算成果影响较大的大洪水年份。如发现问题，应会同原整编单位作进一步审查，必要时作适当的修正。

2. 洪水资料的一致性审查（资料的还原或修正）

洪水资料一致性审查的目的是为了满足计算样本在统计上的"同分布"前提。在洪水资料的观测期内，如因流域上修建了蓄水、引水、分洪、滞洪等工程或发生决口、溃坝、改道等事件，会使流域的洪水形成条件发生改变，因而洪水的概率分布规律也会改变。不同时期观测的洪水资料可能代表着不同的流域自然条件和下垫面条件，将这样一些洪水资料混杂在一起作为一个样本进行洪水频率分析，就会破坏资料的"一致性"或"同分布性"。国外有不少文献建议通过假设检验方法，来检查洪水资料系列各分段的一致性。不过这类统计检验方法的合理性并不充分，也不能说明造成不一致的原因和给出还原改正的方法。国内各生产部门多强调从实际出发，直接作流域情况调查，结合当地实测暴雨洪水资料进行产流汇流分析，并和一些典型流域或实验流域的观测资料对比，把资料一致性检查与资料还原结合在一起。

所谓资料还原或修正是指将资料改正到同一的基础上，力求使样本系列具有同一总体分布。如流域已建有大型水库，对洪水具有调节作用，可以把建库前的洪水资料经过水库调洪计算，统一修正成为已建库情况下的洪水（即向后还原）；也可以把建库后的实测资料经过反调节计算，求得未建库情况下的洪水（即向前还原）。还原或修正到什么基础上，应视资料情况和计算要求而定。现以将某水库建库后的资料还原为未建库情况下坝址观测断面的洪水为例说明如下。

建库前后水量平衡方程式为（忽略计算时段内库内损失及水面直接接纳的降雨等次要因素）：

$$Q_入 = Q_出 \pm \frac{\Delta W}{\Delta t} \pm Q_{跨引} \tag{2-1}$$

式中：$Q_入$ 为时段的平均入库流量；$Q_出$ 为时段的平均出库流量；ΔW 为时段内水库蓄水量变化值；$Q_{跨引}$ 为跨流域引出或引入的时段平均流量，引出为正，引入为负；Δt 为计算时段长。

根据式（2-1）水量平衡方程还原计算的入库洪水过程见表 2-1（其中 $Q_{跨引} = 0$）。如果水库的入库洪水与坝址断面洪水（坝址洪水）有较大差别，则再将入库洪水转化成坝址洪水。表 2-1 第（9）栏是通过马斯京根法将入库洪水演算成坝址洪水的结

表 2-1　　　　　　某水库入库场次洪水还原计算表

日期		水库水位 H(m)	库容 W (亿 m³)	ΔW (亿 m³)	$\Delta W/\Delta t$ (m³/s)	出库流量 $Q_出$ (m³/s)	入库流量 $Q_入$ (m³/s)	坝址流量 $Q_{坝址}$ (m³/s)
日	时							
(1)	(2)	(3)	(4)	(5)	(6)	(7)	(8)	(9)
⋮	⋮	⋮	⋮	⋮	⋮	⋮	⋮	⋮
7	8:00	145.53	7.039	0.007	48.6	348	397	397
7	12:00	145.68	7.084	0.045	313	319	632	451
7	16:00	146.01	7.183	0.099	688	359	1050	687
7	20:00	147.21	7.553	0.370	2569	361	2930	1400
8	0:00	149.28	8.238	0.685	4757	396	5150	3090
8	4:00	150.88	8.818	0.580	4028	398	4430	4510
8	8:00	151.74	9.119	0.301	2090	372	2460	4000
8	12:00	152.18	9.283	0.164	1139	359	1500	2590
8	16:00	152.44	9.384	0.101	701	345	1050	1650
8	20:00	152.70	9.484	0.100	694	332	1030	1180
9	0:00	152.97	9.583	0.099	688	319	1010	1060
9	4:00	153.20	9.670	0.087	604	288	892	994
⋮	⋮	⋮	⋮	⋮	⋮	⋮	⋮	⋮

果（演算公式 $Q_{坝址,2}=0.23Q_{入库,2}+0.54Q_{入库,1}+0.23Q_{坝址,1}$）。这样，就将建库后的洪水还原成建库前坝址断面的洪水。关于入库洪水与坝址洪水的概念，具体参见第3章相关内容。

对于实测洪水资料中部分年份有溃堤决口的情况，则应按今后不允许决口的情况给予还原修正。1931年淮河干流蚌埠站实测决口后流量过程及经还原计算得出的"推算过程"，如图2-3所示。由于水量平衡计算的成果出现锯齿状波动，经过修匀，得出修正后的蚌埠站推算过程线。

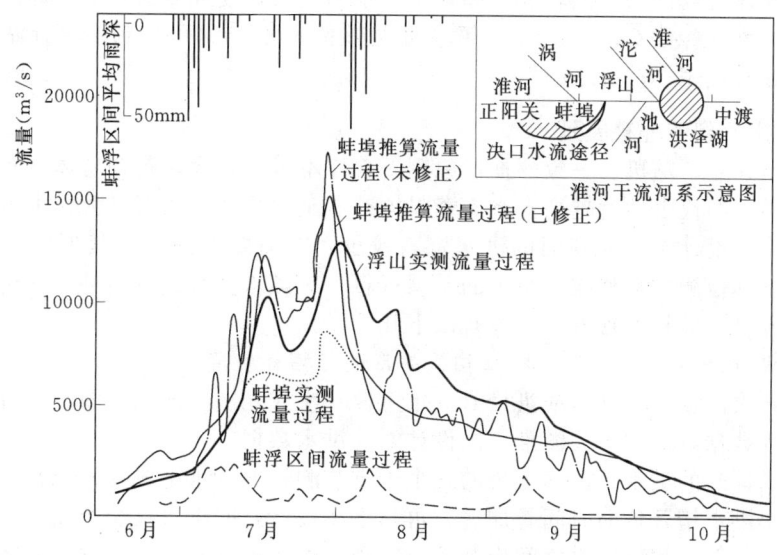

图2-3 1931年淮河干流蚌埠站出流过程的推算

对于流域上的水土保持工作（包括植树造林、农业基本建设等），由于逐年进展情况不同，一般不是还原到过去，而是统一以某种将来要达到的规划水平，作为修正计算的基础。

受中小型水利工程影响的修正计算，主要靠对比分析不同情况下的产汇流方案，包括本流域不同时段的前后对比，以及自然地理条件相似、治理水平不同的流域之间的平行对比。通过对比分析确定各种措施对洪水影响的数额及修正计算的方法，以便对实测洪水资料作出改正。

应该指出，中小型工程及其他措施，对洪水的作用是不稳定的。对于中小洪水，削减洪峰作用可能很显著，而对于较大洪水或特大洪水，作用就降低了，甚至出现增大洪水的情况。因此，进行改正时，只依靠小面积、短时间的少数几次中小洪水实测资料有可能得出错误的推断。

3. 洪水资料系列的代表性分析

洪水资料系列的代表性是指样本特征接近总体特征的程度。按照洪水频率分析计算的假定，每年观测的洪水，是独立随机地从客观存在但未知的总体中抽取的，观测了 n 年，则组成了容量为 n 的样本。可以设想，总体中存在着无数组这样的样本，观测的样本只是这其中的一组。而由于抽样的随机性和样本数量的有限性，所以由观测的这组样本的特征估计总体特征时，不可避免地存在着误差，这个误差称为抽样误差。抽样误差的大小，与样本特征接近总体特征的程度有关，即与样本代表性的高低有关，代表性越高，抽样误差越小。所以，为了降低抽样误差，应尽可能提高样本的代表性。

设计站点（断面）洪水资料的代表性，一般是无法由其样本系列自身来评判的，需要根据本河流上下游站或邻近河流测站（统称为参证站）与设计站洪水有成因联系的长期水文气象资料来检查。如参证站的洪水与设计站洪水具有同步性，且参证站又具有长期的实测洪水资料，则可用与设计站资料同期的洪水资料，以它对其长期资料的代表性来评定设计站的代表性。如果参证系列这段时期代表性较好（即短期资料和长期资料的统计参数 $\bar{Q}$、C_v、C_s 或频率曲线基本一致），则可以判断设计站同期资料也具有较好的代表性；反之亦然。

2.2.3 洪水资料的插补展延

在满足独立、随机、一致的抽样原则下，样本容量越大，包含总体分布的信息就越多，即样本的代表性就越高。水文资料插补展延的目的是为了扩大样本容量，提高其代表性。若设计站点或断面的洪水资料较少，就需要参证本站其他资料、或上下游、干支流其他测站资料或流域中的暴雨资料，对洪水资料进行插补和展延，以便扩大样本的容量。插补展延方法一般有以下几种。

1. 根据上下游测站的洪水特征相关关系进行插补展延

点绘同次洪水相应洪峰或洪量（一年可取一次或几次）的相关图，就可以根据参证站的洪水数据，通过相关图推算出设计站的洪水数据。

如果设计站的洪水是由其上游的几个干支流测站的洪水组成，则应将上游干支流测站的同次洪水错开传播时间叠加后，再与下游设计站的洪水点绘相关关系。

由于上下游站相应洪水之间的关系，会受到洪水展开和区间来水的影响，因而洪水特征值的相关关系未必密切，可考虑加入一些能反映上述影响因素的参数，如比降、下游同时水位、区间雨量等，以改进相关关系的精度。

若设计断面的资料很短，甚至完全没有实测资料，则无法建立与参证站的相关关系。如果参证站与设计断面相距很近，可以考虑直接移用，必要时可作适当的修正。具体方法如下：

（1）如果设计断面上游或下游不远处有较长资料系列的流量站，两者集水面积相差不超过 3%，且中间未进行天然和人为的分洪滞洪时，则可以将上游站或下游站的洪水流量资料直接移用至设计断面。

（2）如果设计断面与参证站的集水面积相差超过 3%，但不大于 10%~20%，且暴雨分布较均匀时，则参证站的资料可按下式作流域面积改正后，移用至设计断面。

$$Q_s = \left(\frac{F_s}{F_0}\right)^n Q_0 \qquad (2-2)$$

式中：Q_s、Q_0 为设计断面及参证站的洪峰流量或洪水总量；F_s、F_0 为设计断面和参证站的集水面积；n 为指数，对于洪水总量可取 $n=1$，对于洪峰流量则根据本流域上下游已有的实测数据分析确定，一般小于 1.0。

（3）如果在设计断面的上下游不远处各有一参证站，并且都具有实测资料，一般可假定洪峰及洪量随集水面积呈线性变化，用下式进行内插，即

$$Q_s = Q_u + (Q_d - Q_u)\frac{F_s - F_u}{F_d - F_u} \qquad (2-3)$$

式中：Q_u、Q_d 分别为上游站和下游站的洪峰流量或洪水总量；F_u、F_d 分别为上游站和下游站的集水面积。

对于洪峰流量，也可假定符合幂函数型曲线关系，即

$$Q_d/Q_u = (F_d/F_u)^n \qquad (2-4)$$

则

$$Q_s = Q_d(F_s/F_d)^{\frac{\ln Q_u - \ln Q_d}{\ln F_u - \ln F_d}} \qquad (2-5)$$

2. 利用本站峰量关系进行插补展延

通常根据调查到的历史洪峰或由相关法求得缺测年份的洪峰流量，利用峰量关系可以推求相应的洪水总量。也可以先由流域暴雨径流关系推求出洪量，再插补其相应的洪峰。

对于面积较小的流域，暴雨分布较均匀，汇流时间也较短，峰量关系常呈单一关系。但对于面积较大的流域，峰量关系一般要受到降雨历时、暴雨分布和峰型影响，峰量之间的关系不够密切，这时可视具体情况，引进适当的参数，以改善其相关关系。常用的参数有峰形（单峰或复峰）、暴雨中心位置、降雨历时等。

3. 利用暴雨径流关系插补展延

最好的办法是通过扣损汇流计算，推求相应于一次暴雨过程的洪水过程线，进而计算其洪峰和洪量。简化的办法是建立某一定时段的流域平均暴雨量与洪峰、洪量的相关关系，然后由暴雨资料插补洪水资料。

4. 根据相邻河流测站的洪水特征值进行延长

若有与设计流域自然地理特征相似、暴雨洪水成因一致的邻近流域，如果资料表明该流域同次洪水的各特征值，与设计流域的洪水特征之间确实存在良好的相关关系，也可用来进行插补展延。

以上插补展延洪水资料的相关方法，都是基于各水文要素之间存在着成因联系。因此，分析形成设计断面的洪水来源和影响因素会有助于选定恰当的参证变量，或者引用恰当的参数来改善相关关系。通过插补展延增加部分洪水资料，扩大样本容量，可以减少洪水频率分析的抽样误差。然而插补的资料也会引进一部分相关关系的误差，因此是有得有失，应依据具体情况决定是否需要进行插补展延。如果相关关系的精度不高，则不要勉强用来插补展延资料。另外在用相关关系进行插补展延时，还应避免使用辗转相关的方法，以免得出虚假的结果。

2.3 历史洪水的调查和考证

2.3.1 洪水调查的意义

洪水峰量频率计算成果的可信程度是与所用资料的代表性密切相关的，而资料的代表性又主要受到资料系列长短的制约。目前我国河流的实测流量资料和雨量资料一般都不长，即使通过插补展延后的资料长度（n）也仅约 30~50 年。根据这样短的资料系列来推算百年以上一遇的稀遇洪水，是不能令人放心的。但是，如果能在资料系列之外，确定调查考证期 $N(N > n)$ 年内 a 次最大的洪水，那么，将这些洪水加入频

率计算,就相当于在原来的 n 年系列之外,还吸取了 N 年期间的部分洪水信息。因此,历史洪水调查和特大洪水的处理是很有意义的。

我国历史悠久,历来对洪、涝、旱等灾害比较重视,留下了十分宝贵的洪、涝、旱等灾害的各种记录。在许多地区,只要认真调查,一般能获得近一二百年来大洪水发生的情况。因此,在我国水文计算中,进行历史洪水调查和特大洪水处理,是提高洪水频率计算精度的有效途径之一。我国部分调查洪水的资料情况见表 2-2。

表 2-2　　　　中国主要河流调查及实测最大洪峰流量表

河名	站名	集水面积 F (km²)	调查洪水 Q_m (m²/s)	发生时间 (年.月)	实测洪水 Q_m (m²/s)	发生时间 (年.月)	实测系列长度 (年)	调查洪峰与实测洪峰比值
嫩江	江桥	177300	15600	1932.8	10600	1969.9	41	1.47
松花江	吉林	44100	12900	1909.7	7720	1953.8	39	1.67
浑河	沈阳	7920	11900	1888.8	5550	1935.7	47	2.14
太子河	本溪	4190	10200	1888.8	14300	1960.8	41	0.71
辽河	通江口	110300	6910	1890.8	1500	1962.7	30	4.61
大凌河	复兴堡	2932	16200	1930.8	4660	1959.8	36	3.48
大凌河	大凌河	17690	30400	1949.8	15000	1962.7	24	2.03
滦河	滦县	44100	35000	1886	34000	1962.7	47	1.03
永定河	官厅	43400	9400	1801.7	4000	1939.7	60	2.35
拒马河	干河口	4740	18500	1801.7	9920	1963.8	33	1.86
滹沱河	黄壁庄	23270	20000~27500	1794.7	13100	1956.8	58	1.53~2.10
漳河	观台	17800	16000	1569	9200	1956.8	25	1.74
黄河	兰州	222550	8500	1904.7	5900	1946.9	50	1.44
黄河	陕县	687900	36000	1843.8	22000	1933.8	41	1.64
无定河	绥德	28720	11500	1919.8	4980	1966.7	32	2.31
渭河	咸阳	46860	11600	1898.8	7220	1954.8	53	1.61
泾河	张家山	43220	18800	18××	9200	1933.8	52	2.04
北洛河	洑头	25150	10700	1855	4420	1940.7	51	2.42
伊河	龙门	5320	20000	223	7180	1937.8	43	2.79
淮河	长台关	3090	12400	1848	7570	1968.7	34	1.64
洪汝河	板桥	760	4810	1832.7	13000	1975.8	32	0.37
沙颍河	官寨	1120	9000	1896.6	14700	1975.8	30	0.61
沂河	临沂	10320	30000	1730.8	15400	1957.7	33	1.95
长江	李庄	639200	65600	1520	48200	1955.8	17	1.36
长江	寸滩	866600	100000	1870.7	65300	1968.7	44	1.53
长江	宜昌	1005500	110000	1870.7	71100	1896.9	107	1.55
岷江	高场	135400	51000	1917.7	34000	1961.6	45	1.50
乌江	龚滩	58350	24700	1830	17400	1964.6	41	1.42
嘉陵江	北碚	156100	57300	1870.7	37100	1974.10	45	1.54
澧水	三江口	15240	31100	1935.7	15900	1950.7	34	1.96

续表

河名	站名	集水面积 F (km^2)	调查洪水 Q_m (m^2/s)	调查洪水 发生时间 (年.月)	实测洪水 Q_m (m^2/s)	实测洪水 发生时间 (年.月)	实测系列长度 (年)	调查洪峰与实测洪峰比值
沅江	沅陵	78600	40200	1649	27300	1943.8	46	1.47
资水	桃江	26700	21500	1926.6	15300	1955.8	43	1.41
湘江	湘潭	81640	21900	1926.6	20300	1968.6	34	1.08
汉江	黄家港	95200	61000	1583.6	27500	1958.7	30	2.22
赣江	外洲	80950	24700	1924	20900	1962.6	35	1.18
钱塘江	芦茨埠	31490	26500	1901	29000	1955.6	37	0.91
瓯江	圩仁	13500	30400	1912.8	23000	1952.7	34	1.32
闽江	竹岐	54500	29400	1900.6	29400	1968.6	30	1.00
东江	博罗	25320	10300	1940.7	12000	1959.6	31	0.86
北江	横石	34000	21000	1915.7	18000	1982.5	31	1.17
西江	梧州	329000	—	—	54500	1915.7	44	—

我国的水利水电工程设计中,普遍考虑了历史洪水。据20世纪60年代中期设计的50座大型水库资料统计,在设计时所使用的实测资料系列长度平均仅28年,其中55%短于30年;使用了可以定量的历史洪水资料150个,平均每个工程有3个,历史洪水平均重现期为143年,为实测系列平均长度的5倍。由于在峰量频率计算中普遍使用了历史洪水资料,使设计质量有所提高,其中有些工程后来又发生了特大洪水,但设计洪水成果变动并不大,见表2-3。由表可知,近60%工程的设计洪水峰、量值的变幅大致在±10%以内,约75%的工程的成果变幅在±15%以内。从中可以看出历史洪水在确定设计洪水成果中所发挥的作用。

表 2-3　　　　44项工程成果与近期复核成果比较表

项目	变幅(%)	<±5	±(5~10)	±(11~15)	±(16~20)	±(21~25)	±(28~30)	>±30
洪峰	工程数目(座)	17	12	5	3	4	1	2
洪峰	占工程总数的百分比(%)	38.6	27.3	11.4	6.8	9.1	2.3	4.5
洪量	工程数目(座)	19	4	7	2	4	3	2
洪量	占工程总数的百分比(%)	46.3	9.8	17.1	4.9	9.8	7.3	4.9

注　1. 洪峰、洪水量为与工程的设计标准值作比较。
　　2. 除个别工程外,洪量均以3~7天的短时段洪量值作比较。

2.3.2　历史洪水的实地调查和文献考证

在我国多数河流沿岸,多伴有历史悠久的居民点和世代在那里定居的人民的亲身经历和从祖辈流传下来的传说,这是取得历史洪水资料的一个重要来源。

在进行访问时,对于洪水发生的年份和日期,最好请老居民联系他们生活中及社会上重要事件发生的年月进行回忆,对最高洪水位则联系建筑物的具体部位,以求得比较确切的成果。在同一地点附近，应力求从不同人和不同实物得出同次洪水的几个洪痕高程，以便相互检验印证。对于近期大洪水，有时还可以调查到洪水位的涨落概况。

在历史上出现一次异常洪水时，当地居民常留下有关最高洪水位及洪水发生日期的碑记、刻字或痕迹，这类碑记和刻字目前在中国很多河流两岸仍可发现。例如长江干流上游曾发现多处标志着 1153、1227、1560、1788、1796、1860、1870 等年最高洪水位的刻字和碑记。在黄河支流沁河上，也曾发现关于 1482 年最高洪水位的墨写字迹。这些刻字或碑记是近百年来历史洪水最高水位的宝贵资料。

进行历史洪水的实地调查，要尽量在河床断面冲淤变化较小的河段上进行。如不能避开有冲淤变化的河段，就要对历史上河道变化情况进行详细调查，以进行改正。还要在沿河上下游邻近村镇和居民点进行同样调查，以便绘出该次洪水的水面线。调查时要了解河段上下游在当年发生大洪水时，是否有决口漫溢、天然或人工分流及阻水情况，必要时还要在上下游相当距离的几个河段和邻近河流上进行调查以供分析校核之用。

中国有古老的文化，过去大多数省、府、县在历代编有地方志，其中有专门记述历史上水旱灾害的情况，个别记载甚至远溯到距今 2000 多年前。早期的记载比较简略，且多遗漏，但在近 600 年的明清两代，记载就比较完整详细。还有一些专门记述中国各主要河流自然地理情况、历史上洪旱灾害和治理措施的书籍，如《水经注》、《行水金鉴》等。其中《行水金鉴》及其续集就有 483 卷。

此外，在明清两代的宫廷档案中，还可查到大水年各地关于水情和灾情的奏报。有时在沿河村镇，可以发现近一二百年内的私人笔记、日记、账本中有关历史洪水的记载。

在这类历史文献中，对于历史洪水多数只有定性的描述。但是，根据这些描述及其灾害范围，可以和已调查到最高洪水位的几次大洪水进行比较，以判断文献中洪水的相对大小，可以为估计历史洪水的稀遇程度提供参考。有的历史文献记载中，还有洪水涨幅或水深的具体数字。例如，在《水经注》中记载，黄河干支伊河的龙门镇在公元 223 年曾发生特大洪水，水涨高四丈五尺（魏尺，合今 10.9m），由于那里是岩石河床，估计断面变化不大，可推算其洪峰流量约为 20000m³/s。

历史文献中可能存在转抄、夸大、缩小、遗漏、谬误等情况，在利用这些资料时必须结合当时社会的政治经济背景深入细致地分析，去伪存真。同时，应对有关村镇、城市、建筑物的迁移和流域自然情况的变化等进行考证。因此，常需对历史记载进行实地核对。

历史洪水位及其发生日期，除了可以通过目击者指认和说明，或通过查阅历史文献来确定外，还可以通过野外实地查勘，确认洪水天然痕迹，如洪水沉积物高程、漂浮物撞击造成树木擦痕以及地层地貌的变迁等来确定洪水水位，配合测定有机沉积物中 ^{14}C 含量的方法来确定历史洪水发生的年代，这些途径可以把考证期追溯到更古远。如美国 J. E. Costa 确认 1976 年 8 月 31 日在 Big Thompson 河上的特大洪水是 5000 年以来的最大洪水。又如我国史辅成等人，依据黄河三门峡人门岛顶部 302m 高程处唐宋灰层中的灰烬和砖瓦碎块，经过考古及热释光法确认为公元 1000 年左右的遗物，由此推断自唐末宋初迄今的近千年期间，未曾发生过水位超过 302m 高程的特大洪水。因此，1843 年最高洪水水位 301m 的洪水很可能就是近千年来的最大洪水。詹道江等人对淮河响洪甸古洪水作了研究，分析确定了 3000 年以来两次最大洪水的流量及其可能出现年代。

2.3.3 历史洪水的洪峰和洪量的推算

根据调查洪痕位置高程、行洪断面测量成果及河道的糙率等，即可推算该次洪水的洪峰流量。

1. 水位—流量关系曲线法

当所调查到的洪痕在水文站附近时，可依据该水文站的水位流量关系曲线推算洪峰流量。通常调查洪水位高出实测最高水位不少，因此需要外延的水位流量关系曲线较远，有可能产生较大误差。有关外延的方法可参阅水文资料整编方法。

2. 比降—面积法

将洪峰近似作为稳定流计算，采用曼宁公式，即

$$Q = \frac{AR^{2/3}S^{1/2}}{n} \quad (2-6)$$

式中：Q 为流量，m^3/s；n 为糙率；A 为洪痕高程以下的河道断面面积，m^2；R 为水力半径，m；S 为水面比降。

经过洪水调查，取得关于洪水的 A、R、S 和 n 等数值代入式（2-6）即可求得洪峰流量。

3. 控制断面法

当洪痕位于堰坝、急滩和卡口上游不远处，可以利用堰坝、急滩和卡口等相应的临界流速公式推算洪峰流量。

历史洪水数值的正确性，对洪水频率计算成果有决定性作用。因此，在推算洪峰流量时，必须十分慎重。根据经验应注意以下几个方面：

首先应注意检查历史洪水位的可靠性及精度。可通过检查河段内各调查点同次历史洪水的最高水位高程，一般是绘出历史洪水水面线，与实测的几次大洪水水面线及河底纵断面线进行对比分析，以检验历史洪水最高水位及水面线的可靠性，从而确定该次历史洪水在指定断面的最高水位及其水面比降。分析时应考虑各洪痕的可靠性及其所在位置（如在凹岸或凸岸）受到的水流条件影响。

经验表明，在上列 3 种确定洪峰流量的方法中，根据当地水文站的水位—流量关系曲线来确定历史洪水的洪峰流量，一般是较为可靠的。不过在延长水位—流量关系曲线时，应注意水面比降、河床糙率等水力因素随水位升高的变化情况。如果河床断面在洪水过程中有冲淤变化则应根据实测资料所得的冲淤特性来推估历史洪水过程的断面。如外延水位—流量关系过远，则推得的洪峰可能极不可靠。

当需要根据比降—面积法计算洪峰流量时，对糙率的选用应特别慎重。多年来，人们对这种方法的精度是有争议的。式（2-6）中过水断面面积 A、水力半径 R 及水面比降 S 是由当地测定的，其精度大致可以估计，争论的焦点主要集中在糙率 n 值的精度上。糙率是一综合系数，包括河床质地组成、岸边及水中植物生态、水深、断面形状、河道底坡，以及河段河床与水流形态等众多因素，分析研究工作十分困难。

此外，由于天然河道的糙率是无法直接测定的，只能通过曼宁公式，由实测流量、比降及断面逆推糙率 n 值。计算结果必然附加了所有各项的测量误差，使求得的糙率值误差很大，难于分析其变化规律。由于这些原因，目前还没有一种客观可靠的糙率确定方法，主要是靠工作人员的主观经验来判断选用。因此，提供一些可供对照的河段实例，对于选定糙率是很有意义的。美国地质调查局1967年出版了50个河段糙率计算成果，不仅给出了每个河段的各种水力特征，而且附有清晰的彩色照片，很有参考价值。我国辽宁和湖南省的水文部门，依据实测流量的河段反算得出糙率，也编制了相似的图集。此外，东北勘测设计院等工程设计部门，还按照不同地理分区，考虑到不同的地貌、河道形态、河床质地等特征编制出版了糙率表。

因为水文站一般都位于河道顺直、断面规则、坡度相对平缓（$S<0.002$）的中大河流上，所以求得的河道糙率成果，至多只适用于这类河段。对于山丘区陡坡河道（$S>0.002$），一般河道蜿蜒曲折地通过大块漂砾之间的沟谷，跌水险滩接连不断，流场极不规则，而且洪水期间水流还会挟带大量漂浮物、悬移质及推移质，所有这些因素都将使水流的能量损失增大。因此，如果按一般缓坡稳定流公式计算，采用一般缓坡河道的糙率，则流量将明显偏大。对山区陡坡河流，如采用控制断面法计算流量或许更为可靠。

此外，国外学者研究表明，在分析计算历史洪水流量时，必须注意区分一些泥石流所造成的特高水位和特大比降，否则把泥石流洪峰作为清水计算将会得出完全错误的结论。

2.3.4 历史洪水在调查考证期中的排位分析

历史洪水峰量的数值确定后，为了估计其经验频率（或重现期），还必须分析各次历史洪水调查考证期内的排列序号，以期能正确确定历史洪水的经验频率，进而降低频率分析计算成果的抽样误差。通常把具有洪水观测资料的年份（其中包括插补展延年份）称为实测期；从最早的调查洪水发生年份迄今的这一段时期内，实测期以外的部分称为调查期。在调查期和实测期中，最大的几次洪水的排列序号往往是能够通过调查或由历史文献来确定的。根据它们在这段时期内排列的序号，就可以计算其经验频率。当然，在这个时期内也还会有那么一些洪水，由于难于定量而不能判定其确切排位，但可以参照历史文献中关于这些洪水的雨情、灾情的记载，把它们分成若干等级，再由每级中选取一两次可以定量的洪水作为该级的中值或下限。分级统计洪水的洪峰流量和相应的经验频率，也可以作为洪水频率分析的依据。

调查期以前的历史洪水情况，有时还可通过历史文献资料的考证获得。通常把有历史文献资料可以考证的时期称为考证期。考证期中，一般只有少数历史洪水可以大致定量，多数是难以确切定量的。有时通过文献考证，并参照河流冲积物和历史遗迹还可以查到更加古老的特大洪水。

现举安康站的实例来说明历史洪水中的排位情况（见图2-4）。安康站位于汉江中游，1935~1990年间有56年流量记录（1939~1942年为插补）。1983年实测流量31000m^3/s，是这56年间的最大流量。通过文献考证及实地调查，得到历史洪水情况见表2-4，现对洪水的排位进行分析。

2.3 历史洪水的调查和考证

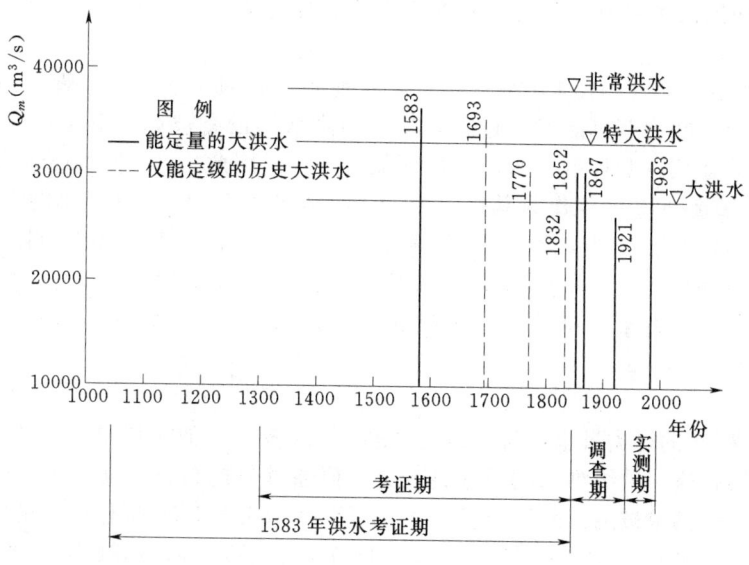

图 2-4 汉江安康站历史洪水调查考证情况

表 2-4 安康历史洪水分级、排位情况表

洪水分级	调查、考证期	年 份	排 位	各级内代表年份及洪峰估值		各级流量范围估计 (m^3/s)
				年 份	洪峰流量 (m^3/s)	
非常洪水	约900年 (1068年～1990年)	1583	1	1583	36000	36000～40000
特大洪水	298年 (1693年～1990年)	1693 1983 1867 1770 1852	1 2 3～4 3～4 5	1983	31000	30000～36000
大洪水	159年 (1832年～1990年)	1983 1867 1852 1921 1832	1 2 3 4 5	1921	26000	25000～30000

根据安康地区附近20个州、县志文献记载中描述的雨情、水情和灾情严重程度，把其中的大洪水分成3个等级。

1. 非常洪水

如1583年洪水，这场洪水冲毁了安康城，是历史上罕见的大洪水。从在蜀河口发现的有关该次洪水最高水位在岩石上的刻字，可以肯定该次洪水居600年来的首位。进一步考证发现，安康城西有一道防洪堤，史称"万春堤"，是防御洪水保卫安康城的屏障，史载最初建于宋熙宁年间（公元1068～1077年）。这道防洪堤的修建，证明安康城址至少熙宁以来就已固定在现今位置，迄今已900余年。在这900多年中，洪水"毁城"的史实也只有1583年一次，因此1583年的排位期至少可以延伸到

900年，其序位仍属第一位。通过调查估算其洪峰流量约在36000～40000m³/s之间。

2. 特大洪水

自1583年大水后，安康城曾一度迁移至地势较高的城南赵台山脚，因此在1583年以后的百余年间也有可能发生过这一量级的洪水而没有被记录下来，但1693年以后，文献记载连续，漏掉这一级洪水的可能性不大，因此1983年和1867年的洪水应以1693～1990年的298年作为其排位期。在此期间，相当于这一量级的洪水有5年，即1693年、1770年、1852年、1867年、1983年大洪水，其中1693年最大，1983年居第2位，1852年比1867年小，而1770年与1867年大小难以判定，因此1867年的序位可以按第3或第4位处理。这一量级洪水的洪峰流量约在30000～36000m³/s之间。

3. 大洪水

对于1921年的这类洪水，与上述洪水相比量级较小，在自1693年以来298年间文献的记载中漏掉这一量级洪水的可能性较大。但通过分析调查文献资料发现，自1832年以来这一量级洪水被漏掉的可能性不大，可以从1832～1990年作为它的排位期，在此期间，大于1921年洪水的有1983年、1867年、1852年，1921年洪水排第4位，1832年洪水排在第5位。这一级大洪水洪峰流量约在25000～30000m³/s之间。

2.4 考虑历史洪水资料信息的洪水频率计算方法

2.4.1 连序和不连序样本系列

用于洪水频率分析的样本系列的组成一般包括两种情况：一是系列中没有特大洪水值，即没有通过历史洪水调查考证或系列中没有提取特大值做单独处理，系列中各项数值直接按从大到小次序统一排位，各项之间没有空位，由大到小的秩次是相连的，这样的样本系列称为连序系列。二是系列中有特大洪水值，特大洪水与其他洪水值之间有空位，整个样本的排序是不连续的，这样的样本系列称为不连序系列。不管是连序样本还是不连序样本，都可以统一描述如下：

设特大值的重现期为N，实测系列年数为n，在N年内共有a个特大值，其中有l个来自实测系列，其他来自于调查考证。若$a=0$，则$l=a=0$，$N=n$，表明没有特大洪水，不连序样本就变成连序样本。一个不连序样本的组成如图2-5所示。

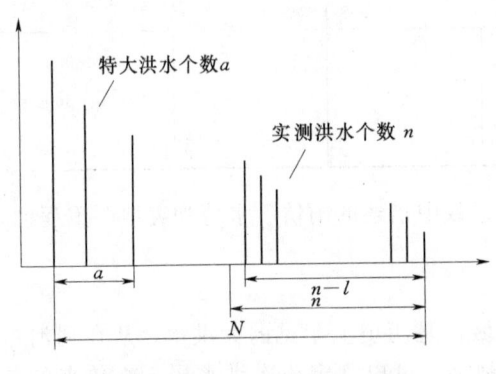

图2-5 不连序样本的组成示意图

2.4.2 不连序样本系列的经验频率计算

计算样本系列各项数值经验频率的目的是为了估计样本的经验分布，再根据洪水样本点据及其经验分布对客观总体作出估计。对样本经验频率的计算通常有两种方法。

1. 统一处理法

将实测洪水与历史大洪水一起共同组成一个不连序的系列，认为它们共同参与组成一个历史调查期为 N 年的样本，各项样本可在 N 中统一排序。其中，为首的 a 项占据 N 中的前 a 个序位，其经验频率采用频率次序统计量的数学期望公式（也称 Weibull 公式）计算，即

$$P_M = \frac{M}{N+1} \quad M = 1, 2, \cdots, a \tag{2-7}$$

而实测期 n 内的 n−l 个一般洪水是 N 年样本的组成部分，由于它们都不超过 N 年中为首的 a 项洪水，因此其概率分布不再是从 0 到 1，而只能是从 P_a 到 1（P_a 是第 a 项特大洪水的经验频率）。于是对实测期的一般洪水，假定其第 m 项的经验频率在（P_a，1）区间内线性变化，则可以根据插值计算经验频率。在以往的研究中，曾提出过下述两个公式

$$P_m = P_a + (1 - P_a) \frac{m}{n+1} \quad m = 1, 2, \cdots, n \tag{2-8}$$

或

$$P_m = P_a + (1 - P_a) \frac{m-l}{n-l+1} \quad m = l+1, l+2, \cdots, n \tag{2-9}$$

式（2-8）和式（2-9）的区别在于公式中是否直接引入 l。由于实测系列中的前 l 个洪水已经抽出作为特大洪水在 N 中排位，并按式（2-7）计算其经验频率，当采用式（2-8）或式（2-9）计算其他洪水的经验频率时，都只需从 m=l+1 开始计算，前 l 个保持"空位"，这意味着 l 个特大值仍在实测系列中占据序位，其他洪水从 l+1 开始排序。一般情况下，两个公式的计算结果相差不大，我国现行 SL 44—2006《水利水电工程设计洪水计算规范》中，推荐使用式（2-9）。

2. 分别处理法

将特大值系列和实测系列作为从总体中独立抽出的两个随机连序系列，各项洪水在各自的系列中分别排序。其中，a 项特大洪水的经验频率仍采用式（2-7）计算；实测系列中 n−l 项的经验频率按式（2-10）计算，即

$$P_m = \frac{m}{n+1} \quad m = 1, 2, \cdots, n \tag{2-10}$$

同理，计算时，前 l 个特大洪水的序位保持"空位"，从 m=l+1 开始计算其他样本的经验频率。

在我国，上述的统一处理法和分别处理法目前都在使用，两种方法计算的经验频率成果往往也是接近的。但在使用分别处理法公式计算不连序系列的经验频率时，可能会出现历史洪水与实测洪水"重叠"的不合理现象，即末位几项特大洪水的经验频率大于首几项实测洪水的经验频率。特别地，当 N 相对较小或特大洪水个数较多，n 相对较大时，更为明显。另外，一些研究也表明，统一处理法公式更具有理论依据。所以，为克服分别处理法的不足，通常倾向于使用统一处理法。

【例 2-1】 根据前述安康站历史洪水排位情况，按统一处理法和分别处理法计算的各项洪水经验频率见表 2-5。

表 2-5 安康洪水经验频率计算表

系列	系列年数		洪水		排位	经验频率	
	N	n	年份	Q (m³/s)		统一处理法	分别处理法
调查考证实测期 N_1 (1068~1990 年)	923		1583	36000	1	$P=\dfrac{1}{N_1+1}=\dfrac{1}{923+1}=0.00108$	$P=\dfrac{1}{N_1+1}=\dfrac{1}{923+1}=0.00108$
调查考证期 N_2 (1693~1990 年)	298		1693	31000~36000	1	$P=0.00108+(1-0.00108)\dfrac{1}{298+1}=0.00442$	$P=\dfrac{1}{298+1}=0.00334$
			1983	31000	2	$P=0.00108+(1-0.00108)\dfrac{2}{298+1}=0.00776$	$P=\dfrac{2}{298+1}=0.00669$
			1867		3~4	$P=0.00108+(1-0.00108)\dfrac{3~4}{298+1}=0.0111~0.0144$	$P=\dfrac{3~4}{298+1}=0.0100~0.0134$
			1770		3~4	$P=0.00108+(1-0.00108)\dfrac{3~4}{298+1}=0.0111~0.0144$	$P=\dfrac{3~4}{298+1}=0.0100~0.0134$
			1852		5	$P=0.00108+(1-0.00108)\dfrac{5}{298+1}=0.0178$	$P=\dfrac{5}{298+1}=0.0167$
调查考证期 N_3 (1832~1990 年)	159		1983		1	已抽到 N_2 中排序	已抽到 N_2 中排序
			1867		2	已抽到 N_2 中排序	已抽到 N_2 中排序
			1852		3	已抽到 N_2 中排序	已抽到 N_2 中排序
			1921	26000	4	$P=0.0178+(1-0.0178)\dfrac{4}{159+1}=0.0424$ 或 $P=0.0178+(1-0.0178)\dfrac{4-3}{159-3+1}=0.0241$ 按式 (2-8) 计算	$P=\dfrac{4}{159+1}=0.025$ 按式 (2-9) 计算
			1832		5	$P=0.0178+(1-0.0178)\dfrac{5}{159+1}=0.0485$ 或 $P=0.0178+(1-0.0178)\dfrac{5-3}{159-3+1}=0.0303$ 按式 (2-8) 计算	$P=\dfrac{5}{159+1}=0.0313$ 按式 (2-9) 计算
实测期 n (1935~1990 年)		56	1983		1	已抽到 N_2 中排序	已抽到 N_2 中排序
			1974	23400	2	$P=0.0485+(1-0.0485)\dfrac{2}{56+1}=0.0819$ 或 $P=0.0303+(1-0.0303)\dfrac{2-1}{56-1+1}=0.0476$ 按式 (2-8) 计算	$P=\dfrac{2}{56+1}=0.0351$

从表中可以看出，对于 1983 年、1867 年、1852 年的洪水，虽然其发生年份在 1832~1990 年间（$N_3=159$），但其可在 1693~1990 年间（$N_2=298$）排位，所以其经验频率按照 N_2 计算。对于 1921 年的洪水，排在其前的 3 场洪水已抽到 N_2 中排位，但 3 场洪水仍占据 N_3 中的排位，1921 年洪水的经验频率仍按第 4 排位在 N_3 中计算（对 N_3 这个调查考证期，$a=l=3$）。

2.4.3 洪水频率曲线线型（统计分布模型）

洪水频率分析计算中，认为样本系列是独立随机抽自某一总体分布，但总体分布函数本身也是待估计的未知量。针对具体某一设计站点的洪水变量，目前还无法从理论上论证应该采用何种频率曲线线型（统计分布模型）描述其统计规律。为了使设计工作规范化，使各地设计洪水成果具有可比性和便于综合协调，世界各国在制定有关设计规范和手册时，通常选用对当地大多数长期洪水系列经验点据都能较好拟合的线型，就将该线型以规范或标准的形式予以确定，以供本国或本地区有关工程设计使用。

国际上关于线型的选用差别很大，常用的线型达 20 余种之多，包括极值 I 和 II 型分布、广义极值分布（GEV）、对数正态分布（L-N）、皮尔逊Ⅲ型分布（P-Ⅲ）及对数皮尔逊Ⅲ型分布等。如美国主要以对数皮尔逊Ⅲ型为主，英国以 GEV 型为主。在我国，20 世纪 60 年以来，通过对我国洪水极值资料的验证，认为皮尔逊Ⅲ型能较好拟合我国大多数河流的洪水系列。此后，我国洪水频率分析一直采用皮尔逊Ⅲ型曲线。

P-Ⅲ型曲线数学上称为 γ 分布（三参数 Gamma 分布），其概率密度函数为

$$f(x) = \frac{\beta^\alpha}{\Gamma(\alpha)}(x-a_0)^{\alpha-1}\mathrm{e}^{-\beta(x-a_0)} \quad x \geqslant a_0, \alpha > 0, \beta > 0 \quad (2-11)$$

式中：$\Gamma(\cdot)$ 为 gamma 函数；a_0，β，α 分别为分布的位置、尺度和形状参数，这 3 个参数与常用的另外 3 个总体统计参数 E_x，C_v，C_s（期望值、变差系数、偏态系数）具有如下关系

$$\left.\begin{aligned}a_0 &= E_x\left(1-\frac{2C_v}{C_s}\right)\\ \alpha &= \frac{4}{C_s^2}\\ \beta &= \frac{2}{E_x C_v C_s}\end{aligned}\right\} \quad (2-12)$$

水文频率分析计算一般是为了推求指定频率 p 所对应的随机变量取值 x_p，这可以根据按超过概率定义的分布函数求得，即

$$p = F(x_p) = P(x \geqslant x_p) = \int_{x_p}^{+\infty} f(x)\mathrm{d}x \quad (2-13)$$

为简化式（2-13）的积分求解，实际计算时先对变量 x 做标准化变换，得到标准化的皮尔逊Ⅲ型变量，即

$$\Phi = \frac{x-E_x}{E_x C_v} \quad (2-14)$$

Φ 也称为离均系数，然后对 Φ 进行积分运算，有

$$p = P(\Phi \geqslant \Phi_p) = \int_{\Phi_p}^{+\infty} g(\Phi, \alpha) \mathrm{d}\Phi$$

$$= \frac{\alpha^{\alpha/2}}{\Gamma(\alpha)} \int_{\Phi_p}^{+\infty} (\Phi + \sqrt{\alpha})^{\alpha-1} e^{-\sqrt{\alpha}(\Phi + \sqrt{\alpha})} \mathrm{d}\Phi \quad (2-15)$$

式（2-15）中，被积函数 $g(\Phi, \alpha)$ 只含一个未知参数 α 或 $C_s\left(\alpha = \frac{4}{C_s^2}\right)$，按照水文习惯，将 C_s、p 与 Φ_p 之间的关系预先制成表（即水文 Φ 值表）。实际应用时，根据指定的设计频率 p 和估计的 C_s 值查表求 Φ 值（记为 Φ_p），再根据式（2-14）的反变换得到相应的 x_p，即

$$x_p = E_x(1 + C_v \Phi_p) \quad (2-16)$$

考虑到我国幅员辽阔，各地水文情势差别甚远，洪水成因各地不一，而且皮尔逊Ⅲ型曲线也有一定的局限性，特别当偏态系数较大时，曲线下端过于平坦，似乎某个小洪水即能代表该站洪水最小值，而实测最小洪水却又往往要小得多。又当 $C_s > 2$ 时，皮尔逊Ⅲ型概率密度函数呈乙字形，而许多干旱、半干旱地区的中小河流洪水，虽然 C_s 常大于 2，但经验柱状图仍呈菱形，这时，即使调整了参数，也难以得到满意的适线成果。所以，在 SL 44—2006 中规定："频率曲线的线型应采用皮尔逊Ⅲ型，对特殊情况，经分析论证后也可采用其他线型"。

2.4.4 频率曲线参数估计

选定的总体分布模型（线型）中，都含有表示分布特征的参数，例如 P-Ⅲ型分布中共有 a_0、α、β（或 E_x、C_v、C_s）3 个参数。当获得样本并选定总体分布线型后，洪水频率分析的任务就是根据样本对分布函数中的参数作出估计，推求指定频率的设计值 x_p。估计总体分布参数的方法很多，如矩法、极大似然法、概率权重矩法、权函数法、线性矩法以及适线法等，我国规范统一规定采用适线法。适线法有两种：一种是经验适线法（过去常称为目估适线法）；另一种是优化适线法。适线法的初值，可由其他方法（如矩法）估计。

2.4.4.1 矩法估计参数

矩法的特点是用样本的矩去估计相应总体的矩，由于 P-Ⅲ型分布中共有 3 个参数需要估计，所以只需要用到样本的前 3 个矩就可以了。对于不连序样本，假定 $\overline{Q}_{N-a} = \overline{Q}_{n-l}$ 和 $\overline{\sigma}_{N-a} = \overline{\sigma}_{n-l}$，即去除特大值后的 $N-a$ 年的均值和均方差与 $n-l$ 年的相等。经过推导，可以得到矩法的样本估计为：

$$\overline{Q} = \frac{1}{N}\left[\sum_{i=1}^{a} Q_i + \frac{N-a}{n-l}\sum_{j=l+1}^{n} Q_j\right] \quad (2-17)$$

$$C_v = \sqrt{\frac{1}{N-1}\left[\sum_{i=1}^{a}(K_i - 1)^2 + \frac{N-a}{n-l}\sum_{j=l+1}^{n}(K_j - 1)^2\right]} \quad (2-18)$$

式中：$K_i = Q_i/\overline{Q}$ 或 $K_j = Q_j/\overline{Q}$ 为模比系数。

偏态系数 C_s 一般不用矩法估计，而是参考地区规律选定一个 C_s/C_v 的比值。我国对洪水极值的研究表明，对于 $C_v \leqslant 0.5$ 的地区，可以试用 $C_s/C_v = 3 \sim 4$；对于 $0.5 < C_v \leqslant 1.0$ 的地区，可以试用 $C_s/C_v = 2.5 \sim 3.5$；对于 $C_v > 1.0$ 的地区，可以试用 $C_s/C_v = 2 \sim 3$。

2.4.4.2 经验适线法

经验适线法是在几率格纸上对样本经验点据进行"拟优"的一种方法,主要包括如下步骤。

1. 点绘样本经验点据

将实测资料 Q_i 由大到小排列,特大洪水的经验频率 P_i 按式(2-7)计算,一般洪水的经验频率按式(2-9)或式(2-10)计算,然后将经验点据(p_i, Q_i)点绘在几率格纸上。

2. 估计参数的初值并绘制频率曲线

采用矩法或其他方法,估计分布的 3 个参数,记为($\bar{x}$, C_v, C_s),作为适线法的初值。根据该参数值查 P-Ⅲ型分布 Φ 值表,可以求得一组不同频率 p 对应的设计值 x_p,即

$$x_p = \bar{x}[1 + C_v\Phi(p, C_s)] \qquad (2-19)$$

根据(p, x_p)绘制频率曲线(也称为理论频率曲线),并将此线画在绘有经验点据的几率格纸上。

3. 调整适线

检查频率曲线与经验点据的拟合情况,若不理想,则调整参数(主要是调整 C_v 和 C_s),再重新计算频率曲线。

4. 确定参数,推求设计值

最后根据频率曲线与经验点据的配合情况,从中选择一条与经验点据配合较好的曲线作为采用曲线,相应于该曲线的参数便看作是总体参数的估值,并根据这组参数推求指定设计频率的设计值。

经验适线法简易、灵活,能反映设计人员的经验,但方法本身也存在难以避免设计人员主观任意性的缺点。所以,适线时应照顾点群的趋势,尽量使曲线通过点群中心。如点据缺乏规律,经验点据与曲线不能全面拟合时,可侧重考虑上部和中部的点据,并使曲线尽量靠近精度较高的点据。对于特大洪水,一般说来,年代越久的历史特大洪水加入系列进行配线,对合理选定参数的作用越大,但这些资料本身的误差可能也较大。应当分析它们可能的误差范围,不宜机械地通过特大洪水而使频率曲线脱离点群。

2.4.4.3 优化适线法

优化适线法是指在一定寻优准则下,通过计算机求解与经验点据拟合最优的频率曲线参数的方法。我国规范中推荐了三种不同的适线准则:离差平方和最小准则(OLS)、离差绝对值和最小准则(ABS)、相对离差平方和最小准则(WLS),分别表示如下:

(1)离差平方和最小准则(OLS):

$$F(\hat{\theta}) = \min \sum_{i=1}^{n}[x_i - x(p_i, \theta)]^2$$

(2)离差绝对值和最小准则(ABS):

$$F(\hat{\theta}) = \min \sum_{i=1}^{n}|x_i - x(p_i, \theta)|$$

(3) 相对离差平方和最小准则 (WLS):

$$F(\hat{\theta}) = \min \sum_{i=1}^{n} \left[\frac{x_i - x(p_i, \theta)}{x(p_i, \theta)} \right]^2$$

式中: θ 为统计分布模型 (频率曲线) 参数 (如 E_x, C_v, C_s); $\hat{\theta}$ 为 θ 的估计; p_i 为频率; $x(p_i, \theta)$ 为频率曲线纵坐标值 (即按式 (2-19) 计算的 x_p); n 为经验点据个数, 即参加计算的样本个数。

选择适线准则时, 应考虑洪水资料精度, 并且要便于分析、求解。当系列内各项洪水 (绝对) 误差比较均匀时, 可考虑采用 OLS 或 ABS 准则; 当不同量级的洪水 (尤其是历史洪水) 误差差别较大, 但相对误差比较均匀时, 可考虑采用 WLS 准则。对 OLS 和 ABS 准则的寻优求解, 可以采用阻尼最小二乘算法 (Levenberg - Marguardt 方法); 对 ABS 准则的寻优求解, 可以采用模式搜索法 (Hooke - Jeeve 方法)。

2.4.4.4 其他参数估计方法

国内外对水文频率参数估计问题的研究很多, 现就其中具有代表性的成果做简单介绍。

1. 概率权重矩法 (Probability Weighted Moments, 简称 PWM)

1979 年 Greenwood 等人提出了概率权重矩法, 定义如下

$$\begin{aligned} M_{i,j,k} &= E\{x^i [F(x)]^j [1 - F(x)]^k\} \\ &= \int_0^1 x^i F^j (1-F)^k \mathrm{d}F \end{aligned} \quad (2-20)$$

其中, $F(x) = p(X \leqslant x)$ 或 F 为随机变量 x 的分布函数; i, j, k 为实数。如果固定取 $i=1$, 则求概率权重矩只是样本的一阶加权矩运算, 而无须计算高阶矩, 所以收到了降阶 (减阶) 的效果。一些研究表明, 这种降阶作用可以降低求矩误差, 有利于提高参数估计的精度。

PWM 法最初提出时, 只适用于分布函数的反函数能解析表达的统计分布, 如耿贝尔分布、广义极值分布和威克比分布等。而对 P-Ⅲ 型等分布, 由于其分布函数的反函数无法解析表达, 所以给其使用带来困难。宋德敦、丁晶采用数值方法对此进行了改进, 成功地将该法应用到了 P-Ⅲ 型分布的参数估计问题。通过推导, 可得

$$\left. \begin{aligned} E_x &= M_{1,0,0} \\ C_v &= H \left(\frac{M_{1,1,0}}{M_{1,0,0}} - 0.5 \right) \\ R &= \frac{M_{1,2,0} - M_{1,0,0}/3}{M_{1,1,0} - M_{1,0,0}/2} \end{aligned} \right\} \quad (2-21)$$

其中 H、R 都与 C_s 有关, 并已制成数值表供使用 (略), 也可以采用下列近似经验关系计算, 即

$$\begin{cases} C_s = 16.41U - 13.51U^2 + 10.72U^3 + 94.54U^4 \\ U = \dfrac{R-1}{(4/3 - R)^{0.12}} \quad \left(1 \leqslant R < \dfrac{4}{3}\right) \end{cases} \quad (2-22)$$

$$\begin{cases} H = 3.545 + 29.85V - 29.15V^2 + 363.8V^3 + 6093V^4 \\ V = \dfrac{(R-1)^2}{(4/3-R)^{0.14}} \quad \left(1 \leqslant R < \dfrac{4}{3}\right) \end{cases} \quad (2-23)$$

这样，只要估计了 3 个权重矩 $M_{1,0,0}$、$M_{1,1,0}$、$M_{1,2,0}$，就可以根据上述公式估计出 P-Ⅲ型分布的 3 个参数（E_x, C_v, C_s）。例如，对于由大到小排列的连序样本系列，可以根据下列公式估计 3 个权重矩（记为 $\hat{M}_{1,0,0}$、$\hat{M}_{1,1,0}$、$\hat{M}_{1,2,0}$）

$$\left. \begin{array}{l} \hat{M}_{1,0,0} = \dfrac{1}{n} \sum\limits_{i=1}^{n} x_i \\ \hat{M}_{1,1,0} = \dfrac{1}{n} \sum\limits_{i=1}^{n} \dfrac{n-i}{n-1} x_i \\ \hat{M}_{1,2,0} = \dfrac{1}{n} \sum\limits_{i=1}^{n} \dfrac{(n-i)(n-i-1)}{(n-1)(n-2)} x_i \end{array} \right\} \quad (2-24)$$

2. 权函数法（Weighted Function，简称 WF）

权函数法是马秀峰于 1984 年提出的，其出发点是在样本矩的计算中，通过引入一个权函数，以提高 P-Ⅲ型频率曲线偏态系数 C_s 的计算精度。估计公式为

$$C_s = -4\sigma \dfrac{E}{H} \quad (2-25)$$

其中

$$E = \int_{a_0}^{\infty} (x - \bar{x})\phi(x)f(x)\mathrm{d}x \approx \dfrac{1}{n} \sum_{i=1}^{n} (x_i - \bar{x})\phi(x_i) \quad (2-26)$$

$$H = \int_{a_0}^{\infty} (x_i - \bar{x})^2 \phi(x)f(x)\mathrm{d}x \approx \dfrac{1}{n} \sum_{i=1}^{n} (x_i - \bar{x})^2 \phi(x_i) \quad (2-27)$$

$\phi(x)$ 为权函数，此处取正态概率密度函数作为权函数。由式（2-26）和式（2-27）可知，由于正态权函数的作用，对靠近均值附近的样本给予了较大权重，对远离均值的样本给予较小权重。另外，该方法是用一、二阶加权矩来推求三阶矩或 C_s，从而达到了降阶（减阶）的效果，这些都减少了三阶矩的求矩误差，从而增加了 C_s 的估计精度。由于只采用了一个权函数，解决了单参数 C_s 的估计问题，通常将马秀峰提出的权函数法称为单权函数法。刘光文于 1990 年对权函数法作了改进，提出了数值积分双权函数法，即通过引入第二个权函数（负指数型函数），达到在权函数方法的框架下，同时估计参数 C_v 的目的。

3. 线性矩法（Linear Moments，简称 L—M）

1990 年 Hosking 提出了线性矩的概念，线性矩定义为次序统计量期望值的线性组合，同时仿造传统矩法又定义了 $L—C_v$ 和其他高阶 $L—$矩比（L—moment ratios）：

线性矩： $\lambda_r = r^{-1} \sum\limits_{j=0}^{r-1} (-1)^j \binom{r-1}{j} EX_{r-j,r} \quad r = 1, 2, \cdots \quad (2-28)$

$L—C_v$： $\tau = \dfrac{\lambda_2}{\lambda_1} \quad (2-29)$

其他 $L-$ 矩比：
$$\tau_r = \frac{\lambda_r}{\lambda_2} \qquad r = 3, 4, \cdots \qquad (2-30)$$

式中：λ_r 为 r 阶线性矩；$\binom{r-1}{j}$ 是 $r-1$ 个元素中取 j 个的组合运算；$EX_{r-j,r}$ 是容量为 r 的样本中第 $r-j$ 个次序统计量（升序排序）的期望值。

与传统矩法类似，λ_1、$L-C_v$、τ_3 中分别包含了概率分布的位置、尺度（或散度）以及偏度信息。可以证明，线性矩与概率权重矩有如下等价关系：

$$\lambda_{r+1} = \sum_{j=0}^{r} \frac{(-1)^{r-j}(r+j)!}{(j!)^2 (r-j)!} M_{1,j,0} \qquad r = 0, 1, 2, \cdots \qquad (2-31)$$

对 P-Ⅲ型分布，可以根据下述关系由线性矩计算其 3 个参数 E_x、C_v、C_s，即

$$\begin{cases} E_x = \lambda_1 \\ C_v = \dfrac{\sqrt{\pi\alpha}\Gamma(\alpha)\lambda_2}{\Gamma\left(\alpha + \dfrac{1}{2}\right)\lambda_1} \\ C_s = \dfrac{2}{\sqrt{\alpha}}\text{sign}(\tau_3) \end{cases} \qquad (2-32)$$

而 α 根据下式近似计算，即

$$\alpha \approx \begin{cases} \dfrac{1 + 0.2906z}{z + 0.1882z^2 + 0.0442z^3} & \text{当 } 0 < |\tau_3| < \dfrac{1}{3}, \; z = 3\pi\tau_3^2 \\ \dfrac{0.36067z - 0.59567z^2 + 0.25361z^3}{1 - 2.78861z + 2.56096z^2 - 0.77045z^3} & \text{当 } \dfrac{1}{3} \le |\tau_3| < 1, z = 1 - |\tau_3| \end{cases} \qquad (2-33)$$

因此，获得样本后，可以先根据式（2-24）计算样本的概率权重矩估计，再根据式（2-31）估计线性矩 λ_1、λ_2、λ_3，用式（2-30）估计 τ_3，最后根据式（2-32）和式（2-33）得到 P-Ⅲ型分布 3 个参数 E_x、C_v、C_s 的线性矩估计。

与概率权重矩法一样，线性矩法也只是样本的一阶加权矩运算，无须计算高阶矩，所以其理论上与概率权重矩法效果相同。但线性矩法定义了自身的一套矩比系统，而且与分布参数的关系更容易解释，使用更方便。在国外，线性矩法已在线型选择、水文一致区识别、地区综合等频率分析计算中得到了比较广泛的应用。例如，美国大气海洋总署（NOAA）下属天气局（NWS）采用线性矩法对全美大部分地区的暴雨一致区进行了识别，并对一致区内的暴雨频率曲线进行估计，结合 GIS 技术，提供了约 1km×1km 网格上不同历时的各种设计雨量值。

2.4.5 算例

某水文站 1923~1970 年共有断续的实测洪峰流量资料 32 年（16 年缺测）。实测最大洪峰为 9200m³/s，发生在 1956 年；次大洪峰为 5470m³/s，发生在 1963 年。另外调查到 1913 年、1917 年、1928 年、1939 年及 1943 年共 5 年历史洪水，分别为 6740m³/s、5000m³/s、6510m³/s、6420m³/s 和 8000m³/s，并经考证可以断定从 1913 年以来未再发现超过 5000m³/s 的洪水。除此之外，1932 年洪水在群众记忆中略小于 1933 年，但未调查到数值。又据历史文献考证 1870 年洪水与 1956 年不相上

2.4 考虑历史洪水资料信息的洪水频率计算方法

下,而1849年的洪水较1870年为大,并且自1849年以来,无遗漏比1956年更大的洪水。现拟在此处修建一座水坝,需根据这些资料推求千年一遇设计洪峰流量。

由给定资料不难看出,1849年洪水是自1849年以来的最大洪水,在1849～1970年的 $N_1=122$ 年间排第1位;1870年洪水和1956年洪水不相上下,排第2或第3位。1943年、1913年、1928年、1939年、1963年和1917年的洪水则分别为1913年以来的第2～7位洪水,所以在1913～1970年的 $N_2=58$ 年间分别排第2～7位。其余洪水按 $n=37$ 年(1923～1970年间有资料年份数)根据大小依次排序。据此分析求得各年洪峰流量的经验频率(按"分别处理法"公式计算)结果见表2-6。

表 2-6　　　　　　某站洪峰流量经验频率计算表

洪 峰 流 量				经 验 频 率 计 算					
按时间次序排列		按数量大小排列		$p_1=\dfrac{M_1}{N_1+1}$		$p_2=\dfrac{M_2}{N_2+1}$		$p_3=\dfrac{m}{n+1}$	
年份	Q_m (m³/s)	年份	Q_m (m³/s)	M_1	p_1 (%)	M_2	p_2 (%)	m	p_3 (%)
1849	(>9200)	1849	(>9200)	1	0.8				
1870	(9200)	1870	(9200)	2～3	1.6～2.4				
1913	(6740)	1956	9200	2～3	1.6*～2.4*	空位		空位	
1917	(5000)	1943	(8000)			2	3.4*	空位	
1923	1740	1913	(6740)			3	5.1*		
1924	1470	1928	(6510)			4	6.8*	空位	
1925	3440	1939	(6420)			5	8.5*	空位	
1926	202	1963	5470			6	10.2*	空位	
1928	(6510)	1917	(5000)			7	11.9*		
1929	1850	1933	(4450)					6	15.8*
1932	(4000)	1932	(4000)					7	18.4*
1933	4450	1936	3470					8	21.1*
1934	862	1925	3440					9	23.7*
1935	1540	1937	2690					10	26.3*
1936	3470	1942	2650					11	28.9*
1937	269	1929	1850					12	31.6*
1939	(6420)	1954	1810					13	34.2*
1942	2650	1923	1740					14	36.8*
1943	(8000)	1953	1700					15	39.5*
1949	612	1952	1570					16	42.1*
1950	1300	1935	1540					17	44.7*
1951	1290	1924	1470					18	47.4*
1952	1570	1959	1450					19	50.0*
1953	1700	1950	1300					20	52.6*
1954	1810	1951	1290					21	55.3*
1955	1150	1955	1100					22	57.9*
1956	9200	1962	1020					23	60.5*
1957	830	1958	880					24	63.2*
1958	880	1934	862					25	65.8*
1959	1450	1957	832					26	68.4*

续表

洪峰流量				经验频率计算					
按时间次序排列		按数量大小排列		$p_1 = \dfrac{M_1}{N_1+1}$		$p_2 = \dfrac{M_2}{N_2+1}$		$p_3 = \dfrac{m}{n+1}$	
年份	Q_m (m³/s)	年份	Q_m (m³/s)	M_1	p_1 (%)	M_2	p_2 (%)	m	p_3 (%)
1960	406	1969	818					27	71.1*
1961	397	1964	744					28	73.7*
1962	1020	1970	710					29	76.3*
1963	5470	1966	676					30	78.9*
1964	744	1949	612					31	81.6*
1965	78	1967	575					31	84.2*
1966	676	1960	406					33	86.8*
1967	575	1961	397					34	89.5*
1968	302	1968	302					35	92.1*
1969	818	1926	202					36	94.7*
1970	710	1965	78					37	97.4*

注 1. 括号内数字表示调查洪水资料，其中1849年和1870年两次洪水，分别超过和接近1956年洪水，不能确切定量。另外1932年洪水量值在1936年和1933年洪水之间，也不能确切定量。
2. 标有*的数据为最终采用的经验频率数据。

根据表中流量数据和计算的经验频率，点绘经验点据，如图2-6中圆形点据所示。采用三点法初估统计参数为：$\bar{Q}=2142\text{m}^3/\text{s}$，$C_v=1.04$，$C_s=2C_v$，对应的频率曲线为图中之虚线。该频率曲线与经验点据的拟合不尽如意，所以调整参数，直到频率曲线与经验点据能最好拟合为止。经多次试算，最后选用 $\bar{Q}=2200\text{m}^3/\text{s}$，$C_v=1.10$，$C_s=2C_v$，得到的频率曲线为图中之实线。据此组参数求得的千年一遇设计洪峰值 $Q_{0.1\%}=17100\text{m}^3/\text{s}$。

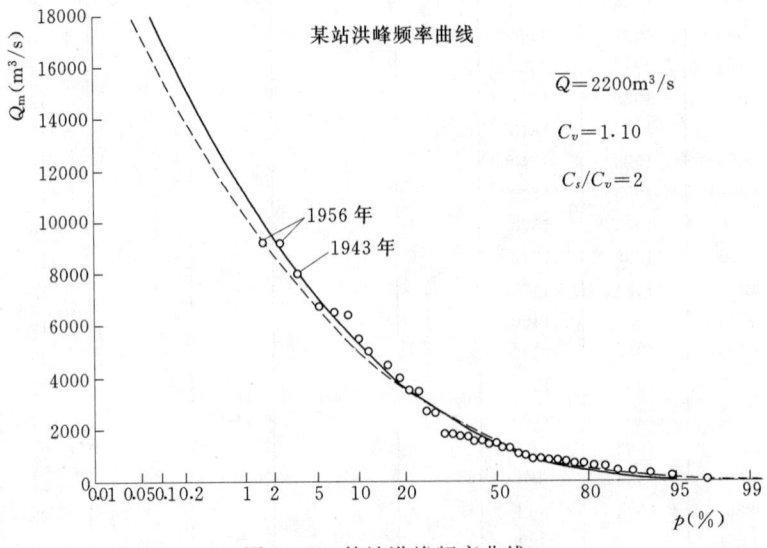

图2-6 某站洪峰频率曲线

2.5 设计成果的合理性分析

在洪水频率计算中，由于资料系列不长，常使计算所得的各项统计参数（$\overline{X}$、C_v、C_s），以及各种频率的设计特征值 x_p 带有或大或小的误差。而另一方面，这些参数或计算成果在不同历时之间，以及相同历时在上下游和相邻地区之间，客观上都存在一定的关系或地理分布规律。因此，可以综合同一地区各站的成果，通过对比分析，发现错误和检查误差，再针对原因进行修正。现有的合理性检查方法可归纳成如下几个方面。

2.5.1 本站的洪峰及各种历时洪量之间比较分析

1. 频率曲线对比分析

将各种不同历时洪量频率曲线的纵坐标变换成对应历时的平均流量，然后与洪峰流量的频率曲线一起点绘在同一张图纸上。各曲线应近于平行，互相协调；一般历时越短，坡度应略大；各曲线在实用范围内（$p=0.01\% \sim 99\%$）不应相互交叉。

2. 统计参数或设计值之间的比较分析

可点绘本站的各项统计参数或设计值（作为纵坐标）和历时长（作为横坐标）的关系曲线。这种关系曲线一般应遵循如下原则或经验：

(1) 均值和设计值应随历时的增加而增加，但其增率则随历时增加而减小。而且，对于流域面积大、连续暴雨次数多的河流，其增率随历时增加而减小得慢一些；反之，其增率随历时增加而减小得快一些。

(2) C_v 一般随历时的增加而减小。但对于调蓄作用大且连续暴雨次数多的河流，随着历时的增加，C_v 反而增大，至某一历时达到最大值，然后再逐渐减小。

(3) 偏态系数 C_s 值，由于观测资料短，计算成果误差很大，因此规律不明显。一般的概念是随着历时的增加，C_s 值逐渐减少。

2.5.2 上下游及干支流洪水关系的合理性分析

在同一条支流的上下游之间，洪峰及洪量的统计参数一般存在较密切的关系。当上下游气候、地形等条件相似时，洪峰（量）的均值应该由上游向下游递增，其模数则递减。C_v 值也由上游向下游减小。当上下游气候、地形等条件不一致时，上下游间的变化就比较复杂，需结合具体河流特点加以分析。

2.5.3 邻近河流洪水统计参数及设计值的地区分布规律合理性分析

绘制洪峰、洪量的均值或设计值与流域面积的关系图，分析点据的分布是否与暴雨及地形等因素的分布相适应，可以判断成果的合理性。有时也可以将洪峰、洪量均值模数（即 $\overline{Q}/F^n$ 及 $\overline{W}/F^n$）及 C_v 绘成等值线图，并与暴雨的均值和 C_v 的等值线图进行比较，如发现有突出偏高偏低的现象，就要深入分析原因。

2.5.4 稀遇的设计特征值与国内外大洪水记录对比

根据我国 6500 个河段调查洪水资料和 3000 多个水文站实测资料的综合分析，可以得到中国最大洪水（以洪峰流量代表）与相应发生流域面积相关图的外包线，将其与世界范围内的最大洪水点绘在同一幅图中,得到图 2-7。从图 2-7 可以看出,我国洪水的量级是很大的,在一些地区最大洪峰流量已经达到甚至超过世界最大记录。深入分析发现,位于外包线上的极大洪水,并不是所有地点都可能发生的,如果分地区、分流域进行综合,就可以看出各自外包线的量级上差别很大(见图 2-8)。从图 2-8 中可以看出,珠江流域是各区中雨量最丰沛的地区,而洪水量级却相对较小,流域最大洪水多位于图中的最下方。分析那些接近全国外包点据的组成,可以发现:集水面积在 $100km^2$ 以下的小流域,全国最大洪水多发生在气候干旱的黄河流域;而中等流域(集水面积为 $300 \sim 10000km^2$)的全国最大洪水则多出现在淮河流域;流域面积在 $10000km^2$ 以上的较大流域,全国最大值多数出现在长江流域。

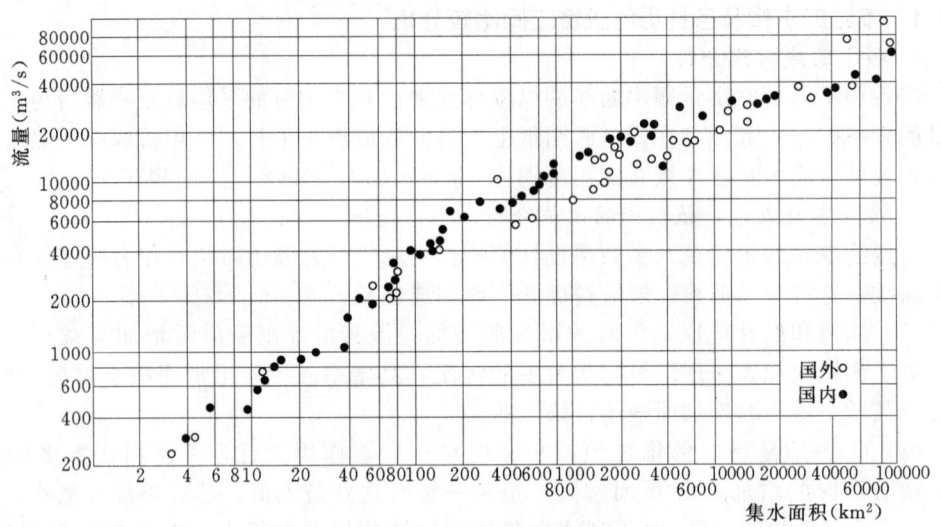

图 2-7 中国最大洪水与相应发生流域面积相关图的外包线与世界范围内的最大洪水

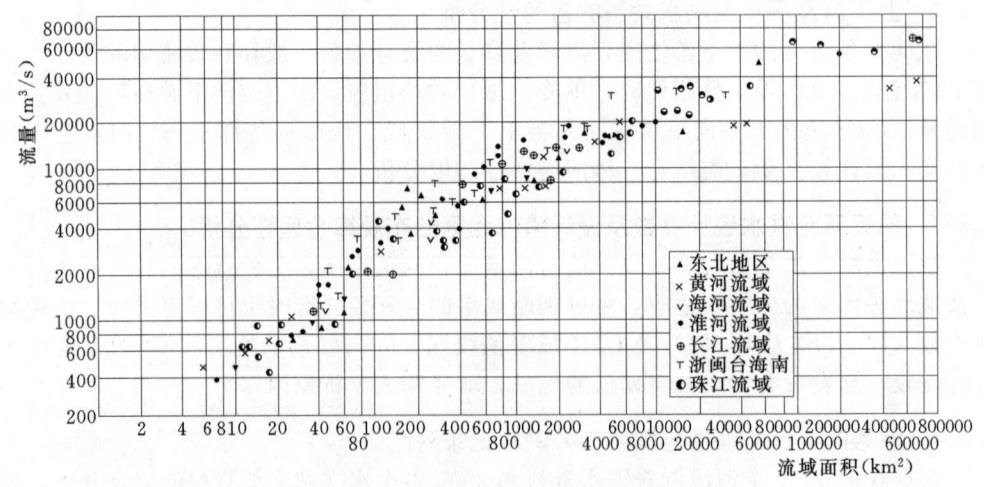

图 2-8 分地区、分流域进行综合后各自的外包值

上述这些研究成果对分析设计值的合理性具有重要的参考价值，特别对千年和万年一遇的稀遇洪水，若某地区的设计值小于已有相应面积下大洪水记录的下限很多，或超过其上限较多，就需要对设计值的可靠性作深入分析，检查其发生的可能原因。

2.5.5 暴雨径流之间关系的合理性分析

暴雨统计参数与相应时段洪量统计参数之间是有关系的，一般而言，洪量的 C_v 应大于相应时段暴雨量的 C_v。

以上介绍的设计成果合理性分析方法所依据的规律并不严密，所以分析时务必作多方面论证，不可生搬硬套。

2.6 洪水设计值的抽样误差和安全修正值问题

洪水设计值由样本估计得到，是样本的函数，所以也是一个随机变量。由于样本容量的有限性和估计方法客观上存在的误差，洪水设计值的估计也存在误差或不确定性。一般很难由洪水设计值的抽样分布来对这种不确定性进行估计，所以通常采用洪水设计值抽样分布的标准差（或方差）来表征它的不确定性。如果一个洪水设计值估计量抽样标的准差小，则认为该估计量的有效性好、精度高；反之，有效性差，精度低。

对 P-Ⅲ型分布，设计值估计量抽样分布的标准差近似由下式计算，即

$$\sigma_{x_p} = \frac{\bar{x} C_v}{\sqrt{n}} B \quad (2-34)$$

式中：$\bar{x}$、C_v 为总体参数的估值；n 为样本容量；B 为 C_s 和设计频率 p 的函数。已制成 $p \sim C_s \sim B$ 图（也称为诺模图），如图 2-9 所示，可供查用。

在计算中考虑了历史洪水资料，样本容量就不宜再用实测资料的年限 n，当然也不能以历史洪水调查考证期 N 计算，而应采用介于 n 和 N 之间的某一数值 n'，称为折算年数。n' 可采用经验公式计算，即

$$n' = n + (c+d)(N-n) \quad (2-35)$$

式中：c 为反映 $(N-n)$ 年中调查洪水项数的系数，一项洪水时，$c=0.2$；二或三项洪水时，$c=0.3$；三项以上时，$c=0.4$；d 为反映调查洪水精度的系数，精度一般者 $d=0.2$，可靠者 $d=0.3$，精确者 $d=0.4$，显然，这都是非常粗略的估计。

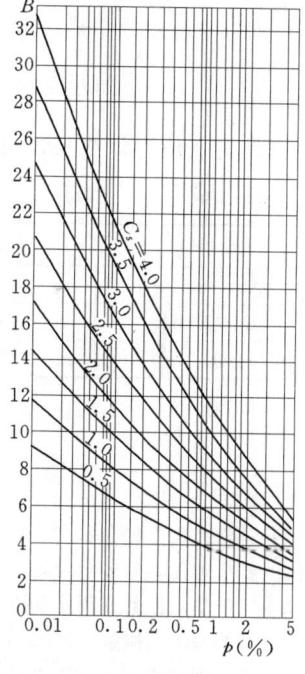

图 2-9 $p \sim C_s \sim B$ 图

由于洪水设计值估计中存在着误差或不确定性，而设计值数值大小关系到工程投资、防洪效益和安全。因此，有人建议在求得设计值数值以后，再加上一个安全修正值，以策安全。通常将安全修正值（用 Δx_p 表示）取成 σ_{x_p} 的函数，即

$$\Delta x_p = \beta \sigma_{x_p} \quad (2-36)$$

式中：β 为可靠性系数，规范中并没有明确规定，有时可取 $\beta=0.7$。

【例 2-2】 计算安全修正值。已知：$n=17$ 年，$N=38$ 年，$\bar{Q}=5250\text{m}^2/\text{s}$，$C_v=0.36$，$C_s=1.44$。

(1) 仅有一项历史洪水资料，$c=0.2$，历史洪水资料是可靠的，$d=0.3$。

(2) 由 C_s、p 值查图 2-9，得 B 值见表 2-7。

表 2-7　　　　　　　　　　　　　B 值 表

p（%）	0.01	0.1	0.5	1
B	13.8	9.4	6.6	5.4

(3) 将 n、N、c、d 代入式（2-35）计算 n'，得

$$n'=n+(c+d)(N-n)$$
$$=17+(0.2+0.3)(38-17)=27.5(\text{年})$$

取整后折算年数为 28 年。

(4) 将 C_v、$\bar{Q}$、B 代入式（2-34）和式（2-36）计算 ΔQ_p 值（取 $\beta=0.7$），得

$$\Delta Q_p=\frac{0.7\times C_v\times \bar{Q}}{\sqrt{n'}}B$$

对 $p=0.1\%$

$$\Delta Q_{0.1\%}=\frac{0.7\times 0.36\times 5250}{\sqrt{28}}\times 9.4=2350(\text{m}^3/\text{s})$$

其他 p 值计算成果，见表 2-8。

表 2-8　　　　　　　　　　　　其他 p 值计算成果表

p（%）	0.01	0.1	0.5	1
ΔQ_p（m³/s）	3450	2350	1650	1350
Q_p（m³/s）	18400	14990	12550	11480
$Q_p+\Delta Q_p$（m³/s）	21900	17300	14200	12800

参 考 文 献

[1] 刘光文主编. 水文分析与计算. 北京：水利电力出版社，1989.
[2] 詹道江，叶守泽合编. 工程水文学（第三版）. 北京：中国水利水电出版社，2000.
[3] 中华人民共和国水利部. 水利水电工程设计洪水计算规范（SL 44—2006）. 北京：中国水利水电出版社，2006.
[4] 水利部长江水利委员会水文局，水利部南京水文水资源研究所. 水利水电工程设计洪水计算手册. 北京：中国水利水电出版社，2001.
[5] 水利水电科学研究院水资源所. 设计洪水经验汇编，1981.
[6] 胡明思，骆承政. 中国历史大洪水（上卷）. 北京：中国书店，1988.
[7] 胡明思，骆承政. 中国历史大洪水（下卷）. 北京：中国书店，1992.
[8] Costa J E. Interpretation of the largest Rainfall-runoff Floods Measured by Indirect Methods on Small Drainage Basins in the Conterminous United States, China-U. S. Bilateral Symposi-

um, 1985.
- [9] Barnes H H. Roughness Characteristics of Natral Channels. Washington: U. S. Govt. Print Office, 1967.
- [10] 陈志恺,等. 论皮尔逊Ⅲ型及克里茨—明克里曲线对设计洪水的适应性. 水利水电科学研究院科学研究论文集(第2集). 北京:中国工业出版社,1963.
- [11] 华东水利学院主编. 水文学的概率统计基础. 北京:水利出版社,1981.
- [12] 金光炎. 水文统计原理与方法. 北京:中国工业出版社,1964.
- [13] Cunnane C. Statistical distributions for flood frequency analysis, WMO no. 718, operational hydrology report no. 33, 1989.
- [14] Maidment D R. Handbook of Hydrology. NewYork:McGRAW - HILL, INC. 1992.
- [15] 丛树铮,等. 水文频率计算中参数估计方法的统计试验研究. 水利学报,1980(3):1-15.
- [16] 丛树铮,朱元甡. 中美双边水文极值学术讨论会——美方论文综述. 水文,1987(1):28-36.
- [17] 朱元甡. 水文计算中确定统计特性数方法的商榷. 华东水利学院学报,1958.
- [18] 王善序,等. 适线法在洪水频率分析中的应用. 水文,1992(6):3-10.
- [19] Greenwood, J. A. et al. Probability - Weighted Moments, Water Resources Research. 1979. 15 (5):1049-1054.
- [20] 宋德敦,丁晶. 概率权重矩法及其在P-Ⅲ分布中的应用. 水利学报,1988(3):1-11.
- [21] 马秀峰. 计算水文频率参数的权函数法. 水文,1984,21(3):1-8.
- [22] 刘光文. 皮尔逊Ⅲ型分布参数估计. 水文,1990,25(4):1-15.
- [23] 梁忠民,等. 一种修改的双权函数法. 河海大学学报,2001,29(6):20-23.
- [24] Hosking J R M. L - moments: Analysis and estimation of distribution using linear combinations of order statistics. Journal of the Royal Statistical Society, Series B, 1990(52):105-124.
- [25] 谭维炎,等. 水文统计常用图表. 北京:水利出版社,1982.

第 3 章 防洪安全设计与设计洪水

3.1 防洪安全设计

3.1.1 防洪安全事故风险率概念

在河流、湖泊等水体上兴建的水利水电工程或其他各种工程,如堤堰、闸坝、水电站、桥涵、码头、取水口或排污口等,是为了抵御一定量级的洪水或荷载,满足工程初始设计的功能需求。若洪水(流量、水位、流速)超过了容许的数量,则将出现防洪安全事故,所以就存在如何确定工程规模大小的问题。一方面,不可能修建无穷大规模的防洪工程,以抵御任何量级的洪水,这在经济上是不现实的;另一方面,如果工程规模过小,虽然节省了投资,但降低了抵御洪水的能力。因此,需要在洪水大小、工程规模和经济价值之间进行科学的选择,合理确定工程建设规模。防洪安全设计就是依据当地可能出现的洪水情况,估算各种设计方案实施后的防洪安全事故风险率,再综合考虑洪灾损失金额及工程费用,以及公众对洪灾风险可以承受的水平,来选定最优的设计方案。

系统失效的风险率定义为:"系统在其规定的工作时间(范围)内,不能完成预定功能的概率。"一般可以概化为系统的荷载 L(如水库的入库洪水)和系统的承载能力 R(如水库溢洪道泄流能力)之间的矛盾。当 $R \geqslant L$,系统保持正常工作并完成预定功能;反之,系统整体或局部失效而无法完成其功能。由于存在着众多的不确定因素,L 和 R 都是随机变量,因此系统失效 $\{R<L\}$ 是随机事件,其发生的概率 p_f 就代表该系统的事故风险率,即

$$p_f = p\{R<L\} = \int_0^\infty \int_0^l f_{RL}(r,l) \mathrm{d}r \mathrm{d}l \qquad (3-1)$$

式中:$f_{RL}(r, l)$ 是该系统荷载 L 和承载能力 R 的联合分布概率密度函数。积分代表的是图 3-1 阴影面积部分概率密度之和,即 $\{R<L\}$ 事件的概率 p_f。一般情况下,荷载效应与承载能力是相互独立的,因此,式(3-1)可改写为

$$p_f = p\{R<L\} = \int_0^\infty \left[f_L(l) \int_0^l f_R(r) \mathrm{d}r \right] \mathrm{d}l \qquad (3-2)$$

式中：$f_L(l)$，$f_R(r)$ 分别是系统荷载 L 和承载能力 R 的概率密度函数。

防洪安全设计的事故指由于洪水过大或工程防洪能力降低，致使工程不能完成其预定功能的事件。对于功能不同的工程，事故的类别也有所不同，如挡水的堤坝，由于洪水漫溢而失效；支撑桥梁的桥墩，由于洪水冲蚀基础或水流冲击而损毁；调蓄洪水的水库，由于洪量过大，充满水库，而使调蓄作用失效，甚至会使挡水坝损毁，形成垮坝洪水。对于这些不同类型的防洪安全事故，荷载 L 与承载能力 R 分别代表不同内容。如对堤防工程，L 代表控制断面的洪水水位加上风浪爬高，或者代表河道最大洪峰流量；R 代表堤顶高程或河道行洪能力。

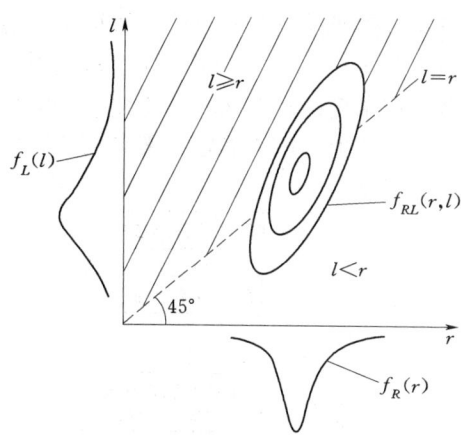

图 3-1 荷载 L 与承载能力 R 的联合概率密度函数

防洪安全设计的荷载效应和承载能力，也受到众多不确定因素的影响。例如洪水测验误差、汛前底水及前期的雨洪情况、风浪、干支流洪水遭遇等因素，都会影响荷载效应的强弱；又如建筑材料、施工质量、量测精度和计算模型精度等因素，会使承载能力的实际值高于或低于设计值。因此，事故的发生是众多随机因素综合作用的结果，同样可用 $\{R<L\}$ 事件出现的总概率来说明事故风险率。

由式（3-1）可知，风险率的计算属二维积分运算，由于荷载 L 和承载能力 R 的联合概率密度函数通常比较复杂，直接通过解析方式求解往往无法实现，只是对个别特定分布情况是可解的。

当 L、R 呈相互独立的二维正态分布时，可以证明变量 $Z=R-L$ 为一符合正态分布的随机变量（Z 也称为功能变量），即

$$Z \sim N(EZ, DZ) \tag{3-3}$$

式中：EZ 为 Z 的数学期望，$EZ=ER-EL$，其中 ER、EL 分别为 R、L 的数学期望；DZ 为 Z 的方差，$DZ=DR+DL$，其中 DR、DL 分别为 R、L 的方差。

则防洪系统的风险率为

$$p_f = p\{R<L\} = p\{z\leqslant 0\} = F_z(0) \tag{3-4}$$

式中：$F_z(\ )$ 为正态分布的分布函数。

对一般情况，可以采用基于"一次二阶矩"的方法，即将功能变量 Z（函数）在其各影响因子的均值点或最易失事点（极限点）处展开成泰勒级数，略去二次以上的项，仅保留一次项，再推求 EZ 和 DZ，并将 Z 近似作为正态分布变量，则可以计算风险率。

也可以采用统计试验法（Monte Carlo），通过随机抽样得到大量的风险率数值计算结果，再以平均值作为风险率的估计值。

3.1.2 以风险率为基础的防洪安全设计

依据上述风险率计算方法，可以求得指定某种设计方案对应的防洪安全事故的风险率 $p_{f,j}$，其中，$j=1,2,\cdots,k$ 代表不同的可行设计方案。如果由当地公众对该类型事故可以承受的风险水平，选定容许的风险率 $\hat{p}$，那么通过对比逐个方案的风险率是否超过容许值，就能确定方案是否可以接受。分析流程如图 3-2 所示。

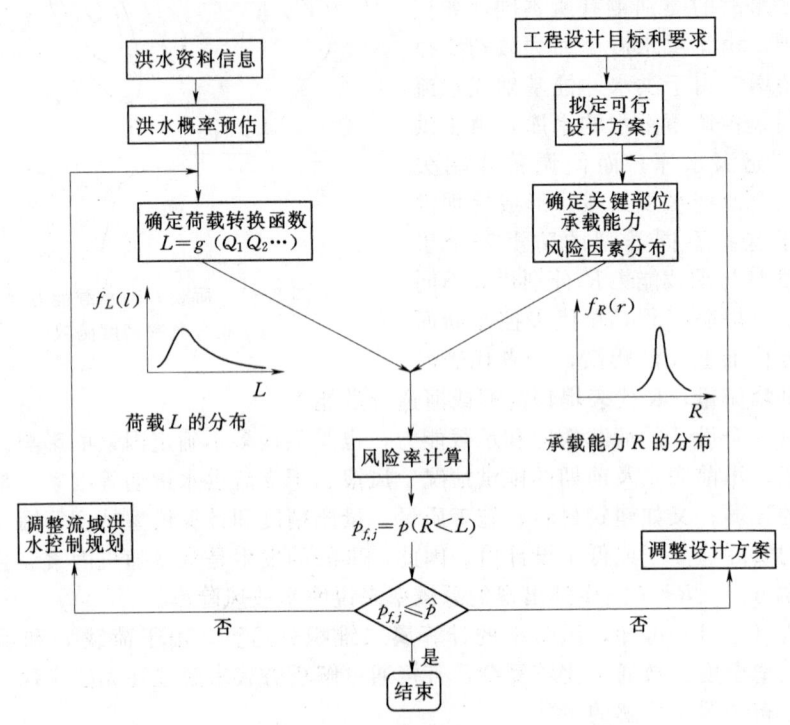

图 3-2 以风险率 p_f 为基础的防洪安全设计流程图

一方面，由流域的洪水信息，通过频率分析程序，求得洪水荷载分布 $f_L(l)$。另一方面，依据设计的目标和要求，选定某种可行的设计方案 j，再根据材料、施工质量、管理运用情况等因素，确定承载能力 R 的分布 $f_R(r)$。根据 $f_L(l)$、$f_R(r)$ 进行风险率计算，求得对应设计方案 j 的防洪安全事故风险率 $p_{f,j}=p(R<L)$。

若 $p_{f,j}>\hat{p}$，说明风险过大，应拒绝采用该方案，或对方案作调整，以降低事故风险率。方案调整可分为两个方面：①调整流域内已采用的各种防洪措施，如新建和扩建一些防洪工程措施，或者采取一些更有效的非工程措施来改变流域洪水特性，体现在各项洪水特征的概率分布函数及其相应的荷载效应分布 $f_L(l)$ 向下浮动；②调整设计方案的承载能力，如扩建泄洪设施、增加蓄洪库容、延长渗流路径、加强护坡衬砌和基础、改善反滤层等，使承载能力的概率分布 $f_R(r)$ 作相应的向上浮动。上述两个方面的调整都可以使风险率 $p_{f,j}$ 值降低，但一般情况下，增大承载能力 R 要比减低荷载 L 所需的防洪措施更易于实现。

可以看出容许的风险值 $\hat{p}$ 是决策的关键，其数值的高低控制着方案的取舍。一般可按不同学科不同行业，依据事故类型和事故造成后果的严重性，统一制定允许风险率标准。例如在交通、工民建等部门，对于危及生命安全的事故，风险率一般规定不高于 $10^{-5} \sim 10^{-6}$。这样处理使设计工作简便易行，而且在宏观上也可以使风险保持平衡。

由于防洪安全事故类型很多，不同的防洪设计方案可能具有相同的防洪事故风险率，但其引起的后果损失可能差别很大。所以，防洪工程的设计不仅要考虑风险率大小，也要考虑损失大小，这也是现代防洪风险分析的基本思想，其中洪水损失既包括经济损失，也包括生命损失和环境损失。在以往的防洪工程设计中，通过投资和效益的综合经济比较途径，可以对不同设计方案进行对比，为确定最优设计方案提供参考。但一般认为，对洪灾损失的估算难度很大，而对生命和环境损失的度量还没有统一的方法，因此，基于风险分析理念的防洪安全设计仍处于研究和发展阶段。

3.1.3 以洪水频率为基础的防洪安全设计

现行的以洪水频率为基础的防洪安全设计是不考虑承载能力 R 的随机性，而是将其作为确定性数值处理，防洪安全事故的风险率计算公式简化为

$$p_f = p\{R < L\} = \int_r^\infty f_L(l) \mathrm{d}l = F_L(r) \tag{3-5}$$

即直接由荷载效应的概率密度函数 $f_L(l)$ 或概率分布函数 $F_L(l)$ 计算事故风险率，而不考虑工程承载能力的可能变化，因此，寻求分布函数 $F_L(l)$ 是防洪安全设计的关键。如前述，荷载效应主要是由洪水所决定的，所以现行防洪安全设计的本质就是将洪水发生的频率作为防洪事故风险率，其计算任务就是推求指定风险率的洪水大小。由于不同工程项目的功能和设计要求不同，荷载效应代表不同的内容，反映不同的洪水特征。有些防洪措施的防洪作用比较简单，易于分析，输入洪水的一个或几个特征就控制了洪水过程，这时只要分析对应的洪水特征就可确定荷载效应。

例如河道堤防工程设计，可以取河道的洪峰流量作为荷载效应。进一步考虑到堤防漫溢溃决事故，其恢复期较长，而且所造成灾害损失多为一次性的，因此可以采用洪峰年极值 Q_m 的概率分布函数 $F_{Q_m}(q)$ 来代表设计的荷载分布，于是堤防溃决事故的风险率可按下式计算，即

$$p_f = \int_{\hat{Q}}^\infty f_{Q_m}(q) \mathrm{d}q = F_{Q_m}(\hat{Q}) \tag{3-6}$$

可以根据规定的防洪标准或通过防洪效益分析途径，选定要求的风险率数值 $\hat{p}_f$。一旦选定 $\hat{p}_f$ 值后，就不难依据当地洪峰年极值频率曲线，求得满足事故风险率的泄洪能力 $\hat{Q}$ 值，即

$$p\{Q_m > \hat{Q}\} = F_{Q_m}(\hat{Q}) = \hat{p}_f$$

则

$$\hat{Q} = F_{Q_m}^{-1}(\hat{p}_f)$$

式中：$F_{Q_m}^{-1}(\hat{p}_f)$ 为洪峰年极值分布函数 $F_{Q_m}(\hat{Q})$ 的反函数，即相当于本书第 2 章中介绍的指定频率（等于 $\hat{p}_f$）的设计值。

对于由多项防洪措施所构成的流域防洪系统，其防洪作用就复杂很多了。荷载效应不再是某一个或几个洪水特征所能代表的，往往是包括若干个断面及区间的洪水过程。由于荷载效应的概率分布是多维随机过程的概率组合而成的，因此很难通过解析途径推求其概率分布 $F_L(l)$。一般只得采用统计试验途径推算，即将防洪系统概化成模拟模型，输入洪水过程序列，模拟输出控制断面的洪水过程，再评定系统的事故风险率。

现以图 3-3 所示某流域为例来说明，图中断面 C 是流域的控制断面，下游有需要保护的城市和农田，以断面 C 处的流量过程 $Q_c(t)$ 作为下游河道的防洪依据。

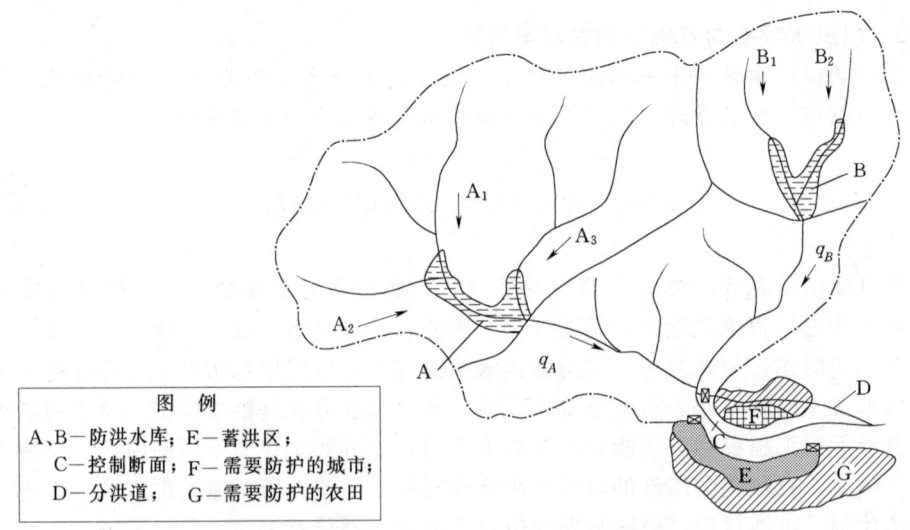

图 例
A、B—防洪水库；E—蓄洪区；
C—控制断面；F—需要防护的城市；
D—分洪道；G—需要防护的农田

图 3-3 某流域各种防洪工程措施布置图

兴建工程前，河道的泄洪能力为 $\hat{Q}_c$，当洪水流量 $Q_c(t)$ 超过 $\hat{Q}_c$，则漫溢出槽形成洪灾，成灾水量 W 为图 3-4（a）中阴影部分，按下式计算，即

$$W = \int_{t_1}^{t_2} [Q_c(t) - \hat{Q}_c] dt \tag{3-7}$$

若通过培修堤防、疏浚河道，其泄洪能力可提高为 $\hat{Q}'_c$，如图 3-4（b）所示。治理后河道水位会有所下降，使防护区内城市及农田向河道排水的条件得到改善。在增加泄洪能力的同时，还可以在上游兴建防洪水库来拦蓄和调节洪水，如图 3-3 在上游修建防洪水库 A 和 B，建库后下泄洪峰降低，将进一步减轻保护区的洪水威胁。但如果采取了上述措施后，通过河道的洪水仍然超过河道的行洪能力 $\hat{Q}'_c$，则尚需要修建其他工程以避免洪水漫堤，如还需兴建分洪道 D 和（或）蓄洪区 E，用来分泄和拦蓄水库泄流及水库以下区间面积上所形成的部分洪水。最终使控制断面 C 处的洪

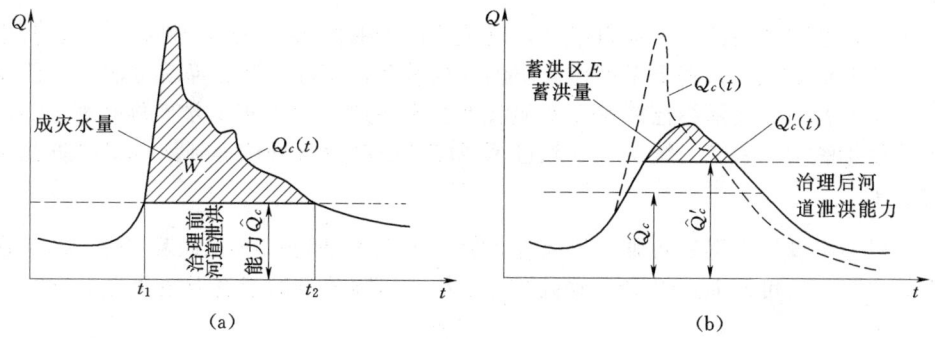

图 3-4 治理前后河道泄流能力 $\hat{Q}_c$ 和 $\hat{Q}'_c$、防洪控制断面 C 处洪水过程线示意图

(a) 治理前河道泄流能力 $\hat{Q}_c$、C 处洪水过程线 $Q_c(t)$；

(b) 治理后河道泄流能力 $\hat{Q}'_c$、C 处洪水过程线 $Q'_c(t)$

水流量过程 $\hat{Q}'_c(t)$（经过 A、B 水库调节，并经过 D 的分泄和 E 的拦蓄后的洪水流量），低于河道的泄流能力 $\hat{Q}'_c$，即 $\hat{Q}'_c(t) \leqslant \hat{Q}'_c$。

上述流域防洪系统可概化为如图 3-5 所示模型。其输入包括两部分，一部分是可控制的，如各个水库的库容曲线，泄洪设施的水力特性，各个河段河道汇流特性，以及各分洪设施的运用规程等。这部分输入由设计方案选定的决策变量控制，通过调整各决策变量（水库坝址、坝高、溢流段宽度、河道疏浚设计断面、分洪口门尺寸等），使这部分输入项所代表的模型各单元的参数数值有所变动，从而构成各个设计方案。另一部分输入是雨洪过程，如流程图 3-5 中标示的子流域 A_1、A_2、A_3 及 B_1、B_2 等的入流洪水过程，还包括水库下游区间的洪水过程 D_1。这部分输入项的特点是无法控制的，反映着当地雨洪变化特性，其资料来源有两种：一是直接根据观测资料序列；另一是依据观测

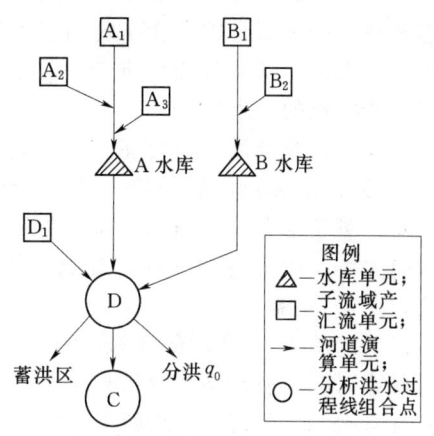

图 3-5 设计流域系统概化模型流程图

资料，构造时间序列模拟模型，再由模拟模型生成虚拟的资料序列。

模型所模拟的系统过程主要包括三个子过程，即水库洪水调蓄过程、河道洪水演进过程和分（蓄）洪设施的分（蓄）洪过程。各项输入的洪水过程，经过防洪系统的变换和组合，形成出口断面 C 处的洪水过程。

为解决上述防洪系统的计算问题，国内外都发展了有效的分析方法，并研制了相应计算程序和软件。比如，美国陆军工程兵团工程水文中心开发的通用程序包 HEC 模型系列，其中包括了目前常用的各种模拟计算模型和方法，可供用户自行选择组合，具备模拟由各种防洪措施和不同流域单元构成的复杂流域系统的功能，在国外设

计部门得到广泛应用。

不管是根据观测的雨洪资料序列，还是根据模拟模型生成的资料序列，对拟定的各个工程设计方案，将资料系列输入防洪系统模型，通过模型演算就可输出工程调节后流域面上各部分及最终控制断面处的洪水过程序列。再根据该方案的承载能力，就可鉴别逐年的工作状态，统计洪水超过承载能力的频次就可以得到该方案的防洪事故风险率 p_f。

求得逐个设计方案的防洪事故风险率后，可以依据容许事故风险率 $\hat{p}_f$ 选定最终的设计方案，也可以通过投资—效益综合分析或风险分析途径选取最优设计方案。

3.2 设 计 洪 水 概 念

3.2.1 防洪安全设计的两类课题

防洪安全设计一般可分为两类课题：①推算工程建成后，在下游防洪区（被保护区）将来可能出现的洪水情况，用来研究分析本工程对防洪区的防洪安全作用。以图 3-3 中水库 A 为例，即是推算按照不同的设计方案建造水库后，防洪区控制断面 C 处的洪水情况，从中选出最佳设计方案；②预估工程所在地点可能出现的洪水情况，用来核算工程本身（即水库 A）的安全情况，分析建筑物各部分构件的应力状况和工作条件。一般都是以可能出现的最不利组合作为设计的依据。上述两类防洪计算课题中，在水文计算部分的性质是一样的，都是根据当地暴雨洪水特性，预估工程运用期间可能出现的洪水情况。

根据水库调洪计算原理，在一定的调洪方式下，水库出流流量 $q(t)$ 一般是入流流量 $Q(t)$ 的函数，而不是一两个入流洪水特征（例如洪峰或 3 日洪量）所能决定的。因此，对于水库设计来说，需要预估的不仅是可能出现的洪峰流量数值，或某时段洪量的大小，而且还要预估可能出现的洪水流量过程，这即是设计洪水过程线的计算问题。

仍以图 3-3 所示的流域为例，为了设计水库 A，由于需要同时解决上述两类防洪计算课题，所以不仅要给出坝址 A 处可能出现的洪水，还必须给出断面 B 处洪水，以及断面 A、B 以下、断面 C 以上区间面积可能出现的洪水情况，从而推求断面 C 的洪水。因此，需要预估的不仅只是工程所在地点可能出现的洪水，而且需要预估有关各个地区的洪水，以及这些地区洪水可能的遭遇组合情况，这即是设计洪水的地区组成问题。

如果工程的功能单一，其防洪安全设计工作可以得到简化。如，有些水库不承担下游地区防洪任务，则只需给出坝址断面处的洪水过程；对于无调洪作用的水利工程措施，如堤防或泄洪闸等，只要求预估工程所在地点的洪峰流量即可；对于蓄洪区或蓄洪塘坝，则仅要求预估可能出现的洪水总量。

3.2.2 洪水设计标准

在设计水利水电工程时，为解决上述两类防洪安全设计课题，原则上可以通过风险分析途径，或根据投资—效益的综合经济评价选定最优方案。然而，由于水利水电工程的防洪安全事故所造成的损失十分巨大，往往要求的风险率或洪水频率极小，如0.1%、0.01%等。而目前水文频率分析方法的精度是不高的，尤其在罕见的特大洪水部分，其误差可达100%，甚至更大，就动摇了经济比较的基础。何况防洪安全事故是非常稀遇的小概率事件，理论上必须输入十万甚至百万年以上的洪水资料，才能比较可靠地估算出防洪后果的概率，这在实际中是不可能做到的。此外，在估算人员伤亡的经济价值及洪灾的间接损失，如交通、能源等方面也存在着巨大的实际困难。即使在国外，风险分析或投资—效益的分析途径，也只是用于事故风险率较高（即安全程度较低）、洪灾损失较轻、人员伤亡风险甚微的防洪安全设计工作中，如城市雨洪排水、公路桥涵等。

因此，目前在防洪安全设计工作中，仍然还是采用统一规定的风险率 p_f 或洪水频率 $\hat{p}$，作为选用设计方案的依据，称为设计标准。根据设计标准推求设计洪水，就以洪水出现频率代表防洪安全风险率，以防御该标准的洪水作为确定工程规模的依据。我国曾分别于1978和1988年制定了山区、丘陵区部分和平原、滨海区部分的《水利水电枢纽工程等级划分及设计标准》，经过多年的工程实践，于1994年颁发了统一的 GB 50201—94《中华人民共和国防洪标准》作为强制性的国家标准。

在 GB 50201—94《防洪标准》中，关于防洪区的防洪安全标准，是依据防护对象的重要性分级设定的。例如，确定城市防洪标准时，是根据其社会经济地位的重要性划分成不同等级（4级），不同等级城市取用不同标准（见表3-1），其他保护对象防洪标准的确定也是如此。

表 3-1 城市等级和防洪标准

等级	重要性	非农业人口（万人）	防洪标准（重现期：年）
Ⅰ	特别重要的城市	≥150	≥200
Ⅱ	重要的城市	150～50	200～100
Ⅲ	中等城市	50～20	100～50
Ⅳ	一般城镇	≤20	50～20

关于水利水电工程本身的防洪标准，是先根据工程规模、效益和在国民经济中的重要性，将水利水电枢纽工程分为5个等别，见表3-2。水利水电枢纽工程包括各种水工建筑物，按其作用和重要程度可分为运行期间使用的永久性建筑物和施工期间使用的临时性建筑物，永久性水工建筑物又分为主要和次要建筑物。由于洪水对各种建筑物可能造成的危害不同，所以除了按照工程规模的大小划分其等别外，还按照水工建筑物的作用和重要性分为5个级别，见表3-3。

设计永久性水工建筑物所采用的洪水标准，分为正常运用和非常运用两种情况，分别称为设计标准和校核标准。通常用正常运用的洪水来确定水利水电枢纽工程的设计洪水位、设计泄洪流量等水工建筑物设计参数，这个标准的洪水称为设计洪水。设计洪水发生时，工程应保证能正常运用，一旦出现超过设计标准的洪水，则水利工程一般就不能保证正常运用了。由于水利工程的主要建筑物一旦破坏，将造成灾难性的严重损失，因此规范规定洪水在短时期内超过"设计标准"时，主要水工建筑物仍不允许破坏，仅允许一些次要建筑物损毁或失效，这种情况就称为"非常运用条件或标准"，按照非常运用标准确定的洪水称为校核洪水。按照满足设计标准洪水条件下，进行正常运用要求而设计的水工建筑物，有时也是可以满足校核洪水条件下进行非常运用的要求，不过有时也不能满足。因此，一般都要求同时提供两种标准的洪水情况，分别进行设计与校核，保证在两种运用条件下，主要建筑物都不破坏。永久性水工建筑物的正常运用和非常运用的洪水标准见表3-4。

表3-2   水利水电工程枢纽的等别

工程等别	水库		防洪		治涝	灌溉	供水	水电站
	工程规模	总库容（$10^8 m^3$）	城镇及工矿企业的重要性	保护农田（万亩）	治涝面积（万亩）	灌溉面积（万亩）	城镇及工矿企业的重要性	装机容量（$10^4 kW$）
Ⅰ	大(1)型	≥10	特别重要	≥500	≥200	≥150	特别重要	≥120
Ⅱ	大(2)型	10～1.0	重要	500～100	200～60	150～50	重要	120～30
Ⅲ	中型	1.0～0.10	中等	100～30	60～15	50～5	中等	30～5
Ⅳ	小(1)型	0.10～0.01	一般	30～5	15～3	5～0.5	一般	5～1
Ⅴ	小(2)型	0.01～0.001		≤5	≤3	≤0.5		≤1

表3-3   水工建筑物的级别

工程等别	永久性水工建筑物级别		临时性水工建筑物级别
	主要建筑物	次要建筑物	
Ⅰ	1	3	4
Ⅱ	2	3	4
Ⅲ	3	4	5
Ⅳ	4	5	5
Ⅴ	5	5	

表3-4   水库工程水工建筑物的防洪标准   单位：年

水工建筑物级别	防洪标准（重现期）				
	山区、丘陵区			平原区、滨海区	
	设计	校核		设计	校核
		混凝土坝、浆砌石坝及其他水工建筑物	土坝、堆石坝		
1	1000～500	5000～2000	可能最大洪水（PMF）或10000～5000	300～100	2000～1000
2	500～100	2000～1000	5000～2000	100～50	1000～300
3	100～50	1000～500	2000～1000	50～20	300～100
4	50～30	500～200	1000～300	20～10	100～50
5	30～20	200～100	300～200	10	50～20

满足某一标准的洪水的表达形式或计算途径,大体上分为两类:①以洪水(或暴雨)发生频率(或重现期)表示设计洪水和校核洪水的标准,即"重现期标准",为前苏联和多数国家大中型水利工程普遍采用;②以气象上的可能最大降水(PMP)推算可能最大洪水(PMF),作为洪水的最高标准,即"PMF标准",适用于重要大中型(美国也用于小型)水利工程。也有从实测暴雨资料分析提出"标准设计暴雨"推算"标准设计洪水",适用于一般中型水利工程。还有采用各种折减"可能最大降水"的办法,计算小坝的设计洪水,美国和中低纬度一些国家采用这类方法。目前,国际上尚无统一的、为多数国家所接受的设计洪水标准。各国现行设计洪水标准相差悬殊,大都根据本国的具体情况,考虑工程规模、等级、坝型和失事后果等因素,分别制定各自的分级设计标准。

在我国,如表 3-4 中所列,目前采用的是"重现期标准",但特殊情况下也采用"PMF 标准"。根据防洪标准规定,土石坝 1 级建筑物校核防洪标准的上限为"可能最大洪水(PMF)或 10000 年一遇",其含意是这两者是并列的:即当采用 PMF 较为合理时(不论其所相当的重现期是多少),则采用 PMF;当采用频率分析法所求得的 10000 年一遇洪水较为合理时,则采用 10000 年一遇洪水;当所求得的 PMF 和 10000 年一遇洪水两者的可靠程度相差不多时,则取两者的平均值或取其大者。另外,对混凝土坝和浆砌石坝,当遭遇短期洪水漫顶,一般不会造成坝体溃决。但是,如果 1 级建筑物的下游有重要设施,保证其安全是很必要的,所以防洪标准也规定:"如果洪水漫顶可能造成严重损失时,1 级建筑物的校核防洪标准,经过专门论证并报主管部门批准,可采用可能最大洪水(PMF)或 10000 年一遇。"

3.2.3 设计洪水的含义

一次洪水过程包含有若干特征,如洪峰和洪量,在一般情况下它们出现的频率是互不相等的,而且,过程本身并没有频率的概念,所以任何一场现实洪水过程的重现期或频率都是无法定义的。所谓设计洪水,实质上是指具有规定功能的一场特定洪水,其具备的功能是:以频率等于设计标准进行洪水频率分析计算,求得相应设计洪水,以此为据而规划设计出的工程,其防洪安全事故的风险率应恰好等于指定的设计标准。例如,某一水库工程的设计标准是千年一遇,就是指采用千年一遇的设计洪水作调洪演算所推求的水库设计洪水位,在未来水库长期运行中,每年库水位超过该设计水位的概率为 1/1000。假定"设计洪水"是实际上存在的,而且是可以求得的,其精度也是满足需要的,那么就可以显著简化防洪安全设计工作。无需再逐一计算若干个设计方案的风险率,从中插值求得符合设计标准的方案,而只要根据洪水(或暴雨)资料推求具有上述规定功能的设计洪水即可。

根据指定设计标准计算的设计洪水,其功能是通过将其输入到流域防洪工程措施系统后得到体现的。经过系统作用(如水库调洪演算),不仅输出设计洪水位、防洪库容等工程设计参数,同时也输出其防洪后果,得到该系统的防洪安全事故风险率,该风险率恰好等于设计标准。显然,为了满足这种对应关系,理论上这个系统必须是确定性的,而且输出与输入之间是单值函数关系,这样才能保证根据某一设计标准(频率)的设计洪水输入,得到相同频率大小防洪安全事故风险率对应的输出结果。

从以上分析中可知设计洪水具有如下一些基本性质：

(1) 设计洪水具有实际洪水的样式，是在时间上、空间上的一个连续过程，可以输入到流域防洪工程措施系统，经过系统模型运算得到防洪工程设计参数，如水库最大下泄流量、设计水位值等。

(2) 设计洪水又区别于实际洪水。它总是与一定的出现概率相联系的，而且是其防洪后果的出现概率，即风险率。如百年一遇的设计洪水，就是会造成百年一遇概率防洪后果的洪水过程。

前面已说明，设计洪水满足工程防洪功能的充分必要条件是：输入变量与输出变量之间存在单值函数关系，但这一条件大多数情况下是不能满足的，即使对防洪功能单一的水库也是如此。因此，严格意义上，满足上述要求的"设计洪水"未必存在。长期以来设计洪水这一概念，在水文计算中广泛引用，国内也已形成了一整套的计算方法，不过迄今还没有明确的定义，理论上的解释尚不充分。

3.3 设计洪水过程线的拟定

现行拟定设计洪水过程线方法的程序是先进行洪水峰、量频率计算，分析设计流域的洪峰流量及时段洪量的分布函数 $F(Q_m)$、$F(W_t)$ 或频率曲线，分别求得符合设计标准 p 的设计洪峰流量值 Q_{mp} 及设计时段 t_p 的洪量值 W_{tp}；再根据洪水特性选择典型洪水，并考虑水工设计要求，选取其中一项或几项对防洪后果影响最大的特征，以它们为控制，对典型洪水过程线进行放大，从而得到满足指定设计标准 p 的设计洪水过程线 $Q_p(t)$。

3.3.1 控制时段 t_k 的选定

前面已说明，设计洪水的作用是使得按照该频率的洪水，经过调洪演算后的防洪设计指标，如最高库水位、防洪库容、最大出库流量等，都达到设计洪水对应的频率。以单一防洪水库为例，设计洪水包含的特征一般是指洪峰流量 Q_m 或时段 t 的洪量 W_t，防洪指标特征是水库泄洪的最大流量 q。所谓两者具有同频率关系，就是说如果设计洪水的 Q_m 或 W_t 为百年一遇（设计频率 $p=1\%$），经过水库调节后的最大泄流量 q 也具有百年一遇的概率，即要求

$$q_p = q(Q_{mp}) \quad \text{或} \quad q_p = q(W_{tp}) \tag{3-8}$$

由水库调洪演算原理（见本书第 12 章内容）可知，上述严格的函数关系并不成立。实际资料也表明这一点，两者之间一般只存在一种并不密切的相关关系。

在这种情况下，如果要拟定设计洪水过程线，最合理的方法是选取一个与最大泄流量 q 相关程度最高的时段洪量 W_t，要求它达到设计标准规定的频率 p，即认为该洪水就是频率为 p 的设计洪水过程线 $Q_p(t)$。经水库调洪演算，所要求的泄洪能力 q 及其他指标，也符合同一设计标准 p。所选定的时段就称为控制时段 t_k。

在理论上选定 t_k 并不困难。对于每种设计方案，将历年的实测洪水过程线 $Q_i(t)$ 资料输入系统，进行洪水调节计算，得出逐年水库的最大泄流量 q_i 系列。统计分析 q_i 与逐年洪水特征之间的相关关系，一般是点绘 q_i 与不同时段 t 洪量 W_{ti} 的相关

图，如图 3-6 所示。对比不同时段相关图，从中选定相关关系最密切的时段，就可近似作为控制时段 t_k。

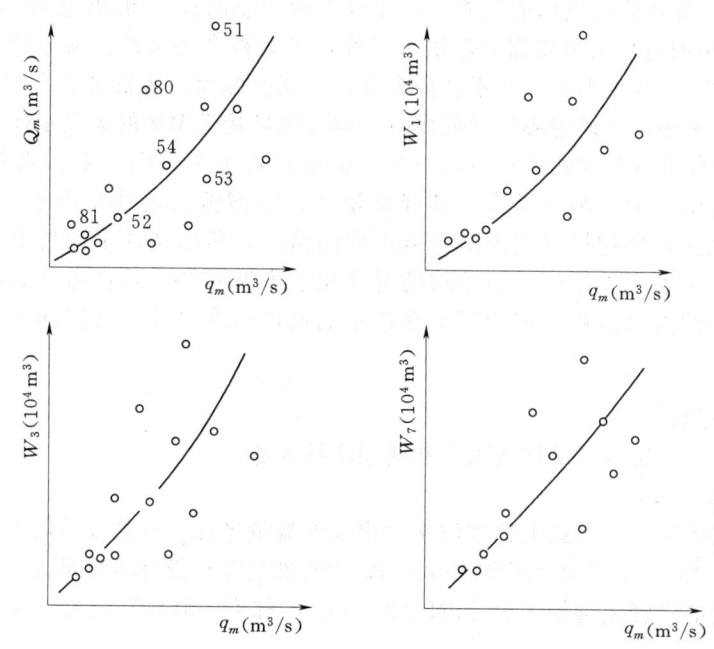

图 3-6 水库最大泄洪流量 q_i 与洪水特征的关系示意图

但是，实际应用中发现不同时段相关程度的差异并不显著，说明影响 q 的因素较复杂，变动时段 t 对于改善相关关系的效果并不明显。而且，实测资料一般都是常遇洪水，按此确定的相关关系是否适用于设计条件，也是未知。因此，在实际工作中，一般并不绘制上述一系列相关图去对比，而只是定性分析来选取 t_k。经验表明，对于调节库容大、泄洪能力小的水库，长时段洪量对泄洪流量起控制作用，相关关系较为密切；反之，对于调节库容小、泄洪能力大的水库，短时段洪量对泄洪流量起控制作用。因此，如洪峰峰型尖瘦、洪水历时较短、水库调洪库容小、泄洪能力大，可选短时段作为 t_k；反之，则取较长时段作为 t_k。而且在放大典型过程线时，要求多时段同时控制，来解决上述 t_k 难于确定的困难，当然，t_k 的数目也不应太多，以 2～3 个为宜。

3.3.2 典型洪水过程线的选取

控制时段 t_k 选定后，可根据洪水资料推求 t_k 时段的设计洪量 W_{kp}。只有一个洪水特征还无法进行水库调洪演算，必须为 W_{kp} 选配一个洪水时空分布过程，使之成为具有实际洪水形式的设计洪水。假设本流域有一次实测洪水过程，在 t_k 时段内的洪量恰好等于设计洪量 W_{kp}，那么这次洪水就可以作为设计洪水。一方面它的控制时段洪量符合设计标准，可以保证其防洪后果也符合设计标准。另一方面相应 W_{kp} 的是一次实测洪水过程，这种洪水的峰型在过去发生过，在将来还是有可能重现的。但是，由于设计标准都是罕见的稀遇频率（如 $p=1\%$，0.1%，…），在仅有的几十年实测资料系列中出现这种洪水的可能性是微乎其微的。

因此在实际工作中，选取当地的一次或几次实测洪水过程线作为模式（称为典型洪水过程线），将其流量坐标适当放大，使放大后控制时段 t_k 的洪量 W_{tk} 达到设计值 W_{kp}。由于这种通过放大方式得到的洪水过程，未必符合流域产汇流原理，因此，当放大比例很大时，就会出现一些不合理现象，如基流偏大、流量过程线坦化等。为了尽量减小放大比例，在选定典型过程线时，应选洪量接近 W_{kp} 的大洪水作为典型。当资料中控制时段洪量较大的洪水不止一个，而是有若干个，则一般是选择接近平均情况而又对防洪较为不利的洪水，如峰高量大、峰型偏后的典型洪水。这是因为，按照概率论原理，平均情况接近最可能出现的情况，所以选取平均情况的洪水过程作为典型在未来更可能发生；但平均情况又似乎不够安全，若再考虑选取其中峰型对防洪较不利的洪水过程，就相当于在指定的设计标准之外，又附加了一定的安全保证。

3.3.3 放大方法

常用的放大方法有同倍比放大法和同频率放大法。

1. 同倍比放大法

用同一放大倍比 k 值放大典型洪水过程线的流量坐标，使放大后的洪峰流量等于设计洪峰流量 Q_{mp}，或使放大后的控制时段 t_k 的洪量等于设计洪量 W_{kp}。

使放大后的洪峰流量等于设计洪峰流量 Q_{mp}，称为"峰比"放大，放大倍比为

$$k = \frac{Q_{mp}}{Q_{md}} \quad (3-9)$$

使放大后的控制时段 t_k 的洪量等于设计洪量 W_{kp}，称为"量比"放大，放大倍比为

$$k = \frac{W_{kp}}{W_{kd}} \quad (3-10)$$

式中：k 为放大倍比；Q_{mp}、W_{kp} 为设计频率为 p 的设计洪峰流量和 t_k 时段的设计洪量；Q_{md}、W_{kd} 为典型洪水过程的洪峰流量和 t_k 时段的洪量。

按式（3-9）或式（3-10）计算放大倍比 k，然后与典型洪水过程线流量坐标相乘，就得到设计洪水过程线。

2. 同频率放大法

在放大典型过程线时，按洪峰和不同历时的洪量分别采用不同倍比，使放大后的过程线的洪峰及各种历时的洪量分别等于设计洪峰和设计洪量。也就是说，经放大后的过程线，其洪峰流量和各种历时的洪水总量都符合同一设计频率，称为峰、量同频率放大，简称同频率放大。其中：

洪峰的放大倍比 k_Q

$$k_Q = \frac{Q_{mp}}{Q_{md}} \quad (3-11)$$

最大 1 日洪量的放大倍比 k_1

$$k_1 = \frac{W_{1p}}{W_{1d}} \quad (3-12)$$

式中：W_{1p} 为最大 1 日设计洪量；W_{1d} 为典型洪水的最大 1 日洪量。

按式 (3-12) 放大后，可得到设计洪水过程中最大 1 日的部分。对于其他历时，如最大 3 日，如果在典型洪水过程线上，最大 3 日包括了最大 1 日，因为这 1 天的过程已放大成 W_{1p}，因此，只需要放大其余两天的洪量，使放大后的这两天洪量 W_{3-1} 与 W_{1p} 之和，恰好等于 W_{3p}，即

$$W_{3-1} = W_{3p} - W_{1p} \tag{3-13}$$

所以这一部分的放大倍比为

$$k_{3-1} = \frac{W_{3p} - W_{1p}}{W_{3d} - W_{1d}} \tag{3-14}$$

同理，在放大最大 7 日中，3 日以外的 4 日内的倍比为

$$k_{7-3} = \frac{W_{7p} - W_{3p}}{W_{7d} - W_{3d}} \tag{3-15}$$

依次可得其他历时的放大倍比，如

$$k_{15-7} = \frac{W_{15p} - W_{7p}}{W_{15d} - W_{7d}} \tag{3-16}$$

如果典型洪水过程线上长历时不包括短历时，如最大 3 日不包括最大 1 日（某些复峰洪水过程可能如此），则按类似式 (3-12) 分别计算各历时的放大倍比。

在典型洪水过程线放大中，由于在两种历时衔接的地方放大倍比 k 不一致，因而放大后在交界处产生不连续现象，使过程线呈锯齿形。此时需要修匀，使其成为光滑曲线，修匀时需要保持设计洪峰和各种历时的设计洪量不变。修匀后的过程线即为设计洪水过程线 $Q_p(t)$。

3. 两种放大方法的比较

同倍比放大法计算简便，常用于峰量关系好及多峰型的河流。其中，"峰比"放大常用于防洪后果主要由洪峰控制的水工建筑物；"量比"放大则常用于防洪后果主要由时段洪量控制的水工建筑物。此外，同倍比放大后，设计洪水过程线保持典型洪水过程线的形状不变。

同频率放大法常用于峰量关系不够好、洪峰形状差别大的河流。这种方法适用于有调洪作用的水利工程措施，如调洪作用大的水库等。此法较能适应多种防洪工程的特性，解决控制时段不易确定的困难。目前大、中型水库规划设计中，主要是采用此法。另外，成果较少受所选典型不同的影响，放大后洪水过程线与典型洪水过程线形状可能也不一致。

【例 3-1】 某枢纽工程百年一遇设计洪峰和不同时段的设计洪量计算成果见表 3-5，试用同频率法推求设计洪水过程线。

解：经分析选定典型洪水过程线（1969 年 7 月 4~10 日），计算各时段洪量，推算各时段放大倍比 k，成果见表 3-5。逐时段进行放大，修匀后得到设计洪水过程线，计算过程见表 3-6。修匀后的设计洪水过程线如图 3-7 所示。

表 3-5　　　　　　　　　同频率放大法倍比计算表

时　段 (d)	设计洪水 W_{tp} （亿 m^3）	典型洪水 （1969年7月4日0时～10日24时）		放大倍比 k
		起讫日期	洪量 W_{td} （亿 m^3）	
1	1.20	5日0时～5日24时	1.01	1.19
3	1.97	5日0时～7日24时	1.47	1.67
7	2.55	4日0时～10日24时	2.03	1.04
洪峰流量（m^3/s）	$Q_{mp}=2790$	$Q_{md}=2180$		1.28

表 3-6　　　　　　　　同频率法设计洪水过程线计算表（$p=1\%$）

时序	典型洪水过程线				放大倍比 k	放大后流量 （m^3/s）	修匀后设计洪水过程线 $Q_p(t)$ （m^3/s）
	月	日	时	$Q_d(t)$ （m^3/s）			
1	7	4	0	80	1.04	83.2	83.2
			12	70	1.04	72.8	72.8
2		5	0	120	1.04	125	
			0	120	1.19	143	134
			4	260	1.19	309	300
			12	1780	1.19	2120	2120
			14.5	2150	1.19	2560	2560
			15.5	2180	1.28	2790	2790
			16.5	2080	1.19	2480	2480
			21.5	963	1.19	1150	1145
3		6	0	700	1.19	833	1000
			0	700	1.67	1170	
			3.5	484	1.67	808	730
			8	334	1.67	558	558
			11	278	1.67	464	464
			20	214	1.67	357	358
4		7	0	230	1.67	384	384
			5.5	256	1.67	428	427
			16	163	1.67	272	272
			19	159	1.67	266	265
			20	163	1.67	272	272
			0	270	1.67	451	360
5		8	0	270	1.04	281	
			0.7	281	1.04	292	360
			3.5	340	1.04	354	354
			11	249	1.04	259	259
6		9	0	140	1.04	146	146
			5.5	110	1.04	114	114
			13	99.3	1.04	103	103
7		10	0	83.0	1.04	86.3	86.3
			10	88.1	1.04	91.6	91.6
			24	62.0	1.04	64.5	64.5

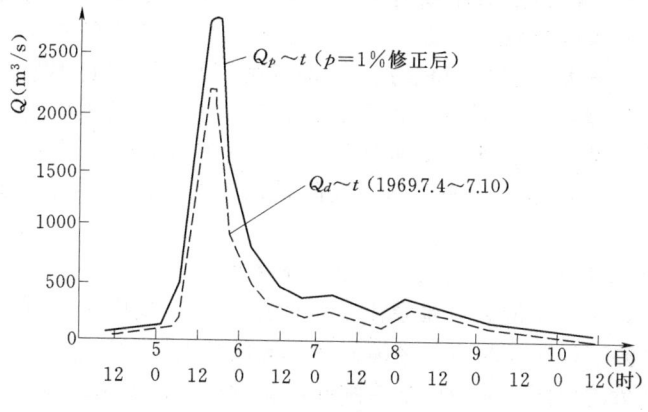

图 3-7 某工程百年一遇设计洪水过程线

3.4 设计洪水的地区组成

3.4.1 设计洪水地区组成概念

在研究流域开发方案，计算工程对下游的防洪作用，以及进行梯级水库或水库群联合调洪计算时，需要解决设计洪水的地区组成问题，即计算当下游设计断面处发生某指定标准的设计洪水时，上游各支流及其他水库地点，以及各区间所发生的洪水峰量情况和洪水过程线。为了分析研究不同地区组成对防洪后果的影响，通常需要拟定若干个以不同地区来水为主的计算方案，并经调洪演算，从中选定可能发生而又能满足工程设计要求的设计洪水。

图 3-8 是一个典型的洪水地区组成问题概化图，即上游是单个水库工程 A，下游有防洪目标（以 C 为代表断面），A 和 C 之间是无工程控制的区间 B。当 C 断面的防洪要求已定时，如何进行水库 A 的防洪设计，以满足断面 C 的防洪要求；或者当水库 A 的调洪规则已定时，考虑水库对下游 C 的防洪效果；这些都需要研究以 C 为设计断面，上游断面 A 及区间 B 两部分洪水组成的计算问题。对于由多级水库及防洪对象构成的防

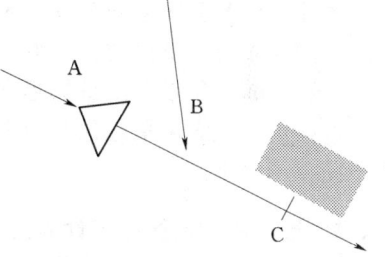

图 3-8 典型洪水地区组成图

洪系统，其设计洪水组成问题的性质是类似的，只是组成单元增多，计算更为复杂。

3.4.2 洪水地区组成规律分析

为了解所研究地区洪水的组成规律，以及向设计条件外延时的变化情况，需要根据实测和调查的暴雨洪水资料，对设计流域内洪水来源和组成特点进行综合分析，这是拟定设计洪水地区组成方案的基础。

1. 流域内暴雨地区分布规律的分析

主要分析暴雨中心位置及其变动情况、雨区的移动方向、在大暴雨情况下雨区范

围的变化等，以便了解和分析流域内洪水的地区分布规律和各分区之间洪峰遭遇规律。例如，流域内暴雨中心经常稳定在某一分区，那么在研究洪水地区组成时，就应着重考虑该分区来水为主的组成方案。如当发生大暴雨或特大暴雨时，雨区将笼罩全流域，各分区暴雨的差异不大，那么在研究稀遇洪水的地区组成时，就应着重考虑各分区来水较均匀的方案。如果暴雨中心经常由上游向下游移动，而流域内的水库恰好位于上游，则水库断面洪峰与区间洪峰遭遇的可能性大；反之，则遭遇的可能性小。

2. 不同量级洪水的地区组成及其变化规律分析

以设计断面各时段年最大流量及洪量的时间为准，从历年实测及调查洪水资料中，分年统计上游工程所在断面及区间的相应流量及洪量，计算各分区相应流量占设计断面洪峰及洪量的比例。从而可分析判断，随设计断面洪水的变化，各分区洪水组成比例的变化规律。

3. 各分区洪水的峰量关系分析

点绘各分区峰、量相关图，分析峰、量关系的好坏及其变化情况。如峰量关系较好，且为线性关系，那么在研究洪水地区组成时，以各分区的洪量为控制放大的各分区洪水过程线，与下游设计断面的设计洪水过程线相应性较好，由此计算的下游设计断面受水库调蓄影响后的设计洪水成果也较为可靠；反之，如某分区的峰量关系不好或峰量关系成非线性变化，那么各分区放大后的洪水过程线，与下游设计断面的设计洪水过程线的相应性就较差；此时应着重对峰量关系不好或非线性变化较大的分区洪水过程线进行调整，调整时应参照该分区峰量关系的变化幅度，并分析该分区洪峰加大或减小对下游设计断面设计洪水的影响，按对防洪不利的原则进行。

4. 各分区之间及与设计断面之间洪水遭遇规律分析

统计历年各分区之间及各分区与设计断面之间同次洪水洪峰间隔时间，同洪峰间隔时间的洪次占总洪次的百分数，分析洪峰可能遭遇的程度。

以设计断面年最大洪量的起讫时间为准，分析各分区相应洪量起讫时间与该分区独立选样的年最大洪量起讫时间之间的差异，分析各分区相应洪水与年最大洪水是否属于同一场洪水。

3.4.3 设计洪水地区组成计算方法

研究设计洪水地区组成的方法主要有地区组成法、频率组合法和随机模拟法。地区组成法研究当设计断面发生设计标准的天然洪水时，上游水库及其区间的洪水地区组成情况。由于水库的调洪作用与设计断面设计洪水的地区组成有关，因此需要拟定几种洪水地区组成方案进行计算，由此推求的设计断面的洪水就作为该断面同一设计标准的设计洪水。频率组合法是以水库断面及区间天然洪水频率曲线为基础，研究各分区洪水的所有可能的组合情况，计算各种组合情况下水库的调洪对设计断面洪水的影响，从而推求出设计断面受水库调洪影响后的洪水频率曲线及设计值。随机模拟法是利用随机模拟技术，建立设计断面、各水库断面及各区间洪水过程线的多站随机模拟模型，用人工方法随机生成任意长的、能满足设计需要的洪水资料系列；通过对长系列资料的水库调洪计算，并与区间洪水过程线进行组合，逐级演算至设计断面，求得设计断面的洪水过程线。

目前,地区组成法是现行设计洪水地区组成计算最常用的方法。通过洪水地区组成的统计分析可以知道,各个部分面积上洪水的相互组合遭遇是带有明显随机性的。当水库坝址断面处出现设计洪量 X_p 时,下游区间面积所对应的洪量 Y 值并非唯一的,而是有无穷多种组合,只是出现不同取值 Y 的概率有所不同而已,即存在着一个条件概率分布函数 $F_{Y/X}(y)$。为了在各种可能出现的洪水地区组合中,选取一种特定的组合作为设计地区组成,就会出现多种不同的选取原则。若强调选取最可能的或平均的组合,可以采用相关法,由不同地区洪水回归线来构成设计组合;若强调实测组合更具备出现的可能性,则倾向于采用实际典型组成并同倍比放大法的典型年法;若强调使计算成果规范化,并且偏于安全,则可采用同频率组合法。

1. 相关法

统计下游断面各次较大洪水(或年最大选样)过程中,某种历时的最大洪量及相应时间内(考虑洪水传播演进时间)上游控制断面与区间的洪量,点绘相关图,若相关关系较好,可通过点群中心绘制相关线。也可在相关图上另定一外包线,借以推求对防洪偏于不利的组成情况。然后根据下游断面设计洪量,由相关线上查得上游控制断面或区间的设计洪量,并将剩余的洪量分配到其他地区,作为设计洪水的地区组成洪量。

一般可选择好典型年,按已求得的洪量作控制,用同倍比放大法推求上游各断面及区间的洪水过程线。但应注意检查上游各断面及区间的洪水过程线演算至下游控制断面,是否符合水量平衡原则,若不符合应进行修正。

有时只需要推求上游某一断面或区间的洪峰流量,而不需要洪水过程线。此时,可利用该断面或区间的峰量相关线,由设计洪量查得洪峰流量。也可选择典型年按洪量比直接放大洪峰。

相关法一般用于设计断面以上各地区洪水组成比例较为稳定的情况。

2. 典型年法

从实测资料中选出若干个在设计条件下可能发生的,并且在地区组成上具有一定代表性(如洪水主要来自上游、来自区间或在全流域均匀分布)的典型大洪水过程,按统一倍比对各断面及区间的洪水过程线进行放大,以确定设计洪水的地区组成。

放大的倍比一般采用下游控制断面某一控制时段的设计洪量,与该典型年同一历时洪量的比例。对于没有或很小削峰作用的工程,也可按洪峰的倍比放大。但要注意各断面及区间峰量关系不同所带来的问题(如上下游水量不平衡等)。

本方法简单、直观,是工程设计中最常用的方法之一,尤其适合于地区组成比较复杂的情况。为了避免成果的不合理性,选择恰当的洪水典型是关键。洪水典型除应满足拟定设计洪水过程线时对典型选择的一般要求外,最好该典型中各断面的峰量数值比较接近于平均的峰量关系线(当不易满足时,可着重考虑对工程防洪设计影响较大的某一断面)。对中小流域,若经过分析发现当发生特大洪水时,洪水的地区组成有集中程度更高或有均化的趋势时,应尽可能选择与此相应的洪水典型。

在此法中,因全流域各地区洪水均采用同一个放大倍比,可能出现某些局部地区的洪水在放大后,其频率小于下游断面的设计频率的情况。一般来说,特别是对于较大流域的稀遇设计洪水,这种情况是有可能发生的,但应检查该典型年是否确实反映了本流域特大洪水的地区组成规律。如果发生局部超标过多的情况,应对放大后成果作局部调控。若结果明显不合理,就不宜采用该典型年的组成,可另选其他典型年。

3. 同频率组合法

当实测资料中设计流域内各地区洪水未发现有显著超标准的情况时,可采用本法推求设计洪水的地区组成。

本法的基本出发点是,按照工程情况指定某一局部地区的洪量与下游控制断面的洪量同为设计频率,其余洪量再根据水量平衡原则分配到流域的其他地区。

以图 3-8 所示的组成为例,断面 C 某一定控制时段的洪量为 W_C,上游水库 A 断面同一时段相应洪量为 W_A,区间相应洪量为 W_B,则 $W_B = W_C - W_A$(其起讫时间不一定完全相同,应考虑洪水传播时间的因素)。当下游断面 C 出现某一频率 p 的洪量 $W_{C,p}$ 时,上游及区间来水可以有多种可能组合。根据防洪要求,一般可考虑以下两种同频率组成情况:

(1) 当下游断面发生设计频率 p 的洪量 $W_{C,p}$ 时,上游断面发生同频率洪量 $W_{A,p}$,而区间发生相应的洪量,即

$$W_B = W_{C,p} - W_{A,p} \tag{3-17}$$

(2) 当下游断面发生设计频率 p 的洪量 $W_{C,p}$ 时,区间发生同频率洪量 $W_{B,p}$,而上游断面发生相应的洪量,则

$$W_A = W_{C,p} - W_{B,p} \tag{3-18}$$

式(3-17)中的 W_B 和式(3-18)中的 W_A,其对应的频率可能等于 p,也可能大于或小于 p,故称为相应洪量。上述两种同频率组成方案中,最后选用哪种组成作设计,要视分析的结果并结合工程性质和需要综合确定。

这两种组成只是有一定代表性的地区组成,它们既不是最可能出现的地区组成,也不一定是最恶劣的地区组成。此外,这两种组成出现的可能性也不一样,对此应根据实测资料进行具体分析。一般来说,当某部分地区的洪水与下游断面洪水的相关关系比较密切时,两者同频率组成的可能性比较大;反之若某部分地区的洪水与下游断面洪水的相关关系较差时,则不宜采用下游与该部分地区同频率地区组成的方式。若实测大洪水有某部分地区的洪水频率常显著小于下游断面洪水频率时,也不宜机械地采用同频率地区组成的方式。

4. 设计洪水地区组成的合理性分析及成果的应用

上述三种方法都是以单项特定的地区组成情况来概括所有可能出现的多种多样的组合,在理论基础上具有同样的缺陷,计算成果也往往会有相当大的差别,也很难评估每种方法的误差。为了避免设计成果出现一些明显不合理的情况,根据我国工程设计人员的经验,应注意以下问题:

(1) 将设计断面天然设计洪水与考虑上游工程调节后的设计洪水进行比较,结合上游工程的调节特点,分析成果的合理性。假如设计断面的天然洪峰与考虑上游水库调洪后的洪峰差别很小,而上游水库的调洪削峰能力又较大,则应分析所拟定的洪水

地区组成方案是否过于恶劣；反之，两者差别较大，接近于上游水库的削峰量，则所拟定的洪水地区组成方案对于设计断面的防洪来说可能不够恶劣。

(2) 当采用典型年组成或同频率组成分析方法时，都是以某一分区来水为主的"极端"组成情况。但是，当上游水库采用分级控泄的调洪方式时，在某些频率上下的洪水，水库的控泄量可能发生突变，此时应分析所拟定的"极端"组成方案是否对下游设计断面的防洪偏于不利。如果某些"中间"情况的组成方式，即各分区来水适中的组成方式，对设计断面的防洪更为不利，而这种组成方式发生的可能性又较大，则应补充拟定"中间"情况的组成方式，以推求对设计断面防洪较为不利的设计洪水成果。

3.5 入库设计洪水

3.5.1 入库洪水的概念

由水库调洪原理可知，用于调洪计算的入流量应是进入水库的洪水。由于建库后形成了库区，通过周边进入水库的入库洪水与建库前坝址断面的洪水是有区别的。如图3-9所示，入库洪水包括入库断面（A、B断面）洪水、入库区间（坝址和A、B断面之间）洪水两部分。其中，入库断面洪水是水库回水末端附近干支流河道水文测站的测流断面，或某个计算断面以上的洪水；入库区间洪水又可分为陆面洪水及库面洪水两部分，其中陆面洪水为入库断面以下，至水库周边以上的区间陆面面积所产生的洪水，库面洪水即库面降雨直接转为径流所产生的洪水。

入库洪水与坝址洪水的差别主要表现在以下两方面：

(1) 库区产流条件改变，使入库洪水的洪量增大。水库建成后，上游干支流和区间陆面流域面积的产流条件相同，而水库回水淹没区（水库库面）由原来的陆面变为水面，产流条件相应发生了变化。在洪水期间库面由陆地产流变为水库水面直接承纳降水，由原来的陆面蒸发损失变为水面蒸发损失。一般情况下，洪水期间库面的蒸发损失不大，可以忽略不计，而库区水面产流比陆面产流大一些。因此，同样的降水量下，建库后入库洪量比建库前洪量大，但随着时段的增长，这种差别会减小。

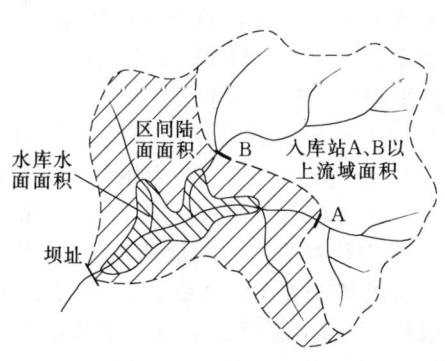

图3-9 入库洪水组成示意图

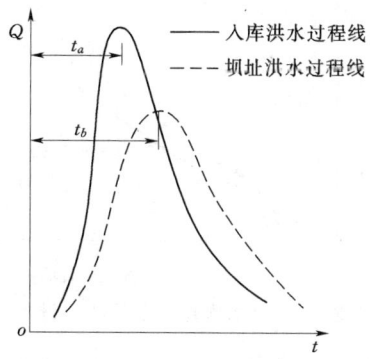

图3-10 入库洪水和坝址洪水对比图

（2）流域汇流时间缩短，入库洪峰流量出现时间提前、洪峰增高、涨水段的洪量增大。建库前，流域汇流时间为坡面和河道（至坝址断面处）的汇流时间之和；建库后，洪水由干支流的回水末端和周边入库，因而流域总的汇流时间缩短，入库洪峰流量出现的时间相应提前（见图3-10中t_a、t_b）。库面降雨的洪量一般集中于涨水段，因此，入库洪水涨水段的洪量占一次洪水总量的比重，一般较建库前的坝址洪水增大。此外，由于流域汇流时间缩短，也造成了前述的干支流和区间陆面洪水常易于遭遇，使得入库洪水的洪峰增高，峰型更尖瘦。据近年来对我国32座水库的分析，入库与坝址洪峰流量的比值在1.01~1.54之间。

3.5.2 入库洪水的计算

推求入库洪水的方法包括合成流量法、马斯京根法、槽蓄曲线法、水量平衡法和峰量关系法等多种，下面仅介绍其中的3种方法。

1. 合成流量法

如水库周边汇入的支流较多，干支流在入库点附近和坝址处均具有较长的同步流量观测系列，则可以将各入库点与区间（各入库点与坝址间）的洪水过程线错开传播时间叠加成为入库洪水。对于区间洪水的计算，可视具体情况而定。如区间面积不大，洪水主要来自上游干支流，则可将坝址与入库点洪水量之差作为区间洪量，并按入库洪水过程分配作为区间洪水过程。一般来说，这样做误差是不大的。如区间面积较大，而区间暴雨洪水又较大时，则通常用区间雨量资料，通过产汇流计算来求得区间洪水过程。

2. 马斯京根法

若资料不能满足用合成流量法，但汇入水库周边的支流较少，且坝址处有实测水位流量资料，干支流入库点有部分实测资料时，可根据坝址洪水资料，用流量反演法推算入库洪水。用马斯京根法反演时，将其公式变换，按相反的程序演算。这种方法对资料数量的要求不高，计算也比较简便。

3. 峰量关系法

入库洪水与坝址洪水之间的关系常可用建库前后的峰、量关系来粗略说明。图3-11是某水库建库前后的峰、量关系。由图3-11可见，对应同一洪量来说，建库后的入库洪峰Q_a要比建库前的坝址洪峰Q_b略大。前已述及，时段较长时，入库洪水的洪量与坝址洪水的洪量相差无几，可近似认为相等（对本例为7日以上）。考虑到这一点，由图3-11上查得对应同一洪量W_7的一组建库前后洪峰流量Q_b和Q_a；变动洪量W_7取值，可得出若干组数据，用来建立Q_a

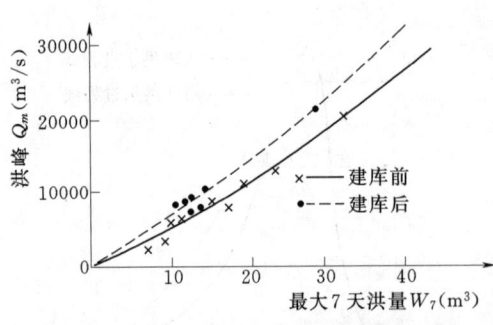

图3-11 某水库建库前后峰、量关系图

和Q_b之间的关系。例如对该水库得出$Q_a=1.20Q_b$，可近似作为该水库入库洪水与坝址洪水之间的关系，则可以根据该关系将入库洪峰转化成坝址洪峰，反之亦然。

3.5.3 入库设计洪水的推求

我国现行设计洪水规范规定:"水利水电工程设计洪水一般可采用坝址洪水。对具有水库的工程,若建库后产汇流条件有明显改变,采用坝址设计洪水对调洪结果影响较大时,应以入库设计洪水作为设计依据"。

入库设计洪水计算方法有以下两类。

1. 频率分析法

当具有长期入库洪水系列时,可采用一般的频率分析法直接推求各种标准的入库设计洪水。其中,入库洪水系列根据资料情况不同,可参照以下方法选取。

(1) 当水库回水末端附近的干流和主要支流有长期的洪水资料时,可用合成流量法推求历年入库洪水,再用年最大值法选取入库洪水系列。

(2) 当坝址洪水系列较长,而入库干支流资料缺乏时,可将一部分年份或整个坝址洪水系列,用马斯京根法(或槽蓄曲线法)转换为入库洪水系列。若只推算部分年份的入库洪水时,可先根据推算的成果,建立入库洪水与坝址洪水的关系,再将未推算的其余年份,根据上述关系转换为入库洪水,与推算的年份共同组成入库洪水系列。

2. 根据坝址设计洪水推算入库设计洪水

当由于资料条件的限制不能推算出入库洪水系列时,可按一般的频率分析方法先计算坝址各种设计标准的设计洪水过程线,再用马斯京根法(或槽蓄曲线法等方法),将已计算的坝址设计洪水反演得到入库设计洪水过程线。

3.6 分期设计洪水与施工设计洪水

3.6.1 分期设计洪水与施工设计洪水的概念

前面所讨论的设计洪水,都是以年最大洪水选样分析的,而不考虑它们在年内发生的具体时间或日期。如果洪水的大小和过程线形状在年内不同时期有明显差异,那么从工程防洪运用的角度看,需要推求年内不同时期的设计洪水,如桃汛期、凌汛期、主汛期或前汛期、后汛期等不同时期的设计洪水,为合理确定汛限水位、进行科学的防洪调度、缓解防洪与兴利的矛盾提供依据,这就是分期设计洪水问题。此外,在水利工程施工阶段,常需要推求施工期间的设计洪水,作为预先研究施工阶段的围堰、导流、泄洪等临时性工程,以及制定各种工程施工进度计划的依据与参考,这即是施工设计洪水问题。当施工设计洪水的分期与分期设计洪水的分期是一样时,上述两种设计洪水也就是一样的。

3.6.2 分期及选样

1. 分期的原则

洪水分期的划分原则,既要考虑工程设计中不同季节对防洪安全和分期蓄水的要求,又要使分期基本符合暴雨和洪水的季节性变化及成因特点。为了便于分析,可根据本流域的资料,将历年各次洪水以洪峰发生日期或某一历时最大洪量的中间日期为横坐标,以相应洪水的峰量数值为纵坐标,点绘洪水年内分布图,并描绘平顺的外包线（见图3-12）。并结合气象分析中的降雨和暴雨特征、环流形势的演变趋势，进行对照分析，再具体划定洪水分期界限。分期后，同一分期内的暴雨洪水成因应基本相同，不同分期的洪水在量级或出现概率上应有差别。

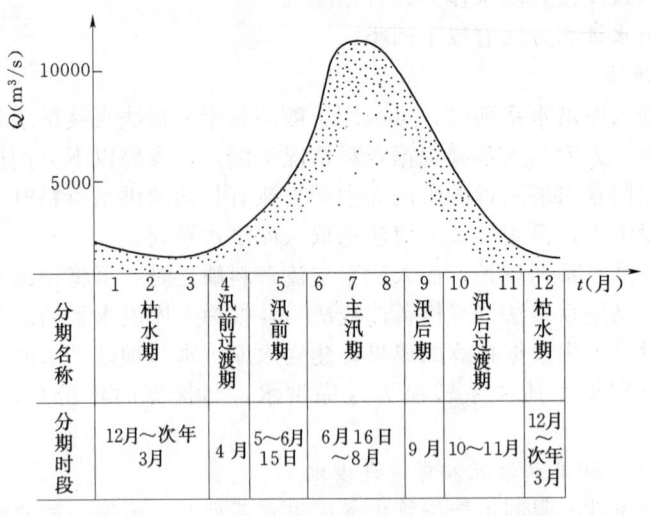

图3-12 洪水分期示意图

对于施工设计洪水，具体时段的划分主要决定于工程设计的要求。为选择合理的施工时段，安排施工进度等，常需要分出枯水期、平水期、洪水期的设计洪水或分月的设计洪水，有时甚至还要求把时段划分得更短。但分期越短，相邻期的洪水在成因上没有显著差异，而同一期的洪水由于年际变差加大，频率计算的抽样误差也将更大。因此，一般分期不宜短于一个月。

2. 选样

分期洪水的选样，一般是在规定时段内按年最大值法选择。由于洪水出现的偶然性，各年分期洪水的最大值不一定正好在所定的分期内，可能往前或往后错开几天。因此，在用分期年最大值选样时，有跨期或不跨期两种选样方法。

一次洪水过程位于两个分期时，视其洪峰或时段洪量的主要部分位于何期，就作为该期的样本，而对另一分期，就不作重复选样，这即是不跨期选样原则。跨期选样是考虑到邻期中靠近本期一定时段内的洪峰或洪量也可能在本期发生，所以选样时适当跨期，将其选做本期的样本系列，但跨期幅度一般不宜超过5~10日。

历史洪水应按其发生日期，加入所属分期。

3.6.3 分期洪水频率分析计算

分期洪水频率分析计算方法和步骤，本质上与年最大洪水的频率分析是一样的。在实际计算时，应注意如下几个方面：

（1）分期历史洪水或特大洪水的重现期，一般与按年最大洪水的重现期是不一样的。两者的差别大小，与洪水的特点及分期的划分有关。如果年最大洪水在汛期内各月均可能发生，而划分分期时将汛期作为一个分期，则两者就相近或相等。如果划分分期时，将汛期分成几个分期，两者就有差别，而且历史洪水作为年最大洪水的重现期总是小于作为分期历史洪水的重现期。但是，目前还没有一种满意的方法定量地估计两者的差别或给出两者的换算关系。在实际使用历史洪水进行分期洪水频率计算时，都是借用年最大洪水的经验频率，只在适线时适当加以考虑其间的差别。

（2）大型水利枢纽由于工程量巨大，施工期可延续几年之久，一般采取分期围堰的施工方式，即先在临时性围堰内施工，然后合龙闭气，使坝体逐渐上升。在此阶段为避免基坑遭受洪水淹没，设计洪水应当以洪峰为主要控制对象，并需对全年及分季（或分月）推求。大坝合龙初期，坝上游已有一小部分库容，可根据洪水特性来控制，同时适当考虑洪峰及短期（如 1～3 日）的洪量。合龙后坝体上升阶段，坝上游已有一定的调蓄洪水能力并有永久性底孔泄洪，此时，设计洪水应以设计洪水总量为控制，考虑泄水孔的泄洪能力，用设计洪水过程线进行调洪演算，以推求库水位上升过程，为考虑坝体施工的上升造速提供依据。

中小型水利枢纽施工一般在一两年内即可截流，只需推求全年及分季分月的设计洪峰，可以不考虑洪量。

（3）将各分期洪水的峰量频率曲线与全年最大洪水的峰量频率曲线，画在同一张几率格纸上，检查其相互关系是否合理。如果在设计频率范围内发生交叉现象，应根据资料情况和洪水的季节性变化规律予以调整。一般来说，由于全年最大洪水在资料系列的代表性、历史洪水的调查考证等方面，均较分期洪水研究更充分一些，其成果相对较可靠。因此，调整的原则，应以分期历时较长的洪水频率曲线为准，如以年控制季，季控制所属月为宜。当各分期洪水相互独立时，其频率曲线和全年最大洪水的频率曲线之间存在一定的频率组合关系，可作为合理性检查的参考。例如，对于前后 2 个汛期的分期情况（假设相互独立），全年洪水与分期洪水有如下关系：

$$p(Q_年 > Q) = p(Q_前 > Q) + p(Q_后 > Q) - p(Q_前 > Q)p(Q_后 > Q) \quad (3-19)$$

式中：$Q_年$、$Q_前$、$Q_后$ 分别代表全年、前汛、后汛期最大洪水随机变量。

因此，可以根据式（3-19）的关系，以全年最大洪水频率曲线为控制，对前、后汛期的频率曲线进行调整。

参 考 文 献

[1] 刘光文主编. 水文分析与计算，北京：水利电力出版社，1989.
[2] Ang A H S, Tang W H. Probability Concepts in Engineering Planning and Design, Vol. 2, John Wiley, 1984.
[3] Yen B C, Cheng S T, Melching C S. First order reliability analysis. In B C Yen (ed.), Stochastic and Risk Analysis in Hydraulic Engineering. Littleton, Colorado: Water Resources Publications, 1986.
[4] Duckstein L, Plate E J. Engineering Reliability and Risk in Water Resources, Martinus Nijhoff, 1987.
[5] 朱元甡. 水库防洪安全的水文评价程序. 南京：河海大学出版社，1992.
[6] Berga L. Dam safety. Rotterdam：Balkema, 1998, 1099-1106.
[7] 朱元甡. 基于风险分析的防洪研究. 河海大学学报，2001, 29 (4)：1-8.

[8] 中华人民共和国水利部.《防洪标准》GB 50201—94. 北京：中国计划出版社，1994.
[9] 中华人民共和国水利部.《水利水电设计洪水计算规范》SL 44—2006. 北京：中国水利水电出版社，2006.
[10] 水利部长江水利委员会水文局，水利部南京水文水资源研究所. 水利水电工程设计洪水计算手册. 北京：中国水利水电出版社，2001.
[11] 叶永毅. 设计洪水过程线典型的选择及放大方法，水文计算经验汇编（第二集）. 中国工业出版社，1964.
[12] 胡四一. 美国 HEC 工程水文设计系统简介. 水利水电技术，1985（11）：60-64.
[13] Maidment D R. Handbook of Hydrology. McGRAW-HILL，INC. 1992.

第 4 章

由暴雨推求设计洪水

4.1 概 述

除了由流量资料推求设计洪水外,还可以根据暴雨资料进行设计洪水的计算。我国大多数河流的洪水都是由暴雨形成的,通过暴雨分析求得设计暴雨,再通过产汇流计算推求设计洪水。之所以采用暴雨资料计算设计洪水,主要基于如下考虑:

其一,在实际工作中,经常会遇到工程所在地点流量资料缺乏或不足的情况,无法根据流量资料推求设计洪水。而我国多数地区观测的降雨资料要比实测流量资料年限更长,设置的测站也较多。比如,至 1985 年,全国观测降水量的测站已达 20256 个,约为流量站的 6 倍。另外,降水特征值和设计值在地区上进行综合或作短距离移用和内插的限制一般比流量资料小得多。所以,根据雨量资料进行分析计算是解决流量资料短缺地区设计洪水计算问题的一种可行方法。

其二,人类活动的影响使得由暴雨推求设计洪水的方法日益重要。近几十年来人类活动的影响对于水文过程的影响越来越大,不少流域陆续兴建了大量的水利工程及水土保持工程,使流量资料系列的一致性遭到不同程度的破坏,还原计算比较困难;社会经济的迅猛发展,特别是城市化,对流域或区域的下垫面产生了巨大影响,原有的一些基本水文规律,如产、汇流规律,均发生了很大改变。所以,采用雨量资料作为设计洪水计算的基本依据或与流量资料的计算分析成果加以对照和比较,就显得日益重要。

由暴雨资料推求设计洪水的分析计算,实际上对计算目标作了两次转换。在工程规划设计中,往往是对工程破坏的风险率有一定的要求,这是由于风险率是与工程项目的经济效益紧密关联的。"洪水事故风险率"是指工程运行期间,因洪水过大或工程承载能力降低而破坏的频率。长期以来由于直接确定"洪水事故风险率"有巨大的困难,所以引进了"设计洪水"的概念,以洪水出现频率代表洪水事故风险率作为设计标准,这是第一次目标转换。当由洪水资料推求符合指定频率的洪水过程(设计洪水)发生困难时,人们又引进了"设计暴雨"的概念,即根据暴雨资料推求符合设标准的"设计暴雨"。水工设计就是以防御这样一场设计暴雨所形成的洪水作为标准的,这是第二次目标转换。

所谓设计暴雨,也是具有一场现实降雨的形式,即包括设计暴雨量和降雨强度在时间和空间的变化过程。然而在实际计算中,有时可以不考虑上述设计暴雨的时空分布的不均匀性,以便使计算工作简化。例如,当无需考虑流域内上下游梯级枢纽的相互影响时,就只需推求流域平均面雨量的设计暴雨过程,而不考虑设计暴雨在流域内分布的不均匀性。

在利用设计暴雨推算设计洪水时,假定两者具有相同的频率,即所谓的"雨洪同频"。用流量资料计算设计洪水所采用的频率分析计算原理和方法基本上都适用于设计暴雨。但暴雨分析也具有某些特殊性,如特大暴雨的移用与处理,统计参数的地区综合,以及暴雨点面关系和面雨型的分析等,需另行研究。由暴雨资料推求设计洪水的概略程序如图4-1所示。

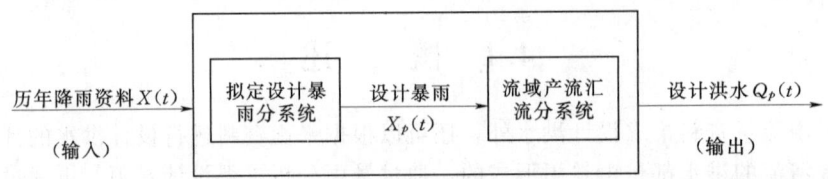

图 4-1 由暴雨资料推求设计暴雨及其形成的洪水过程概略程序

求得设计暴雨后,进行流域产流、汇流计算,推求相应的洪水过程,其分析计算原理和具体方法已在有关课程(水文预报、水文学原理)中阐明。本章主要讨论以下内容:暴雨特性的分析,点暴雨量的频率计算,面暴雨量的频率计算,设计暴雨量的时空分布计算,分期设计暴雨的计算以及由设计暴雨推求设计洪水。

4.2 暴雨特性分析

4.2.1 特大暴雨的形成

在我国,气旋和台风是形成暴雨的主要原因,而形成雨量较大的暴雨,需要具备水汽和动力两个方面的条件,既需要有源源不断的暖湿空气,还需要有强烈的上升运动。气象资料表明,特大暴雨和一般暴雨之间差别主要是表现在"量"上,很难说在"质"上有多少改变。各次特大暴雨是由于众多因素组合遭遇而构成了有利于降雨的条件:包括特别充分的水汽供应和特别强烈的上升运动。

现以1975年8月河南驻马店地区的特大暴雨(简称"75.8"暴雨)为例,来具体说明暴雨过程。1975年8月4~8日,由于3号台风深入内陆所形成的强烈低压系统,挺进到长沙转而北上,移入河南省境内,停滞了2~3天,与自北方南下的冷空气形成对峙的局面。由于这种热低压系统,从海洋挟带大量水汽,与强冷空气遭遇,形成强烈的辐合,加上地形抬升作用,造成了这次历史上罕见的特大暴雨。在这次暴雨形成过程中,存在很多随机因素。可以设想,如果某些因素或条件略有改变,则各时段雨量或雨区内各处点雨量的分布形式就会完全改观。

4.2 暴雨特性分析

由于形成各次特大暴雨的气象条件多种多样,而且雨区的地形千差万别,所以特大暴雨雨量的时空分布并不相同,应当统计分析当地历次实测特大暴雨资料,包括其平均和恶劣情况,作为估计暴雨可能出现情势的依据。

4.2.2 暴雨的时空分布特性

一次暴雨过程在时间上和空间上是不断地变化和发展的,属于多维过程,无法用少数几个数字特征对一次暴雨作出全面的描述。由于形成各次暴雨的天气形势不尽相同,再加上雨区的地形、地理条件的作用,使得每次暴雨过程都具有各自的特点。有的暴雨短历时雨量特别大,如"75.8"林庄6小时雨量 $x_{6h}=870mm$,"77.8"乌审召8小时雨量 $x_{8h}=1050mm$;而有的暴雨长历时雨量特别大,如"63.8"獐狁7日总雨量 $x_{7d}=2051mm$。各次暴雨笼罩面积及雨量分布也不同,如"77.8"内蒙古暴雨200mm以上的面积仅 $1500km^2$,降水总量仅45.2亿 m^3。而"35.7"清江暴雨达 $120000km^2$,5日降水总量达600亿 m^3。由国内外暴雨量历史最大记录(表4-1),可看出各次特大暴雨具有各自的特点。

表 4-1　　　　　　国内外暴雨最高记录表(长历时)　　　　　单位:mm

地区	地点	发生时间 (年.月)	暴雨历时		
			1日	3日	7日
海河流域	獐狁	1963.8	865	1457	2051
淮河流域	林庄	1975.8	1060	1605	1631
长江流域	五峰	1935.7	423	1076	1318
江苏沿海	潮桥	1960.8	653	934	
珠江流域	清远	1946.8	343	832	1321
广东沿海	镇海	1955.7	798	949	972
台湾	新寮	1967.10	1672	2749	
印度	乞拉朋齐	1931.6		2045	3331
印度	乞拉朋齐	1876.6	1038	2000	
法属留尼汪岛	锡拉奥	1952.3	1870	3240	4110
菲律宾	碧瑶	1911.7	1167	2010	
日本	太台源山	1923.9	1011		

一场暴雨的强度在时间上和空间上都是不断发展变化的,是一个相当复杂的过程,为了研究当地的暴雨(尤其是特大暴雨)特性,一般是把暴雨过程的时间和空间变化分解开来。一方面研究各站逐时或逐日的暴雨过程资料,分析暴雨的时间分配特性;另一方面通过暴雨特征(如年最大1日雨量、3日雨量、7日雨量、…)的分布图,说明暴雨的地区分布特性。

1. 暴雨的时间分配特性

通常是绘制各站暴雨强度在时间上的变化过程线,来描述暴雨量的时程分配情况。由于各次暴雨过程差别很大,即使是同一场暴雨,雨区内各站的过程线也不相同。为了便于分析对比,一般是取若干固定时段,如1小时、3小时、6小时、12小时、…,统计一次暴雨过程的时段最大雨量,如最大1小时雨量 x_{1h}、最大3小时雨量 x_{3h}、…,并计算其相对比值如 x_{1h}/x_{3h}、x_{3h}/x_{5h}、…,作为暴雨特征,说明暴雨过程的集中或平坦程度。

"75.8"暴雨过程从 8 月 4 日起至 8 月 8 日止,历时 5 日,雨量的时程分配如图 4-2 所示。暴雨量主要集中在 5～7 日,如林庄站最大 3 日雨量 x_{3d} 为 1605mm,而 5 日的 x_{5d} 为 1631mm,x_{3d}/x_{5d}=98.4%;板桥站 x_{3d} 为 1422mm,x_{5d} 为 1451mm;而各代表站在 3 日中最后 1 日(8 月 7 日)的雨量占 3 日的 50%～70%,这一天的雨量又集中在最后的 6 小时,6 小时雨量 x_{6h} 与 24 小时雨量 x_{24h} 之比为 50%～80%,如林庄 x_{6h}/x_{24h}=78.3%。"75.8"是一次雨量集中在后期的暴雨过程,这种雨型对于水库防汛安全是极为不利的。

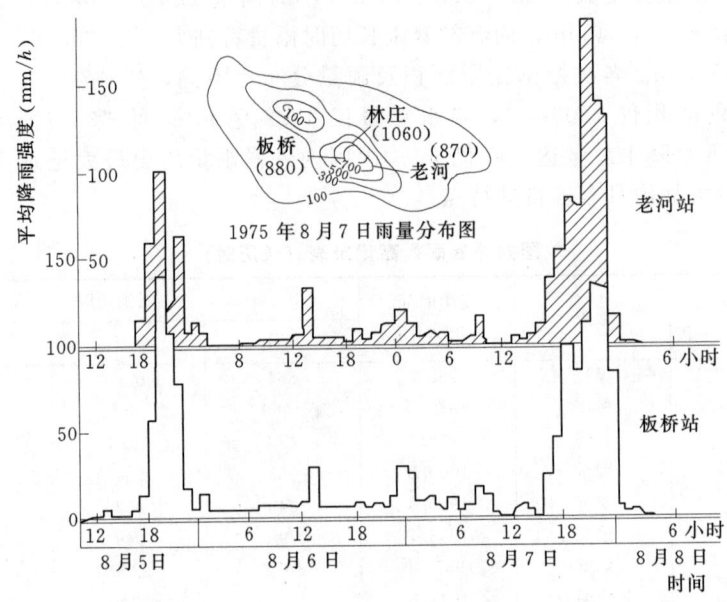

图 4-2　河南"75.8"暴雨时程分配图

2. 暴雨的空间分布特性

根据不同需要可绘制各种时段的暴雨量等值线图,如一次暴雨总量 x、最大 1 日雨量 x_{1d}、连续最大 3 日雨量 x_{3d}、…(各站可以用不同的起讫时间)的等值线图,也可绘制同一起讫日期的 1 日、3 日、…雨量等值线图,用这些图来说明暴雨的地理分布特性。

例如,图 4-3 为中国北方两次特大暴雨的最大 3 日雨量等值线图。图中各次暴雨等值线的形状和面积大小相差是比较大的,因此很难用一种或几种典型暴雨图加以概括。暴雨的分布与天气系统有密切关系,锋面雨、台风雨和局部对流雨的等值线图具有不同的特性。此外,特大暴雨是天气系统与地形综合作用形成的,所以其空间分布往往与地形有密切的关系。暴雨中心多出现在迎风坡面上,山顶和山脚的雨量一般较小。

图 4-4 是河北"63.8"暴雨雨量剖面图,"75.8"暴雨也具有类似的剖面。河谷盆地及山脉的走向对雨量分布也有影响。因此,在拟定设计暴雨的空间分布,或移置邻近地区大暴雨资料时,必须分析研究当地地形的作用。

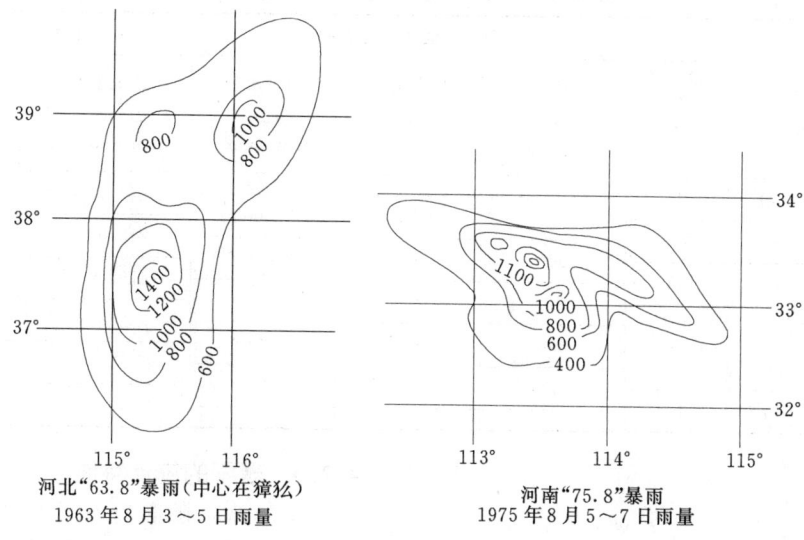

图 4-3 中国北方两次特大暴雨的最大 3 日雨量等值线图
（左：河北"63.8"暴雨（中心在獐狉） 1963 年 8 月 3～5 日雨量；右：河南"75.8"暴雨 1975 年 8 月 5～7 日雨量）

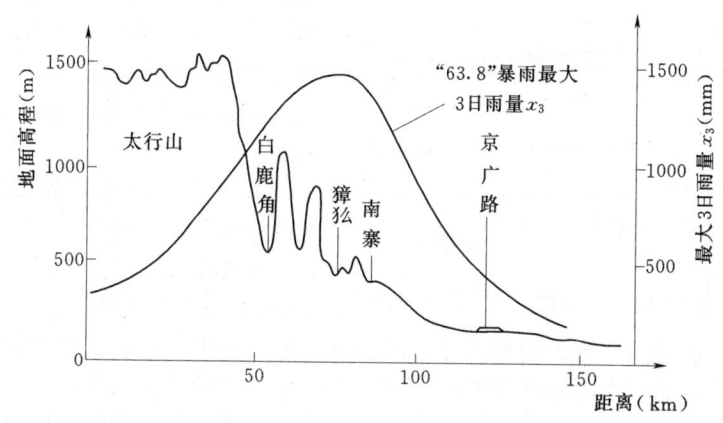

图 4-4 河北"63.8"暴雨雨量剖面图

为了对比各次特大暴雨空间分布特性和定量分析暴雨在空间上的集中程度，可以在暴雨等值线图上，环绕暴雨中心，量测逐条等雨深线所笼罩的面积 f_i，成果见表 4-2，并计算面积 f_i 上的平均雨量 x_i。也可将成果绘制成平均面雨量 x_f 与所笼罩面积 f 的关系曲线，会更加直观醒目。对于同一次暴雨过程，选取不同的统计时段，得出若干幅雨量等值线图，也就得出各自的笼罩面积表或曲线，然后绘制成一幅综合的曲线图，即时段长 t、笼罩面积 f 和面平均雨量 x_f 三者关系曲线，如图 4-5 所示。

国外取三字的英文字首简称为 DAD 曲线，即时—面—深曲线。显然，历年各场大暴雨都可以作出其时—面—深曲线。由于暴雨的随机性，各幅图是互不相同的，甚至差别很大。在拟定设计暴雨时，就需要分析和确定符合当地暴雨特性的时—面—深曲线，作为设计的依据。

表 4-2　　　　　1963 年 8 月河北暴雨 3 日面平均雨量计算表

序号	等雨量线雨量 x_i (mm)	笼罩面积 f_i (km²)	等雨量线间部分面积			面积 f_i	
			面积 Δf (km²)	相应雨量 $\bar{x}$ (mm)	相应水量 $\bar{x}\Delta f$ (mm·km²)	总水量 $\Sigma \bar{x}\Delta f$ (mm·km²)	平均雨量 x_f (mm)
1	≥1130	0				0	1130
2	≥1000	200	200	1065	213000	213000	1065
3	≥900	480	280	950	266000	479000	998
4	≥800	990	510	850	433500	912500	922
5	≥700	1790	800	750	600000	1512500	845
6	≥600	3160	1370	650	890500	2403000	760

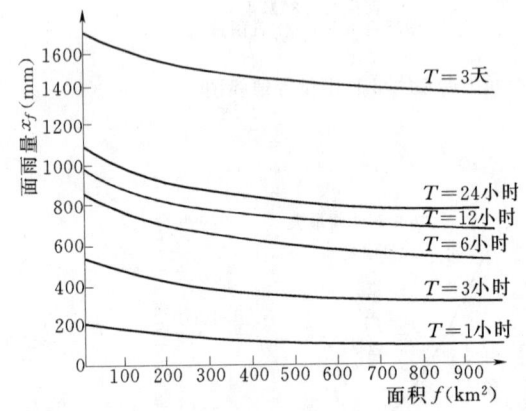

图 4-5　河南"75.8"暴雨时—面—深关系曲线

4.2.3　暴雨的统计特性

近年来，随着资料的积累（包括测站密度增加，观测年限增长，开展暴雨调查等），全国各地多次测到特大暴雨，如"35.7"五峰、"63.8"海河、"75.8"淮河、"77.8"内蒙古、"79.6"广东沿海等，降水强度或雨量之大都是历史上所罕见的，接近或达到世界记录（见表 4-1）。

1979 年，陈志恺分析研究了全国特大暴雨资料，绘成"历次大暴雨分布图"（见图 4-6）。该图是以各次实测（调查）特大暴雨的中心最大 24 小时雨量作为指标来点绘的。陈志恺根据分布图并结合地形地理分布，提出我国存在三条特大暴雨集中带，如图中阴影面积所示，并分别阐明了三带的暴雨特性。

（1）台湾、海南等沿海岛屿与华南、东南沿海山地。这一带的暴雨主要受台风影响，在台风登陆的迎风坡或山前地区往往形成大暴雨。发生的时间一般是在夏秋季，有时延迟到 11 月份。台风雨的 24 小时雨量是很大的，例如我国的最高记录就是 1976 年 11 月 17 日在台湾新寮观测到的，24 小时雨量达到 1672mm。

（2）沿千山、燕山、太行山、伏牛山、大巴山、巫山一带，是一条大体与海岸线平行的线，是沿海平原与内陆山区的交界带。这一带的暴雨大多发生在 7、8 月份，季风最活跃的时期，随着太平洋副高中心北移，使辐合带活跃北进。台风或低涡等低纬度天气系统与冷锋、低槽等中纬度天气系统的相互作用或碰头，再加上地形上的抬升增幅作用，形成了"63.8"、"75.8"等特大暴雨，24 小时雨量可以达到 800～1000mm 左右。

（3）武陵山前、蒙古高原、青藏高原、云贵高原的东侧一带，属于黄土高原或半干旱沙漠草原地区，在夏季（7、8 月份）受西来低涡、低槽等强烈对流天气系统影

4.2 暴雨特性分析

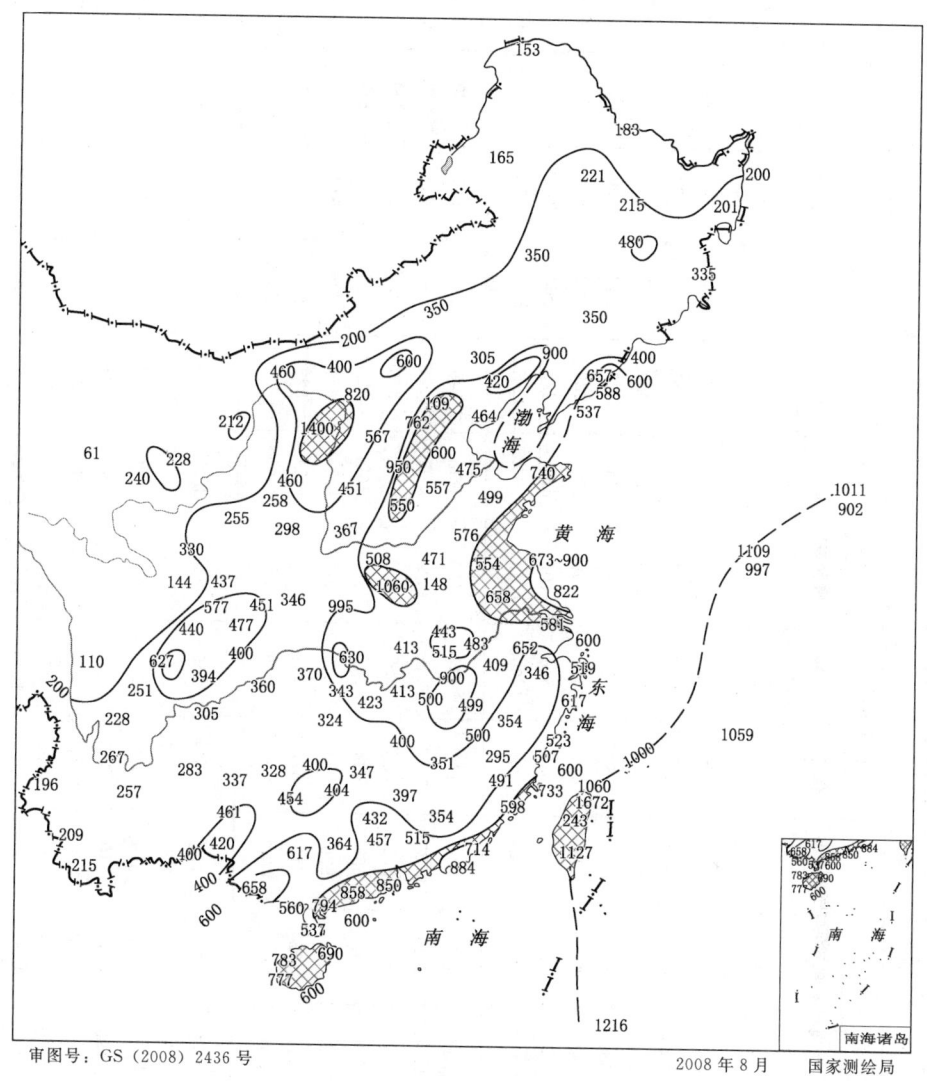

审图号：GS（2008）2436号　　　　　　　　　　2008年8月　　国家测绘局

图 4-6　历次大暴雨分布图

响，也曾出现历时短、强度特大的雷暴雨，在 3~6 小时内可达 300~600 mm，其中以 1977 年 8 月 1 日内蒙古陕西交界处乌审召特大暴雨最为突出。经反复调查核实，已发现有 4 处在 8~10 小时内降雨超过 1000mm，其中一处超过 1400 mm，强度大大超过以往的世界记录。这一带的雷暴雨的雨区面积一般不大，降雨时往往伴随有冰雹发生。

以上是对 24 小时雨量资料分析的成果，也可以对其他时段的雨量进行分析。

除了直接对历史上特大暴雨雨量进行分析，也可以绘制各种时段的暴雨量统计参数（均值 $\bar{x}$、变差系数 C_v）的等值线图，从中分析暴雨的统计特性。各单位、各省区分别作过一些暴雨特性分析，成果和结论大体与前述陈志恺的观点相同。

由华北地区一些雨量站的观测资料，得出各种暴雨特征的统计分析成果见表 4-3。

表 4-3　各雨量站频率计算成果表（"63.8"华北地区暴雨）

		大清河流域							滏阳河流域						
		山区			铁路沿线			山区				铁路沿线		
		紫荆关	大良岗	阜平	西蔺水	保定	望都	赞皇	獐獏	朱庄	武安	石家庄	邢台	临洺关
最大1日雨量	n	24	13	23	27	39	12	20	11	12	18	32	22	20
	N		100	50				200						
	$\bar{x}$(mm)	133	145	92	82	77	85	90	115	95	85	80	85	85
	C_v	0.80	0.80	0.80	0.80	0.70	0.80	0.85	0.95	0.85	0.80	0.70	0.80	0.85
	C_s/C_v	3.0	3.0	3.5	3.5	3.5	3.5	3.0	3.0	3.0	3.0	3.5	3.0	3.5
	$x_p\begin{cases}p=1/100\\p=1/1000\end{cases}$	537 816	586 890	384 601	343 536	283 427	355 555	386 596	551 877	407 629	343 522	294 443	343 522	377 600
	"63.8"暴雨量（mm）	309	599	318	274	231	546	407	865	323	261	272	232	295
	相应频率	1/5	1/100	1/50	1/40	1/40	1/900	1/130	1/900	1/40	1/35	1/70	1/25	1/45
最大3日雨量	$\bar{x}$(mm)	204	232	140	128	118	130	150	160	145	130	115	120	125
	C_v	0.84	0.80	0.80	0.80	0.70	0.80	0.85	0.95	0.85	0.80	0.70	0.80	0.85
	C_s/C_v	3.0	3.0	3.5	3.5	3.5	3.5	3.0	3.0	3.0	3.0	3.5	3.0	3.5
	$x_p\begin{cases}p=1/100\\p=1/1000\end{cases}$	864 1330	937 1424	585 914	535 836	434 654	543 849	643 993	767 1220	622 960	525 798	423 637	485 737	554 882
	"63.8"暴雨量（mm）	550	911	472	510	376	412	779	1457	826	678	592	570	611
	相应频率	1/20	1/90	1/45	1/80	1/55	1/35	1/250	1/3000	1/400	1/350	1/600	1/200	1/150
最大7日雨量	$\bar{x}$(mm)	265	296	200	170	150	180	205	220	200	175	151	155	160
	C_v	0.84	0.80	0.80	0.80	0.70	0.80	0.85	0.95	0.85	0.80	0.70	0.80	0.85
	C_s/C_v	3.0	3.0	3.5	3.5	3.5	3.5	3.0	3.0	3.0	3.0	3.5	3.0	3.0
	$x_p\begin{cases}p=1/100\\p=1/1000\end{cases}$	1123 1728	1196 1817	836 1306	710 1110	551 831	752 1176	879 1360	1050 1680	857 1324	707 1074	555 837	626 951	686 1059
	"63.8"暴雨量（mm）	791	1110	685	707	1094	1094	1187	2051	1213	906	738	736	833
	相应频率	1/30	1/70	1/50	1/100	1/500	1/650	1/450	1/3850	1/580	1/350	1/450	1/200	1/250

可以看出各站暴雨参数数值的变化，基本上反映出当地气候及地理因素的作用，北部大清河流域的均值 $\bar{x}$ 要比南部滏阳河流域稍大。C_v、C_s/C_v 的数值南北比较接近，而西部山区的 C_v 值较东部平原稍大，一般山区 $C_v=0.8\sim0.9$，平原区 $C_v=0.75\sim0.85$。两区 C_s/C_v 均在 3.0～3.5 范围之内，一般山区均值 $\bar{x}$ 略大于平原地区。这些统计参数（包括1日、3日、7日不同时段）在地理上呈现出一定的渐变趋势，而且这些变化可以从气候或地形等方面作出解释。

暴雨参数的这种分布规律，就是人们采用地理插值法，以等值线图形式推求无资料地区暴雨参数的依据。如浙江省东部沿海地区以台风暴雨为主，而西部山区则往往以梅雨型暴雨为主，中间还存在一个过渡地带，见表 4-4、表 4-5。因此，各地由两种雨型组合构成的年最大雨量，频率曲线形状也是不相同的，三种地区典型的频率曲线如图 4-7 所示。广东省、海南省部分测站不同雨型的统计参数见表 4-6。各地的资料都表明：暴雨的统计特性是与当地暴雨形成的气象条件有密切关系的。

表 4-4　　　　　　　　　浙江省不同地区暴雨参数关系

地　区	雨型控制	均　值	C_v
东部沿海	台风型	$\bar{x}_年 > \bar{x}_台 > \bar{x}_梅$	$C_{v台} > C_{v年} > C_{v梅}$
西部地区	梅雨型	$\bar{x}_年 > \bar{x}_梅 > \bar{x}_台$	$C_{v台} > C_{v梅} > C_{v年}$
过渡地区		$\bar{x}_年 > \bar{x}_台 > \bar{x}_梅$	$C_{v台} > C_{v年} > C_{v梅}$

表 4-5　　　　浙江省不同地区暴雨参数均值 $\bar{x}$ 对比　　　　单位：mm

地区	站名	年最大值法			分期最大值法					
					台风期			梅雨期		
		1日	3日	7日	1日	3日	7日	1日	3日	7日
东部沿海	宁波	100.6	150.1	185.2	90.5	141.5	171.9	62.3	98.6	130.1
	温州	118.8	186.9	248.5	110.9	169.9	222.6	68.2	110.8	159.8
西部山区	淳安	87.4	136.8	192.0	56.9	86.4	106.3	82.2	127.5	185.2
过渡地区	诸暨	87.0	125.3	167.0	69.9	97.3	129.7	66.5	110.0	149.3

表 4-6　　　广东省、海南省部分测站不同暴雨成因的统计参数　　　单位：mm

站名	项目	年最大				台风雨				锋面雨			
		$\bar{x}_{24h}$	C_v	n_1	n_2	$\bar{x}_{24h}$	C_v	n_1	n_2	$\bar{x}_{24h}$	C_v	n_1	n_2
海口	均值 $p=10\%$ $p=1\%$	173	0.45	0.42 0.38 0.34	0.68 0.63 0.56	153	0.60	0.37 0.33 0.30	0.58 0.56 0.53	106	0.45	0.44 0.41 0.39	0.80 0.76 0.72
徐闻	均值 $p=10\%$ $p=1\%$	198	0.60	0.38 0.32 0.26	0.65 0.58 0.52	193	0.65	0.33 0.28 0.24	0.60 0.52 0.50	111	0.48	0.54 0.52 0.48	0.80 0.74 0.68
湛江	均值 $p=10\%$ $p=1\%$	143	0.45	0.45 0.37 0.31	0.73 0.71 0.68	124	0.58	0.42 0.38 0.34	0.66 0.66 0.65	114	0.55	0.50 0.43 0.38	0.76 0.71 0.66
阳江	均值 $p=10\%$ $p=1\%$	207	0.54	0.37 0.28 0.19	0.66 0.61 0.56	134	0.52	0.46 0.40 0.37	0.66 0.64 0.62	192	0.60	0.37 0.32 0.28	0.65 0.60 0.51

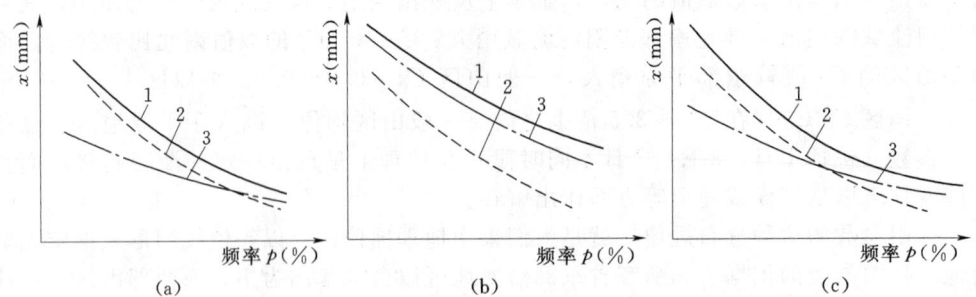

图 4-7　浙江省不同地区暴雨频率曲线对比示意图
(a) 东部沿海；(b) 西部地区；(c) 过渡地区
1—年最大值频率曲线；2—台风型最大值频率曲线；3—梅雨型最大值频率曲线

由于暴雨的变差较大，当资料系列较短时，样本的分布往往带有可观的随机波动，暴雨的统计规律包括各种参数的地理分布趋势，只有当各地资料系列相当长的情况下才会呈现出来，否则参数的抽样误差就会掩盖或模糊了地理分布规律。如上海附近的黄浦江地区，地处沿海平原，地形变化很微小，面积也不大（10000km² 左右），各站统计参数理应比较相近，而实际上各站的参数却变动相当大，足以说明统计系列过短时抽样误差的显著影响。

不同时段的暴雨量之间的关系是各地暴雨特性的一个方面，在实用上可作为设计雨量时段转换的手段，因此在暴雨特性分析工作中占有重要地位。全国各省区都作了大量统计工作，建立了反映当地暴雨特性的雨量和历时之间的经验公式。

4.3　点暴雨量频率计算

暴雨频率分析是设计暴雨计算的中心内容。设计暴雨频率分析计算的方法一般同于设计洪水频率分析计算，大多数方法可直接采用前面的有关介绍。但暴雨频率分析也具有一定特殊性，需要专门说明。

在设计暴雨计算中，分为点暴雨量频率计算和面暴雨量频率计算两种。前者是对一个雨量站的资料系列作统计计算，后者则是对设计流域或排水区的面平均雨量资料作统计计算。两者的频率分析计算方法和原则基本上是一致的，只是基本资料有所不同，成果之间也有一定的联系。现分成两节来说明，本节说明点暴雨量频率计算部分，有关面暴雨量频率计算的一些专门问题在 4.4 节中讨论。

4.3.1　点暴雨频率计算的一般方法

1. 统计选样

暴雨资料的统计选样，与洪水计算的方式一样，采用固定时段年最大值法独立选样，具体方法参阅洪峰、洪量的频率计算。

关于暴雨的统计时段，水文计算习惯上以 1 日为分界。暴雨历时超过 1 天的雨量称为长历时暴雨，暴雨历时小于 1 天的称为短历时暴雨。长历时一般取 1 日、3 日、7 日、15 日、30 日，短历时一般取 1 小时、3 小时、6 小时、12 小时、24 小时。只有暴雨核心部分（短历时）是参加形成设计洪峰的。统计计算长历时的雨量是用来分析暴雨核心部分起始时刻的流域蓄水情况，虽然长历时雨量中的部分并未直接参加形成设计洪水的主峰，但它们还是对设计洪水成果有间接的影响。

2. 暴雨资料的插补展延

为了增加暴雨资料的系列长度，提高系列的代表性，在可能的条件下，应尽量利用邻近的资料来插补展延。但由于暴雨的局地性，使相邻站暴雨的相关关系很差，如南京与镇江两地相距仅 65km，而两站的年最大 1 日雨量相关图点据很散乱（见图 4-8）。实际上年最大时段暴雨量资料一般不宜用相关法插补，可以采用下列方法插补展延：

(1) 与邻站距离很近时，可直接借用邻站某些年份的资料。

(2) 一般年份当相邻站雨量相差不大时，可移用邻近各站的平均值。

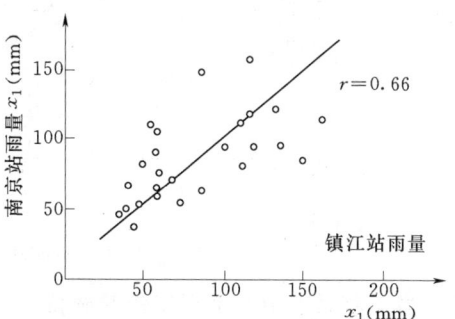

图 4-8　南京站与镇江站年最大 1 日雨量相关图

(3) 出现大暴雨的年份，当邻近地区测站较多时，可绘制该次暴雨或该年最大值等值线图进行插补。

(4) 个别大雨年份缺测，用其他方法插补较困难，而邻近地区观测到特大暴雨。由气象条件分析，说明该暴雨有可能发生在本地附近时，可移用该特大暴雨资料。移用时应注意相邻地区气候、地形等条件的差别。若相邻两地平行观测的暴雨资料的分布有一定差别时，应作必要的修正。

(5) 若与洪水的峰（或量）关系较好，可建立暴雨和洪水峰（或量）的相关关系，利用实测或调查洪水资料插补缺测的暴雨资料，但应根据有关点据分布的情况，估计其可能包含的误差范围。

3. 特大值的改正与处理

实践证明，暴雨频率分析的成果，与系列中是否包含特大暴雨有直接关系。一般年份的暴雨变幅不是很大，若不出现特大暴雨，统计得出的参数 $\bar{x}$、C_v 往往偏小。但若在短期资料系列中一旦出现一次罕见的特大暴雨，就会使原频率计算成果完全改观。如福建长汀县四都站，根据 1972 年以前的最大 1 日雨量系列计算 $\bar{x_1}=102\text{mm}$，$C_v=0.35$，$C_s=3.5C_v$ 绘成频率曲线，如图 4-9 中的 1 线，据此计算得万年一遇雨量 $x_{1,0.01\%}=332\text{mm}$。而四都站 1973 年出现一次特大暴雨，实测最大 1 日雨量达 332.5mm，恰好相当于万年一遇。如此罕见的小概率事件，在临近的其他站点，本次降雨的量级并没有达到如此稀遇程度。在四都站最大 1 日雨量的经验分布图上，1973 年雨量点高悬于其他点据之上，若不作处理，强行适线，得出图中 3 线，C_v 值高达 1.10，与周围各站统计参数相比，相差悬殊，并且从气象成因和地形地理等方面都无法解释。

由此可见，特大值对统计参数 $\bar{x}$、C_v 值影响很大。它和历史洪水资料一样，适线时如果处理得当，可以提高系列代表性，起到展延系列的作用。

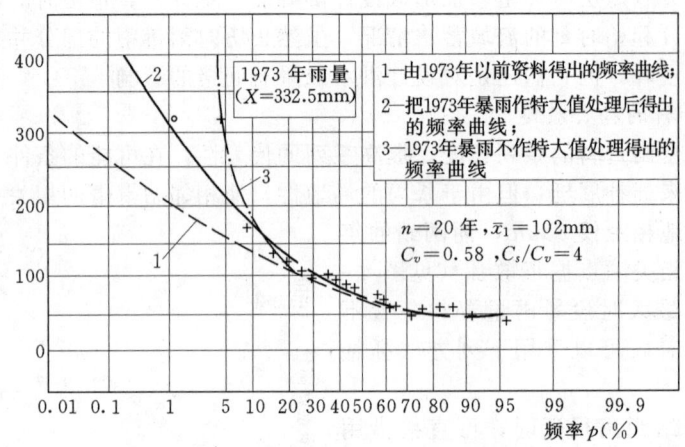

图 4-9　四都站最大 1 日雨量频率曲线

当实测系列中有个别年份暴雨特大，考虑作为特大值处理时，应多方面分析甄别后再进行处理。判定一个暴雨数据是否为特大值主要可从下列几方面考虑，如经验点据偏离频率曲线的程度、均值倍比 K_p 值的大小（如 $K_p > 2$）、雨量记录明显高于邻近地区、暴雨重现期大大超过系列年数等。根据上述可以对一个暴雨数据是否为特大值作出初步判断，但必须从以下各方面进一步分析：

（1）在当地，特大值的重现期可通过小河洪水调查，并结合历史文献资料的修正，从所形成洪水的重现期近似地作出估计。由于暴雨的分布在面上是不均匀的，暴雨中心点雨量的重现期比相应洪水的重现期应更为稀遇，一般可将相应洪水的重现期作为流域各站雨量的平均值（或中值）的重现期。此外，长短历时暴雨与相应洪水的峰量未必是同频率的，因此短历时和长历时暴雨的重现期，应根据洪水的峰和量分别作出估计。

（2）在面上，可点绘特大值分布图，对本站特大值稀遇的程度作出估计。例如，北京地区各站最大 3 日雨量的极值分布图（见图 4-10），这些记录大部分是解放以来观测到的。从图上可以看到：很多站观测到大于 300mm 的记录，与长系列代表站的频率曲线对照，其重现期约为 20 年左右，因此不宜作特大值处理；大于 400mm 的记录，在部分站观测到，其重现期约为 50～100 年；大于 500mm 的记录只在一个测站观测到，其重现期有可能大于百年，这样的记录应考虑作为特大值加以处理。

对一个地区来说，随着面积扩大，统计的雨量测站数目的增加，观测到大暴雨记录的次数增加，其雨量也增大。可以说明，大暴雨在点上和面上出现的频率也是不同的。从全国或全世界范围来看，在个别地点出现重现期超过千年一遇，甚至万年一遇的特大暴雨是有可能的，因此特大暴雨重现期的考证应点面结合。

正确处理特大值的关键在于确定其重现期，由于无法直接考证历史暴雨的数量，造成暴雨资料排序的困难，会使估计的重现期有很大的误差，一般只能通过小河洪水调查结合当地历史文献中灾情资料论证暴雨的排序。前述四都站 1973 年特大暴雨的重现期是通过洪水调查（$F = 166 \text{km}^2$）了解到乙卯年（1915 年）洪水大于 1973 年。

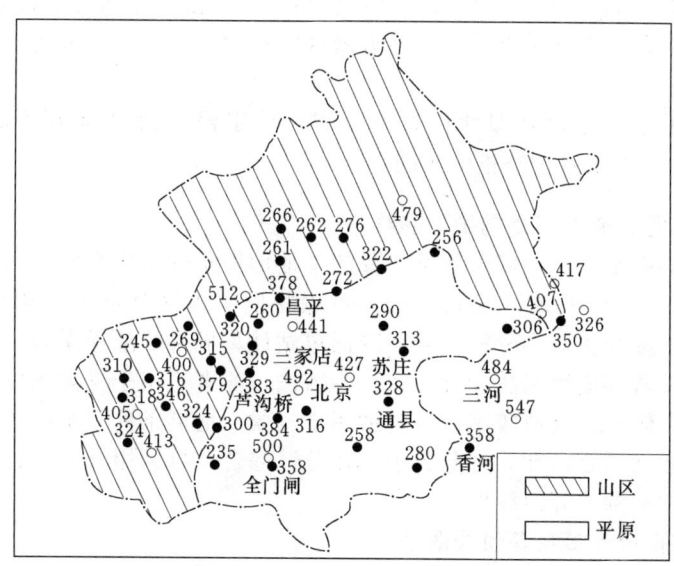

图 4-10 北京地区实测最大 3 日点雨量分布图

另外，根据实际调查估算，1973年暴雨的重现期约在 60～70 年以上，这样处理后重新适线，求得 $C_v=0.58$。如图 4-9 中的 2 线，计算成果与邻近地区具有长期观测资料系列的测站尚属协调一致。

由此可看出，对特大暴雨资料的处理是很粗略的，其误差远远大于历史洪水资料处理的误差，因此对暴雨资料特大值的处理必须十分慎重。若重现期确定不当，将增加设计暴雨量的误差，不能单纯由雨量数值较大就判断为特大值，否则误将一般大暴雨（如20年一遇或30年一遇暴雨）作为特大暴雨处理，造成频率计算成果偏低，影响水利工程设计的安全。若没有充分的把握，就不宜作特大值处理，以保证工程安全。

4. 经验频率公式、线型和参数估计方法

暴雨的频率计算方法与第 2 章的流量频率分析计算方法类似。采用皮尔逊Ⅲ型曲线作为暴雨频率曲线线型，利用期望值（Weibull）公式进行经验频率计算，参数估计采用适线法。我国暴雨统计参数 C_s/C_v 经验数值见表 4-7，可供适线时参考。

表 4-7   我国暴雨 1 日、3 日雨量的 C_s/C_v 数值表

地 区	一般地区	$C_v>0.6$ 地区	$C_v<0.45$ 地区
C_s/C_v	3.5	3.0	4.0

5. 成果的合理性检查

设计暴雨计算成果应从下列几方面进行合理性检查：

（1）将各种时段（1日、3日、7日等）的暴雨频率曲线和统计参数综合进行比较。一般情况下，随着统计时段的增长，C_v 有减小的趋势，变化有一定的规律。如发现频率曲线在实用范围内有交叉现象时，应对其中突出的曲线和参数进行复核和调整。

(2) 应与本地气候、地形条件相似的邻近地区长系列测站的统计参数进行比较。

(3) 各种时段的设计暴雨量应与附近地区的特大暴雨记录进行比较，以检查设计值是否安全可靠。

根据工程的重要性和合理性检查的结果，确定设计值是否需要加安全修正值 Δx_p。计算方法与洪水安全修正值相同。

4.3.2 地区综合法推求点暴雨频率曲线

影响暴雨的因素中，气候条件是主要的，地形等条件是次要的。因此，暴雨的统计参数（$\bar{x}$、C_v）在同一地区是相近的，可以将同一地区站群的暴雨资料综合在一起，采用"地区综合法"作分析，从而降低单站计算成果的抽样误差。目前常用的地区综合方法有参数等值线图法和分区综合参数法。前者适用于气候条件有所变化的大范围，要求站点较密、资料较多；后者适用于气候、地形条件基本一致的小范围。具体应用时也可相互结合，即先划分成小区作分区综合，再利用分区综合成果，结合单站的参数勾绘大范围的等值线图。

4.3.2.1 点暴雨统计参数等值线图法

在绘制暴雨参数等值线图时，首先应对当地暴雨特性有所了解。可以选择若干次暴雨资料，在地形略图上绘制次暴雨量等值线图。结合天气形势的分析，对暴雨的成因、移动途径、地形的影响等进行分析，这些对勾绘等值线的走向和趋势往往有指导作用。

将各单站点暴雨频率计算成果，即经过代表性分析、插补展延、图解适线等程序得出的统计参数（$\bar{x}$、C_v）值，点绘在地形图上。在勾绘等值线时，要注意各站统计参数数值的差别包括两个部分，除了邻站暴雨特性间的差别之外，还包含各站统计计算的抽样误差。绘制水文特征值等值线图（如年雨量等值线图）和绘制地形等高线图一样，都是将各站的数值点绘在测站位置处，作为依据勾绘等值线。然而暴雨参数等值线图则有所不同，由于抽样误差使其数值或多或少要偏离其真值，所以在勾绘等值线时，既要依据这些点据，又不能完全依据它们。

问题的实质是，要把"抽样误差的干扰"和反映暴雨形成条件差异的"地理分布规律"两者正确区分开来。在勾绘时既不应完全依照点据数值（认为抽样误差为0），也不应无视各站数值的差异，而取各站的平均值（认为各站参数之间差异皆为抽样误差所造成的），这就给绘制暴雨参数等值线图带来困难。

诸多实践经验都表明，为了克服上述困难，绘制等值线时必须注意系列代表性分析，并结合暴雨特性分析，不应简单地、机械地依照点据勾绘。应先选择一些长系列站，进行统计分析，并利用历史暴雨或洪水资料论证系列的代表性，从这些站求得的统计参数，可以作为绘图的控制点。若各短期系列站系列长短不同，起讫年限不一致，抽样误差干扰就不易区分出来。因此，最好是选取统一起讫年限的系列，作为绘图的依据，这是因为暴雨量在地区上存在着"同期性"。虽然相邻站雨量的相关关系相当微弱，但在变化趋势上，尤其是特大值和特小值的出现年份上，往往具有"同期性"。通过对控制站长期系列分析，可以选定一段代表性较高的"代表时段"，各站都力求按此统一的起讫年限的资料系列计算参数，以期减少抽样误差的干扰。也可以分析多数站具有观测资料时段的代表性，统一作必要的修正。

暴雨参数的地理分布规律是与自然地理条件的变化紧密相关的，包括气象及地形条件。以广东省为例，地属亚热带气候区，面临南海，背靠南岭山地，季风环流非常明显。春夏间多气旋雨，夏秋间多台风雨。同时，受地形抬升作用，地形雨和对流雨也较多。省内山脉走向大多为东北—西南，又以十万大山—天露山—莲花山—阴那山为界，将广东分成沿海和内陆两个不同的气候区。反映在暴雨特性上，有由沿海向内陆，以及东南向西北递减的趋势。在勾绘等值线时，应当考虑这一趋势。在台风活动地区，应注意台风登陆路径分布规律和行经路线；在山区，地形对暴雨的影响，目前研究得还不充分。不少地区发现在走向一致的迎风坡山区，暴雨特性也会有较大差别。河谷开口方向与水汽来向一致，而背后又有高山阻挡，则河谷沟底是特大暴雨容易出现的地点，成为暴雨的局部中心，等值线图在这些地方就构成闭合圈。

水利部编制全国可能最大暴雨等值线图协调小组办公室，在 1977 年绘制了有关的等值线图，其中包括中国年最大 24 小时雨量均值、C_v 等值线图及中国实测和调查最大 24 小时点雨量分布图等。全国各省（区）水文局都先后编绘了各省的暴雨参数等值线图。2006 年水利部水文局组织收集了全国范围从 10 分钟到 3 日等 5 种历时最新的点暴雨资料，并编制了相关的等值线图。

由全国等值线图上可看出，均值的变化趋势是从东南沿海向西北内陆递减。一般平原地区变化梯度平缓，山区迎风坡均值显著增大，梯度增大，背风坡、河谷、川地和山间谷地受山脉阻挡，多为低值区。C_v 等值线图上的变化规律与均值相反，是东南低西北高，而沿海地区受台风影响，C_v 较大，山区迎风坡也比背风坡和平原地区大些。

使用暴雨参数等值线图时，应了解等值线绘制的时间、方法和所应用的资料情况。必要时应收集近期内新增加的资料，对等值线图进行检验和修正。

4.3.2.2 分区综合法

如果位于同一分区的站点雨量都符合统一的概率分布函数，就有可能利用站群的资料来估计当地的总体分布。要求分区必须符合气候条件、地形条件基本相似的前提，一般不宜过大，通常以一个经纬度为限。分区综合资料的方法有站年法、均值法（或中值法）及指标暴雨法。

1. 站年法

站年法的基本假定是分区内各站的暴雨资料，都独立、随机地抽自同一个总体分布。若区内有 m 站，每站有 n 年资料，则认为相当于 mn 项样本，即将站群资料合并成一个 mn 年的长期系列看待。为了使各站暴雨资料具有相互的独立性，相邻雨量站之间不能相距过近，而分区综合又要求各站总体分布一致，导致雨量站不能相距过远。"一致性"和"独立性"是相互矛盾的，实际资料很难同时满足这两方面的要求。这也是人们怀疑"站年法"展延系列作用的主要原因。此外，丛树铮（1984 年）研究表明，用站年法计算概率分布时，即使站间确实是相互独立的，仍不可避免地包含区内各站总体分布的差异。这部分误差将抵消站年法联合多站系列扩大样本容量降低抽样误差的作用，甚至有可能综合多站资料比单站成果误差更大。所以，站年法在我国的实际应用不多。

2. 均值法（或中值法）

均值法（或中值法）假定在气候一致区内各站暴雨具有一致的总体分布，但并不要求同一年各站资料满足相互独立性。在此假设下，若将各站暴雨资料系列的经验点据点绘在同一张几率格纸上，其经验点据应呈带状分布在该总体的附近。因此，可以通过点群中心拟合一条理论频率曲线，作为该分区的总体分布曲线。为了便于进行适线，可计算分区内各站经验分布线的纵标均值，即取给定频率 p 的各站暴雨量 x_{pi} 的均值 $M(x_p)$，即

$$M(x_p) = \frac{1}{m}\sum_{i=1}^{m} x_{pi} \tag{4-1}$$

将相应于不同频率 p 的 $M(x_p)$ 值连接成一平均的经验分布曲线，作为拟合理论分布曲线的依据，或相当于以 $[p, M(x_p)]$ 作为经验点据，以此为据对总体分布进行估计。上述方法是以纵标均值计算地区多站综合的频率曲线，所以称为"均值法"。

在站数不多的情况下，均值往往受到其中个别特大值影响显著，因此《英国洪水研究报告（1975年）》，建议采用各站的中值 $Me(x_p)$ 代替均值 $M(x_p)$，即求得多站的中值频率曲线作为地区综合的频率曲线，称为"中值法"。

均值法（或中值法）只是假定分区内各站具有同一的总体分布函数，并未要求各站资料相互独立。只要适当地划分气候一致区，一般还是比较易于满足这一条件的。所以，在我国具有较广泛的应用。

3. 指标暴雨法（index-rainfall）

指标暴雨法假设气候一致区内各站暴雨的模比系数变量具有一致的总体分布，其他与均值法的做法类似。即将 m 站资料系列转化为模比系数系列，即

$$K_i = \frac{x_{i,j}}{\bar{x}_i} \tag{4-2}$$

式中：K_i 为第 i 站的模比系数变量 $(i=1,\cdots,m)$；$x_{i,j}(j=1,\cdots,n_i)$ 为第 i 站暴雨系列（样本容量 n_i）；$\bar{x}_i$ 为第 i 站暴雨系列均值。

对分区内各站暴雨的模比系数变量，用均值法（或中值法）推求出该分区的综合模比系数频率曲线。在应用时，分别乘上各站的均值 $\bar{x}_i$，即可得出相应于该站的雨量频率曲线。显然，对同一分区的 m 站得到的是一族曲线，各站均值 $\bar{x}_i$ 不等，而 C_v 和 C_s/C_v 相同；也可以考虑采用各站雨量系列的中值 $\hat{x}_i$ 代替均值 $\bar{x}_i$ 进行上述计算。指标暴雨法在国外得到广泛的应用。

一致区的识别是分区综合法的前提，主要通过气候、地形、暴雨资料特征等因素来判别地区暴雨的一致区，也可以采用统计方法，如目前国外使用的基于线性矩的一致区识别方法。Hosking 定义的识别一致区的变量 H 为

$$H = \frac{(V - \mu_v)}{\sigma_v} \tag{4-3}$$

式中：V 为一致区的综合 $L-C_v$；μ_v、σ_v 分别为其均值和标准差。

V 定义为一致区内各站 $L-C_v$ 的样本容量加权平均，即

$$V = \frac{\sum_{i=1}^{m} n_i L_{C_v}(i)}{\sum_{i=1}^{m} n_i} \tag{4-4}$$

式中：$L_{C_v}(i)$ 为一致区内第 i 站的 $L-C_v$。

Hosking 建议通过统计试验方法推算 μ_v 和 σ_v，进而可得到 H。并建议：当 $H<1$ 时，研究区域可接受为一致区；当 $1\leqslant H<2$ 时，可能不属于一致区；当 $H\geqslant 2$ 时，为非一致区。

朱元甡、季培中曾对南京地区年最大 1 日雨量资料系列作了一些地区综合方法研究，包括上述"均值法"和"中值法"，并且分别用雨量值和相对值进行计算。在环绕南京和镇江附近共选了六合、句容等 12 个站，其中除南京和镇江两个中心站各具有 62 年（1905～1974 年）和 86 年（1880～1974 年）长期系列外，其余 10 个站分别具有 23～35 年系列（10 个站的频率分析结果及计算的均值和中值见表 4-8）。由分区内 10 个站的 10 条雨量频率曲线，通过均值法和中值法分别得出该分区的地区综合频率曲线，如图 4-11 所示。两条曲线几乎完全重合在一起，表明采用不同指标（均值或中值）所得结论几乎没有什么差别。

表 4-8　　　　　　南京地区年最大 1 日雨量均值中值计算表　　　　　　单位：mm

站　号	p								
	2%	5%	10%	20%	50%	75%	90%	95%	99%
1	264.0	214.0	174.0	136.0	83.6	60.5	49.5	46.4	43.5
2	236.0	200.0	174.0	144.0	100.0	72.6	55.3	46.6	34.8
3	297.0	237.0	190.0	145.0	87.0	61.4	51.6	48.6	46.2
4	228.0	186.0	153.0	122.0	78.0	59.5	51.0	49.8	46.5
5	266.0	215.0	178.0	139.0	84.5	58.5	45.3	40.3	35.0
6	337.0	266.0	210.0	156.0	86.4	55.4	43.0	40.0	37.6
7	230.0	196.0	169.0	140.0	93.0	65.0	44.5	34.4	21.2
8	292.0	232.0	187.0	142.0	85.6	60.0	50.6	47.4	45.4
9	300.0	234.0	186.0	138.6	79.5	56.0	47.6	44.0	42.0
10	206.0	170.0	141.0	112.5	73.3	54.5	44.3	41.0	37.5
均值 $M(x_p)$	265.6	215.0	176.2	137.5	80.1	60.3	48.2	43.9	39.0
中值 $Me(x_p)$	265.0	215.0	176.0	140.0	85.0	60.0	48.0	45.0	40.0

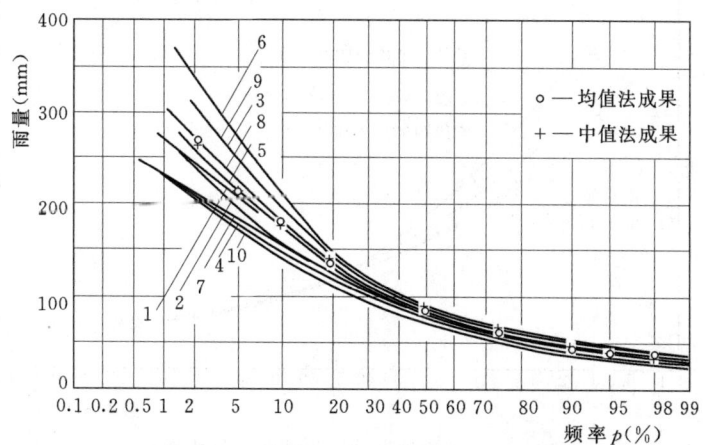

图 4-11　南京地区 10 个站最大 1 日暴雨量频率曲线及地区综合均值法、中值法成果对比图（图中标号为站号）

由于分区中心的南京站和镇江站都具有 60 年以上的长期系列，而且两站的频率曲线基本一致，因此可近似作为该地区的总体分布曲线，用来检验地区综合法的成果。现将南京站、镇江站频率曲线和地区综合法得出的频率曲线绘在同一张几率格纸上（见图 4-12），可看出它们之间还是存在较明显的差异。进一步分析发现，造成地区综合频率线与"总体"分布曲线之间差异的主要原因之一，仍然是资料系列的代表性。为了说明这一点，将各站资料系列分成三段每段 15 年（Ⅰ段为 1962～1976 年，Ⅱ段为 1951～1965 年，Ⅲ段为 1932～1950 年），分别进行地区综合，得出三条不同的地区综合频率曲线（见图 4-13）。三者相差较大，其中Ⅲ段成果与"总体分布"十分接近，而Ⅰ段相距较远，由此可看出不同分段具有不同的代表性。

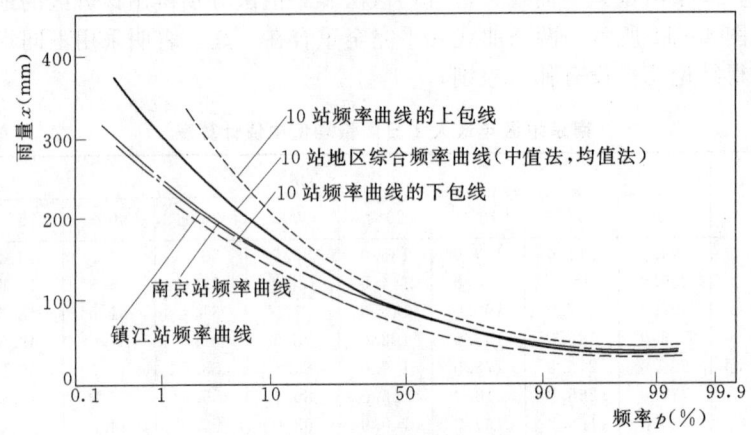

图 4-12　南京地区 10 站暴雨资料中值法计算成果与地区中心南京站镇江站频率曲线

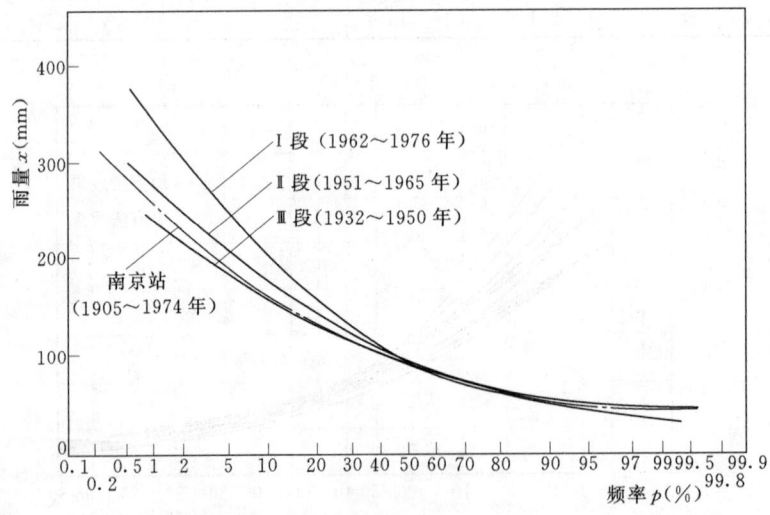

图 4-13　南京地区分段中值法计算成果与地区中心南京站的频率曲线

4.4 面暴雨量频率计算

推求设计洪水所需要的是流域平均面雨量的设计暴雨过程,而不是点雨量过程。当流域面积较大时,不能简单地以点设计暴雨量代替面设计雨量。根据国内部分地区径流实验站雨量站群的观测资料分析表明,小流域($F=0.1\sim10\text{km}^2$)的中心点雨量和流域面平均雨量的相关关系线接近$45°$直线,尽管约有$2\%\sim20\%$的点据离差,但由点或面雨量资料系列经过频率计算求得的两组统计参数($\bar{x}$,C_v,C_s)是相近的,因此以点代面求设计暴雨量是可以允许的。但是,当流域面积稍大,点雨量与面雨量之间的差异就明显增大。原长江流域规划办公室曾统计流域中心点雨量与面平均雨量之间的相对离差,发现离差的分布接近P-Ⅲ型频率曲线,其分布参数见表4-9,说明流域面积越大,相对离差越大。因此,除面积很小的流域外,一般都应对面雨量作统计计算。

表4-9 各种面积的面雨量与中心雨量相对离差分布参数表

流域面积（km²）	1152.0	714.0	335.0	304.2	115.0	107.0	37.6
点雨量与面雨量之间相对离差的平均数（%）	35.6	34.6	27.2	16.3	12.9	14.5	11.2

根据资料条件和流域面积大小,设计面暴雨的分析方法有直接计算与间接计算两种。

(1) 直接计算法。当流域内长期站分布较密,资料充分时,可根据工程所在地点以上流域内各年的最大面雨量系列直接进行频率分析计算,得出各种频率的设计面雨量。

(2) 间接计算法。对于资料短缺的中小流域或者流域面积较大,设计暴雨历时较短,以设计点雨量代表设计面雨量误差较大时,采用设计点暴雨量和点面关系间接推算设计面雨量。

如流域面积很小,设计暴雨历时又不太短,用设计点雨量代表设计面雨量误差不大,也可采用设计点雨量当作流域的设计面雨量。

当直接计算法和间接计算法推求的设计面雨量都不太可靠时,应采用两种方法分别计算设计面雨量,在合理性检查和综合分析后确定采用值。

4.4.1 设计面暴雨量的直接计算法

1. 统计各种时段的年最大面雨量

根据当地雨量站的分布情况,选定求流域平均(面)雨量的计算方法:算术平均、面积加权平均或等值线法。计算逐日面雨量,求得设计流域的逐日面雨量后,再按独立选样方法,选取各年的各种时段年最大面雨量,同一年内各时段未必是在同一场暴雨中选取,以该时段雨量在年内最大为原则。

算例见表4-10。由于设计流域内雨量站分布均匀,可按算术平均法求面雨量,选样结果最大 1 日面雨量 $x_{1d} = 128.2$mm（7 月 4 日），最大 3 日面雨量 $x_{3d} = 166.3$mm（8 月 22~24 日），最大 7 日面雨量 $x_{7d} = 232.3$mm（8 月 1~7 日），分别属于两场暴雨。

表 4-10　　　　　　　　各种时段面雨量计算表　　　　　　　　单位：mm

时间 (年.月.日)	逐日点雨量			逐日 面雨量	最大 1 日、3 日、7 日面雨量		
	A 站	B 站	C 站		最大 1 日	最大 3 日	最大 7 日
1969.6.30	5.3		0.2	1.8			
1969.7.1	50.4	26.9	25.3	34.2			
1969.7.2							
1969.7.3	11.5	10.8	14.7	12.3			
1969.7.4	134.8	125.9	124.0	128.2	128.2		232.3
1969.7.5	32.5	21.4	10.0	21.3			
1969.7.6	5.6	10.5	4.7	6.9			
1969.7.7	35.5	25.2	27.6	29.4			
1969.7.8	3.7	7.1	1.4	4.1			
1969.7.9	11.1	5.8	9.7	8.9			
1969.7.10							
⋮							
1969.8.18	6.6	0.2	6.9	4.6			
1969.8.19	22.7	2.4	5.4	10.2			
1969.8.20							
1969.8.21							
1969.8.22	42.0	51.7	54.8	49.5			
1969.8.23	60.1	68.6	53.5	60.7		166.3	
1969.8.24	81.8	54.1	32.3	56.1			
1969.8.25							

频率计算要求的是某历时最大面平均雨量，所以需要逐时段计算面平均雨量，然后从中滑动选出某一历时的最大面雨量。由于滑动计算工作量很大，尽可能利用电子计算机采用加权平均法计算。当流域内测站较少，加权平均法和等雨深线法计算的面雨量出入较大时，可利用一次暴雨总量的改正系数来修正各分段的面雨量。也可先简单滑动计算确定时段最大面雨量的起讫时间，然后再用等雨深线法推求该选定时段的面雨量。

2. 面雨量资料的检查和插补展延

面雨量计算要求流域内各个分区都布设有代表性雨量站。在我国，一个流域的面雨量系列往往由具有不同计算精度的资料组成。早期资料精度差，中期长历时面雨量估算精度有所提高，但短历时面雨量的精度仍嫌不足，后期资料质量较好。

为检查早期面雨量估算的精度，可根据近期密站网的雨量资料建立近期密站网（全部测站）估算的面雨量与早期稀站网（删去后期增加测站）估算的面雨量之间的相关关系。如具有一定程度相关，则将早期稀站网估算的各年年最大面雨量改正为近期密站网相应的面雨量，使整个面雨量系列具有较为一致的基础。对于早中期自记程度低、分段观测粗的资料,也可利用后期较好质量的资料作对比相关分析,并利用相关线改正早中期面雨量。

一般采用如下方法插补,参证资料系列取当地具有长期观测记录的雨量资料,最好是取两三个站的平均雨量。如果这些参证站位于流域附近且分布均匀,则更理想。这样,参证变量与插补变量都是面平均雨量,仅站数多少不同,相当于由少站平均面雨量 $x'_{面}$,插补展延多站平均面雨量 $x''_{面}$。由于两者具有相似的影响因素,相关关系一般较好。为了克服同期观测资料较短的困难,可以用一年多次法选样,以增添一些点据,便于确定相关线。

3. 面雨量的频率计算

计算原则、方法、步骤和洪水及点雨量频率计算是相同的,不再重复。

在分析中还要注意下列问题。

(1) 面雨量系列一般短于点雨量系列,根据点雨量系列对照检查面雨量系列中是否遗漏早期的特大暴雨年份。

(2) 注意搜集邻近地区的特大暴雨资料,将地理气候条件相似地区的特大暴雨面雨量移到本流域参与频率分析或作合理性检查。

(3) 将本流域的设计面暴雨成果与本流域的设计点雨量成果进行比较。一般来说,面雨量的均值小于点雨量,面雨量的变差系数也略小于点雨量,面雨量设计值小于点雨量设计值。

(4) 对各历时面雨量计算成果进行检查。分析均值、C_v 和设计值随历时的变化趋势与周围地区是否一致,各历时面雨量频率曲线有无相交现象。

(5) 检查由面暴雨量推算的设计洪水(特别是洪量)与本流域用流量资料直接频率分析的成果有无明显出入,与调查洪水成果是否协调。

4.4.2 设计面暴雨量的间接计算

当设计流域内雨量资料系列太短,或各站系列虽长但互不同期,或站数过少,分布不均,不能控制全流域面积,都无法提供面雨量的长期系列(见图 4-14),也就不能直接计算设计面雨量。在这种情况下,往往是先求出流域中心处指定频率的设计点雨量,再通过点雨量与面雨量之间的关系,将设计点雨量转化成所要求的设计面雨量,关于设计点雨量的计算前面已说明,现着重说明暴雨点面关系的建立及使用。

1. 定点定面关系

定点定面关系为一个地区内不同面积的多个流域或具有固定边界小区的面平均雨深(包括面积为零的点雨量)的统计参数与流域或小区面积的关系。由于点和面(流域或小区)的边界是固定不变的,故称定点定面关系。它符合设计要求,在间接推求面设计暴雨时应优先使用。

若流域内具有短期面雨量资料系

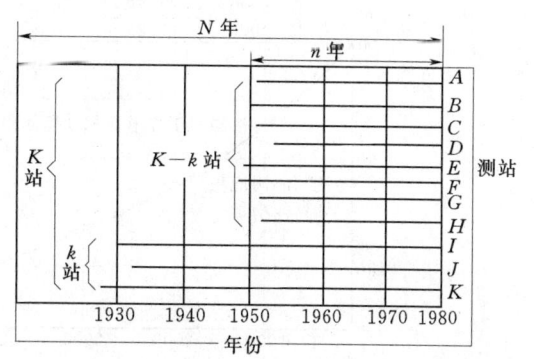

图 4-14 流域内少站长系列和多站短系列情况图

列，可以绘制中心点雨量 x_0 与流域面平均雨量 x_f 的相关图，作为相互折算的基础，为弥补资料不足，可采用一年多次法选样。若由于点据散乱造成定线困难，可以作"同频率关系"，即 x_0、x_f 分别按递增或递减次序排列，由同序号雨量建立相关线，或求得 x_f/x_0 平均比值，用于折算。

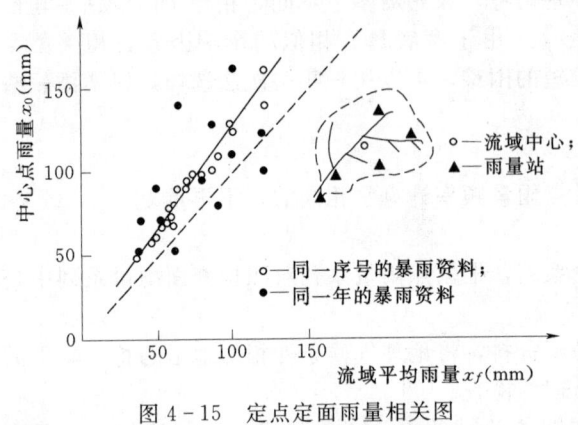

图 4-15 定点定面雨量相关图

上述点面关系需要当地具有相当数量的资料，否则是无法建立起来的。若当地无资料就只好移用邻近流域的点面关系。为此，可以选一资料充分地区，建立不同面积上面雨量与中心点雨量的定点定面同频率雨量关系（见图 4-15）。由于各流域的流域形状皆不相同，绘制点面关系时，只好以"同心圆"或"同心正方形"来划分面积，计算面雨量 x_f，得出 $x_f/x_0 \sim f$ 的关系，如图 4-16 所示。移用此关系曲线时，不考虑流域形状的影响，由设计流域面积 f 查图，得出 x_f/x_0 数值，乘上流域中心设计点雨量 x_{0p}，即可得出设计面雨量 x_{fp}

$$x_{fp} = x_{0p}(x_f/x_0) \tag{4-5}$$

分析定点定面关系时，一般先划定一个暴雨特征比较一致的地区。在区内选择若干个面积大小不等（应包括 100～1000km² 或变幅更大一些）的实际流域，或位置预先确定的概化几何形状的小区作为定面，在定面内分别统计和分析各站点与定面雨量的最大值系列，以及统计参数、频率曲线。既可建立定点雨量和定面雨量的均值比（或 C_v 比）随面积变化的关系，也可作出各频率雨量的比值，并绘成点面关系曲线或

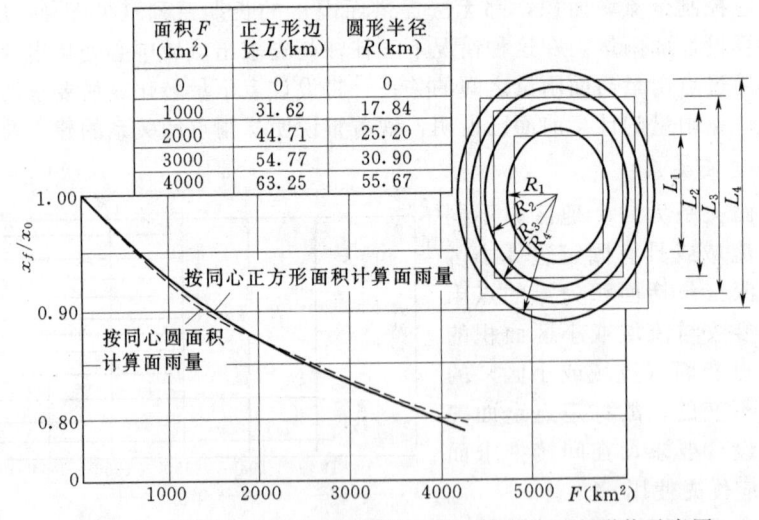

图 4-16 同频率定点定面雨量关系曲线及划分面积形状示意图

数字表，以便查用。

我国在 20 世纪 80 年代已有不少地区分析了众多流域的定点定面关系，表 4-11 列举了我国华南以及江西、浙江地区的地区综合雨量均值的定点定面系数。

表 4-11　　　　　　　　　中国南方雨量均值定点定面系数

面积 (km²)		10	30	100			300			1000		
地　区		江西	江西	江西	浙江	华南	江西	浙江	华南	江西	浙江	华南
历时	1h	0.91	0.84	0.74	0.74	0.81	0.63	0.65	0.71	0.50	0.53	0.60
	3h	0.94	0.91	0.85	0.85	0.88	0.79	0.81	0.83	0.69	0.74	0.72
	6h	0.98	0.97	0.95	0.91	0.93	0.90	0.85	0.88	0.83	0.83	0.79
	1d	0.99	0.98	0.97	0.95	0.97	0.94	0.92	0.94	0.89	0.89	0.89
	3d	1.00	0.99	0.98	0.98	—	0.97	0.97	—	0.96	0.96	

定点定面雨量的变差系数的关系比较复杂，目前分析工作还不够，使用中需注意本地区与设计流域面积相近流域的分析成果。如有可能，对所需设计频率（如 $p=1\%$）的点面系数直接进行地区综合分析将更为实用。

2. 动点动面关系

动点动面关系沿用已久，该关系反映的是暴雨中心地点的点雨量，与以暴雨中心周围各条闭合等雨深线包围面积内的平均面雨量之间的点面关系，亦称暴雨中心点面关系或暴雨图点面关系。该法可利用站网较密的近期资料，每年还可选取多次暴雨作分析，因此可利用的暴雨资料次数比定点定面法大为增多。

具体作法是选择几场大暴雨资料，绘出给定时段的暴雨等值线图，计算各等雨深线所包围面积 f 及其面平均雨量 x'_f。显然，暴雨中心点雨量 x'_0，就相当于 $f=0$ 的雨量。根据各等雨深线相应的数据绘制 $x'_f/x'_0 \sim f$ 的关系（见图 4-17）。因为各场暴雨的中心点和等雨深线的位置是在变动的，所以常称为"动点动面关系"。同一地区内各场雨的上述关系曲线各不相同，一般是采用平均线，有时用各场暴雨的外包线，也有时采用某一场典型特大暴雨的关系线作为该地区综合的"动点动面关系"。如图 4-17 中实线，作为设计暴雨点面雨量折算的依据。

本法描述一次暴雨的雨深由暴雨中心向四周递减的自然规律，物理概念明确。但由于流域的点雨量大多并非暴雨中心雨量，流域边界与等雨深线也不一致，所以将动点动面关系应用于设计面暴雨计算具有假定性质，在使用中应注意该关系与设计计算固定流域雨量的目标在概念和数量上的差异。据有关单位实用的结果看，在流域面积不大（$f<1000\text{km}^2$）和设计标准 $p<10\%$ 时，动点动面关系成果尚可；而在常遇的频率

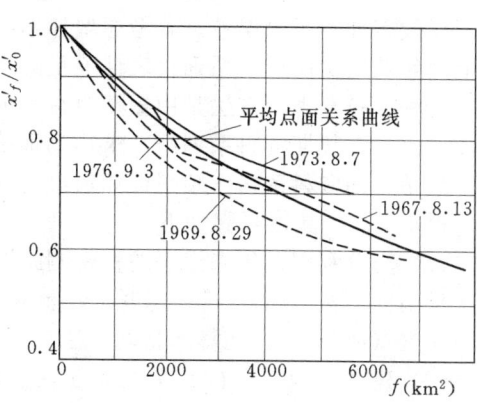

图 4-17　暴雨中心点面关系

（$p>10\%$）时动点动面关系的成果会偏小，而且面积越大偏小越甚。所以，当流域所在地区已制有定点定面关系时，应尽量使用定点定面关系推求设计面雨量。

为了对比说明各种设计暴雨计算方法，图 4-18 列出各种方法所需的资料及其程序。直接计算法是根据定面（定点）雨量资料系列作频率计算求得 x_{fp}，间接计算法则是先建立点面雨量关系，再利用点面关系和中心点雨量 x_{0p} 求得 x_{fp}。

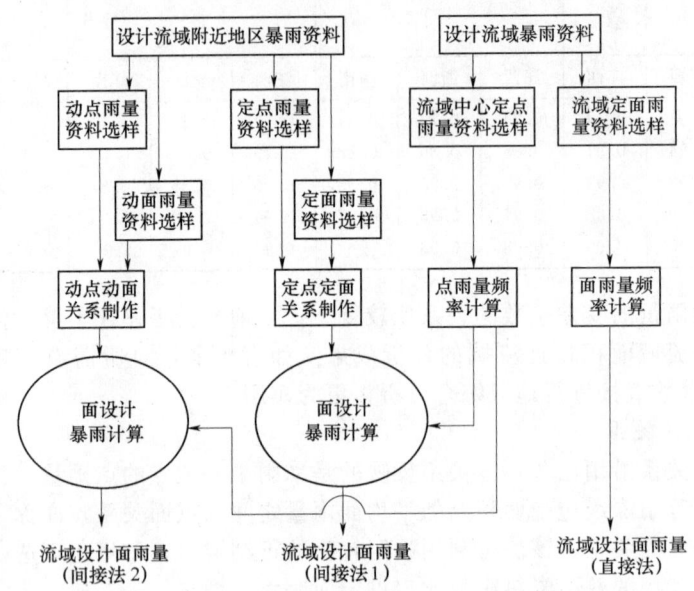

图 4-18　设计暴雨计算方法示意图

计算设计面雨量的几种方法中，由于大中流域点面雨量关系一般都很微弱，所以通过点面关系间接推求 x_{fp} 的偶然误差必然较大。在有条件的地区应尽可能采用直接计算法。当资料不足时，应优先考虑当地的点面相关关系插补展延面雨量资料系列。我国大多数地区的暴雨观测站网是在 1958 年前后建立的，所以多数站雨量观测资料并不长，一般只有少数几个站具有长期雨量观测资料。在这种资料条件下，存在一个矛盾，若仅仅根据少数长期站计算设计面雨量就可能因站数过少不能控制全流域，产生地区代表性不足的误差。若考虑增加站数，根据多数短期站计算设计面雨量，就又可能因年数过少而产生系列代表性不足的误差。

一种比较合理的方法是用短期资料系列建立流域内多数站面平均雨量 x_{f1}，与由少数站（具有长期资料系列站）求得的面平均雨量 x_{f2} 建立相关关系 $x_{f1} \sim x_{f2}$，再根据少数站长期资料系列作频率计算求得设计面雨量 x_{f2p}，然后通过 $x_{f1} \sim x_{f2}$ 相关关系折算得出 x_{f1p}。具体步骤如下：

（1）充分利用近年来设立的稠密测站网资料，并用年多次选样的方法，统计计算各次暴雨的多站面雨量 x_f''。同时，在流域内（或流域四周）选均匀分布的长系列测站两三处（或几处），用算术平均方法计算相应暴雨的平均雨量 x_f'。

（2）建立 x_f'' 和 x_f' 的相关关系。在一般情况下，如长系列站有两三处，在面上呈三角形均匀分布，可取得比较好的相关关系。

(3) 用年最大值法选样，利用以上相关线先插补展延 x_{f1} 系列，然后进行频率分析；或先根据 x_{f2} 系列进行频率分析，然后利用以上相关线转换，推算 x_{f1} 的设计值。此两种方法无本质差别。

只有当设计流域内资料十分缺乏才考虑用上述点面关系方法来推求设计面暴雨。

现行的两种点面关系均属于经验性的处理方法。定点定面同频率关系方法，是直接作 x_{0p} 与 x_{fp} 的关系，并可移用到无资料流域，这一作法没有揭露点面关系与暴雨地区分布特性之间的联系，也就无法充分利用这方面的资料信息，进行暴雨特性及流域面积形状的修正，只能不作变动的移用同一点面关系。动点动面点面关系与条件分布 $f(x_f/x_0)$ 之间是有一定联系的，这部分信息是十分可贵的。但现行动点动面点面关系方法，由几次暴雨确定单一的点面关系曲线进行折算，而且流域中心点雨量未必就是暴雨中心，这种经验性处理方法的理论基础也是很不足的。

充分利用现有的资料信息，建立一个恰当的模型来模拟流域的暴雨过程，从而得出一种更加合理的计算方法，是进一步研究的课题之一。

4.4.3 合理性检查

面设计暴雨计算成果合理性检查的主要内容包括：

（1）分析本流域及邻近流域设计面雨量频率参数 $\bar{x}$、C_v，以及设计值 x_p 与流域面积 A 的关系。一般情况下，$\bar{x}$、C_v 和 x_p 都应随 A 的增加而减小，点面系数也随 A 的增加而减小。

（2）分析计算各种历时 D 的面雨量的点面系数 η，绘制 $\eta \sim D \sim A$ 图。历时越短，η 值一般应越小。短历时暴雨的 η 值不允许搬用长历时暴雨分析的 η 值。

（3）有条件时宜同时利用直接计算法和间接计算法计算设计面雨量，并进行相互比较。当面暴雨系列较长，系列代表性较好，已包括代表性大暴雨年份时，面雨量直接频率分析成果较为可靠。当面雨量系列只限于近期密站网资料，系列代表性较差时，应着重分析间接法。在使用间接法计算面设计暴雨时，应检查地区内有无较可靠的定点定面关系。如尚未建立，还需分析邻近地区面积相近流域动点动面点面系数与定点定面点面系数是否接近，有无系统偏差。动点动面关系地域变化较大，要了解动点动面关系综合所依据的暴雨中心的出现地点，检查该关系对设计流域的代表性。

（4）搜集邻近地区特大暴雨时面深资料，建立最大时面深记录，将稀遇设计面雨量和本地区最大时面深记录进行对比检查。我国最大暴雨雨量记录也可用作暴雨高值区工程设计合理性检查的参考。

4.5 设计暴雨量的时空分布计算

求得各种时段的相应指定频率的设计面雨量后，确定设计暴雨的时空分布的方法与设计洪水计算方法相同，即先选定典型分配过程，再进行同倍比或同频率分时段控制缩放方法。

4.5.1 设计暴雨量的时程分配

（1）典型的选择和概化。在暴雨特性一致的气候区内，选取暴雨总量大，强度也大的暴雨资料作为分析的依据。为了考虑使工程设计安全，应当选取主雨峰集中在雨期最后的暴雨分配形式，作为设计暴雨的典型。

（2）同频率分段控制放大。分时段控制放大时，控制时段划分不宜过细。一般是取 1 日、3 日、7 日控制。

（3）暴雨的时程分配。由设计暴雨推求设计洪水，需要给出日内各时段的雨量分配，一般按典型暴雨的百分比进行分配。

【例 4-1】 某流域百年一遇各种时段设计面雨量如下：

时 段（d）	1	3	7
设计面雨量 x_{fp}（mm）	303	394	485

选定的典型暴雨日程分配和设计暴雨时程分配计算，见表 4-12。

表 4-12 暴 雨 日 程 分 配 表

		最大 7 日暴雨日程分配计算表						
		1 日	2 日	3 日	4 日	5 日	6 日	7 日
x_{1p} 303mm	典型分配比（%） 设计雨量（mm）						100 303	
$x_{3p}-x_{1p}$ 91mm	典型分配比（%） 设计雨量（mm）					40 36		60 55
$x_{7p}-x_{3p}$ 91mm	典型分配比（%） 设计雨量（mm）	30 27	33 30	37 34	0 0			
设计暴雨过程（mm）		27	30	34	0	36	303	55

4.5.2 设计暴雨量在地区上的分布

梯级水库设计需要拟定流域上各部分的洪水过程，因此应给出设计暴雨量在地区上的分布，其计算方法与设计洪水的地区组成计算相似。

典型的工程设计情况如下，当推求设计断面 A 以上流域的设计暴雨，若上游已建有工程措施（如已建梯级水库 B），则必须将 A 以上流域的总雨量分成两部分，即 B 以上流域的雨量及 A-B 区间面积上的雨量。在实际工作中，一般是根据以往实测资料，并从工程规划的安全与经济着眼，选定一种分配型式，进行模拟放大，常用的有以下两种方法：

1. 典型暴雨图法

从实际资料中选择降雨量大的一个暴雨图形（等雨量线图）移置于流域上。为安全考虑，常把暴雨中心放置在 A-B 区间，而不是放置在流域中心。这样放置使区间水量所占比例最大，对工程措施最为不利。然后量取这次典型暴雨图，B 以上流域面积和 A-B 区间面积上雨量，并求得它们的相对比例。设计暴雨量的地区分布即按同一比例分配，得出两部分暴雨时程分布，分别进行推流，最后再演算到断面 A 得到设计洪水过程线。

2. 同频率控制法

对 A 以上和 A—B 区间分别作频率计算，按同频率原则加以考虑。采取断面 A 以上全流域发生指定额率 p 的设计暴雨时，A—B 区间发生同频率 p 的暴雨，B 以上面积取相应雨量（其频率不定）。在进行放大修正时，若先绘制当地的同频率点面雨量关系，以它作为控制，修正等雨量线的分布梯度，使放大后 A 与 A—B 区间面积上雨量达到指定频率的设计值，同时可使雨量在面积上保持连续变化从而得出各点的雨量值。

4.5.3 算例

如图 4-19 所示，某流域面积 $F=595 \text{km}^2$，流域内有 4 个雨量站，推求流域的设计暴雨过程。

1. 暴雨量频率计算

（1）直接法面雨量计算。由水工设计要求，确定设计时段为 1 日和 3 日。根据流域内 4 个雨量站资料，逐年选样得出 1951~1970 年年最大 1 日、3 日面雨量资料系列，见表 4-13。采用经验适线法估计统计参数，见表 4-14（计算过程从略）。

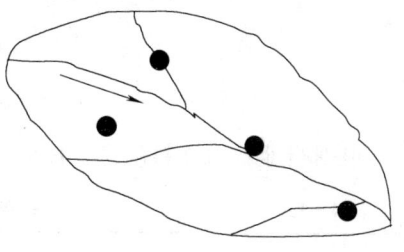

图 4-19 某流域示意图

由设计标准 $p=1\%$、0.1% 查得设计暴雨量 x_{tp}。考虑水库安全，计算安全修正值 Δx_p，由于 $\Delta x_p > 0.2 x_p$，按规范取 $\Delta x_p = 0.2 x_p$，绘制 $x_p + \Delta x_p$ 曲线（图略）。

（2）间接法面雨量计算。

1）由流域中心及其附近点雨量频率计算，得出各频率曲线，发现各站成果间波动很大。

表 4-13　　　　　　　　某流域面雨量及其频率表

序号 m	最大 1 日面雨量 x_{1f} (mm)	最大 3 日面雨量 x_{3f} (mm)	p (%)	序号 m	最大 1 日面雨量 x_{1f} (mm)	最大 3 日面雨量 x_{3f} (mm)	p (%)
1	250.5	488.7	4.8	12	80.6	131.1	57.1
2	185.0	282.7	9.5	13	74.3	127.1	61.9
3	153.9	267.4	14.3	14	71.6	123.7	66.7
4	150.2	243.2	19.0	15	69.1	119.3	71.4
5	117.2	182.2	23.8	16	63.0	113.7	76.2
6	115.4	178.0	28.6	17	62.9	95.9	81.0
7	99.4	171.3	33.3	18	54.8	80.0	85.7
8	94.1	146.4	38.1	19	46.4	74.8	90.5
9	88.0	146.2	42.9	20	36.4	56.5	95.2
10	85.9	137.5	47.6	平均	99.0	165.0	
11	82.1	133.3	52.4				

表 4-14　　　　　某流域直接法计算面雨量统计参数及设计值成果表

时段	统计参数			设计面暴雨量（mm）			
	$\bar{x}$	C_v	C_s	$p=1\%$		$p=0.1\%$	
				x_p	$x_p+\Delta x_p$	x_p	$x_p+\Delta x_p$
年最大1日	99.3	0.68	$4C_v$	365	438	560	672
年最大3日	165.0	0.65	$4C_v$	583	700	881	1057

2）由暴雨参数等值线图查得年最大 24 小时暴雨量统计参数 $\bar{x}_{24h}=125$mm，$C_v=0.65$，山区采用 $C_s=4.0C_v$，得出年最大 24 小时设计点雨量 $x_{24h,1\%}=441$mm，$x_{24h,0.1\%}=667$mm。

再由暴雨量历时关系推求最大 1 日、3 日设计点雨量 x_{1p} 和 x_{3p}，即

$$x_{1p}=\frac{1}{K}x_{24h,p}=0.893x_{24h,p}$$

$$x_{3p}=x_{24h,p}\left(\frac{72}{24}\right)^n=1.302x_{24h,p}$$

根据当地暴雨资料确定，$K=1.12$，$n=0.24$。计算成果见表 4-15。

表 4-15　　　　　　间接法计算面雨量成果表

时段雨量	项目	$p=1\%$		$p=0.1\%$	
		x_p (mm)	$x_p+\Delta x_p$ (mm)	x_p (mm)	$x_p+\Delta x_p$ (mm)
最大1日雨量	点雨量 点面折算系数（η） 面雨量	394 0.934 368	442	596 0.921 549	659
最大3日雨量	点雨量 点面折算系数（η） 面雨量	574 1.0 574	689	868 1.0 868	1042

最后利用本地区的点面雨量关系进行折算。水文手册给出年最大 1 日暴雨点面折算系数表，见表 4-16。年最大 3 日点面雨量折算系数 $\eta=1.0$（以点代面）。得出面雨量成果，见表 4-17。

表 4-16　　　　　年最大 1 日暴雨动点动面折算系数表

暴雨笼罩面积 F (km^2)	最大 1 日暴雨中心点雨量 (mm)				
	100	200	300	400	500
100	0.992	0.988	0.985	0.982	0.979
200	0.985	0.975	0.979	0.967	0.965
300	0.977	0.960	0.957	0.954	0.951
500	0.965	0.947	0.942	0.940	0.931
700	0.933	0.928	0.926	0.922	0.918
1000	0.930	0.908	0.902	0.901	0.900

表 4-17　　　　　　　　　　直接法和间接法成果对比表

设计时段	直接法（面雨量频率计算）				间接法（等值线图）			
	$p=1\%$		$p=0.1\%$		$p=1\%$		$p=0.1\%$	
	x_p	$x_p+\Delta x_p$	x_p	$x_p+\Delta x_p$	x_p	$x_p+\Delta x_p$	x_p	$x_p+\Delta x_p$
1 日	365	438	560	672	368	442	549	659
3 日	583	700	881	1057	574	689	868	1042
24 小时	409	491	627	753	441	529	667	800

2. 成果综合分析，合理选定设计暴雨量

（1）间接法采用等值线图计算的成果，这是因为附近各单站计算成果有较大波动。

（2）直接法与间接法成果对比，见表 4-17，在相差不到 3% 时，选定偏于安全的直接法成果作为设计值。

3. 设计暴雨时程分配

应用省水文手册所给定的本地区典型分配过程，根据设计暴雨量 x_{1p}、x_{3p}，按典型分配比例（同频率法）得出日程分配（见表 4-18），并可由典型缩放得出最大 24 小时的时程分配（见表 4-19）。

表 4-18　　　　　　　面设计暴雨的日程分配表（同频率法）

		第一日	第二日	第三日
典型暴雨过程的分配比例（%）（省水文手册给定）	x_1	0	100	0
	x_3-x_1	65	0	35
设计暴雨日程分布（mm）	$p=1\%$	170	438	92
	$p=0.1\%$	250	672	135

表 4-19　　　　　　面设计暴雨最大 24 小时的时程分配（同倍比法）

时段序号		设计暴雨的时段（2小时）雨量过程											24 小时雨量
		1	2	3	4	5	6	7	8	9	10	11	12	
典型分配（%）		2.9	3.4	3.9	5.2	10.5	44.1	8.7	6.1	5.0	4.0	3.3	2.9	100
设计暴雨（mm）	$p=1\%$	14.2	16.7	19.1	25.5	51.8	216.6	42.7	29.9	24.5	19.6	16.2	14.2	491.0
	$p=0.1\%$	21.8	25.6	29.4	39.2	79.1	332.1	65.5	45.9	37.7	30.1	24.8	21.8	753.0

4.6 分期设计暴雨

与分期设计洪水的概念类似，分期设计暴雨主要用于水利工程分期蓄水调度运用以及施工期间的来水估算。

4.6.1 分期暴雨

分期暴雨选样原则为各分期内独立选用年最大雨量。首先划定分期的日界，然后在各个分期内,每年选出一个最大雨量,不同分期各自独立选样,不受相邻分期的影响。

1. 分期日期的确定

对于水库分期蓄水,一般只需划分出主汛期和一般汛期。对于施工洪水计算,则需对全年各时期都加考虑。

分期起讫日期的划定,主要依据设计流域暴雨季节分布特性和水利工程运行和施工的要求。为便于地区综合分析和成果比较,在一个较大范围内,尽可能采用统一的分期起讫日期。

先制作单站历年暴雨日期散布图。以日期(月、日)为横坐标,以历年各月最大若干次暴雨(一般可用1日暴雨,也可用其他历时)雨量为纵坐标,汛期可取超过某一个雨深标准的所有暴雨,点绘散布图。如有条件,可在点据旁注明暴雨的气象成因,以利于暴雨季节的定性划分。为防止单站资料的偶然性,还应制作流域或地区众多测站汛期暴雨散布图。对于同一次暴雨,只取用最大点雨量参与散布图的点绘。

施工设计暴雨的分期尚需结合施工进度要求划定。先由施工部门提出几个时段的起讫时间,据此进行分期设计暴雨分析,将各时期暴雨频率分析成果进行比较,选择其中施工期较长、而暴雨洪水又相对较小的时期作为施工期。当施工期较长,其中尚需进一步安排短期计划时,有时还需计算分月设计暴雨。但如几个相邻时期的暴雨成因及雨量频率分布相近,则尽可能不要将分期划分过细。

2. 跨期选样

分期的起讫日期划定之后,由于个别年份天气异常,在主汛期或主要大暴雨月份以外不太远的日期内可能出现较大的暴雨。如不考虑将其加入主汛期和主雨月份参加频率分析,会影响设计成果的精度。为此,可采用类同于洪水分期选样中的"跨期选样法"进行选样。

4.6.2 分期暴雨频率分析

分期暴雨频率分析方法一般和年最大暴雨分析方法相同,但多个分期频率曲线的适线、参数的合理性检查和协调需要进一步分析。

1. 频率曲线适线和参数协调

将分期频率曲线与年最大频率曲线点绘于同一频率纸上进行协调。先协调年最大雨量与各分期(每分期往往由一种主要暴雨气象成因的季节组成,可包括几个月)最大雨量的频率线,再对每个分期的最大雨量及该分期内所包括的各个月的月最大暴雨频率线进行比较分析和协调。

分期暴雨频率线检查的重点为实测期以及需使用的最大重现期以内的频率曲线。主要检查内容包括:

(1) 在需使用的最大重现期范围内,分期最大雨量频率线与总时期(各分期之和)以及年最大雨量频率线不应相交,分期设计雨量不应超过同频率总时期以及年最大设计雨量;否则,应予调整。

(2) 各分期最大雨量的统计参数应相互协调。不同分期的参数具有一定的相对关系,并随月份有渐变趋势。以浙江省某站最大3日雨量分期频率分析为例,C_v 在9~

次年1月之间呈逐步下降趋势,但初算结果显示,12月的C_v大于11月,经查,12月有特大值,应该与相邻月份协调处理。另外,C_s/C_v值在1～4月间有不规则大幅度波动,也属不合理现象,应予协调。

2. 合理性检查

单站和小范围地区分期设计暴雨成果合理性检查的主要手段为绘制暴雨特征和统计参数随月份的变化图。分析内容包括:

(1) 了解该地区形成暴雨的气象因素的季节变化,如水汽条件、天气形势和天气系统(如西太平洋副热带高压、冷空气活动、热带气旋)等各月统计量的多年分布情况。

(2) 分析该地区河流实测和调查洪水分月出现情况。

(3) 协调分月C_s/C_v和C_v值,使之随月份的变化趋势能得到解释,检查有无特大值对个别月份的参数产生不合理的结果,并设法与邻月协调。

(4) 注意分析常遇暴雨和稀遇暴雨季节变化的差异。如前述浙江省某站最大3日雨量分月变化如图4-20所示,常遇情况6月暴雨大于9月暴雨,但稀遇情况9月暴雨大于6月暴雨。前汛期雨量大的月份C_v小,后汛期雨量大的月份C_v大。所以设计条件的季节分布有可能与常遇条件有较大出入,与正常月降水量季节分布的概念可能会有更大差异,必须在设计工作中引起注意,不可任意移用。

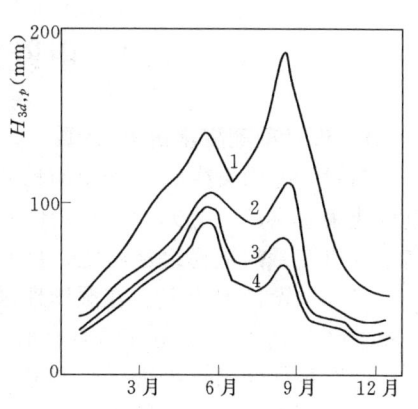

图4-20　浙江某站分月$H_{3d,p}$图
1—$p=10\%$;2—$p=25\%$;
3—均值;4—$p=50\%$

4.6.3 分期暴雨参数的地区综合

分期暴雨的分析站数较少,系列较短,C_v较大,所以应注意分期暴雨参数的地区综合。

1. 地区综合方法

(1) 分区平均。对于一些很不稳定的参数,可采用分区平均法,如C_s/C_v值。此外,在分析中对于暴雨特性相近月份的参数也可合并综合,如12月、1月、2月的分月参数。

(2) 断面分析。将分期暴雨变化最为明显的地带划一个断面,在断面附近选取一批测站分析分期暴雨参数,投影到断面上,绘制断面的参数与水平距离关系线,检查沿断面参数的变化规律。例如美国中部暴雨随纬度变化是主要的,美国水文气象报告绘制了分期暴雨随纬度的变化图(见图4-21)。断面图

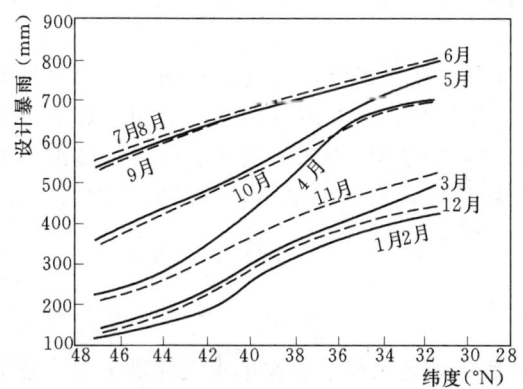

图4-21　沿91°W分期设计暴雨随纬度变化图

显示,过渡期(4月、5月、10月)暴雨随纬度变化最为明显,而大雨月份和小雨月份的雨量南北变化较为平缓。

(3)等值线图。绘制分月设计暴雨等值线图是地区综合较为理想的方式。美国在1980年制作了分月暴雨图集,该图集将各地分月特大暴雨资料综合应用于邻近地区,在应用时成果查算极为方便。

2. 综合内容

分期暴雨地区综合内容包括分析的基础资料和设计暴雨分析成果,主要有分月设计暴雨与年最大设计暴雨比率等值线图、稀遇暴雨出现月份分区图、分月设计暴雨等值线图等。

4.7 由设计暴雨推求设计洪水

4.7.1 设计前期降水量 P_a 计算

当设计暴雨发生时,流域的前期土壤湿润情况是未知的,可能很干($P_a=0$),也可能很湿($P_a=I_m$),所以设计暴雨可能与任何 P_a 值($0 \leqslant P_a \leqslant I_m$)相遭遇,这是属于随机变量的遭遇组合问题,目前生产上常用的方法有下述三种:

(1)取设计 $P_a=I_m$。在湿润地区,汛期雨水充沛,土壤长期处于蓄满或接近蓄满的状态(即 $P_a \approx I_m$)。在工程设计时,为了考虑安全和简化,可取设计暴雨的 $P_a=I_m$。

(2)扩展暴雨过程法。在拟定设计暴雨过程时,加长暴雨历时,把核心暴雨的前面一段包括在内(一般长达 15~30 天),可以用来计算暴雨核心部分的 P_a 值。

(3)同频率法。在暴雨频率计算求得 x_p 的同时,计算 $(x+P_a)_p$,则与设计暴雨相应的 P_a 值可由两者之差求得

$$P_a = (x+P_a)_p - x_p \tag{4-6}$$

当得出的 P_a 大于 I_m,则取 $P_a=I_m$。

上述三种方法中,扩展暴雨过程的方法用得较多。假定设计条件下,流域包气带蓄满($P_a=I_m$)的作法仅适用于湿润地区,在干旱地区是不适用的,因为当地土壤只有很短时间蓄满,甚至全年都未蓄满。同频率法在理论上是合理的,但在实用上也存在一些问题,它需要由两条频率曲线的外延部分求差,其误差往往很大,常出现不合理现象(诸如 $P_a > I_m$,或 $P_a < 0$)。

拟定一个长达 15~30 天的设计暴雨过程,在作产流计算时,需确定开始时刻流域蓄水量 P_a 的初始值,一般可取 $P_a=I_m$ 或 $I_m/2$。因为需要经过一个相当长的时段演算,才达到形成设计洪峰的暴雨核心部分,所以 P_a 的初始值大小,对设计洪水的洪峰部分,几乎没有什么影响。也就是说,这样做表面上虽然有一定的主观任意性,实际上对设计洪水计算成果影响并不大。

4.7.2 产流方案和汇流方案的应用

1. 外延问题

设计暴雨属稀遇的大暴雨,往往超过实测的暴雨很多,在推求设计洪水时,必须外延有关的产流汇流方案。

湿润地区的产流方案常采用 $x+P_a \sim y$ 形式的相关图,其图线上部的斜率 $dy/dx=1.0$,即相关线为 45°线,外延起来比较方便。干旱地区多采用初损后损法,则相关图在外延时必须考虑设计暴雨的雨强因素影响,如图 4-22 所示。

需要重视汇流方案在设计条件下的适用性,应尽量选用实测大洪水资料分析汇流方案,以期与设计条件相近,避免外延过远而扩大误差。实践表明,注意与不注意这一点,会使设计成果出现较大变化。例如,用一般常遇洪水分析得出的单位线来推算设计洪水,与由特大洪水资料分析的单位线推流,成果可能相差显著,达 20%左右。如果当地缺乏大洪水资料,只有参照有关汇流方案非线性处理的方法作适当的修正,这时需要十分慎重,多方论证分析。

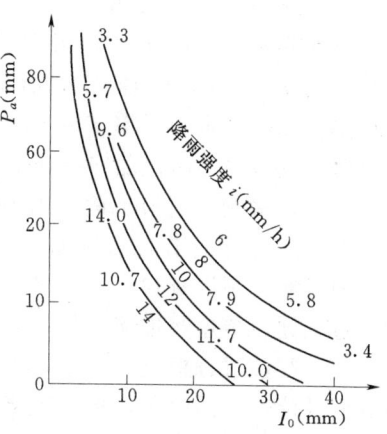

图 4-22 $P_a \sim i \sim I_0$ 形式的相关图

2. 移用问题

如果设计流域缺乏实测降雨径流资料,无法直接分析产流、汇流方案,需解决移用问题。

产流方案一般采用分区综合方法,如山东省水文手册上就有适用于不同地区的 14 条次降雨径流相关线,供各个分区查用。汇流方案一般采用单位线的地区综合成果,内容详见有关参考文献。

4.7.3 设计暴雨推求设计洪水算例

某中型水库来水面积为 341km²,为了防洪复核,根据雨洪资料的条件,拟采用暴雨资料来推求 $p=2\%$ 的设计洪水。步骤如下所述。

1. 设计暴雨计算

根据本流域洪水涨落快及水库调洪能力不强的特点,设计暴雨的最长统计时段采用 1 日。通过点暴雨频率计算及其参数分析($\bar{x}=110$mm,$C_v=0.58$,$C_s=3.5C_v$),求得 $p=2\%$ 的最大 1 日点暴雨量为 296mm。再通过动点动面的点面关系图,由流域面积 341km² 查图得暴雨点面折减系数为 0.92,则 $p=2\%$ 的最大 1 日设计面暴雨量=$296 \times 0.92=272$mm。

按该地区的暴雨时程分配,求得设计暴雨过程,见表 4-20。

表 4-20　　　　　　　$p=2\%$设计暴雨时程分配表

时段序号（$\Delta t=6h$）	1	2	3	4	合　计
占最大 1 日的分配百分数（%）	11	63	17	9	100
设计面暴雨量（mm）	29.9	171.3	46.2	24.6	272
设计净雨量（mm）	7.9	171.3	46.2	24.6	250
地面净雨量（mm）	5.5	162.3	37.2	15.6	220.6
地下净雨量（mm）	2.4	9.0	9.0	9.0	29.4

2. 设计净雨过程的推求

用同频率法求设计 P_a，得 P_a 值为 78mm，本流域 $I_m=100$mm，则求得设计净雨过程，见表 4-20。根据实测洪水资料分割得来的地下径流过程和净雨过程的分析，求得本流域的稳定下渗率 $f_c=1.5$mm/h。由净雨过程中扣除下渗量 $f_c\Delta t$，得地面净雨过程，其中第一时段的净雨历时 $t_c=7.9\times6/29.9\approx1.6$h，下渗量 $f_ct_c=1.5\times1.6=2.4$mm，故第一时段地面净雨为 5.5mm。

3. 设计洪水过程线的推求

根据实测雨洪资料，分析出大洪水的单位线，如表 4-21 中第（3）栏，由地面净雨过程通过单位线推流，得地面径流过程，成果见表 4-21 中第（5）栏。

地下径流过程概化成三角形出流，其总量等于地下净雨量，地下径流的峰值出现在地面径流停止的时刻，地下径流过程的底长为地面径流底长的两倍，则

$$W_g = 0.1h_gF = 0.1\times29.4\times341 = 1000\times10^4 (\text{m}^3)$$

$$Q_{mg} = 2W_g/T_g = \frac{2\times1000\times10^4}{13\times2\times6\times3600} = 35.6(\text{m}^3/\text{s})$$

地下径流过程见表 4-21 第（6）栏，地面径流过程加地下径流过程即得 $p=2\%$ 的设计洪水过程，见表 4-21 中第（7）栏。

表 4-21　　　　　　　　流域推算流量过程表

时间 (h)	净雨深 h (mm)	单位线纵坐标 q (m²/s)	部分流量过程 (m³/s) $\frac{h_1}{10}q$	$\frac{h_2}{10}q$	$\frac{h_3}{10}q$	$\frac{h_4}{10}q$	地面径流流量过程 Q_s (m³/s)	地下径流流量过程 Q_g (m³/s)	洪水流量过程 Q (m³/s)
(1)	(2)	(3)	(4)				(5)	(6)	(7)
0		0	0				0	0	0
1	5.5	8.4	4.6	0			4.6	2.7	7.3
2	162.3	49.6	27.3	136	0		163	5.5	169
3	37.2	33.8	18.6	805	31.2	0	855	8.2	863
4	15.6	24.6	13.5	549	185	13.1	761	11.0	772
5		17.4	9.6	399	126	77.4	612	13.7	626
6		10.8	5.9	282	91.5	52.7	432	16.4	448
7		7.0	3.8	175	64.7	38.4	282	19.2	301
8		4.4	2.4	114	40.2	27.1	184	21.9	206
9		1.8	1.0	71.4	26.0	16.8	115	24.7	140
10		0	0	29.2	16.4	10.9	56.5	27.4	83.9
11				0	6.7	6.9	13.6	30.1	43.7
12					0	2.8	2.8	32.9	35.7
13						0	0	35.6	35.6
14								32.9	32.9
15								30.1	30.1
16								27.4	27.4
17								⋮	⋮
18									
Σ	220.6	157.8					3481.5		

参 考 文 献

[1] 刘光文主编. 水文分析与计算. 北京：水利电力出版社，1989.
[2] 陈家琦，张恭肃. 小流域暴雨洪水计算. 北京：水利电力出版社，1985.
[3] 陈志恺. 论中小流域设计暴雨分析计算方法. 水利水电技术，1963（11）：20-24.
[4] 中华人民共和国水利部. 水利水电工程设计洪水计算规范（SL 44—2006）. 北京：中国水利水电出版社，2006.
[5] 水利部长江水利委员会水文局，水利部南京水文水资源研究所. 水利水电工程设计洪水计算手册. 北京：中国水利水电出版社，2001.
[6] 王家祁. 中国暴雨. 北京：中国水利水电出版社，2002.
[7] Maidment D R. Handbook of Hydrology. McGRAW-HILL，INC. 1992.
[8] Institute of Hydrology. Flood Studies Report. London：Natural Enviroment Research Council，1975.
[9] Wilson E M. Engineering Hydrology. 4th Edition. London：Macmillan Education Ltd.，1990.
[10] Hosking J R M, Wallis J R. Regional Frequency Analysis：An Approach Based on L-Moments. Cambridge University Press，1997.

第 5 章 小流域及城市设计洪水

第 4 章介绍的推求设计暴雨及其相应洪水的基本原理和方法,并不受流域面积大小和地域的限制,原则上也适用于小流域和城市区域;但小流域上一般缺乏充分的实测雨洪资料,而城市区域的产汇流特性与天然流域相比也发生了很大的变化。因此,在实用中制定了一套应用于小流域和城市区域的设计洪水计算方法,现特辟一章加以说明。

5.1 小流域设计洪水计算特点

农田水利基本建设中,大量的工程措施位于小流域上,诸如建库蓄洪、修渠引水,或者是开沟撇洪,抽水排涝等。这些水利工程虽然规模属于中、小型,但数量巨大,例如在全国 8 万多座水库中,大型水库只有 300 座左右,而 99.6% 属于中、小型水库。如欲按照设计标准科学地进行规划设计,做到既节约国家资金,又保证工程安全运行,则推求小流域设计洪水就成为关键问题。这些中小型工程的洪水大都来自面积较小的流域,其面积并没有明确范围,一般北方干旱地区面积稍大,南方则较小。根据广东省统计,全省 263 座中型水库中,集水面积小于 $100km^2$ 的占 92.1%;在 1982 座小型水库中,集水面积小于 $10km^2$ 的占 93.5%。对于集水面积较小流域的设计洪水计算方法,有以下三方面的特点。

1. 方法必须适用于无资料流域

如果小流域上具有充分的实测流量或暴雨资料,同样可以按照第 3 章、第 4 章中介绍的方法进行设计洪水计算。但是,就我国目前情况而论,绝大多数的小流域既没有流量资料,又缺乏自记暴雨记录。例如江西省至 1974 年,全省有 87 个水文站,其中流域面积小于 $100km^2$ 的小河站只有 20 处,平均每 $8170km^2$ 只有 1 个小流域水文站。又如中小流域测站较多的广东省,流域面积小于 $100km^2$ 的也只有 17 处,平均每 $12470km^2$ 只有 1 个,小于 $10km^2$ 的只有 3 处。

在现有的站网密度条件下,绝大多数小流域是属于缺乏雨洪资料的情况,设计洪水的计算方法必须适应这种资料条件。

2. 方法应简便易行

面广量大的农田水利工程和城市雨洪排水工程，要求在一个短时期内给出相当数量的设计成果。如湖南省韶山灌区规划设计中，要对 300 块小面积进行排洪计算。如果计算方法繁琐、工作量大，就不适应小型工程的计算要求。大多数农田水利工程是由基层负责规划设计，要求方法简便易行，便于掌握。

3. 方法可以着重推求设计洪峰

输排水道的交叉建筑物和排洪水道等农田水利工程规模的设计，完全受设计洪峰所控制。一般小型水库的蓄水库容较小，设计标准低，对洪水的调蓄能力有限，设计洪峰对水库设计影响较大，洪水过程线形状的影响较小。因此，小流域设计洪水计算方法可以着重于设计洪峰的计算。

最早用做推求小流域设计洪峰的方法之一是推理公式法，英国、美国称为"合理化方法"（Rational Method），前苏联称为"稳定情势公式"。推理公式法是根据降雨资料推求洪峰最大流量的最早方法之一。

在确定性的"预报"工作中，人们对暴雨洪水形成过程的认识不断深化，早已超过了推理公式法，相继提出一系列的计算方法，包括近期发展的各种流域模型。

非确定性的"预估"工作，即推求设计洪水的水文计算工作，包括由暴雨资料推求设计暴雨过程分系统和由设计暴雨推求相应的设计洪峰流量分系统。国内外迄今仍广泛将推理模型应用于后一个分系统，特别是在一些无资料的小流域上。出现这种现象的根本原因之一，是在于对设计暴雨过程的认识非常贫乏。目前还未能给出统一而明确的拟定设计暴雨过程的程序，一般只是要求设计暴雨过程在一个或几个历时 t 的雨量达到设计雨量 X_{tp}。然而对于暴雨过程及各时段雨量的相互组合情况和地区分布等方面，都是模糊不清的。在这种情况下，一般是先根据一个时空均匀分布的设计暴雨过程来推求设计洪水，再考虑暴雨分布不均匀做出修正。这样就可以应用推理公式运算，而使这部分工作大大简化。由于推理公式计算简便，对原始资料要求不高，所以推理公式至今仍然是国内外工程师们所喜爱使用的。周文德曾指出：人们往往忽略了正是推理公式首先提出了现代水文学中一项基本概念——关于卷积积分的原理。有人认为推理公式过于简单，就弃之如敝屣，甚至还谩言推理公式不讲理，周文德在 1978 年指出："推理公式的百年历史告诉人们，不应当由一些表面的假象，就轻率地否定早已检验过的知识和经验，而是应当探求其中的基本概念，并根据我们的要求去深化和改进这些知识和经验。"

5.2 小流域设计暴雨

5.2.1 年最大 24 小时设计暴雨量的计算

小流域设计暴雨计算的要求，是推求流域中心点设计暴雨，一般不考虑暴雨在流域面上的不均匀性，以流域中心点的设计雨量代替全流域的设计面雨量。小流域的成峰暴雨历时，各个流域并不相同，一般是比较短，从几十分钟到若干小时不等，通常小于 1 日。只有当设计流域中心具有充分长的自记雨量观测记录，才能对所需历时的暴雨量直接选样并进行频率分析，从而得出设计成峰暴雨量。实际上，很少流域能够照这样直接计算，因为自记雨量站网密度过稀，绝大多数小流域不具备长期观测记录。因此，小流域设计暴雨计算方法，必须适应当地无资料的情况。目前的方法是分成两步：先求流域中心点年最大 24 小时设计雨量 $x_{24,p}$，然后由雨量—频率—历时关系，把 $x_{24,p}$ 换算成所需历时 t 的设计成峰雨量 $x_{t,p}$。

推求年最大 24 小时设计雨量的方法有两种，视当地雨量资料条件而定。

1. 由年最大 1 日设计雨量 $x_{1日,p}$ 间接推求

若流域中心附近具有充分长的人工观测资料系列，可以求得符合设计标准 p 的年最大 1 日设计雨量，它总是小于等于年最大 24 小时雨量，即 $x_{1日,p} \leqslant x_{24,p}$。若令年最大 24 小时雨量与年最大 1 日雨量的比值为 η，则

$$x_{24,p} = \eta x_{1日,p} \tag{5-1}$$

由各地区分析所得 η 值变化不大，一般都在 1.1~1.2 之间，常取 $\eta=1.15$。

2. 查用年最大 24 小时雨量统计参数 $\overline{x}_{24h}$、C_v 等值线图

这种方法适用于当地无资料的情况。等值线图的绘制和查用方法已作了说明。通过查算，可以得出流域中心点年最大 24 小时设计雨量 $x_{24,p}$。

5.2.2 暴雨公式

前面推求的设计暴雨量为特定历时（24 小时、6 小时、1 小时等）的设计暴雨，而推求设计洪峰流量时需要给出任一历时的设计平均雨强或雨量。通常用暴雨公式，即暴雨的强度—历时关系将年最大 24 小时（或 6 小时等）设计暴雨转化为所需历时的设计暴雨，目前水利部门多用如下公式形式，即

$$a_{t,p} = \frac{S_p}{t^n} \tag{5-2}$$

或

$$x_{t,p} = S_p t^{1-n} \tag{5-3}$$

式中：$a_{t,p}$ 为历时为 t、频率为 p 的平均暴雨强度，mm/h；S_p 为 $t=1h$ 的平均雨强，也称为雨力，mm/h；n 为暴雨指数，$0<n<1$；$x_{t,p}$ 为历时为 t、频率为 p 的暴雨量，mm。

暴雨参数可通过图解分析法来确定。对式（5-2）两边取对数，在对数格纸上，$\lg a_{t,p}$ 与 $\lg t$ 为直线关系，即 $\lg a_{t,p} = \lg S_p - n\lg t$，参数 n 为此直线的斜率，$t=1h$ 的纵坐标读数就是 S_p，如图 5-1 所示。由图可见，在 $t=1h$ 处出现明显的转折点。当 $t \leqslant 1h$ 时，取 $n=n_1$；$t>1h$ 时，则 $n=n_2$。

图 5-1 上的点据是根据分区内有暴雨系列的雨量站资料经分析计算而得到的。首先计算不同历时暴雨系列的频率曲线，读取不同历时各种频率的 $x_{t,p}$，将其除以历时 t，得到 $a_{t,p}$；然后以 $a_{t,p}$ 为纵坐标、t 为横坐标，即可点绘出以频率 p 为参数的 $\lg a_{t,p} \sim P \sim \lg t$ 关系线。

暴雨指数 n 对各历时的雨量转换成果影响较大，如有实测暴雨资料分析得出能代表本流域暴雨特性的 n 值最好。小流域多无实测暴雨资料，需要利用 n 值反映地区暴雨特征的性质，将本地区由实测资料分析得出的 $n(n_1,n_2)$ 值进行地区综合，绘制 n 值分区图，供无资料流域使用。一般水文手册中均有 n 值分区图。

S_p 值可以根据地区水文手册等值线图查得，也可以根据最大 24 小时设计雨量反算，即先采用频率分析方法推求 $x_{24,p}$，如根据各地区的水文手册，查出设计流域的

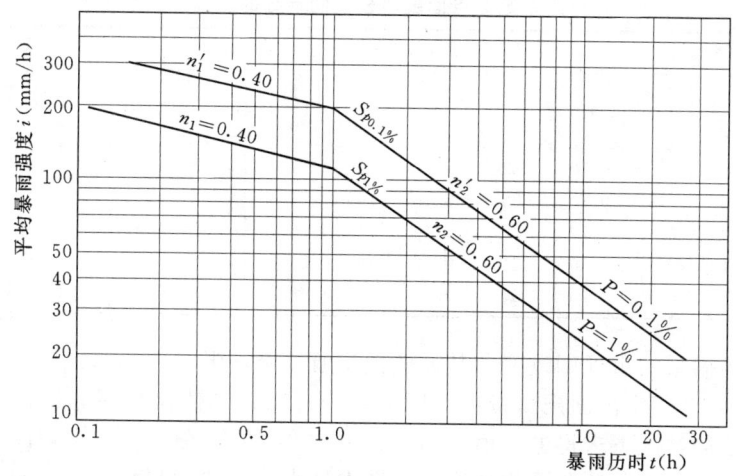

图 5-1　暴雨强度—历时—频率曲线

$\bar{x}_{24}$、C_v、C_s/C_v，计算出 $x_{24,p}$，然后由式 (5-3) 反算推求 S_p。

S_p 及 n 值确定之后，即可用暴雨公式进行不同历时暴雨间的转换。24 小时雨量 $x_{24,p}$ 转换为 t 小时的雨量 $x_{t,p}$，可以先求 1 小时雨量 S_p，再由 S_p 转换为 t 小时雨量。

因
$$x_{24,p} = a_{24,p} \times 24 = S_p \times 24^{(1-n_2)} \tag{5-4}$$

则
$$S_p = x_{24,p} 24^{(n_2-1)}$$

由求得的 S_p 转求 t 小时雨量 $x_{t,p}$ 为

当 $1h \leqslant t \leqslant 24h$ 时
$$x_{t,p} = S_p t^{(1-n_2)} = x_{24,p} \times 24^{(n_2-1)} t^{(1-n_2)} \tag{5-5}$$

当 $t < 1h$ 时
$$x_{t,p} = S_p t^{(1-n_1)} = x_{24,p} \times 24^{(n_2-1)} t^{(1-n_1)} \tag{5-6}$$

上述以 1 小时处分为两段直线是概括大部分地区 $x_{t,p}$ 与 t 之间的经验关系，未必与各地的暴雨资料拟合很好。如有些地区采用多段折线，也可以分段给出各自不同的转换公式，不必限于上述形式。

设计暴雨过程是进行小流域产汇流计算的基础。小流域暴雨时程分配一般采用最大 3 小时、6 小时及 24 小时作同频率控制，各地区水文图集或水文手册均载有设计暴雨分配的典型，可供参考。

1. 参数 n 值的影响因素分析

由于暴雨的点面折减系数随暴雨历时的缩短而递减，而且根据面平均雨量求得的 n 值，比由点雨量得出的 n 值要小一些，并随面积增大而扩大差额。因此，在实际工作中，若以长历时点雨量的暴雨指数 n 代替面雨量的指数，再由 24 小时雨量推求短历时雨量，将得出偏大的结果。应分析各地的暴雨资料，统计出各地区长短历时面雨量 n 值的差别情况，例如北京地区点面雨量 n 值表（见表 5-1），必要时可参照作一些修正。

表 5-1　　北京地区点面暴雨公式的参数的差别

重现期(年)	点			$F=190km^2$			$F=540km^2$			$F=1900km^2$		
	S_p(mm/h)	n_1	n_2	S_p(mm/h)	n_1	n_2	S_p(mm/h)	n_1	n_2	S_p(mm/h)	n_1	n_2
1000	180	0.51	0.70	123	0.45	0.65	108	0.48	0.63	93	0.44	0.59
100	129	0.51	0.70	88	0.48	0.65	77.4	0.49	0.63	67	0.44	0.59
50	111	0.52	0.70	76	0.49	0.65	66.6	0.49	0.63	57	0.45	0.59
20	93	0.52	0.70	64	0.49	0.65	55.8	0.49	0.63	48	0.45	0.60
10	77	0.52	0.70	54	0.49	0.67	46.2	0.49	0.65	41	0.45	0.61

此外，当雨量的重现期改变，其 n 值也有所差别，浙江省姜湾地区3个大小不同的小流域，共12年实测面雨量资料。因为系列过短，不便作频率分析，所以只统计分析了3种不同情况下求得的 n 值，即：①由12年的12项年极值求得的 n 值取平均情况；②其中最大的3项的平均情况；③其中最小的3项的平均情况。3种 n 值的成果如表5-2所列，可以看出 n 值随频率变化相当复杂，有随频率减少而减小的趋势。

表 5-2　　浙江省姜湾地区暴雨公式参数 n 值与暴雨量的关系

选样方法	流域	点雨量		面雨量					
				$F=10.2km^2$		$F=20.9km^2$		$F=165km^2$	
		n_1	n_2	n_1	n_2	n_1	n_2	n_1	n_2
Ⅰ．平均情况 （由12项暴雨年极值求得 n 值的平均）	A B C	0.58 0.47 —	0.70 0.74 0.74	0.52	0.70	0.42	0.68	—	0.64
Ⅱ．大暴雨情况 （12项中最大3项求得 n 值的平均）	A B C	0.58 0.57 —	0.64 0.64 0.64	0.45	0.64	0.47	0.62	—	0.55
Ⅲ．小暴雨情况 （12项中最小3项求得 n 值的平均）	A B C	0.62 0.46 —	0.72 0.74 0.74	0.38	0.74	0.37	0.72	—	0.68

前已说明暴雨过程是一个复杂的多维随机过程，年最大时段暴雨 $x_{t,p}$ 与暴雨历时 t 的暴雨公式属于"经验相关关系"，忽略了不少影响因素，因此公式中参数 n 值不会是稳定不变的。目前暴雨自记资料有所积累，可以而且应当对20世纪50年代的暴雨公式作重新研究。

2．参数 n 值对设计雨量值的影响

为了充分利用现有人工观读的日雨量资料，国内一般采用的方法是：先求得 $x_{24,p}$，再根据暴雨公式推算短历时暴雨。暴雨公式的指数 n_2 对计算成果影响甚大，当 n_2 相差0.05时，由 $x_{24,p}$ 推算出的1小时雨量 S_p 可相差17%，对其他各种时段雨量的影响，见表5-3。

以往由于自记雨量资料短缺，大多依据频率较高的点雨量分析得出的 n 值，推求较小的设计面雨量，实际上 n 值随着 p 值的减小而递减，而且面雨量的 n 值又较点雨

量的 n 值为小。因此，当流域面积较大时，如不考虑此两项因素的影响，n 值可能偏大 $0.05\sim0.10$，也即 1 小时设计雨量可能偏大 $17\%\sim37\%$。若洪水的峰、量成 1.3 次方的关系，由此计算求得的最大流量，可偏大 $23\%\sim51\%$ 以上，相当可观。

表 5-3　　　　　　　　Δn_2 影响各种时段雨量的百分比

雨量差值（%） Δn_2	历　时　(h)				
	1	2	3	6	12
0.05	17	13	11	7	4
0.10	37	28	23	15	7
0.15	61	45	37	23	11
0.20	89	64	52	32	15

为了减少 n 值对计算成果的影响，随着自记雨量和分段雨量资料的积累，应尽可能根据 6 小时、3 小时或 1 小时雨量，修正或推算 S_p 值。一些研究表明，最大 1 小时雨量的均值和变差系数在地区上的差别比最大 24 小时雨量为小。因此，直接编制最大 1 小时雨量的等值线图是可行的，可避免由 24 小时雨量间接推算的误差。我国在 1983 年已完成有关短历时暴雨参数等值线图的编制工作。

5.3　由推理公式推求设计洪水的基本原理

5.3.1　设计净雨计算

推求净雨过程的方法很多，为了与小流域设计洪水计算方法相适应，一般可以采用损失参数 μ 值进行小流域设计净雨的计算。

损失参数 μ 是指产流历时 t_c 内的平均损失强度。图 5-2 表示 μ 与降雨过程的关系。从图 5-2 可以看出，$i\leqslant\mu$ 时，降雨全部耗于损失，不产生净雨；$i>\mu$ 时，损失按 μ 值进行，超渗部分（图 5-2 中阴影部分）即为净雨量。由此可见，当设计暴雨和 μ 值确定后，便可求出任一历时的净雨量及平均净雨强度。

为了便于小流域设计洪水计算，各省（区）水利水文部门在分析大量暴雨洪水资料之后，均提出了决定 μ 值的简便方法。有的部门建立单站 μ 与前期影响雨量 P_a 的关系，有的选用平均降雨强度 $\overline{i}$ 与一次降雨平均损失率 $\overline{f}$ 建立关系，以及 μ 与 $\overline{f}$ 建立关系，从而运用这些 μ 值作地区综合，可以得出各地区在设计时应取的 μ 值。具体数值可参阅各地区的水文手册。

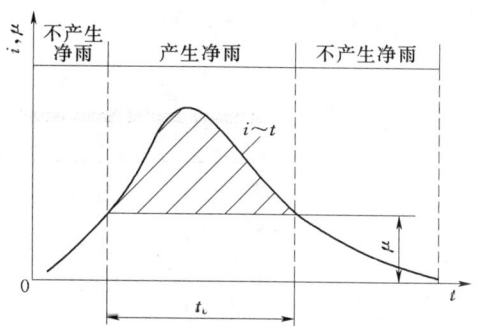

图 5-2　降雨过程与入渗过程示意图

5.3.2　推理公式的形式

如果流域上产流强度 r 在时间上和空间上保持恒定不变，则在 dt 时间内，流域面积上形成的产流量 dw 也是常数，可写为

则
$$\mathrm{d}w = rF\mathrm{d}t = (a-\mu)\mathrm{d}tF$$
$$\frac{\mathrm{d}w}{\mathrm{d}t} = (a-\mu)F$$

考虑计算单位换算，有
$$\frac{\mathrm{d}w}{\mathrm{d}t} = 0.278(a-\mu)F \tag{5-7}$$

式中：F 为流域面积，km^2；a、μ 为暴雨强度和损失强度，mm/h；dw/dt 为单位时间的产流量，m^3/s；0.278 为单位换算系数，即 1/3.6。

单位时间的产流量散布在全流域面上，并不能同时汇集于出流断面。在开始阶段，当产流历时小于流域最大汇流历时的时段内，流域上流量分为两部分，一部分暂时滞蓄在流域的坡面或河槽，另一部分由流域出口断面处流出。出流量随着产流历时的增长而逐渐增大，直到产流历时等于汇流历时，单位时间的出流量才等于产流量，形成的流量过程线，如图5-3所示。其后若产流强度保持不变，则出流量 Q 就不再继续增加，形成稳定不变的最大值 Q_m，产流量和出流量两相平衡，即

$$Q_m = \frac{\mathrm{d}w}{\mathrm{d}t} = 0.278(a-\mu)F \tag{5-8}$$

通过推理而得出的雨洪计算推理公式，是非常简单的，也是完全合理的。式（5-8）说明洪峰流量 Q_m 仅与流域面积 F 和产流强度 $(a-\mu)$ 两项因素有关，与流域的其他地理特征（如坡降 I，河长 L，糙率 n 等）都无关。这与人们的直觉似乎有抵触，而且在实测的洪水过程线中，几乎没有出现过这种稳定的洪峰流量段，这就常引起人们对此公式的合理性产生疑问。造成上述矛盾的根本原因是实际降雨强度的变化比较大，产流强度不太可能保持常数。因此，在天然流域上就无法得到稳定的洪峰段。如在径流试验场中，只要控制恒定的人工降雨强度，就不难得到如图5-3所示的洪水过程线。

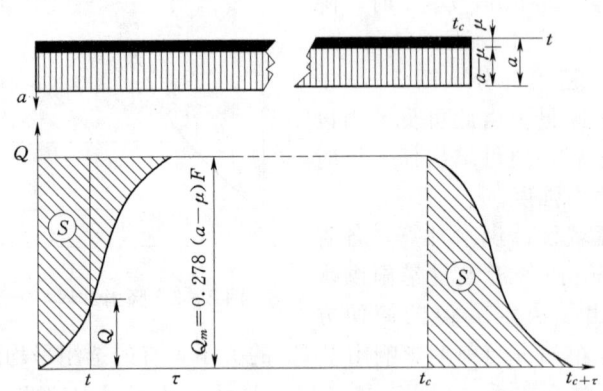

图 5-3 均匀产流条件下流域汇流过程示意图

5.3.3 设计洪峰流量计算

推理公式的结构形式简单，便于应用，尤其在水文资料缺乏的地区。但公式要求产流强度必须是不变的，限制了它的应用范围，决定了推理公式比较适用于推求设计

暴雨所形成的设计洪峰，因为设计暴雨的时空分布有时可以允许概化为均匀的。如果用来分析实际暴雨所形成的洪水，则要求参与形成洪峰的"成峰暴雨"（即峰现时刻以前τ时段内的降雨过程）强度比较均匀，否则将产生较大的误差。

在应用推理公式计算指定频率 p 的设计洪峰时，流域面积 F 是固定不变的，损失强度一般变化不大。因此，关键在于确定设计暴雨强度 $a_{t,p}$，即

$$a_{t,p} = \frac{S_p}{t^n}$$

它是暴雨时段 t 的函数，因此必须设法确定时段 t。工程设计部门一般是取流域汇流时间 τ 作为设计暴雨时段，则可得出下式

$$Q_{m,p} = 0.278(a_{\tau,p} - \mu)F \tag{5-9}$$

或

$$Q_{m,p} = 0.278\psi a_{\tau,p} F \tag{5-10}$$

5.3.4 水科院推理公式

1958 年，陈家琦等人提出了水利科学研究院推理公式，该公式在我国设计洪水计算中得到广泛应用。在铁道、交通和城市排水等部门，一般都依据各自的计算方法，在公式形式、参数数值和算法上，都或多或少有不同之处。

1. 设计暴雨计算

在水科院推理公式的推导过程中，隐含着假定了一条各时段雨量同频率的设计暴雨过程 $i_p(t)$（如图 5-4 所示）。该方法是先依据暴雨公式式（5-2）或式（5-3），求得相应于指定频率 p 的任意时段 D 的平均雨强 $a_{D,p}$ 或设计雨量 $X_{D,p}$，并绘成给定频率 p 的设计暴雨时段平均雨强 $a_{D,p}$ 与历时 D 的关系曲线（见图 5-4），再参照前苏联 Алексеев 建议的方法，求得该设计暴雨的瞬时雨强历时曲线，即

$$i_{D,p} = \frac{\mathrm{d}x_{D,p}}{\mathrm{d}D} = \frac{\mathrm{d}}{\mathrm{d}D}S_p D^{1-n} = (1-n)S_p D^{-n} \tag{5-11}$$

式中：$i_{D,p}$ 为频率为 p 的设计暴雨过程 $i_p(t)$ 中，历时为 D 的雨强。

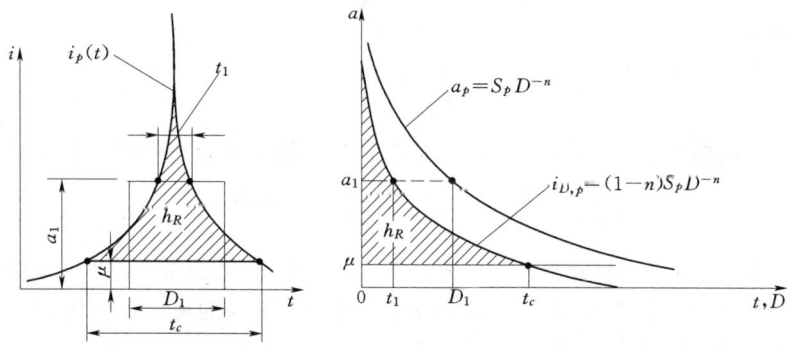

图 5-4 同频率设计暴雨过程线 $i_p(t)$ 及平均雨强 a_p、瞬时雨强 i_p 与历时关系

水科院推理公式法推求瞬时雨强历时曲线（$i_{D,p} \sim D$）的目的，是用来确定产流历时 t_c 和计算洪峰径流系数 ψ，从上述推导过程可看出：该方法隐含着假定了一条各个时段雨量同频率控制的设计暴雨过程 $i_p(t)$，虽然并没有以显式给出。

2. 产流计算

假定流域地面下渗率为损失常数 μ，则产流强度 $r(t)$ 可由下式计算

$$r(t) = \begin{cases} i(t) - \mu & \text{当 } i(t) > \mu \\ 0 & \text{当 } i(t) \leqslant \mu \end{cases} \quad (5-12)$$

对于一次实际降雨过程，不难求得所形成的径流过程 $r(t)$ 和该次降雨的径流总量 h_R，以及成峰暴雨量 h_τ（见图 5-5）。

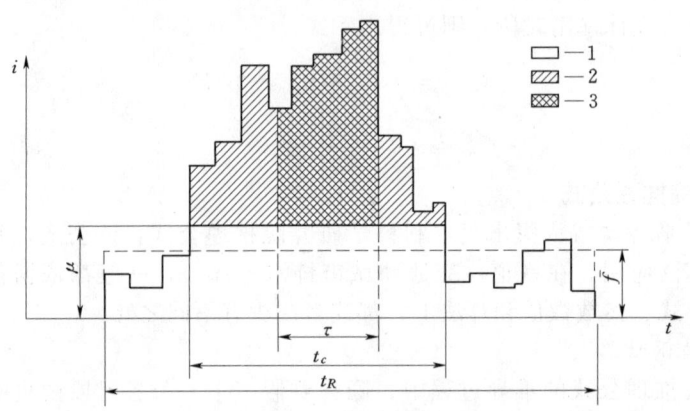

图 5-5 一次实际降雨过程的产流过程概化示意图

应用推理公式是对一次设计暴雨过程 $i_p(t)$ 推求设计洪峰 $Q_{m,p}$，所需求的是设计暴雨在成峰暴雨段的径流量 $h_{\tau,p}$，所产生的径流总量 $h_{R,p}$。

水科院推理公式法是通过瞬时雨强历时曲线来求得产流历时 t_c 和设计径流总量 $h_{R,p}$。由设计流域的下渗率 μ 在该历时曲线上，查得瞬时雨强 $i_{D,p}$ 等于下渗率 μ 的点，相应的历时即产流历时 t_c，即由下列条件

$$i_{D,p} = (1-n) S_p D^{-n} = \mu \quad (5-13)$$

可解得产流历时 t_c

$$t_c = \left[\frac{(1-n) S_p}{\mu} \right]^{\frac{1}{n}} \quad (5-14)$$

显然，历时曲线与 $i = \mu$ 横线之间的面积，为该设计暴雨产生的洪水径流总量 $h_{R,p}$。

$$h_{R,p} = n S_p t_c^{(1-n)} = n S_p \left[\frac{(1-n) S_p}{\mu} \right]^{\frac{1-n}{n}} \quad (5-15)$$

求得 t_c 和 $h_{R,p}$ 后，可计算设计流域成峰暴雨 τ 时段内的径流量 $h_{\tau,p}$ 及洪峰径流系数 ψ。

水科院推理公式法是采用洪峰汇流历时 τ 时段内平均的流域汇流速度，来概括描述径流在坡面和河道内的运动，τ（以小时计）可表示为

$$\tau = 0.278 \frac{L}{V_\tau} \quad (5-16)$$

式中：L 为流域最远点的流程长度，km；V_τ 为在 L 流域中平均汇流速度，m/s。

流域平均汇流速度 V_τ，可近似地用下列形式的经验公式来计算，即

$$V_\tau = mI^\sigma Q_m^\lambda \tag{5-17}$$

式中：I 为沿最远流程的平均纵比降（以小数表示）；Q_m 为洪峰流量，m^3/s；m 为汇流参数；λ、σ 为反映流域沿流程水力特性的指数。

一般假定山丘区河道断面为三角形，可采用 $\sigma = 1/3$ 和 $\lambda = 1/4$，代入式（5-16）、式（5-17）中，即得流域汇流时间的计算公式

$$\tau = 0.278 \frac{L}{mI^{1/3} Q_m^{1/4}} \tag{5-18}$$

随着各设计流域的汇流时间 τ 长短不同，产流计算分为两种情况，如图 5-6 所示。

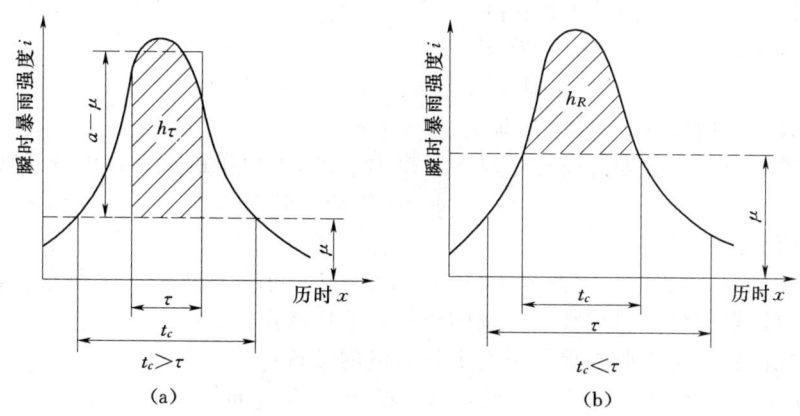

图 5-6 计算洪峰径流系数 ψ 的两种情况示意图

（1）当 $t_c > \tau$，说明成峰暴雨时段内的雨强都大于下渗率，产流强度都大于 0，称为全面产流情况，则

$$h_{\tau,p} = \frac{S_p}{\tau^n}\tau - \mu\tau \tag{5-19}$$

$$\psi = 1 - \frac{\mu}{S_p}\tau^n \tag{5-20}$$

（2）当 $t_c < \tau$，在成峰暴雨内，必然有部分时段的雨强低于下渗率 μ 而不产流，称为部分产流情况，在产流历时 t_c 内产生的径流全部参与形成洪峰，故

$$h_{\tau,p} = h_{R,p} \tag{5-21}$$

则

$$\psi = \frac{h_{R,p}}{x_{\tau,p}} = n\left(\frac{t_c}{\tau}\right)^{1-n} \tag{5-22}$$

（3）当 $t = t_c$ 时，由式（5-20）和式（5-22）都可得出 $\psi = n$。

3. 汇流计算

求得设计洪峰径流系数 ψ 后，代入推理公式（5-10），可计算设计洪峰流量，即

$$Q_{m,p} = 0.278\psi \frac{S_p}{\tau^n} F \tag{5-23}$$

从式（5-22）、式（5-23）中可看出，求解需确定未知数 τ，而 τ 的计算公式中包含未知数 $Q_{m,p}$，所以需要建立两个方程联解。可以采用图解方法求解，但步骤比较繁琐，可以考虑采用迭代法求解。

【例 5-1】 江西省某流域上需建小水库一座。要求用水科院推理公式计算设计标准 $p=1\%$ 的洪峰流量。

解：计算步骤如下：

(1) 流域特征值 F、L、I 的确定。

F 为出口断面以上的流域面积，可在适当比例尺的地形图上勾绘出流域分水线后，直接量算。

L 为自出口断面起沿主河道至分水线的最长距离，包括主河道以上沟形不明显的坡面部分，即沿流程自分水线起至出口断面止的全部长度，从地形图上量测。

I 为沿 L 的坡面和河道平均比降。

本例题中，已知流域特征值如下：

$$F = 104 \text{km}^2, \quad L = 26 \text{km}, \quad I = 8.75‰$$

(2) 设计暴雨参数 S_p 和 n 的确定。

暴雨参数确定方法如前所述，对于频率为 p 的 S_p 由年最大 1 日雨量计算，即

$$S_p = \eta x_{1日,p} 24^{(n_2-1)}$$

式中 η 取值见式 (5-1)。

暴雨参数 n_2 由各省区实测暴雨资料分析确定，可查当地水文手册获得，一般 n 的数值是以定点雨量资料代替面雨量的资料，不作修正。

现从江西省水文手册查得年最大 1 日雨量的参数：

$$\bar{x}_{1日} = 115 \text{mm}, \quad C_v = 0.42, \quad C_s/C_v = 3.5, \quad n_2 = 0.6, \quad \eta = 1.1$$

$p=1\%$ 的模比系数 $k_{1\%} = 2.39$，则最大 1 日设计雨量 $x_{1日,1\%} = k_{1\%} \bar{x}_{1日} = 274.9 \text{mm}$

故

$$S_{1\%} = \eta x_{1日,1\%} 24^{(n_2-1)}$$
$$= 1.1 \times 274.9 \times 24^{-0.4}$$
$$= 84.8 (\text{mm/h})$$

(3) 设计流域损失参数和汇流参数的确定。

江西省水文手册中列有参数 μ 及 m 查算图表，可从而查得：

损失参数 $\mu = 3.0 \text{mm/h}$

汇流参数 $m = 0.70$

(4) 迭代求解。

先假定 $t_c > \tau$

计算公式：

$$Q_{m,p} = 0.278(a-\mu)F = 0.278\left(\frac{S_p}{\tau^n} - \mu\right)F$$

$$\tau = 0.278 \frac{L}{mI^{1/3}Q_m^{1/4}}$$

将有关参数代入 $Q_{m,p}$ 和 τ 的计算公式，即

$$Q_{m,p} = 0.278\left(\frac{84.8}{\tau^{0.6}} - 3\right) \times 104 = \frac{2450}{\tau^{0.6}} - 86.7$$

$$\tau = \frac{0.278 \times 26}{0.7 \times \left(\frac{8.75}{1000}\right)^{1/3} Q_m^{1/4}} = \frac{50.1}{Q_m^{1/4}}$$

将 τ 式代入 Q_m 以消去 τ，得

$$Q_m = \frac{2450}{\left(\frac{50.1}{Q_m^{1/4}}\right)^{0.6}} - 86.7 = 234.1 Q_m^{0.15} - 86.7$$

显然 Q_m 不会超过 $(234.1)^{\frac{1}{0.85}} = 613$，即以此作为初值进行迭代。迭代计算如下：

迭代次序	1	2	3	4
Q_m 初值	613	526	512	510
Q_m	526	512	510	510

于是设计频率为 1% 的设计洪峰流量 $Q_m = 510 \text{m}^3/\text{s}$，对应的 $\tau = 10.54\text{h}$。

（5）检验产流计算模式。

由于上述计算是假定 $t_c > \tau$ 条件下的产流模式，有必要检验假定条件是否成立。为此计算产流历时 t_c

$$t_c = \left|\frac{(1-n)S_p}{\mu}\right|^{\frac{1}{n}} = \left|\frac{0.4 \times 84.8}{3.0}\right|^{\frac{1}{n}}$$
$$= 57.0(\text{h})$$

符合 $t_c > \tau$ 条件，解算正确。

5.3.5 设计洪水过程线的推求

一些中小型蓄水工程，对洪水起一定的调节作用，能容蓄部分洪水量使洪峰流量有所削减。为此，工程设计需要拟定设计洪水过程线，对于中、小型工程，主峰过程对调洪起着主要控制作用。水科院推理公式法建议拟定一条概化的设计洪水过程线，主峰前后各次洪峰一般简化为三角形，组合成一多峰型的设计洪水过程。所谓概化洪水过程线，是指根据地区上各参证流域的实测洪水过程线资料，综合分析所得出的具有一定代表性的洪水过程线模式。

地区概化洪水过程线模式的具体作法是：将单站各次洪水过程线绘在同一图纸上，纵坐标表示流量相对数 Q_i/Q_m，横坐标表示时间相对数 T_i/T，其中 Q_m 是最大流量，T 是洪水过程总历时；Q_i、T_i 为任何时刻的流量和时间，然后将峰现时间重叠在一处，选用其中常见而又能概括该站洪水形状特征的平均过程线，作为单站概化过程线模式。最后，将各站的概化过程线同绘于一张图上，依同样方法取得平均的或具有代表性的过程线，作为地区综合的概化洪水过程线模式，供无资料流域使用。

图 5-7 是江西省根据全省集水面积在 650km² 以下的 81 个水文站，1048 次洪水资料分析得出的概化洪水过程线模式，图中 T 为洪水历时，可按下式计算，即

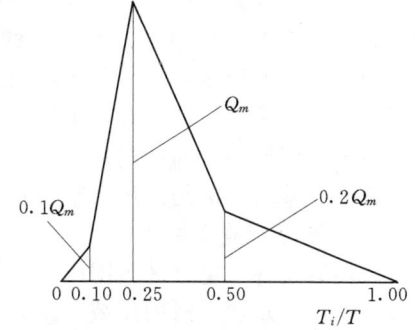

图 5-7 概化洪水过程（5 点折腰三角形）

$$T = 9.63 \frac{W}{Q_m} \qquad (5-24)$$

应用时，规定洪水总量 W（万 m^3）按 1 日设计暴雨所形成的径流深 h 计算，即

$$W = 0.1hF \qquad (5-25)$$

由于设计洪峰 Q_m 已知，将 Q_m、W 代入式（5-24）计算 T。然后根据各转折点流量比值 Q_i/Q_m 乘以 Q_m，便得出各转折点的流量值，主峰设计洪水过程线也就能绘出了。

主峰前后的一些洪峰可采用三角形的概化过程线，三角形过程线的洪峰与洪水总量之间存在如下关系式，即

$$W = \frac{1}{2}Q_m(t_1 + t_2) = \frac{1}{2}Q_m T \qquad (5-26)$$

$$t_2 = \beta t_1$$

式中：t_1 为涨洪段历时，h；t_2 为退水段历时，h；β 为退水历时与涨洪历时之比，由本地区实测流量过程综合分析确定；T 为一次洪水总历时，可取降雨历时与流域汇流时间之和。

当设计雨型不定时，把它分为若干段，把每段降雨所形成的概化过程线按时序叠加起来，即得概化多峰洪水过程线。

5.4 地区经验公式推求设计洪水

所谓地区经验公式指在一定区域内，洪峰流量与其主要因素之间的经验关系，并根据关系曲线的线型，选配解析式。

5.4.1 地区经验公式法基本原理

洪峰流量和其他水文要素一样，是气候和下垫面众多因素综合作用的结果。这些因素基本上可以分成两大类：①分区性因素，反映地区上渐变的气候因素，在同一分区内这些因素基本上是相似的，或者是存在某种分布趋势的，如暴雨量的统计参数，即均值、C_v、C_s/C_v，或者是 5 年一遇年最大 1 日雨量等；②非分区性因素，反映各流域当地所特有的地理特性，如流域面积、河道比降、河流长度、河网密度、植被和土壤等。这些因素往往不存在地区分布规律，同一分区相邻流域可以相差悬殊，然而这些非分区性因素之间，是不独立的，或多或少地存在有某种联系。譬如同一地区内，面积较小的流域都位于分水岭附近山区，河道比降较陡，河网密度较小，河流长度相对较长，植被情况较好，土层相对较薄等。因此，往往可以只通过一两个参数反映众多非分区性因素的情况。

地区经验公式法是运用经验公式来估算设计洪水，方法是按以下三步进行的。

1. 筛选参数建立公式

其内容是在一定分区范围内，尽可能多地在分区内选择一些有代表性的，而且具有较长期雨洪观测资料的流域。统计和分析这些流域的洪峰流量及各项反映影响洪水因素的参数，其中包括分区性的气候因素和非分区性的流域下垫面地理因素。通过筛选确定若干个主要参数。参数筛选的原则是：①洪峰对该参数敏感性高，可通过敏感

性分析方法，以及多元回归分析计算各参数方差贡献等方法来确定；②要求参数便于定量，对于缺少雨洪资料流域，可以通过地区综合或直接量测的地理特征参数化，参数确定后，建立洪峰流量和这些参数之间的相关关系。

2. 设计流域的参数化

设计流域的参数化是确定设计流域的参数。如前所述，洪峰经验公式中包含的参数大体可分为两类：一类参数是反映分区性的气候因素，这些参数在同一分区内各流域的数值基本稳定，或者具有一定的变化趋势。因此，可以通过地区综合途径来确定各流域的这部分参数数值，有的参数可采用分区各流域参数的均值，有的参数则可依据参数的变化趋势作地理插值。另一类参数是反映非分区性因素，其特点是在同一分区内各流域的参数变动很大，并不存在变化趋势，而是反映各自流域本身的特点，主要是反映流域下垫面的地形、地貌、地质等因素的差别。这类参数一般是通过量测、查勘和调查等途径来确定的，如流域面积 F、河长 L、河道比降 I、平均流域宽度 F/L 等。根据上述原则，可以由设计流域的地理位置，通过地理插值途径确定时段暴雨量的统计参数等，或由地形图确定流域面积 F、河长 L、河道比降 I 等，还可通过查勘和调查确定流域的土壤指标、植被度等。确定这样一批参数使设计流域参数化。

3. 推求设计流域的设计洪水

将设计流域的各项参数代入地区经验公式，就可以方便地求出设计洪峰流量。计算成果的精度或可靠性决定于两个方面：①设计流域的参数是否正确；②经验公式本身的精度。由于公式只能考虑几项主要的参数，公式与各实际流域的计算成果之间必然存在一定的离差，说明公式所未考虑的部分因素的作用。和一切相关关系一样，经验公式就相当于通过点群中心拟合得出的回归线，它只是把其余各种未考虑的因素都概化为地区的平均情况。因此，在应用经验公式法时，除了由公式计算得出成果外，还应参照设计流域其余各项参数的数值，通过分析判断设计流域的设计洪水的偏离方向和估计离差的可能幅度。

5.4.2 地区经验公式的类型

由于对洪峰流量资料处理方法及采用的参数不同，可以组合成众多形式的经验方式，其中对洪峰流量资料的处理方法可归纳为两类。

(1) 将洪峰年极值资料进行统计分析，求出各流域的统计参数 $\overline{Q}_m$、C_v 和 C_s，并建立统计参数的经验公式，即

$$\overline{Q}_m = \phi_1(\alpha, \beta, \gamma, \cdots) \tag{5-27a}$$

$$C_v = \phi_2(\alpha', \beta', \gamma', \cdots) \tag{5-27b}$$

$$C_s = \phi_3(\alpha'', \beta'', \gamma'', \cdots) \tag{5-27c}$$

或者建立相应于指定频率 p 的设计洪峰 $Q_{m,p}$ 的经验公式，如

$$Q_{m,p} = \psi(\alpha, \beta, \gamma, \cdots) \tag{5-28}$$

(2) 不考虑雨洪的重现期，根据实测的各次雨洪对应资料，直接建立经验公式，即

$$Q_m = \eta(x_t, \alpha, \beta, \cdots) \tag{5-29}$$

式中：x_t 为流域上 t 时段的平均雨深。

在洪水经验公式中，可采用的流域气候地理参数形式也很多，常用的包括：流域面积 F，河长 L，河道比降 I，平均流域宽度 B，流域形状系数 $f(=F/L^2)$，一级支流总数，河网密度，单位面积上一级支流数，暴雨统计参数，产流历时 t_c，汇流历时 τ，产流系数等。

5.4.3 建立和应用地区经验公式需注意的问题

（1）地区经验公式法推求洪峰流量计算步骤十分简单，只需将设计流域的有关参数代入即能算出 $Q_{m,p}$。但在建立地区综合公式时，采用公式类型应根据当地情况分析选定，其中参数（包括暴雨指数 n）必须由本地区的实测流量和暴雨及流域特征具体分析后定量，不得草率确定。

（2）考虑取多少个因素为宜的问题。公式中包含的因素，必须是通过查勘、测量、等值线图内插等手段才能够定量的，否则就无法移用到缺乏水文资料的设计流域上去，也就失去建立相关关系的作用了。符合这种条件的因素并不太多，而这些因素相互之间又存在着一定的联系，当考虑了一个或几个主要因素后，再增加因素未必能提高相关关系的精度，有时反而会降低。至于考虑几个因素最优，则应根据具体条件作具体分析，多元回归分析提供了一种定量比较的手段。

（3）建立公式和分析参数的依据是实测雨洪资料，为了获得较真实的客观规律，关键问题是洪峰流量资料的质量，以及经验点据的密集程度和它们的代表性，为了保证计算成果的精度，必须注意这一点。

（4）在应用地区参数时，要了解它的适用范围，一般情况小流域水文测站数目总是稀少的。建立公式和确定参数时，经常采用中等流域或较大流域的实测资料。最好结合设计流域的实际情况，选取几个情况相近的流域，经过调查洪水等方法进行验证或进行必要的修正。

（5）注意邻近流域、边界地区的参数协调，以免相邻的交界附近计算成果出现过大的差异或不连续现象。

5.5 城市化对水文的影响

5.5.1 概述

随着一个国家或地区的工业、商业和文化事业的发展，人口不断地向城市集中和城区面积的扩张，这一过程称为"城市化"。根据世界有关组织统计，目前全球约有 50% 的城市人口居住在仅为 5% 陆地面积的城市区域，而这一人口数字仍以每年 8000 万人的速率增长着。1994 年统计表明，我国已有城市 570 个。由于我国是发展中国家，工业还比较落后，城市化程度不高，城市人口远低于发达国家。因此，伴随着我国社会经济的快速发展，农村剩余劳动力转向工商业，城市人口和城市化程度会迅速增长。

一个地区的城市化过程，对当地水文的影响是巨大的，主要表现在城市地貌和排水系统的改变，水资源的重新分配，工业活动和人类日常生活等对水的物理、化学和生物特性诸方面的影响。要解决城市的供水、排水和防洪等水文问题，必须从研究城市地区水文特性着手，充分分析城市化对水文影响的后果，定性和定量地做出结论。

5.5.2 城市化对降水的影响

在城市化地区，各种气候要素会有一定程度的变化。但是，由于气候要素的因子是众多的，影响气候的物理过程也很复杂，同时，城市化往往是一个长期过程，气候变化必然也是缓慢的，不易被人察觉。虽然目前已经就城市化对一些气象因子的影响作了一定的研究，但是要精确地得出定量结果尚不可能。

与周围乡村相比，最为明显的是城市气温明显偏高。例如，1983年北京市进行飞机航测，测得北京市区气温高于周围乡村，并呈明显的季节性，冬季最显著，城市中心气温与周围乡村的温差最大可达15℃。世界各地区均报道有此类现象，其特征往往是城市中心气温最高，而向周围乡村逐步递减，在郊区递减速度较快。这种城市气温明显高于周围乡村的现象称为"城市热岛"，造成城市热岛的原因，各城市有所差别，主要是城市工厂、交通运输、生活供热等热源；城市建筑材料、建筑结构形式以及大气污染等因素增强了吸收太阳辐射的能力。

城市热岛现象会对水汽蒸发、空气对流产生明显影响，从而影响到降雨特性。此外，城市大规模建筑群对空气运动的阻碍作用，也会明显影响空气对流。因此，城市的雷雨天气会高于周围乡村。对美国人口超过100万的七大城市的研究表明，与周围乡村相比，每增加100万居民，雷雨日增加8%左右。

城区工厂生产，交通运输，人们日常活动使得城市上空大气中尘埃比天然情况下高出几倍至几千倍，这不仅使得城市空气污染加重，而且为城区降水提供了更多的凝结核。据世界各地统计表明，一般城市的雾、云、雨天气显著多于周围乡村，其降水量也比天然情况高5%～10%。这些，无疑是城市水利规划中不可忽视的因素。

5.5.3 城市化对径流特性的影响

城市的出现与发展，剧烈地改变了当地的自然地貌和天然排水系统，这必然对径流特性产生影响，从水文角度出发，主要表现在以下几个方面：

(1) 大规模建造房屋，铺砌道路，使下垫面不透水性大大增加，其结果是下渗量和蒸发量减少，而地表径流和径流总量增加，并使洪峰流量加大。

(2) 城市排水系统管网化，增加城市排水能力，使暴雨径流尽快地就近排入当地接受水体。这样，一方面改变了城市原先的子集水区域形状，另一方面使城市径流流态、洪水过程线形状以及洪峰流量均发生变化，其特点是洪水汇流速度增加，洪量更为集中。

(3) 对城市汇水河道整治与改建，可能会填平一些河湖，也会新建一些排水渠道和蓄水塘。整治后的特点是河道直线化，断面规则化，呈梯形或矩形，边坡用砖石衬砌，因而河道主槽断面增大，糙率减小，增加了河道输水能力，使洪量集中。

(4) 城市发展会充分利用空地，侵占天然河道洪水滩地，减小了洪水滩地储洪容量和泄洪能力，使城市遭遇大洪水时，河道调蓄能力减弱，洪水浸溢积聚城市地面而形成积水，短时间无法排出。

(5) 城市河道设立各种类型的控制性闸坝，进行人工调节，调节原则既要考虑到民用工业用水需要，又要考虑到美化城市和排水与防洪方面的要求，这无疑会影响城市径流过程。

(6) 来自城市外的引水和城市本身污水排放造成径流水量和水质的变化。

以上六个方面的综合作用，改变了城市化前天然的径流特征，洪水的峰、量、形状及水质均发生变化，从水量角度研究，流域蒸发量、下渗量、地下径流量减小；径流总量、地表径流量、洪峰流量增大；洪水历时缩短，峰现时间提前；洪水发生频次增多。图 5-8 描绘了在同样的降雨条件下，城市化前后洪水过程线各种特征变化的典型情况。

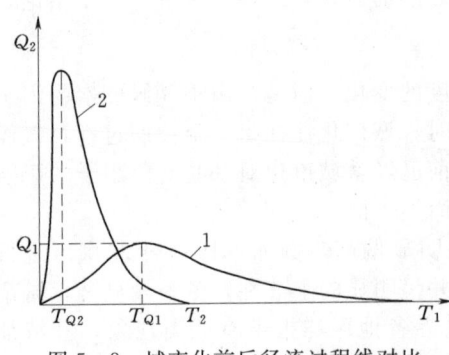

图 5-8　城市化前后径流过程线对比
1—城市化前；2—城市化后

以上分析表明，由于城市化的影响，加剧了洪水的量级，给城市及下游防洪带来新的问题。深入研究这些规律，合理地进行城市防洪和排水的水利工程规划与设计，才能有效地解决或改善这一状况。

5.6　城市排水管网设计流量计算

城市地区的排水主要是由地下排水管网完成的。在排水管网设计中，管道尺寸大小主要是根据设计流量来确定的。应用推理公式推求管道设计流量一直是最为广泛应用的方法。在城市区域，产流计算中一般是采用径流系数由降雨量推求地表净雨，并且习惯采用公顷（hm^2）、升（L）、分钟（min）作为面积、水量、时间的基本单位。因此，推理公式应用形式及参数推求与天然流域条件下的情况有所差别。根据前节论述的推理公式三个基本假定条件，用于排水管道的推理公式形式可以写成

$$Q_p = a i_p F \tag{5-30}$$

式中：Q_p 为设计洪峰流量，L/s；a 为径流系数；i_p 为集流时间内的平均降雨强度，L/（s·hm^2）；F 为流域面积，hm^2。

虽然，推理公式中的径流系数严格定义应为

$$a = q_p / i_p \tag{5-31}$$

式中：q_p 为地表洪峰模数，L/（s·hm^2）。

但是，根据推理公式的基本假定，不难推导出

$$a = R/P \tag{5-32}$$

式中：R 为地表径流总量，mm；P 为降水总量，mm。

在城市集水区域，下垫面各处差别很大，径流系数也各自不同。在使用推理公式时，应采用按面积加权平均的径流系数。平均径流系数计算公式为

$$a = \sum_{i=1}^{n} \frac{f_i}{F} a_i = \sum_{i=1}^{n} b_i a_i \tag{5-33}$$

5.6 城市排水管网设计流量计算

$$F = \sum_{i=0}^{n} f_i$$

式中：a_i 为对应于面积 f_i 的局部径流系数。

在城市，径流系数与地面不透水性有很大关系，地面不透水性越强，则径流系数越大。表 5-4 列出了几种指定下垫面条件下的径流系数；表 5-5 列出了一些综合区的权重径流系数。

表 5-4 各种地表覆盖的径流系数表

地表覆盖种类	径流系数	地表覆盖种类	径流系数
各种屋面、混凝土和沥青路面	0.90	干砌砖石和碎石路面	0.40
大块石铺砌路面、沥青表面处理碎石路面	0.60	非铺砌土地面	0.30
配碎石路面	0.45	绿地和草地	0.15

表 5-5 城市综合径流系数

区 域 不 透 水 性	综合径流系数
建筑稠密的中心区（不透水面积>70%）	0.6~0.8
建筑较密的居住区（不透水面积 50%~70%）	0.5~0.7
建筑较稀的居住区（不透水面积 30%~50%）	0.4~0.6
建筑很稀的居住区（不透水面积<30%）	0.3~0.5

除了下垫面不透水程度，径流系数大小还与降雨特性、土壤含水量、地下水埋深等特性有关。因此，在选用径流系数时，必须视具体情况而定。

推理公式中的雨强采用暴雨公式推求。市政部门常用的暴雨公式形式为

$$i = \frac{167A(1 + C\lg T)}{(t+B)^n} \tag{5-34}$$

式中：T 为重现期，年；i 为重现期为 T 年的 t 时段内平均降水强度，L/（s·hm²）；A、B、C、n 为暴雨公式的参数。

表 5-6 列出了我国部分城市的暴雨公式的参数，供设计时查用。

表 5-6 我国部分城市暴雨公式的参数

城市名称	A	B	C	n	城市名称	A	B	C	n
北 京	11.98	8	0.811	0.711	厦 门	5.09	0	0.745	0.514
天 津	22.95	17	0.35	0.85	郑 州	18.40	15.1	0.892	0.824
石家庄	10.11	7	0.898	0.729	汉 口	5.886	4	0.65	0.56
太 原	5.27	4.6	0.86	0.62	长 沙	23.47	17	0.68	0.86
包 头	0.0596	5.4	0.985	0.85	广 州	14.52	11	0.533	0.686
哈尔滨	17.30	10	0.9	0.88	西 安	0.0362	14.72	1.474	0.704
长 春	9.581	5	0.8	0.76	银 川	1.449	0	0.831	0.477
吉 林	12.97	7	0.680	0.831	兰 州	6.826	8	0.68	0.8
沈 阳	11.88	9	0.77	0.77	西 宁	1.844	0	1.39	0.58
济 南	28.14	17.5	0.753	0.898	乌鲁木齐	1.168	7.8	0.82	0.63
南 京	17.90	13.3	0.671	0.8	成 都	16.80	$12.8T^{0.231}$	0.808	0.768
合 肥	21.56	14	0.76	0.84	贵 阳	11.30	$9.35T^{0.031}$	0.707	0.695
杭 州	60.92	25	0.844	1.038	昆 明	4.192	0	0.755	0.496
南 昌	8.30	1.4	0.69	0.64					

将降雨历时取 τ 的设计暴雨强度和权重径流系数代入推理公式,得

$$Q_p = \frac{167A(1+C\lg T)}{(\tau+B)^n} \sum_{i=1}^{n} a_i f_i \tag{5-35}$$

流域集流时间 τ 由下式计算

$$\tau = t_c + mt_f \tag{5-36}$$

式中:t_c 为管道入水口坡面汇流时间,min;t_f 为上游管道管流时间,min;m 为延缓系数,管道 $m=2$,明渠 $m=1.2$。

计算坡面汇流时间的公式很多,公式形式差别较大,适用条件也有所不同。以下仅介绍四种公式:

(1) 运动波法公式

$$t_c = 1.359 L^{0.6} n^{0.6} i^{-0.4} J^{-0.3} \tag{5-37}$$

式中:L 为坡面流长度,m;n 为地面糙率;i 为降雨强度,mm/min;J 为地面平均坡度。

(2) 机场排水公式

$$t_c = 0.703(1.1-a) L^{0.5} J^{-0.333} \tag{5-38}$$

式中:a 为径流系数。

(3) Schaake 公式

$$t_c = 1.397 L^{0.24} J^{-0.16} I^{-0.26} \tag{5-39}$$

式中:I 为不透水面积百分比。

(4) Kerby-Hathaway 公式

$$t_c = 1.444 L_f^{0.47} n^{0.47} J^{-0.385} \tag{5-40}$$

式中:L_f 为水力长度,m。

一些公式中涉及到地面糙率,可以根据地面情况或区域特征查表 5-7 和表 5-8。径流系数可查表 5-4 和表 5-5。

表 5-7　几种下垫面覆盖的糙率

地面状况	糙率
沥青铺面	0.012
混凝土铺面	0.014
裸土	0.02
粗糙裸土	0.03
耕地	0.03
割草草地	0.03
一般草地	0.04
密集草地	0.06
灌木丛	0.08
树林	0.20

表 5-8　几种区域地面糙率

区域分类	糙率
商业区	0.015~0.030
半商业区	0.020~0.035
密集住宅区	0.025~0.040
郊区住宅区	0.030~0.055
公园	0.04~0.08
轻工业区	0.015~0.035

根据获得的特征值,即可从以上几个公式计算出径流的地面汇流时间 t_c。

要计算管流时间,首先需计算管径。可根据管道入口端设计洪峰流量按满管重力

流计算，计算公式采用曼宁公式、Weisbach 公式或其他有关流量公式。这里仅介绍用曼宁公式计算圆管管径：

$$d = \left(\frac{3.2084 n Q_p}{J_0^{1/2}}\right)^{3/8} \quad (5-41)$$

式中：d 为设计圆管管径，m；n 为管道糙率；Q_p 为指定频率设计洪峰流量，m³/s；J_0 为管道坡度。

由于工厂生产的管径是有一定规格的，在实际应用时，实用管径应等于或稍大于计算出的管径。

根据管径可以计算管道平均流速 V，计算平均流速有以下几种方法（以圆管为例）：

（1）按满管重力流用连续方程计算。

$$V = 4Q_p/(\pi d_n^2) \quad (5-42)$$

式中：d_n 为实际采用的管径，m。

（2）按满管重力流用曼宁公式计算。

$$V = \frac{0.397}{n} d_n^{2/3} J_0^{1/2} \quad (5-43)$$

（3）当 d_n 超过计算管径 d 较大情况下，应按非满管重力流，用曼宁公式计算。

$$V = \frac{0.397 d_n^{2/3} J_0^{1/2}}{n} \left(1 - \frac{\sin\varphi}{\varphi}\right)^{2/3} \quad (5-44)$$

其中，φ 为过水断面水面中心角（见图 5-9），由式（5-45）试算

$$\varphi^3 \left(1 - \frac{\sin\varphi}{\varphi}\right)^5 = \frac{8192 n^3 Q_p^3}{d_n^8 J_0^{1.5}} \quad (5-45)$$

同样，还有其他一些公式可以推求平均流速。

根据平均流速可计算管流时间，即

$$t_f = L_0/(60V) \quad (5-46)$$

式中：L_0 为上游管道管长，m；t_f 为上游管道中径流平均管流时间，min。

这样，由上游管道的地面汇流时间和管流时间之和得出设计管道的总集流时间 τ，代入式（5-35）可以推得管道设计洪峰流量。

在下水道设计中采用推理公式方法时，各管道设计是各自独立地采用推理公式计算洪峰流量的。因各节点的设计洪峰流量并非由同一设计暴雨所形成，各设计洪峰之间无直接的物理联系，仅仅是在计算集流时间 τ 时，要用到上游管道的汇流时间而已。这里值得说明的一点是，在各节点与设计管道相连的不只是一根管道，进入设计管道的流量不是一条路径，此时，应把径流流时最长的那条路径的水流时间作为设计管段的集流时间。

通常，一个新规划区管网设计时，总是自上游

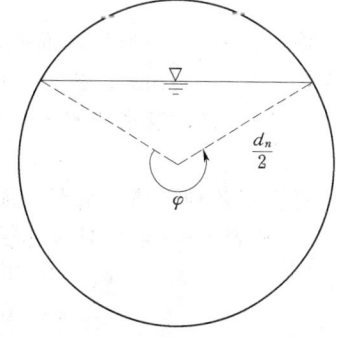

图 5-9 圆管非满管流过水面积

向下游采用推理方法计算设计洪峰。图5-10概要描述了这一运算过程。

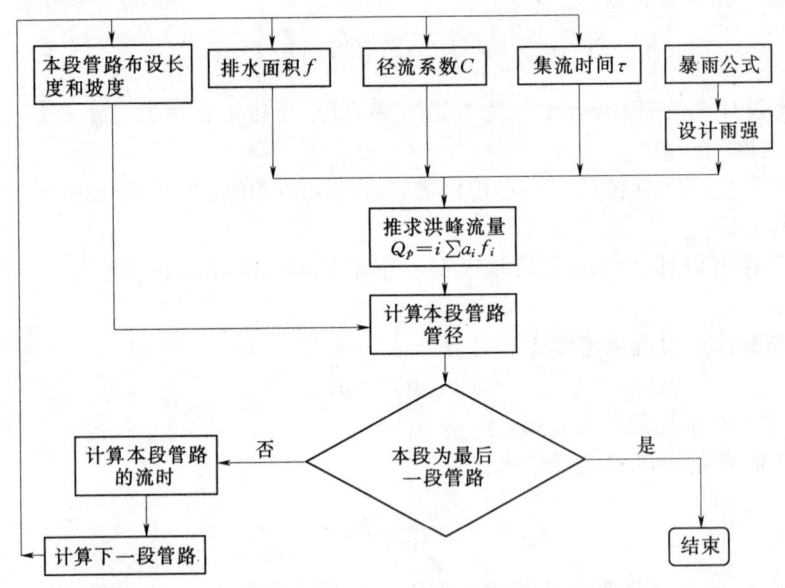

图 5-10 应用推理公式计算下水管道设计洪峰框图

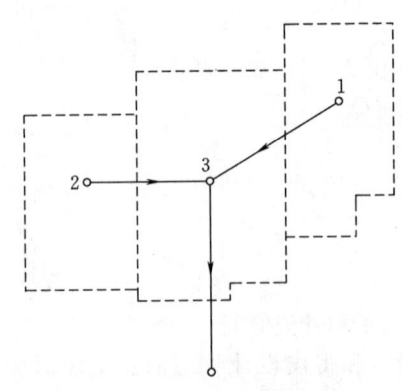

图 5-11 设计管道布设示意图

【例 5-2】 北京市某区域需要铺设排水管网，管网上端三个管道，雨水井以及集水面积示意图如图5-11所示，图中标号为管首雨水井编号，虚线为雨水井集水面积分水线。流域与管道的有关资料列于表5-9。采用推理公式方法推求各管道2年一遇设计洪峰流量。

解：计算结果见表5-10，具体计算是自上游管道向下游管道逐段推求设计流量。首先计算1号和2号管道设计流量、流速和管径，计算过程及表5-10中各栏说明如下：

第（1）栏，管道编号，与管首雨水井编号相同。

第（2）栏，管道集水面积，它是管首雨水井集水面积以及上游入水管道排水面积之和。$F_1 = 5.1 \text{hm}^2$，$F_2 = 2.9 \text{hm}^2$。

第（3）栏，管道排水面积的权重径流系数。

$$a = \sum a_i b_i$$

对应于各种下垫面情况的面积权重 b_i 在表5-9已给定。根据地面覆盖物情况由表5-4和表5-5查得对应的径流系数 a_i，则可计算得

$$a_1 = 0.55 \times 0.85 + 0.60 \times 0.15 = 0.558$$
$$a_2 = 0.50 \times 0.80 + 0.15 \times 0.20 = 0.43$$

第（4）栏，雨水井的地面汇流时间，这里采用机场排水公式计算

$$t_c = 0.703(1.1-a)L^{0.5}J^{-0.333}$$
$$t_{c1} = 0.703(1.1-0.558)103^{0.5}0.0104^{-0.333} = 17.7(\text{min})$$
$$t_{c2} = 0.703(1.1-0.43)62^{0.5}0.0099^{-0.333} = 17.2(\text{min})$$

表 5-9　　　　　　　　　设计流域特征与管道基本资料

编号	雨水井集水面积 F (hm^2)	地面状况		地面径流长度 L (m)	地面坡度 J	管道长度 L_0 (m)	管道坡度 J_0
		地面覆盖物	占百分比 (%)				
1	5.1	住宅区 ($I=55\%$) 商业区 ($I=70\%$)	85 15	103	0.0104	109	0.0180
2	2.9	住宅区 ($I=55\%$) 公园绿地 ($I=0$)	80 20	62	0.0099	72	0.0086
3	6.3	商业区 ($I=80\%$) 住宅区 ($I=60\%$)	60 40	119	0.0125	90	0.0210

注　I 为不透水面积所占百分比。

表 5-10　　　　　　　　　北京市某区上游排水管道设计计算表

编号	F (hm^2)	a	t_c (min)	τ (min)	i_p [L/(s·hm^2)]	Q_p (L/s)	n	d (mm)	d_n (mm)	V (m/s)	t_f (min)
(1)	(2)	(3)	(4)	(5)	(6)	(7)	(8)	(9)	(10)	(11)	(12)
1	5.1	0.558	17.7	17.7	248	706	0.014	582	600	2.50	0.73
2	2.9	0.43	17.2	17.2	251	313	0.014	493	500	1.59	0.75
3	14.3	0.59	13.5	19.2	238	2008	0.014	837	900	3.16	0.47

第（5）栏，各管道排水面积集流时间。第1、2号管道位于上游顶端，管道排水面积等于管首雨水井集水面积，集流时间

$$\tau_1 = t_{c1} = 17.7\text{min}$$
$$\tau_2 = t_{c2} = 17.2\text{min}$$

第（6）栏，设计雨强。由表5-6查得北京市雨强公式，将 $T=2$ 年和 $t=\tau$ 代入式（5-34），得

$$i = \frac{167 \times 11.98(1+0.811\lg 2)}{(\tau+8)^{0.711}}$$

即

$$i = \frac{2489.1}{(\tau+8)^{0.711}}$$
$$i_1 = 2489.1(17.7+8)^{-0.711} = 248[\text{L/(s·hm}^2)]$$
$$i_2 = 2489.1(17.2+8)^{-0.711} = 251[\text{L/(s·hm}^2)]$$

第（7）栏，设计洪峰流量。

$$Q_p = ai_pF$$
$$Q_{p1} = 0.558 \times 248 \times 5.1 = 706(\text{L/s})$$
$$Q_{p2} = 0.43 \times 251 \times 2.9 = 313(\text{L/s})$$

第（8）栏，管道糙率。查表5-11可知混凝土管糙率 $n=0.014$。

表 5-11　　　　　　　　　　　下水道糙率 n 值

管道类别	n	管道类别	n
混凝土管	0.013～0.014	水泥砂浆抹面渠道	0.013～0.014
陶土管	0.013	浆砌砖渠道	0.015
石棉水泥管	0.012	浆砌块石渠道	0.017
铸铁管	0.013	水槽	0.020～0.025
钢管	0.012	土明渠	0.025～0.030

第（9）栏，计算出的设计管径，这里按满管重力流由曼宁公式计算。

$$d = \left(\frac{3.2084 n\, Q_p}{\sqrt{J_0}}\right)^{\frac{3}{8}}$$

$$d_1 = \left(\frac{3.2084 \times 0.014 \times 0.706}{\sqrt{0.018}}\right)^{\frac{3}{8}} = 0.582(\text{m})$$

$$d_2 = \left(\frac{3.2084 \times 0.014 \times 0.313}{\sqrt{0.0086}}\right)^{\frac{3}{8}} = 0.493(\text{m})$$

第（10）栏，实际采用的管径。
第（11）栏，管道平均流速，按满管重力流由连续方程计算。

$$V = 4Q_p/(d_n^2 \pi)$$

$$V_1 = 4 \times 0.706/(0.6^2 \times 3.14) = 2.50(\text{m/s})$$

$$V_2 = 4 \times 0.313/(0.5^2 \times 3.14) = 1.59(\text{m/s})$$

第（12）栏，设计流量的管流时间。

$$t_{f1} = 109/(60 \times 2.5) = 0.73(\text{min})$$

$$t_{f2} = 72/(60 \times 1.59) = 0.75(\text{min})$$

在上游的第 1、2 号管道计算完毕后，才可推求第 3 号管道的设计值，说明如下：
第（2）栏，$F_3 = 6.3 + 5.1 + 2.9 = 14.3$（hm²）
第（3）栏，$\alpha'_3 = 0.75 \times 0.60 + 0.60 \times 0.40 = 0.69$

$$\alpha_3 = 0.69 \frac{6.3}{14.3} + 0.558 \frac{5.1}{14.3} + 0.43 \frac{2.9}{14.3} = 0.59$$

第（4）栏，$t_{c3} = 0.703(1.1 - 0.69) 119^{0.5} 0.0125^{-0.333} = 13.5(\text{min})$
第（5）栏，管道 3 汇水路径有三条，第一条从管道 1 汇入，第二条从管道 2 汇入，第三条从本管首雨水井汇入，各管路流时为：
路径 1：$t_1 = \tau_1 + m t_{f1} = 17.7 + 2 \times 0.73 = 19.2(\text{min})$
路径 2：$t_2 = \tau_2 + m t_{f2} = 17.2 + 2 \times 0.75 = 18.7(\text{min})$
路径 3：$t_3 = t_{c3} = 13.5\text{min}$
从三条路径中选择最大流时作为管道 3 的集流时间，即

$$\tau_3 = 19.2\text{min}$$

第 (6) 栏，$i_3 = 2489.1(19.2+8)^{-0.711} = 238[\text{L}/(\text{s} \cdot \text{hm}^2)]$

第 (7) 栏，$Q_{p3} = 0.59 \times 238 \times 14.3 = 2008(\text{L/s})$

第 (8) 栏，$n = 0.014$

第 (9) 栏，$d_3 = \left(\dfrac{3.2084 \times 0.014 \times 2.008}{\sqrt{0.021}}\right)^{3/8} = 0.837(\text{m})$

第 (10) 栏，$d_{n3} = 900(\text{mm})$

第 (11) 栏，$v_3 = 4 \times 2.008/(0.9^2 \times 3.14) = 3.16(\text{m/s})$

第 (12) 栏，$t_{f3} = 90/(60 \times 3.16) = 0.47(\text{min})$

应该说明的是推理公式应用于城市排水设计时，未考虑产流历时小于流域汇流时间的情况。这是因为城市流域汇流速度快，设计暴雨历时短，故设计雨强较大，而下垫面不透水面积比例大，只要有降水，不透水面积一般总是会产流的，习惯采用径流系数法扣损，因此不论设计暴雨雨型如何分布，产流历时等于汇流时间。

此外，推理公式方法只适用于排水面积较小，设计暴雨时空分布均匀的情况，因此主要适合于设计城市排水系统上游各支管管道。下游干管管道排水面积过大时，由于管网调蓄作用较大，使得推理公式的计算结果一般会偏大。

5.7 管渠排水系统设计流量过程线推求

在城市管渠排水系统的规划与设计中，当涉及系统的优化设计，超载状态，工程控制调度，管渠溢流计算，调节池与泵站设计，雨水污染分析与防治等工程问题时，需要推求相应的设计流量过程线。

5.7.1 设计暴雨计算

1. 设计雨量

在城市管渠排水系统设计雨量的推求，一般采用暴雨公式。市政部门常用的雨强公式是式 (5-34)，如果采用 mm/min 为雨强单位，则为

$$i = \frac{A(1 + C\lg T)}{(t+B)^n}(\text{mm/min}) \tag{5-47}$$

若重现期 T 已确定，则 $a = A(1 + C\lg T)$ 为一常数，则上式写成

$$i = \frac{a}{(t+B)^n}(\text{mm/min}) \tag{5-48}$$

式 (5-48) 与水利部门采用的雨强公式完全相同，因此可以推求得降雨历时为 t 的设计雨量为

$$P = \frac{at}{(t+B)^n}(\text{mm}) \tag{5-49}$$

如果设计流域有较充分的雨量资料，也可以通过雨量频率计算途径推求得设计雨量。

2. 设计暴雨过程拟定

根据推求出的指定频率设计雨量,可以采用以下一些方法进行雨量时程分配,得出设计暴雨过程。

(1) 均匀分配。即将设计雨量在降雨历时内平均分配,这是一种最简化的方法,一般只在推理公式中应用,仅适用于推求管道的设计流量。

(2) 典型分配。选用实际发生的暴雨过程作为典型,经同倍比或同频率放大后,得出设计过程,与天然设计暴雨过程拟定类似(见第 4 章),但对于城市排水区域,典型过程一般取平均情况而无须采用不利情况。

(3) 同频率分配。按这一途径分配得出一个单峰暴雨过程,雨峰位置 r 采用地区综合值,且每一历时的雨量均满足设计频率。以下针对一例说明分配过程。

【例 5-3】 已知某暴雨强度公式为

$$i = \frac{18(1 + 0.91 \lg T)}{(t + 15)^{0.8}} \tag{5-50}$$

求 2 年一遇的设计暴雨过程。

解:计算过程如下:

(1) 取计算时段为 5 分钟,由式(5-50)计算得 5 分钟、10 分钟、…、60 分钟共 12 个历时平均雨强 i,列于表 5-12 第(1)、第(2)栏。

表 5-12 同频率暴雨过程推求

t (min)	i (mm/min)	P (mm)	j	ΔP_j (mm)	k	ΔP_k (mm)
(1)	(2)	(3)	(4)	(5)	(6)	(7)
5	2.08	10.4	1	10.4	10	1.7
10	1.74	17.4	2	7.0	8	2.1
15	1.51	22.6	3	5.2	6	2.8
20	1.33	26.6	4	4.0	4	4.0
25	1.20	29.9	5	3.3	2	7.0
30	1.09	32.7	6	2.8	1	10.4
35	1.00	35.0	7	2.3	3	5.2
40	0.927	37.1	8	2.1	5	3.3
45	0.865	38.9	9	1.8	7	2.3
50	0.811	40.6	10	1.7	9	1.8
55	0.764	42.1	11	1.5	11	1.5
60	0.723	43.4	12	1.3	12	1.3

(2) 计算各历时降雨总量 $P = it$,列第(3)栏。

(3) 由第(3)栏中各相邻历时雨量之差推求时段雨量 $\Delta P_j = P_j - P_{j-1}$,$j = 1, 2, \cdots, 12$,此时,$\Delta P_j$ 是按大至小排列,序号即为 j,故 j 与 ΔP_j 列于第(4)、第(5)两栏。

(4) 查地区有关手册得暴雨综合参数 $r = 0.45$,由 $0.45 \times 12 = 5.4$ 可知,雨峰应位于第 6 时段,按单峰暴雨过程和对称原则确定时段雨强大小序号 k,并按 k 的顺序位置，分配相应的时段雨量 ΔP_k，分列第（6）、第（7）两栏。第（7）栏即为推求的设计暴雨过程。

除了以上几种推求暴雨过程的途径外，常用的还有综合分配法，几何概化法等，有兴趣者可参看有关水文书籍。

5.7.2 设计净雨计算

由设计暴雨通过产流计算扣除暴雨损失，可以推求出设计净雨过程，暴雨损失一般是指流域内植物截留、填洼、雨期蒸发和下渗损失。

1. 城市地区产流计算的特点

从产流的物理机制来看，城市流域的产流过程与天然流域没有本质差别。但根据城市排水工程对水文计算的要求和城市下垫面的特点，在城市产流计算方面与天然的产流计算略有差别，要点如下：

（1）城市管渠排水系统设计要求是短时间内迅速排除暴雨径流，排水工程规模受洪峰控制，由于形成洪峰的水量主要来自地表径流，因此许多设计洪水计算方法注重地表径流计算，简单处理甚至忽略地下径流。

（2）城市下垫面不透水面积比例较大，下渗只能在透水面积上产生，由于城市排水系统设计标准不高，设计暴雨强度低，透水面积上产生的地表径流很小，地表径流主要产生于不透水面积。

（3）当设计中需研究水质问题时，可能需涉及植物截留与填洼计算。

2. 降雨损失的分项计算

植物截留与填洼方面的研究工作做得较少，这主要是受到实验条件的限制。霍顿曾用方程来表示植物截留量与降水量之间的关系

$$I_r = a + bP^n \tag{5-51}$$

式中：I_r 为植物截留量，mm；P 为降水量，mm；a、b、n 为参数。

该方程中部分植物的适用参数列于表 5-13。

表 5-13　　　　　　部分植物的霍顿截留公式参数

植物类别	a	b	n	植物类别	a	b	n
果园	1.0	0.18	1.0	白腊树林	0.5	0.18	1.0
枫树林	1.0	0.18	1.0	橡树林	1.3	0.18	1.0
山毛榉林	1.0	0.18	1.0	铁杉林	1.3	1.01	0.5
柳水丛	0.5	0.41	1.0	松木林	1.3	1.01	0.5

填洼量一般采用经验性数据。例如，美国丹佛地区政府根据现有水文资料研究结果，编制了不同地面覆盖物的填洼深度表（见表 5-14）。

植物截留与填洼量是随降雨的过程而不断累积直至它们的上限，有几个描述这一过程的经验性公式，有兴趣者可以参看有关书籍。在大部分情况下，工程设计中是把植物截留和填洼量合在一起作为初损从初始降水中扣除。

下渗发生在透水面积上，有关下渗的试验研究做得较多。在城市水文中，绝大部分也是采用霍顿下渗公式计算透水面的下渗量。下渗率大小与土壤特性、植被情况、

土壤含水量、地下水埋深等有关。采用下渗公式计算地表径流量,具体方法已在有关教材中详细论述过。

计算出植物截留、填洼、下渗量等降雨损失,就不难将其从降雨过程扣除,推求出地表净雨过程。

表 5-14 不同地面覆盖物的填洼量

地面覆盖物	填洼量 (mm)	建议采用量 (mm)
大面积铺砌	1.3~3.8	2.5
屋顶(平坦)	2.5~7.6	2.5
屋顶(有坡度)	1.3~2.5	1.5
草地	5.1~12.7	7.5
树林和耕地	5.1~15.2	10.0

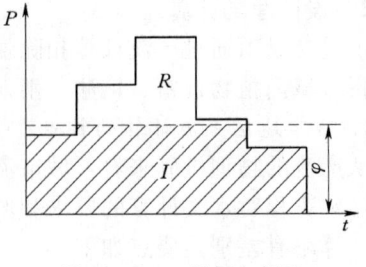

图 5-12 φ 指标扣损法

3. φ 指标法

绝大部分城市排水缺乏实测下渗资料,无法推求出下渗曲线。由于流域各点的下渗特性相差很大,使采用下渗曲线推求地表净雨过程的方法应用受到限制。

在城市排水区域,由设计暴雨推求净雨计算中,一般采用径流系数折算出径流总量。径流系数是根据对土地利用的调查,查表 5-4 和表 5-5 并由式(5-33)求得。这样,根据设计暴雨总量 P,径流系数 α,可以求得地表径流总量 R 和降雨损失总量 I,即

$$R = \alpha P \qquad I = (1-\alpha)P \qquad (5-52)$$

采用均匀分配原则将损失量平均分摊到每一时段的降雨中,即 φ 指标扣损法,如图 5-12 所示。

图 5-12 中的 φ 值需试算求出,根据 φ 值可以求得第 i 时段地表净雨

$$h_i = \begin{cases} 0 & P_i \leqslant \varphi \\ P_i - \varphi & P_i > \varphi \end{cases} \qquad (5-53)$$

最终得出设计净雨过程 $h_1, h_2, \cdots, h_m$。

5.7.3 汇流计算

由设计净雨推求设计流量过程线的汇流计算中,应用较多的是等流时线方法和水力学方法。

1. 等流时线方法

假设流域(集水区)中水流汇集速度分布均匀,则任一水滴流达出口断面的时间仅取决于它距出口断面的距离,据此就可以绘制一组等流时线。相邻两条等流时线之间的流域面积称为等流时面积。瞬时降落在同一条等流时线上的水滴必将同时流达出口断面,而瞬时降落在等流时面积上的水滴将在两条相邻等流时线之间的时间流达流域出口断面。

为了勾绘等流时线,首先应详细调查、收集流域和管渠系统的水力特征值,如汇水长度、断面面积、坡度、糙率、汇水面积,土地利用状况等,以便计算汇流速度,

推求流域各点汇流时间,以作为勾绘等流时线的依据。

流域地面径流的坡面集流时间可采用式(5-37)~式(5-40)之类的经验公式直接估算。边沟或浅渠可概化成宽浅三角渠,用曼宁公式计算流速,即

$$V = \frac{0.63}{n} H_m^{2/3} J^{1/2} \tag{5-54}$$

式中:V 为渠道平均流速,m/s;n 为糙率;H_m 为渠道最大水深,m;J 为渠道坡度。

管道应根据具体情况采用满管或非满管水流计算流速,圆管可采用式(5-42)~式(5-45)计算。一般渠道应根据断面形状、河道坡度与糙率,用曼宁公式计算流速。

根据坡面、边沟、管道、渠道计算结果,由水流长度可以求得流域内各点至出口处的汇流时间;并据此在图上勾绘等流时线(见图5-13)。应该注意到等流时线并非在全流域都是连续的,它可能在各支管子集水区域分水线中断。图5-13中的虚线是表示支管的子集水面积分水线。

依据流域等流时线图,可以做出流域的汇流面积随汇流时间的累积曲线,简称汇流曲线。全流域汇流曲线 $\omega \sim t$ 是由各子集水区域汇流曲线累积得出,即

$$\omega(t) = \sum \omega_i(t) \tag{5-55}$$

式中:$\omega(t)$ 为 t 时刻全流域汇流面积,hm^2;$\omega_i(t)$ 为 t 时刻第 i 个子集水区域汇流面积,hm^2。

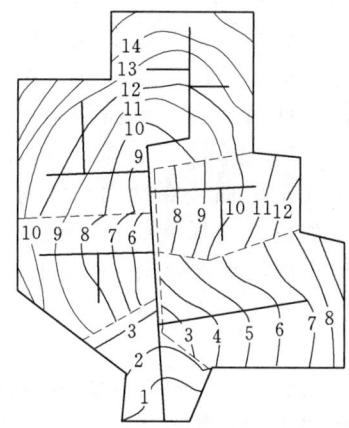

图5-13 某城区集水面积等流时线图

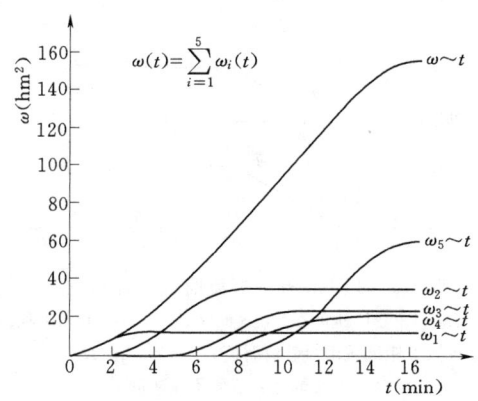

图5-14 某城市区域 $\omega \sim t$ 曲线

图5-14为某城市区域流域曲线,由图5-13计算点绘而得到。

由汇流曲线错开 Δt 相减,便可得出等流时面积。

$$\Delta \omega_i = \omega(t_i + \Delta t) - \omega(t_i) \quad i = 1, 2, \cdots, n \tag{5-56}$$

根据各时段的等流时面积 $\Delta \omega_1, \Delta \omega_2, \cdots, \Delta \omega_n$,由设计净雨采用列表计算或由式(5-57)推求出设计流量过程线。

$$Q_t = r_t \Delta \omega_1 + r_{t-1} \Delta \omega_2 + r_{t-2} \Delta \omega_3 + \cdots + r_{t-n+1} \Delta \omega_n$$

$$= \sum_{i=1}^{n} r_{t-i+1} \Delta \omega_i \tag{5-57}$$

式中：r_t、r_{t-1}、r_{t-2}、…分别表示本时段、前一时段、前二时段、……的设计净雨强度。

采用等流时线方法由设计净雨推求设计流量过程线的最大优点是无需已知设计流域的径流资料。加之城市管渠排水系统调蓄能力一般不大，使得等流时线方法在管渠排水系统设计中应用较为普遍。但是，这一方法需要对流域特征作广泛的调查或勘测，绘制等流时线工作非常繁复。英国运输与道路研究所（TRRL）经多年实践后，认为现行的等流时线方法未考虑到管渠系统的调蓄作用，使计算结果峰值偏大，且计算过于繁复。因此在等流时线方法基础上加以改进，提出一种新的方法，简称 TRRL 方法，它与等流时线方法的差别主要有以下几个方面：

（1）汇流面积。TRRL 方法假定，在城市集水区域中，只有直接与排水管网系统相通的不透水面积产生地表径流，而透水面积或与下水管道不直接相通的不透水面积均不产生地表径流，不能作为排水面积。因此，TRRL 方法定义出来的排水面积比实际面积小得多，而且是一块块从地表看起来并不相互关联，但地下管道相通的不透水面积所组成。这些直接连通的不透水面积之和即为流域的汇水面积。

得出流域在假定条件下的汇水面积后，根据每一块直接连通不透水面积在流域的位置划分成一些小单元面积，根据每一单元面积的地面集流时间和距流域出口的管流时间，绘制各小单元块相对于流域出口的汇流曲线。这些单元汇流曲线对应时间的纵标之和即为 TRRL 方法定义的汇水面积的汇流曲线，其汇流曲线制作原理与等流时线法相同。为了简单起见，假定每块单元汇流曲线在地面集流时间内是线性增加的，这样就简化了计算工作，无需绘出流域汇水面积的等流时线。图 5-15 以两个单元块为例，说明计算原理。

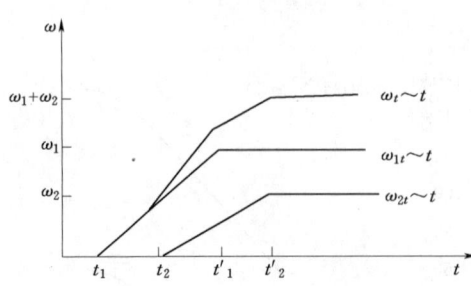

图 5-15　TRRL 方法汇流曲线计算示意图
ω_1、ω_2—单元 1 和单元 2 汇水面积；t_1、t_2—单元 1 和单元 2 距流域出口管流时间；$t'_1 - t_1$、$t'_2 - t_2$—单元 1 和单元 2 地面集流时间

（2）调蓄计算。TRRL 方法认为等流时线方法未考虑到管渠系统的调蓄作用，是计算结果产生误差的主要原因，因而着重考虑了管渠的调蓄计算。方法是把管渠系统看作一个调蓄水库，把未经管渠系统调蓄的，即用等流时面积途径推求出的流域出流，作为水库的入流，再采用水库演算方法计算经调蓄的出流过程线，演算公式为

$$\frac{Q_1 + Q_2}{2} \Delta t - \frac{q_1 + q_2}{2} \Delta t = V_2 - V_1 \tag{5-58}$$

$$q = f(V) \tag{5-59}$$

式中：Q_1、Q_2 为时段 Δt 始、末未经管渠水库调蓄的入流量，L/s；q_1、q_2 为时段 Δt 始、末经管渠水库调蓄后的出流量，L/s。

联立求解以上两式，可求得经调蓄的出流过程线 $q \sim t$。

2. 水力学方法

采用水力学方法进行汇流计算，必须按照汇流特点将流域汇流划分为几个过程，如坡面漫流，明渠汇流，管网汇流等。在各类汇流过程中，水流的流态一般是非恒定和非均匀的，可以用圣维南方程组来描述，其动量方程为

$$\frac{\partial Q}{\partial t} + \frac{\partial}{\partial x}\left(\frac{Q^2}{A}\right) + gA\frac{\partial h}{\partial x} + gA(J_f - J) = 0 \qquad (5-60)$$

连续方程为

$$\frac{\partial A}{\partial t} + \frac{\partial Q}{\partial x} = 0 \qquad (5-61)$$

式中：Q 为流量；A 为过水面积；h 为水深；t 为时间；x 为水流方向；g 为重力加速度；J 为底坡坡度；J_f 为摩阻坡度，一般由曼宁公式近似估计。

$$J_f = \frac{n^2 v |v|}{R^{4/3}} \qquad (5-62)$$

在给定初始条件和边界条件下，根据圣维南方程组，联合求解得出 t 时刻的流量和水深。这种求解一般是采用有限差分法和有限元法在计算机上方能实现。由于求解复杂，计算的机时也较长。另外，在实际工作中，对满足方程中某些条件的有关资料收集存在困难，故常常根据具体条件对方程进行一些简化。

参 考 文 献

[1] 刘光文主编. 水文分析与计算. 北京：水利电力出版社, 1989.
[2] 詹道江, 叶守泽合编. 工程水文学. 第3版. 北京：中国水利水电出版社, 2000.
[3] 朱元甡, 金光炎. 城市水文学. 北京：中国科学技术出版社, 1991.
[4] 陈家琦, 张恭肃. 小流域暴雨洪水计算. 北京：水利电力出版社, 1985.
[5] 朱元甡. 城市发展与水. 南京：河海大学出版社, 1991.
[6] Yen B C. Storm Sewer System Design. University of Illinois, 1978.

第6章 可能最大暴雨与可能最大洪水

6.1 前 言

世界上平均每10年发生一起大坝失事，还有更多的大坝濒于破坏。这些事故不少是起因于无法预见的大洪水。高坝大库及河海附近核电站的防洪工程一旦失事，就会造成生命财产的巨大损失。对于这类失事后会造成严重影响的工程，如何拟定设计洪水，是一个严峻而必须审慎研究的问题。

可能最大暴雨与可能最大洪水估算，就是针对这种需要高度安全的工程而提出的洪水计算方法。

可能最大暴雨含有降水上限的意义。水汽是降水的原料，还须有天气系统使水汽上升冷却凝结致雨。根据气象原理，一个地区空气中的水汽含量及上升运动的强度是有限的，同时维持水汽输送的天气系统的发展也是有限的，因而一定历时的降水量也应有其上限。

求得可能最大暴雨及其时空分布，然后合理地考虑流域的下垫面情况，进行产汇流分析计算，就能求得可能最大洪水以供工程设计之用。这里可能最大洪水是指合理地考虑水文与气象条件的最严重遭遇而发生的洪水。"合理"一词，强调其恰当与可能，而不是一味求其量大。

不同的地质时期有不同的气候和地貌情况，可能最大降水与可能最大洪水均针对现代气候条件而言。

最初提出的PMP定义是指流域降水的物理上限，但其含义也在逐渐完善。PMP的现行定义是："现代气候条件下，一定历时的理论最大降水量。这种降水量对于特定地理位置给定暴雨面积上，一年中的某一时期内在物理上是可能发生的"。定义中的某一时期是指暴雨发生的时期，如台风期、梅雨期等。对于PMP，我国习惯称为可能最大暴雨。

我国的PMP/PMF工作开始于1958年下半年，经过几十年的发展，至今已发展出一套完整的结合水文气象资料的计算方法。

经过前面二十几年的学习和实践，我国的水文和气象学家总结了国内外 PMP/PMF 的一些估算方法和实践经验，出版了一些 PMP/PMF 的专著，如 1983 年詹道江和邹进上合著的《可能最大暴雨与洪水》以及 1999 年王国安的《可能最大暴雨和洪水计算原理与方法》；发表了大量关于 PMP 的研究成果，并对 SDJ 12—78《水利水电枢纽工程等级划分及设计标准（山区、丘陵区部分）》（试行）、SDJ 22—79《水利水电工程设计洪水计算规范》（试行）和 SL 44—2003《水利水电工程设计洪水计算规范》等规范中所提出的计算方法进行更详细的说明，使得 PMP 和 PMF 的研究得到了更大的推广和发展。我国雨洪大，土坝多，人口众，垮坝后果特别严重。现行 SL 252—2000《水利水电工程等级及标准》中规定："对于一级大型土石坝，应以可能最大洪水（PMF）或重现期 10000 年标准作为校核洪水。"又如核电站，其防洪措施需要特别安全，自然必须以可能最大洪水作为防洪设计标准。中国各设计单位先后对国内多座水利水电工程以及核电工程进行了 PMP/PMF 的估算，使 PMP/PMF 这门学科在中国得到进一步的发展。

6.2 可 降 水 量

6.2.1 基本气象要素

下面介绍一些与 PMP 估算有关的气象学和天气学知识。

1. 气压 P

静止大气中某一高度上的气压值，等于其单位面积上所承受的大气柱的重量，单位以百帕（hPa）或毫米水银柱高（mmHg）表示。

$$1\text{hPa} = 10^3 \text{dyn/cm}^2 = \frac{3}{4}\text{mmHg}$$

$$1\text{mmHg} = \frac{4}{3}\text{hPa}$$

一定的气压数值对应着一定的高度，天气学上常用的等压面的气压值与其相应的高度如表 6-1 及图 6-1 所示。

表 6-1　　　气压与高度对照表

等压面 (hPa)	海 拔 (m)	等压面 (hPa)	海 拔 (m)
1000	约为海平面	500	约为 5500
850	约为 1500	300	约为 9000
700	约为 3000		

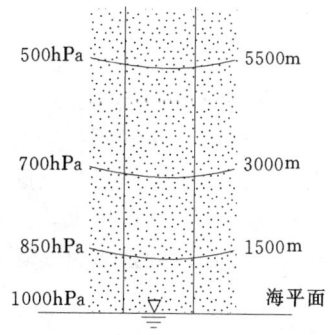

图 6-1　气压、高度对照示意图

2. 气温 t（或 T）

空气温度有两种温标：一种是摄氏温标，用 t（℃）表示；另一种是绝对温标，

以 $T(K)$ 表示，$T=237+t$。气象上常用的是摄氏温标。

3. 湿度

空气主要由氧、二氧化碳、氮、惰性气体、水汽等组成。含有水汽的空气称为湿空气，否则称为干空气。空气中的水汽含量随着季节、温度、地点和气象条件的不同而有很大的变化，变化范围约为 0~4%（占空气总容积的百分比），大气中的水汽含量随着离地高度的增加而减少，一般到 300~200hPa（相当海拔 10000m）高空，水汽含量即接近于零。表示空气中水汽含量多少的物理量称为湿度，它是直接影响降雨的气象因子之一，以下介绍几种湿度表示法。

（1）绝对湿度 a。单位体积空气中所含的水汽质量，称为绝对湿度，单位为 g/m^3。绝对湿度也就是空气中水汽的密度，用它可以表示空气中水汽的绝对含量。

（2）水汽压 e。大气中的水汽所产生的压力称为水汽压。在一定的温度下，大气中一定的水汽含量对应着一定的水汽压，所以水汽压的数值就可用来表示大气中的水汽含量。水汽压 e 的单位与气压 P 相同，即 hPa 或 mmHg。

（3）饱和水汽压 e_s。一定体积空气中能容纳的水汽量是有一定限度的，如果空气中水汽的含量达到这个限度，空气就呈饱和状态，这时的空气称为饱和空气。饱和空气中的水汽压称为饱和水汽压 e_s，超过此限度，水汽就开始凝结。

由理论分析与实验证明，饱和水汽压 e_s 与温度 t 的关系如下

$$e_s = 6.11 \times 10^{\frac{7.45t}{235+t}} (\text{hPa}) \tag{6-1}$$

即气温越高，饱和水汽压越大，空气中能容纳的水汽量也越多；气温越低，空气中能容纳的水汽将越少。

（4）相对湿度 f。大气中实际水汽压 e 与当时温度下的饱和水汽压 e_s 之比称为相对湿度，即

$$f = \frac{e}{e_s}$$

显然，当空气饱和时，$f=100\%$。

（5）比湿 q。在一团湿空气中，水汽质量与该团空气总质量之比称为比湿 q，即

$$q = \frac{水汽质量(m_w)}{湿空气质量(m)} = \frac{水汽密度(a)}{湿空气密度(\rho)}$$

比湿的单位是 g/g 或 g/kg。

（6）露点 t_d。保持气压及水汽含量不变，降温使水汽刚达到饱和时的温度称为露点温度，简称露点。在气压一定时，露点的高低只与空气中水汽含量有关，水汽含量越多，露点越高，所以露点是反映水汽含量的物理量。由于空气常处于不饱和状态，所以露点常比实际空气温度低，只有当空气达到饱和时两者才相等。气温等于露点 t_d 时的饱和水汽压 e_s，就是当时实际大气的水汽压 e，即

$$e = 6.11 \times 10^{\frac{7.45t_d}{235+t_d}} (\text{hPa})$$

【**例 6-1**】 大气中水汽压力 $e=12.3$hPa，则从上式中可以反算得当时的露点温度 $t_d=10$℃，也就是说，只要气温降到 10℃，便有水汽凝结出来。

可以证明，水汽压 e、比湿 q、露点 t_d 三者之间的关系可用下式表示，即

$$q = 622\frac{e}{p} = \frac{3800}{p} \times 10^{\frac{7.45t_d}{235+t_d}} \text{(g/kg)}$$

式中：p 为大气压力，hPa。

【例 6-2】 水汽压为 75.4hPa，在气压为 1018hPa 时，比湿为：

$$q = 622 \times \frac{75.4}{1018} = 46 \text{(g/kg)}$$

【例 6-3】 已知在 850hPa 的大气层中，露点温度 $t_d = 20℃$，则该大气层的比湿为

$$q = \frac{3800}{850} \times 10^{\frac{7.45 \times 20}{235+20}} = 17.2 \text{ (g/kg)}$$

从上可知：比湿 q 是气压 p 与露点 t_d 的函数，即 $q = q(p, t_{d,p})$，$t_{d,p}$ 表示 p 气压层的露点。

4. 气温的绝热变化

如果一个封闭的系统在变化过程中不与外界发生热量交换，这种变化过程称为绝热过程。空气在和外界没有热量交换的情况下体积膨胀或压缩称为空气的绝热变化。

从分子物理学知道，气温是空气内能大小的表现形式。当一块气团从地面绝热上升时，因外界气压的减小而膨胀，一部分内能用于作功，温度下降。反之，当一块干空气从高空绝热下降时，因外界压力增大，外力压缩它，而对它做功，这部分功转化为内能，因而其温度逐渐升高。根据计算，干空气绝热上升或下降 100m 时，其温度降低或增高约 1℃，这称为干空气绝热直减率，用 r_d 表示，$r_d = 1℃/100m$，这里 r_d 是一个定值。可用二维坐标的绝热线图表示，如图 6-2 所示。该绝热线图的纵坐标为高度 $Z(m)$，横坐标为温度 $t(℃)$。干空气或未饱和湿空气作垂直运动时的温度变化是遵循干绝热线——r_d。

未饱和的湿空气绝热上升时温度按 r_d 线下降，但其相对湿度 f 不断增大。当 $f = 100\%$ 时，湿空气中的水汽开始凝结，开始凝结的高度称为凝结高度。这时，未饱和空气就变成饱和空气，倘若这部分湿空气继续上升，情况会怎样呢？

饱和空气绝热上升时，由于其中的水汽逐渐凝结，释放的凝结潜热减缓了气团上升时温度的下降，于是饱和空气绝热上升过程中温度的下降要小一些。同样，饱和空气在绝热下降时，气团中往往含有已经凝结的微小水滴，它们将又蒸发成水汽，这个过程需要吸收热量，减缓了气团下降时温度的升高，于是饱和空气在绝热下降过程中温度的增高比起干空气或未饱和空气的温度增高要小一些。

饱和空气绝热直减率用 r_m 表示，显然 r_m 略小于 r_d 而且不是常数。当饱和空气绝热上升时，最初有较多的水汽凝结，释放的潜热较多，此时 r_m 比 r_d 小得多，此后水汽凝结越来越少，放出的潜热也越少，r_m 就渐渐接近 r_d（此时 r_m 线的切线平行于 r_d 线）。湿绝热线——r_m 线如图 6-2 所示。

由于气象上海拔高度的观测往往是以气压读数来表示的，而高度的线性变化对应于气压的对数变化，所以实用上绝热线图的纵坐标一般都以气压对数 $\ln P$ 来表示，称为温度对数压力图，如图 6-3 所示。

水汽凝结后，若凝结的水滴、冰晶留在气块中，随气块作垂直运动，称为湿绝热

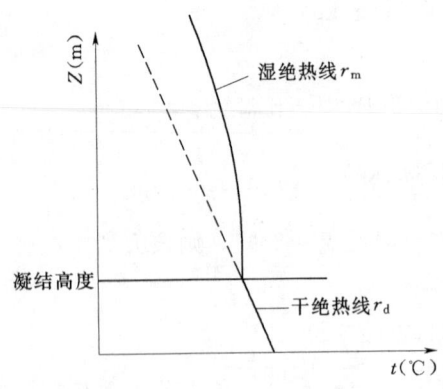
图 6-2 绝热线图

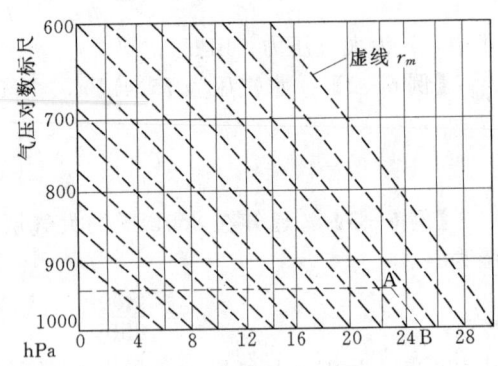
图 6-3 温度对数压力图

过程（可逆过程）。若凝结物有一部分或全部作为降水脱离气块降落到地面，称为饱和假绝热过程（不可逆过程）。

饱和假绝热过程这个概念对于 PMP 估算是很重要的。在可能最大暴雨计算中，往往假定大暴雨期间自地面至高空各层空气全部呈饱和状态，即各层的温度 t 均等于该层的露点 t_d，那么，不论气团呈湿绝热过程或是饱和假绝热过程，露点 t_d 的垂直分布将遵循湿绝热线 r_m 线。也就是说，只要知道地面（$P_0=1000\text{hPa}$）的露点值，就可求出不同气压层的露点值。

5. 可降水量 W

可降水量是 PMP 计算中一种常用的湿度单位，它是大气中水汽含量的一种特殊表达方式。所谓可降水量是指截面为单位面积的空气柱中，自气压为 P_0 的地面至气压为 P（一般取 $P=200\sim300\text{hPa}$）的高空等压面间的总水汽量全部凝结后，所相当的水量，用 g/cm^2 表示。由于水的密度 $\rho_\text{水}=1\text{g/cm}^3$，所以习惯上可降水量 W 用 mm 表示。它的含义是：如果气柱内的水汽全部凝结降落，那么在地面上所形成的水层有多深。例如，1cm^3 上 1g 的可降水量相当于 10mm 深的水层。

可降水量 W 的计算如下：

如图 6-4 所示，取底为单位面积的空气柱，考察厚度为 dZ 的空气层，其水汽含量为

$$dW = adZ$$

式中：a 为水汽密度。

从大气静力方程得知：

$$dZ = -\frac{dP}{\rho g}$$

式中：ρ 为湿空气的密度；g 为重力加速度。

则

$$dW = a\left(-\frac{dP}{\rho g}\right) = -\frac{1}{g}qdP$$

式中：q 为比湿。

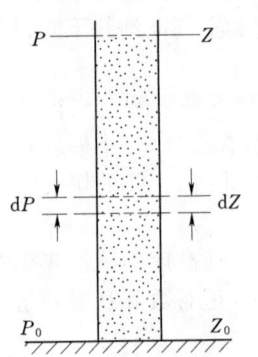
图 6-4 计算可降水量示意图

对 dW 自地面 Z_0（相应气压 P_0）至高空 Z（相应气压 P）的截面之间空气柱的水汽量进行积分，得可降

水量 W，即

$$W = \int_{Z_0}^{Z} dW = -\frac{1}{g}\int_{P_0}^{P} q dP = -\frac{1}{g}\sum_{i=1}^{n} q_i \Delta P_i \qquad (6-2)$$
$$q = q(P, t_{d,P_0})$$

式中：q 为比湿的垂直分布。

对于具体一次降雨，若有各层高空实测湿度资料时，可用此式计算出可降水量 W 值。但是，由于高空测站稀少，观测年份也短，雨区往往没有实测高空湿度资料，因此在 PMP 计算中假定：大暴雨时地面至高空的各层湿度全部呈饱和状态，则温度的垂直分布呈湿绝热递减率变化，从而 $q = q(P, t_{d,P}) = q(P, t_{d,P_0})$，也就是说，大气各层的比湿都是地面露点 t_{d,P_0} 的单值函数，则有：

$$W = -\frac{1}{g}\int_{P_0}^{P} q(P, t_{d,P_0}) dP = -\frac{1}{g}\sum_{i=1}^{n} q(P_i, t_{d,P_0}) \Delta P_i \qquad (6-3)$$

换言之，只要知道地面露点 t_{d,P_0} 的数值，就可用数值积分的方法求出地面至某一层面的可降水量。按照这个道理，可以制成可降水量 $W_{P_0}^{P}(t_{d,P_0})$ 查算表，通常是制成以海平面（$Z_0=0$ 或 $P_0=1000\text{hPa}$）的露点 $t_{d,0}$ 为参数、自海平面至高度 Z（或气压 P）之间的可降水量查算表 $W_0^z(t_{d,P})$，参见附录一。附录一表中左边第一列为高度值，从 $200 \sim 10000\text{m}$ 以上，该表最顶上第一行为 1000hPa 地面的露点温度，从 $0 \sim 30 \text{℃}$。如果已知 1000hPa 地面露点温度，从表内很容易读出不同高度处饱和假绝热大气中的可降水量 W，单位为 mm。

【例 6-4】 已知 $t_{d,P_0=1000\text{hPa}} = 20\text{℃}$，求地面至 $Z=400\text{m}$ 处的可降水量 W。
$$W_0^{400}(t_{d,P_0=1000\text{hPa}} = 20\text{℃}) = 6\text{mm}$$

【例 6-5】 已知 $t_{d,0} = 25.5\text{℃}$，求地面（$Z=0\text{m}$）至整个空气柱（$Z=10000\text{m}$）的可降水量 W。

先分别求 $t_{d,0} = 25\text{℃}$ 和 $t_{d,0} = 26\text{℃}$ 时的地面至 10000m 的可降水量 $W_0^{10000}(t_{d,0} = 25\text{℃})$ 和 $W_0^{10000}(t_{d,0} = 26\text{℃})$，再用线性内插法求之，即

$$W_0^{10000}(t_{d,0} = 25\text{℃}) = 80\text{mm}$$
$$W_0^{10000}(t_{d,0} = 26\text{℃}) = 87\text{mm}$$
$$W_0^{10000}(t_{d,0} = 25.5\text{℃}) = \frac{80+87}{2} = 83.5\text{mm}$$

附录一也可用来查算自任一地面高程 Z_0 至顶层（一般算至 10000m 高空）之间的可降水量 $W_{Z_0}^z(t_{d,Z_0})$，计算步骤如下：

首先，在温度对数压力图上将该地面（Z_0）露点值 t_{d,Z_0} 化算到海平面（$Z=0$ 或 $P_0=1000\text{hPa}$）露点值 $t_{d,0}$。

其次，利用可降水量查算表按下式计算其可降水量，即
$$W_{Z_0}^z(t_{d,Z_0}) = W_0^z(t_{d,0}) - W_0^{Z_0}(t_{d,0})$$

【例 6-6】 某测站地面高程 $P_0 = 960\text{hPa}$（相当于 $Z_0 = 400\text{m}$），地面露点 $t_{d,Z_0} = 23.6\text{℃}$，求地面至水汽顶层间的可降水量 $W_{Z_0}^z(t_{d,Z_0})$。

首先，在图 6-3 上由坐标（$t_{d,Z_0} = 23.6\text{℃}$，$P_0 = 960\text{hPa}$）得点 A，过 A 点作平

行于最邻近的饱和假绝热 r_m 线,向下至 $Z=0$(即 $P=1000\text{hPa}$)处得点 B,读出点 B 的温度值,得 $t_{d,0}=25.0℃$。

其次,查附录一,得

$$W_{400}^{10000}(t_{d,400}=23.6℃)=W_0^{10000}(t_{d,0}=25.0℃)-W_0^{400}(t_{d,0}=25.0℃)$$
$$=80-9=71(\text{mm})$$

6.2.2 代表性露点和可能最大露点

1. 典型暴雨代表性露点 $t_{d,r}$ 的选定

前面已经讲过,可以由地面露点反映饱和假绝热气柱的可降水量,所以一场暴雨的代表性可降水量,便可以由某一或某些地点、在特定时间的地面露点来反映,这个地面露点称为"代表性露点"。它所对应的可降水就反映了暴雨暖湿气团输入雨区的水汽量。选定暴雨代表性露点的方法是:

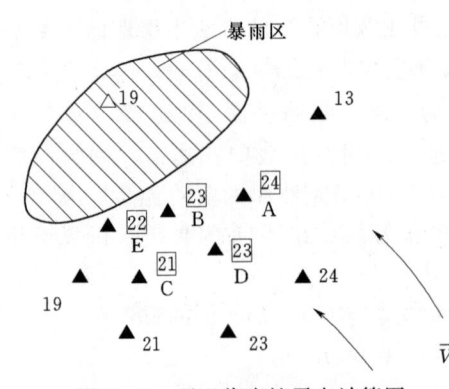

图 6-5 雨区代表性露点计算图
(单位:℃)

(1)在大雨区边缘水汽入流方向一侧,选取几个测站,作为暴雨期间的地面代表性测站。如图 6-5 所示。

(2)每个测站的地面露点的选取是在包括雨量最大 24 小时及其以前的 24 小时共 48 小时时段内,选取其中持续 12 小时最高地面露点,作为该站的代表性露点,参见表 6-2。这样选取的理由有:①水汽需要持续一定历时才会对暴雨产生显著的影响;②可以避免由于偶然误差和局部因素所造成的短历时露点波动的影响。

(3)取各地面站代表性露点的平均值,作为该场暴雨的地面代表性露点。例如,按以上方法分别求出 A、B、C、D、E 各站的代表性露点是 24℃、23℃、21℃、23℃、22℃,则该场暴雨的地面代表性露点是

$$t_{d,r}=\frac{24+23+21+23+22}{5}=22.6(℃)$$

表 6-2   A 站代表性地面露点分析表   单位:℃

时间	月.日	8.2				8.3			
	时	0:00	6:00	12:00	18:00	0:00	6:00	12:00	18:00
1	实测露点	22	22	23	24	26	24	20	21
2	持续 6 小时露点		22	22	23	24	24	20	20
3	持续 12 小时露点			22	22	23	24	20	20
4	代表性露点					24			

注 雨量最大 24 小时是从 8 月 2 日 18 时~3 日 18 时。

如按下列条件选取代表性露点,可望接近实际情况:

(1)如为锋面暴雨或由气旋引起的暴雨,地面图上有明显锋面存在时,露点值应从锋面暖区和大雨边缘选择,如无锋面存在,则应在暖湿空气入流方向的大雨区边缘

选择。对于台风,则应选在暴雨中心附近或在台风前进方向的右侧挑选。

(2)为了避免单站偶然误差及局地因素的影响,可取几个测站同时期露点的平均值。一般应在靠近雨锋前24小时内的露点中选取,以保证地面露点在数量及垂直分布的代表性。

图 6-6 是在地面天气图上确定代表性露点的示意图。在连续各张天气图上,单站或群站平均可得一个露点序列。

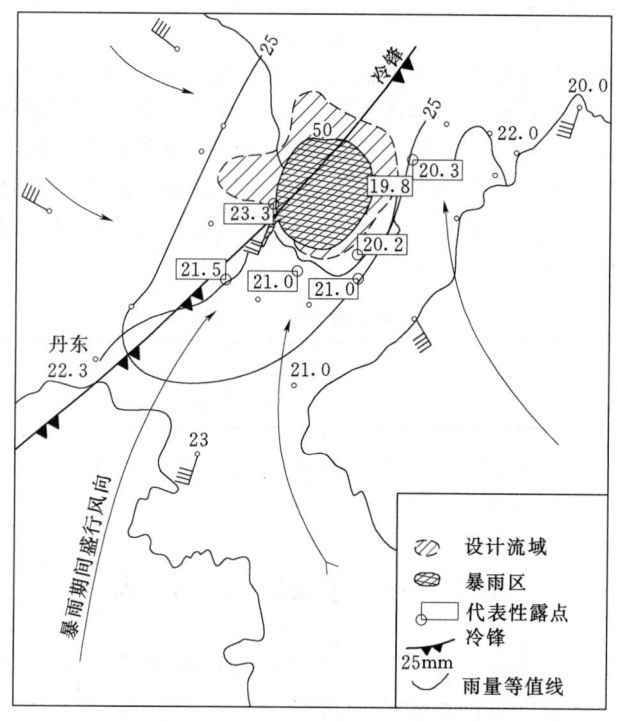

图 6-6 在天气图上确定代表性露点示意图

(3)选取代表性露点还要有一定的持续时间,一般采用持续 12 小时(或 24 小时)的最大露点,因为要产生暴雨必须高水汽含量持续。

所谓持续 12 小时最大露点是指持续 12 小时大于或等于露点观测系列中的最大值。表 6-3 为每隔 6 小时的露点观测系列,这个系列中持续 12 小时最大露点为 24℃,出现在 8 月 2 日 18 时至 8 月 3 日 06 时。

表 6-3　　　　　　　　　每隔 6 小时露点观测值

时间	月.日	8.2				8.3			
	时	0:00	6:00	12:00	18:00	0:00	6:00	12:00	18:00
露点(℃)		22	22	23	24	26	24	20	21

注　波纹线表示持续 12 小时最大露点为 24℃。

2. 可能最大代表性地面露点 $t_{d,m}$ 的选定

在 PMP 计算中,经常要用到可能最大露点 $t_{d,m}$,其确定方法有两种:

(1) 历史最大露点法。当地区测站地面露点资料足够长（一般大于 30 年），则分月选用历年中最大的持续 12 小时地面代表性露点，进而求得全年的可能最大露点。需要注意的是，在选取时应排除晴好天气下露点很高的资料，只选用雨日的露点资料。这是因为晴好天气多为高压控制，高压区内盛行下沉运行，低层水汽不能向上输送，于是地面露点升高，但是此时整层大气不符合饱和假绝热的假定。

(2) 频率计算法。当计算地区测站露点资料较短（一般少于 30 年）时，则分月进行频率计算，一般取 $p=2\%$ 的露点值 $t_{d,p=2\%}$ 作为该站某月的可能最大露点值，再选取各月中的最大者，作为全年的可能最大露点值 $t_{d,m}$。

如何来判断选取的可能最大露点值是否合理呢？由于海面上水汽是充分饱和的，暴雨期间海洋水汽随着暖湿气团源源不断向大陆输送，在输送的过程中，随着水汽的凝结，暖湿气团的露点是只会下降而不会升高的，所以可以用各暖湿气团来源的海区实测最高水温，作为相应月份的可能最大代表性地面露点的上限控制值。

形成我国暴雨的水汽主要来源于西太平洋或孟加拉湾，这两个海区各月的实测最高洋面水温如表 6-4 所列。

表 6-4   5~8 月实测最高洋面水温表   单位：℃

月份	5	6	7	8	月份	5	6	7	8
西太平洋	30.0	30.0	30.9	30.0	孟加拉湾	30.2	29.5	28.6	29.0

我国各省（区）都已根据可能最大代表性地面露点绘制成可能最大 1000hPa 代表性露点等值线图，可供使用。

6.3 可能最大暴雨

暴雨形成的条件，辐合、垂直运动及凝结之间的关系，在气象学上是人所共知的，如果大气中不同高度上的辐合或垂直运动为已知或以某种精度假定已知，那么另一项可以由连续性原理求得。

观测证明在深厚雨云中，计算降水量的理论假绝热直减率与实际情况十分接近。比湿越高，降水量越大。这些因素是辐合模型建立的基础，并且有几个这样的模型早已建立起来了。

一般认为，PMP 模型须能满足下列几个条件：
(1) 模型应有充分的物理基础。
(2) 模型中的参数在特大暴雨中有实测数据或间接推得的数据。
(3) 有足够长的资料能决定参数（特征物理量）的上限值。
(4) 有足够的信息或知识足以确定各种参数的最优组合。

用辐合模型估算 PMP 有一个问题：各个适当精度的最大水汽含量——可降水量，在世界各地区可以从气候资料中取得。但是，既无理论也无经验可以得到足够精度的辐合或上升运动的数值及其上限，直接观测在目前仍是不可能的。模型（如台风模型、梅雨模型、地形雨模型）用于计算 PMP，仍处于探索阶段，目前尚难以实际应用。因而解决这一难题时不得不以实测特大暴雨作为大气中最大辐合及垂直运动的指标，即用实测特大暴雨作为研究地区 PMP 的极大机制，而不去计算辐合及垂直运动。因此，多年来求 PMP 的传统方法是放大实测暴雨。这种方法包括以下几种：①当地暴雨放大，是将实测特大暴雨的水汽加以极大化（水汽放大、水汽效率放大、水汽风速放大等），1980 年后，对流域面积在 686～100 万 km² 之间的 40 余个工程，绝大多数都采用了此种方法；②暴雨移置放大，是将极大化的暴雨移置到设计地区，移置对象多为"35.7"、"63.8"、"75.8"罕见特大暴雨，我国半数以上工程使用了该方法，核电工程大多采用该方法确定可能最大暴雨；③暴雨组合放大，面积大于 1 万 km²，设计时段超过 5 日的大流域，半数以上采用暴雨组合法；④暴雨时面深概化法，将这些极大化暴雨的时—面—深关系加以外包，作为 PMP 的估值，在美国和其他一些国家应用较为广泛，世界气象组织出版的手册中，详细介绍了该方法。国内已在昌化江大广坝、长江支流清江水布垭、黄河小花区间等使用了该方法。

用实测特大暴雨作为模型可以将暴雨的因子归为两大类，即水汽含量——可降水量 W 和除了水汽以外的其他因子组合——辐合及垂直运动（有时称为效率 η），由于效率不易直接计算，通常以雨湿比（P/W）作为反映效率的指标，雨湿比不仅与台风、低涡、冷锋等天气系统有关，而且受距海远近、地形等因素的影响。我国有三个高值区：东南沿海区 $P/W>10$；华北太行山前和黄土高原区 $P/W>10$；四川盆地区 $P/W>8$。武夷山、秦岭北侧为相对低值区 $P/W<4$；西部的新疆、甘肃以及青藏高原 $P/W<2.5\sim3$。

6.3.1 当地暴雨放大

1. 水汽放大

当暴雨已是高效时，这种模型假定可降水量与雨量呈线性关系，即水汽放大公式

$$P_m = (W_m/W)P \tag{6-4}$$

式中：W、W_m 为实测大暴雨的可降水量和最大可降水量；P、P_m 为实测暴雨量及 W_m 相应的暴雨量。

式（6-4）是用实测特大暴雨作为模型推求 PMP 的基本公式。问题在于如何去求可降水 W 和 W_m 及高效暴雨及与 W_m 相应的暴雨量。

暴雨期间水汽源源不断地向降雨落区输送，但输送量是有变化的。应当怎样去选定一种可降水来代表这场暴雨的水汽呢？这就是所谓代表性可降水问题。可降水当然可以用高空资料直接推算，但在许多地区，探空资料缺乏，只能通过地面露点进行推求（采用附录一数据），于是变成选取代表性露点问题了。

前节说过，降暴雨时，假定气团整层饱和，湿度的垂直分布可由地面露点（T_d）按饱和假绝热直减率来代表，此时可降水是地面露点的单值函数。这对多数暴雨情况来说是成立的。但也有一些例外，如冷锋或副热带高压内部，空气并非整层饱和。根据冷锋后低层属冷气团，地面露点低，它已不能作为滑行于冷锋之上暖湿气团的水汽指标。副热带高压内部则相反，由于高压内部下沉运动的影响，低层水汽不能向上输送，于是地面露点升高而高层水汽减少，这时的大气远远偏离于饱和假绝热状态。研究结果表明，对于整层辐合类型的暴雨，其中包括台风类型，由地面露点推算的结果与实测可降水量符合最好，副热带高压控制的类型最差，这在选择地面露点时不可不加注意。

最大可降水量，通常有两种选定办法：

(1) 用各主要等压面多年实测露点极值，换算成比湿，然后垂直积分，即可求出 200hPa 以下气柱内的水汽总含量作为可降水的近似物理上限值。

(2) 由地面历史 12 小时持续最大露点按饱和假绝热过程推求。由于地面露点资料多，一般认为 30~50 年记录中 12 小时持续最大露点的可降水量已接近于 W_m。

我国不少省份已制成持续 12 小时最大露点等值线图，全国持续 12 小时最大露点等值线图可查阅相关资料。

我国东部 W_m 最大，达 93mm，越深入内陆 W_m 值越小，最小值出现于青藏高原，在 20mm 以下。

我国绝大多数暴雨的露点介于 23~27℃ 之间。

一些研究观测说明，水汽放大比 $\dfrac{W_m}{W}$ 一般在 1.10~1.50 之间变动。

用测站持续 12 小时最大露点相应的可降水得到的比值，与持续 24 小时、36 小时、48 小时、72 小时代表性露点相应的可降水的比值相当接近。可见，采用持续 12 小时最大露点对暴雨全过程进行同倍比缩放是允许的，这种同倍比缩放对于水文计算是很方便的。

2. 水汽效率放大

在缺乏高效暴雨的情况下，要推求 PMP 必须对水汽和动力因子进行放大，而效率是表示动力因子的一种较好方法。它具有以下优点：

(1) 效率是根据流域平均雨量来计算的，因而它是唯一能间接反映整个设计流域内空气辐合上升运动情况的指标。同时，这种指标还避免了由于现代气象科学缺乏成熟理论和方法直接求出空气辐合或垂直运动最大指标的困难。

(2) 由于效率是根据地面观测的雨量和露点资料来计算的，因此可以说它是目前所有表示动力因子的方法中，最容易计算而精度又较高的一种方法。因地面观测站点较多，系列较长，观测方便且精度较高；而高空探测资料正好相反，测站较少，系列较短，观测不便，精度也相对较差。

(3) 按地面资料所计算的效率 η 值，实际上是一个综合系数，有点像水力学上计算流速的曼宁公式中糙率 n 一样。但在使用它时，是怎样来就怎样去，因此在公式推导上的所有假定是否完全符合实际，没有太大关系。

若暴雨还达不到高效，推求可能最大暴雨可采用水汽效率放大的方法为

$$P_m = (\eta_m W_m)/(\eta W)P = (\eta_m/\eta)(W_m/W)P \tag{6-5}$$

$$\eta = I/W$$

式中：η_m 及 η 为最大暴雨效率及典型暴雨效率，%；I 为降雨强度，mm/h。

3. 水汽风速联合放大

对于风速 V 或入流指标 VW 与相应的流域平均雨量 P 有正相关趋势，且暴雨期间入流风向和风速较为稳定的流域，可以考虑采用水汽风速放大法。

风速放大的基本假定是风的辐合（即发生降雨的主要因素）与风速成比例。由于风速在时间和空间上的变化较大，尤其是近地层受下垫面因素的影响，变化更大。因此，所取的风速指标必须对暴雨水汽入流具有代表性。

从暴雨水汽入流方向选取入流代表站。因为大部分水汽通常在3000m以下的低层进入暴雨系统，所以一般用低层风来估算水汽入流。按国外经验，地面以上1000m及1500m高度的风，最能代表水汽入流。因为若太接近地面，风速受下垫面影响而缺乏代表性。根据我国经验，风指标以选离地面1500m以内风速为宜，地面高程低于1500m的地区，采用850hPa高度上的风，地面高程超过1500m（或3000m）时，可采用700hPa（或500hPa）高度上的风。具体计算时，一般是通过分析比较选取某一大气层（或高度）的高空风资料为代表。热带地区，则找出向暴雨区输送水汽的主要大气层，放大时仅限于该大气层。

在时间的选择上，因风有日变化，以取24小时平均值为好。一般认为，低层最大24小时风运动是整层运动的指标，有如地面露点是整层水汽含量指标一样，最大降雨时期24小时风的观测值通常最能代表暴雨的水汽入流。对于历时较短的暴雨，要用实际历时内的平均风速。在计算时，采用0小时和12小时（或8小时和20小时，根据资料情况选定）两个时刻风速的平均值（风是矢量）。如风向比较稳定可取各时刻风速的算术平均，否则需取合成风矢量的均值。

极大化指标的选择可以根据暴雨期间的实测风资料进行。但对 $(VW)_m$ 和 $V_m W_m$ 的选择，必须保证所选用的暴雨与暴雨模式（实测典型暴雨）天气形势及影响系统的相似性。按历史最大记录确定 $(VW)_m$ 指标，可在实测资料中选取与典型暴雨风向接近的实测最大风速 V 及其相应的水汽 W，得 VW，再从中选取最大值 $(VW)_m$ 作为极大指标。$V_m W_m$ 指标，可选取多年实测的最大值 V_m，再寻找实测最大 W_m 值，用其乘积 $V_m W_m$ 作为极大指标。

水汽风速联合放大公式如下：

$$P_m = (V_m/V)(W_m/W)P \tag{6-6}$$

式中：V_m 及 V 为最大风速及典型暴雨的风速，m/s。

各场次典型暴雨合成风速和风向由下式计算得到：

$$\overline{V} = \sqrt{\overline{V_S^2} \pm \overline{V_W^2}} \tag{6-7}$$

式中：$\overline{V}_S$ 及 $\overline{V}_W$ 为南风和西风风速，m/s。

6.3.2 移置暴雨放大

1. 移置可能性分析

从天气图来看，提供中小尺度系统发生发展的环流背景的大尺度天气系统摆动范围很大。近年特大暴雨的天气分析说明，暴雨往往是几种不同尺度、不同来源运动系统互相组合的结果，而可能发生这种组合的地区范围也是很广的。由此可以推断：相应于这些系统的暴雨在一定地区和条件下应该可以移置，并作为水文设计上的一种考虑。这是一种很自然的概念，也是PMP估算的一种行之有效的办法。

由天气系统可以判断某一场暴雨是否可以移置，但这只是移置的必要条件。还必须研究地形条件是否可以移置，因为暴雨是受这两大条件所限制的。特别是地形对降水的影响，虽已研究多年，还未达到实用精度的计算方法，因此只能在地形相差不远的情况下，例如，同为非山区或者地理地形条件相近的山区，才可移置暴雨。

凡天气条件能够产生具有相同降水特征（往往称为降雨机制）的暴雨，同时地形特征（相似的坡度与地表情况）也相类似的区域称为一致区。在分析某一特定地区的暴雨时，往往感到暴雨样本不足，可将一致区内的暴雨移置到研究地区来，这样就可以使研究地区得到很有意义的资料，邹进上等根据近30年来水文站和气象站的实测与调查24小时最大暴雨极值和均值，综合考虑暴雨强度及其分布特点、发生季节、暴雨天气系统、地理因素（包括地形、海拔高度和海陆性质），对我国暴雨进行了初步分区研究，得出10个暴雨气候一致区和各区暴雨的成因及其特征，可供PMP计算中判定移置范围的初步参考。

当水汽自源地向暴雨区输送时，如有山脉横阻，就成为水汽障碍。障碍会使输入的可降水量减少。经验证明，障碍每增高30m约使降水量减少1‰，这称为削减。水汽障碍可以根据与入流风向正交的山脉面求得。但当水汽遇到孤立的高峰，气流往往绕峰腰而过，求山脉平均高度时，不计这种特高的孤峰高程。水汽障碍，特别是高大山脉可以使迎风坡面的可降水部分或大部分释放，而在背风坡面只有少量可降水转化为降水量。另外，暴雨系统越过高山大岭时，其结构发生动力性质的变化。例如太行山为海河与汾河流域的分水岭，山脊高程一般为1000~1700m，高峰在2000m以上，整个山脊呈南北及西南—东北向，山脊以西为背风区。河北省海河指挥部勘测设计院，根据近500年来的历史资料的考证分析，大清河以南太行山背风区的暴雨较山前迎风坡同次暴雨要削减很多。基于许多事实，高山大岭往往是可移置区的边界线，暴雨只能在界线以内移置而不得越过它。具体说来，应当避免越过高出降雨落区1000m以上的山脉的资料作暴雨移置，也要避免降雨落区与设计流域高差大于1000m作移置，在美国则限制这两个数字为700m。

2. 移置的具体步骤

（1）查明拟移置暴雨发生的时间、地点及其天气成因，一张等雨量线图（或者时—面—深曲线）和普通的天气图就可以了。

（2）由天气条件初步拟定一致区。

根据上述特大暴雨的分析研究，提出哪些特征因子造成这次特大暴雨和这些因子能发生及同时遭遇的地区范围。

台风路径一般有专门资料可查。对于气旋等天气系统的移行路径，各省气象部门也多有研究。

（3）考虑地形、地理条件的限制，确定移置界线。

短历时（1小时以内）暴雨量只相当于当地水汽全部凝结的水量，其分布比较不受地域限制，因而地形对暴雨的影响是指地形对长历时暴雨的影响。前面说过高山大岭往往是一致区的边界，但沿山脊方向的移置是可以的。

某种气团所在位置和属性也决定一致区的范围，有些暴雨不能移置于形成暴雨气团活动范围以外的地区。

海滨暴雨可在沿海移置，但向内地移置的范围不能过大。内地暴雨移置必须限于主要山脉不致屏蔽海洋入流水汽的区域以内，除非这种屏蔽在原暴雨区与拟移用地区是多见的，并且暴雨不因之而显著减小。

估算特定流域的PMP时，只需决定某场暴雨是否能够移置于这个流域之内，无需勾绘一致区界线，但绘制PMP等值线图时，就需要这种界线了。

(4) 进行改正与调整。
3. 移置改正

移置改正是对设计流域和暴雨原地由于区域的几何形状、地理、地形等条件的差异而造成降雨量的改变作定量的估算。也就是说，移置改正，一般包括流域形状改正、地理改正和地形改正三项。其中，地理改正只考虑水汽改正，地形改正包括水汽改正和动力改正两个方面。流域形状改正，这是任何暴雨移置首先必须进行的改正。移置区与设计区暴雨天气形势、地形、地理条件基本相同，可直接移置暴雨等值线图，并按设计流域边界推求设计流域面雨量及流域形状的改正。如移置区与设计区暴雨天气形势、地形、地理条件差别显著，则需进行地形改正。相同，其间又无明显的水汽障碍，则可以将移置对象的暴雨等值线原封不动地搬到设计流域来，只进行流域形状改正即可。

若两地的暴雨天气形势相似，而地形、地理条件有一定的差异，但这种差异还不足以引起暴雨机制的较大变化，则可以不考虑动力改正。对此情况，除作流域形状改正外，只需考虑水汽改正即可。这是平原、浅山区常用的方法。若为条件所限，不得不移置地形条件差异较大的暴雨时，在这种情况下山脉将对暴雨机制产生一定的影响，则除作流域形状和地理改正外，还需要考虑高程和障碍高程改正。

(1) 流域形状改正。

大家知道，流域面积大小相等的两个流域，若其几何形状不同，则在一定的暴雨天气形势下，它们所承受的雨量大小也将随之而异，这就是流域形状改正的根据所在。将移置对象的暴雨等值线按上述的雨图安置办法定位，原封不动地搬移到设计流域，使雨量受到设计流域边界形状的控制，即为流域形状改正。

(2) 地理改正。

地理改正又称位移改正或位移水汽改正。此为不考虑高程差异，仅考虑位移距离，即因地理位置（经纬度）上差异而造成的水汽条件不同所作的改正。这种改正系按设计流域和暴雨原地的最大露点来进行。如两地高差不大，但距离较远，致使水汽条件不同所作的改正，其计算公式如下

$$K_1 = (W_{Bm})_{ZA} / (W_{Am})_{ZA} \qquad (6-8)$$

式中：K_1 为地理改正系数；W_{Am}、W_{Bm} 为移置区和设计流域的最大可降水，mm；ZA（足标）为移置区地面高程。

括号外的下标代表计算可降水时所取的气柱底面（地面）高程（高出 1000hPa 的数），一般取流域平均高程或入流边界平均高程。用可能最大露点 t_{dAm} 来进行计算。选可能最大露点的测站最好与选暴雨代表性露点的测站相同。

W_{Bm} 的求法稍有差别，即在选取可能最大露点 t_{dBm} 时，所取的测站位置，应与移置对象在选取暴雨代表性露点 t_{dA} 时所取测站的位置（包括距暴雨中心的距离和方位）相对应。

(3) 地形和障碍调整改正。

地形改正指移置前后两地区地面平均高程不同或水汽入流方向障碍高程差异使入流水汽增减而作的改正。

地形对降水的影响是相当复杂的，一般说来，可以分为直接影响和间接影响两个

方面。直接影响又可分为以下四个方面：①高程增加引起可降水的削减；②迎风坡气流抬升、冷却引起降水量的增加；③背风坡由于气流下沉增温，不利于降水的生成；④液态水被风吹入流域以内或吹出流域以外。在暴雨移置中，一般只考虑前两个方面的影响。

间接影响系指地形对天气系统的发展与移动的影响。如山脉对气旋和锋面的阻滞，甚至导致变性，"死水区"对旋涡发展的影响等。在暴雨移置中是假定移置前后天气系统不变，因此对间接影响可不予考虑。

地形对水汽影响的改正有障碍改正和高程改正两种。前者是指设计地区在水汽入流方向受到山脉阻挡使入流水汽减少而作的改正；后者是指由于移置后两个地区的地面高程不同，使水汽变化而作的改正。必须注意，这两种改正只能取其一种，即当遇到既有障碍改正又有高程改正的情况，应根据水汽输送情况和地理、地形条件进行分析，选其影响较大者。

这两种改正，其基本原理和计算公式是相同的，即假定水汽障碍并不改变暴雨系统的结构，它仅截断迎风侧面的一段气柱中的可降水。因此，水汽障碍对设计流域可降水的减少量，就等于相应于障碍高度的那段气柱中的可降水。

地理、地形水汽改正都是按最大露点来计算的。这是因为，从理论上说，一个地区的最大露点就代表了该地区水汽因子的上限；而从物理成因上来看，这个限值是决定于地理地形条件的。换言之，两个地区的最大露点，实际上就反映了两者的地理地形条件对水汽影响的差异。

地形改正计算公式如下

$$K_2 = (W_{Bm})_{ZB}/(W_{Bm})_{ZA} \tag{6-9}$$

式中：K_2 为高程或入流障碍高程水汽改正系数；ZB（足标）为设计区地面或障碍高程。

实测资料表明，在山脉迎风坡的一定高度范围内，雨量是随高程的增加而增加的。说明只考虑基底抬高后可降水减少而使雨量减小的削减效应是不够的，还须同时考虑因地形抬升使上升速度加强而使雨量增加的强化效应。有人认为两者可以相互抵偿，甚至有余，因而可以不考虑高程水汽改正，至少对于移置前后基底高差小于 700m 的不作高程水汽改正，强烈地方性暴雨在高差小于 1500m 时也不作高程水汽改正。

这个比值可以大于、等于或小于 1。高差小于 1500m 时，对强烈的局部性雷暴雨不作高程调整。超过障碍作移置时也应作此项调整，具体计算见下例。

【例 6-7】 设图 6-7 中的暴雨可移置于同一图中的设计流域。暴雨落区的平均高程为 300m，水汽入流方向或南面流域边缘的平均高程为 700m，中间无地形障碍。代表 12 小时持续露点为 23℃，这是在高程为 300m、距暴雨中心 200km、方位角为 170°的地点观测得到的。化算到 1000hPa 水平面上，变成 24℃。

解：水汽放大及障碍调整系数计算如下

$$\gamma = \left(\frac{W_{26}}{W_{24}}\right)_{300} \left(\frac{W_{23}}{W_{26}}\right)_{300} \frac{(W_{23})_{700}}{(W_{23})_{700}} = \frac{(W_{23})_{700}}{(W_{24})_{300}}$$

上式中括号内的下标数字为计算可降水 W 的 1000hPa 露点，括号外的下标数字为计算可降水 W 相应气柱底的地面高程；$\left(\dfrac{W_{26}}{W_{24}}\right)_{300}$ 为暴雨地点的水汽放大；

$\left(\dfrac{W_{23}}{W_{26}}\right)_{300}$ 为暴雨发生地点与移置地点最大露点差别的调整；$\dfrac{(W_{23})_{700}}{(W_{23})_{300}}$ 为高程调整；乘积最后变成一个单项 $\dfrac{(W_{23})_{700}}{(W_{24})_{300}}$。查阅附录一、附录二，对于顶层为 300hPa 的气柱，$(W_{23})_{700}=67-13=54$mm，$(W_{24})_{300}=74-6=68$mm，因此 $r=\dfrac{54}{68}=0.79$。

如有一条巨大的水汽入流障碍，设其高程为 1000m，横亘于暴雨落区与移置流域之间，应以 $(W_{23})_{1000}$ 代替 $(W_{23})_{700}$，系数变为 $(67-18)/(74-6)$，或 0.72。

4. 暴雨放大

水汽放大：所选择的暴雨虽实测的强度大、历时短，水汽条件非常充沛，但从典型暴雨的代表性露点与历史最大露点比较，或与水汽源地的海温相比，可以看出典型暴雨的水汽含量并没有达到可能的最大值，因此有必要进行水汽放大。

水汽放大公式如下

$$K_{Ww}=(W_{Am})_{ZA}/(W_A)_{ZA} \tag{6-10}$$

式中：K_{Ww} 为水汽放大系数；$(W_A)_{ZA}$ 为移置对象的可降水，mm。

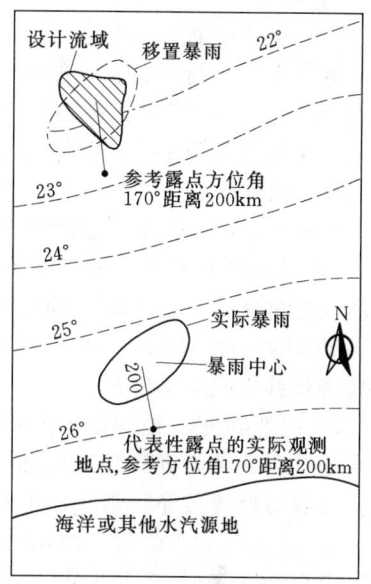

图 6-7 暴雨移置示例图
（长虚线为最大露点等值线）

5. 暴雨移置的改正和放大综合系数

采用先放大后移置水汽放大系数 $K_{Ww}=(W_{Am})_{ZA}/(W_A)_{ZA}$，地理改正系数 $K_1=(W_{Bm})_{ZA}/(W_{Am})_{ZA}$，地形改正系数 $K_2=(W_{Bm})_{ZB}/(W_{Bm})_{ZA}$，则综合系数为

$$K=K_1 K_2 K_{Ww}=(W_{Bm})_{ZB}/(W_A)_{ZA} \tag{6-11}$$

该方法适用于罕见特大暴雨的放大。

【例 6-8】 嘉陵江碧口、宝珠寺、亭子口水库流域可能最大暴雨移置放大。

解：（1）基本情况。

嘉陵江碧口、宝珠寺、亭子口（规划）水库位于嘉陵江中上游，其流域面积和流域平均高程见表 6-5。

表 6-5 各断面流域面积和平均高程表

断面名称	碧　口	宝珠寺	亭子口
流域面积（km²）	26000	28428	62550
流域平均高程（m）	2880	2759	2107

（2）典型暴雨。

采用暴雨移置放大推求各水库流域 PMP。"81.7" 暴雨就发生在本设计流域，设计流域与移置对象为同一流域，地理、气候、地形、天气成因和暴雨时面分布基本属同一区域。

（3）暴雨移置。

本次重点分析了已发生的大暴雨"45.8"、"49.7"、"68.7"和"98.8"雨量等值线图，把"81.7"暴雨移置到"45.8"暴雨中心，移置幅度不超过2个经度和纬度，暴雨形成天气形势相近，移置幅度均较小。

（4）移置改正。

移置改正，一般包括流域形状改正、地理改正和地形改正三项。

1）流域形状改正。为了使设计断面形成的洪水最大，且不致过多改变暴雨结构，移置雨图的轴线一般不宜转动太大，并对不同天气系统应有所区别。对于中纬度锋面雨转动角度一般不宜超过20°，但应注意地形的影响。暴雨移置后各流域面雨量，按暴雨等值线图重新计算出。

2）地理改正。地理改正又称位移改正或位移水汽改正，此为不考虑高程差异，仅考虑位移距离，即因地理位置（经纬度）上差异而造成的水汽条件不同所作的改正，因移置幅度较小无需进行地理改正。

3）高程或入流障碍高程水汽改正。嘉陵江流域北高南低，移置区和被移置区高程相差仅为713m，高差小于1500m时也不作高程水汽改正。因此，碧口、宝珠寺和亭子口无需进行高程改正。

（5）暴雨放大。

"81.7"暴雨是我国实测的一次强度大、历时长、面积广的特大暴雨，水汽条件非常充沛，但从"81.7"暴雨的代表性露点与历史最大露点比较，或与水汽源地的海温相比，可以看出"81.7"暴雨的水汽含量并没有达到可能的最大值，因此有必要进行水汽放大。计算结果见表6-6。

表6-6　　　　　　　移 置 放 大 成 果 表

流 域 名 称			碧口	宝珠寺	亭子口
"81.7"暴雨设计流域面雨量	原"81.7"典型暴雨（mm）	1日	24.9	29.8	51.5
		3日	36.4	44.8	83.3
		6日	40.1	49.0	92.8
	移置后"81.7"暴雨（mm）	1日	52.0	61.5	65.3
		3日	80.6	93.9	128.5
		6日	92.3	106.8	133.8
代表性露点 t_d（℃）			25.5	25.5	25.0
可能最大露点 t_{dm}（℃）			27.4	27.4	26.5
水汽改正系数 K_1			1.0	1.0	1.0
高程改正系数 K_2			1.0	1.0	1.0
水汽放大系数 K_W			1.23	1.24	1.18
可能最大降雨（mm）		1日	64.0	76.3	77.1
		3日	99.1	116.4	151.6
		6日	110.8	129.3	156.9

6.4 暴雨组合法

6.4.1 暴雨组合法概念

将两场或两场以上的暴雨，按天气气候学的原理，合理地组合在一起，组成一新的理想特大暴雨序列，以此作为典型暴雨来推求 PMP 的方法，称为暴雨组合法。暴雨组合法常用于推求长历时的 PMP。组合单元可以是相隔数日的，也可以是相隔若干年的；可以是本流域的，也可以是移置来的；可以是大范围（雨区广）的，也可以是局部地区（雨区小）的。

天气学理论与实践经验表明，任何一次特大暴雨洪水，可能由几次或多次暴雨天气系统连续出现所形成，或者是某一天气系统的停滞少动，或者是几种不同尺度的天气系统在时间与空间上的叠加所造成。

大流域、长历时的 PMP 必然是多次暴雨天气系统接连出现或是多次暴雨天气系统在时间与空间上叠加的结果，这就是组合暴雨客观依据。

相似过程代换法是以降雨天气持续特别（或较为）反常的某一特大暴雨（或大暴雨）过程为典型过程，作为相似代换的基础，将典型中降雨较少的一次或数次降雨过程，用历史上环流形势基本相似、天气系统大致相同而降雨较大的另一暴雨过程或数场暴雨过程予以替换，从而构成一长历时的新的暴雨序列。例如，原典型暴雨过程为 A→B→C，现有一较严重的暴雨过程 M，其环流形势和暴雨天气系统与 B 相似，即可以用 M 代替 B 组合 A→M→C 的暴雨过程。

由于此法是以典型年某一降雨过程为基础，故又称典型年替换法。此法的关键问题是典型过程的选取和相似代换原则的确定。

为避免人为的任意性，在作相似代换时应遵循以下四条原则：

（1）大环流形势要基本相似。欧亚中高纬度的长波形势与西太平洋副热带高压的相互配置决定着冷暖空气的活动路径和水汽输送通道，也影响和制约着暴雨系统的发生和发展。因此，在代换时应考虑被代换的过程与代换过程的大环流形势（行星尺度）基本相似，即 500hPa 天气图 60°～140°E，10°～70°N 范围内，长波槽脊位置一致，西太平洋副热带高压脊线位置和所伸展的范围接近。

（2）产生暴雨的天气系统相同。暴雨天气系统是产生暴雨的直接原因，天气系统的类型不同，它所引起的降雨性质、强度和分布亦不相同。因此，在代换时必须强调所代换的过程是属于同一种类型的天气系统。

（3）雨型及其演变要大致相似。雨区的形状、位置和移动方向是降水天气系统的具体表现，它与洪水的峰、量关系极大。因此，在代换时应特别注意雨型及其演变、雨轴的方向，尤应注意暴雨中心位置及其移动路径等。

（4）暴雨的发生季节应相同。暴雨不仅具有地区性，而且季节性也十分明显。因此，替换的暴雨应与被替换的暴雨在发生的时间上基本一致，至少不应相差太远。

也可根据设计流域的暴雨成因、大环流形势和天气系统进行全面分析归纳，应用天气学原理及预报经验，确定组合原则。

关键在于组合的合理性与可行性论证。关于这方面需要有中长期预报理论和实践经验，尤其需要对所研究地区的一般气候特点与异常情况熟悉。工程人员听取当地气象部门的意见是必要的。

组合暴雨历时的长短由暴雨特征、流域特性和工程要求决定。

6.4.2 暴雨组合的方法

1. 连续性分析法

设原暴雨天气过程序列为 A→B，现有一个更为严重的暴雨过程 C。从环流形势演变与天气系统发展来看，B 和 C 虽有较大差异，但根据环流型的历史承替规律和天气分析经验来推断，从 A 变为 C 也是可能的，因而 A→C 成立。

2. 大雨典型年相似过程代换法

以大雨典型年的典型暴雨天气过程为基础，再从历史暴雨档案中挑选大的过程来替换降水较小的过程，以构成一组更严重的暴雨序列。

上述组合法中各组合单元如何衔接才算合宜，组合长度如何决定，以及放大几个组合单元等问题均无定论，因此大面积的 PMP 估算是很困难的。

3. 长短历时相关法

对于大面积、长历时的可能最大降水，为了避免长时段暴雨天气的组合，也可组合一个短时段的暴雨洪水，然后采用长短历时暴雨（洪水）相关法，推求长时段的洪水。这种方法较为合理，易为水文人员所接受。

进行暴雨组合时应注意以下两点：

（1）互相衔接的两个组合单元，应选在同一季节，组合单元的时段不应小于 6 小时。

（2）两单元之间的时间间隔，可直接以实测暴雨或天气过程演变的统计规律确定。

对于上述情况，推求 PMP 宜采用暴雨时间和空间上的组合（时空放大）。

6.4.3 适用条件

组合模式法的适用条件是：设计流域内缺少长历时、大范围的特大暴雨资料。主要适用于流域面积大、设计洪水历时长的工程。

我国长江三峡，汉江丹江口和石泉，赣江万安，沅水五强溪，红水河龙滩，澜沧江小湾和漫湾，乌江构皮滩和洪家渡，金沙江向家坝，黄河碛口、龙门和三门峡，永定河石匣里，嫩江尼尔基等 20 多个大型工程都应用了组合模式法。

【例 6-9】 虎跳峡水库总流域面积达 $218358km^2$，奔子栏站至虎跳峡坝址区间流域面积达到 $15038km^2$。因此对虎跳峡大型水库奔子栏至虎跳峡坝址区间流域应用组合暴雨方法推求可能最大暴雨。

解： 本次采用时间上组合并采用相似过程代换法，即将本流域两场或两场以上的暴雨过程，合理地衔接起来，组成一个新的暴雨过程，并进行放大得到可能最大暴雨过程。

按照相似代换原则，采用 1968 年 8 月 9～11 日替换典型年过程开始时雨量较小的 1966 年 8 月 18～20 日，这两场暴雨 500hPa 都是亚欧大低槽、副高阻塞型，降水都是受西风槽、切变线影响。1968 年 8 月天气形势中，所受副高更强的阻塞

6.4 暴雨组合法

和副高南部强台风及副热带辐合线影响,高温、高湿气流更充沛,所形成的降水量更大些。所以,将降水量小些的1966年8月18~20日在符合相似过程替换原则的基础上加以替换。采用1955年7月22~24日替换1966年8日25~27日暴雨过程,用以代换的降水过程1955年7月22~24日降水也是由低涡切变线影响的,低涡发生在金沙江两河湾一带,其相连的切变线与东部东亚大槽槽线相连,是低涡切变线东移后,原地又再生低涡过程,该低涡气旋性环流较1966年8月25~27日降水过程发展明显,低涡中心又恰位于金沙江流域内,所以该次过程面雨深较大。在符合相似过程替换原则的基础上加以替换,得到组合后的15天面平均雨量过程。见表6-7和表6-8。

组合方案拟订以后,尚需对其合理性进行分析与论证,这可以从天气学、气候学和历史特大暴雨洪水三个方面进行。

表6-7 奔子栏至虎跳峡坝址区间1966年典型暴雨过程及天气系统

日 期		面雨量(mm)	环流型	天 气 系 统		
年.月	日			500hPa	700hPa	地面
1966.8	18	0	Q1			
	19	25.8	Q1	槽切变	切变线	季风低压
	20	5.1	Q1			
	21	24.3	Q1			
	22	27.8	Q1	切变	涡切变	西藏季风低压
	23	29.7	Q1			
	24	26.2	Q1			
	25	6.2	Q2			
	26	2.4	Q2	南支槽 涡切变	涡切变	高原冷峰 缅甸季风低压
	27	10.0	Q2			
	28	14.1	Q1			
	29	12.2	P2			
	30	29.8	P2	槽(涡)切变	切变	缅甸季风低压 高原冷锋
	31	8.6	P2			
	1	1.9	P2			

表6-8 奔子栏至虎跳峡坝址区间1966年典型相似过程
代换法组合暴雨过程

替换日期		面雨量(mm)	环流型	天 气 系 统		
年.月	日			500hPa	700hPa	地面
1968.8	8	8.9	Q1			
	9	14.4	Q1	槽切变	涡切变线	高原冷锋
	10	14.3	Q1			

续表

替换日期		面雨量	环流型	天 气 系 统		
年.月	日	(mm)		500hPa	700hPa	地面
1966.8	21	24.3	Q1	切变	涡切变	西藏季风低压
	22	27.8	Q1			
	23	29.7	Q1			
	24	26.2	Q1			
1955.7	22	11.7	Q2	低槽（涡）	涡切变	缅甸季风低压
	23	45.1	Q2			
	24	5.8	Q2			
1966.8	28	14.1	Q1	槽（涡）切变	切变	缅甸季风低压 高原冷锋

6.5 短历时可能最大降雨

短历时可能最大暴雨一般指小于 24 小时的可能最大暴雨，对核电站厂址防洪排涝往往要考虑 5 分钟、10 分钟、30 分钟、1 小时、3 小时、6 小时、12 小时的可能最大暴雨，而短历时可能最大暴雨目前尚无成熟的计算方法，推求短历时可能最大暴雨，可借鉴暴雨公式由可能最大 24 小时暴雨推求各种短历时可能最大暴雨。暴雨公式的参数由各种历时万年一遇设计暴雨值参数代替。

其计算公式如下

$$X_{tp} = S_p t^{1-n} \tag{6-12}$$

$$S_p = X_{24p} 24^{n_2 - 1} \tag{6-13}$$

当 $t \leqslant 1h$ 时 n 取 n_1 $\quad X_{tp} = X_{24p} 24^{n_2 - 1} t^{1-n_1}$ (6-14)

当 $t \geqslant 1h$ 时 n 取 n_2 $\quad X_{tp} = X_{24p} 24^{n_2 - 1} t^{1-n_2}$ (6-15)

6.6 可能最大暴雨的时空分布

流域所在地区的 PMP 求得以后，还有一个时空分布问题。

为了推求 PMF，必须将推求的 1 日、3 日和 6 日的 PMP 结果在设计流域的时程上和空间上进行分配。选择设计流域实测的特大暴雨过程（$\Delta t = 1h$），按移置放大、水汽效率放大和水汽风速放大的可能最大暴雨，经同频率（移置放大）和同倍比放大（水汽效率放大和水汽风速放大）计算面雨量各时段雨量的放大倍比，按上述倍比放大典型暴雨的各站各时段雨量，可得到可能最大暴雨的时空分布（$\Delta t = 1h$）。

典型暴雨选择的原则如下：

(1) 所选择典型应是实测中位居前几位的大暴雨，其产生暴雨的天气条件才接近于产生 PMP 的天气条件。

（2）所选典型的天气成因与 PMP 的天气成因一致；

（3）所选典型的主雨峰应比较靠后，并使形成的洪水最恶劣。

我国有些生产单位采用模仿实际发生而对工程最不利的分配作为分配的典型。

PMP 的空间和时间分配也可选择不利的实测典型大暴雨，按 PMP 值与实测典型大暴雨面雨量的比值放大设计流域的各雨量站各时段的雨量值，即可得到满足产汇流水文模型（如新安江模型）的 PMP 时空分配。

【例 6 - 10】 沅水流域五强溪枢纽移置"35.7"暴雨示例。

解：（1）直接移置法。"35.7"五峰暴雨是沅水流域邻近的一场历史特大暴雨，如沿武陵山脉将这场暴雨移置于设计流域，其纬距相差不过 1.5°。长江横切变线经常在此范围内南北摆动，"35.7"暴雨系统稍向南移即成为沅水流域的特大暴雨。

沅水流域（五强溪以上）的平均高程为 650m，"35.7"暴雨高值区与此面积相应的平均高程为 702m，两者相差不多，故可将"35.7"暴雨直接移置于沅水流域，并用水汽及障碍调整得到成果，见表 6 - 9。

表 6 - 9　　　　　　　　沅水流域 PMP 成果比较表　　　　　　　　单位：mm

方　法	各　日　雨　量					最大 1 日雨量	最大 3 日雨量	最大 5 日雨量
	3 日	4 日	5 日	6 日	7 日			
等百分数线法 ($K=1.26$)	72.1	120.3	87.7	54.4	12.4	120.3	280.1	346.6
直接移置	73.6	122.5	83.1	47.7	10.8	122.5	279.2	337.7

（2）等百分数线法。沅水流域暴雨多发生在 5～7 月，清江、澧水暴雨（"35.7"暴雨）多发生在 6～8 月，选用两地区同期的 6～7 月雨量，作为本区汛期季雨量。"35.7"雨区季雨量等值线分布呈西南—东北走向，与清江、澧水分水岭方向大致相应。沅水流域季雨量高值区在流域北部、南部与流域地形特征一致，由此说明本区季雨量分布大体上能反映大地形趋势。

水汽放大："35.7"暴雨是我国实测的一次强度大、历时长、面积广的特大暴雨，水汽条件非常充沛。但从"35.7"暴雨的代表性露点与历史最大露点比较，或与水汽源地的海温相比，可以看出"35.7"暴雨的水汽含量还未达到最大值，可以进行水汽放大。

"35.7"暴雨的水汽来自东南方向的太平洋和西南方向的孟加拉湾。由于西南水汽入流方向 1935 年无露点资料，故选用东南入流途径上的常德、长沙、岳阳三站为代表性露点站。三站在最大日雨量（7 月 4 日）当天及前一天内平均持续 12 小时最大露点为 24.7℃。三站历史最大露点分别为 27.3℃、27.7℃、26.6℃，参照太平洋海温（7 月平均值为 30.9°）取平均值 27.2℃ 为本区持续 12 小时历史最大露点。

水汽放大系数为

$$K = \frac{W_{27.2\,1000\text{hPa}}^{200\text{hPa}} - W_{27.2\,1000\text{hPa}}^{702\text{m}}}{W_{24.7\,1000\text{hPa}}^{200\text{hPa}} - W_{24.7\,1000\text{hPa}}^{702\text{m}}}$$

$$= \frac{98.0 - 17.1}{78.9 - 14.7} = 1.26$$

上式中，702m 为 "35.7" 雨区相应于设计流域面积的平均高程。将等百分数法推算的沅水流域各日雨量乘以 K，得出可能最大降水量。

两种方法成果，见表 6-9。

6.7 PMP 等值线图的应用

上面介绍的是现行 PMP 具体计算方法，可适用于任一指定地点的设计洪水计算，但是对于数量众多的中、小水库（流域面积在 $1000km^2$ 以下）也一样逐一进行计算，那是很麻烦的。为此，一般是绘制一个省区或一个大流域甚至更大地区的 PMP 等值线图，对于中、小型水库的设计，只要查等值线图就行了。我国已于 1977 年绘制了各省、区 24 小时最大点暴雨量等值线图，并在此基础上拼绘了全国的可能最大暴雨等值线图，还配有相应的点面雨量关系，长短历时雨量关系和典型暴雨图，使用时甚为方便。需要注意的是，用等值线图查算虽简捷易行，但只能用于一般的概化估算，对重要工程仍应作专门的分析计算。

6.7.1 一般概念

对任一特定中小流域，它的地理位置及形状是固定的。当流域出现一定历时的可能最大暴雨时，它有一定的暴雨中心，有一定的面雨深及其在时程上的分配，这些就是要推求的项目。然而，在 24 小时可能最大点暴雨等值线图上，只能查得 24 小时可能最大点暴雨量，它是指出现 24 小时可能最大暴雨时的暴雨中心点的雨量值。因此，为使等值线图适用于推求不同面积、不同历时情况下的可能最大暴雨，还需要解决历时—雨深关系，面积—雨深关系及雨量时程分配等问题。

从点的 24 小时可能最大暴雨量通过历时—面积—雨深关系，转换为设计历时的面雨量，即把 24 小时点 PMP 先通过点雨量的历时—雨深关系，推得设计历时点 PMP，再通过相应历时的暴雨中心点面雨量关系，求得设计历时的面 PMP。这种方式称"点点面"方式，具体计算方法，详见后面的例子。

关于暴雨量的时程分配问题，要考虑对水利工程偏于不利而实际上有可能出现的情况。这与前述设计暴雨的时程分配略有不同，即不是用各时段同频率雨量控制的雨型，而是实测典型雨型；可能将本地几次大暴雨的时程分配综合成一个选用雨型，也可直接将某一特大暴雨的实际时程分配作为选用雨型。例如，表 6-10 为河南林庄"75.8"特大暴雨中心处（林庄站）的最大 24 小时雨量时程分配。

表 6-10　　　　　河南林庄"75.8"暴雨时程分配表

时　段	8月6日 0:00~6:00	8月6日 7:00~12:00	8月6日 13:00~18:00	8月6日 19:00~24:00	8月7日 0:00~24:00
雨量（mm）	85.4	46.3	97.7	830.1	1059.5
占24小时雨量的百分比（%）	8.1	4.4	9.2	78.3	100.0

6.7.2 使用方法举例

【例 6-11】 某地区有一个小型水库,控制面积为 600km^2,设计时段为 8 小时,试用 PMP 等值线图推求可能最大暴雨。

解: 推算步骤如下:

(1) 对设计流域内实测大暴雨资料进行分析,分析经常出现暴雨中心的地点。但因本流域无雨量资料,只能以流域中心处为暴雨中心。然后,在可能最大暴雨等值线图上查读该点 24 小时 PMP 为 860.0mm。

(2) 查阅当地的历时—面积—雨深关系图,如图 6-8 (a)、(b)、(c) 所示。由图可查得相应于 $x_{24}=860$mm 时的雨力 $S_p=185$mm/h,暴雨参数 $n_1=0.35$ 及 $n_2=0.73$。

(3) 以 S_p、n_1、n_2 值代入公式

$$X_{tp} = S_p t^{1-n_2} \quad (t > 1\text{h})$$

可计算出 $x_3=378.0$mm,$x_6=592.0$mm,$x_8=640.0$mm,$x_{12}=714.0$mm,$x_{24}=860.0$mm。

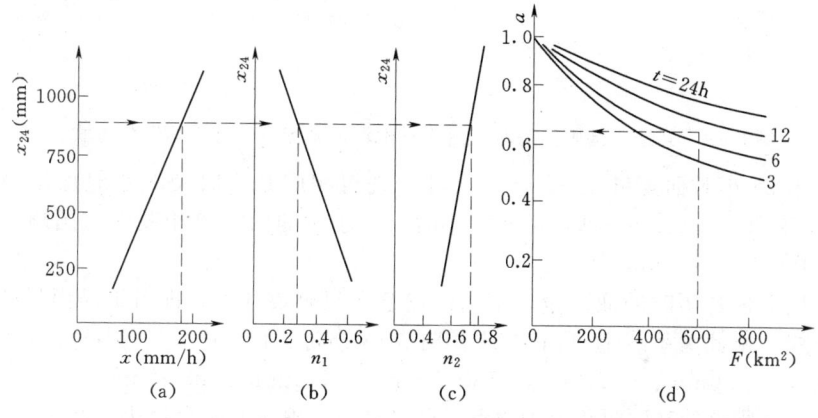

图 6-8 某地区暴雨的历时—面积—雨深关系("点点面"的方式)

(4) 按概化时程分配形式,把 24 小时雨量分配见表 6-11。

表 6-11　　　　24 小时点雨量的时程分配表

时间 (h)	1	2	3	4	5	6	7	8	9	10	11	12	13	14	15	16	17	18	19	20	21	22	23	24	合计
点雨量 (mm)	12	13	13	13	13	13	13	13	18	19	19	24	24	71	71	72	96	185	97	10	10	10	10	10	860
面雨量 (mm)														14	15	44	44	45	59	115	60				396

注　点面折减系数 $a=0.62$。

(5) 再从图 6-8 (d),可查得相应于历时为 8 小时的点雨量 $x_8=640.0$mm 的点面折减系 0.62,由此可算得设计时段的面雨量为 396.0mm,其分配过程见表 6-11。

【例 6-12】 某地区有一中型水库,控制面积为 500km^2,设计时段为 24 小时,

试用 PMP 等值线图估算其可能最大暴雨。

解： 推算步骤如下：

（1）从 PMP 等值线图上查得流域内暴雨中心地点的 24 小时 PMP 为 800.0mm。

（2）查阅当地的暴雨历时—面积—雨深关系，如图 6-9 所示。从图 6-9（a）得相应于 500km² 面积的 24 小时雨量的点面折减系数为 0.85，故 24 小时面雨深为 680.0mm。

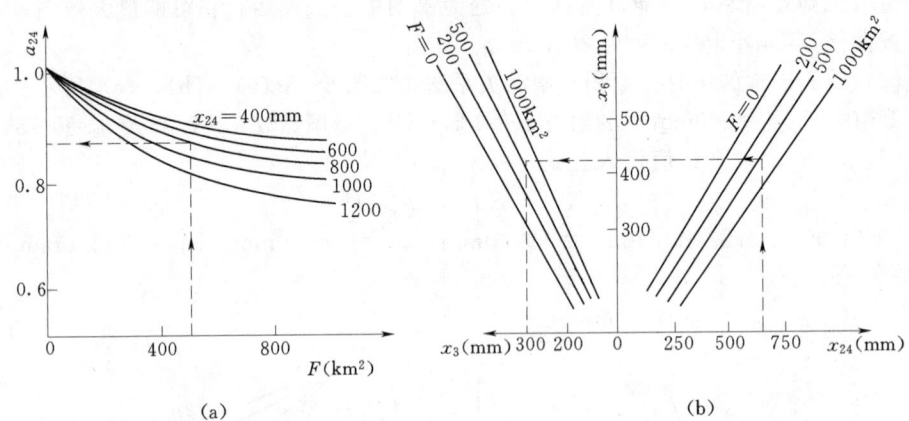

图 6-9 某地区暴雨的历时—面积—雨深关系图（"点点面"的方式）

（3）用 24 小时面雨量，从图 6-9（b）查得相应 6 小时及 3 小时面雨量分别为 420.0mm 及 268.0mm。同理，可从 3 小时与 1 小时的面雨量相关图（图略）上查出 1 小时面雨量为 131.0mm。

（4）据上述各历时的面雨量，把它们点绘在双对数纸上，即可得面雨量的历时—雨深关系线。由此关系线上可内插 21 小时、18 小时、15 小时、12 小时、9 小时的面雨量分别为 650.0mm、617.0mm、580.0mm、534.0mm、483.0mm。

（5）根据当地的暴雨时程分配概型，便可算出面雨量的时程变化，见表 6-12。

表 6-12   24 小时面雨量的时程分配表

时段（$\Delta t=3h$）	1	2	3	4	5	6	7	8	合计
排列顺序	八	七	六	五	三	二	一	四	
时段雨量（mm）	30.0	33.0	37.0	46.0	63.0	152.0	268.0	51.0	680.0

在上述两例中所求出的面雨量均是假定暴雨（等雨量线）面积与设计流域面积重合，均未考虑设计流域形状的改正，也就是不考虑设计流域面积的定向问题，这是一种理想情况。通常若考虑流域形状改正，面雨量将有所减少，但对于 1000km² 以下的小面积，误差不大，为偏于安全，一般不作此项改正。

6.8 PMP 成果的合理性分析

以上介绍了我国估算 PMP 的常用方法。但是需要指出的是：现行 PMP 计算方法的理论依据仍很不完善，目前遵循的还是半理论半经验的方法。大家经常会遇到这么一个问题：如何来证明你所计算的 PMP 是正确的呢？从理论上或从实际上，类似 PMP 这种事后概率事件是永远无法证明其"正确"与否的，而只能通过多种不同途径或方法来论证成果的可靠性和合理性，即所谓"多种方法、综合分析、合理选定"的原则。PMP 的估算有统计估算法（因篇幅所限，在此不介绍）和水文气象法两种途径，后者又有多种不同估算方法。原则上，只要各公式的概念清楚，依据合理，引用的资料充分可靠，所计算出的成果应较为接近。但是，往往由于资料不足的缘故，某些气象因子变化较大，难以准确确定，各种方法计算的成果有时有较大差别，这就需要对成果进行合理性评定。所谓合理，是指方法、原理切合实际，成果具有可能性和极大性。判断成果是否合理，需要考虑本流域内各种因素（如暴雨成因、暴雨特性、地形特点等）相互影响的关系，资料来源情况，计算方法的适用条件等方面。合理性分析工作内容如下：

1. 从计算过程的各个环节上进行检查

检查内容包括：基本资料的可靠性，计算公式与所需资料的配合情况。方法（公式）的适用条件及其与设计流域的符合程度，所选典型暴雨是否反映特大暴雨特点，移置暴雨的可靠性，移置改正是否合理、合适，参数极大化或放大倍数是否合理，等等。

2. 与本流域（或天气一致区）的历史资料比较

将 PMP 成果与实测或历史上已发生的大暴雨进行比较，这是判断 PMP 成果是否合理的最主要的内容。流域的水文气象资料越长，则测得的暴雨、洪水数值越接近于可能最大值。显然，PMP 不应小于历史已发生过的特大暴雨。

3. 与邻近流域的成果比较

水文气象要素的变化是有地区分布规律的，PMP 的地区分布规律应与实测暴雨的地区分布规律相一致。

4. 与国内外相似地区的暴雨极值记录比较

稀遇的特大暴雨，在某一较小的固定区域出现的可能性是较小的，但从大范围来看，其出现的可能性则较大。国内外点雨量极值记录可以认为是接近 PMP 水平的。从所处纬度、离海远近、水汽来源、地形地势条件等方面将本流域的 PMP 估值（暴雨中心处）同国内外的雨量极值记录进行比较，也是判断 PMP 成果可靠程度的一个重要方面。表 6-13 是国内外最大点雨量的部分记录，供参考。图 6-10 和图 6-11 分别给出了中国最大点暴雨与历时和世界实测最大点雨量与历时的关系。

表 6-13　　　　　　　　　　国内外最大点雨量的部分记录

国家	地点	降雨历时			降雨量 (mm)	发生时间 (年.月.日)
		d	h	min		
中国	山西梅洞沟			5	53.1	1971.7.1
	云南攀枝花			24	97.2	1954
	河北罗家屯			50	172.0	1925.7.20
	河南下陈			60	218.1	1975.8.5
	河北尚义		1	18	430*	1973.6.25
	内蒙商都		2.5		620*	1959.7.19
	河南林庄		3		494.6	1975.8.7
	河南林庄		6		830.1	1975.8.7

续表

国家	地点	降雨历时			降雨量 (mm)	发生时间 (年.月.日)
		d	h	min		
中国	内蒙古木多才当		10		1400*	1977.8.1
	河南林庄		12		954.0	1975.8.7
	台湾新寮		24		1672.0	1967.10.17
	台湾新寮	3			2749.0	1967.10.17~19
	河北獐狐	7			2051.5	1963.8.2~8
德国	巴伐利亚州黑森			8	126.0	1920.5.25
牙买加	普伦角			15	198.0	1916.5.12
罗马尼亚	库尔泰亚德——阿尔杰希			20	206.0	1889.7.7
美国	密苏里州，候尔特			42	305.0	1947.6.22
	西弗吉尼亚州		2	10	483.0	1889.7.18
	得克萨斯州		2	45	559.0	1935.5.31
留尼旺（法国）	伯卢夫		9		1087.0	1964.2.28
	伯卢夫		12		1340.0	1964.2.28~29
	赛路斯		18	30	1689.0	1964.2.28~29
	赛路斯		24		1870.0	1952.3.15~16
	赛路斯	3			3240.0	1952.3.15~18
	赛路斯	7			4110.0	1952.3.12~19
印度	乞拉朋吉	15			4798.0	1931.6.24~7.8
	乞拉朋吉	31			9300.0	1861.7

* 调查值。

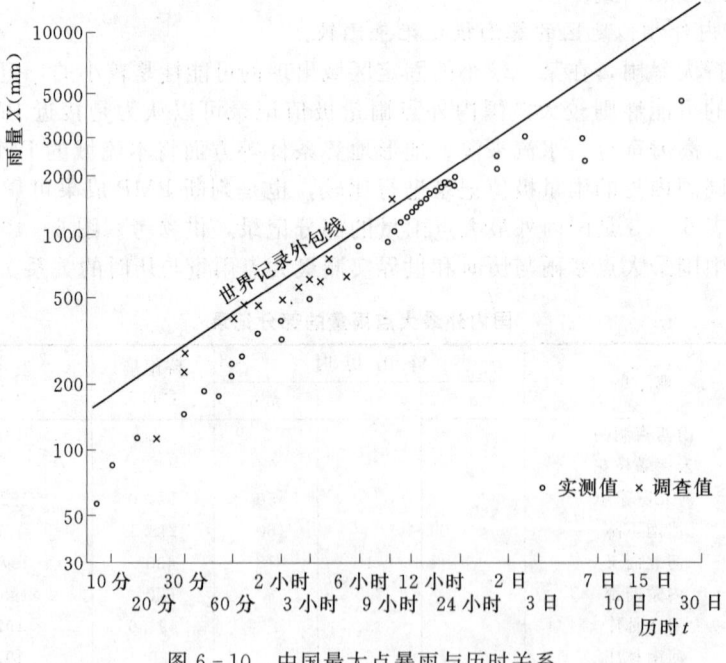

图 6-10 中国最大点暴雨与历时关系

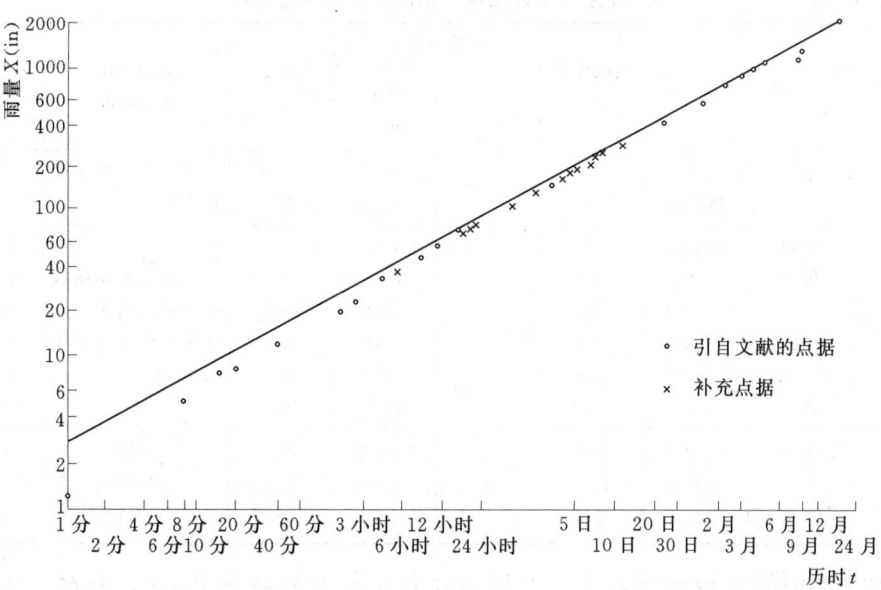

图 6-11 世界实测最大点雨量与历时的关系

6.9 可 能 最 大 洪 水

PMP 及其时空分布定出以后，就可推求 PMF 了。这里有两种途径：一是按常规方法，PMP 发生时的情况，进行产汇流计算；二是将气象资料（包括降水、蒸发、水汽等及流域参数）输入模型，直接输出洪水过程线，称为 PMF 的全程模型（如新安江模型）。

PMP 实际上是一种特殊情况的暴雨，计算与它相应的洪水需要作一些特殊考虑。

首先是 PMP 条件的前期雨量 P_0，合理的办法是在推求 PMP 时，把 PMP 发生前一段时间的降雨过程也定出来，据以计算 P_0 值。

美国气象局曾对 3 日 PMP 做过研究，认为前期雨量与 PMP 之间的时间间距（无雨期）可以定为 3 日，大约时距越长，前期雨量越大，对于小流域可定为 1 日。前期雨量的数值约为 PMP 的 20%～30%。

我国对于湿润地区，有时取偏于安全的数值，令 $P_0=I_m$。对于干旱地区，由于 P_0 极难达到 I_m，可取各次洪水 P_0 的平均情况作为 PMP 的 P_0 值。PMP 是非常事件，与其相应的其他事件不一定都取最安全的数值。我国特大暴雨主要雨区的洪水研究结果（见表 6-14），说明设计 P_0 值可采取 $I_m/2$。国外的经验也是如此。

湿润地区的降雨径流关系曲线上部呈 45°直线，外延并无困难，但须注意实际点据的可能误差，着重考察大洪水的数值。

干旱地区采用下渗曲线或初损后损法求净雨时，须注意雨强、雨量对产流的影响，采用由特大雨洪推出的参数。

对于缺乏资料地区，可移用相似地区资料。

表 6-14　　我国特大暴雨主要雨区的洪水径流系数

暴雨	河流	站名	流域面积（km²）	面平均雨量 历时（d）	面平均雨量 雨量（mm）	径流深（mm）	前期土壤含水情况	径流系数
"35.7"	澧水 清江	三江口 拌鱼咀	14500 15560		660.2 367.6	589.6 337.3	处于平均情况即 $P_0 \approx I_m/2$	0.893 0.917
"63.8"	界河 槐河 泜河 小马河 渡口川 沙河	刘家台 马村 临城水库 马河水库 佐村水库 朱庄	174 760 384 113 224 1318	3	725 1221 1568 1282 1257 1202	594 1021 1391 1115 1084 993	邢台、邯郸地区接近平均情况，其他地区比平均情况偏小 50%	0.820 0.835 0.888 0.869 0.862 0.826
"75.8"	洪河 唐河 唐河	板桥水库 唐河站 郭滩站	762 4772 7591	3	1028.5 498 307	915 378 307	干燥 平均情况 湿润情况	0.890 0.760 0.773

特大暴雨的径流系数很大，上述扣损方法的误差较之 PMP 本身的误差并不很大。

PMP 条件下的汇流，一般可用单位线或产汇流模型，但须采用由特大雨洪推出的单位线，以及暴雨分布接近于 PMP 分布的单位线。

参 考 文 献

[1] Committee on Safety Criteria for Dams. Safety of Dams：Flood and Earthquake Criteria. Washington D. C.：National Academy Press，1985.
[2] Hansen E M. Probable Maximum Precipitation for Design Floods in the United States. U. S. — China Bilateral Symposium on the Analysis of Extraordinary Flood Events，1985.
[3] 刘光文主编．水文分析与计算．北京：水利电力出版社，1989.
[4] 詹道江，邹进上．可能最大暴雨与洪水．北京：水利电力出版社，1983.
[5] 王国安．可能最大暴雨和洪水计算原理与方法．郑州：黄河水利出版社，1999.
[6] 王家祁．中国面暴雨量的统计和面—深关系分析．南京水文所水文水资源论文选．北京：水利电力出版社，1987.
[7] Paulhus J L H, et al. Manual for Estimation of Probable Maximum Precipitation. WMO，1973（詹道江译，可能最大降水估算手册，56～60 页）.
[8] 邹进上，等．中国暴雨区划初步研究．地理学报，1987，42（2）：151-164.
[9] 华家鹏，等．江坪河水电站可能最大暴雨研究．河海大学学报（自然科学版），2004，32（5）：523-525.
[10] 中华人民共和国水利部．水利水电工程设计洪水计算规范（SL 44—2006），北京：中国水利水电出版社，2006.

第7章 设计年径流及其年内分配

7.1 概 述

7.1.1 年径流的变化特征

在一个年度内,通过河流出口断面的水量,称为该断面以上流域的年径流量。它可用年平均流量、年径流深、年径流总量或年径流模数表示。

通过水文测验和整编,可以得到实测的年径流量。将实测值按年代顺序点绘,便得到年径流量过程线图,图7-1为黄河陕县站和松花江哈尔滨站年平均流量过程线图。

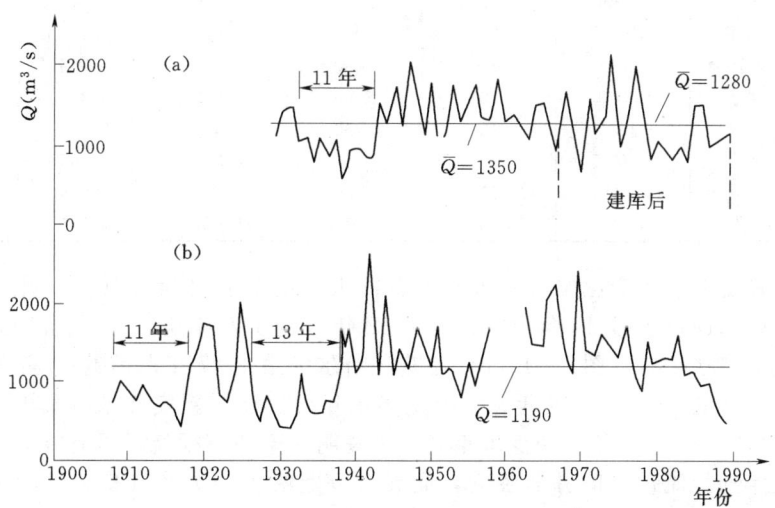

图7-1 黄河陕县站、松花江哈尔滨站年径流过程线
(a) 黄河陕县站;(b) 松花江哈尔滨站

对许多站年径流量过程线图的观察和分析,可以看出年径流变化的一些特性:
(1) 年径流具有大致以年为周期的汛期与枯季交替变化的规律,但各年汛、枯季

的历时有长有短，发生时间有早有迟，水量也有大有小，基本上年年不同，从不重复，具有偶然性质。

(2) 年径流在年际间变化很大，有些河流丰水年径流量可达平水年的 2~3 倍，枯水年径流量只有平水年的 0.1~0.2 倍，表 7-1 列出了我国一些主要河流实测最丰水年的年平均流量与最枯水年的年平均流量的变幅。为了便于相互比较，表中采用丰水年模比系数 $K_丰$ 和枯水年模比系数 $K_枯$ 表示。

$$K_丰 = \frac{Q_丰}{\overline{Q}} \quad K_枯 = \frac{Q_枯}{\overline{Q}}$$

式中：$\overline{Q}$ 为多年平均流量。

表 7-1　　　实测最丰水年与最枯水年的年径流模比系数对照表

河 名	测 站	流域面积 F (km²)	资料年数 n (年)	多年平均流量 $\overline{Q}$(m³/s)	最丰水年模比系数 $K_丰$	最枯水年模比系数 $K_枯$	备 注
松花江	哈尔滨	390526	78	1190	2.252	0.325	
鸭绿江	水丰	52912	55	811	1.56	0.56	
滦河	滦县	44100	41	148	2.736	0.343	
永定河	官厅	42500	23	43.1	2.183	0.348	建库前
	官厅		27	40.8	2.015	0.314	建库后
黄河	陕县	687869	40	1350	1.548	0.470	
	三门峡	688421	21	1280	1.695	0.566	建库后
淮河	蚌埠	121330	39	788	5.563	0.108	
长江	宜昌	1005501	100	14300	1.273	0.741	
	汉口	1488036	113	23400	1.329	0.615	
嘉陵江	北碚	157900	39	2110	1.479	0.540	
湘江	湘潭	81638	30	2040	1.475	0.436	
汉江	黄家港	95217	38	1230	2.041	0.362	建丹江口水库前
赣江	外洲	80948	30	2090	1.622	0.359	
闽江	竹岐	54500	42	1750	1.526	0.486	
西江	梧州	329705	37	6990	1.574	0.465	
雅鲁藏布江	奴各沙	110415	21	532	1.799	0.628	
伊犁河	雅马渡	48421	26	373	1.327	0.751	

(3) 年径流在多年变化中有丰水年组和枯水年组交替出现的现象。图 7-1 (a) 黄河陕县站曾出现过连续 11 年 (1922~1932 年) 的少水年组，而后的 1935~1949 年则基本上是多水年组。图 7-1 (b) 松花江哈尔滨站 1927 年以前的 30 年基本上是少水年组，而后的 1928~1966 年基本上是多水年组。浙江新安江水电站也曾出现过连续 13 年 (1956~1968 年) 的少水年组。这说明河流的年径流量具有或多或少的持续性，即逐年的径流量之间并非独立，而具有一定的相关关系 (相邻年的年径流量 $Q_i \sim Q_{i+1}$ 相关，$i=1, 2, \cdots, n-1$ 年，其相关系数称自相关系数)。

7.1.2　工程规模与来水、用水、保证率的关系

上述年径流量的自然变化情势往往与用水部门的需水有矛盾。为了按时按量地满足用水部门的需水要求，必须兴建水利工程 (如水库等)，对天然径流加以人工调节，

按用水要求泄放。

各项水利工程的规模如何确定呢？今以确定灌溉水库的库容 V 为例说明如下：

在丰水年份由于降雨量多，河流中水量丰富，且作物要求的灌溉水量较少，来水与用水的矛盾不突出，解决这种丰水年份的灌溉要求，所需的工程规模（如水库的库容）较小。如图 7-2 中仅 8 月份来水小于用水，要求水库供水以补充天然来水之不足，故用以满足灌溉用水所需的库容 V 较小。相反，在枯水年份，降雨量小，河流中水量也较枯，并且由于气温高，蒸发大，耗水很多，作物要求的灌溉水量却很大，来水与用水的矛盾就很突出。为了满足这种枯水年份的灌溉要求，水库的库容就要大得多，如图 7-3 所示。

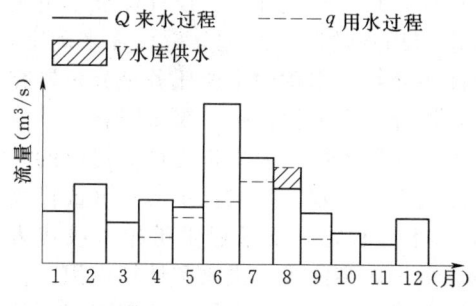

图 7-2 丰水年来水、用水对照图　　图 7-3 枯水年来水、用水对照图

在同样的干旱年份，即使径流总量相同，但由于径流年内各月分配不同，对库容大小也有影响，如图 7-4（a）、(b) 所示。图 7-4（a）、(b) 的年平均流量 $\overline{Q}$ 相同，但图 7-4（b）的径流年内分配（概化成汛期、枯季两个流量）较（a）图的均匀，因此两年所需水库供水的数量也就不同，往往径流年内分配不均匀的年份所需库容较大，即 $V_A > V_B$。

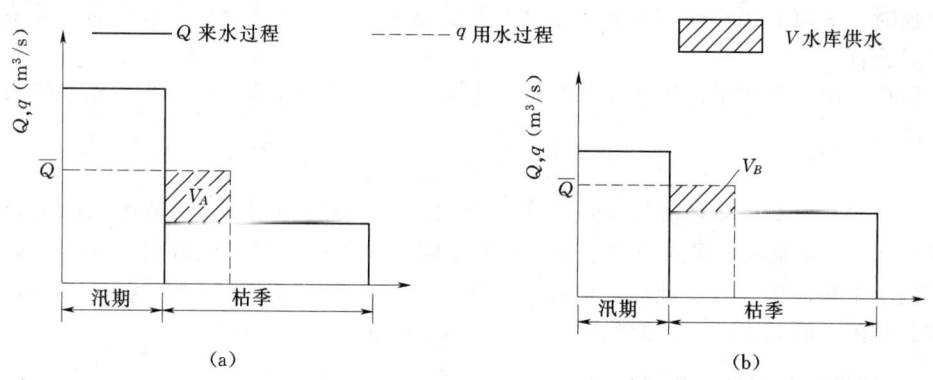

图 7-4 径流年内分配不同对库容影响示意图

对于不同的年份，来水与用水有各种可能的组合情况，各年所需的库容也就大小不一。例如某灌区有 20 年的年径流量资料和灌溉用水量资料，就可以求出 20 个大小不同的库容值 V_1、V_2、…、V_{20}。那么，应该用什么样的库容值来设计水库呢？库容

造大些，灌溉用水的保证程度（即保证率）就高些，但投资要多；相反，库容造小些，可节省投资，但灌溉用水的保证率就低些，碰到大旱年份，灌溉用水得不到保证，作物就要减产甚至失收。这里就牵涉到一个设计标准问题，也就是设计保证率问题。

由上可知，在规划设计阶段，水利工程的规模是由来水、用水矛盾的大小和希望解决矛盾的程度（即设计保证率）来决定的，也就是，在规划设计阶段要分析工程规模、来水、用水、保证率四者之间的关系，经过技术经济比较来确定工程规模。

7.1.3 水文计算任务

由上可知，在水利工程的规划设计阶段，要分析工程规模、来水、用水、保证率四者间的关系，经过技术经济比较来确定工程规模，在工程设计中，设计保证率由用水部门确定。而各项工程的规模，还要依据来水与用水情况，经过分析计算来确定，有关灌溉、发电等用水量的计算将在有关专业课中介绍。本章的主要任务是分析研究年径流量的年际变化和年内分配规律，提供工程设计的主要依据——来水资料。

水利工程调节性能的差异和采用的水利计算方法的不同，要求水文计算提供的来水——年径流资料也有所不同。对于无调节性能的引水工程，要求提供历年（或代表年）的逐日流量过程资料；对于有调节性能的蓄水工程，则要求提供历年（或代表年）的逐月（旬）流量过程资料或各种时段径流量的频率曲线，供水利计算应用。

本章将分别讲述具有长期实测径流资料、短期实测径流资料和缺乏实测资料时的设计年径流量及年内分配的分析计算方法。

7.2 影响年径流的因素

在水文分析与计算中，研究年径流量的影响因素具有重要意义。通过对影响因素的分析研究，可以从物理成因方面去深入探讨径流的变化规律。另一方面，在径流资料短缺时，可以利用径流与有关因素之间的关系来推估径流特征值。也可对计算成果作分析论证。

研究影响年径流量的因素，可从流域水量平衡方程式着手。以年为时段的流域水量平衡方程式为

$$y = x - z + \Delta u + \Delta w \tag{7-1}$$

由式（7-1）可知，年径流深 y 取决于年降水量 x，年蒸发量 z，时段始末的流域蓄水量变化 Δu 和流域之间的交换水量 Δw 四项因素。前两项属于流域的气候因素，后两项属于下垫面因素（指地形、植被、土壤、地质、湖泊、沼泽、流域大小等）。当流域完全闭合时，$\Delta w = 0$，影响因素只有 x、z 和 Δu 三项。

7.2.1 气候因素对年径流量的影响

气候因素中年降水量与年蒸发量对年径流量的影响程度，随地理位置不同而有差异。在湿润地区，降水量较多，其中大部分形成了径流，年径流系数较高，年降水量与年径流量之间具有较密切的关系，说明年降水量对年径流量起着决定性作用，而流域蒸发的作用就相对较小。在干旱地区，降水量少，且极大部分耗于蒸发，年径流系

数很低,年降水量与年径流量的关系不很密切,降水和蒸发都对年径流量起着相当大的作用。

对于以冰雪补给为主的河流,年径流量主要取决于前一年的降雪量和当年的气温。

7.2.2 下垫面因素对年径流量的影响

流域的下垫面因素主要从两方面影响年径流量,一方面通过流域蓄水增量 Δu 影响着年径流量的变化;另一方面通过对气候因素的影响间接地对年径流量发生作用。今择其主要者说明如下。

1. 地形

地形主要通过对气候因素——降水、蒸发、气温的影响,而间接对年径流量发生作用。地形对于降水的影响主要表现在山地对水汽的抬升和阻滞作用,使迎风坡降水量增大。增大的程度主要随水汽含量和抬升速度而定。

地形除对降水有影响外,还对蒸发有影响,一般气温随高程的增加而降低,因而使蒸发量减小,所以地形对蒸发和降水的作用,将使年径流量随高程的增加而加大。

2. 湖泊

湖泊(包括水库在内)一方面通过蒸发的影响而间接影响年径流量的大小,另一方面通过对流域蓄水量的调节而影响年径流量的变化。

湖泊增加流域的水面面积,由于一般陆面蒸发小于水面蒸发,因此湖泊的存在增加了蒸发量,从而使年径流量减少,这种影响可用下式表示,即

$$\Delta y = \Delta z = (z_水 - z_陆)f \tag{7-2}$$

式中:Δy 为由于湖泊影响所致年径流量的减少量;Δz 为由于湖泊影响所致年蒸发量的增加量;$z_水$、$z_陆$ 分别为水面蒸发量和陆面蒸发量;f 为湖泊率,即湖泊面积与流域面积之比。

由式(7-2)可知,年径流量的减少程度取决于湖泊率的大小和蒸发差额($z_水 - z_陆$)。后者在不同的气候区内是不同的。在干旱地区,由于水面蒸发量和陆面蒸发量相差很大,即($z_水 - z_陆$)的数值很大,所以湖泊对减少年径流量的作用较显著。在湿润地区,由于水面蒸发与陆面蒸发相差不大,所以湖泊对年径流量的影响较小。

另外,较大的湖泊增大了流域的调节作用,使 Δu 值加大,对年径流变化发生作用。有湖泊的流域与无湖泊的流域相比,在 $\Delta u > 0$ 的多水年份,湖泊可以多储蓄部分水量,使年径流量减小;而在 $\Delta u < 0$ 的少水年份,湖泊则多放出一部分水量,使年径流量增加,因而起着减小径流年际变化的作用。

3. 流域大小

流域可看作为一个径流调节器,输入为降水,输出为径流。一般随着流域面积的增大,径流量的变化相应地减小。这是因为:①流域面积增大时,一般地下蓄水量相应加大;②随着流域面积的增加,流域内部各地径流的不同期性愈加显著,所起的调节作用就更为明显。

7.2.3 人类活动对年径流量的影响

人类活动对年径流的影响,包括直接影响和间接影响。直接影响如跨流域引水,

直接减少（或增加）本流域的年径流量。间接影响如修水库、塘堰等水利工程，旱地改水田，坡地改梯田，植树造林，种植牧草等措施，主要通过改变下垫面性质而影响年径流量。一般来说，这些措施都将使蒸发增加，从而使年径流量减少。

7.2.4 影响径流年内分配的因素

以上分析了气候因素和下垫面因素对年径流量的影响。现在扼要说明其对径流年内分配影响的差别。

由月为时段的流域水量平衡方程式为

$$y_月 = x_月 - z_月 + \Delta u_月 + \Delta w_月 \tag{7-3}$$

可知，当流域完全闭合时，$\Delta w = 0$。对闭合流域而言，除降水量对径流量始终起作用外，其他两项因素蒸发 z 和流域蓄水变量 Δu 则随着计算时段的不同，对径流量所起的作用却有所差异。例如计算时段为多年，Δu 一项多年期间正负抵消，可以不计，而 z 的作用较明显；当计算时段缩短到研究一次洪水量时，蒸发可忽略不计，而 Δu 的作用很明显。计算时段为月时，z 和 Δu 都在起作用。

还须指出，即使计算时段都为月，由于位于年内不同时期，上述三项因素对月径流量的影响程度是不同的。在汛期，降雨对径流起着决定性作用；在枯季，枯水径流主要来自流域蓄水，此时 Δu 对枯季径流起很大作用。

7.3 具有长期实测资料时设计年径流量及年内分配的分析计算

在水利工程规划设计阶段，当具有长期实测径流资料时，通过水文分析计算提供的来水资料，按设计要求，可有三种类型：①设计长期年的年、月径流系列；②实际代表年的年、月径流量；③设计代表年的年、月径流量。本节将分别讲述三类来水资料的分析计算方法。

来水资料的分析计算一般有三个步骤。首先，应对实测径流资料进行审查；其次，运用数理统计方法推求设计年径流量；最后，用代表年法推求径流年内分配过程。

7.3.1 水文资料的审查

水文资料是水文分析计算的依据，它直接影响着工程设计的精度。因此，对于所使用的水文资料必须慎重地进行审查。这里所谓审查就是鉴定实测年径流量系列的可靠性、一致性和代表性。

1. 资料可靠性的审查

径流资料是通过测验和整编取得的，因此，可靠性审查应从审查测验方法、测验成果、整编方法和整编成果着手。一般可从以下几个方面进行：

（1）水位资料的审查。检查原始水位资料情况并分析水位过程线形状，从而了解当时观测质量，分析有无不合理的现象。

（2）水位流量关系曲线的审查。检查水位流量关系曲线绘制和延长的方法，并分析历年水位流量关系曲线的变化情况。

(3) 水量平衡的审查。根据水量平衡的原理，上、下游站的水量应该平衡，即下游站的径流量应等于上游站径流量加区间径流量。通过水量平衡的检查即可衡量径流资料的精度。

解放前的水文资料质量较差，审查时应特别注意。

2. 资料一致性的审查

应用数理统计法的前提是要求统计系列具有一致性，即要求组成系列的每个资料具有同一成因。不同成因的资料不得作为一个统计系列。就年径流量系列而言，它的一致性是建立在气候条件和下垫面条件的稳定性上的。当气候条件或下垫面条件有显著的变化时，资料的一致性就遭到破坏。一般认为气候条件的变化极其缓慢，可认为是相对稳定的；但下垫面条件却可由于人类活动而迅速变化。在审查年径流量资料时应该考虑到这一点。水利部颁发的 SL 278—2002《水利水电工程水文计算规范》第 3.2 条规定："随着各类水利水电工程的兴建、水土保持措施的逐步实施以及分洪、溃口等情况发生，使径流及其过程发生明显变化，改变了径流系列的一致性，应对受影响的部分还原到天然状况。"如在测流断面上游修建了水库或引水工程，则工程建成后下游水文站实测资料的一致性就遭到破坏，引用该水文站的资料时，必须进行合理的修正，还原到修建工程前的同一基础上。常用水量平衡法、降雨径流相关法进行修正还原。径流系列的还原计算是一个复杂的问题，可参考专门文献。一般说来，只要下垫面条件的变化不是非常显著，可以认为径流系列具有一致性。

3. 资料代表性的审查

应用数理统计法进行水文计算时，计算成果的精度决定于样本对总体的代表性，代表性高，抽样误差就小。因此，资料代表性审查对衡量频率计算成果的精度具有重要意义。

样本对总体代表性的高低可以理解为样本分布参数与总体分布参数的接近程度。由于总体分布参数是未知的，样本分布参数的代表性不能就其本身获得检验，通常只能通过与更长系列的分布参数作比较来衡量。下面讲述检验系列代表性的具体方法。

设某设计站具有 1961～1980 年共 20 年的年径流量（以后称设计变量）系列。为了检验这一系列的代表性，可选择与设计变量有成因联系、具有长系列的参证变量（如具有 1921～1980 年共 60 年系列的邻近流域的年径流量）来进行比较。首先，计算参证变量长系列（1921～1980 年）的分布参数（主要是均值和离势系数）；然后，计算参证变量 1961～1980 年系列的分布参数。如果两者的分布参数值大致接近，则可认为参证变量短系列（1961～1980 年）具有代表性，从而认为，与参证变量有成因联系的设计变量的 1961～1980 年系列也具有代表性。

显然，应用上述方法，应具有下列两个条件：①设计变量与参证变量的时序变化具有同步性；②参证变量的长系列本身具有较高的代表性。

在实际工作中如选不到恰当的参证变量时，也可通过历史旱涝现象的调查和气候特性的分析，来论证年径流量系列的代表性。

7.3.2 设计年、月径流量系列的选取

实测径流系列经过审查和分析后，再按水利年度排列为一个新的年、月径流系

列。然后，从这个长系列中选出代表段。代表段中应包括有丰、平、枯水年，并且有一个或几个完整的调节周期；代表段的年径流量均值、离势系数应与长系列的相近。用这个代表段的年、月径流量过程来代表未来工程运行期间的年、月径流量变化。这个代表段就是水利计算所要求的所谓"设计年、月径流系列"。

有了设计条件下的历年逐月径流过程（来水）和历年逐月的用水过程，就可以逐年进行来水、用水平衡计算，求得逐年所需的库容值。例如，某一水利枢纽有 n 年径流资料，就可求得各年的库容值 V_1、V_2、…、V_n。将库容值由小到大重新排列，并计算各项的经验频率，点绘于概率格纸上，作出库容频率曲线。于是，可以由设计用水保证率 P，在频率曲线上查得相应的设计库容值 V_P，用以确定工程规模。这种推求设计库容值 V_P 的方法，在水利计算中称为长系列操作法、时历法或综合法，为了与下述的代表年法相应，本书又称为长期年法。

运用长系列操作法，保证率的概念比较明确，但对水文资料要求较高，必须提供设计年、月径流量系列。在实际工作中，一般不具备上述条件；同时，在规划设计阶段需要多方案进行比较，计算工作量太大。因此，在规划设计中小型水利工程时，广泛采用下述的代表年法（实际代表年法或设计代表年法）。

7.3.3 实际代表年年、月径流量的选取

实际代表年法就是从实测年、月径流量系列中，选出一个实际的干旱年作为代表年，用其年径流分配过程直接与该年的用水过程相配合而进行调节计算，求出调节库容，确定工程规模。选出的年份就称为实际代表年，其年、月径流量，就是实际代表年年、月径流量。用这种方法求出的调节库容，不一定符合规定的设计保证率。但由于曾经发生的干旱年份给人以深刻的印象，认为只要这样年份的供水得到保证，就达到修建水库的目的了。实际代表年法在小型灌溉工程的设计中应用较广。

7.3.4 设计代表年年径流量及年内分配的计算

水利工程的使用年限，一般长达几十年甚至几百年，要通过成因分析途径确切地预报未来长期的径流过程是不可能的。因此，目前都是用数理统计方法来研究年径流量变化的统计规律。当认为年径流量是简单的独立随机变量时，年径流量系列即可作为随机系列，实测年径流量系列则为年径流量总体的一个随机样本，而未来工程运行期间的年径流量系列也是总体的一部分。因此，可以由以往 n 年实测年径流系列求得的分布函数（频率曲线）推断总体分布，并作为未来的工程运行期间年径流量的分布函数。对于其他时段径流量（如最小 1 月、3 月、枯季径流量），同样可以用数理统计法去研究它的变化规律。实践证明，由以往长期实测径流过程来反映未来工程运行期的径流变化是合理的，也是必要的。

设计代表年年径流量及年内分配的计算步骤为：①根据审查分析后的长期实测径流量资料，按工程要求确定计算时段，对各种时段径流量进行频率计算，求出指定频率的各种时段的设计流量值；②在实测径流资料中，按一定原则选取各种代表年。对灌溉工程只选枯水年为代表年；对水电工程一般选丰水年、平水年、枯水年三个代表年；③求设计时段径流量与代表年的时段径流量的比值，对代表年的径流过程按此比值进行缩放，即得设计的年径流过程线。

7.3.4.1 设计时段径流量的计算

1. 计算时段的确定

计算时段是按工程要求来考虑的。设计灌溉工程时，一般取灌溉期作为计算时段；设计水电工程时，因为枯水期水量和年水量决定着发电效益，采取枯水期或年作为计算时段。

2. 频率计算

当计算时段确定后，就可根据历年逐月径流资料，统计时段径流量。若计算时段为年，则按水利年度统计年、月径流量。水利年度的起讫时间可能每年不同，一般按多年平均情况，以每年某月1日为固定起点。将实测年、月径流量按水利年度排列后，计算每一年度的年平均径流量，并按大小次序排列，即构成年径流量计算系列。若选定的计算时段为3月（或其他时段），则根据历年逐月径流量资料，统计历年最枯3个月的水量，不固定起讫时间，可以不受水利年度分界的限制。同时，把历年最枯3个月的水量按大小次序排列，即构成计算系列。

SL 278—2002《水利水电工程水文计算规范》规定，径流频率计算依据的资料系列应在30年以上。

有了年径流量系列或时段径流量系列，即可推求指定频率的设计年径流量或指定频率的设计时段径流量。

配线时要考虑全部经验点据，如点据与曲线拟合不佳时，应侧重考虑中、下部点据，适当照顾上部点据。

年径流频率计算中，C_s/C_v 值按具体配线情况而定，一般可采用 2~3。

3. 成果合理性分析

成果分析主要对径流系列均值、离势系数及偏态系数进行合理性审查，可借助于水量平衡原理和径流的地理分布规律进行。

（1）多年平均年径流量的检查。影响多年平均年径流量的因素是气候因素，而气候因素是具有地理分布规律的，所以多年平均年径流量也具有地理分布规律。将设计站与上、下游站和邻近流域的多年平均径流量进行比较，便可判断所得成果是否合理。若发现不合理现象，应检查其原因，作进一步分析论证。

（2）年径流量离势系数的检查。反映径流年际变化程度的年径流量的 C_v 值也具有一定的地理分配规律。我国许多单位对一些流域绘有年径流量 C_v 等值线图，可据以检查年径流量 C_v 值的合理性。但是，这些年径流量 C_v 等值线图，一般是根据大中流域的资料绘制的，对某些具有特殊下垫面条件的小流域年径流量 C_v 值可能并不协调，在分析检查时应进行深入分析。一般来说，小流域的调蓄能力较小，它的年径流量变化比大流域大些。

（3）年径流量偏态系数的检查。年径流偏态系数 C_s 反映的是年径流量在多年变化中各种大小数值出现机会的对比情况，目前关于 C_s 或 C_s/C_v 值是否真正具有地理分布规律还待进一步研究，对 C_s 的合理性检查尚无公认的适当办法。

7.3.4.2 设计代表年径流量的年内分布计算

7.1节中已经说明，不同分配形式的年径流量对工程设计的影响不同。因此，在求得设计年径流量或设计时段径流量之后，还需要根据径流分配特性和水利计算的要求，确定它的分配。

在水文计算中，一般采用缩放代表年径流过程线的方法来确定设计年径流量的年内分配。其方法如下。

1. 代表年的选择

从实测的历年径流过程线中选择代表年径流过程线，可按下列原则进行：

(1) 选取年径流量接近于设计年径流量的代表年径流量过程线。

(2) 选取对工程较不利的代表年径流过程线。年径流量接近设计年径流量的实测径流过程线，可能不只一条。这时，应选取其中较不利的，使工程设计偏于安全。究竟以何者为宜，往往要经过水利计算才能确定。一般来说，对灌溉工程，选取灌溉需水季节径流比较枯的年份；对水电工程，则选取枯水期较长、径流又较枯的年份。

2. 径流量年内分配计算

将设计时段径流量按代表年的月径流过程进行分配，有同倍比和同频率两种方法，分述如下。

(1) 同倍比法。常见的有按年水量控制和按供水期水量控制的两种同倍比法。用设计年水量与代表年的年水量比值或用设计的供水期水量与代表年的供水期水量之比值。即

$$K_{年} = \frac{Q_{年,P}}{Q_{年,代}} \quad 或 \quad K_{供} = \frac{Q_{供,P}}{Q_{供,代}} \tag{7-4}$$

对整个代表年的月径流过程进行缩放，即得设计年内分配。

(2) 同频率法。同倍比法在计算时段的确定上比较困难，而且当用水流量 q 不同时，计算时段随之而变，代表年的选择也将不同，实际工作中颇为不便。为了克服选定计算时段的困难，避免由于计算时段选取不当而造成误差，在同倍比法的基础上又提出了同频率法。

同频率法的基本思想是使所求的设计年内分配的各个时段径流量都能符合设计频率，可采用各时段不同倍比缩放代表年的逐月径流，以获得同频率的设计年内分配。具体计算步骤如下：

1) 根据要求选定几个时段，如最小 1 个月、最小 3 个月、最小 7 个月、全年四个时段。

2) 做各个时段的水量频率曲线，并求得设计频率的各个时段径流量，如最小 1 个月的设计流量 $Q_{1,P}$，最小 3 个月的设计流量 $Q_{3,P}$……

3) 按选代表年的原则选取代表年，在代表年的逐月径流过程上，统计最小 1 个月的流量 $Q_{1,代}$，连续最小 3 个月的流量 $Q_{3,代}$，…，并要求长时段的水量包含短时段的水量在内，即 $Q_{3,代}$ 应包含 $Q_{1,代}$，$Q_{7,代}$ 应包含 $Q_{3,代}$，如不能包含，则应另选典型。

【例 7-1】 某水库具有 18 年的年、月径流资料，见表 7-2。设计保证率 $P=90\%$ 的年最小 3 个月、最小 5 个月的设计径流量见表 7-3。求设计年内分配过程。

解：(1) 按主要控制时段的水量相近来选代表年，今选 1964~1965 年和 1971~1972 年作为枯水代表年。

7.3 具有长期实测资料时设计年径流量及年内分配的分析计算

表 7-2　　　　　某站历年逐月平均流量表　　　　　单位：m³/s

年份\月份	3	4	5	6	7	8	9	10	11	12	1	2	年平均流量 $\overline{Q}$
1958~1959	16.5	22.0	43.0	17.0	4.63	2.46	4.02	4.84	1.98	2.47	1.87	21.6	11.9
1959~1960	7.25	8.69	16.3	26.1	7.15	7.50	6.81	1.86	2.67	2.73	4.20	2.03	7.78
1960~1961	8.21	19.5	26.4	24.6	7.35	9.62	3.20	2.07	1.98	1.90	2.35	13.2	10.0
1961~1962	14.7	17.7	19.8	30.4	5.20	4.87	9.10	3.46	3.42	2.92	2.48	1.62	9.64
1962~1963	12.9	15.7	41.6	50.7	19.4	10.4	7.48	2.97	5.30	2.67	1.79	1.80	14.4
1963~1964	3.20	4.98	7.15	16.2	5.55	2.28	2.13	1.27	2.18	1.54	6.45	3.87	4.73
1964~1965	9.91	12.5	12.2	34.6	6.90	5.55	2.00	3.27	1.62	1.17	0.99	3.06	7.87
1965~1966	3.90	26.6	15.2	13.6	6.12	13.4	4.27	10.5	8.21	9.03	8.35	8.48	10.4
1966~1967	9.52	29.0	13.5	25.4	25.4	3.58	2.67	2.23	1.93	2.76	1.41	5.30	10.2
1967~1968	13.0	17.9	33.2	43.0	10.5	3.58	1.67	1.57	1.82	1.42	1.21	2.36	10.9
1968~1969	9.45	15.6	15.5	37.8	42.7	6.55	3.52	2.54	1.84	2.68	4.25	9.00	12.6
1969~1970	12.2	11.5	33.9	25.0	12.7	7.30	3.65	4.96	3.18	2.35	3.88	3.57	10.3
1970~1971	16.3	24.8	41.0	30.7	24.2	8.30	6.50	8.75	4.52	7.96	4.10	3.80	15.1
1971~1972	5.08	6.10	24.3	22.8	3.40	3.45	4.92	2.79	1.76	1.30	2.23	8.76	7.24
1972~1973	3.28	11.7	37.1	16.4	10.2	19.2	5.75	4.41	4.53	5.59	8.47	8.89	11.3
1973~1974	15.4	38.5	41.6	57.4	31.7	5.86	6.56	4.55	2.59	1.63	1.76	5.21	17.7
1974~1975	3.28	5.48	11.8	17.1	14.4	14.3	3.84	3.69	4.67	5.16	6.26	11.1	8.42
1975~1976	22.4	37.1	58.0	23.9	10.6	12.4	6.26	8.51	7.30	7.54	3.12	5.56	16.9

注　"～～"表示供水期。

表 7-3　　　某水库时段径流量频率计算成果（$P=90\%$）　　　单位：m³/s

时　段	均　值	C_v	C_s/C_v	Q_P
12 个月	131	0.32	2.0	81.8
最小 5 个月	18.0	0.47	2.0	8.45
最小 3 个月	9.10	0.50	2.0	4.00

（2）求各时段的缩放倍比 K。

对 1964~1965 代表年

$$K_3 = \frac{Q_{3,P}}{Q_{3,代}} = \frac{4.00}{3.78} = 1.06$$

$$K_{5-3} = \frac{Q_{5,P} - Q_{3,P}}{Q_{5,代} - Q_{3,代}} = \frac{8.45 - 4.00}{9.05 - 3.78} = 0.844$$

$$K_{12-5} = \frac{Q_{12,P} - Q_{5,P}}{Q_{12,代} - Q_{5,代}} = \frac{81.8 - 8.45}{94.5 - 9.05} = 0.858 \tag{7-5}$$

式中：$Q_{3,P}$、$Q_{3,代}$分别为设计和代表年的最小 3 个月的月平均流量之和，其他符号意义类同。

同理可以计算出 1971~1972 代表年的缩放倍比分别为 $K_3 = 0.756$，$K_{5-3} = 0.577$，$K_{12-5} = 0.993$。

（3）计算设计枯水年年内分配，用各自的缩放倍比乘对应的代表年的各月流量而得，成果见表 7-4。

表 7-4　　　某站同频率法 $P=90\%$ 设计枯水年年内分配计算表　　　单位：m^3/s

月　份	3	4	5	6	7	8	9	10	11	12	1	2	全年总量
代表年 (1964～1965 年)$Q_月$	9.91	12.5	12.9	34.6	6.9	5.55	2.00	3.27	1.62	1.17	0.99	3.06	94.5
缩放比 K	0.858	0.858	0.858	0.858	0.858	0.858	0.844	0.844	1.06	1.06	1.06	0.858	
设计枯水年 $Q_月$	8.50	10.7	11.3	29.7	5.92	4.76	1.69	2.76	1.71	1.24	1.05	2.62	81.8
代表年 (1971～1972 年)$Q_月$	5.08	6.1	24.3	22.8	3.4	3.45	4.92	2.79	1.76	1.30	2.23	8.76	86.9
缩放比 K	0.993	0.993	0.993	0.993	0.993	0.993	0.577	0.577	0.756	0.756	0.756	0.993	
设计枯水年 $Q_月$	5.04	6.05	24.1	22.6	3.37	3.42	2.84	1.61	1.33	0.98	1.69	8.70	81.8

7.3.4.3　讨论

（1）同倍比法是按同一倍比缩放代表年的月径流过程，求得的设计年内分配仍保持原代表年分配形状；而同频率法由于分段采用不同倍比缩放，求得的设计年内分配有可能不同于原代表年的分配形状，这时应对设计年内分配作成因分析，探求其分配是否符合一般规律。实际工作中为了使设计年内分配不过多地改变代表年分配形状，计算时段不宜取得过多，一般选取 2～3 个时段。

（2）代表年的选择。设计代表年法常用于水电工程的水利水能计算，而较少用于灌溉工程。这是因为灌溉用水与当年的蒸发量和降水量的多少及其年内分配有关。如用设计代表年法，设计来水过程可按代表年的月径流过程缩放，与该代表年相配合的灌溉用水量如何求，即对蒸发和降水过程要不要缩放，用什么倍比缩放，这些问题较难处理。所以灌溉工程不用设计代表年而采用实际代表年法。

选择实际代表年有下面几种方法：

在规划灌溉工程时，应对当地历史上发生过的旱情、灾情进行调查分析，确定各干旱年的干旱程度，明确其排位，最干旱年、次干旱年、再次干旱年、……，也就是说确定各干旱年相应的经验频率，而后根据情况选定其中某一干旱年作为代表年，就称为"实际代表年"。根据这一年的年月径流（来水）和用水资料规划设计工程规模。实际代表年法概念清楚，比较直观。

也可通过灌溉用水量计算，求出历年的灌溉定额，作出其频率曲线，而后根据灌溉设计保证率 P 查频率线得设计灌溉定额相应的年份作为实际代表年。有时为了简便计算，小型灌区也可按灌溉期（或主要需水期）的降水资料作频率分析，而后根据灌溉设计保证率相应的年份作为实际代表年。

7.4　具有短期实测径流资料时设计年径流量及年内分配的分析计算

在规划设计中小型水利水电工程时，往往遇到在坝址处仅有短期实测径流资料的情况。这时,由于径流资料系列短,如直接根据这些资料进行计算,求得的成果可能具有很大的误差。为了提高计算精度,保证成果的可靠性,必须设法展延年、月径流系列。

(1) 参证资料要与设计站的年、月径流资料在成因上有密切联系,这样才能保证相关关系有足够的精度。

(2) 参证资料与设计站年、月径流资料有一段相当长的平行观测期,以便建立可靠的相关关系。

(3) 参证资料必须具有足够长的实测系列,除用以建立相关关系的同期资料外,还要有用来展延设计站缺测年份的年、月径流资料。

在实际工作中,通常利用径流量或降雨量作为参证资料来展延设计站的年、月径流量系列,有条件时,也可用本站的水位资料,通过已建立的水位流量关系来展延年、月径流。下面介绍利用径流资料和降雨资料展延系列的方法。

7.4.1 利用径流资料展延系列

1. 以邻站年径流量相关展延设计站年径流量系列

当设计站实测年径流量资料不足时,往往利用上下游、干支流或邻近流域测站的长系列实测年径流量资料来展延系列。其依据是:影响年径流量的主要因素是降雨和蒸发,它们在地区上具有同期性,因而各站年径流量之间也具有相同的变化趋势,可以建立相关关系。例如,信江梅港站与弋阳站的年径流量之间就有很好的相关关系,相关系数达0.99,如图7-5所示。

2. 以月径流量相关展延年、月径流量系列

由于影响月径流量相关的因素较年径流量相关的因素要复杂,因此月径流量之间相关关系不如年径流量相关关系

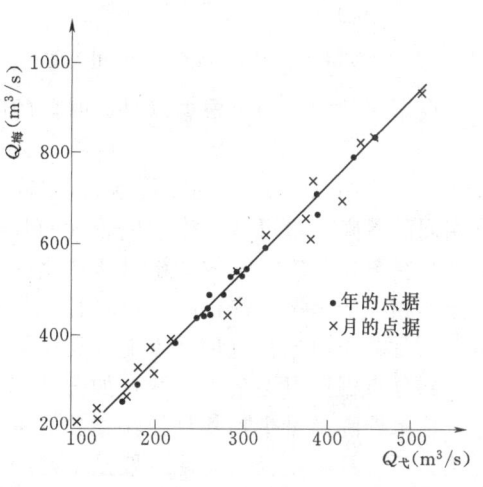

图 7-5 梅港与弋阳站年、月径流相关图

好。图7-5中月径流量相关点据较年径流量相关点据离散,因此用月径流量相关来插补展延径流量时,一般精度较低。

7.4.2 利用降雨资料展延系列

1. 以年降雨径流相关法展延年径流量系列

以年为时段的闭合流域水量平衡方程为

$$y_年 = x_年 - z_年 + \Delta u_年 \tag{7-6}$$

在湿润地区,由于年径流系数较大,$z_年$、$\Delta u_年$ 两项各年的变幅较小,所以 $y_年$ 和 $x_年$ 间往往存在较好的相关关系,这种情况在中小河流的水文计算中经常遇到。另外,在来、用水调节计算时也需要插补展延月径流量。因此,除了建立年降雨径流相

关关系外，有时还需要建立月降雨径流相关关系，但两者关系一般不太密切，有时点据甚至离散到无法定相关线的程度。与图7-5显示的情况类似，柏泉站的月降雨径流关系很差，勉强定线，精度不高，如图7-6、图7-7所示。

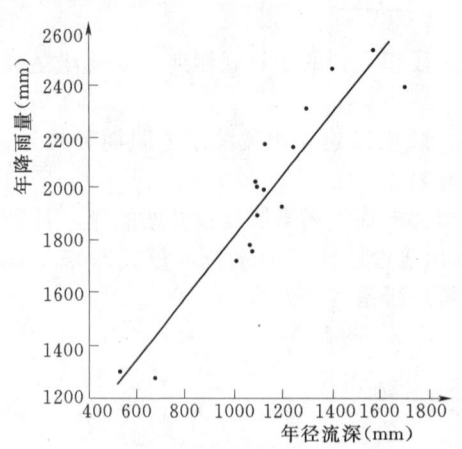
图7-6 柏泉站以上流域年降雨径流相关图

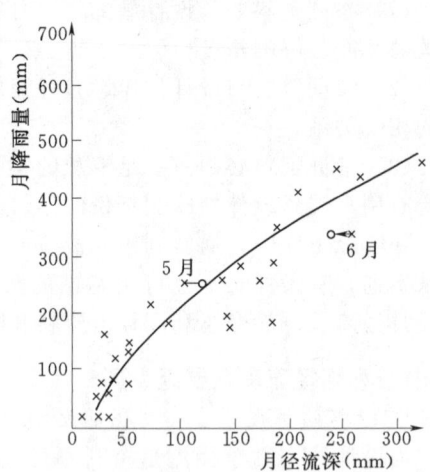
图7-7 柏泉站以上流域月降雨径流相关图

点据离散的原因可根据以月为时段的闭合流域水量平衡方程式来分析。

$$y_月 = x_月 - z_月 + \Delta u_月 \qquad (7-7)$$

由于式中 $\Delta u_月$ 一项的作用增大，当不同月份的前期降雨量（反映 $\Delta u_月$）不同时，则相同的月降雨量可能产生差别较大的月径流量。另外，按日历时间机械地划分月降雨和月径流，有时月末的降雨量所产生的径流量可能在下月初流出，造成月降雨与月径流不相应的情况。修正时，可将月末降雨量的全部或部分计入下个月降雨量；或者将在下月初流出的径流量计入上月径流量中，使与降雨量相应。这样月降雨径流关系中的部分点据可以更集中一些，如图7-7所示。

枯水期降雨量少，其月径流量主要来自流域蓄水（即 Δu 项），几乎与当月降雨无关，所以月降雨径流关系一般是不好的，甚至无法定线。

2. 利用确定性的降雨径流模型插补年、月径流

造成月降雨径流关系点据离散的原因在于没有考虑流域蒸发和降雨月内分配对径流的影响。现应用降雨径流的蓄满产流方程计算径流深，式中考虑了流域蒸发和降雨过程，可以提高插补年、月径流深的精度。

$$y = x - z - (W_m - W_0) \qquad (7-8)$$

式中：y 为径流深，mm；x 为流域平均雨量，mm；z 为流域蒸发量，mm；W_m 为流域平均蓄水容量，即田间持水量，mm；W_0 为降雨开始时的流域平均蓄水量，mm。

7.4.3 相关展延系列时必须注意的问题

相关展延时必须注意下列几个问题：

1. 平行观测项数的多寡问题

假如平行观测项数过少，或观测时期气候条件反常，或其中个别年份有特殊的偏高，其相关结果将歪曲两变量间本来的关系。利用这种不能反映真实情况的相关关系来展延系列，势必带来系统误差。显然，平行观测项数越多，则其相关关系越可靠。因此，用相关法展延系列时，要求设计变量与参证变量平行观测项数不得过少，一般应在 15~20 项以上。

2. 辗转相关问题

如果一条河流或不同的河流仅有一个测站的资料年限较长，上、下游几个站均需借助这一个测站的资料进行插补展延，有时迫不得已尚得用辗转相关。对于这种辗转插补展延的方法必须注意成果的精度。如图 7-8 所示，从长沙插补衡阳，衡阳插补祁阳，祁阳插补零陵，其各关系尚称密切。但若以长沙直接与零陵相关，则关系就不甚密切了，如图上第四象限所示。实际上，由长沙辗转插补零陵，是将两个系列数值的差异分散在各个中间关系中，表面上似乎第一、二、三象限的相关点据都很密切，但长沙和零陵的直接关系并不算好，对于零陵插补成果的精度是较差的。辗转相关常隐匿了实际上积累的巨大误差，予人以虚假现象，最终成为假相关。因此，最好不用辗转相关展延系列。若实在要用时，必须十分慎重，对于展延的成果应作合理性的分析，以凭取舍。有学者证明辗转相关插补展延的精度将更低于直接相关插补展延的精度。

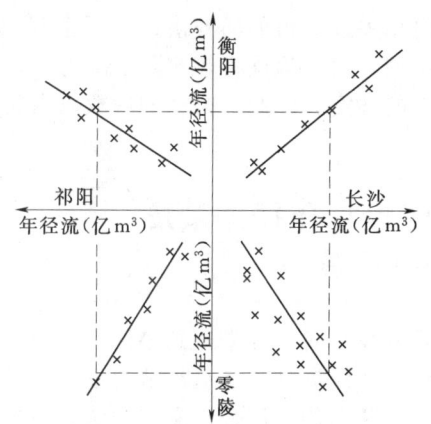

图 7-8 年径流量合轴相关图

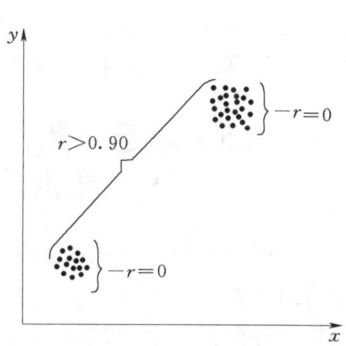

图 7-9 资料成群形成的假相关

3. 假相关问题

为了说明假相关的概念，在此用图 7-9、图 7-10 和图 7-11 加以说明。图 7-9 显示变量 x 和 y 之间的相关，在每一组中都是非常微弱的（接近于零），但是将两组资料组合在一起，相关系数却变得很高，这是一种假相关。图 7-10 显示变量 x 和 y 无相关存在，但如该两变量除以第三变量 z 后，则 $\frac{x}{z}$ 和 $\frac{y}{z}$ 便显示出某种关系，如图 7-11 所示。该图似乎表示，在估计 y 时，x 能提供一定的信息，而事实上两者是无关系的，所以图 7-11 所显示的关系又是一种假相关。在建立相关关系时，当应用无因次量、标准化量、或含有相同变量时，最容易出现这样一种假相关，例如，用径流模数与流域面积相关就会造成假相关。因此，为了避免假相关，应直接就原始变量之间寻求关系。

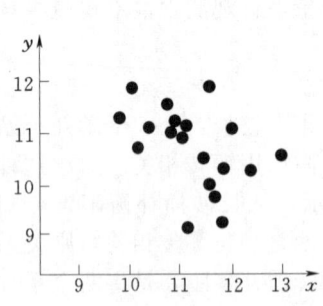

图 7-10 两变量无相关存在

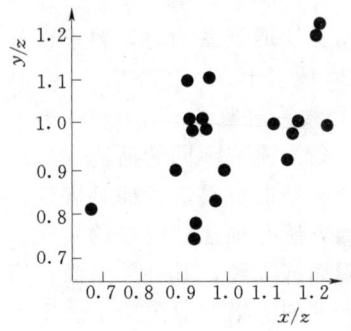

图 7-11 引入第三变量后形成的假相关

4. 外延幅度问题

一般而言，利用实测资料建立的相关关系，只能反映在实测资料范围内的定量关系。若超出该范围插补展延资料，其误差将随外延的幅度加大而加大。因此，在实际应用相关线时，外延一般不宜超出实测资料范围以外太远。例如，对于年径流量不宜展延超过 50%。

相关线反映的是平均情况下的定量关系。由相关线而得的插补值是最可能值，是平均值，而实际值则可大可小。对于展延后的系列，变化幅度将较实际情况为小，这使整个系列计算的变差系数偏小，最终影响成果的精度。因此，插补的项数以不超过实测值的项数为宜，最好不超过后者的一半。

7.5 缺乏实测径流资料时设计年径流量及年内分配的分析计算

在进行面广量大的中小型水利水电工程的规划设计时，经常遇到小河流上缺乏实测径流资料的情况，或者虽有短期实测径流资料但无法展延。在这种情况下，设计年径流量及年内分配只能通过间接途径来推求。目前常用的方法是水文比拟法和参数等值线图法。

7.5.1 水文比拟法

水文比拟法就是将参证流域的水文资料移置到设计流域上来的一种方法。这种移置是以设计流域影响径流的各项因素，与参证流域影响径流的各项因素相似为前提。因此，使用本方法最关键的问题在于选择恰当的参证流域。参证流域应具有较长的实测径流资料系列，其主要影响因素与设计流域相近，可通过历史上旱涝灾情调查和气候成因分析，说明气候条件的一致性，并通过流域查勘及有关地理、地质资料，论证下垫面情况的相似性，流域面积也不宜相差太大。

例如对缺乏实测径流资料地区进行灌溉规划时，首先应对当地历史上发生过的旱灾进行调查，详细了解最近 50 多年（1949 年后）的受旱年份及其灾情程度，同时搜集本地区或附近的降雨资料，对旱灾情况进行分析，从而明确最干旱年份、次干旱年份、……。而后根据灌区的自然条件，经济状况及当地对解决旱灾的要求程度，确定其中某一干旱年份（即相当于某一灌溉设计保证率）作为规划灌溉工程的实际代表年。

实际干旱代表年确定后，就要计算该年的年、月径流过程。可将选择好的参证流域的年、月径流资料用水文比拟法移置到设计流域上来。具体移置时，有下列几种情况。

1. 直接移置径流深

最简单的情况是直接把参证流域干旱年的实测年、月径流深移置到设计流域上来作为该年的来水过程。直接移置的条件是：①两个流域的年降雨量要基本相等；②两个流域的自然地理情况要十分相近；③两个流域的面积不能相差过大。

2. 考虑雨量修正

当设计流域与参证流域的自然地理情况相近，但降雨情况有较大差别时，就不能直接移置径流深，可假定两流域的径流系数 $\alpha_{参}$ 与 $\alpha_{设}$ 相等，即 $y_{设}/x_{设}=y_{参}/x_{参}$，则可通过雨量修正求得 $y_{设}$。方法是用某干旱年的设计流域的年降雨量 $x_{年,设}$ 与参证流域年降雨量 $x_{年,参}$ 的比值乘以参证站的年径流深 $y_{年,参}$ 来求得设计流域的年径流深 $y_{年,设}$，即

$$y_{年,设} = \frac{x_{年,设}}{x_{年,参}} y_{年,参} \tag{7-9}$$

有了设计流域的年径流深 $y_{年,设}$，可根据参证流域该干旱年的月径流分配，得出设计流域逐月径流深 $y_{月,设}$，即可用式（7-10）计算，即

$$y_{月,设} = \frac{y_{年,设}}{y_{年,参}} y_{月,参} \tag{7-10}$$

如设计流域缺乏干旱年的年降雨资料，则可根据有关手册上提供的多年平均年降雨量等值线图，查得设计流域中心处和参证流域中心处的多年平均年降雨量值 $\overline{x}_{年,设}$ 和 $\overline{x}_{年,参}$，然后用式（7-11）计算设计流域的年径流深 $y_{年,设}$，即

$$y_{年,设} = \frac{\overline{x}_{年,设}}{\overline{x}_{年,参}} y_{年,参} \tag{7-11}$$

3. 移置参证流域的年降雨径流相关图

首先根据参证流域的降雨和径流资料作出年降雨径流相关图，并移置到设计流域。再由设计流域该干旱年的降雨量查图得设计流域的年径流深。其逐月径流过程可根据参证流域的月径流分配过程按年径流量同倍比缩放求得。这样做不是简单移用干旱年径流系数，而是移用参证流域多年的降雨径流关系，消除个别资料的偶然因素影响，可望得到较上述两法更为符合实际的成果。

以上所述，是推求实际干旱代表年的年径流量及其年内分配。当采用长系列操作法进行调节计算时，需要提供历年逐月流量资料，同样可用上述的水文比拟法来推求。

7.5.2 参数等值线图法

水文特征值主要指年径流量、时段径流量（包括流量如洪峰流量或最小流量）、年降水量（时段降水量、最大1日、3日降水量）等。水文特征值的统计参数主要是

均值、C_v，其中某些水文特征值的参数在地区上有渐变规律，可以绘制参数等值线图。参数等值线图的作用有：①对某一水文特征值的频率计算成果进行合理性分析时，方法之一是统计参数在地区上的对比分析，而参数等值线图就是分析的工具，例如单站求得的年径流均值（以多年平均年径流深 y 表示）点在图上，如发现与等值线图不一致，就要对单站的计算成果进行深入分析、检查，找出其原因所在，作必要的说明或修正；②中小型水利水电工程的坝址处无实测水文资料时，可以直接利用参数等值线图进行地理插值，求得设计流域的统计参数（$\bar{y}$、C_v），进而求得指定频率下的设计值，这样能使等值线图法成为解决无资料条件下水文计算的有力工具。

7.5.2.1 绘制水文特征值等值线图的依据和条件

水文特征值受到众多因素的影响，但可归结为气候因素和下垫面因素两大类。气候因素主要指降水、蒸发、气温等，在地区上具有渐变规律，是地理坐标的函数，一般称气候因素为分区性因素。下垫面因素主要指土壤、植被、流域面积、河道坡度、河床下切深度等，在地区上的变化是不连续的、突变的，称为非分区性因素。

水文特征值受到上述两方面因素的影响。当影响水文特征值的因素主要是分区性因素（气候因素）时，该水文特征值随地理坐标不同而发生连续变化，利用这种特性就可以在地图上作出它的等值线图。反之，有些水文特征值（如极小流量，固体径流量等）主要受非分区性因素（如土壤植被、河道坡度、河床下切深度等）影响，由于其值不随地理坐标而连续变化，就无法绘制等值线图。对某些水文特征值同时受分区性因素和非分区性因素的影响，若能把两部分因素的作用区分开来，把其中分区性因素部分用等值线表示，非分区性因素部分则根据当地具体条件来确定。例如小流域设计洪水中的推理公式法就可作为这方面的典型，在设计洪峰流量的影响因素中，暴雨特征属于非分区性因素，可根据流域特征（流域面积 F、河长 L、河道坡度 J）、土壤植被等情况来选定产流汇流参数。

7.5.2.2 多年平均年径流深等值线图的绘制和使用

1. 绘制多年平均年径流深 $\bar{y}$ 等值线图

水文特征值的等值线（地）图是表示水文特征值的地理分布规律的。当影响某一水文特征值的因素主要是分区性因素（如气候因素）时，则该特征值就随地理坐标的不同而发生连续均匀的变化，利用这种特性就可以在地图上作出它的等值线图。反之，如影响特征值的因素主要是非分区性因素时（如下垫面因素：流域面积、河槽下切深度、湖泊、沼泽等），则特征值就不随地理而连续变化，自然也无法作出等值线图了。对于同时受到分区性和非分区两种因素影响的特征值，如果设法消除非分区性因素的影响，则能提高等值图的精度。

影响闭合流域多年平均年径流量的主要因素是气候因素：降水与蒸发。由于降水量和蒸发量具有地理分布规律，因此，可以绘制多年平均年径流量等值线图，并用它来推求缺乏实测径流资料地区的多年平均年径流量。

由于流域面积是非分区性因素，为了消除这项因素对多年平均年径流量等值线图的影响，总是用径流深来绘制等值线图。

对属于一点的水文特征值（如降水量、蒸发量等），可在地图上把各观测点的特征值算出，然后把相同数值的各点连成等值线，即可构成该特征值的等值线图。但是对于径流量来说情况就有所不同了。任一测流断面处,以径流深度表示的径流量不是测流断面处的数值,而是流域平均值。所以在绘制多年平均年径流量等值线图时,不应点绘在测流断面处。当多年平均年径流量在流域上缓和变化时,例如大致呈线性变化,则流域面积形心处的数值与流域平均值十分接近。在实际工作中,一般将多年平均年径流量值点绘在流域面积形心处。但在山区,一般情况下,径流量有随高程增加而增加的趋势,所以多年平均年径流量值点绘在流域的平均高程处更为恰当。

按上述原则,将各中等流域的多年平均年径流深标记在各该流域的形心(或平均高程)处,并考虑到各种自然地理因素(特别气候、地形的特点)勾绘等值线图,最后加以校核调整,构成适当比例尺的图形。

用等值线图推求无实测径流资料流域的多年平均年径流深时,须首先在图上描出设计断面以上流域范围;其次定出该流域的形心。当流域面积较小,流域内等值线分布均匀的情况下,流域的多年平均年径流深可以由通过流域形心的等值线直接确定,或者根据形心附近的两条等值线按比例内插求得。如流域面积较大,或等值线分布不均匀时,则必须用加权平均法推求。

如图 7-12 所示,流域的多年平均径流深可由下式求得,即

$$h = \frac{0.5(h_1 + h_2)f_1 + 0.5(h_2 + h_3)f_2 + 0.5(h_3 + h_4)f_3 + 0.5(h_4 + h_5)f_4}{F}$$

(7-12)

式中:h 为设计站的多年平均年径流深,mm;F 为全流域面积,km²;f_1、f_2、f_3、f_4 为两相邻等值线间的部分流域面积,km²;h_1、h_2、h_3、h_4 为等值线所代表的多年平均年径流深,mm。

用等值线图推求多年平均年径流深的方法,一般只用于中等流域。对于小流域来说,由于非分区性因素(如河槽下切深度、地下水埋藏深度等)的影响,多年平均年径流深的地理分布规律是不明显的。因此严格说来,不能用等值线图来推求小流域的多年平均径流深。当必须对小流域使用等值线时,应该考虑到小流域不能全部截获地下水,它的多年平均年径流深比同一地区中等流域的数值为小,也就是说应加适当的改正。

山区流域径流资料一般较少,径流在地区上的变化

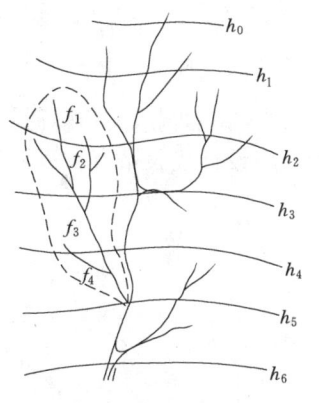

图 7-12 用等值线图推求多年平均年径流量示意图

又较剧烈,因此,山区流域多年平均年径流深等值线图的绘制和使用较之平原地区更需慎重从事。

2. 径流量变差系数 C_v 等值线图

在前节已经讲过影响年径流量变化的因素主要是气候因素。因此,年径流量 C_v 值具有地理分布规律,可以应用年径流量 C_v 值等值线图,来估算缺乏实测径流资料的流域的年径流量 C_v。年径流量 C_v 值等值线图的绘制和使用方法,都与多年平均年径流量等值线图相似。但应注意,年径流量 C_v 值等值线图的精度一般较低,特别是用于小流域时误差可能较大(一般 C_v 读数偏小)。

3. 设计年径流量及其年内分配计算

由等值线图可查得无资料流域的年径流统计参数 $\bar{y}$、C_v，至于偏态系数 C_s 值一般通过 C_s 与 C_v 的比值定出。根据水文比拟法可直接移用参证流域 C_s 与 C_v 的比值，或查水文手册上分区给出的 C_s 与 C_v 的比值。在多数情况下，常采用 $C_s=2C_v$。

求得上述三个统计参数后，可由已知的设计频率查皮尔逊Ⅲ型 K_p 表，求得设计枯水年的年径流量或丰、平、枯三个设计年径流量。

当设计流域缺乏实测径流资料时，广泛使用水文比拟法来推求设计年径流量的年内分配，即直接移用参证流域各种代表年的月径流量分配比，乘以设计年径流量即得设计年径流量的年内分配。各省（区）水文手册配合参数等值线图，都按气候及地理条件作了分区，并给出各分区的丰、平、枯典型分配过程以备查用。

7.6 设计枯水径流量分析计算

枯水流量亦称最小流量，是河川径流的一种特殊形态。枯水流量往往制约着城市的发展规模、灌溉面积、通航的容量和时间，同时，也是决定水电站保证出力的重要因素。

按设计时段的长短，枯水流量又可分为瞬时、日、旬、月、……最小流量，其中又以日、旬、月最小流量对水资源利用工程的规划设计关系最大。

时段枯水流量与时段径流在分析方法上没有本质区别，主要在选择方法有所不同。时段径流在时序上往往是固定的，而枯水流量则在一年中选其最小值，在时序上是变动的。此外，在一些具体环节上也有一些差异。

7.6.1 有实测水文资料时的枯水流量计算

当设计代表站有长系列实测径流资料时，可按年最小选样原则，选取一年中最小的时段径流量，组成样本系列。

枯水流量采用不足概率 q，即以小于和等于该径流的概率来表示，它和年最大选样的概率 p 有 $q=1-p$ 的关系。因此在系列排队时按由小到大排列。除此之外，年枯水流量频率曲线的绘制与时段径流频率曲线的绘制基本相同，也常采用 P-Ⅲ型频率曲线适线。图 7-13 为某水文站不同天数的枯水流量频率曲线的示例。

年枯水流量频率曲线，在某些河流上，特别是在干旱半干旱地区的小河流上，还会出现时段径流量为零的现象。

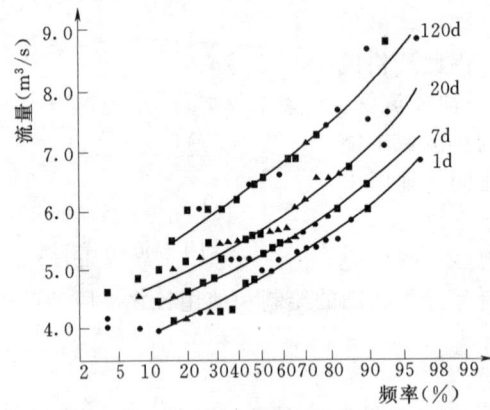

图 7-13 某水文站枯水流量频率

此处介绍一种简易的实用方法。

设系列的全部项数为 n，其中非零项数为 k，零值项数为 $n-k$。首先把 k 项非零资料视作一个独立系列，按一般方法求出其频率曲线。然后通过下列转换，即可求得

全部系列的频率曲线，其转换关系为

$$p_{设} = \frac{k}{n}p_{非} \tag{7-13}$$

式中：$p_{设}$ 为全系列的设计频率；$p_{非}$ 为非零系列的相应频率。

在枯水流量频率曲线上，往往会出现在两端接近 $p=20\%$ 和 $p=90\%$ 处曲线转折现象。在 $p=20\%$ 以下的部分是河网及潜水逐渐枯竭，径流主要靠深层地下水补给；在 $p=90\%$ 以上部分，可能是某些年份有地表水补给，枯水流量偏大所致。

7.6.2 短缺水文资料时的枯水流量估算

当设计断面缺径流资料时，设计枯水流量主要借助于参证站延长系列或成果移置，与 7.3 节所述方法基本相同。但枯水流量较之固定时段的径流，其时程变化更为稳定。因此，在与参证站建立径流相关时，效果会更好一些，或者说，条件可以适当放宽。例如，当设计站只有少数几年资料，与参证站的相似性较好时，也可建立较好的枯水流量相关关系。在这种情况下，甚至可以不进行设计站的径流系列延长和频率分析，而直接移用参证站的频率分析成果，经上述相关关系，转化为本站的相应频率的设计枯水流量。

在设计站完全没有径流资料的情况下，还可以临时进行资料的补充收集工作，以应需要。如果能施测一个枯水季的流量过程，则对于建立 30 天以下时段的枯水流量关系，有很大用处；如果只研究日最小流量，那么在枯水期只施测几次流量（如 10 次流量），就可以与参证站径流建立相关关系。

7.7 流量历时曲线

径流的分配过程除用上述的流量过程表示外，还可用所谓流量历时曲线来表示。这种曲线是按其时段所出现的流量数值及其历时（或相对历时）而绘成的，说明径流分配的一种特性曲线（见图 7-14）。如不考虑各流量出现的时刻而只研究所出现流量数值的大小，就可以很方便地由曲线上求得在该时段内等于或大于某流量数值出现的历时。流量历时曲线在水力发电、航运和木材流放等工程设计的水利计算中有着重要的意义，因为这些工程的设计，不仅取决于流量的时序更替，而且还取决于流量的持续历时。

根据工程设计的不同要求，历时曲线可以用不同的方法绘制，并具有各种不同的时段，因而有各种不同的名称，常见的有以下几种。

7.7.1 多年综合日流量历时曲线

多年综合日流量历时曲线是根据所有各年份的实测日平均流量资料绘成的，它能反映流量在多年期间的历时情况。

在工程设计中，有时要求绘制丰水年

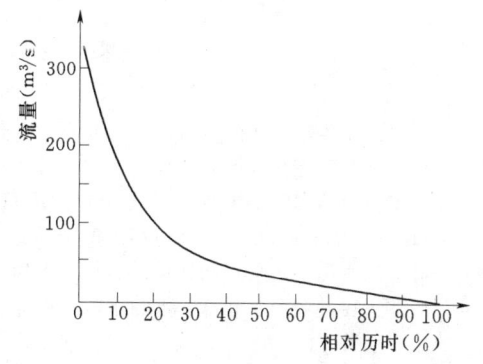

图 7-14 日流量历时曲线

（或枯水年）的综合日流量历时曲线，它是根据各丰水年（或枯水年）的实测平均流量资料绘成的。

此外，还有所谓丰水期（枯水期、灌溉期）的综合日流量历时曲线，它是根据所有各年丰水期（枯水期、灌溉期）的实测日平均流量资料绘成的。

7.7.2 代表年日流量历时曲线

代表年日流量历时曲线是根据某一年份的实测日平均流量资料绘成的。曲线的纵坐标为日平均流量或其相对值（模比系数），横坐标则为历时日数或相对历时（占全年的百分数）。

在工程设计中，常常需要各种典型年（丰水年、中水年、枯水年）的日流量历时曲线。绘制代表年日流量历时曲线时，典型年的选择应按照以前所述选择典型年的原则来进行。

7.7.3 平均日流量历时曲线

平均日流量历时曲线是以各年同历时的日平均流量的平均值为纵坐标，其相应历时为横坐标点绘的曲线。平均历时曲线是一种虚拟的曲线。与综合历时曲线相比，它的上部较低而下部较高，中间则大致与综合曲线重合。利用平均历时曲线的这种性质，有人建议一种根据平均历时曲线来绘制综合历时曲线的简化方法，即在历时为 10%～90%的范围内，用平均曲线的作图方法作图；在历时小于 10%和历时大于 90%的两端，则根据实测年份中绝对最大和最小日流量数值目估定线。

在有实测径流资料时，日流量历时曲线的绘制方法已在水文测验学中讲述，本书不再重复。

当缺乏实测径流资料时，综合或代表年日流量历时曲线的绘制，可按水文比拟法来进行，即把相似流域以模比系数为纵坐标的日流量历时曲线直接移用过来，再以设计流域的多年平均流量（用间接方法求出）乘以纵坐标的数值，就得出设计流域的日流量历时曲线。

在选择相似流域时，必须使决定历时曲线形状的气候条件和径流天然调节程度相似。

天然调节程度是由一些地方性因素，如流域面积大小、湖泊率、森林率、地质和水文地质条件来决定的。对于天然调节程度较大的流域，历时曲线比较平直；对于调节程度较小的流域，历时曲线则比较陡峻。

参 考 文 献

[1] 刘光文主编．水文分析与计算．北京：水利电力出版社，1989．
[2] 詹道江、叶守泽合编．工程水文学．第 3 版．北京：中国水利水电出版社，2000．
[3] Yevjevich V. Probability and Statistics in Hydrology. Water Resources Publications, 1972.
[4] Haan C T. Statistical Method in Hydrology. The Iowa State University Press, 1977.
[5] 叶守泽主编．水文水利计算．北京：水利电力出版社，1992．
[6] 中华人民共和国水利部．水利水电工程水文计算规范（SL 278—2006）．北京：中国水利水电出版社，2006．
[7] 华家鹏，林芸．水文辗转相关插补延长研究．河海大学学报，2003，31（5）：494-496．

第8章 需水量计算与预测

需水量及其需水过程是灌溉工程、城镇供水工程、跨流域调水工程以及综合利用水库工程水利计算的重要基础资料。水利工程建设就是要协调不同用水部门、不同时段间的供需矛盾。不同用水户的用水方式、数量与过程存在较大差异，需水量的计算与预测，必须根据不同用水户的特点进行。

8.1 用水户分类及其层次结构

在最近一次的全国水资源综合规划中，将用水户分为生活、生产和生态环境三大类，生活和生产需水统称为经济社会需水。在《全国水资源综合规划技术细则》中，对用水户的分类及其层次结构作了细致的规定（表 8-1）。

表 8-1 用水户分类及其层次结构表

一级	二级	三级	四级	备注
生活	生活	城镇生活	城镇居民生活	城镇居民生活用水，不包括公共用水
		农村生活	农村居民生活	农村居民生活用水，不包括牲畜用水
生产	第一产业	种植业	水田	水稻等
			水浇地	小麦、玉米、棉花、蔬菜、油料等
		林牧渔业	灌溉林果地	果树、苗圃、经济林等
			灌溉草场	人工草场、灌溉的天然草场、饲料基地等
			牲畜	大、小牲畜
			鱼塘	鱼塘补水
	第二产业	工业	高用水工业	纺织、造纸、石化、冶金等
			一般工业	采掘、食品、木材、建材、机械、电子、其他（包括电力工业中非火电部分）
			火电工业	循环式、直流式
		建筑业	建筑业	建筑业

续表

一级	二级	三级	四级	备 注
生产	第三产业	商饮业	商饮业	商业、饮食业
		服务业	服务业	货运邮电业、其他服务业、城市消防、公共服务及城市特殊用水
生态环境	河道内	生态环境功能	河道基本功能	基流、冲沙、防凌、稀释净化等
			河口生态环境	冲淤保港、防潮压咸、河口生物等
			通河湖泊与湿地	通河湖泊与湿地等
			其他河道内	根据具体情况设定
	河道外	生态环境功能	湖泊湿地	湖泊、沼泽、滩涂等
		生态环境建设	美化城市景观	绿化用水、城镇河湖补水、环境卫生用水等
			生态环境建设	地下水回补、防沙固沙、防护林草、水土保持等

新的用水户分类方法，对以前沿用的分类方法，作了重新归并与调整，其中生活需水仅为生活用水中的城镇居民生活用水和农村居民生活用水，相当于以前的"小生活"概念，将牲畜用水计入农业用水中，将城镇公共用水中的建筑业和商饮业、服务业用水，分别计入第二、三产业的生产用水中，城市绿化和城镇河湖补水计入"美化城市景观"用水中。生产需水是指有经济产出的各类生产活动所需的水量，包括第一产业（种植业、林牧渔业）、第二产业（工业、建筑业）及第三产业（商饮业、服务业）用水量，对于河道内其他生产活动如水电、航运等，因其用水一般不消耗水资源的数量，与河道内生态需水一并作为河道内需水。生态环境需水分为维护生态环境功能和生态环境建设两类，并按河道内与河道外用水划分。表8-1中城镇为全口径统计中的城镇部分，包含国家行政设立的市和镇；城市为国家行政设立的建制市（不含建制镇），包括县级市、地级市、计划单列市等。

从用水组成看，生产用水一般占有很大比重，不同生产部门的用水性质不同，生产用水的计算必须分类区别对待，关于国民经济部门的分类有多种口径，表8-2列举了投入产出表的分类口径与统计年鉴分类口径。

表8-2　　　　　国民经济和生产用水行业分类表

三大产业	7部门	17部门	40部门（投入产出表分类）	
第一产业	农业	农业	农业	
第二产业	高用水工业	纺织	纺织业、服装、皮革、羽绒及其他纤维制品制造业	
		造纸	造纸印刷及文教用品制造业	
		石化	石油加工及炼焦业、化学工业	
		冶金	金属冶炼及压延加工业、金属制品业	
	一般工业	采掘	煤炭采选业、石油和天然气开采业、金属矿采选业、非金属矿采选业、煤气生产和供应业、自来水生产和供应业	
		木材	木材加工及家具制造业	
		食品	食品制造及烟草加工业	
		建材	非金属矿物制品业	

续表

三大产业	7部门	17部门	40部门（投入产出表分类）
第二产业	一般工业	机械	机械工业、交通运输设备制造业、电气机械及器材制造业、机械设备修理业
		电子	电子及通信设备制造业、仪器仪表及文化办公用机械制造业
		其他	其他制造业、废品及废料
	电力工业	电力	电力及蒸汽热水生产和供应业
	建筑业	建筑业	建筑业
第三产业	商饮业	商饮业	商业、饮食业
	服务业	货运邮电业	货物运输及仓储业、邮电业
		其他服务业	旅客运输业、金融保险业、房地产业、社会服务业、卫生体育和社会福利业、教育文化艺术及广播电影电视业、科学研究事业、综合技术服务业、行政机关及其他行业

8.2 工业需水量的计算与预测

"水是工业的血液"，现代工业生产尤其需要大量的水。工业用水一般是指工、矿企业在生产过程中，用于制造、加工、冷却、空调、净化、洗涤等方面的用水。工业用水是城镇用水的重要组成部分。在整个城镇用水中，工业用水不仅所占比重大，而且增长速度快，用水集中；工业生产排放的工业废水，是水体污染的主要污染源，城市水资源紧张主要是工业用水所造成。工业用水量的大小受工业发展的规模及速度、工业的结构、工业生产的水平、节约用水的程度、用水管理水平、供水条件和水资源条件等多种因素影响，用水因部门而异，而且与生产工艺、气候条件等有关。

8.2.1 工业用水分类

由表8-2可见，现代工业分类繁杂，工业用水系统庞大，用水环节多，而且对供水水量、水压、水质等有不同的要求，为满足水利工程调节计算需求，可按下述四种方法分类。

8.2.1.1 按工业用水在生产中所起作用分类

1. 冷却用水

指在工业生产过程中，带走生产设备的多余热量，以保证设备正常工作的用水。

2. 空调用水

指调节室内温度、湿度、空气洁度和气流速度的用水。

3. 产品用水（或工艺用水）

指在生产过程中作为产品的组成部分，或作为介质存在于生产过程中的用水。

4. 其他用水

包括清洗场地、厂内绿化和职工生活用水。

8.2.1.2 按工业行业分类

在工业系统内部，各行业之间用水情况差异很大，我国历年的工业统计资料均按行业统计。因此按行业分类有利于用水调查、分析和计算；行业分类见表8-2。

8.2.1.3 按工业用水过程分类

1. 总用水

工矿企业在生产过程中所需用的全部水量。总用水量包括空调、冷却、工艺、洗涤和其他用水。当设备条件和生产工艺水平不变时，总用水量基本是一个定值，可以通过测试计算确定。

2. 取用水

又称补充水，工矿企业取用不同水源（河水、地下水、自来水或海水）的总取水量。

3. 排放水

经过工矿企业使用后，向外排放的水。

4. 耗用水

工矿企业生产过程中消耗掉的水量，包括蒸发、渗漏、工艺消耗和生活消耗的水量。

5. 重复用水

在工业生产过程中，二次以上的用水，称为重复用水，重复用水量包括循环用水量和二次以上的用水量。

8.2.1.4 按水源分类

1. 河水

工矿企业直接从河内取水，或由专供河水的水厂供水。一般水质达不到饮用水标准，可作工业生产用水。

2. 地下水

工矿企业在厂区或邻近地区自备设施提取地下水，供生产或生活用水。在我国北方城市，工业用水中取用地下水占有相当大的比重。

3. 自来水

自来水厂供给的水，水质较好，符合饮用水标准。

4. 海水

沿海城市将海水作为工业用水的水源。有的将海水直接用于冷却设备；有的海水淡化处理后再用于生产，随着海水淡化技术的进步，海水淡化成本显著降低，海水利用前景广阔。

5. 中水

城市排出的废污水，经处理后再利用的水。

8.2.2 工业用水量的计算

由于过去长期对用水管理不够重视，用水资料不全，给水资源规划和工程设计的需水量计算与预测带来很大困难。因此，在必要的时候，开展工业用水调查是获得用水资料的重要手段，是研究城市工业用水极其重要的一项工作。工业用水调查不仅提供了解工业用水的一般情况，更重要的是通过调查了解研究区域工业用水的水平，明确工业用水的节水潜力，为正确确定工程需水量提供保证。本课程不涉及繁琐的工业用水调查过程，侧重于调查数据的分析计算。

8.2.2.1 工业用水水平衡

一个地区、一个工厂、乃至一个车间的每台用水设备，在用水过程中水量收支保持平衡。即：一个用水单元的总用水量，与消耗水量、排出水量和重复利用水量相平衡。

$$Q_{总} = Q_{耗} + Q_{排} + Q_{重} \quad (8-1)$$

式中：$Q_{总}$为总用水量，在设备和工艺流程不变时，为一定值；$Q_{耗}$为耗水量；$Q_{排}$为排水量；$Q_{重}$为重复用水量。

在水利工程水利计算中，对于工业用水的计算与预测，必须区分水平衡中不同水量的含义，式（8-1）中的总用水量与通常所说的用水量含义上有所不同，通常所说的用水量指取用水量（或称补充水量），取用水量是城镇供水工程水利计算的基础。而总用水量为补充水量和重复用水量之和。即

$$Q_{总} = Q_{补} + Q_{重} \quad (8-2)$$

或

$$Q_{补} = Q_{总} - Q_{重}$$

从式（8-2）看出，只有当$Q_{重}=0$时，总用水量才等于补充水量。在一个单元的用水过程中，若提高水的重复利用量，可使补充水量减少。由式（8-1）和式（8-2）可得

$$Q_{补} = Q_{耗} + Q_{排} \quad (8-3)$$

$Q_{耗}$在设备和工艺流程不变的情况下，其值比较稳定，一般情况下只占总用水量的2%～5%，但诸如饮料、酿造等行业，产品中带走了一定数量的水量，$Q_{耗}$就比较高。

8.2.2.2 工业用水水平度量指标

一般通过以下指标衡量一个地区的用水水平。

（1）重复利用率η。重复利用率为重复用水量占总用水量的百分比数。

$$\eta = \frac{Q_{重}}{Q_{总}} \times 100\% \quad (8-4)$$

或

$$\eta = \left(1 - \frac{Q_{补}}{Q_{总}}\right) \times 100\%$$

（2）排水率P。排水率为排水量占总用水量的百分比数。

$$P = \frac{Q_{排}}{Q_{总}} \times 100\% \quad (8-5)$$

（3）耗水率r。耗水率为耗水量占总用水量的百分比数。

$$r = \frac{Q_{耗}}{Q_{总}} \times 100\% \quad (8-6)$$

上述三个指标是考核工业用水水平和水平衡计算的重要指标，也是地区用水规划和工业用水预测的依据之一，且有

$$\eta + P + r = 100\% \quad (8-7)$$

【例8-1】 某钢厂2000年引用新水6600万 m^3，工业用水重复利用率为85%，排水量为4200万 m^3，若在现有设备和工艺条件下，采用闭路循环，求其重复利用率。

解：由式（8-4）有

$$\eta = \left(1 - \frac{Q_{\text{补}}}{Q_{\text{总}}}\right) \times 100\%$$

可得

$$Q_{\text{总}} = \frac{Q_{\text{补}}}{1-\eta} = \frac{6600}{1-0.85} = 44000 \text{（万 m}^3\text{）}$$

排水率

$$P = \frac{Q_{\text{排}}}{Q_{\text{总}}} = \frac{4200}{44000} = 9.55\%$$

根据式（8-7）可得耗水率

$$\gamma = (100 - 85 - 9.55)\% = 5.45\%$$

由于耗水率相对稳定，在一定设备和工艺条件下，采用闭路循环，排水率为零，则最高重复利用率为

$$\eta = (100 - 5.45)\% = 94.55\%$$

【例 8-2】 某城镇 2000 年工业用水重复利用率为 50%，工业引用水量（补充水量）为 6 亿 m³；计划 2010 年将工业用水重复利用率提高到 85%，工业引用水量增加到 7 亿 m³。设城镇工业综合耗水率 $r=5\%$。试求 2000 年和 2010 年工业排水量。

解：(1) 2000 年

$$Q_{\text{总}} = \frac{Q_{\text{补}}}{1-\eta} = \frac{6}{0.5} = 12 \text{（亿 m}^3\text{）}$$

由

$$\eta + P + r = 1$$

$$P = 1 - \eta - r = 1 - 0.5 - 0.05 = 0.45$$

$$q_{\text{排出率}} = \frac{Q_{\text{排}}}{Q_{\text{补}}} = \frac{P}{P+r} = \frac{0.45}{0.5} = 0.9$$

则

$$Q_{\text{排}} = 0.9 \times 6 = 5.4 \text{（亿 m}^3\text{）}$$

(2) 2010 年

$$Q_{\text{总}} = \frac{Q_{\text{补}}}{1-\eta} = \frac{7}{1-0.85} = 46.7 \text{（亿 m}^3\text{）}$$

$$P = 1 - \eta - r = 1 - 0.850 - 0.05 = 0.10$$

$$q_{\text{排出率}} = \frac{Q_{\text{排}}}{Q_{\text{补}}} = \frac{P}{P+\gamma} = \frac{0.1}{0.10+0.05} = 0.67$$

$$Q_{\text{排}} = 7 \times 0.67 = 4.69 \text{（亿 m}^3\text{）}$$

从计算结果看，取水量增加，排水量反而下降，说明只要加强用水管理，提高工业用水重复利用率，水环境与经济社会之间是可以协调发展的。

【例 8-3】 某化工厂有三种供水水源，其中：地下水用量 435m³/h；河水用量 81m³/h；自来水用量 41m³/h；地下水直接引入用水部门；河水先引入循环池，再通过循环池供给与地下水相同的部门；自来水独成系统，各水源与用户关系如图 8-1 所示。求该化工厂重复利用率、耗水率、排水率及排出率。

解：根据图 8-1 得

该厂总用水量：　　$Q_{\text{总}} = 4241 + 435 + 41 = 4717$（m³/h）

取用水量：　　　　$Q_{\text{补}} = 435 + 81 + 41 = 557$（m³/h）

重复用水量：$Q_重 = Q_总 - Q_补 = 4717 - 557 = 4160$（m³/h）

排水量：$Q_排 = 300 + 30 = 330$（m³/h）

耗水量：$Q_耗 = Q_补 - Q_排 = 557 - 330 = 227$（m³/h）

重复利用率：$\eta = \dfrac{Q_重}{Q_总} = \dfrac{4160}{4717} \times 100\% = 88.19\%$

排水率：$P = \dfrac{Q_排}{Q_总} = \dfrac{330}{4717} \times 100\% = 7\%$

耗水率：$r = \dfrac{Q_耗}{Q_总} = \dfrac{227}{4717} \times 100\% = 4.81\%$

排出率：$q_{排出率} = \dfrac{Q_排}{Q_补} \times 100\% = \dfrac{330}{557} \times 100\% = 59.2\%$

或 $q_{排出率} = \dfrac{P}{P+r} \times 100\% = \dfrac{7}{7+4.81} = 59.2\%$

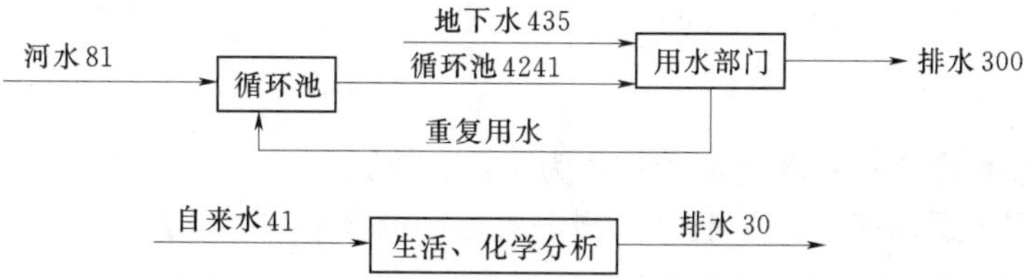

图 8-1 水源与用户关系图（单位：m³/h）

8.2.2.3 工业用水的分项测定和计算

不同行业的工业用水定额，是计算工业用水量的关键指标，我国工业各部门用水缺少计量装置，记录资料很不健全。为了提高用水量计算精度，常常需要现场测定企业的用水量，下面介绍几种简易的量测设施和简便测定方法。

1. 用水量测定

水表计量是最好的测定用水量方法，对于无水表的工厂，可以利用工厂的现有量水设备，用简便方法测定用水量。

(1) 利用水池、水塔储水设备测定用水量。在正常生产条件下，充满水池（或水塔）。蓄满后，停止水泵运行，测定水池（或水塔）水位下降的速率。则单位时间内的用水量为

$$Q = BV \tag{8-8}$$

式中：B 为水塔或水池的截面积；V 为水位下降的速度。

(2) 利用生产设备测定。有些工业生产部门具有水槽、桶等设备，可用其测定用水量。一般有两种测定法：①将槽、桶排水口临时堵塞，测定槽内水面上升的速度；②将补充槽、桶的进水管关闭，测定槽内水面下降速度。

$$Q = VB \tag{8-9}$$

式中：V 为水面上升或下降的速度；B 为水面的面积（为水槽、桶的截面积）。

2. 排水量测定

在不具备流速仪测流条件时，测定工厂的排水量，可采用以下简便方法。

(1) 三角堰测定法。在排水明渠或排水管出口处的明渠段，安装三角量水堰，测定排水量。三角堰流量计算公式为

$$Q = Ch^{\frac{5}{2}} \tag{8-10}$$

式中：Q 为过堰流量，L/s；h 为过堰水深，cm；C 为随 h 变化的系数。系数 C 可由表 8-3 查得。

表 8-3　系数 C 取值表

h (cm)	C	h (cm)	C
<5.0	0.0142	15.1~20.0	0.0139
5.1~10.0	0.0141	20.1~25.0	0.0138
10.1~15.0	0.0140	25.1~30.0	0.0137

三角堰测流有一定的适用条件，在一些计算手册中已编制成表格，可以直接参考。

(2) 浮标测定法。当工厂排水系统为地下暗管或集水廊道式排水，可采用浮标测定排水量。选取排水道的直线段，量测两个检查井的距离 S，在上一检查井中投入浮标，计时测定至下一检查井浮标出现时间 t，则水流速度为

$$V = \frac{S}{t} \tag{8-11}$$

排水量为

$$Q_{排} = VB \tag{8-12}$$

式中：B 为排水廊道过水断面面积；V 为水流速度。

为消除测定偶然误差，一般浮标测定要连续测 2~3 次，分析确定测定值。

3. 耗水量的测定与计算

耗水量主要包括以下三方面：

(1) 生产过程中蒸发水量。蒸发损失量可以通过试验和计算求得。以冷却塔的循环冷却水的蒸发损失计算为例，可以分为水沫损失和蒸发损失。水沫损失与通风冷却形式有关，据试验资料，喷雾泵损失水量为 1.5%~5%，自然通风式损失水量为 0.3%~1.0%，强制通风式损失水量为 0.1%~0.3%。蒸发损失与降温冷却幅度有关，可用热力学公式计算求得。

(2) 生产过程中渗漏水量。渗漏损失水量，可以进行实测。测定时间可选在厂休日，将最末级阀关闭，其他各级阀门全部打开，测定其水量变化，即为渗漏损失水量。

(3) 被产品带走的水量。产品携带水量，可通过设计资料和查阅有关资料估算。

8.2.3　工业需水量预测

工业用水的预测是一项非常复杂的工作，正确估算一个城市或地区的工业用水量是十分困难的，目前采用的一些方法均有特定的应用条件。

8.2.3.1　趋势法

用历年工业用水增长率推算未来工业用水量。预测不同水平年的需水量计算式为

$$S_i = S_0(1+d)^n \tag{8-13}$$

式中：S_i 为预测的第 i 水平年工业需水量；S_0 为基准年（起始年份）工业用水量；d 为工业用水年平均增长率；n 为从起始年份至预测 i 水平年间隔年数。

【例 8-4】　某工业用水部门，2000 年用水量为 2000 万 m^3，根据综合分析，未来 10 年用水量年增长率 10%，求 2010 年该工业部门的需水量。

解：2010 年该工业部门的需水量为
$$S_{2010} = S_{2000}(1+0.1)^{10}$$
$$= 2000 \times 2.5937$$
$$= 5187 \,(万\,m^3)$$

1. 用水增长率影响因素

用趋势法进行工业需水量预测的关键是正确确定未来用水量的年增长率。用水平均增长率的主要影响因素有用水水平和重复利用程度，确定用水增长率必须注意以下几点：

（1）随着用水水平的提高，用水增长率会降低，不同发展阶段有不同的用水增长率，用水增长率具有阶段性。表 8-4 展现了全国用水量及主要用水指标变化情况，表中全国用水总量 1980～1993 年间年平均增长率为 1.28%，而 1997～2000 年间用水量的增长率只有 0.4%。

（2）随着重复利用程度的提高，单位用水增长率下降。表 8-4 中万元 GDP 用水量和工业用水定额均呈现"负增长"。当单位用水指标降低过多时，甚至造成总用水量的下降，图 8-2 为 1950～1995 年美国用水变化趋势图，图中可见 1980 年以后美国工业用水量有所下降。

表 8-4　　　　　　全国用水量及主要用水指标变化情况

项　目	单　位	1980 年	1993 年	1997 年	2000 年
用水总量	亿 m³	4408	5198	5566	5633
人均用水量	m³/人	449	443	458	446
万元 GDP 用水	m³/万元	3501	1501	747	579
农业用水比例	%	84.3	74.5	70.4	68.6
工业用水比例	%	9.5	17.4	20.1	20.6
生活用水比例	%	6.2	8.1	9.4	10.8
农业灌溉定额	m³/亩	588	531	492	476
工业用水定额	m³/万元	272	190	103	58
城镇生活定额	L/d·人	123	178	220	212
农村生活定额	L/d·人	51	73	84	67

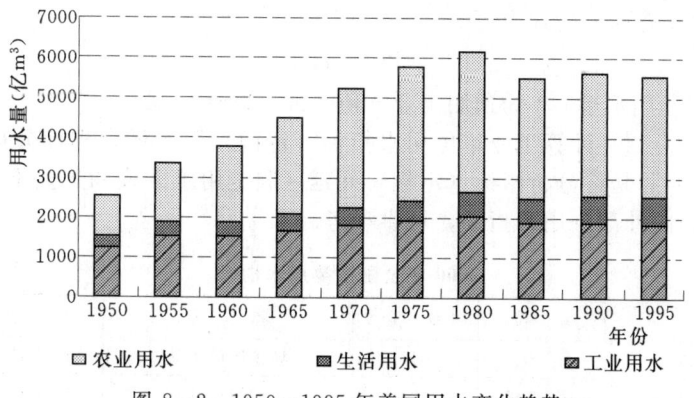

图 8-2　1950～1995 年美国用水变化趋势

(3) 从历史资料中，分析用水增长率，应选取工业发展稳定的阶段。

(4) 对于有大型高耗水性工厂建成投产造成用水量跳变的偶然因素应予以修正，消除偶然因素的影响。

(5) 对于遇到连续干旱缺水年份，水源缺乏，供水量衰减，迫使工业用水减少等影响予以修正。

2. 需水增长率的确定方法

确定需水增长率是一项十分复杂，而且难度很高的工作。一般认为经济发展与需水量增加具有十分密切的关系。当分析确定需水增长率有困难时，可采用以下方法确定其值：

(1) 根据历史资料，建立 GDP 增长率与用水量增长率的关系，根据经济规划中的 GDP 增长率计划值，确定用水量的增长率 d。

(2) 我国是一个发展中国家，可以从世界发达国家中类似地区的特定的发展阶段进行类比选择。

8.2.3.2 指标预测法

指标预测法将工业需水量的预测分成三步进行。

(1) 建立不同工业部门万元产值（或 GDP）取水量与产值（或 GDP）的相关关系。

工业部门万元产值（或 GDP）取水量与产值（或 GDP）的相关关系的表达形式有多种，最常采用的公式为

$$\lg Y = a \lg X + b \tag{8-14}$$

式中：Y 为万元产值（或 GDP）用水量；X 为工业产值（或 GDP）；a、b 为待定参数。

在利用相关原理进行工业用水量预测时，也有利用工业用水增长率和工业产值增长率建立相关关系推算工业发展用水。工业用水增长率和工业产值增长率之比，称为工业用水弹性系数。

(2) 对不同水平年各行业的产值（或 GDP）进行预测。

由经济规划部门提供，或采用趋势法预测。

(3) 计算不同水平年不同工业部门的需水量。

指标法计算需水量公式为

$$W = YA \tag{8-15}$$

式中：W 为工业用水量；A 为预测工业产值（或 GDP）。

利用式（8-14）计算工业单位用水指标（定额）需要做合理性分析，在工业用水量预测时，实际是将分析指标（定额）外延（假定用水方式和工艺不变）。表 8-5 和表 8-6 为国内外部分用水指标，可供参考。

表 8-5　　　　　　　　2000 年全国主要用水指标

指　标	单　位	数　量	指　标	单　位	数　量
人均用水量	m³/人	446	城镇居民生活	L/人日	138
单位 GDP 用水量	m³/万元	579	城镇公共	L/人日	61

续表

指　标	单　位	数　量	指　标	单　位	数　量
城镇综合（含环境）	L/人日	212	水田灌溉	m^3/亩	660
火电	m^3/kW	162	水浇地灌溉	m^3/亩	321
一般工业	m^3/万元	58	菜田灌溉	m^3/亩	413
工业综合	m^3/万元	86	农田灌溉综合	m^3/亩	476
林果灌溉	m^3/亩	209	农村居民生活	L/人日	67
草场灌溉	m^3/亩	241	大牲畜	L/头日	43
鱼塘用水	m^3/亩	558	小牲畜	L/头日	20

表 8-6　　　　　　　　　部分国家用水指标

国　家	人均用水量 (m^3/人)	单位 GDP 用水量 (m^3/万美元)	单位工业增加值用水量 (m^3/万元)	农业用水比例 (%)
中国	446	5620	331	69
美国	1870	693	39	42
俄罗斯	790	3530	642	23
日本	736	186	19	50
韩国	632	652	60	46
以色列	407	256	—	79
印度	611	17970	197	93
巴基斯坦	2054	44650	259	98
埃及	955	12090	530	85
墨西哥	802	1820	115	86
世界平均水平	598	1115	—	70

【例 8-5】 某工业行业 1995 年产值为 10 亿元，万元产值用水量为 $1000m^3$，2000 年产值为 20 亿元，万元产值用水量为 $900m^3$，据经济发展规划，2010 年工业产值达到 50 亿元，求在现有用水方式下，2010 年的需水量。

解：（1）根据 1995 年与 2000 年资料建立相关关系

$$\begin{cases} \lg1000 = a\log10 + b \\ \lg900 = a\log20 + b \end{cases}$$

$$\begin{cases} 3 = a + b \\ 2.954 = a \times 1.301 + b \end{cases}$$

解得：$a = -0.153, b = 3.153$

（2）2010 年的需水量：

$$\lg(Y_{2010}) = -0.153\log50 + 3.153$$

$$\lg(Y_{2010}) = 2.8931$$

$$Y_{2010} = 10^{2.8931} = 781.8 \text{（}m^3\text{/万元）}$$

$$W_{2010} = 50 \times 10000 \times 781.8 = 3.909 \text{（亿 }m^3\text{）}$$

8.2.3.3 分行业重复利用率提高法

万元产值用水量和重复利用率,是衡量工业用水水平的两个综合指标。一般来说,一个地区或一个工矿企业单位,工业结构不发生根本变化时,万元产值用水基本取决于重复利用率。随着重复利用率的不断提高,万元产值用水将不断下降。

重复利用率与万元产值用水的关系,可用水平衡式推导

$$\eta = \frac{Q_重}{Q_总} = \left(1 - \frac{Q_补}{Q_总}\right)$$

万元产值用水量为

$$Y = \frac{Q_补}{A}$$

式中:A 为产值;Y 为万元产值用水量。

对于同一行业,只要设备和工艺流程不变,生产相应数量的产品,所需的总用水量不变。所以,当两个不同时期,重复利用率分别为 η_1 和 η_2 时,有

$$1 - \eta_1 = \frac{Q_{1补}}{Q_总}$$

$$1 - \eta_2 = \frac{Q_{2补}}{Q_总}$$

可得

$$\frac{1 - \eta_1}{1 - \eta_2} = \frac{Q_{1补}}{Q_{2补}}$$

即

$$\frac{1 - \eta_1}{1 - \eta_2} = \frac{Y_1}{Y_2} \tag{8-16}$$

式中:$Q_总$ 为总用水量;$Q_{1补}$、Y_1 分别是某一时间补充水量和万元产值用水量;$Q_{2补}$,Y_2 分别是另一时间的补充水量和万元产值用水量。

一个行业,如果已知现状用水重复利用率和万元产值用水,根据该地水源条件、工业用水的水平,如能提出将来可达到的重复利用率,便可利用式(8-16)求出将来的万元产值用水量。从而比较准确地推求将来的工业用水量。

【例 8-6】 某工业部门,2000 年产值为 18.62 亿元,用水量为 12930 万 m³,重复利用率为 76.28%,据节水规划,2010 年重复利用率将提高到 85%,据经济发展规划,2010 年产值为 25.3 亿元,求 2010 年的需水量。

解: 2000 年万元产值用水量为

$$Y_{2000} = \frac{12930 \times 10000}{18.62 \times 10000} = 694 \; (\text{m}^3/\text{万元})$$

$$\frac{1 - \eta_{2000}}{1 - \eta_{2010}} = \frac{Y_{2000}}{Y_{2010}}$$

$$Y_{2010} = \frac{1 - 0.85}{1 - 0.7628} \times 694 = 439 \; (\text{m}^3/\text{万元})$$

$$W_{2010} = Y_{2010} \times A_{2010} = 25.3 \times 439 = 11107 (\text{万 m}^3)$$

例 8-6 显示,当重复利用率提高时,产值增加用水量不一定增加,图 8-3 与图 8-4 反映了全国的平均情况。

8.2.3.4 分块预测法

分块预测法就是将一个城市(或地区)的工业分成几大块,分别用不同的方法预

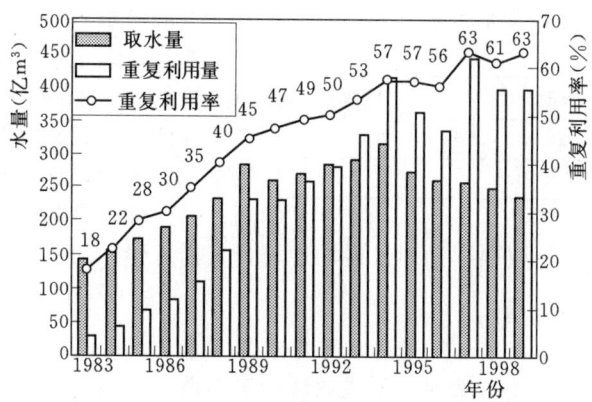

图 8-3 全国城市工业用水指标变化图

测将来的用水量。用分块预测一般有以下三种情况。

1. 原有工业基础十分薄弱，要大规模发展工业的城市或行业

有的城市现有工业较少，今后要发展成为一个工业城市。这种情况下，工业用水和产值就很难说按某一速度增加，需水和产值之关系也不受现状关系的影响。要预测这种城市的工业用水量，用趋势法、指标预测法和重复利用率提高法都有困难，只能用分块预测法。将整个工业用水分成两大部分，一

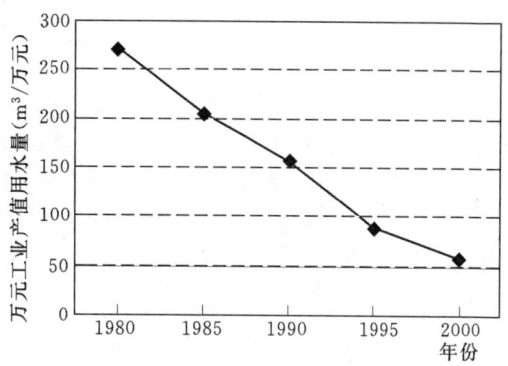

图 8-4 全国城市万元工业产值用水量变化图

部分是原有基础上发展的工业用水，可按前面讲的三种方法预测；另一部分是各时期新建起来的工业，根据计划新建工厂规模，建成的时间，按设计用水量计算。

2. 电力工业和其他一般工业分块预测

火电厂用水比较大，与其他一般工业相比，万元产值用水大很多。如果火电厂是直流冷却用水，每万元产值需用水达 2 万~3 万 m^3，即使是循环冷却用水，重复利用率达到 95%，每万元产值仍需用水 1000 多 m^3，比一般工业万元产值用水高好几倍。要是将火电厂用水和一般工业用水放在一起预测，就会因火电厂发展规模、速度影响整个工业用水量。此外，火电厂用水性质和一般工业也不同，一般工业用过的水均有不同程度的污染，不作污水处理难以作为水源再利用，而火电厂用过的水基本上没有污染，其他工业和城市部门仍可利用。对于一个地区来说火电厂总用水量大，而耗水量小。所以应将火电厂用水量和一般工业用水量分别预测。一般工业用水按前面讲的三种方法预测，火电厂用水可参照有关用水指标进行计算。表 8-7 为 2000 年发达国家和中国单机容量超过 30 万 kW 不同类型冷却电厂单位取水量对照表，从表中可以看出我国的同类型取水量比国际水平相差较大。

表 8-7　2000年发达国家和中国不同类型冷却电厂单位取水量

单位：m³/(万 kW·h)

类　型	发达国家	中　国
循环冷却	25～36	47.5
直流冷却	1.8～3.6	18

3. 特殊工业用水预测

有的城市（或地区）是以某一种采矿工业和能源工业为主，其用水量与一般工业用水量不同。这类地区工业用水量分成两部分，一部分是一般工业发展用水，可选用前面三种方法之一进行预测；另一部分就是煤炭能源工业，或采矿冶金工业发展用水，应根据计划发展的规模计算需水量。

8.2.4　工业用水过程计算

在调节计算中，不仅需要知道各水平年的年需水总量，还需确定不同水平年的工业用水量的年内分配过程。常用分配系数法确定工业用水的年内分配过程，分配系数的确定最好根据历史资料采用分区分行业的实际用水年内分配系数，在不具备资料条件时，可采用自来水厂的供水系数。

$$W_t = W\alpha_t \tag{8-17}$$

$$\sum_{t=1}^{m} \alpha_t = 1 \tag{8-18}$$

式中：W_t 为某水平年第 t 时段的需水量；W 为某水平年的年需水总量；α_t 为某水平年第 t 时段的需水分配系数；m 为时段数，以月或旬为时段，时段数不同。

工业需水预测是一个十分复杂的工作，模型应用的关键在于确定未来水平年的用水指标与增长趋势规律。正确确定诸如万元产值取水量，必须进行纵向（时间变化）和横向（与相似地区、相似历史阶段）比较方能确定，在这一过程中，人的智慧占绝对主导地位，模型只能起辅助分析作用。

8.3　灌溉用水量的计算与预测

灌溉用水量是灌溉工程调节计算的基本依据之一，灌溉用水量的计算与预测任务为提供典型干旱年和相应于灌溉保证率 P 的综合灌溉用水过程。

8.3.1　作物田间需水量计算

8.3.1.1　基本概念

灌溉用水计算中常遇到一些极易混淆的基本概念，这些概念可能导致计算上的错误，必须明确。

1. 作物需水量

作物在生长期中主要消耗于维持正常生长的生理用水量称为作物需水量，它包括叶面蒸腾和棵间（土壤或水面）蒸发两个部分，这两部分合在一起简称腾发量。

2. 作物田间耗水量

对于旱作物，其田间耗水量为作物需水量和土壤深层渗漏量之和；而对于水稻田来说，除水稻需水量和水田渗漏量外，还应包括秧田用水和泡田用水量。

3. 田间灌溉用水量

除有效降雨之外，需由灌溉工程提供的水量称为田间灌溉用水量，简称灌溉用水量。灌溉用水量即为灌溉工程的净供水量。

4. 泡田用水量

水稻在插秧前的泡田期间，应提供的水量称为泡田水量，或称为泡田定额。

5. 灌水定额

农作物一次灌水所需水量称为灌水定额，一般以单位面积上的需水量来表示。

6. 灌水模数

单位灌溉面积上所需要的净灌水流量称为"净灌水模数"，简称"灌水模数"，又称"灌水率"，其数值等于灌水定额除以本次灌水的时间。

7. 灌溉定额

农作物在整个生长期中单位面积上所需的灌溉水量称为灌溉定额，它等于农作物在整个生长期中全部灌水定额之和。

8. 灌溉制度

指农作物在播种前（或水稻栽秧前）及全生育期内的灌水次数、每次灌水日期和灌水定额及灌溉定额。例如水稻的灌溉制度是指水稻泡田日期、泡田水量、水稻栽秧后到收割各生育期所需控制的水层深浅、灌水日期、灌水次数、每次灌水定额及灌溉定额等。

9. 耕地面积

种植农作物的实有面积。

10. 播种面积

各种农作物种植面积的总和，称为播种面积。例如，耕地面积 $5000hm^2$，先种早稻，早稻收割后再种晚稻，早稻种植面积为 $5000hm^2$，晚稻种植面积也为 $5000hm^2$，总和为 $10000hm^2$，因此播种面积为 $10000hm^2$。

11. 复种指数

表示耕地面积在耕种方面的利用程度，其表达式为

$$复种指数 = \frac{播种面积}{耕地面积}$$

例如耕地面积为 $2000hm^2$，其中 $1000hm^2$ 种植双季水稻（即播种面积为 $2000hm^2$），另外 $1000hm^2$ 种植春种秋收的一季作物（播种面积为 $1000hm^2$），其复种指数为

$$复种指数 = 3000/2000 = 1.5$$

12. 灌溉面积

一般系指由灌溉工程供水的耕地面积。灌溉面积上灌溉用水量的大小与灌溉标准、土壤气象条件、作物种类、播种面积等因素有关。

灌溉用水量可采用深度（mm）或体积（m^3）或流量（m^3/s）等单位。其中深度（mm）与单位面积上的体积（m^3/hm^2）之间的关系如下

$$1m^3/hm^2 = 0.1mm$$

采用深度单位时，必须将各种作物灌溉用水量化成同一面积的深度（如化为总耕地面积上的深度），否则不能直接进行加、减等代数运算。

8.3.1.2 作物田间需水量估算方法

由大量灌溉试验资料可以看出，作物田间需水量的大小与气象（温度、日照、湿

度、风速)、土壤含水状况、作物种类及其生长发育阶段、农业技术措施、灌溉排水方式等有关。这些因素对需水量的影响相互关联,错综复杂。因此,目前尚不能从理论上对作物田间需水量进行精确的计算。在生产实践中,一方面通过建立试验站,直接测定某些点上的作物田间需水量;另一方面可根据试验资料采用某些估算方法来确定作物田间需水量。现有估算方法,大体可归纳为两类:一类方法是建立作物田间需水量与其影响因素之间的经验关系;另一类方法是根据能量平衡原理,推求作物田间腾发消耗的能量,再由能量换算为相应作物的田间需水量,现将这两类方法简要介绍如下。

1. 经验公式法

经验公式法的基本思路是:首先分析与作物田间需水量关系密切的因素,其次在试验站观测两者同步资料,然后根据观测资料,分析它们之间的关系,并建立经验方程。由于经验方程形式比较简单,一般为线性方程或指数方程(指数方程可通过取对数化成线性方程),因而可根据试验站的观测资料采用图解法或线性回归分析求出方程中的系数,系数求得后,对于与试验站条件相似的地区,便可由所选因素,推求作物田间需水量,现选几种经验公式介绍如下。

(1) 以水面蒸发为参数的需水系数法(简称"α值法")。国内外大量灌溉试验资料表明,水面蒸发量能综合地反映各项气象因素的变化。作物田间需水量与水面蒸发量之间存在一定关系,并可用下列线性公式表示

$$E = \alpha E_0 + b \tag{8-19}$$

式中:E 为某时段内(或全生育期)的作物田间需水量,mm;E_0 为同期水面蒸发量,mm,E_0 一般采用 E601 蒸发皿的蒸发值;α 为需水系数,根据试验资料分析确定;b 为经验常数,单位同 E,根据试验资料分析确定,有时可取 $b=0$。

该法只要求具有水面蒸发资料,即可计算作物田间需水量。由于水面蒸发资料比较容易获得,所以它为我国水稻产区广泛采用。但该法中未考虑非气象因素(如土壤、水文地质、农业技术措施、水利措施等),因而在使用时应注意分析这些因素对 α 值的影响。

表 8-8 所列数据为江苏省常熟试验站 1959~1966 年实测水稻生长期各阶段平均 α 值和安徽巢湖试验站相应各阶段平均 α 值。

表 8-8　　　　　　　　试验站水稻需水系数 α 值表

地　区	返青	分蘖	拔节	孕穗	抽穗	乳熟	黄熟	全生长期
江苏(常熟)	1.15	1.35	1.55	1.65	1.70	1.65	1.55	1.50
安徽(巢湖)	1.10	1.20	1.48	1.55	1.57	1.23	1.07	1.28

(2) 以气温为参数的需水系数法(简称"β值法")。气温是影响作物生长和产量的主要因素之一。在某些情况下,用气温作参数也能衡量作物需水量的大小。例如,我国南方某些地区曾采用下列公式估算水稻田间需水量,即

$$E = \beta T + b \tag{8-20}$$

式中:E 为水稻在某时段内(或全生育期)的田间需水量,mm;T 为同期当地日平均气温的累积值,简称积温,℃;β 为需水系数,mm/℃;b 为经验常数,单位同 E,

有时可取 $b=0$。

南方湿润地区,积温对腾发量影响较大,一般 β 值法能取得较为满意的结果。在干旱和半干旱地区,对腾发量起决定作用的是热风而不是积温,这些地区,不宜采用 β 值法。

(3) 以多种因素为参数的公式。上述各种单因素法的优点是计算简单,但是作物田间需水量与多种因素有关,为了克服单因素法使用上存在的缺陷,人们曾研究过多种因素,并探索它们与作物田间需水量之间的数量关系,以温度和水面蒸发为参数的公式为

$$E = \sum \beta_i \phi_i \qquad (8-21)$$

$$\phi_i = \left(\bar{t}_i + 50\right)\sqrt{E_0} \qquad (8-22)$$

式中:E 为水稻全生育期总需水量,mm;β_i 为水稻各生育阶段的耗水系数,可根据试验资料求得;ϕ_i 为水稻各生育阶段中,消耗于腾发的太阳能累积值;$\bar{t}_i$ 为水稻各生育阶段的日平均气温,℃;E_0 为 E601 蒸发皿的水面蒸发值,mm。

2. 能量平衡法

作物在腾发(包括植株蒸腾和株间蒸发)过程中,无论是体内液态水的输送,或是腾发面上水分的汽化和扩散,都需要消耗能量。作物需水量的大小与腾发消耗能量密切相关。腾发过程中的能量消耗,主要是以热能形式进行的。例如气温为 25℃ 时,每腾发 1g 的水大约需消耗 2470J 的热量。因此只要测算出腾发消耗的热量,便可求出相应的作物田间需水量。

彭曼(Penman)根据热量平衡原理,先推求腾发所消耗的能量,然后再将能量折算为水量,提出计算公式如下

$$E_p = \frac{1}{L} \frac{\left(\frac{\Delta}{\gamma}\right)H_0 + LE_a}{1 + \left(\frac{\Delta}{\gamma}\right)} \qquad (8-23)$$

式中:E_p 为作物腾发量(即作物田间需水量),mm;L 为腾发单位重量的水所需热量,J/g,该值随气温而变,当气温为 25℃ 时 L 为 2470J/g;Δ 为气温—水汽压关系曲线上的斜率;γ 为湿度常数;H_0 为地面净辐射,J/cm²/d,可用专门气象仪器测定;E_a 为干燥力,即蒸发面上的温度等于气温时的蒸发量,mm/d。

对于自由水面

$$E_a = 0.35(0.5 + 5u/800)(e_s - e)$$

对于矮秆作物

$$E_a = 0.35(1 + 5u/800)(e_s - e)$$

式中:u 为风速,m/s;e_s 为饱和水汽压,hPa;e 为实际水汽压,hPa。

该式所求得的作物田间需水量,是在土壤水分充足,作物覆盖茂密条件下的最大可能腾发量,即潜在腾发量。当不同作物于不同生育阶段达不到上述条件时,应根据作物和土壤的具体情况折算为实际腾发量。

目前,能量平衡法在欧美一些国家采用较多,且有所发展。尽管该方法本身还有待进一步完善,但现有试验资料已表明,它是从理论上研究作物田间需水量的一种可

行途径。

由上述可知，各种作物在生育期间田间需水量的大小，决定于作物种类、气象条件、土壤含水状况及农业技术措施等各种因素。由于这些因素之间相互又有联系，因而对作物田间需水量的影响比较复杂，还由于各种分析计算方法主要都是依据灌溉试验站的观测资料，所以试验站的工作十分重要。

表8-9综合各地灌溉试验站的资料，列举了我国不同地区几种主要作物的田间需水量变化范围。

表8-9　　　　　　几种作物全生育期需水情况　　　　　　单位：m^3/hm^2

作　物	地　区	干旱年	中等年	湿润年
双季稻（每季）	华中、华东	4500～6750	3750～6000	3000～4500
	华南	4500～6000	3750～5250	3000～4500
中稻	华中、华东	6000～8250	4500～7500	3000～6750
一季晚稻	华中、华东	7500～10500	6750～9750	6000～9000
冬小麦	华北	3750～7500	3000～6000	2400～5250
	华中、华东	3750～6750	3000～5250	2250～4200
春小麦	西北	3750～5250	3000～4500	—
	东北	3000～4500	2700～4200	2250～3750
玉米	西北	3750～4500	3000～3750	—
	华北	3000～3750	2250～3000	1950～2700
棉花	西北	5250～7500	4500～6750	—
	华北	6000～9000	5250～7500	4500～6750
	华中、华东	6000～9750	4500～7500	3750～6000

8.3.1.3　作物田间耗水量计算

灌区综合用水过程是指为保证灌区各种作物正常发育生长需要从外界引入田间的综合灌水过程。编制综合用水过程的主要内容有：①单种作物田间耗水量计算；②单种作物田间灌水量计算；③灌区各种作物综合灌溉用水过程计算。

首先介绍作物田间耗水量计算。旱作物和水稻田作物田间耗水量可分别用下式计算

旱作物：　　　　田间耗水量＝作物需水量＋土壤深层渗漏量

水稻：　　　田间耗水量＝作物需水量＋水田渗漏量＋育秧水＋泡田水

关于作物需水量的计算方法上面已进行详细讨论，下面补充说明水田渗漏量、育秧水和泡田水。

1. 水田渗漏量

水田渗漏包括田埂渗漏和田面渗漏两部分。田埂渗漏决定于田埂的质量和养护状况及田块的位置，分散的、位置较高的田块应予考虑。对于连片的、面积较大的稻田，田埂渗漏的水量只是从一个格田进入另一个格田，对整块农田来说，水量损耗甚微。一般所谓水田渗漏主要指田面渗漏部分，它取决于土壤质地、地下水位高低、水田位置、排灌措施等因素。由于影响水田渗漏的因素较多，土层质地往往又不均匀，因而很难从理论上进行推算，生产实践中均以实测和调查方法确定。根据江苏省太湖

湖西地区的调查资料，不同土质的渗漏情况见表8-10。

多年种植水稻的水田，一般在田面以下20cm左右处，存在有一透水性较弱的土层，即"犁底层"。由于"犁底层"的影响，砂性大的稻田的渗漏量也会大大减小，稻田平均日渗漏量一般为2~3mm。丘陵地区的稻田大多属于重黏土，土壤差异不明显，其差别主要决定于稻田的类型。实际资料表明，塝田日平均渗漏量一般为1~2mm，冲田为0~1mm，畈田为0.5~1.5mm。平原圩区稻田多为轻黏土，但地下水位很高，日平均渗漏量一般为0.5~1.0mm。

表8-10　水稻田日渗漏量　　单位：mm/d

土壤种类	地下水位距地面深			
	0.5m	1.0m	1.5m	2.0m
黏壤土	0.9	1.4	2.0	2.5
中壤土	1.5	2.6	3.8	4.9
砂壤土	3.3	6.3	9.3	12.3

2. 育秧水

水稻的栽培过程，可分为秧田期和本田期两个阶段：

1）秧田期。从播种、发芽、出苗、到移栽前，一般历时30~40天。秧田面积与大田面积之比约为1:7~1:10。

2）本田期。从秧苗移栽，经返青、分蘖、拔节、孕穗、抽穗、乳熟至黄熟。

育秧水可用下式表示

育秧水＝秧田耗水量－有效降雨量

其中秧田耗水量等于秧田日耗水量乘以秧龄期。表8-11中所列为广东省秧田日耗水强度。据江苏省经验，每公顷秧田总耗水量约为300~420mm。

表8-11　广东省秧田耗水强度　单位：mm/d

育秧方法	水播水育	水播湿润	水播旱育	旱播旱育
早稻	5~7	3~5		
晚稻		5~7	4~6	2~3

有效降雨量等于秧田期降雨乘以利用系数。中小雨利用系数可取0.5~0.7。由于1hm²秧田可插7~10hm²大田，所以每公顷大田分摊的育秧水只是秧田用水的1/7~1/10。

3. 泡田水

水稻在插秧前需耕翻耙平土地，在田间建立一定水层，这部分水量称为泡田水，其数值大小与土壤性质、泡前土壤湿度、地下水位高低、泡田方法、泡田天数有关。一般黏土和黏壤土为750~1200m³/hm²；中壤土和砂壤土为1050~1800m³/hm²；轻砂壤土为1200~2400m³/hm²。

现以江苏省太湖湖西地区，各种不同水稻田块泡田用水调查资料为例，具体说明如下。

全灌区泡田期约为10天，泡田期的水面蒸发为3.3mm/d，10天总蒸发量为330m³/hm²，栽插时稻田水层深为30mm，栽秧水层所需水量为300m³/hm²。饱和土层及犁田水层，据不同土质情况所需水量平均为：黏壤土600m³/hm²，中壤土650m³/hm²，砂壤土700m³/hm²。由此求得平均每公顷泡田水量见表8-12。

8.3.2　灌区综合灌溉用水过程计算

对于某一灌区而言，首先需选适宜的作物种类，并确定各种作物的种植面积，然后计算各单种作物所需灌水量，最后将各种作物按种植面积汇总在一起，编制和调整全灌区的综合灌溉用水过程。

表 8-13   太湖湖西地区稻田泡田用水量   单位：m³/hm²

土壤种类	饱和土层及犁田水层	渗漏	蒸发	栽插水层	泡田用水量
黏壤土	600	90~250	330	300	1320~1480
中壤土	650	150~490	330	300	1430~1770
砂壤土	700	330~1230	330	300	1660~2560

8.3.2.1 水稻灌溉用水量计算

1. 水稻品种与生育阶段

不同水稻品种，总生育时间和各生育阶段时间是不一样的，各阶段需水要求也不同。例如江苏省常熟地区几种水稻生育阶段划分见表 8-13。

表 8-13   江苏省常熟地区水稻各生长阶段天数分配表   单位：天

稻 种	生长期（月.日）	返青	分蘖	拔节	孕穗	抽穗	乳熟	黄熟	全生长期
双季早稻	4.30~7.25	8	27	12	10	6	17	7	87
双季晚稻	7.25~11.5	10	31	8	10	14	18	16	107
单季晚稻	6.5~11.1	7	57	11	13	13	22	27	150

生育阶段确定后，为计算各旬水稻田间需水量，需将各生育阶段的需水系数换算为各旬需水系数。现以水面蒸发为参数的需水系数法（即"α值法"）为例，将换算方法说明如下。

表 8-14 为江苏省常熟地区双季早稻各旬需水系数 α 换算表，表中各生育阶段需水系数 α 值采用表 8-8 中相应数值。不同生育阶段在各旬的天数可根据表 8-13 第一行确定。

现以 5 月上旬为例，说明表 8-14 中各旬需水系数 α 值的换算方法。

$$\alpha_{5上} = \alpha_{返青} \times \frac{1}{10} \times (返青期在5月上旬的天数)$$

$$+ \alpha_{分蘖} \times \frac{1}{10} \times (分蘖期在5月上旬的天数)$$

$$= 1.15 \times \frac{7}{10} + 1.35 \times \frac{3}{10} = 1.21$$

各旬 α 值求得后，只需将灌区附近水文气象站实测的各旬水面蒸发量乘以各旬 α 值，即得双季早稻的各旬田间需水量。双季晚稻、单季稻计算方法类似。

2. 稻田田面水层

为了不影响水稻正常生长，给生长创造适宜的条件，必须在田间经常维持一定的水层深度。起控制作用的田间水层深度有以下三种：

(1) 适宜下限（$h_{\min}$）。它表示田间最低水深，作用是控制作物不致因田间水深不足，失水凋萎影响产量，当田间实际水深低于下限时，应及时灌溉。

表 8-14　　　　　　　　　　　双季早稻各旬 α 换算表

生育期		返青	分蘖	拔节	孕穗	抽穗	乳熟	黄熟	换算后 α 值
	α	1.15	1.35	1.55	1.65	1.70	1.65	1.55	
4月	下旬	$\frac{1}{10}\times 1.15$							0.12
5月	上旬	$\frac{7}{10}\times 1.15$	$\frac{3}{10}\times 1.35$						1.21
	中旬		$\frac{10}{10}\times 1.35$						1.35
	下旬		$\frac{11}{11}\times 1.35$						1.35
6月	上旬		$\frac{3}{10}\times 1.35$	$\frac{7}{10}\times 1.55$					1.49
	中旬			$\frac{5}{10}\times 1.55$	$\frac{5}{10}\times 1.65$				1.60
	下旬				$\frac{5}{10}\times 1.65$	$\frac{5}{10}\times 1.70$			1.68
7月	上旬				$\frac{1}{10}\times 1.70$		$\frac{9}{10}\times 1.65$		1.66
	中旬						$\frac{8}{10}\times 1.65$	$\frac{2}{10}\times 1.55$	1.63
	下旬							$\frac{5}{11}\times 1.55$	0.78

(2) 适宜上限（h_{max}）。它表示在正常情况下，田间允许（最优）的最大水深。

(3) 雨后最大蓄水深度（h_p）。在不明显影响作物正常生长的情况下，为提高降雨的利用率，允许雨后短期田间蓄水的极限水深（即耐淹深度），超过 h_p 时，应及时排水。

表 8-15 中所列为各生育阶段的适宜下限、适宜上限及雨后最大蓄水深度的相应数值。

表 8-15　　　　　　　各生育阶段 $h_{min} \sim h_{max} \sim h_p$ 值表　　　　　　　单位：mm

作物名称	生 育 阶 段						
	返青	分蘖前期	分蘖末期	拔节孕穗	抽穗开花	乳熟	黄熟
早稻	5~30~50	20~50~70	20~50~80	30~60~90	10~30~80	10~30~60	10~20
中稻	10~30~50	20~50~70	30~60~90	30~60~120	10~30~100	10~20~70	落干
双季晚稻	20~40~70	10~30~70	10~30~80	20~50~90	10~30~50	10~20~60	落干

表 8-15 所列数据仅是一例，全国各地自然条件不同，水稻品种、灌溉方式及生产经验也不一样，因而田面水层的适宜下限、适宜上限、雨后最大蓄水深度往往会存在一定差异，一般应根据当地情况选用。

3. 水稻田水量平衡计算

水稻田水量平衡方程为

$$h_2 = h_1 + P + m - E - C \qquad (8-24)$$

式中：h_1 为时段初田面水层深度，mm；h_2 为时段末田面水层深度，mm；P 为时段内降雨量，mm；m 为时段内灌水量，mm；E 为时段内田间耗水量，mm；C 为时段内排水量，mm。

当 $h_2 < h_{\min}$ 时，则表示本时段内必须进行灌溉

$$h_{\min} - h_2 \leqslant m \leqslant h_{\max} - h_2$$

当 $h_2 > h_p$ 时，则表示本时段内必须排水

$$C = h_2 - h_p$$

例如，早稻分蘖前期，$h_{\min}=20\text{mm}$，$h_{\max}=50\text{mm}$，$h_p=70\text{mm}$（见表 8-15）。如果求得时段末田面水深 $h_2=10\text{mm}$，则表明本时段至少应灌水 $h_{\min}-h_2=20-10=10\text{mm}$，最多可灌 $h_{\max}-h_2=50-10=40\text{mm}$。如果时段内降雨较大，求得时段末田面水深 $h_2=90\text{mm}$，则表明本时段应排水，排水量 $C=h_2-h_p=90-70=20\text{mm}$。

根据水稻田间耗水过程、降雨过程，通过上述水量平衡方程计算，便可求得各旬灌溉用水量。

8.3.2.2 旱作物灌溉用水量计算

1. 土壤湿润层水量平衡方程

为了促进旱作物正常生长，要求土壤在作物根系活动层内保持一定的含水量。根系活动的范围称为土壤湿润层。土壤湿润层的水量平衡方程为

$$W_2 = W_1 + P' + K + m - E \qquad (8-25)$$

式中：W_1 为时段初湿润层储水量，mm 或 m^3/hm^2；W_2 为时段末湿润层储水量，mm 或 m^3/hm^2；P' 为时段内有效降雨量，mm 或 m^3/hm^2，降雨量与降雨有效利用系数之积；K 为时段内地下水补给量，mm 或 m^3/hm^2；m 为时段内灌溉水量，mm 或 m^3/hm^2；E 为时段内作物田间耗水量，mm 或 m^3/hm^2。

2. 湿润层深度与适宜含水量

一般说来，不同作物、不同生育阶段对土壤湿润层的深度、适宜含水量的要求是不一样的，表 8-16 为河南省引黄灌溉试验场关于小麦的观测资料，表 8-17 为几种旱作物的一般土壤湿润层深度和适宜含水率。

表 8-16 小麦各生育阶段土壤湿润层深度和适宜含水率

生育阶段	土壤湿润层深度 (cm)	占 干 土 重（%）			占田间持水率 (%)
		青沙土	两合土	黏 土	
出苗—返青	40	15~17	17~19	20~22	70~80
返青—拔节	60	15~17	17~19	20~22	70~80
拔节—抽穗	80	17~19	19~22	20~25	80~90
抽穗—乳熟	60	15~17	17~19	20~22	70~80
乳熟—黄熟	60	13~15	14~17	17~20	60~70
全生长期		15~19	17~22	20~25	70~90

土层含水率达到毛细管最大持水能力时，最大悬着毛管水的平均含水率，称为该土层的田间持水率（或田间持水量）。因小于凋萎系数的土壤含水量不能被作物吸收，故土壤允许最小含水率应大于凋萎系数。

表 8-17　　　　　几种旱作物的土壤湿润层深度和适宜含水率

作物名称	土壤湿润层深度（cm）	土壤适宜含水量（以田间持水量百分数计）
冬小麦	30～70	65～90
棉花	40～80	50～80
玉米	40～80	60～80
花生	30～40	40～70
甘蔗	40～60	50～70

土壤最小储水量可用 W_{min} 表示，北京地区的经验认为可取田间持水率的 60%。土壤允许最大含水率以不造成深层渗漏为原则，可采用土壤田间持水量，作为允许最大储水量用 W_{max} 表示。土壤湿润层含水量应经常保持在 W_{min} 与 W_{max} 之间。

3. 旱作物灌溉用水计算

（1）播前用水一般按下式计算

$$m_0 = 100(\beta_{max} - \beta_0)\gamma h \tag{8-26}$$

式中：m_0 为播前用水量，m^3/hm^2；100 为单位换算系数；β_{max} 为土壤最大持水率，以占干土重的百分数计；β_0 为播前计划湿润层实际含水率，%；γ 为湿润层土壤干容量，t/m^3；h 为计划湿润层厚度，m。

（2）生育期用水。前面已经介绍式（8-25）为土壤湿润层水量平衡方程式

$$W_2 = W_1 + P' + K + m - E$$

其中有效降雨量 P' 为降水量中扣除地面径流量和深层渗漏量以后，蓄存在湿润层中，可供作物利用的水量。实践中，常用下面简化公式计算

$$P' = \sigma P \tag{8-27}$$

式中：P 为降雨量；σ 为降雨有效利用系数，它与降雨总量、降雨强度、土壤性质等因素有关，一般应通过试验测定。河南、山西资料表明可取 $\sigma = 0.7 \sim 0.8$。

地下水补给量 K，与地下水埋藏深度、土壤性质、作物种类有关，某些地区经验表明，地下水埋深在 1～2m 之内，可考虑地下水利用量占总耗水量 20% 左右，地下水埋深超过 3m 可不予考虑。

当式（8-25）中时段末湿润层计算蓄水量 W_2 小于 W_{min} 时，表明本时段应进行灌溉，其灌溉水量至少为 $m = W_{min} - W_2$，最多为 $m = W_{max} - W_2$。这样，逐旬依次连续进行计算，便可求得旱作物的灌溉用水过程。

8.3.2.3　灌区综合灌溉用水过程计算

任何一种作物某次（或某时段）灌水定额求出后，就可根据该作物的种植面积，用下式求得净灌溉用水量

$$M_净 = m\omega \tag{8-28}$$

式中：$M_净$ 为净灌溉用水量，m^3；m 为灌水定额，m^3/hm^2；ω 为灌溉面积，hm^2。

一个灌区内作物往往种类很多，每种作物灌水定额求出后，以各作物种植面积比例为权重，将同一时期各种作物的灌水定额进行加权平均，即可求得全灌区的综合灌水定额。计算公式如下

$$M_{综净} = \sum_{i=1}^{n} a_i m_i \tag{8-29}$$

式中：$M_{综净}$为某时段全灌区综合净灌水定额，m^3/hm^2或 mm；m_i为第 i 种作物在同时段内的灌水定额，m^3/hm^2或 mm；a_i为第 i 种作物灌溉面积占全灌区灌溉面积的比值；n 为作物种类数。

全灌区某时段净灌溉用水量 $M_净$ 由下式计算

$$M_净 = M_{综净}\omega \tag{8-30}$$

式中：ω 为全灌区的灌溉面积。

全灌区某时段毛灌溉用水量 $M_毛$ 由下式求得

$$M_毛 = \frac{M_净}{\eta_水} \tag{8-31}$$

式中：$\eta_水$ 为灌溉水量利用系数，为田间净耗水量与渠首引水量之比，它反映了渠系的水量损失。$\eta_水$ 值与渠系长度、灌溉流量、沿渠土壤、水文地质条件、工程质量及管理水平有关，一般可取 0.6～0.8。目前已建成的某些灌区，实际上只有 0.45～0.6。

整个生育期各时段综合灌水定额之和，即为灌区综合灌溉定额。全年各时段灌区灌溉用水之和，即为灌区年灌溉用水量。

【例 8-7】 某灌区总面积 $A=2670hm^2$，灌溉面积 $B=1960hm^2$。灌溉面积中水田 $C_{水田}=1666.67hm^2$，种植结构为：$C_{双早}=1373.33hm^2$，占灌区灌溉面积 70%；$C_{双晚}=1373.33hm^2$，占灌区灌溉面积 70%；$C_{单晚}=293.33hm^2$，占灌区灌溉面积 15%。灌溉面积中旱田面积为：4 月下旬至 11 月上旬，$D'=293.33hm^2$，占灌区灌溉面积 15%；11 月中旬至次年 4 月中旬，$D''=980hm^2$，占灌区灌溉面积 50%。试求该灌区某典型年的综合灌溉定额。

解： 先分别计算该年度各种作物的灌水定额，现以双季早稻为例计算其灌水定额（见表 8-18）。

表 8-18 中 (2)、(3)、(4) 栏分别为田间适宜水深 h_{max}、h_{min} 及雨后田间最大蓄水深度 h_p，引自表 8-15，(8) 栏稻田渗漏量和 (9) 栏泡田水等数据均为附近灌溉试验站试验值。

(6) 栏 α（田间需水量 E 与 80cm 蒸发器水面蒸发量 E_{80} 的比值），也是附近灌溉试验站的试验值，其具体数据见表 8-14 中最后一栏。

(5) 栏水面蒸发量 E_{80}、(11) 栏降雨量 P 均为附近水文站的观测值。

(7) 栏作物需水量 $E=\alpha E_{80}$ 为 (5)、(6) 两栏同时期数值的乘积。

(10) 栏作物耗水量=同时期 (7)、(8)、(9) 三栏数值之和。

(12) 栏至 (14) 栏数值系根据式 (8-24) 水稻田水量平衡公式计算而得。假定 4 月 20 日田面水深为 0，由于 4 月下旬田间适宜水深至少必须 5mm，所以由式 (8-24) 求得 4 月下旬灌水定额最低值为

$$m = h_2 - h_1 - P + E + C$$
$$= 5 - 0 - 18.7 + 133.4 + 0$$
$$= 119.7 \text{ (mm)}$$

前面已经说明 4 月下旬 h_2 为 5～30mm 之间任一数值均可，所以，4 月末田间水深也可为 $h_2=h_{max}=30$mm，这时 4 月下旬灌水定额为 119.7+25=144.7mm。表 8-

18中所列数据系灌水到最低值。这样做法的优点是，可充分利用降雨量，尽量减少排水量；缺点是，灌水过程变化较大。实际中灌水应尽可能均匀，如何调整灌水过程后面再讨论。

表 8-18　　　　　　　某典型年双季早稻灌水定额计算表　　　　　　　单位：mm

时间	田间适宜水深 h_{max}	田间适宜水深 h_{min}	雨后最大水深 h_p	水面蒸发量 E_{80}	换算后的 α 值	作物需水量 E	渗漏	泡田水	作物耗水量 ΣE	降水量 P	田间期末储水量 h_2	灌水定额 m	田间排水量 C
(1)	(2)	(3)	(4)	(5)	(6)	(7)	(8)	(9)	(10)	(11)	(12)	(13)	(14)
4月下旬	30	5	50	28.3	0.12	3.4	10	120	133.4	18.7	5	119.7	
5月上旬	50	20	70	38.0	1.21	46.0	10		56.0	22.5	20	48.5	
5月中旬	50	20	80	43.1	1.35	58.2	10		68.2	23.1	20	45.1	
5月下旬	50	20	80	48.2	1.35	65.1	11		76.1	19.9	20	56.2	
6月上旬	60	30	90	51.0	1.49	76.0	10		86.0	0.5	30	95.5	
6月中旬	60	30	90	52.4	1.60	83.8	10		93.8	8.3	30	85.5	
6月下旬	60	30	90	36.7	1.68	61.7	10		71.7	154.8	90	0	23.1
7月上旬	30	10	80	48.2	1.66	80.0	10		90.0	155.7	80	0	75.7
7月中旬	30	10	60	70.6	1.63	115.1	10		125.1	10.2	10	44.9	
7月下旬	20	0		59.4	0.78	46.3	11		57.3	32.3	0	15.0	
合计						635.6	102	120	857.6	446.0		510.4	98.8

现在讨论 6 月下旬如何计算灌水定额。按式（8-24）得
$$h_2 = h_1 + P + m - E - C$$
$$= 30 + 154.8 + 0 - 71.7 - 0$$
$$= 113.1 \text{（mm）}$$

若本旬不考虑灌溉和排水，则旬末田面水层深度为 113.1mm。由于本旬雨后最大蓄水深度为 90mm，因而本旬必须排水，排水量 $C = 113.1 - 90 = 23.1$mm。7 月上旬算法与 6 月下旬类似。

按旬连续计算，可求得各旬灌水量和排水量，全生长期灌水定额之和就是该作物本年的灌溉定额。表中求得该年双季早稻灌溉定额为 510.4mm（见表 8-18 中（13）栏最后一行）。

按同样方法，可求得该年双季晚稻、单季晚稻及旱作物各旬灌水定额，这几种作物的具体计算过程未一一列出，仅将计算结果分别列于表 8-19 中（2）、（3）、（4）、（5）栏。

表 8-19 为灌区综合灌溉定额计算，计算公式见式（8-29），即
$$M_{综净} = a_1 m_1 + a_2 m_2 + a_3 m_3 + a_4 m_4$$

表中（6）～（9）栏分别为 $a_1 m_1$、$a_2 m_2$、$a_3 m_3$、$a_4 m_4$，表中（10）栏为（6）～（9）栏之和，即所求之 $M_{综净}$。

全年各阶段 $M_{综净}$ 之和，即为灌区综合灌溉定额，表 8-19 中（10）栏乘以灌区灌溉面积 1960hm²，即为灌区综合灌溉用水量 $M_净$。

灌区净灌溉用水量 $M_{净}$ 除以灌溉水量利用系数 $\eta_{水}$，即得灌区毛灌溉用水量 $M_{毛}$。

同样将表 8-18 中（13）栏灌水定额乘以双季早稻种植面积 1373.33hm²，即为双季早稻的净灌溉用水量。净灌溉用水量再除以灌溉水量利用系数，即为双季早稻的毛灌溉用水量。

表 8-19　　　　　　　　灌区综合灌溉定额计算表　　　　　　　　单位：mm

时间	双季早稻 m_1	双季晚稻 m_2	单季晚稻 m_3	旱作物 m_4	加权数				合计 $M_{综净}$
					双早 a_1m_1 (70%)	双晚 a_2m_2 (70%)	单晚 a_3m_3 (15%)	旱作物 a_4m_4 (50%、15%)	
(1)	(2)	(3)	(4)	(5)	(6)	(7)	(8)	(9)	(10)
11月中旬 11月下旬				1.9				1.0	1.0
12月 1月 2月 3月				0 17.1 13.6 0				0 8.6 6.8 0	0 8.6 6.8 0
4月上旬 4月中旬 4月下旬	119.7			0 0 0	83.8			0 0 0	0 0 83.0
5月上旬 5月中旬 5月下旬	48.5 45.1 56.2			0 0 2.1	34.0 31.6 39.3			0 0 0.3	34.0 31.6 39.6
6月上旬 6月中旬 6月下旬	95.5 85.5 0		141.7 13.7 0	19.5 11.7 0	66.8 59.8 0		21.3 2.1 0	2.9 1.8 0	91.0 63.7 0
7月上旬 7月中旬 7月下旬	0 4.9 15.0	122.0	0 0 47.5	9.8 0	31.4 10.5	85.4	0 7.1	1.5 0	0 32.9 103.0
8月上旬 8月中旬 8月下旬		71.0 73.5 116.1	104.0 134.4 134.0	20.0 0 22.0		49.7 51.4 81.3	15.6 20.2 20.1	3.0 0 3.3	68.3 71.6 104.7
9月上旬 9月中旬 9月下旬		0 76.5 79.6	0 78.7 65.5	0 20.0 16.5		0 53.6 55.7	0 11.8 9.8	0 3.0 2.5	0 68.4 68
10月上旬 10月中旬 10月下旬		61.4 56.5 44.5	63.0 71.8 54.6	13.9 20.0 1.8		43.0 39.6 31.2	9.4 10.8 8.2	2.1 3.0 0.3	54.5 53.4 39.7
11月上旬		29.2	3.4	19.5		20.4	0.5	2.9	23.8
总计	510.4	730.3	912.3	209.4	357.2	511.3	136.9	43.0	1048.4

注　1. 11月中旬至4月中旬，（9）栏＝（5）栏×50%；
　　2. 4月下旬至11月上旬，（9）栏＝（5）栏×15%。

现在补充说明一下，表 8-18 中（13）栏和表 8-19 中（10）栏求得的灌水定额，一般是很不均匀的，实际灌水时应尽可能消除灌水高峰和短期停水现象。因此可在不影响作物需水要求，尽量保持主要作物关键用水期用水，适当提前增加灌水的条件下，将灌水过程进行调整修匀。例如表 8-18 中 4 月下旬至 6 月中旬总灌水量为 450.5mm，可修匀为每旬灌水量为 65mm 或 70mm，同样满足灌溉要求。修匀后的水量平衡计算方法与前述相同。

8.3.3 不同水平年不同保证率灌溉用水量的估算

未来不同水平年的灌溉用水量估算，主要考虑因素：① 灌溉面积的发展速度；② 不同保证率情况下的不同灌溉方式；③ 不同作物的灌溉定额及组成；④ 渠系水利用系数提高程度等四个因素。

1. **不同水平年的灌溉面积**

一般由计划部门根据农业发展需要与可能提出，但供水条件是限制灌溉面积发展的主要因素。不同保证率的来水与可供水量是不同的，某一枯水年的可供水量在不能同时满足工业、生活和灌溉用水需要时，一般优先满足城市生活和工业用水需要，限制灌溉面积的发展，其限制面积可用下式计算

$$\omega = W_{供} / M_{综} \tag{8-32}$$

式中：$W_{供}$ 为不同水平年某一保证率用于灌溉的可供水量；$M_{综}$ 为不同水平年某一保证率的综合毛灌溉定额；ω 为不同水平年某一保证率的灌溉面积。

上述计算面积确定需要在供水规划中综合研究、统筹考虑。

2. **不同灌溉方式影响**

不同水平年不同保证率条件下，确定不同作物组成和不同灌溉方式的净灌溉定额，可根据当地灌溉试验站分析历年资料基础上提出，或借用相邻地区灌溉试验分析资料。由于先进灌水技术不断推广应用，综合灌溉定额将呈现下降趋势。图 8-5 为 1980～2000 年全国农田灌溉亩均综合用水量变化图，图中展示了农田综合灌溉定额的明显下降过程。

3. **作物种植结构**

作物组成制定和调整，由农业计划部门根据需要与可能提供。当受水源条件限制，经

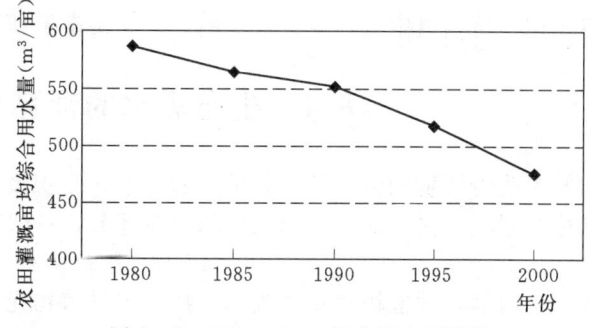

图 8-5　1980～2000 年全国农田灌溉亩均综合用水量变化图

过用水水量平衡分析，有必要进行作物组成调整，限制耗水量多的作物发展（如水稻），调整后的作物组成都会影响综合灌溉定额。

4. **渠系水利用系数**

渠系水利用系数与工程配套、防渗措施、用水管理、输水方式等有关。不同水平年渠系水利用系数提高程度应该根据具体措施进行典型调查分析。渠系水利用系数正

确估计对确定灌溉用水量影响较大。我国部分大中型灌区渠系水利用系数有测验统计数字，要根据现有的渠系水利用系数对未来不同水平年提高程度有一个确切估算，尽量避免主观任意性。对新建灌区的渠系水利用系数应有明确规定，采取措施提高渠系水利用系数。表 8-20 为 2000 年我国水资源一级区渠系水利用系数表，可供参考。

表 8-20　　　　　　　　2000 年水资源一级区渠系水利用系数表

水资源一级区	库、引灌	提　灌	井　灌
松花江	0.45～0.55	0.50～0.60	0.70
辽河	0.45～0.60	0.55～0.60	0.65
海河	0.50～0.65		0.80～0.90
黄河	0.40～0.60	0.60～0.80	0.90
淮河	0.40～0.50	0.60～0.70	0.75
长江	0.45～0.60	0.60～0.65	
珠江	0.50～0.60	0.65～0.70	
东南诸河	0.50～0.65	0.65～0.70	
西南诸河	0.50～0.65	0.60～0.65	
内陆河	0.45～0.70		0.80～0.90

5. 经济灌溉定额

所谓经济灌溉定额是指单位水量的增产量最大的灌溉用水量。在灌溉工程设计或区域水资源供需分析中，灌溉定额和计算灌溉面积的取值大小对供需平衡起着决定性的作用。特别是北方干旱缺水地区，这种影响更大。倘若在水量供需平衡中，不同保证率情况仍按丰产灌溉定额和同样的灌溉面积计算农业用水的话，则缺水程度将很大。

目前比较趋近一致的意见是：在干旱缺水的北方地区，部分农田计算农业用水，要考虑用经济灌溉定额，或节水定额，以此来衡量地区的水资源供需平衡问题。

8.4　生态需水的计算与预测

水是生态环境中最活跃、最重要的元素，它积极参与生态环境中一系列物理、化学和生物过程，是生命物质原生质的组成部分，一般来说，生物体内含水量约占体重的 60%～80%，有的还可高达 90% 以上。水是多种物质的溶剂，土壤中很多矿物质要先溶于水后，才能被植物吸收和运移。水是植物光合作用制造有机体的原料，许多营养物质如水溶性维生素只有溶于水后，才能被机体吸收。

植物一生中要消耗大量的水分，这些水主要用于蒸腾作用，维持植物体内的水分平衡，满足各种生理生化活动的需要。水对植物的生长发育有不同的基点，低于最适点植物萎蔫、生长停止；超过最高点植物缺氧、窒息。

水对动物的影响比饥饿更重要，动物没有食物时生存时间要比缺水时间长；湿度对动物的形态、体色、生长发育、繁殖、代谢、活动和行为以及寿命都有影响。

我国水域生态系统存在着三大突出问题：① 水污染现象严重，水环境质量恶化；

② 泥沙含量过高，河道淤积严重；③ 河道水量减少，湿地萎缩。三大问题严重破坏了生态系统的平衡，造成我国水域生态系统中生物多样性受损、生态完整性受损、环境污染加重、水资源耗竭、生产力降低。

从广义上讲，所谓生态环境需水量，是指维持全球生物地理生态系统水分平衡所需要的水量，它包括水热平衡、生物平衡、水沙平衡、水盐平衡的需水量等。本章所述生态环境用水是指为维持生态与环境功能和进行生态环境建设所需要的最小需水量。按照美化生态环境和修复生态环境的要求，可按河道内和河道外两类生态环境需水口径分别进行计算与预测。

河道内生态环境用水一般分为维持河道及通河湖泊湿地基本功能和河口生态环境（包括冲淤保港等）的用水。河道外生态环境用水分为美化城市景观建设和其他生态环境建设用水等。不同的生态环境需水量计算方法不同。

8.4.1 植被型生态环境需水

城镇绿化用水、防护林草用水等以植被需水为主体，植被型生态环境需水量，可采用定额计算和预测方法，即：根据城镇绿化或植被面积与相应的灌溉定额进行计算，灌溉定额的拟定应根据不同区域的典型植被类型的耗水特征，结合降雨补给土壤的实际量等进行。

采用定额法，即按下式计算

$$W_G = S_G q_G \tag{8-33}$$

式中：W_G 为绿地生态需水量，m^3；S_G 为绿地面积，hm^2；q_G 为绿地灌溉定额，m^3/hm^2。

如果有多种绿化植物，可以仿照农作物灌溉需水量计算的方法详细计算，其原理同 8.3 节，不再赘述。

8.4.2 湖泊、湿地、城镇河湖及鱼塘补水

湖泊、湿地、城镇河湖补水以及鱼塘补水等，以规划水面面积的水面蒸发量与降水量之差计算，采用水量平衡法和定额法进行计算。

1. 水量平衡法

$$W_t = \omega [\alpha E_t + S_t - P_t] \tag{8-34}$$

式中：ω 为水面面积；E_t 为第 t 时段水面蒸发量，由水文气象部门蒸发皿测得；α 为蒸发皿折算系数（可根据附近水文气象部门资料确定）；P_t 为第 t 时段降雨量；S_t 为第 t 时段渗漏量（由调查、实测或经验数据估算）。

2. 定额法

定额法是按照现状水面面积和现状城镇河湖补水量估算单位水面的河湖补水量，根据对不同规划水平年河湖面积的预测值，计算所需水量。也可以采用人均水面面积的现状定额为基础，结合未来城镇人口预测，采用适当的人均水面面积（根据城镇总体规划等）进行预测。

渔业用水也可根据调查补水定额和养殖面积进行估算。如辽河流域调查估算养鱼补水定额为 $500 m^3/亩$。公式为

$$W_{渔} = \omega m \tag{8-35}$$

式中：ω 为养殖水面面积；m 为鱼塘补水定额。

8.4.3 河道内生态环境需水

河道内生态环境需水量计算方法大体上可以分为分项计算和综合计算两类，下面分别介绍。

8.4.3.1 分项计算

河道内生态环境需水包括河道基流、改善水质需水量、通河湖库湿地生态需水、水生生物需水量、河道泥沙输送需水、冲淤保港和防潮压咸需水等。分项计算就是先求出各项的需水量，然后按照一水多用原则综合出河道内生态环境需水量。

1. 河道基流

生态基流指为维持河床基本形态、防止河道断流、保持水体天然自净能力和避免河流水体生物群落遭到无法恢复的破坏而保留在河道中的最小水（流）量。介绍三种简单计算方法。

（1）10年最小月平均流量法。计算公式为

$$W_E = 365 \times 24 \times 3600 \times \frac{1}{10} \sum_{i=1}^{10} Q_i \tag{8-36}$$

式中：W_E 为河道生态基流，m^3；Q_i 为最近10年中第 i 年最小月平均流量，m^3/s。

（2）典型年最小月流量法。选择满足河道一定功能、未断流，又未出现较大生态环境问题的某一年作为典型年，将典型年最小月平均流量或月径流量，作为满足生态环境需水的平均流量或月径流量。典型年最小月流量法计算公式为

$$W_E = 365 \times 24 \times 3600 \times Q_m \tag{8-37}$$

式中：Q_m 为典型年最小月平均流量，m^3/s。

（3）Q_{95}法。指将95%频率下的最小月平均径流量作为河道内生态基流。

不同河流水系，用以上三种方法计算得到的生态基流结果不同，可分别采用上述三种方法计算，用计算结果中的最小值作为河道内生态基流，或经分析比较后确定。

2. 改善水质需水量

水体对污染物质具有一定的稀释、净化能力，它能通过一系列的物理、化学和生物作用，使污染物的浓度逐渐降低，水质恢复到原来的状态。因此，河道必须有一定的环境水量，以维持水体一定量的自净能力。河道环境需水量分析计算公式如下

$$Q = \frac{W_P - qC_s}{C_s - C_0 \exp(-kx/u)} \tag{8-38}$$

式中：Q 为改善水质所需的最小流量；W_P 为河流系统必须接纳的最小排污量；C_s、C_0 分别为功能区要求的水质目标和初始断面水质；q 为污水流量；k 为综合降解系数；x、u 分别为河段长和河段平均流速。

3. 通河湖库湿地生态用水

为保护通河湿地生态系统，根据通河湿地的保护目标，制订适宜的湖库生态保护水位，并依此水位分析通河湖库湿地生态用水量和与之相连的河道水位。

通河湖库湿地生态用水为蒸发耗水（考虑降水量）和渗漏水量之和，非通河湖泊湿地用水在其他用水中予以考虑。

蒸发量：依据湿地面积和水面蒸发深度计算确定。

侧渗量：当湿地水位高于湿地外围区域地下水位时，存在侧渗。侧渗水量用地下水动力学中的剖面法计算。有些流域内湿地的侧渗量较蒸发量小得多，可根据湿地的具体情况决定侧渗量是否考虑。

4. 水生生物需水量

水生生物需水量指维持河道内水生生物群落的稳定性和保护生物多样性所需要的水量。为保证河流系统水生生物及其栖息地处于良好状态，河道内需要保持一定的水量；对有国家级保护生物的河段，应充分保证其生长栖息地良好的水生态环境。水生生物需水量可按下式计算

$$W_C = \sum_{i=1}^{12} \max_j (W_{Cij}) \tag{8-39}$$

式中：W_C 为水生生物年需水量，m^3；W_{Cij} 为第 i 月第 j 种生物需水量，m^3，根据具体生物物种生长习性确定。

资料缺乏地区，可按多年平均流量的百分比估算河道内水生生物的需水量，一般河流少水期可取多年平均径流量的 10%～20%，多水期可取多年平均径流量的 20%～30%，有国家级保护生物的河流（河段）可适当提高百分比。

5. 其他河道内生态用水

冲淤保港和防潮压咸入海水量常可通过放水冲沙实验得到。无条件时用输沙率估算冲淤保港所需的水量，以枯水期平均入海水量确定防潮压咸水量。

河道输沙需水量指保持河道水流泥沙冲淤平衡所需水量，主要与河道上游来水来沙条件、泥沙颗粒组成、河流类型及河道形态等有关。对北方多沙河流而言，河道泥沙输送主要集中在汛期，汛期水流含沙量高，通常处于饱和输沙状态，因此可根据汛期输送单位泥沙所需的水量来计算输沙需水量。汛期输送单位泥沙所需的水量可近似用汛期多年平均含沙量的倒数来代替。输沙需水量可用下式计算

$$W_S = S_l \frac{1}{S_{CW}} \tag{8-40}$$

式中：W_S 为年输沙需水量，m^3；S_l 为多年平均输沙量，kg；S_{CW} 为多年平均汛期含沙量，kg/m^3。

基岩河床的河流或河床比降较大的山区河流，一般情况下水流处于非饱和输沙状态，可用多年最大月平均含沙量代表水流对泥沙的输送能力，输沙需水量计算式为

$$W_S = S_l \frac{1}{S_{C,\max}} \tag{8-41}$$

式中：S_l 为多年平均输沙量，kg；$S_{C,\max}$ 为多年最大月平均含沙量，kg/m^3。

有资料的河段，可根据模型计算水流挟沙力，由水流挟沙力和输沙量计算河道输沙需水量，计算模型可参见河流泥沙有关论著。

6. 河道内综合生态环境需水量

河道内生态环境需水量可以重复利用（蒸发除外），因此取各单项生态环境因素的生态环境需水量中的最大值，在此基础上加上蒸发量作为河道内的综合生态环境需水量。

8.4.3.2 Tennant 法

除了以上先分项计算，再综合确定维持河道一定功能的需水量外，还可用 Tennant 法直接估算。Tennant 法将全年分为两个计算时段，根据多年平均流量百分比和河道内生态环境状况的对应关系，直接计算维持河道一定功能的生态环境需水量。Tennant 法中，河道内不同流量百分比和与之相对应的生态环境状况见表 8-21。

表 8-21　不同流量百分比对应的河道内生态环境状况

河道内生态环境状况	10月～次年3月平均流量百分比（%）	4～9月平均流量百分比（%）
最大或冲刷	200	200
最佳范围	60～100	60～100
极好	40	60
非常好	30	50
好	20	40
中	10	30
差	10	10
极差	0～10	0～10

根据 Tennant 法，维持河道一定功能的年需水量计算式如下

$$W_R = 24 \times 3600 \times \sum_{i=1}^{12} M_i Q_i P_i \tag{8-42}$$

式中：W_R 为多年平均条件下维持河道一定功能的需水量，m^3；M_i 为第 i 月天数；Q_i 为第 i 月多年平均流量，m^3/s；P_i 为第 i 月生态环境需水百分比。

Tennant 法将一年分为两个计算时段，4～9 月为多水期，10 月～次年 3 月为少水期，不同时期流量百分比有所不同。计算时，年内时段可按下法划分：将天然情况下多年平均月径流量从小到大排序，前 6 个月为少水期，后 6 个月为多水期。

用 Tennant 法计算维持河道一定功能的生态环境需水量，关键在于选取合理的流量百分比。不同的河流水系其河道内生态环境功能不同，同一河流的不同河段也有差异，要根据实际情况选取合理的河流生态环境目标来确定流量百分比。

少水期通常选取多年平均流量的 10%～20% 作为河道生态环境需水量，多水期选取多年平均流量的 30%～40%，要根据各河流水系的实际情况而定。

8.5　其他用水的计算与预测

8.5.1　居民生活与农村牲畜用水

1. 居民生活用水

根据新口径的用水户分类方法（见表 8-1），生活需水仅为城镇居民生活用水和农村居民生活用水。居民生活用水计算采用定额法，即

$$W_{居} = nm \tag{8-43}$$

式中：$W_{居}$ 为居民生活用水量；m 为人均生活用水定额；n 为用水人数。

居民生活用水定额与各地水源条件、用水设备、生活习惯有关。城镇与农村存在较大区别。表 8-22 为我国不同时期、不同地域居民生活用水定额。

表 8-22　　　　　　　　居民生活用水定额表　　　　　　　单位：L/(人·d)

用水	年份	城镇生活				农村生活			
		全国	南方	北方	西北	全国	南方	北方	西北
定额	1980	83	110	61	77	51	60	40	43
	1985	96	124	71	80	55	64	43	45
	1990	108	138	80	88	59	69	47	44
	1995	120	150	91	92	63	74	50	48
	2000	138	170	103	104	67	77	54	48
累计变化	1980~1990	25	28	19	11	8	9	7	1
	1990~2000	30	32	23	16	8	8	7	4
	1980~2000	55	60	42	27	16	17	14	5
	年均	2.5~3.0	2.8~3.2	1.9~2.3	1.1~1.6	0.8	0.8~0.9	0.7	0.1~0.4

城市生活用水和工业用水一样，在一定的范围内，其增长速度是比较有规律的，因而可以用趋势外延和简单相关法推求未来用水量。由于对生活用水采取节水措施，会使用水定额有所减小，需水量的预测要考虑这一变化条件。

未来水平年生活用水预测考虑的因素主要是用水人口和用水定额。人口数以计划部门预测数为准，而用水定额（指常住人口的生活用水定额）以现状调查数字为基础，分析定额的历年变化情况，或用水定额与国民平均收入的相关分析，考虑不同水平年经济发展和人民生活改善程度，拟定不同水平年的用水定额，按下式进行计算

$$W_i = P_0(1+\varepsilon)^n K_i \tag{8-44}$$

式中：W_i 为某水平年城镇（或农村）生活用水总量，m^3；P_0 为现状人口，人；ε 为城镇（或农村）人口计划增长率，%；n 为起始年份至某一水平年的时间间隔，年；K_i 为某水平年拟定的人均用水综合定额，m^3/（人·年）。

实际工作中，可以根据用水定额的差异，分区（或分块）预测。

2. 农村牲畜用水

牲畜按用水量大小划分为大、小牲畜，大牲畜一般指牛、马、驴、骡等，小牲畜指猪、羊等。牲畜用水采用定额法计算

$$W_{牧} = \sum n_i m_i \tag{8-45}$$

式中：$W_{牧}$ 为整个牧业用水量；n_i 为第 i 种牲畜或家禽头数或只数；m_i 为第 i 种牲畜或家禽用水定额（调查或实测值）。

牲畜饮用水南北方有差异，根据部分地区牲畜用水定额，推荐牲畜用水定额见表 8-23。

表 8-23　部分地区牲畜用水定额表

单位：L/(头·d)

分类			南方	北方
大牲畜	奶牛		150~170	130~150
	牛、马、骡、骆驼	饲养		70
		家养	40	35
小牲畜	猪	饲养	40	30
		家养	20	15
	羊		8	6

3. 年内分配

城镇和农村生活需水量年内相对比较均匀，可按年内月平均需水量确定其年内需水过程。对于年内用水量变幅较大的地区，可通过典型调查和用水量分析，确定生活

需水月分配系数，进而确定生活需水的年内需水过程。

在求出年总用水量之后，年内分配还可采用自来水供水系统月供水分配系数，在作一些修正后用于不同水平年的生活用水的月水量分配。

$$W_{i,m} = \alpha_m P_0 (1+\varepsilon)^n K_i \tag{8-46}$$

式中：$W_{i,m}$ 为第 i 水平年内第 m 月生活用水量，m³；α_m 为第 m 月供水量占全年总供水量百分数，$\sum_{m=1}^{12} \alpha_m = 1$。

8.5.2 建筑业和第三产业需水

1. 建筑业

建筑业需水预测有单位建筑面积用水量法和建筑业万元增加值用水量法。根据建筑业发展规划成果，结合用水现状分析，预测各规划水平年的净需水定额和水利用系数，进行净需水量和毛需水量的预测。

目前我国还没有统一的建筑业用水定额，只有少数省份或城市制定了建筑业用水管理定额，各地建筑业用水管理定额也相差很大，而且大多只是笼统地给出每平方米建筑用水的指标。定额制定方法以典型调查和分析法为主，以建筑技术发展、建筑技术应用、新型建筑技术的节水情况为基础，结合各地建筑用水定额的现状，制定不同规划水平年的建筑用水定额。

根据全国水资源综合规划调查，每平方米建筑面积混凝土搅拌消耗用水量约为 $0.32 \sim 0.36 \text{m}^3$；全国各地区蒸发能力大多在 $800 \sim 1400 \text{mm}$ 之间，取其均值，计算得每平方米建筑面积养护需水量约为 0.2m^3；建筑工人每人每天生活用水量为 55L/（人·日）；其他用水占总用水量的比例不超过 10%。预估 2010 年水平年，砖混结构用水定额为 $1.0 \sim 1.3 \text{m}^3/\text{m}^2$；框架结构建筑用水定额为 $1.4 \sim 1.8 \text{m}^3/\text{m}^2$；平均采用 $1.0 \sim 1.6 \text{m}^3/\text{m}^2$。2020 年水平年，砖混结构用水定额为 $0.8 \sim 1.0 \text{m}^3/\text{m}^2$；框架结构用水定额为 $1.2 \sim 1.5 \text{m}^3/\text{m}^2$；平均采用 $0.9 \sim 1.3 \text{m}^3/\text{m}^2$。2030 年水平年，每平方米建筑面积平均用水下降到 1.0m^3 以下。

2. 第三产业

第三产业包括交通运输业、邮电通信业、商业饮食业、物资供销和仓储业等流通部门；以及为生产和生活服务的部门、为提高科学文化水平和居民素质服务的部门和为社会公共需要服务的部门。

第三产业用水量包括：①三产从业人员生活用水；②第三产业服务场所、服务设施及相关服务设备的清洁用水；③接受第三产业服务的特殊人群在第三产业服务场所的用水。

据调查北京市宾馆饭店行业每个床位平均每天用水量约为 832.6L，按从业人员计算为 925L/（人·日）；大中专院校按院校职工人均用水量计算（单位从业人员人均日用水量）为 1545L/（人·日）；公共建筑为 66.0L/（人·日），约为北京市城市居民生活用水量的 62.9%。

医疗卫生机构按床位数计算，医院床均用水量约为 $1.47 \text{m}^3/$（床·日），北方医院为 $0.97 \text{m}^3/$（床·日），南方医院为 $1.68 \text{m}^3/$（床·日），按医院职工人均用水量计算为723L/（人·日），北方医院为555L/（人·日），南方医院为947L/（人·日）。将"床均用水量指标"换算成相对应的医院从业人员单位用水量指标具有较强的可操作性。

第三产业用水主体是城市人口在不同场所的生活用水。因此，可以采用单位第三产业从业人员人均用水量指标，作为衡量第三产业用水水平和用水量需求预测指标，表8-24为典型调研城市部分第三产业用水指标现状。

表8-24　　　　　　典型调研城市部分第三产业用水指标现状　　　　　单位：L/（人·日）

年份	用水量指标				年份	用水量指标			
	宾馆饭店	高等院校	科研院所	综合用水		宾馆饭店	高等院校	科研院所	综合用水
1989	818		257	271	1996	1201	232		325
1990		194	189	193	1997		223		223
1992			281	281	1999	442			382
1993			350	350	2002				128
1994			294	294					

在进行第三产业用水量定额指标预测时，应根据本地区的第三产业总体发展程度与发展状况、三产从业人员数量及构成比例、城市居民家庭生活分类用水比例状况，进行适当修正，各地可以通过调查绿化环境用水，用城市综合生活用水减去居民生活用水和绿化环境用水来校正。

建筑业和第三产业用水量年内分配比较均匀，仅对年内用水量变幅较大的地区，通过典型调查进行用水量分析，计算需水月分配系数，确定用水量的年内需水过程。

8.6　综合需水过程计算

以上介绍了不同用水部门需水量的计算与预测方法，需水量是工程设计的重要依据。目前已很难找到为单一目的而兴建水利工程，特别是水库工程，多用途水库中常见的兴利部门有发电、灌溉、供水、养殖、旅游、环保、航运等，各兴利部门间的用水特性有差异，通常可区分为耗水与用水两大类，且可做到一水多用。因此，水库（包括其他蓄水工程）的综合用水过程并不能简单地相加，计算的一般原则如下。

1. 用水能够相互结合的兴利部门

$$Q'_{s,t} = \max_{\Omega_1}(Q_{it} \mid i \in \Omega_1) \tag{8-47}$$

式中：$Q'_{s,t}$ 为第 t 时段用水能够相互结合的兴利部门的综合需水量；Ω_1 为用水能结合的兴利部门集合；Q_{it} 为第 i 兴利部门第 t 时段的需水量。

2. 用水不能够结合的兴利部门

$$Q''_{s,t} = \sum_{\Omega_2}(Q_{it} \mid i \in \Omega_2) \tag{8-48}$$

式中：$Q''_{s,t}$ 为第 t 时段用水不能够相互结合的兴利部门的综合需水量；Ω_2 为用水不能够结合的兴利部门集合。

3. 工程综合需水过程

$$Q_{s,t} = Q''_{s,t} + Q'_{s,t} \tag{8-49}$$

【例 8-8】 某水库有灌溉、供水、航运、发电四个兴利部门，其中供水为坝上自流引水，航运为下游河道航运，灌溉利用发电尾水，已知各部门的用水流量过程见表 8-25，求水库的综合用水过程。

表 8-25　　　　　　　　综合需水过程计算表　　　　　　　　单位：m³/s

部门＼月份	1	2	3	4	5	6	7	8	9	10	11	12
灌溉	0	0	0	14	16	18	20	25	0	0	0	0
发电	10	10	13	20	18	20	10	10	10	10	10	10
航运	15	15	15	15	15	0	0	0	15	15	15	10
供水	4	4	4	4	4	4	4	4	4	4	4	4

解：据题意：航运、灌溉可与发电用水相互结合，灌溉与航运不能结合，供水与其他部门的用水不能结合，综合用水过程可按下式确定

$$Q_{s,t} = Q_{供,t} + \max\{Q_{电,t}, Q_{航,t} + Q_{灌,t}\}$$

计算结果见表 8-26。

表 8-26　　　　　　　　　计　算　结　果　表

月　份	1	2	3	4	5	6	7	8	9	10	11	12
需水过程（m³/s）	19	19	19	33	35	24	24	29	19	19	19	14

参　考　文　献

[1]　黄永基，马滇珍. 区域水资源供需分析方法. 南京：河海大学出版社，1990.
[2]　鲁子林主编. 水利计算. 南京：河海大学出版社，2003 年.
[3]　水利部淮河水利委员会. 淮河流域及山东半岛水资源综合规划技术细则. 2003 年.
[4]　叶秉如编著. 水利计算及水资源规划. 北京：水利电力出版社，1995 年.
[5]　钟平安，陈筱云，陈凯. 工业需水量综合预测方法. 河海大学学报，2001（4）：67-71.
[6]　陈乐湘，钟平安，陆宝宏. 旱作物灌溉用水预测公式. 水文，2002（6）：29-32.
[7]　武汉水利电力学院. 农田水利学. 北京：水利出版社，1980.
[8]　施成熙，粟宗嵩. 农业水文学. 北京：农业出版社，1984.
[9]　Jensen M E. 耗水量与灌溉需水量（中译本）. 北京：农业出版社，1982.
[10]　沈振荣，苏人琼. 中国农业水危机对策研究. 北京：中国农业科技出版社，1998.

注：本章引用了全国水资源综合规划成都会议与黄山会议的部分资料。

第9章 径流（量）调节计算

9.1 概 述

9.1.1 径流调节的意义

1. 降雨径流时空分布

我国地处亚洲东部，太平洋西岸，季风气候显著，受东南、西南季风的影响，降雨时空分布极不均匀。汛期4个月集中全年雨量的60%～80%，长江以南地区汛期4个月降雨量占全年的50%～60%；华北、东北、西南地区，多雨期4个月雨量可占全年的70%～80%。年内各月径流量相差更大，浙江省乌溪江湖南镇站1968年6月份径流量为11月份径流量的66.8倍；1969年7月份径流量为12月份径流量的25.6倍。如从短历时暴雨量看，则变化更为悬殊，黄河三门峡建库前最小流量小于$200m^3/s$，而最大实测洪峰流量可达$23500m^3/s$，相差达120倍；1960年7月内蒙古商都一次暴雨，4h降水量达600mm，相当于当地常年全年降水量的1.5倍；1977年8月内蒙古乌审旗的一次暴雨，10h降水量达1400mm，相当于当地常年全年降水量的3.5倍。

降水量和径流量的年际变化也很大，北京1959年降水量（1406mm）是1891年（168.5mm）的8.34倍。淮河蚌埠站1921年年径流（719亿m^3）是1978年（26.9亿m^3）的26.7倍。此外，从实际资料看，我国主要江河都出现过连续枯水年和连续丰水年。松花江哈尔滨站，出现过连续11年（1898～1908年）和连续13年（1916～1928年）的枯水期，13年枯水期平均年径流量比正常年份减小达40%；哈尔滨站也出现过连续7年（1960～1966年）的丰水期，平均年径流量比正常年份多32%，并且在1956年、1957年连续发生了该站自1898年有记录以来最大的两次洪水。黄河陕县站出现过连续11年（1922～1932年）的枯水期，其平均年径流量比正常年份减少24%；长江、闽江、珠江也都出现过连续六七年的少水期。

降雨径流除上述时间上分配不均外，空间上的分布也极不均匀，我国水资源分布情况见表9-1。就大范围说，我国华北和西北地区雨量较少，而耕地较多；长江以南地区水量丰沛，而耕地面积相对较少；西南边疆水资源相当丰富，但人口和耕地却很少，需水量不大。全国水土资源很不平衡，长江流域及其以南地区的耕地占全国耕地面积的 38%，而河川径流量占全国 83%；黄、淮、海、辽四河流域内耕地面积占全国 42%，但河川年径流量只占全国 8%。全国 600 多个城市中有 300 多个城市缺水，114 个城市严重缺水，其中北方地区和沿海城市尤为突出，农村仍有几千万人饮用水问题尚未解决。有些地方水源不足已成为影响人民生活和社会经济发展的严重问题。

表 9-1　　　　　　　　我国水资源一级区水资源总量

水资源一级区	降水量 (亿 m³)	地表水资源量 (亿 m³)	地下水资源量 (亿 m³)		水资源总量 (亿 m³)	人均水资源总量 (m³)	单位耕地面积水资源总量 (m³/亩)
			资源量	其中不重复量			
松花江区	4719	1296	478	196	1492	2333	544
辽河区	1713	408	203	90	498	909	445
海河区	1712	216	235	154	370	293	213
黄河区	3555	594	378	113	707	647	290
淮河区	2767	677	397	239	916	457	347
长江区	19370	9857	2492	102	9960	2246	2001
东南诸河区	4372	2654	665	27	2681	2899	4640
珠江区	8972	4723	1163	14	4737	3193	2837
西南诸河区	9186	5775	1440	0	5775	29298	10509
西北诸河区	5421	1174	770	102	1276	4663	1305
全国	61786	27375	8219	1037	28412	2195	1437

我国是世界上水力资源最丰富的国家，全国水能蕴藏量 6.76 亿 kW，但地区分布不均匀，位于人烟稀少的雅鲁藏布江与西南其他国际河流的水能蕴藏量占全国的 37%；长江、黄河的水力资源，也主要位于我国西部和西南部山区的上游河段。人口稠密、经济发达的东部地区水力资源相当贫乏。淮河、海河、辽河三条河合计，水能蕴藏量尚不到全国总量的 0.7%。水能资源的地区性调节，一般需将水能先变为电能，然后通过电网调配（如西电东送）。

2. 径流调节含义

河川径流在时间上分配不均匀，往往难以满足用水部门的需要，使总水量不能充分利用。由第 8 章不同用水部门需水特性可知，大多数用水部门（如灌溉、发电、航运等）都有特定的过程要求。天然径流过程往往与需水过程不能吻合。例如，我国很多流域在水稻插秧期需水较多，而这时河川径流量却往往很少；冬季发电需水量较多，而一般河流都处于枯水期。为充分利用河川径流，就需要兴建水利工程，人为地将天然径流在时间上重新进行分配，以满足各水利部门对水量的需要。从防灾的角度考虑，由于河川径流年内大部分水量往往集中于汛期几个月，而河槽宣泄能力有限，常造成洪水泛滥，为了减轻洪涝灾害，也需要对河川径流进行控制和调节。除在时间上进行径流调节外，还需要通过跨流域调水工程在地区上进行径流调节，如引江济黄、引松济辽、引滦入津和南水北调工程等。

狭义的径流调节涵义：通过建造水利工程（闸坝和水库等），控制和重新分配河川径流，人为地增减某一时期或某一地区的水量，以适应各用水部门的需要。更简洁地说，就是通过兴建蓄水和调节工程，调节和改变径流的天然状态，解决供需矛盾，达到兴利除害的目的。

广义的径流调节涵义：人类对整个流域面上（包括地面及地下）径流自然过程的一切有意识的干涉。例如流域上众多的群众性水利工程的蓄水、拦水、引水措施，各种农林措施和水土保持工程等，其目的都在于拦蓄地表径流，增加流域入渗，以防止水土流失，有利于防洪和兴利。这种广义的径流调节情况多样，需要大量调查对比资料和特定的综合估算方法。一般可把它归为水文分析中人类活动对径流影响的估算问题。

本章主要阐述以水库为中心的狭义的径流调节计算。

9.1.2 径流调节的分类

建造水库调节河川径流，是解决来水与需水之间矛盾的一种常用的、有效的方法。根据不同的自然条件和要求，从不同角度对径流调节进行分类，有助于了解水库设计与运行中的不同特点。

1. 按调节周期分类

调节周期是指水库一次蓄泄循环经历的时间，即水库从库空到库满再到库空所经历的时间。根据调节周期，水库可分为无调节、日调节、周调节、年（季）调节和多年调节等。

（1）无调节、日调节和周调节。

无调节、日调节、周调节等短期调节，通常用于发电、供水水库。枯水期河川径流在一天或一周内的变化一般是不大的，而用电负荷和生产生活用水在白天和夜晚，或工作日和休息日之间，差异甚大。有了水库，就可把夜间或休息日用水少时的多余水量，蓄存起来用以增加白天和工作日的正常供水。这种调节称日调节和周调节，如图 9-1 和图 9-2 所示。

（2）年调节或季调节。

我国一般河川径流季节变化很大。洪水期和枯水期水量相差悬殊，而多数用水部门如发电、航运、供水等，一年内需水量变化不大。因此往往感到枯水期水量不足，洪水期过剩。这就要求在一年范围内进行天然径流的重新分配，将汛期多余水量调剂到枯期使用，称为年调节或季调节，其调节周期为一年，如图 9-3 所示。

（3）多年调节。

如果水库很大可将丰水年多余的水量蓄入库内，以补枯水年水量的不足，就称为多年调节。这种水库的有效库容一般并非年年蓄满或放空，它的调节周期要经过若干年，如图 9-4 所示。

在特定的位置上，水库库容越大，其调节径流的周期（即蓄满—放空—蓄满的循环时间）就越长，调节和利用径流的程度也越高。多年调节水库一般可同时进行年、

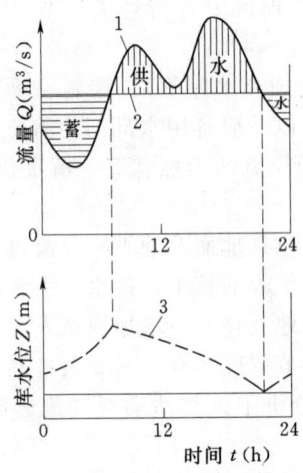

图 9-1 日径流调节
1—用水流量；2—天然日平均流量；
3—库水位变化过程

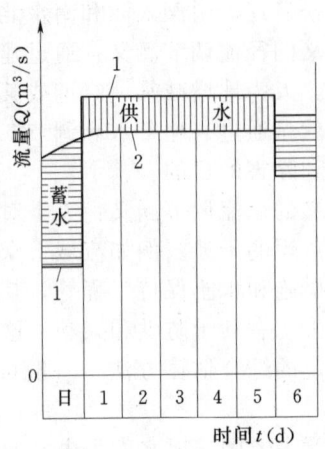

图 9-2 周径流调节
1—用水流量；2—天然流量

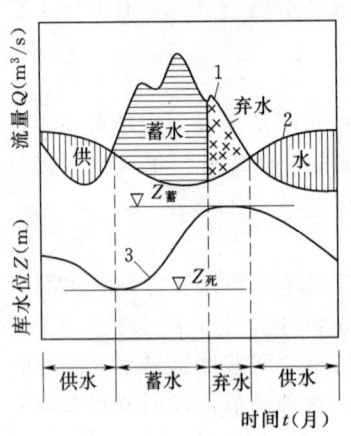

图 9-3 径流年调节
1—天然流量过程；2—用水流量过程；
3—库水位变化过程

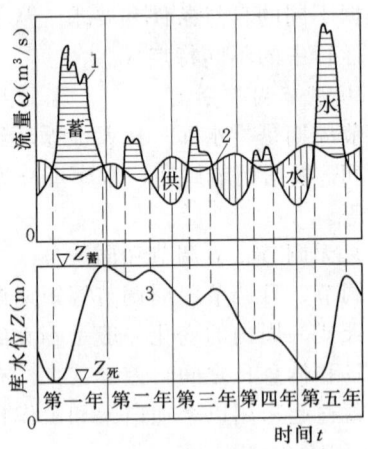

图 9-4 径流多年调节
1—天然流量过程；2—用水流量过程；
3—库水位变化过程

周和日的调节。年调节水库可同时进行周和日的调节。

2. 按服务目标分类

径流调节可分为灌溉、发电、供水、航运及防洪除涝等。它们在调节要求和特点上各有不同。但目前水库已较少为单一目标开发，一般都是以一、二个目标为主进行综合利用径流调节。

3. 按调节的对象和重点分类

按调节的对象和重点分，有洪水调节和枯水调节。前者重点在于削减洪峰和调蓄洪量，后者则是为了增加枯水期的供水量，以满足各用水部门的要求。

4. 其他形式的调节

其他形式的调节包括补偿调节、反调节、库群调节等。

(1) 补偿调节。当水库与下游用水部门的取水口间有区间入流时，因区间来水不能控制，故水库调度要视区间来水多少，进行补偿调节。

(2) 反调节。日调节的水电站下游，若有灌溉取水或航运要求时，往往需要对水电站的放水过程进行一次再调节，以适应灌溉或航运的需要，称为反调节。

(3) 库群调节。河流上有多个水库时，如何研究它们的联合运行，以最有效地满足各用水部门的要求，库群调节是更复杂的径流调节，也是开发和治理河流的发展方向。

9.1.3 水库特性曲线

在河流上拦河筑坝形成人工的水体用来进行径流调节，这就是水库。一般地说，坝筑得越高，水库的容积（简称库容）就越大。但在不同的河流上，即使坝高相同，其库容也很不相同，这主要与库区内的地形有关。如库区内地形开阔，则库容较大，如为一峡谷，则库容较小。此外，河流的纵坡对库容大小也有影响，坡降小的库容较大，坡降大的库容较小。根据库区河谷形状，水库有河道型和湖泊型两种。

水库的形体特征，其定量表示主要就是水库水位面积关系和水库水位容积关系。

水库水位越高则水库水面积越大，库容越大。不同水位有相应的水库面积和库容。因此，在设计时，必须先作出水库水位面积和水库水位库容关系曲线，这两者是最主要的水库特性资料。

为绘制水库水位面积和水库水位库容关系曲线，一般可根据1∶10000～1∶5000比例尺的地形图（如图9-5所示），用求积仪（或按比例尺数方格）求得不同高程时水库的水面面积（如果有数字化地形图，利用 GIS 软件可以方便地量算出水库水面面积），然后以水位为纵坐标，以水库面积为横坐标，画出水位面积关系曲线。再以此为基础，分别计算各相邻高程之间的部分容积，自河底向上累加得相应水位之下的库容，即可画出水位库容的关系曲线。相邻高程间的部分容积可按下式计算

$$\Delta V = \frac{F_1 + F_2}{2} \Delta Z \tag{9-1}$$

式中：ΔV 为相邻高程间（即相邻两条等水位线间）的容积，m^3；F_1、F_2 为相邻上、下两条等水位的水库面积，m^2；ΔZ 为相邻上、下两条等水位的水位差，m。

或用较精确的公式

$$\Delta V = \frac{1}{3}(F_1 + \sqrt{F_1 F_2} + F_2) \Delta Z \tag{9-2}$$

水库面积和库容曲线的一般形状，如图9-6所示。

总库容是水库最主要的一个指标。通常按总库容的大小，把水库区分为下列五级：

大（1）型——10亿 m^3 以上

大（2）型——1亿～10亿 m^3

中　　型——0.1亿～1亿 m^3

小（1）型——0.01亿～0.1亿 m^3

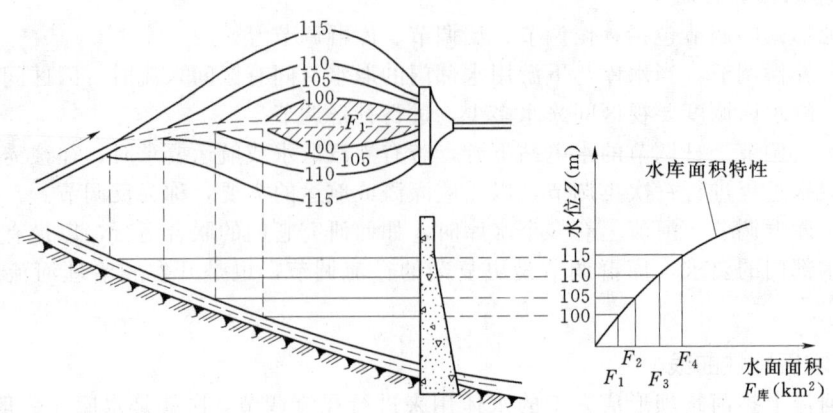

图 9-5 水库面积特性绘法示意

小（2）型——0.001 亿～0.01 亿 m^3

在生产实践中为了能与来水的流量单位直接对应，便于调节计算，水库库容的计量单位常用"$(m^3/s) \cdot 月$"表示。它是 $1m^3/s$ 的流量在一个月中的累积总水量，即

$$1[(m^3/s) \cdot 月] = 30.4 \times 24 \times 3600 = 2.63 \times 10^6 (m^3)$$

前面讨论的面积特性曲线和容积特性曲线，均建立在假定入库流量为零时，水面是水平的基础上。这是水库内的水体静止（即流速为零）时，所观察到的水静力平衡条件下自由水面，因此，这种库容称为静水库容（简称静库容）。如有一定入库流量时，水库中水流有一定流速，则水库水面从坝址起上溯，其回水曲线越近上游，水面越往上翘，直到入库端与天然水面相切为止。静水面线与动水面线之间包含的水库容积称为楔形蓄量（如图 9-7 的阴影部分）。静库容与楔形蓄量的总和称为动库容。以入库流量为参数的坝前水位与相应动库容的关系曲线，为动库容曲线。

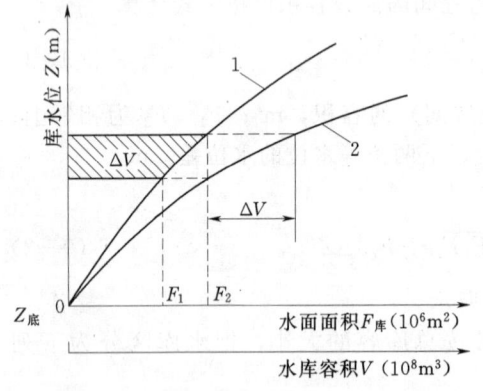

图 9-6 水库水位库容与水位面积曲线
1—水库面积特性；2—水库容积特性

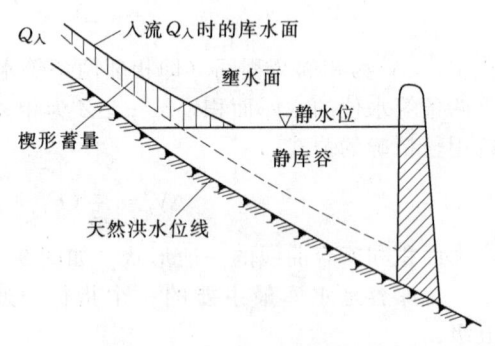

图 9-7 动库容示意图

当确定水库回水淹没和浸没的范围、或作库区洪水流量演进计算时，或当动库容数值占调洪库容的比重较大时，必须考虑动库容影响。

动库容曲线绘制步骤：

(1) 假定一个入库流量 Q_1 和一组坝前水位，然后根据水力学公式，求出一组以某一入库流量为参数的水面曲线。

(2) 将水库全长分为若干段（如图9-8所示），在每段水库中求出相应于每一回水曲线的平均水位，根据每段平均水位的位置定出该段相应的水面面积，求出不同回水曲线每段的容积。

(3) 将各段水库容积相加，即得以某一入库流量为参数的总的动库容曲线。

(4) 假定不同的入库流量 Q_2、Q_3、…，按（1）～（3）步骤计算，分别求得不同入库流量为参数的水库动库容曲线（如图9-9中 $Q_入=0\sim 7000 \text{m}^3/\text{s}$ 诸曲线）。

图9-9中 $Q_入=0$ 的曲线也就是前面所说的静库容曲线。从图上可以看出，坝前水位不变时，入库流量越大，则动库容总值也越大。应该指出，动库容曲线的计算，需要的资料多，比较麻烦，为了简便起见，一般的调节计算仍多采用静库容曲线。

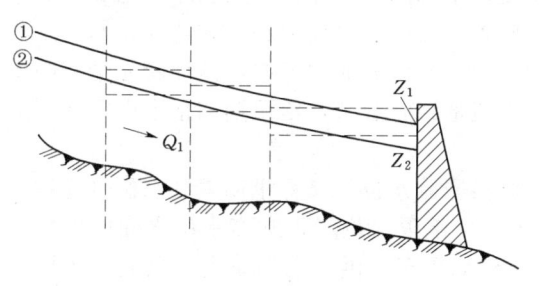

图9-8 水库动库容曲线计算
①、②—相当于两个坝前水位通过某个流量时的回水曲线

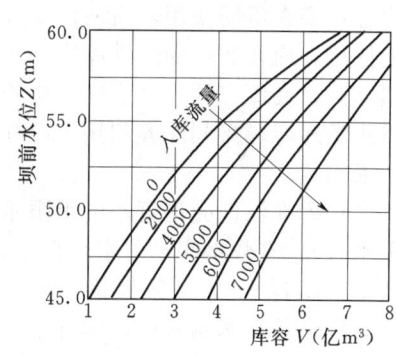

图9-9 水库动库容曲线

9.1.4 水库的特征水位和相应库容

在水库规划设计中水利计算的任务，就是要根据河流的水文条件和各用水部门的需水及保证率，通过调节计算和经济论证，来确定水库的各种特征水位及相应库容。它们是确定主要水工建筑物的尺寸（如坝高和溢洪道大小），估算工程效益（如防洪、灌溉、发电、航运、供水等）的基本依据。水库特征水位和相应库容包括以下内容。

1. 死水位和死库容

在正常运用情况下，水库允许消落的最低水位称为死水位。死水位以下的库容称为死库容或垫底库容。死库容在一般情况下是不能动用的，除非特殊干旱年份，为了满足紧要的供水或发电需要，经慎重研究，才允许临时动用死库容内的部分存水。

确定死水位所应考虑的主要因素包括：

(1) 保证水库在使用年限内有足够的供泥沙淤积的库容。

(2) 保证水电站所需要的最低水头和自流灌溉必要的引水高程。

(3) 满足库区航深和渔业的要求。

(4) 满足旅游、水质方面的要求。

2. 正常蓄水位和兴利库容

在正常条件下，为了满足兴利部门枯水期的正常用水，水库在供水期开始应蓄到的水位称为正常蓄水位。正常蓄水位又称正常高水位或设计蓄水位。它是供水期可长期维持的最高水位。正常蓄水位到死水位之间的库容，是水库实际可用于调节径流的库容，称为兴利库容，又称调节库容或有效库容。正常蓄水位与死水位之间的水位差称为工作深度或消落深度。

正常蓄水位，是设计水库时需确定的重要参数，它直接关系到一些主要水工建筑物的尺寸、投资、淹没、人口迁移及政治、社会、环境影响等许多方面，因此，需要经过充分的技术经济论证，全面考虑，综合分析确定。

3. 防洪限制水位和结合库容

兴建水库的目的在于兴利除害，从这一点出发可将水库承担的任务划分为防洪与兴利两部分，作为蓄水工程，为了满足一定设计保证率的兴利要求，水库必须设计足够的兴利库容$V_{兴}$，同时为了保障水库自身和下游保护区的防洪安全，水库又必须设计足够的防（调）洪库容$V_{防}$。兴利库容与防洪库容具有完全不同的使用时段，防洪库容主要在汛期使用，而在汛期并不需要使用全部的兴利库容；兴利库容主要在非汛期使用，而在非汛期防洪库容基本上完全闲置，所以如果所修建的水库$V_{兴}$与$V_{防}$截然分开，在库容的利用上往往是不经济的。出于经济方面的考虑，设计者完全有必要将防洪库容与兴利库容利用"时间差"而有机地结合起来，给汛期和枯季设定不同的上限水位。

水库在汛期允许蓄水的上限水位称为防洪限制水位，又称汛期限制水位（简称汛限水位）。多数水库汛限水位低于正常高水位，汛限水位到正常高水位之间的库容称为结合库容$V_{结}$，又称重叠库容。该库容在汛期用于防洪，在枯季用于兴利。由此可见，所谓防洪限制水位，实际上是结合库容的下边界相应的水位。

并非所有的水库都适合设置结合库容，设置结合库容的必要条件是，水库所在流域必须有较明确的汛期和枯季交替时间界面，如果水库所在流域汛期和枯季分季不明，就不适合设置结合库容。如果水库所在流域不仅存在明显的汛期和枯季交替界面，而且还存在明显的洪水大小的阶段差异，则该水库具备了设置分期防洪限制水位的必要条件。但具备设置防洪限制水位必要条件的水库，并不一定适合设置汛限水位，影响汛限水位设计的因素很多，必须综合考虑技术经济因素，引水建筑物高程与通航水深要求，泥沙淤积以及对发电等其他兴利部门的影响。

我国现存的85000余座水库，防洪库容与兴利库容的关系大致可归纳为三种情况：

(1) 完全结合。$V_{结}=V_{兴}$（兴利库容是防洪库容的一部分），或$V_{结}=V_{防}$（防洪库容是兴利库容的一部分），或$V_{结}=V_{兴}=V_{防}$（兴利库容与防洪库容相同）。

(2) 部分结合。$V_{结}<V_{兴}$，且$V_{结}<V_{防}$。

(3) 完全不能结合。$V_{结}=0$。

4. 防洪高水位和防洪库容

当遭遇下游防护对象的设计标准洪水时，水库从防洪限制水位开始，按一定规则调洪演算，为控制下泄流量而拦蓄洪水，在坝前达到的最高水位称为防洪高水位。防洪高水位与防洪限制水位之间的库容称为防洪库容。当有不同时期防洪限制水位时，防洪库容指最低的汛期限制水位与防洪高水位之间的库容。

5. 设计洪水位和拦洪库容

当水库遭遇大坝设计标准洪水时,水库从防洪限制水位开始,按一定规则调洪演算,为控制下泄流量而拦蓄洪水,在坝前达到的最高水位称为设计洪水位。它是正常运用情况下允许达到的最高水位,也是水工建筑物稳定计算的主要依据。设计洪水位与防洪限制水位之间的库容称为拦洪库容。

由于大坝的设计标准一般要比下游防护对象的防洪标准高,所以设计洪水位一般高于防洪高水位。

6. 校核洪水位和调洪库容

当水库遭遇大坝校核标准洪水时,从防洪限制水位开始,按一定规则调洪演算,为控制下泄流量而拦蓄洪水,在坝前达到的最高水位称为校核洪水位。它是非常运用情况下允许达到的最高水位。校核洪水位与防洪限制水位之间的库容称为调洪库容。

7. 总库容

校核洪水位以下的全部库容,称为水库总库容。

校核洪水位加上一定的风浪高和安全超高,就是坝顶高程。水库各种特征水位及其相应库容,如图9-10所示。

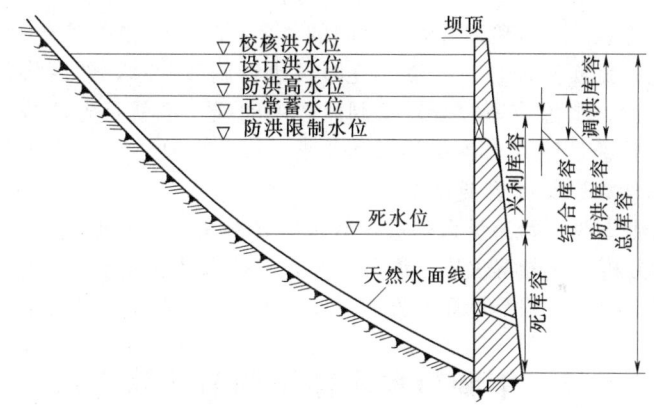

图9-10 水库特征水位和相应库容示意图

9.1.5 设计保证率

设计保证率是一个统计参数,主要针对入库径流的随机性,在需水一定的情况下,当来水不同时,需要水库调节的水量不同,需要设置的兴利库容就不同,一般情况下,来水越少,需要水库提供的水量越多,需要的兴利库容越大。当兴利库容设置过小,很多年份的需水量将得不到保证;当兴利库容设置过大,耗费的人力、物力和财力多,但由于发生特殊干旱年的几率较小,导致很多年份库容闲置,显然是不经济和不合理的。所以,有必要确定一个阈值,在水库长期工作期间,正常用水得到保证的概率。水库在多年工作期间正常用水得到保证程度常用正常供水保证率(简称设计保证率)来表示。设计保证率有三种不同的衡量方法,即按保证供水的数量,按保证供水的历时,按保证供水的年数来衡量。三者都是以多年工作期中的相对百分数表示。目前,在水库的规划设计中最常用的是第三种衡量方法。例如灌溉水库、年调节

以上的水电站、工业和民用供水工程等都用水库在多年工作期中能保证正常工作的相对年数表示，即

$$P(\%) = \frac{总年数 - 破坏年数}{总年数} \times 100\%$$

$$= \frac{正常工作年数}{总年数} \times 100\% \quad (9-3)$$

无调节或日调节水电站及航运部门一般用正常工作的相对日数（历时）表示保证率，即

$$P(\%) = \frac{总历时 - 破坏历时}{总历时} \times 100\%$$

$$= \frac{正常工作历时}{总历时} \times 100\% \quad (9-4)$$

设计保证率的高低与用水部门的重要性和工程的等级有关。设计保证率越高，用水部门的正常工作受破坏的机会就越小，但所需的水库容积就越大。反之，如设计保证率越低，则库容可以较小，但正常工作破坏的机会就多。保证率是对工程投资和经济效益影响很大的一个参数。水利计算的任务，是通过调节计算获得设计保证率、库容和调节流量之间的关系，为进一步的经济分析和参数选择提供足够的方案。

确定设计保证率、库容和调节流量之间的关系有时历法和数理统计法两大类方法。

时历法是先根据实测流量过程逐年逐时段进行调节计算，然后将各年调节后的水利要素值（如流量、水位或库容等）绘制成频率曲线，也就是先调节计算后频率统计的方法。时历法关键是计算出各年的水利要素，9.2节和9.4节分别介绍年调节水库和多年调节水库计算逐年库容或调节流量的方法。

数理统计法则先对原始流量系列进行数理统计分析，将其概化为几个统计特征值，然后再通过数学分析法或图解法进行调节计算，求得设计保证率与水利要素值之间的关系，也就是先频率统计后调节计算的方法，9.5节和9.6节将介绍几种典型方法。

9.2 年调节水库径流调节计算方法

9.2.1 径流调节计算基本原理

为了调节径流必需修建蓄水工程（如水库、塘堰、储水池等）和泄水工程（如溢流堰、泄水闸、泄水孔等）。有了蓄水工程就可将多余水量暂时蓄起来，有了泄水工程就可以有计划地改变闸门的开度，控制和调节水库的出流。当来水超过出流时，水库蓄水量增加，库水位上升。反之，当来水小于出流时，水库蓄水量减少，库水位降低。

水库蓄水量变化过程的计算称为径流调节计算。它首先将整个调节周期划分为若干较小的计算时段，然后逐时段进行水量平衡计算，单时段水量平衡公式为

$$V_t - V_{t-1} = (Q_{入,t} - \sum Q_{用,t} - Q_{蒸,t} - Q_{渗,t} - Q_{弃,t})\Delta T \quad (9-5)$$

式中：V_t，V_{t-1} 为第 t 时段末、初水库的蓄水量，m^3；$Q_{入,t}$ 为第 t 时段内平均入库流量，m^3/s；$\sum Q_{用,t}$ 为第 t 时段各用水部门的综合用水流量，m^3/s；$Q_{蒸,t}$ 为第 t 时段蒸发损失，m^3/s；$Q_{渗,t}$ 为第 t 时段渗漏损失，m^3/s；$Q_{弃,t}$ 为第 t 时段的无益弃水流量，

m³/s; ΔT 为计算时段长,s。

时段 ΔT 的长短,根据调节周期的长短及入流和需水变化情况而定。对于日调节水库,ΔT 可取小时为单位;年调节水库 ΔT 可加长,一般枯水季按月,洪水期按旬或更短的时段。选择时段过长会使计算所得的调节流量或调节库容产生较大的误差,且总是偏于不安全;选择时段越短,计算工作量越大。

9.2.2 年调节水库时历法

一般说来,径流调节计算的任务有两类:
(1) 在已知天然来水过程和用水部门需水过程的情况下,求水库所需兴利库容。
(2) 在已知来水过程和水库兴利库容的情况下,求水库可提供的调节流量。

本节以年调节水库为例,分别介绍时历法的三种基本方法——列表法、简化水量平衡公式法和差积曲线法。

在水利计算中一般不用日历年,而是采用水利年。水利年以水库蓄泄循环过程作为一年的起讫点,通常取水库开始蓄水作为一年的起点,以水库放空作为一年的终点。水利年不一定每年正好 12 个月,调节计算时应根据实测流量资料确定。

1. 列表法

列表法调节计算能较严格、细致地考虑需水和水量损失随时间的变化,它是一种最通用的方法。

【例 9-1】 已知某年来水与用水部门的需水量过程见表 9-2 中第 (2) 栏和第 (3) 栏,采用 3 月~次年 2 月作为水利年进行调节计算,取计算时段 ΔT 为一个月,求该年所需兴利库容。

解: 建立计算表 9-2。

表 9-2 列表法年调节计算 (一回运用)

月份	来水流量 (m³/s)	用水流量 (m³/s)	余水量 [(m³/s)·月]	亏水量 [(m³/s)·月]	水库蓄水量 [(m³/s)·月]	弃水量 [(m³/s)·月]	备注
(1)	(2)	(3)	(4)	(5)	(6)	(7)	(8)
3	31.1	20.0	11.0		0		库空
4	40.4	20.0	20.4		11.1		
5	68.2	20.0	48.2		31.5		蓄水
6	85.8	20.0	65.8		67.8	11.0	
7	58.2	20.0	38.2		67.8	65.8	库满
8	30.6	20.0	10.6		67.8	38.2	
9	13.4	20.0		6.6	67.8	10.6	弃水
10	6.5	20.0		13.5	61.2		供水
11	3.2	20.0		16.8	47.7		
12	4.4	20.0		15.6	30.9		
1	9.2	20.0		10.8	15.3		
2	15.5	20.0		4.5	4.5		
合计	366.5	240.0	194.3	67.8	0	126.5	库空

表 9-2 中第（1）栏为月份，由于一年内不同月份的天数不同，所以每个计算时段的实际秒数并不相同，在列表法调节计算时可以仔细地考虑这一点。但在实用上，为了简便起见，ΔT 一般采用常数，即取平均值 $\Delta T = 1$ 月 $= 30.4d = 2626560s$。第（2）栏该年的入库流量由水文计算给出，第（3）栏用水部门需水量一般由第 8 章的方法计算并综合。

当 ΔT 为固定常数时，在水利计算中常用（流量·时间）为单位来表示水量，例如：$(m^3/s) \cdot$ 月或 $(m^3/s) \cdot$ 日。$1(m^3/s) \cdot$ 日 $= 1m^3/s \times 86400s = 86400m^3$。同理 $1(m^3/s) \cdot$ 月 $= 2626560m^3$。采用这种单位可以大大简化调节计算。

表 9-2 中的第（4）栏和第（5）栏分别表示各月的余水量、亏水量（来水量与用水量的差值）。

本例中 9 月～次年 2 月为亏水期，六个月总亏水量为 $67.8(m^3/s) \cdot$ 月，即 1.78 亿 m^3，也就是说为了保证全年各月 $20.0m^3/s$ 的用水流量，水库在亏水期需要补充 $67.8(m^3/s) \cdot$ 月的水量。

本例中 3～8 月为余水期，六个月总余水量为 $194.3(m^3/s) \cdot$ 月。余水期多余的水量远远超过亏水期所缺少的水量。所以余水期只需要蓄 $67.8(m^3/s) \cdot$ 月的水量，即可满足本年用水需要，此数据即为该年所需兴利库容，表示该年必须有 $67.8(m^3/s) \cdot$ 月的库容，用以存蓄水量，否则本年亏水期六个月就不能正常供水 $20m^3/s$。

求得水库调节库容后，根据水库的运行方式可得出水库各月的蓄水量变化情况〔表 9-2 中第（6）栏〕及水库弃水情况〔表 9-2 中第（7）栏〕，水库从该年 3 月初库空开始蓄水，到 5 月下旬水库蓄满。由于 5 月下旬及 6、7、8 三个月来水仍超过用水需要，因此多余的水量被迫放弃，水库保持满库状态。9 月份开始进入供水期，为了满足用水要求，水库蓄水量不断下降，一直到次年 2 月底放空，完成一次循环。

表 9-2 中水库蓄水量系指有效蓄水量未包括死库容（表 9-3、表 9-4 中情况相同，下文不再说明）。水库的蓄水量过程与水库运行操作方式密切相关，两种极端运行方式为早蓄方案和迟蓄方案（或晚蓄方案）。所谓早蓄方案，就是水库在余水期，有余水就蓄，兴利库容蓄满后还有多余水量再弃水，早蓄方案一般采用顺时序计算。所谓迟蓄方案（或晚蓄方案），就是在保证蓄水期末水库蓄满的前提下，有多余的水先弃后蓄，迟蓄方案（或晚蓄方案）采用逆时序计算较为便利。表 9-2 中采用的是早蓄方案。早蓄方案和迟蓄方案（或晚蓄方案）都是理论上的操作方式。介绍这两种方式，主要是为了有助于对径流调节计算的理解，而在水库实际运行时，一般并不按这两种极端方式操作。

水库运行方式不同，水库的蓄水过程和弃水过程不同，但基本的水量平衡关系保持不变。表 9-2 中，年来水量 $366.5(m^3/s) \cdot$ 月，应等于该年用水量与弃水量之和即：$240 + 126.5 = 366.5(m^3/s) \cdot$ 月；该年余水量 $194.3(m^3/s) \cdot$ 月，应等于亏水量与弃水量之和，即：$67.8 + 126.5 = 194.3(m^3/s) \cdot$ 月。这些可作为列表计算的校核。

例 9-1 中一年只有一个余水期和一个亏水期，称为一回运用。由于来水和年内分配不同，一年内可能有若干个余水期和亏水期。

【例 9-2】 已知某年来水与用水部门的需水量过程见表 9-3 中第（2）栏和

9.2 年调节水库径流调节计算方法

第（3）栏，取计算时段 ΔT 为一个月，采用 3 月～次年 2 月作为水利年，求该年所需兴利库容。

解：建立计算表 9-3。

表 9-3　　　　　列表法年调节计算（多回运用）

月份	来水流量 (m^3/s)	用水流量 (m^3/s)	余水量 $[(m^3/s)\cdot$月$]$	亏水量 $[(m^3/s)\cdot$月$]$	早蓄方案 水库蓄水量 $[(m^3/s)\cdot$月$]$	早蓄方案 弃水量 $[(m^3/s)\cdot$月$]$	迟蓄方案或晚蓄方案 水库蓄水量 $[(m^3/s)\cdot$月$]$	迟蓄方案或晚蓄方案 弃水量 $[(m^3/s)\cdot$月$]$
(1)	(2)	(3)	(4)	(5)	(6)	(7)	(8)	(9)
3	33.2	20.0	13.2		↓0		0	13.2
4	53.8	20.0	33.8		13.2		0	33.8
5	71.0	20.0	51.0		47.0	49.4	0	23.7
6	12.2	20.0		7.8	48.6		27.3	
7	15.0	20.0		5.0	40.8		19.5	
8	40.0	20.0	20.0		35.8	7.2	14.5	
9	34.1	20.0	14.1		48.6	14.1	34.5	
10	11.0	20.0		9.0	48.6		48.6	
11	8.1	20.0		11.9	39.6		39.6	
12	7.8	20.0		12.2	27.7		27.7	
1	4.5	20.0		15.5	15.5		15.5	
2	20.0	20.0		0	0		0	
合计	310.7	240.0	132.1	61.4	0	70.7	↑0	70.7

表 9-3 中有两个余水期、两个亏水期。该年 6、7 两个月亏水量为 $12.8(m^3/s)\cdot$月。10 月～次年 1 月亏水量为 $48.6(m^3/s)\cdot$月。这种情况确定该年所需库容，主要看两个亏水期中间余水期的余水量。本例中为保证 6、7 月份的用水，需要 6 月初水库蓄水 $12.8(m^3/s)\cdot$月，为保证 10 月～次年 1 月的用水需要，10 月初水库蓄水 $48.6(m^3/s)\cdot$月。如果 6 月初水库蓄满，由于 8、9 月份余水能够补充 6、7 月份的亏水，则 10 月初水库仍然能够蓄满。所以，该年的兴利库容为 10 月～次年 1 月亏水量，等于 $48.6(m^3/s)\cdot$月。表 9-3 中 9 月末为库满点，即 9 月末水库必须蓄水 $48.6(m^3/s)\cdot$月，否则就不能保证该年 10 月～次年 1 月供水流量 $20m^3/s$。次年 1 月末为库空点，此时兴利蓄水恰好用完，2 月不需水库供水。

表 9-3 中第（6）、（7）两栏为确定该年兴利库容后，采用早蓄方案，顺时序计算的水库蓄水过程和弃水过程。第（8）、（9）两栏为采用迟蓄方案（或晚蓄方案），逆时序计算的水库蓄水过程和弃水过程，两种操作方式水库蓄水过程不同，但弃水总量相同。

【例 9-3】 已知年来水与用水部门的需水量过程见表 9-4 中第（2）栏和第（3）栏，取计算时段 ΔT 为一个月，采用 3 月～次年 2 月为水利年，求该年所需兴利库容。

解：建立计算表 9-4。

表 9-4　　　　　　　　　列表法年调节计算（多回运用）

月份	来水流量 (m³/s)	用水流量 (m³/s)	余水量 [(m³/s)·月]	亏水量 [(m³/s)·月]	早蓄方案 水库蓄水量 [(m³/s)·月]	早蓄方案 弃水量 [(m³/s)·月]	迟蓄方案或晚蓄方案 水库蓄水量 [(m³/s)·月]	迟蓄方案或晚蓄方案 弃水量 [(m³/s)·月]
(1)	(2)	(3)	(4)	(5)	(6)	(7)	(8)	(9)
3	31.2	20.0	11.2		↓0 11.2		0 0	11.2
4	48.0	20.0	28.0		27.8	11.4	0	28.0
5	52.1	20.0	32.1		27.8	32.1	0	32.1
6	65.0	20.0	45.0		27.8	45.0	0	45.0
7	42.0	20.0	22.0		27.8	22.0	7.6	14.4
8	39.0	20.0	19.0		27.8	19.0	26.6	
9	16.0	20.0		4.0	23.8		22.6	
10	25.2	20.0	5.2		27.8	1.2	27.8	
11	6.3	20.0		13.7	14.1		14.1	
12	7.4	20.0		12.6	1.5		1.5	
1	28.5	20.0	8.5		10.0		10.0	
2	10.0	20.0		10.0	0		↑0	
合计	370.7	240.0	171.0	40.3		130.7		130.7

表 9-4 中有三个余水期、三个亏水期。对于两回以上运用的情形，可以两两计算，将多回运用转化为若干个两回运用。本例中，先研究 9～12 月这一段时间，该段时间内 9 月和 11、12 月为亏水期，其中 10 月水量有余，因为 10 月的余水量大于 9 月的亏水量，因而 9～12 月这一段时间，为满足用水，库容只需 26.3(m³/s)·月（等于 11 月与 12 月的亏水量），无需为 9 月份增设库容。再研究该年 11 月～次年 2 月的情况，因为次年 1 月的余水量既小于该年 11、12 月的亏水量，又小于次年 2 月的亏水量，这种情况，为满足该年全年供水不小于 20m³/s，库容必须等于该年 11 月～次年 2 月余、亏水量的代数和，即

$$V_兴 = 26.3 + 10.0 - 8.5 = 27.8 (m^3/s)·月$$

该年 10 月末为满库点，此时水库必须蓄水 27.8(m³/s)·月。2 月末为库空点，此时水库兴利蓄水量正好用完。表 9-4 中第 (6)、(7) 两栏为采用早蓄方案，顺时序计算的蓄水过程和弃水过程。第 (8)、(9) 两栏系采用迟蓄方案或晚蓄方案，逆时序计算的水库蓄水过程和弃水过程，两种操作方式水库蓄水过程不同，但弃水总量相同。

概括表 9-2～表 9-4 中的计算情况，可以得出，要正确推求各年所需库容，关键在于确定该年真正的供水期。表 9-2 比较简单，供水期为该年 9 月～次年 2 月。表 9-3 为该年 10 月～次年 1 月，该年 6、7 月虽然亏水，但 8、9 月余水量较大，可一起划入余水期。表 9-4 中供水期为该年 11 月～次年 2 月，9 月虽然亏水，但 10 月余水量较大也应划入余水期，次年 1 月虽满足用水有余，但从全年来讲还属于供水期。

某年供水期确定后，该年所需库容等于供水期的累积亏水量，如供水期内有余有

亏，则求其代数和。

两回运用是多回运用列表法调节计算的基础，两个余水期与两个亏水期基本形式可以用图 9-11 表示。图中 T_2，T_4，T_3 分别表示第一个亏水期，第二个亏水期和两个亏水期之间的余水期，$T_供$ 为供水期。V_2，V_4，V_3 分别表示第一个亏水期亏水量，第二个亏水期亏水量和两个亏水期之间的余水期的余水量。兴利库容的确定如下

(1) 当 $V_3 \leqslant \min(V_2, V_4)$ 时

$$V_兴 = V_2 + V_4 - V_3 \quad T_供 = T_2 + T_3 + T_4$$

(2) 当 $V_3 > \min(V_2, V_4)$ 时

$$V_兴 = \max(V_2, V_4) = V_k \quad T_供 = T_k \quad k = 2 \text{ 或 } 4$$

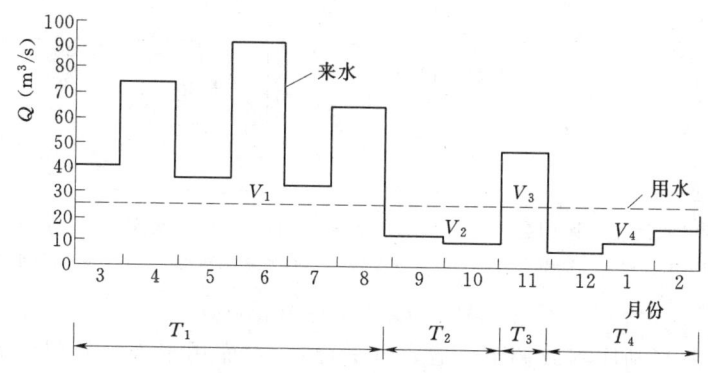

图 9-11 多回运用调节计算示意图

上述用分析余水量和亏水量确定库容的方法，有助于理解调节流量与所需库容的关系，但比较麻烦，下面介绍一种较为简单的方法。

另一种确定该年所需库容的方法是：不进行上述分析讨论，从库空点开始根据上述表中第（4）、（5）两栏的数值进行逆时序逐时段作水量平衡计算，就可直接求得所需库容和蓄水过程。表 9-3 中第（8）、（9）两栏表示了从次年 1 月末库空点开始，用水量平衡公式逆时序计算，求得迟蓄方案水库蓄水过程和弃水过程。表 9-4 中第（8）、（9）两栏表示了从次年 2 月末开始，根据第（4）、（5）两栏数值逆时序计算，求得迟蓄方案的蓄水过程和弃水过程。表 9-3、表 9-4 中第（8）栏的最大值就是所求的兴利库容。

图 9-12 和图 9-13 为例 9-2、例 9-3 调节计算结果图，图 9-12（a）和图 9-13（a）为来水和用水过程，分别与表 9-3 和表 9-4 中第（2）栏、第（3）栏数字相应，其中蓄水过程只绘出了早蓄方案。图 9-12（b）和图 9-13（b）为水库蓄水过程，蓄水期分早蓄和迟蓄，在供水期早蓄和迟蓄过程相同，相应数据见表 9-3、表 9-4 中第（6）栏、第（8）栏。

2. 简化水量平衡公式法

在规划设计中如果各月需水量为常数，或可简化为常数，则无需每年列表逐月计算，只需将每年划分成两个计算时段——蓄水期和供水期，然后进行水量平衡计算，就能求得所需结果。这就是下面所介绍的简化水量平衡公式调节计算方法。

前面已经说明，水库调节库容取决于供水期最大累积亏水量，即

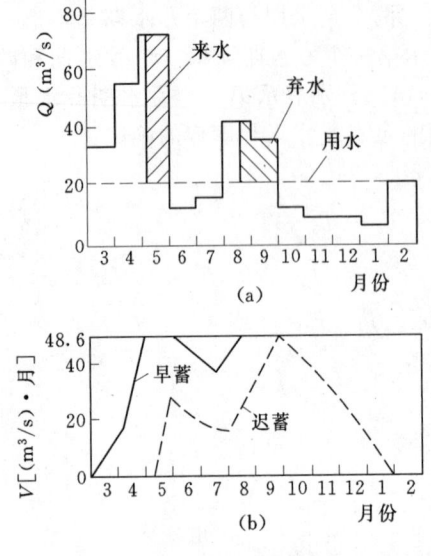
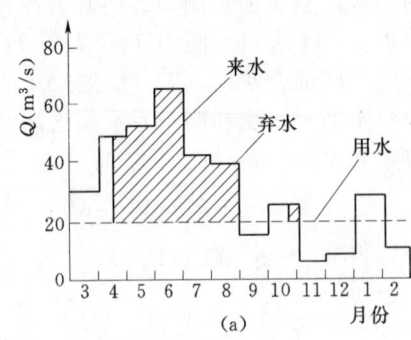
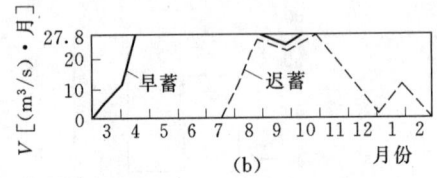

图 9-12 水库多回运用之一
(a) 来水和用水过程；(b) 蓄水过程

图 9-13 水库多回运用之二
(a) 来水和用水过程；(b) 蓄水过程

$$V = Q_{调} T_{供} - W_{供} \tag{9-6}$$

式中：V 为水库兴利库容或调节库容，m^3；$Q_{调}$ 为水库用水流量或调节流量，m^3/s；$W_{供}$ 为供水期水库天然来水量，m^3；$T_{供}$ 为供水期历时，s。

当调节流量已知时，利用式 (9-6) 可确定调节库容 V，反之，当已知调节库容 V 时，也可利用该式来计算调节流量 $Q_{调}$。

$$Q_{调} = \frac{W_{供} + V}{T_{供}} \tag{9-7}$$

用这种方法进行计算虽很方便，但必须注意两个问题：

(1) 所定供水期 $T_{供}$ 必须正确，特别是在多回运用时或已知库容求调节流量时，$T_{供}$ 往往要由试算确定。

(2) 必须检验蓄水期末水库是否能保证蓄满，即下面不等式应成立。

$$W_{蓄} - Q_{调} T_{蓄} \geqslant V \tag{9-8}$$

式中：$W_{蓄}$ 为蓄水期天然来水总量，m^3；$T_{蓄}$ 为蓄水期历时，s。

【例 9-4】 某水库坝址处有 30 年水文资料，表 9-5 所列是其中一年的来水流量过程，如果调节流量 $Q_{调}=20 m^3/s$，试用简化水量平衡公式法求该年所需库容。

表 9-5　　　　　　　　某年来水过程　　　　　　　单位：m^3/s

月份	3	4	5	6	7	8	9	10	11	12	1	2
流量	31.2	48.0	52.1	65.0	42.0	39.0	16.0	25.2	6.3	7.4	28.5	10.0

解： (1) 确定供水期。

由于 $Q_{调}=20 m^3/s$，所以从来水过程显然可以确定 11、12 月肯定属于供水期；9

月份来水小于 20m³/s，但 9、10 两个月总来水量＝16.0＋25.0＝41.0（m³/s）·月，大于 2×20＝40（m³/s）·月，9 月份不属供水期。

2 月份来水小于 20m³/s，1、2 两个月总来水量 28.5＋10.0＝38.5（m³/s）·月，小于 40(m³/s)·月，2 月份应包括在供水期之内。

因此该年供水期应为 11 月～次年 2 月，共 4 个月。

(2) 确定所需库容。

$$W_{供} = \sum_{11}^{2} Q\Delta t = 6.3 + 7.4 + 28.5 + 10.0 = 52.2[(m^3/s)·月]$$

$$Q_{调} T_{供} = 20 \times 4 = 80[(m^3/s)·月]$$

$$V = Q_{调} T_{供} - W_{供} = 80 - 52.2 = 27.8[(m^3/s)·月]$$

(3) 检验 $W_{蓄} - Q_{调} T_{蓄}$ 是否大于 V。

$$W_{蓄} = \sum_{3}^{10} Q\Delta t = 318.5[(m^3/s)·月]$$

$$Q_{调} T_{蓄} = 20 \times 8 = 160[(m^3/s)·月]$$

$$W_{蓄} - Q_{调} T_{蓄} = 318.5 - 160 = 158.5[(m^3/s)·月] > V$$

实际上本例来水、用水过程与表 9-4 相同，比较两种方法所求库容结果，可以看出两者是完全一致的，但本例计算过程较为简便。

下面介绍已知来水、兴利（调节）库容，应用简化水量平衡公式求调节流量的方法。

【例 9-5】 年来水过程同表 9-5，全年均匀供水，已知兴利库容 $V = 40$ [(m³/s)·月]，试求该年可提供的调节流量。

解：(1) 试算调节流量。

1) 首先假定供水期为 11、12 两个月，则由简化公式可得

$$Q_{调} = \frac{W_{供} + V}{T_{供}} = \frac{13.7 + 40}{2} = 26.9(m^3/s)$$

2) 检验假定的供水期是否正确。

由于在供水期之外的 9、10 两个月平均流量只有 20.6m³/s，1、2 两个月平均流量只有 19.3m³/s，显然，如果将兴利库容 40(m³/s)·月全部用于 11、12 两个月，不能保证全年均匀供水 26.9m³/s。于是重新假定供水期为 9 月～次年 2 月，并求得

$$Q_{调} = \frac{W_{供} + V}{T_{供}} = \frac{93.4 + 40}{6} = 22.2(m^3/s)$$

3) 再检验新假定的供水期是否正确。

由于求得的 $Q_{调}$ 大于 20.6m³/s（9、10 两个月平均流量）和 19.3m³/s（1、2 两个月平均流量），供水期之外的各月份来水量大于 22.2m³/s，说明这次假定的供水期和所求得的调节流量是正确的。

(2) 检验蓄水期能否蓄满。

$$W_{蓄} - Q_{调} T_{蓄} = 277.3 - 22.2 \times 6 = 144.1[(m^3/s)·月] > V$$

从上面计算可以看出，对于已知来水和库容求调节流量的问题，用列表法或简化水量平衡公式法都需进行判别或试算，求解相当麻烦。而用图解法求解，在绘出差积曲线后，不管是已知调节流量求所需兴利库容，还是已知兴利库容可提供的调节流

量,均较为方便。现将图解法介绍如下。

3. 图解法

天然径流和需水的时历变化过程,除了直接以流量逐时段变化过程 $Q(t)$ 来表示,还可以用某一时刻起到各时刻的累积水量变化曲线 $W(t)$ 来表示。$W(t)$ 是流量过程 $Q(t)$ 的积分,对于离散过程,有

$$W(t) = \sum_{i=0}^{t} Q(i) \Delta t \tag{9-9}$$

式(9-9)表示的累积曲线是以流量直接累计而成,称为常累积曲线,常累积曲线的纵坐标表示从计算开始时刻到其后某一给定时刻,这一段时间内流过的水量之和。常累积曲线可想象为一个仅有入流而无出流的水库蓄水量逐渐增长的过程。

为作图及计算方便起见,流量累积曲线的纵坐标的累积水量单位常用 $(m^3/s) \cdot$ 月或 $(m^3/s) \cdot$ 日来表示。例如在进行年或多年调节计算时,一般计算时段可取一个月,这时纵坐标单位采用 $(m^3/s) \cdot$ 月。这种表示方法好处在于,流量累积曲线各时刻的纵坐标就等于各时段平均流量的累积值。

现在通过一个具体例子,来看看累积曲线是怎样绘制的。表9-6中来水、用水与表9-2数值相同,只是采用单位不一样。表9-6中第(3)栏、第(5)栏分别为第(2)栏、第(4)栏的累积值,由该表第(3)栏、第(5)栏绘出的累积曲线如图9-14(a)所示。

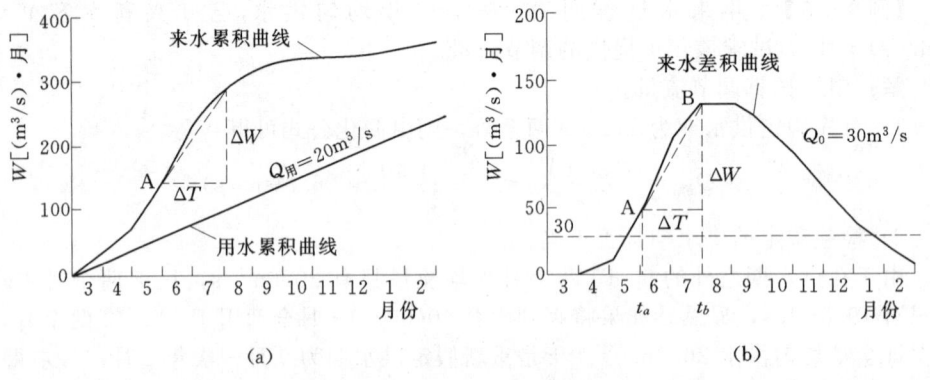

图 9-14 常累积曲线与差积曲线
(a)常累积曲线;(b)差积曲线

由于常累积曲线随时间不断上升,因此在绘制较长期的多年径流累积曲线图时,图幅往往很大,若要减小图幅,势必缩小比例尺,则又会降低精度。由于受有效数字或值域限制,常累积曲线也不便于计算机计算,为了避免这个缺陷,可利用差累积曲线(简称差积曲线)。

差累积曲线的作法是,先将每个时段流量减去一常数流量值(用 Q_0 表示),然后求各时段差量 $Q(t) - Q_0$ 的累积值,即得差累积曲线的纵坐标值,即

$$W(t) = \sum_{i=0}^{t} (Q(i) - Q_0) \Delta t \tag{9-10}$$

Q_0 的选择原则上是任意的,为计算简便起见,Q_0 通常采用接近于平均流量的某一整数值。

表 9-6 中第 (6) 栏根据第 (2) 栏数据和 $Q_0 = 30$ 计算而得,第 (7) 栏的累积值由第 (6) 栏计算。第 (7) 栏中的数据就是差积曲线的坐标,依据第 (7) 栏数据绘出的差积曲线如图 9-14 (b) 所示。

表 9-6 累 积 曲 线 计 算 表

月份	来水量 [(m³/s)·月]	累积来水量 [(m³/s)·月]	用水量 [(m³/s)·月]	累积用水量 [(m³/s)·月]	$(Q_来 - Q_0)\Delta t$ [(m³/s)·月]	$\sum (Q_来 - Q_0)\Delta t$ [(m³/s)·月]
(1)	(2)	(3)	(4)	(5)	(6)	(7)
3	31.1	↓0	20	↓0	1.1	0
4	40.4	31.1	20	20	10.4	1.1
5	68.2	71.5	20	40	38.2	11.5
6	85.8	139.7	20	60	55.8	49.7
7	58.2	225.5	20	80	28.2	105.5
8	30.6	283.7	20	100	0.6	133.7
9	13.4	314.3	20	120	-16.6	134.3
10	6.5	327.7	20	140	-23.5	117.7
11	3.2	334.2	20	160	-26.8	94.2
12	4.4	337.4	20	180	-25.6	67.4
1	9.2	341.8	20	200	-20.8	41.8
2	15.5	351.0	20	220	-14.5	21
合计	366.5	366.5	240	240	6.5	6.5

注 表中 $Q_0 = 30 \text{m}^3/\text{s}$。

差积曲线比常累计使用更为广泛,特别在利用计算机编程时处理更为方便,下面重点讨论差积曲线及其应用。

差积曲线具有以下性质:

(1) 差积曲线有升有降,当 $Q(t) \geqslant Q_0$ 时,曲线上升;当 $Q(t) < Q_0$ 时,曲线下降。

(2) 差积曲线上任意两点的纵坐标的差,等于该两点之间流过的水量与 Q_0 在同期内流过的水量之差。在图 9-14 (b) 中任取 A、B 两点,根据式 (9-10) 有

$$W(t_a) = \sum_0^{t_a} [Q(t) - Q_0] \Delta t$$

$$W(t_b) = \sum_0^{t_b} [Q(t) - Q_0] \Delta t$$

$$\Delta W = W(t_b) - W(t_a) = \sum_{t_a}^{t_b} [Q(t) - Q_0] \Delta t = \sum_{t_a}^{t_b} [Q(t)] \Delta t - \sum_{t_a}^{t_b} Q_0 \Delta t$$

(3) 差积曲线上任意两点连线的斜率,为该两点之间的平均流量与 Q_0 的差。

$$k_{AB} = \frac{\Delta W}{\Delta T} = \frac{W(t_b) - W(t_a)}{t_b - t_a} = \frac{\sum_{t_a}^{t_b}[Q(t)]\Delta t}{t_b - t_a} - \frac{\sum_{t_a}^{t_b} Q_0 \Delta t}{t_b - t_a} = \overline{Q}_{ab} - Q_0$$

式中：$\overline{Q}_{ab}$ 为 $[t_a, t_b]$ 时段内的平均流量；k_{AB} 为 A、B 连线的斜率。

(4) 差积曲线的性质 (2)、(3) 在差积曲线平移过程中保持不变。

利用差积曲线进行水库调节计算十分方便。现仍以表 9-6 中所列之来水及用水为例，予以说明。用差积曲线求调节库容的步骤如下：

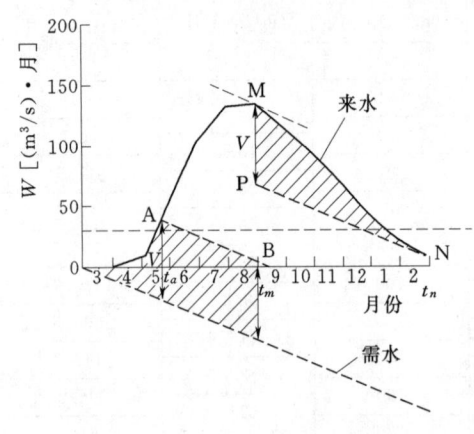

图 9-15 差积曲线求库容

1) 作来水的差积曲线（如图 9-15 所示）。

2) 作用水（需水）差积曲线（如图 9-15 所示）。

3) 平移用水差积曲线与来水差积曲线外切于 M。

4) 平移用水差积曲线与来水差积曲线在 M 点的右下方切于 N，两条平行线的垂线截距即为兴利库容（如图 9-15 中 MP）。

图 9-15 中 MP 为什么是所求兴利库容呢？现补充说明如下：

根据差积曲线性质，差积曲线上任意两点连线的斜率，与该两点之间的平均流量成正比，M 点以左来水差积曲线的斜率大于需水差积曲线的斜率，表示 M 点以左来水流量大于需水流量，属于余水期，而 M 点以右来水差积曲线之斜率小于需水差积曲线之斜率，表示来水小于需水，因而属亏水期，M 点为余水期与亏水期的界点，为供水期初。

N 点以左来水差积曲线的斜率小于需水差积曲线的斜率，表示 N 点以左来水流量小于需水流量，属于亏水期，而 N 点以右来水差积曲线之斜率大于需水差积曲线之斜率，表示来水大于需水，属余水期。N 点为亏水期与余水期的界点，为供水期末。

综上，$[t_m, t_n]$ 为供水期，所以

$$|MP| = \sum_{t_m}^{t_n}[q(t) - Q(t)]\Delta t$$

为供水期的累积亏水量，即为所需兴利库容 V。

如果水库在蓄水期的操作方式与前面列表法相同，采用早蓄方案，那么至图 9-15 中 t_a 时刻，来水差积曲线与需水差积曲线之间纵坐标差值刚好等于调节库容 V 时，表示水库已蓄满，t_a 到 t_m 期间水库一直保持蓄满状态。图 9-15 中阴影部分表示水库各时刻的蓄水量，AB 线以上与来水差积曲线之间的纵坐标差值表示弃水量累积过程，这一年总弃水量为 MB。

这里必须再强调一下，调节库容取决于左上切点与右下切点两平行线之间的纵坐

标差值，而决非左下切点与其后续之右上切点（如图 9-15 中所示的 O 点与 M 点），因为这两点之间并非亏水期而是余水期，所以这两点两平行切线之间纵坐标差值为余水期总余水量，而不是所需兴利库容。

【例 9-6】 利用表 9-6 中数据，采用差积曲线法求兴利库容。

解：（1）作来水差积曲线。

表 9-6 中第（6）与第（7）栏为来水差积曲线计算结果，利用表 9-6 中第（7）栏数据制作来水差积曲线（见图 9-15）。

（2）作需水差积曲线。

图 9-15 中需水差累积曲线，系根据表 9-6 中第（4）栏数据绘制。其中 Q_0 采用 $30\text{m}^3/\text{s}$，由于该年需水量为 $20\text{m}^3/\text{s}$，小于 Q_0，故需水差累积曲线之斜率为负。

（3）平移用水差积曲线。

先平行移动用水累积曲线求其与来水累积曲线的切点 M，然后再在 M 的右下方求切点 N。

（4）求兴利库容。

图 9-15 中 M 点及 N 点的纵坐标值分别为 $134.3(\text{m}^3/\text{s})\cdot$月和 $6.5(\text{m}^3/\text{s})\cdot$月[见表 9-6 中第（7）栏]，9 月～次年 2 月的平均流量必然为 $\left(\dfrac{6.5-134.3}{6}\right)+30=8.7$ (m^3/s)。又已知 N 点纵坐标值等于 $6.5(\text{m}^3/\text{s})\cdot$月，9 月～次年 2 月的调节流量为 $20\text{m}^3/\text{s}$，则 P 点的纵坐标必定为 $6.5-(20-30)\times 6=66.5[(\text{m}^3/\text{s})\cdot$月$]$，库容必定为

$$V=|\text{MP}|=134.3-66.5=67.8[(\text{m}^3/\text{s})\cdot\text{月}]$$

差积曲线法对于多回运用调节计算特别方便，在多数情况下，该法不必去考虑水库是几回运用，以及余、亏水量的大小与排列次序等。只需按相同的方法去寻找外切点及其后续的右下切点。

【例 9-7】 利用表 9-3 中数据，采用差积曲线法求兴利库容。

解：（1）取 $Q_0=20\text{m}^3/\text{s}$，根据表 9-3 中第（2）栏的来水数据绘制来水差积曲线如图 9-16 中 AGEBCD。

（2）因为 $Q_\text{调}=Q_0=20\text{m}^3/\text{s}$，所以需水差积曲线为水平线（如图 9-16 中 CE）。

（3）求该年所需调节库容。由于需水差积曲线 CE 为水平线，显然上图最大纵坐标差值 BF 即为该年所需调节库容，即

$$V=|\text{BF}|=48.6(\text{m}^3/\text{s})\cdot\text{月}$$

E 点纵坐标高度 EJ 为累积弃水量；如果取 $|\text{HI}|=|\text{BF}|$，则 BH 为早蓄方案的累积弃水量。

【例 9-8】 利用表 9-4 中数据，采用差积曲线法求兴利库容。

解：（1）取 $Q_0=30\text{m}^3/\text{s}$，根据表 9-4 中

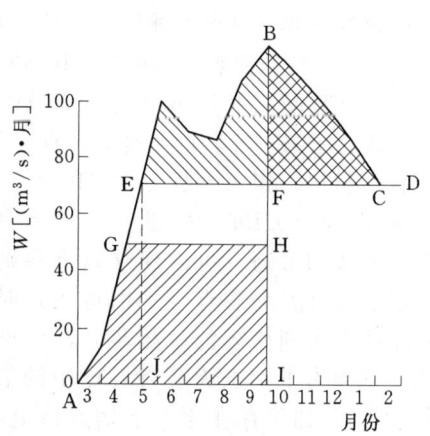

图 9-16 差积曲线求库容

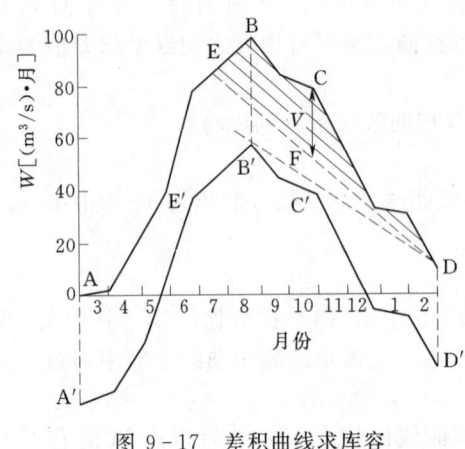

图 9-17 差积曲线求库容

第（2）栏的来水数据绘制来水差积曲线，如图 9-17 中 AEBCD。

（2）因 $Q_调 = 20\text{m}^3/\text{s}$，小于 Q_0，所以需水差积曲线斜率为负（如图 9-17 中 DE）。

（3）平移需水差积曲线与来水差积曲线相切于 C，平移需水差积曲线在 C 右下与来水差积曲线相切于 D，两平行线最大纵坐标差值 CF 为该年所需库容，有

$$V = 27.8(\text{m}^3/\text{s}) \cdot 月$$

需水差积曲线 DE 在 E 点与差积曲线相交，EBCD 为迟蓄方案的水库蓄水过程。

将例 9-7、例 9-8 的解题过程与列表法相比简单直观，图解法在处理多回运用时比列表法要简单得多。其中例 9-7 比例 9-8 更为简洁，原因是在例 9-7 中 $Q_0 = Q_调$，需水差积曲线为水平线，M 点为来水差积曲线的最高点，N 点为来水差积曲线上 M 点右下的最低点，兴利库容为 M 点与 N 点的纵坐标之差。而例 9-8 中 $Q_0 \neq Q_调$，需水差积曲线为斜线，求两条平行线的最大纵截距比较困难。

特别提示，在已知来水与用水（可以是变动用水）过程，采用差积曲线法求兴利库容时，可以拓展常流量 Q_0 的含义，将式（9-10）定义为

$$W(t) = \sum_{i=0}^{t}[(Q(i) - q)]\Delta t \tag{9-11}$$

利用式（9-11）制作差积曲线，形式如图 9-16，计算应该是最简便的，尤其适合于编写计算机程序。

但水文年与水利年高度不一致时，利用差积曲线法求兴利库容时，仍然需要检验比较。如图 9-18，取常流量等于调节流量，用水差积曲线为水平线，ABCDE 为来水差积曲线，由图可见该年为两回运用，且 |HC| > |FE|，按照差积曲线法求兴利库容的步骤，D 点为外切点，E 为右下切点，得到该年所需的兴利库容为 FE，但若取 FE 为兴利库容，亏水量 HC 则不能满足。显然，该年的兴利库容实际应为 HC，按照差积曲线法求兴利库容的步骤，B 点为外切点，C 为右下切点。当兴利库容为 HC 时，该水利年为 AC 时段，CE 时段应归入下个水利年。观测图 9-18 的形态，可以建立以下规则：当来水差积曲线有多个谷点（多回运用）时，先按差积曲线求兴利库容的一般步骤，计算兴利库容 V_1，如果右下切点为所有谷点中的最小值，则 $V_兴 = V_1$；如果存在比右下切点值更小的谷点，则以该谷点为右下切点，回溯求左上切点，得

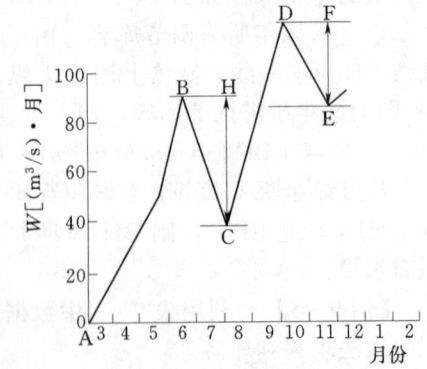

图 9-18 差积曲线求库容

兴利库容 V_2，则 $V_兴 = \max(V_1, V_2)$。

对于另一类问题，即已知兴利库容，用差积曲线法求可提供的调节流量也很方便，其步骤是：①作来水差积曲线（Q_0 取接近多年平均流量的整数）；②将来水差积曲线向上或向下平移 V；③作两条差积曲线的公切线（先切下线后切上线）：左切点为 M，右切点为 N。当有多条公切线时选择斜率最小的（见图 9-19）；④求公切线 MN 的斜率 k_{MN}，所求调节流量为

$$Q_调 = k_{MN} + Q_0 \tag{9-12}$$

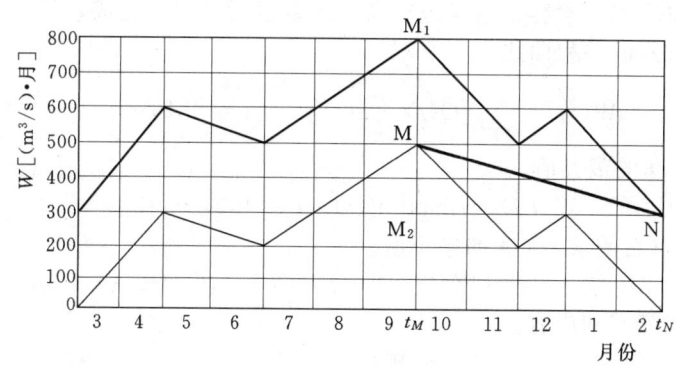

图 9-19　差积曲线求调节流量

证明：如图 9-19 所示，$|M_1 M_2|$ 为 M_1 与 N 两点的纵坐标差，根据差积曲线性质，有

$$|M_1 M_2| = \sum_{t_M}^{t_N}[Q_0 - Q(t)]\Delta t = Q_0(t_N - t_M) - \sum_{t_M}^{t_N}[Q(t)]\Delta t$$

$|MM_2|$ 为 M 与 N 两点的纵坐标差，根据差积曲线性质，有

$$|MM_2| = |M_1 M_2| - V$$

$$k_{MN} = -\frac{|MM_2|}{t_N - t_M}$$

$$= -Q_0 + \frac{V + \sum_{t_M}^{t_N}[Q(t)]\Delta t}{t_N - t_M}$$

$$= -Q_0 + \frac{V + W_供}{T_供}$$

$$= -Q_0 + Q_调$$

所以
$$Q_调 = k_{MN} + Q_0$$

【例 9-9】 已知 $V=40$ （m³/s）·月，求图 9-17 中该年供水期最大均匀调节流量。

解：（1）将来水差积曲线 AEBCD 向下平移 $V=40$ （m³/s）·月，得差积曲线的平行线 A′E′B′C′D′，图 9-17 中 $AA'=BB'=DD'=40$ （m³/s）·月。

（2）作两平行曲线的公切线 B′D，B′D 之间横坐标差值就是供水期。

（3）求调节流量。

$$Q_{调} = k_{B'D} + 30 = 22(\text{m}^3/\text{s})$$

初学者必须特别注意做公切线时应先切下线后切上线，否则，得到的是蓄水期的一条公切线，计算结果只是相应蓄水期的平均调节流量，并非该年各月能达到的调节流量。因为供水期不可能达到这样的数值。

显然，用图解法调节计算过程要比前述列表法和简化水量平衡公式法直观得多。图解法的缺点是：作图比较费时；精度相对较差，且与图幅比尺有关。以上不足可以利用差积曲线原理，通过计算机程序克服。

利用计算机求兴利库容，只需进行简单的数组运算即可完成，计算流程如下：

(1) 计算来水的差积曲线。

$$W(i) = \sum_{t=0}^{i} [Q(t) - q(t)] \quad i = 1, 2, \cdots, 12$$

(2) 求 $W(i)$ 的最大值。

$$W(t'_M) = \max[W(i) \mid i = 1, 2, \cdots, 12]$$

(3) 在 t'_M 点右侧求 $W(i)$ 的最小值。

$$W(t'_N) = \min[W(i) \mid i = t'_M, t'_M + 1, t'_M + 2, \cdots, 12]$$

(4) 计算初始兴利库容。

$$V_1 = W(t'_M) - W(t'_N)$$

(5) 多回运用检验。

1) 在 $[0, t'_M]$ 区间寻找其值小于 $W(t'_N)$ 的谷点 t''_N，谷点的判别条件为

$$W(t''_N - 1) > W(t''_N) < W(t''_N + 1) \quad 且 \quad W(t''_N) < W(t'_N)$$

2) 若 t''_N 不存在，令 $V_2 = 0$ 转步骤 (6)。

3) 若 t''_N 存在，求：$W(t''_M) = \max[W(i) \mid i = 1, 2, \cdots, t''_N]$

$$V_2 = W(t''_M) - W(t''_N)$$

(6) 确定兴利库容。

$$V_兴 = \max(V_1, V_2)$$

根据 $V_兴$ 取值，确定供水期初和供水期末 t_M、t_N。

(7) 整理其他计算结果。

1) 弃水（总）量。

$$Q_弃 = W(t_M) - V = W(t_N)$$

2) 供水期时段数。

$$T_供 = t_N - t_M$$

3) 水库蓄水量（晚蓄方案）过程。

$$V(i) = \max[W(i) - W(t_N), 0] \quad i = 0, 1, \cdots, t_N$$

4) 弃水流量过程（晚蓄方案）。

$$Q_弃(i) = \min[W(i), W(t_N)] - \min[W(i-1), W(t_N)], i = 0, 1, \cdots, t_M$$

差积曲线求调节流量计算机实现相对复杂些，程序编制的关键为如何正确找到左右切点 M、N。如图 9-20 所示，如果 MN 为两条差积曲线的公切线，则 MN 的基本特征是：MN 在 M 点与 N 点之间，既不与满库线（下线）相交，也不与空库线（上线）相交。用数字特征表达：若 MN 为公切线，则以下表达式成立，即

$$W(i) \leqslant \overline{MN}(i) \leqslant W(i)+V \quad i \in (t_M, t_N)$$

式中：$\overline{MN}(i)$ 为直线 MN 在 i 时刻的坐标值；t_M，t_N 为 M、N 点对应的时间。

图 9-20 中 S 为满库线上的最高点，E 为空库线上的右最低点。很显然，S 点是 M（左切点）的左极限点，M 点不可能出现在 S 点左边，同样，E 点是 N（右下切点）的右极限点，N 点不可能出现在 E 点的右边。综上分析，得差积曲线求调节流量程序流程如下。

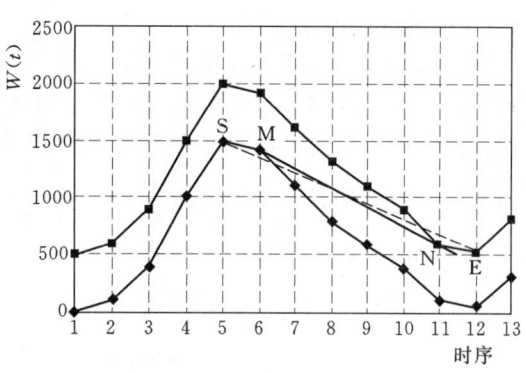

图 9-20 差积典线求调节流量

(1) 作来水差积曲线。

$$W(i) = \sum_{t=0}^{i}[Q(t)-Q_0] \quad i = 1, 2, \cdots, 12$$

(2) 求 $W(i)$ 的最大值。

$$W(t_S) = \max[W(i) \mid i = 1, 2, \cdots, 12]$$

(3) 在 S 点右侧求 $W(i)$ 的最小值。

$$W(t_E) = \min[W(i) \mid i = t_S, \cdots, 12]$$

(4) 判断 S、E 是否为公切线的左右切点。

1) 作 SE 的直线方程

$$\overline{SE}(t) = W(t_S) + \frac{W(t_E)+V-W(t_S)}{t_E-t_S}(t-t_S) \quad t = t_S, t_S+1, \cdots, t_E$$

2) 如果 $W(i) < \overline{SE}(i) < W(i)+V, i \in (t_S, t_E)$，转（5），否则转步骤 3)。

3) 若 $\overline{SE}(i) < W(i)$，则令 $t_S = i$；若 $\overline{SE}(i) > W(i)+V$，则令 $t_E = i$，转步骤 1)。

(5) 计算调节流量。

$$Q_{调} = Q_0 + \frac{W(t_E)+V-W(t_S)}{t_E-t_S}$$

9.3 年调节水库保证供水量与设计库容之间的关系

上一节介绍了在已知某年来水的情况下，由调节流量求该年所需兴利库容或由兴利库容求该年调节流量的各种方法。

由于天然来水量每年不同，一年内径流分配亦多种多样，因此即使需水量每年固定不变，每年所需要的调节库容也是变化的，那么水库到底修多大才合适呢？或者在库容已定情况下，由于每年来水不同及径流年内分配不同，水库所能提供的调节流量亦是不同的，那么该水库到底能提供多大的调节流量呢？这就是本节所要回答的问题。通常有两个途径，即长系列操作法和典型年法，现分别说明如下。

9.3.1 长系列操作法

假定有 N 年来水资料，用上节所讲的三种方法中的任一种，可以对每一年来水资料，根据给定的需水，计算每年的所需调节库容。或者，根据已知调节库容求每年所能获得的调节流量。这样便可得到 N 个调节库容或 N 个调节流量。然后，将此 N 个调节库容或调节流量看成随机变量，用经验频率公式 $P=\dfrac{m}{n+1}$ 绘成调节库容或调节流量频率曲线，如图 9-21 所示。

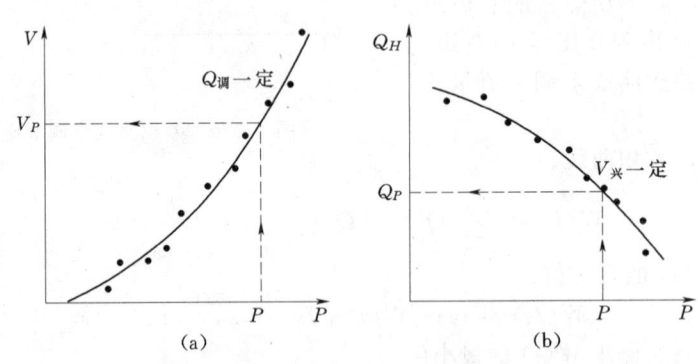

图 9-21 经验频率曲线
(a) 调节库容频率曲线；(b) 调节流量频率曲线

图 9-21 (a) 表示在需水一定的情况下，调节库容与设计保证率之间的关系；图 9-21 (b) 表示在库容一定的情况下，调节流量与设计保证率之间的关系。因此根据设计保证率 P，可以由图 9-21 (a) 查得相应的设计库容 V_P，或由图 9-21 (b) 查得保证的调节流量 Q_P。例如 $P=80\%$，根据查得的 V_P 来修建水库，表示今后在长期运行中平均 100 年有 80 年所需要的调节库容小于或等于 V_P，因此这些年份肯定能保证正常供水而不遭受破坏。对于另外 20% 的年份，因来水很枯或年内分配很不利，所需库容大于 V_P，也就是说对这些特殊年份不能保证正常供水。如果实测资料（样本）能很好地代表总体的话，那么从长期运行角度来看，这样求得的 V_P 可使正常供水得到保证的概率正好符合设计保证率。

用相同的方法可以分析图 9-21 (b) 所求得的调节流量亦与设计保证率相符。但是有一点需要注意，即在绘制库容频率曲线时，库容是由小到大排序，表示在调节流量一定时，保证率越高，所需兴利库容越大；而在绘制调节流量频率曲线时，调节流量是由大到小排序，表示在兴利库容一定时，保证率越高，所能提供的调节流量越小。

由此可见，长系列操作方法所求得的参数（即设计库容或保证供水量），其设计保证率的概念比较明确。所以凡条件许可均应按长系列操作法来确定参数。但是在下面两种情况下，可采用较简单的设计典型年法。

(1) 无资料地区，或资料不足时，无法采用长系列操作法。一般中小型水库常会遇到这种情况。

(2) 精度上要求不高，例如规划阶段，需要从大量方案中选几个可行的方案再进行详细计算，此时主要任务是选方案，而不是确定参数，为了简化计算同时又不影响方案之间相对优劣的比较。

9.3.2 典型年法

典型年法的要点是按设计保证率选择一条年来水过程线，作为设计典型年，然后根据此设计典型年去进行调节计算，求其调节库容或调节流量作为设计值。典型年法的成果决定于所选设计典型年。推求设计典型年过程线的方法有两种：一种是同倍比法；另一种是同频率法。

在水利计算时，典型年选择常用方法有两种，一种是以符合设计保证率的年水量为控制选择典型年；另一种是以符合设计保证率的水库供水期水量为控制选择典型年。

以年水量为控制的典型年法，其基本假定是调节库容或调节流量完全取决于相应设计保证率的年来水量，这个假定与一般情况不太符合，因为调节库容或调节流量不仅与年水量有关，还与年内分配有关，而且主要受供水期来水影响。只有在特殊情况下，即各年年内分配一致或变化不大的河流，水库的库容才与年水量呈比例关系，年水量的保证率才与调节库容（或调节流量）的保证率一致。相比之下，以供水期水量作控制选择典型年是比较合理的，因为水库库容决定于供水期的累积亏水量。

同频率法与同倍比法基本假定一样，都是基于某一时段来水量与库容之间呈单调函数关系，不同之处在于同频率法控制时段较多，可克服同倍比法因时段选取不当或典型年选取不当而产生的误差。但是同频率法所求的库容是有偏估计值，由于交叉排列的影响，往往使库容的估计值比长系列法偏低。同倍比法与长系列法相比，所求库容也不一定相同，但它可能偏小，也可能偏大。

9.3.3 库容、调节流量与设计保证率三者之间的关系

上面主要是针对设计保证率 P 已选定情况下，如何根据需水量来计算设计库容，或根据调节库容来计算可以保证的供水量。但是在规划设计中更经常遇到的问题是：水库的正常蓄水位即兴利库容没有预先给定，水库所负担的供水任务也不是固定不变的。若水库修建得大一些，则水库的调节流量大，水头高，可以多发电，多灌溉，但水库的工程投资和淹没损失也将相应增大。这就需要通过效益和投资比较从中选择最优方案。

所以径流调节计算的最一般任务是：在来水确定的情况下，推求调节库容，调节流量和设计保证率三者之间的关系，为选择水利规划方案提供不同组合。

前面已解决在已知某调节流量的情况下，用长系列操作法或典型年法求不同设计保证率 P 与设计库容 V 的关系［见图 9-21 (a)］，若假定 n 个不同调节流量，用同样方法便可求得其相应 $V \sim P$ 关系，把它综合在一起，如图 9-22 (a) 所示，即为所求调节库容、调节流量与设计保证率三者之间的关系。

由图 9-22 可见，$V \sim P$ 并非直线，随着保证率 P 的增加库容 V 增加很快。如果图中 Q_1、Q_2、Q_3、Q_4 为逐渐增加的等差数列，可以发现当 Q 越大时，图 9-22 (a) 中两条曲线之间的距离越大，即随着调节流量的增加，库容增加更迅速。在图 9-22 (b) 中可以清楚地看出，如果调节流量差值相等，即 $Q_2 - Q_1 = Q_3 - Q_2 = Q_4 - Q_3 =$

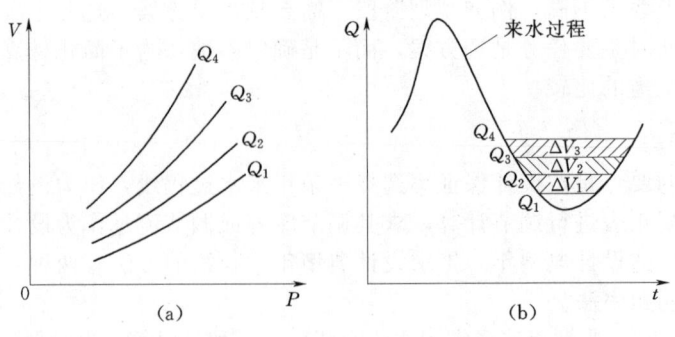

图 9-22　$V \sim Q \sim P$ 关系

ΔQ，则库容差值必然是 $\Delta V_1 < \Delta V_2 < \Delta V_3$。同理，亦可证明在同一保证率的情况下，库容增值一定时，调节流量增加的速度是逐渐减小的。所以设计者应从中找出较为经济合理的调节库容和调节流量的配合方案。

9.4　时历法多年调节计算

由水量平衡原理可知，当年需水量小于设计保证率所相应的年来水量时，水库不必跨年度蓄水，只需在每年汛期将一部分余水量蓄起来就能够补充枯水期用水之不足。这样的水库就是年调节水库。当需水量提高到刚好等于设计枯水年来水量时，或者需水量不变，随着设计保证率提高，设计枯水年来水随之减少，当减少到来水量与需水量相等时，只有将设计枯水年汛期多余的水量全部蓄起来，才能刚好补充枯水期用水之不足，水库无多余弃水，这时称该水库为完全年调节水库。如果需水量或设计保证率再提高，以至于设计枯水年总来水量小于年需水量，这种情况要满足正常供水，必须跨年度调节，把丰水年多余的水量蓄起来，以补充枯水年水量之不足，这就需要多年调节。

若以 Q_P 表示来水频率曲线 $Q \sim P$ 上相应于设计保证率 P 的年平均流量，$Q_{调}$ 表示设计年平均需水流量，则：

当　$Q_{调} < Q_P$ 时，水库为年调节；

　　$Q_{调} = Q_P$ 时，水库为完全年调节；

　　$Q_{调} > Q_P$ 时，水库为多年调节。

多年调节水库往往要经过若干个连续丰水年才能蓄满，再经过若干个连续枯水年才能使水库放空，因此完成一次蓄泄循环往往需要很多年。多年调节水库的调节库容或保证供水量取决于连续枯水年组的总亏水量，因此用时历法进行多年调节计算时，所需要的水文资料远较年调节为长，一般应具有 30 年以上，且能较好地代表多年变化情况的径流资料，否则所得结果与实际情况会相差较大。

时历法多年调节计算一般也是在已知来水过程的情况下，根据需水要求确定所需兴利库容，或根据已定调节库容推求能提供的调节流量。

【例 9-10】　假定某水库坝址断面有 35 年流量资料（表 9-7 中只列出了前面 15 年），其多年平均流量 $Q = 51.3 \text{m}^3/\text{s}$。设计保证率 $P = 90\%$ 时，相应设计年平均流

量 $Q_P=27.5\mathrm{m}^3/\mathrm{s}$，若全年需水均匀，调节流量 $Q_调=40\mathrm{m}^3/\mathrm{s}$，求设计兴利库容。

表 9-7　　　　　　　　　坝址断面月平均流量　　　　　　　　单位：m^3/s

年份＼月份	5	6	7	8	9	10	11	12	1	2	3	4	年平均
1937～1938	26.9	101.5	154.4	81.1	126.2	126.1	43.1	17.5	9.1	4.3	25.4	116.4	69.4
1938～1939	46.1	153.0	307.1	30.8	169.2	72.5	23.9	12.1	7.4	7.7	9.9	47.3	73.9
1939～1940	31.8	42.6	55.2	64.3	4.3	2.5	6.5	2.9	1.1	1.1	8.4	17.2	19.8
1940～1941	29.6	13.1	60.9	62.6	39.5	59.5	44.1	21.8	10.0	7.9	22.5	17.4	32.4
1941～1942	62.6	15.7	8.0	54.4	92.6	6.7	14.9	12.7	13.0	2.0	1.4	52.6	28.1
1942～1943	69.6	158.6	8.1	12.7	10.8	59.3	65.1	31.3	5.9	1.5	40.5	54.8	43.2
1943～1944	134.1	80.4	32.8	91.0	2.9	27.3	30.7	21.3	12.6	12.8	4.3	10.9	38.4
1944～1945	33.4	28.3	40.6	11.8	55.9	88.7	71.5	13.6	1.9	22.4	6.2	43.3	34.8
1945～1946	120.2	85.0	101.9	33.8	37.5	62.7	56.5	28.1	7.3	8.1	2.0	8.5	46.0
1946～1947	79.7	189.0	127.5	48.9	43.5	5.9	57.0	18.7	11.0	4.1	17.2	50.7	56.9
1947～1948	138.8	205.8	177.6	55.9	6.6	16.0	17.9	9.8	5.1	7.1	53.0	53.0	59.3
1948～1949	176.5	195.0	38.5	37.5	115.4	79.2	29.0	11.7	11.2	12.7	18.1	71.6	66.4
1949～1950	43.1	73.2	35.0	108.0	15.0	65.6	12.4	9.2	7.2	6.4	10.2	15.5	33.4
1950～1951	116.6	102.7	101.8	52.6	155.5	65.2	36.7	16.7	8.5	5.7	23.5	50.5	61.4
1951～1952	142.2	31.4	14.4	39.6	30.7	44.4	57.4	17.3	10.4	7.9	2.4	17.6	34.7

解：（1）首先根据 $Q_调=40\mathrm{m}^3/\mathrm{s}$，按简化水量平衡公式将各水利年划分为余水期和亏水期。

（2）求各年余水期的余水量［表 9-8 第（3）栏］和亏水期的亏水量［表 9-8 第（4）栏］，并依次求其代数和［表 9-8 第（5）栏］。

根据表 9-8 中的资料求各年的兴利库容，有逐年分析法和图解法两种，分别介绍如下。

1）逐年分析方法。

a. 首先比较本水利年的余水量和亏水量。

如余水量不小于亏水量，则库容等于亏水量，例如表 9-8 中 1938～1939 年，兴利库容为 139.9 $(\mathrm{m}^3/\mathrm{s})\cdot$ 月。

如余水量<亏水量，则表明本年水量不够，需与前面一年一起分析（见下一步 b）。

b. 分析本年与上一年两年的余水量和亏水量。

如 $\sum$余水量 $\geqslant\sum$亏水量，则库容等于两年中最大累积亏水量（类似于年调节中的两回运用），例如表 9-8 中 1939～1940 年，兴利库容为：139.9＋313.3－42.1＝411.1 $(\mathrm{m}^3/\mathrm{s})\cdot$ 月。

如 $\sum$余水量<$\sum$亏水量，则表明两年来水不能满足两年需水要求，需将这两年与再前面一年一起分析（见下一步 c）。

c. 连续三年及多年情况依此类推（类似于年调节中的多回运用），库容均为其中最大累积亏水量。例如 1941～1942 年库容 139.9＋313.3＋154.1＋189.3－42.1－66.6－67.0＝620.9 $(\mathrm{m}^3/\mathrm{s})\cdot$ 月。

表 9-8　　　　　　　　　　　多年调节计算表

年 份	起讫时间 (月)	余水量 (+) [(m³/s)·月]	亏水量 (−) [(m³/s)·月]	累积水量 [(m³/s)·月]	库 容 [(m³/s)·月]
(1)	(2)	(3)	(4)	(5)	(6)
1937～1938	6～11	392.4		0	
	12～3		103.7	392.4	103.7
				288.7	
1938～1939	4～10	615.1		903.8	
	11～5		139.9	763.9	139.9
1939～1940	6～8	42.1		806.0	
	9～6		313.3	492.7	411.1
1940～1941	7～11	66.6		559.3	
	12～7		154.1	405.2	498.6
1941～1942	8～9	67.0		472.2	
	10～3		189.3	282.9	620.9
1942～1943	4～6	160.8		443.7	
	7～2		125.3	318.4	125.3
1943～1944	3～8	193.6		512.0	
	9～8		242.7	269.3	634.5
1944～1945	9～11	96.1		365.4	
	12～3		115.9	249.5	654.3
1945～1946	4～11	220.9		470.4	
	12～4		146.0	324.0	146.0
1946～1947	5～11	301.5		625.9	
	12～3		109.0	516.9	109.0
1947～1948	4～8	428.8		945.7	
	9～3		199.0	746.7	199.0
1948～1949	4～10	415.1		1161.8	
	11～4		117.3	1044.5	117.3
1949～1950	4～10	131.5		1176.0	
	11～4		179.1	996.9	179.1
1950～1951	5～10	354.4		1351.3	
	11～3		108.7	1242.6	108.7
1951～1952	4～5	112.7		1355.3	
	6～4		166.5	1188.8	166.5

2) 差积曲线法。

用差积曲线求各年兴利库容的步骤如下：

a. 点绘来水差积曲线（见图 9-23），表 9-8 第（5）栏实际上就是 $Q_0 = Q_{调} = 40 \text{m}^3/\text{s}$ 的来水差积曲线，图 9-23 中横坐标 1937、1938、⋯、1946 分别代表表 9-8 中 1937～1938 年、1938～1939 年、⋯、1946～1947 年。

b. 每年从亏水期末（设为 N 点）向前作水平线到与差积曲线第一次相交（交点设为 A）；此步是为了判别余水量和亏水量，所作水平线与差积曲线交在何处，即表明到此处为止，∑余水量已等于∑亏水量，不需再向前考虑。

c. 在 AN 之间找最高点 M，M 点与 N 点的纵坐标之差即为该年的兴利库容。因为纵坐标差值就是最大累积亏水量。

例如：1938～1939 年兴利库容为：$V = 903.8 - 763.9 = 139.9$〔$(m^3/s)·月$〕

1939～1940 年兴利库容为：$V = 903.8 - 492.7 = 411.1$〔$(m^3/s)·月$〕

1941～1942 年库容为：$V = 903.8 - 282.9 = 620.9$〔$(m^3/s)·月$〕

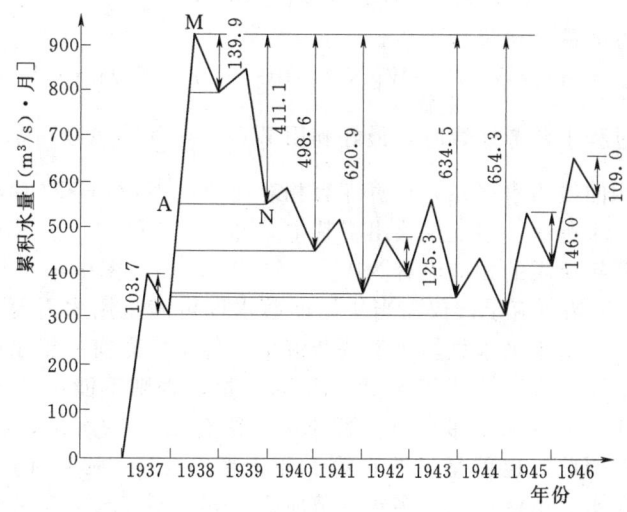

图 9-23　多年调节差积曲线

(3) 对于 35 年资料每年都可求得所需兴利库容，得到 35 年兴利库容系列，然后根据求得的库容点绘库容频率曲线（库容频率曲线略），由 $P = 90\%$ 查得设计库容 $V_P = 625$ $(m^3/s)·月$。

当然，也可不必像表 9-8 那样划分水利年，分析余水期和亏水期，可直接逐月计算余亏水量点绘差积曲线，这样做的优点在于可省去判别和分析，缺点是绘制差积曲线的工作量较大。但可以通过计算机编程，减轻计算工作量。

利用计算机编程的关键是在汛枯交替相位不稳定的条件下，正确确定供水期初 M 与供水期末 N，计算流程如下：

(1) 计算来水的差积曲线。

$$W(i) = \sum_{t=0}^{i}[Q(t) - q(t)] \quad i = 1, 2, \cdots, 12n \quad (n \text{ 为系列年数})$$

(2) 判断各年的供水期末。

在 $W(i)$ 中寻找各年中最大值相应的序号 $M(t)$，$t = 1, 2, \cdots, n$。

在 $W(i)$ 中寻找各年供水期末相应的序号 $N(t)$，$W[N(t)] = \min\{W(i) \mid i \in [M(t), M(t+1)]\}$，$t = 1, 2, \cdots, n$。

(3) 求各年的兴利库容。

寻找第 t 年的晚蓄方案的起蓄点，从 $N(t)$ 起逆时序 $(step=-1)$ 比较 $W(i)$，当首次出现 $W(i) \leqslant W[N(t)]$ 时，比较结束，并记下相应序号 $S(t)$，$S(t)$ 即为第 t 年的晚蓄方案的起蓄点。

(4) 求 $W(i)$ 的区间最大值。

$$W[M'(t)] = \max[W(i) \mid i = S(t), \cdots, N(t)]$$

式中：$M'(t)$ 为第 t 年的供水期初。

(5) 求第 t 年的兴利库容。

$$V(t) = W[M'(t)] - W[N(t)]$$

水库的晚蓄方案蓄水量过程为

$$V(i) = \max\{W(i) - W[N(t)], 0\} \qquad i = S(t), \cdots, N(t)$$

在已知需水过程求调节库容时，最好利用 $W(i) = \sum_{t=0}^{i}[Q(t) - q(t)]$ 绘制差积曲线，这样用水差积曲线为水平线，计算库容相对简单。当 $Q_0 \neq Q_{调}$ 时，需水差积曲线为斜线，如图 9-24 所示〔图上仅绘出了其中一部分（7 年）〕。在图上作已知调节流量的斜切线，则各年所需的相应库容为 V_1、V_2、V_3、$\cdots$。图中第 1 年、第 2 年、第 6 年三年来水量大于调节流量，仅需当年汛期蓄水即可满足用水需要；第 3 年、第 4 年、第 5 年、第 7 年诸年来水量均小于调节流量，各年均需前一年在水库中留有一定水量。例如就第 3 年来说需第 2 年末留 ΔV_3 的水量，否则不能保证正常供水。同样如果要保证第 4 年正常供水，那么须在第 3 年末留有 ΔV_4 的水量，然而第 3 年本身也小于调节流量，因此，也就是说要在第 2 年末留有 $\Delta V_3 + \Delta V_4$ 的水量以满足第 3 年、第 4 年正常供水。由此可见，多年调节所需库容，不仅与各年来水多少有关，而且与各年来水的配合情况有关。

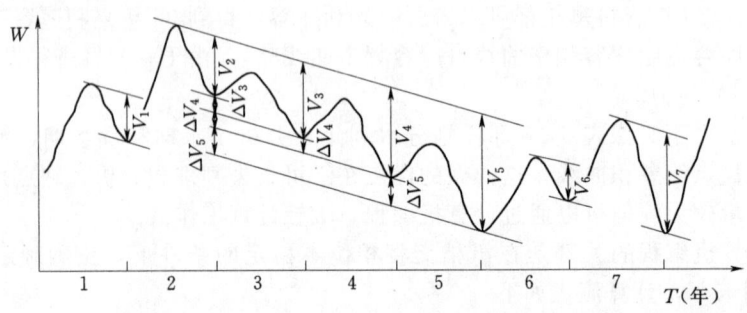

图 9-24 多年差积曲线求库容

按图 9-24，求得各年所需库容 V_1、V_2、V_3、$\cdots$、V_n 后，同样由经验频率公式可作出 $V \sim P$ 关系曲线，然后根据设计保证率 P，可查得相应的设计库容 V_P。但按图 9-24 原理编写计算机程序不太方便。

对于多年调节水库，解决已知库容、设计保证率求调节流量的问题，可通过试算法解决。一般可先假定某一调节流量，求相应保证率的设计库容，如该值与已知库容相等，则假定的调节流量即为所求；如不等，可假定另一调节流量试算，当求得的设计库容等于已知库容时,则该调节流量即为所求设计调节流量。

为避免试算,对于已知库容、设计保证率调节流量的问题,通过差积曲线求解要方便一些。例如,图9-25所示为39年径流系列的差积曲线的一部分。所绘出的24年径流差积曲线已包含了39年中最不利连续枯水年组(如图中第6~10年)。

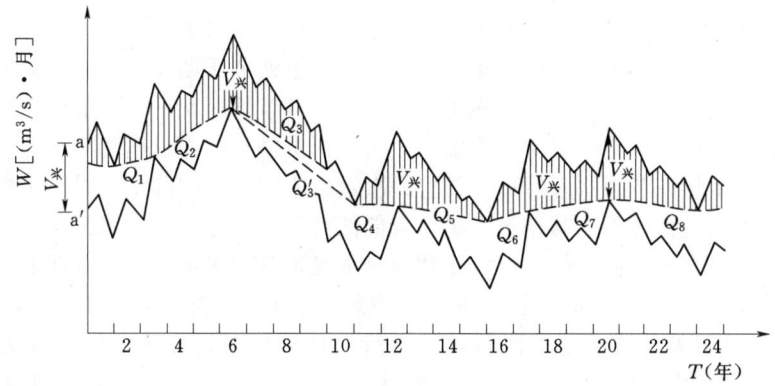

图 9-25 多年差积曲线求调节容量

多年调节求调节流量图解方法步骤如下:

(1) 将多年来水差积曲线垂直平移兴利库容相应距离(如图9-25中aa'所示)。

(2) 根据供水设计保证率,从系列中选出最枯的若干年,在两平行的差积曲线之间,作最小公切线(如图9-25中虚线所示)。

(3) 根据各公切线的斜率,按式(9-12)求得各年相应的均匀调节流量。

(4) 将各年求得调节流量 $Q_{调}$ 绘成流量频率曲线,然后根据设计保证率 P,便可求得相应设计调节流量 Q_P。

为明确起见,现通过经验频率公式 $P = \dfrac{m}{n+1}$ 来说明图9-25中的调节计算结果。由于本例总年数 $n=39$ 年,如果保证率 $P=95\%$,对本例而言,就是 $m=38$ 年,即39年中应保证38年正常供水,只允许破坏一年,允许破坏年数 $T_{破}$ 一般可写成为

$$T_{破} = T_{总} - P_{设}(T_{总} + 1)$$

本例 $T_{破} = n - m = n - P(n+1) = 39 - 0.95 \times 40 = 1(年)$

在图9-25中 Q_P 应为 Q_3,第10年允许破坏,其余年份调节流量均大于 Q_3。若设计保证率 $P=98\%$,即39年中不允许破坏,则 Q_P 应为图9-25中最小调节流量 Q'_3。

可以采用试错法编制计算多年调节流量计算机程序,具体流程如下:

(1) 假定调节流量 $Q_{调}$(将问题转化为已知用水过程求兴利库容)。调用已知调节流量求兴利库容子程序,计算各年所需的兴利库容 $V(t)$。

(2) 计算 $V(t)$ 的经验频率,并根据设计保证率 P,确定设计有效库容 V_P(线性内插)。若 $|V_P - V| < \varepsilon$(V 为已知库容),则 $Q_{调}$ 即为所求的设计调节流量,计算结束;否则,转步骤(3)。

(3) 求各年供水期的最大值。$T_m = \max\{M'(t) - N(t) \mid t = 1, \cdots, n\}$,调整 $Q_{调}$

$\Leftarrow Q_{调} + \dfrac{V - V_P}{T_m}$,转步骤(1)。

9.5 数理统计在径流调节中的应用

径流调节计算是为了预估水利工程未来的工作情况,主要任务在于确定调节流量、库容和保证率三者间的关系。对于年调节水库,由于调节周期为一年,因此如有几十年的水文资料,就可以得到几十个水库蓄满、放空的调节循环状况,一般能用以判断水利设施未来的工作情况。对于多年调节水库,由于调节循环周期长达几年,即使有较长期的水文资料,多年调节中水库蓄满、放空的次数也不够多。因此,用时历法根据不太长时间的实测系列进行计算,其结果难免会有偶然性。特别是当用水保证率和调节性能较高时,用时历法来考虑稀遇的径流变化和组合情况,其成果可靠性更难保证。

从方法上,时历法是先调节计算后频率统计。但是对于时历法调节计算的结果(如供水量、水库水位变化、弃水量等)进行统计分析是存在困难的,因为经过人工调节后的这些水利要素变化的频率往往服从于复杂而又难以用数学式子来表示的统计规律。例如水库水位只在一定范围内变化,上限为满库,下限为空库,且多年中放空与蓄满的概率都不等于零。此外在不同河流上,不同水库间的时历法计算成果,也无法予以综合或推广应用。

河川径流变化可认为是随机事件,它的统计规律可用适当的线型和统计参数加以描述,利用这种统计规律根据概率组合理论,可以推求水库的供水保证率、水库多年蓄水量变化和弃水情况等。

9.5.1 基本思路

数理统计法,利用径流多年变化的统计规律性,对来水进行数理统计的概括,径流变化的频率曲线可以概括为几个统计参数,如 Q_0(均值)、C_v(变差系数)、C_s(偏态系数),然后再进行调节计算,可大致解决时历法径流系列不足问题。

在数理统计法调节计算中,采用一组相对系数进行,相对系数包括:径流调节系数 α、库容系数 β 及模比系数 K。

径流调节系数 α 为调节流量 Q_H 与多年平均流量 Q_0 的比值,即

$$\alpha = \frac{Q_H}{Q_0}$$

库容系数 β 为有效库容 V 与多年平均径流量 W_0 的比值,即

$$\beta = \frac{V}{W_0}$$

模比系数 K 为各年平均流量 Q_i 与多年平均流量 Q_0 的比值,即

$$K_i = \frac{Q_i}{Q_0}$$

用相对系数表示后,对于来水量、需水量、库容等绝对值大小不同的水库,其水利计算的成果便可进行综合和相互比较。例如当 $\overline{K}=1$,C_s 与 C_v 倍比一定时,任一 C_v 值即代表一条频率曲线,C_v 就可表示来水,因此可以根据不同 C_v 值综合出一套

$\beta \sim \alpha \sim P$ 的关系图,这种图在设计其他水库时,就可以直接移用。

由于上述原因,在多年调节计算中,数理统计的理论便成了一种有力的工具。但是,根据实测资料作为样本,对总体的统计特征值,如 Q_0、C_v、C_s、相关系数及线型等作出估计,同样也存在着相应的抽样误差。

9.5.2 频率曲线组合

为了研究两种随机变量合成影响下某一现象的分布情况,需要进行频率曲线组合。例如来水与用水组合计算,干流与支流径流的组合,水库蓄水量与来水量的组合以及上游水库泄水与区间来水的组合等。

进行频率曲线组合常用计算方法有三种,即:频率组合公式法、图解法和理论分析法。变量间可以是互相独立的,也可以存在一定的相关关系,现在先从无相关关系的两个变量频率组合着手,讨论求解过程。

设 x、y 为两个独立变量,例如 x 表示甲支流的年水量,y 表示乙支流的年水量 [见图 9-26(a)],x、y 的多年变化可分别用频率曲线表示 [见图 9-26(b) 及图 9-26(c)],试求二独立随机变量之和 $Z=x+y$ (即两河汇合后的年水量)频率曲线。

为了便于计算,可首先将其中一条频率曲线,如 y 频率曲线加以概化,用若干个阶梯来近似,如图 9-26(c) 中 y'、y''。当然阶梯分得越多,近似程度越好,精度越高,但计算工作量越大。为了说明方法和原理,这里只取二个阶梯来近似地代表 y 频率曲线。

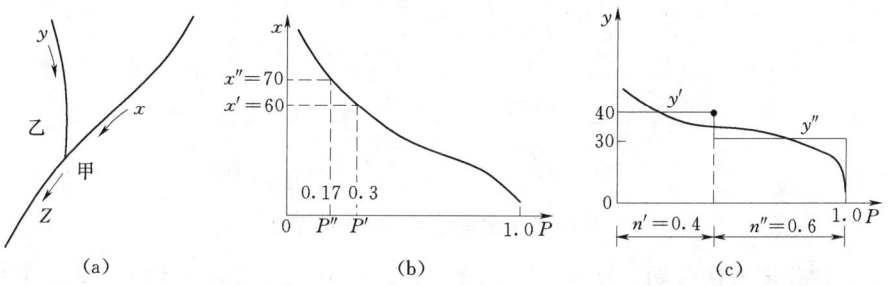

图 9-26 公式法频率组合示意图

假定 Z 的频率曲线为 $Z \sim P$,在 $Z \sim P$ 上任取一点 z_1,先研究如何推求 $Z \geqslant z_1$ 的频率,例如 $z_1 = 100$,由于 y 只可能出现两种情况:$y' = 40$,其出现的概率(即阶梯宽)$n' = 0.4$;$y'' = 30$,其出现的概率 $n'' = 0.6$。因此所有出现 $Z \geqslant 100$ 的事件也只可能有两种:第一种是当 y 出现 $y' = 40$ 时,x 出现 $x' \geqslant 60$;第二种是当 y 出现 $y'' = 30$ 时,x 出现 $x'' \geqslant 70$。由 x 频率曲线查得 $x' \geqslant 60$ 的相应概率为 $P' = 0.30$,$x'' \geqslant 70$ 的相应概率为 $P'' = 0.17$。根据概率论中独立事件概率相乘和互斥事件概率相加定理可得:

出现 $Z \geqslant 100$ 的第一种情况的概率为

$$n'P' = 0.4 \times 0.30 = 0.12$$

出现 $Z \geqslant 100$ 的第二种情况的概率为

$$n''P'' = 0.6 \times 0.17 = 0.10$$

因此,$Z \geqslant z_1$ 总的出现概率为

$$P(Z \geqslant z_1) = n'P' + n''P'' = 0.12 + 0.10 = 0.22$$

上面求得了 Z 频率曲线上一点的频率，显然在 Z 的可能变化范围内，用同样方法一定也能求出其他 z 值出现的频率，于是便可绘出组合后 $Z=x+y$ 的频率曲线。

类似地可以求得 x 与 y 两频率曲线之差、积、商的频率曲线。

上面的计算也可以用简单的作图方法来完成。先将 x 频率曲线上各点横坐标乘以 0.4，纵坐标不变迭加到 $y'=40$ 的 y 频率曲线阶梯上，得一条新的频率曲线 $Z'\sim P$，该曲线上各点 $Z'=x+y'$ [见图9-27（a）中 $Z'\sim P$ 线]，再将 x 频率曲线各点横坐标乘以 0.6，纵坐标不变迭加到 $y''=30$ 的 y 频率曲线阶梯上，又得到一条新的频率曲线 $Z''\sim P$，该曲线上各点 $Z''=x+y''$ [见图9-27（a）中 $Z''\sim P$ 线]。在纵坐标 $Z=z_1=100$ 处作一水平线，在 $Z'\sim P$ 和 $Z''\sim P$ 上分别获得水平截距 $\overline{ab}$ 和 $\overline{cd}$，在 $z_1=100$ 的水平方向上取 $\overline{ae}=\overline{ab}+\overline{cd}$，则 $\overline{ae}$ 就是 $Z\geqslant 100$ 的频率 [见图9-27（b）]，由于 z_1 是任意假定的一点，因而用同样方法也能求出其他 z 值出现的频率，于是便可绘出组合后 $Z=x+y$ 频率曲线 [如图9-27（b）中 $Z\sim P$ 线]。

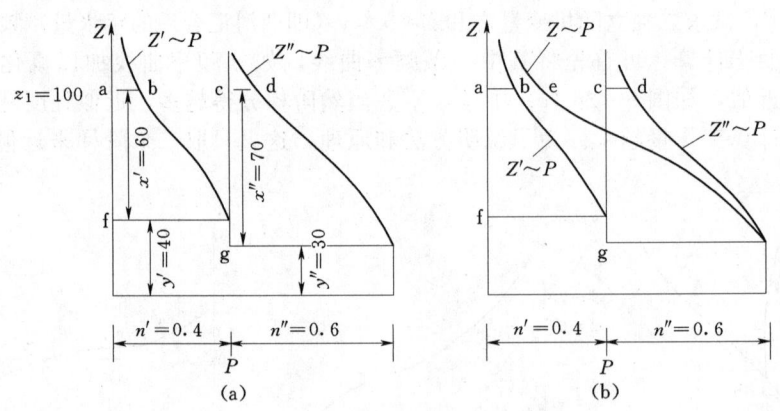

图9-27 图解法频率组合示意图

由上述作图方法可知，因为 $Z'=x+y'$，$y'=40$，所取 $z_1=100$，所以 $\overline{af}=x'=60$。同理，因为 $Z''=x+y''$，$y''=30$，所以 $\overline{cg}=x''=70$ [见图9-27（a）]。

由于 $x'=60$ 和 $x''=70$ 在 x 频率曲线上相应频率分别为 $P'=0.3$ 和 $P''=0.17$，因此根据作图方法可知

$$\overline{ab}=n'P'=0.4\times 0.30=0.12$$

$$\overline{cd}=n''P''=0.6\times 0.17=0.10$$

$Z\geqslant z_1$（$z_1=100$）的频率 $\overline{ae}=\overline{ab}+\overline{cd}=0.12+0.10=0.22$。由此可见，作图法所求得结果与上述分析法结果完全相同。

一般情况下，整个图解法步骤归纳如下：

（1）将 y 频率曲线用若干个阶梯近似。

（2）将 x 频率曲线横坐标根据 y 值的阶梯宽度压缩。将 x 频率曲线的横坐标比尺按阶梯宽度缩小，即进行概率相乘运算。

（3）将横坐标压缩后的 x 频率曲线分别迭加到相应的 y 频率曲线阶梯上，即作 Z

$=x+y$ 运算。

(4) 将迭加后的诸频率曲线横坐标水平相加即得组合后 Z 频率曲线。如图 9-27 (b) 中 $\overline{ae}=\overline{ab}+\overline{cd}$ 所示，即进行概率相加运算。

这种图解法虽然简单，但只适用于求二频率曲线之和或差。

当 x、y 间有相关关系，并设 x 倚 y 相关时，那么 x 的频率曲线不是一条而是一簇以 y 为参数的条件频率曲线，如图 9-28 所示。x 条件频率曲线的绘制方法如下。

设 x 与 y 成线性相关，其回归方程为

$$\overline{x_y} = x_0 + r\frac{\sigma_x}{\sigma_y}(y-y_0) \tag{9-13}$$

式中：$\overline{x_y}$ 为相应于一定 y 值的一组 x 的条件均值；x_0、y_0 分别为随机变量 x、y 的均值；σ_x、σ_y 分别为随机变量 x、y 的均方差；r 为 x、y 的相关系数。

x_y 的条件均方差 σ_x^y 为

$$\sigma_x^y = \sigma_x\sqrt{1-r^2} \tag{9-14}$$

其变差系数为

$$C_{vx}^y = \frac{\sigma_x^y}{\overline{x_y}} = \frac{\sigma_x}{\overline{x_y}}\sqrt{1-r^2} \tag{9-15}$$

至于条件偏态系数通常假定为 $C_{sx}^y = mC_{vx}^y$（m 为常数），至此，$\overline{x_y}$，C_{vx}^y 及 C_{sx}^y 已知，于是就可以查雷布金表绘制出 x 倚某个 y 值的频率曲线。

考虑相关关系的频率组合方法基本与上述相同。所不同的只是根据所发生的 y 值来选用相应的 x 条件频率曲线而已。如图 9-28 所示，在组合时，将相应于 y' 的那条 x 频率曲线的横坐标，乘 y' 的阶梯宽 n' 后迭加到 y' 的阶梯上。同理将相应于 y'' 的那条 x 频率曲线的横坐标，乘 y'' 的阶梯宽 n'' 后迭加到 y'' 的阶梯上，以后步骤完全与前述相同。如 y 频率曲线简化为 n 个阶梯，则图 9-28 中 x 的条件频率曲线为 n 条，其组合原理和方法一样。

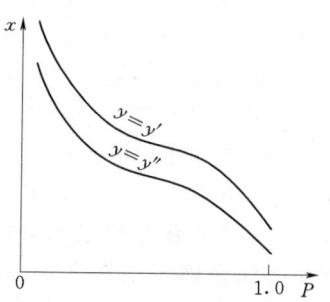

图 9-28 x 的各种频率曲线

目前国内外常用的多年调节计算方法可分成三大类：

第一类，将总库容划分成多年库容和年库容两部分，先分别计算两部分库容然后再组合得总库容，称为组合（或合成）总库容法（注意：这里所谓总库容是总兴利库容的简称，并非 9.1 节所说的总库容）。频率曲线组合是合成总库容法的基础。

第二类，直接总库容法（不划分年库容和多年库容）。

第三类，径流系列生成。先根据实测径流资料和统计参数，随机生成较长的人工径流系列，然后再进行长系列时历法调节计算。

9.6 数理统计法多年调节计算

9.6.1 合成总库容法

图 9-29 中实线为月径流差积曲线，由此可看出每年汛枯期的径流变化。如果不

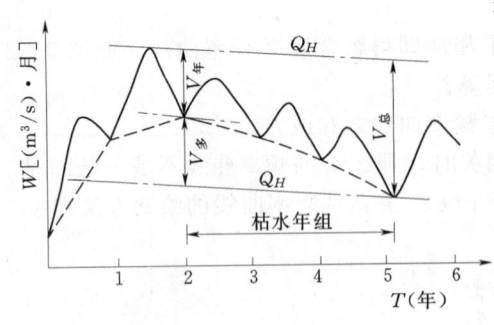

图 9-29 年库容和多年库容示意图

考虑年内径流的变化，以一年为一个计算时段，用年平均流量或年水量来绘差积曲线，则如图 9-29 中虚线所示。假定要求水库均匀供水，其调节流量为 Q_H，按上述时历法多年调节计算，求得满足图 9-29 中 6 年正常供水，所需总兴利库容为图中 $V_总$。其中用以调节年际径流的多年库容为 $V_多$，用以调节年内季节性径流变化的库容为 $V_年$，若用库容系数表示，则多年库容为 $\beta_多$，年库容为 $\beta_年$。

下面分别讨论 $\beta_多$ 和 $\beta_年$ 的计算方法及这两部分库容的组合。

1. 克—曼 (C. H. Крицкий - M. Ф. Менкель) 第二法计算多年库容

设已知径流频率曲线、多年库容 β（以后为了描述方便省略 $\beta_多$ 的下标）及年需水量 α，求水库供水保证率 P。

首先研究年径流相互独立的情况。先将各年平均流量 Q_1、Q_2、$\cdots$、Q_n 除以多年平均流量 Q_0 得各年的模比系数 k_1、k_2、$\cdots$、k_n，然后绘 K 的频率曲线（见图 9-30 $K_1 \sim P$）。

对于来水特别枯的年份，当来水 $K < \alpha - \beta$ 时，即使年初水库处于蓄满状态，该年也不能保证用水需要，这些年份称为绝对断水年，多年中出现这种年份的概率为 $S_1 = 1 - P_{\alpha-\beta}$，如图 9-30 所示。

对来水较多的年份，当来水 $K \geqslant \alpha$ 时，即使年初水库处于库空，也能保证正常供水，故称为绝对足水年，其出现概率为 P_α。

对于来水中等的年份，$\alpha - \beta \leqslant K < \alpha$，这些年份正常供水量是否能保证，需视年初水库蓄水情况而定，而年初蓄水情况与前一年来水丰、枯有关。若遇到前一年为丰水年，那么该年年初水库可能有较多的蓄水，因而可保证该年正常供水。若遇到前一年为枯水年，那么该年年初水库蓄水不多，就不能保证该年正常供水。所以这些年份称为条件断水年，其出现概率为图 9-30 中 N_1。

至此，可以得出这样一个结论，在给定的多年库容 β 和年需水量 α 的情况下，水库正常供水的保证率一定在 P_α 和 $P_{\alpha-\beta}$ 之间。但这显然不是最后答案，因为 P_α 和 $P_{\alpha-\beta}$ 之间的区间较大。

条件断水年能否保证供水，取决于该年前一年来水情况，为此需将 N_1 这一段曲线与前一年来水量频率曲线求和，即求 N_1 这段频率曲线 $K_2 \sim P$ 与天然年径流频率曲线之和的组合频率曲线。因为假定年径流间是相互独立的，各年的频率曲线相同，都是 $K_1 \sim P$，所以前一年来水频率曲线仍旧为 $K_1 \sim$

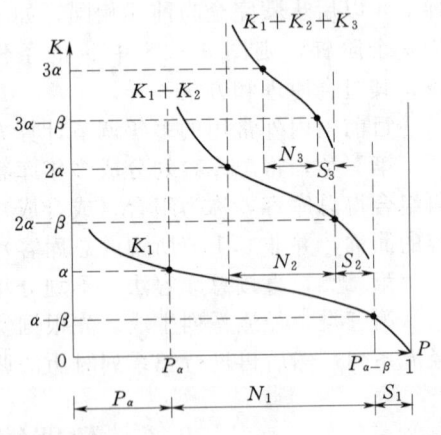

图 9-30 克—曼第二法示意图

P,于是用上一节介绍的 $Z=x+y$ 的频率曲线组合方法,便可求得两年来水的组合频率曲线 $(K_1+K_2)\sim P$。如图 9-30 中之 K_1+K_2 所示,这条曲线的宽度只有 N_1。现在再来研究条件断水年连续两年的水量平衡。两年总来水量为 K_1+K_2,两年总用水量为 2α,如果 $K_1+K_2<2\alpha-\beta$,那么即使两年前水库是蓄满的话,也不能保证后两年的正常供水,此为绝对断水年,其发生概率为 S_2。同理,$K_1+K_2\geqslant 2\alpha$ 的那些年份为绝对足水年,因为即使两年前水库处于库空状态,这两年也能保证正常供水。另外一些年份 $2\alpha-\beta\leqslant K_1+K_2\leqslant 2\alpha$ 则为条件断水年,其发生概率为 N_2。

通过连续两年水量平衡分析,供水保证率所在的区域范围已缩小到 N_2。

用同样的方法,取 N_2 这段频率曲线再与年来水频率曲线组合得连续三年水量频率曲线,此时又可将 N_2 分成绝对断水年(其发生概率为 S_3),条件断水年(其发生概率为 N_3)及绝对足水年。

依次类推,不确定区域越来越小,最后收缩到精度允许范围,于是水库供水破坏概率为

$$S=S_1+S_2+S_3+S_4+\cdots \tag{9-16}$$

水库供水保证率为

$$P=1-S_1-S_2-S_3-S_4-\cdots=1-S$$

利用克—曼第二法可以根据已知来水、用水及多年库容求供水保证率。当问题是已知来水、用水及保证率 P 求所需多年库容时,可采用试算法或插值法:

(1) 假定几个不同的多年库容 β,求出相应的供水保证率 P。

(2) 绘制 β 和 P 关系曲线。

(3) 由设计保证率 P 查出所对应的多年库容值。

上面假定河川径流量年间相互独立,无相关关系。但从某些河流的资料中出现的连续枯水年组说明,年径流量间有时存在一定的相关关系,不考虑这点,便可能使所得库容偏小,偏于不安全。

在计算过程中考虑年径流序列之间的相关,会使计算变得非常复杂,所以往往采用一些近似的办法,即先按年径流序列无相关来进行计算,然后再对计算成果作修正。一种修正的办法是增加库容来弥补由于忽略序列相关的影响;另一种是减小供水量来弥补这一影响。

2. 线解图

上述克 曼第二法计算相当烦琐(主要为频率曲线组合工作),为应用方便,已有人将计算结果归纳为线解图,表明了各种常用保证率下 β、α、C_v 之间的关系,此种线解图最早由普莱希可夫(Я. Ф. Плещков)于 1939 年作成(见图 9-31),该图假定来水服从 P-Ⅲ型分布,$C_s=2C_v$,相关系数 $r=0$。

如果年水量用相对值模比系数 K 表示,假设相邻年径流量相互独立不考虑其年际相关,并假定 K 的频率曲线为 P-Ⅲ型分布,$C_s=2C_v$,则任一 C_v 即对应一条年水量频率曲线 ($\overline{K}=1$),因而 C_v 就代表了来水的分布规律。

如果先任意假定 C_v 值(如等于 0.5),再假定不同 α 值,然后对于每一 α 值再相应假定一组 β 值,具体数值见表 9-9 中第(1)、(2)、(3)栏。由于任一 C_v 值代表一条 K 频率曲线,因此只要知道 α、β 值便可由上述克—曼第二法求得相应的保证率

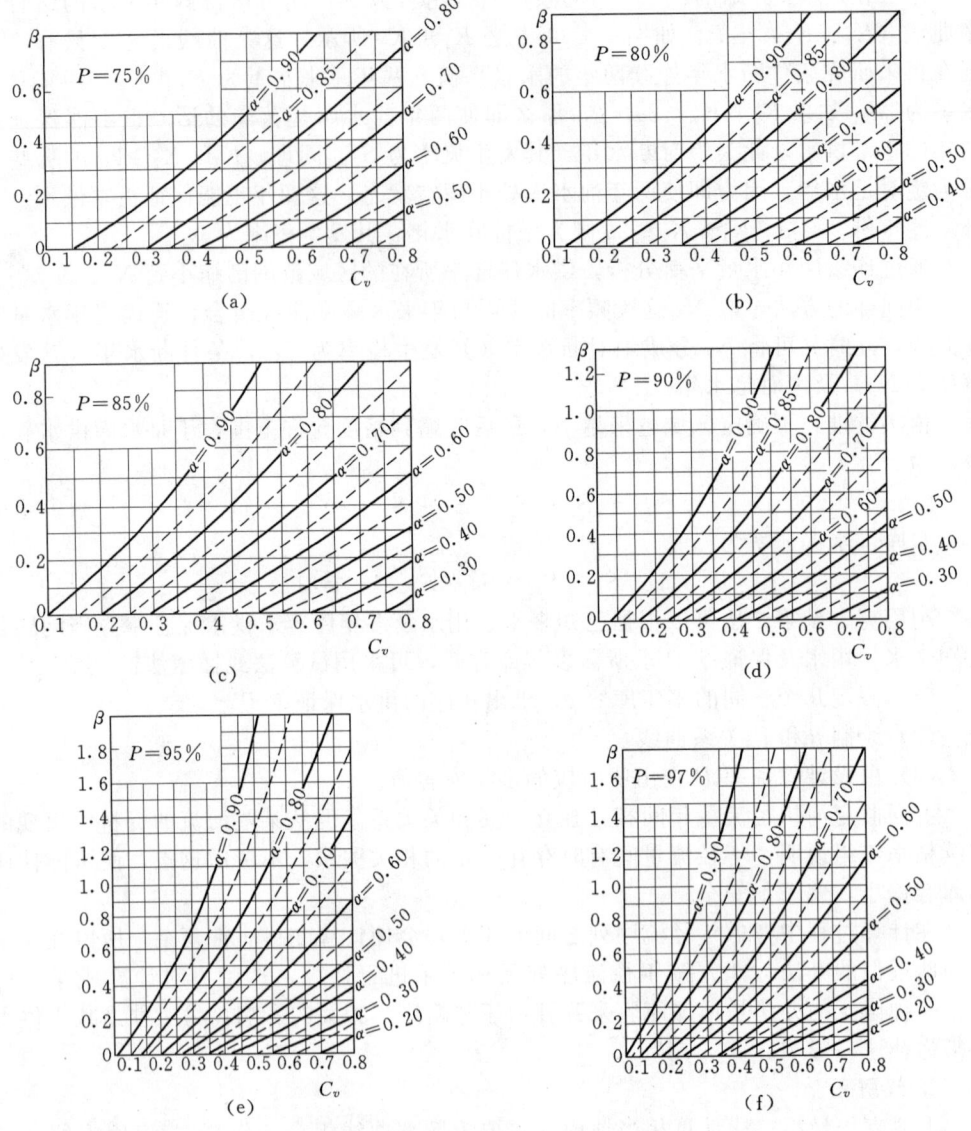

图 9-31 求多年库容的普莱希可夫线解图 ($C_s = 2C_v$, $r = 0$)

P〔见表 9-9 中第（4）栏〕，再根据计算结果，对于假定的 C_v（本例为 0.5）便可绘出以 α 为参数的 $\beta \sim \alpha \sim P$ 关系曲线（见图 9-32）。

假定不同 C_v 值可绘出类似的 $\beta \sim \alpha \sim P$ 关系曲线。为便于使用，常取保证率 P 为常用值（如 75%、80%、85%、90% 等），将 $\beta \sim \alpha \sim P$ 关系曲线转换为 $\beta \sim \alpha \sim C_v$ 关系曲线，这就是图 9-31 所示普莱希可夫线解图。

明确普莱希可夫线解图与克—曼第二法关系之后，便可知道一般并不需要去用克—曼第二法求解，只需直接查用普莱希可夫线解图即可。

如已知 C_v、α 和 P，给定的 P 值无相应线解图（如 $P=92\%$），则可由相近的两张图，即 $P=90\%$ 及 $P=95\%$，分别求其 β，然后再以直线内插法求相当于 $P=92\%$ 的多年库容。

表 9-9　　　　　　　　　克—曼第二法计算结果

C_v	α	β	P	C_v	α	β	P
(1)	(2)	(3)	(4)	(1)	(2)	(3)	(4)
0.5	0.7	0.1	0.76	0.5	0.9	0.6	0.78
		0.2	0.82			0.8	0.83
		0.4	0.91			1.0	0.87
		0.6	0.96			1.2	0.89
	0.8	0.3	0.77			1.4	0.91
		0.4	0.82			1.6	0.93
		0.6	0.88			1.8	0.95
		0.8	0.93				
		1.0	0.95				
		1.2	0.97				

同样，利用普莱希可夫图可由已给 C_v、α、β 求保证率 P，或由 C_v、β、P 求供水量 α。

当 $C_s \neq 2C_v$ 时，可通过下列公式将原来的 α、β 和 C_v 换算成 α'、β' 和 C_v'，然后再用线解图求解各种问题。（详见张永平，《在 $C_s \neq 2C_v$ 情况下，应用 Я.Ф.普莱希可夫线解图进行多年调节计算的方法》，水力发电，1957 年第 10 期。）

$$\alpha' = \frac{\alpha - a_0}{1 - a_0}$$

$$\beta' = \frac{\beta}{1 - a_0} \quad (9-17)$$

$$C_v' = \frac{C_v}{1 - a_0}$$

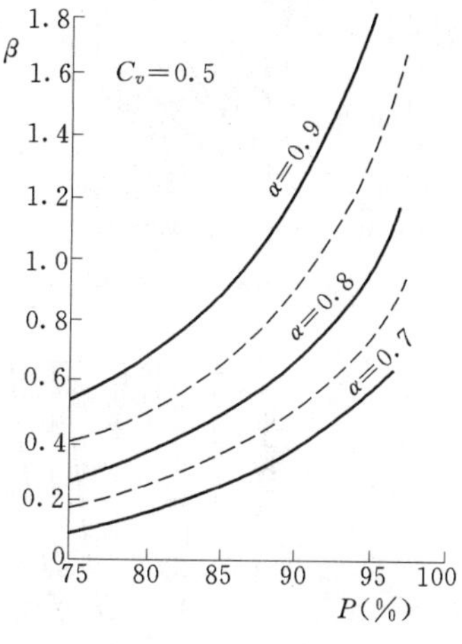

图 9-32　$\beta \sim \alpha \sim P$ 关系图

式中：a_0 为流量频率曲线中最小模比系数值。

设 m 为 C_s 与 C_v 之比值，则

$$a_0 = \frac{m-2}{m} \quad (9-18)$$

【例 9-11】　已知 $C_v=0.7$，$C_s=2C_v$，$\beta=0.4$，$P=85\%$，求 α。

解： 本题可直接由图 9-31 普莱希可夫线解图求解，查得 $\alpha=0.62$。

【例 9-12】　已知 $C_v=0.3$，$C_s=3C_v$，$\alpha=0.8$，$\beta=0.25$，求 P。

解： 因为 $C_s \neq 2C_v$，故需先用式（9-17）、式（9-18）变换参数。

$$a_0 = \frac{3-2}{3} = 0.33$$

$$\alpha' = \frac{0.8 - 0.33}{1 - 0.33} = 0.70$$

$$\beta' = \frac{0.25}{1-0.33} = 0.37$$

$$C_v' = \frac{0.3}{1-0.33} = 0.45$$

先在 $P=90\%$ 的图上，由 $C_v'=0.45$ 及 $\alpha'=0.7$ 查得 $\beta'=0.29$，由于查得的 β 值小于 $\beta'=0.37$，故下一次查图时应选 $P=95\%$，按照同样的 C_v' 和 α' 查得 $\beta=0.42$，根据两次求得的 β 值由直线内插求得供水保证率为

$$P = 90\% + \frac{5\% \times (0.37-0.29)}{(0.42-0.29)} = 93\%$$

1959 年古戈里（И. В. Гуглий）对 $C_s=2C_v$，相关系数 $r=0.3$ 的情况，作出了类似的线解图，如图 9-33 所示。

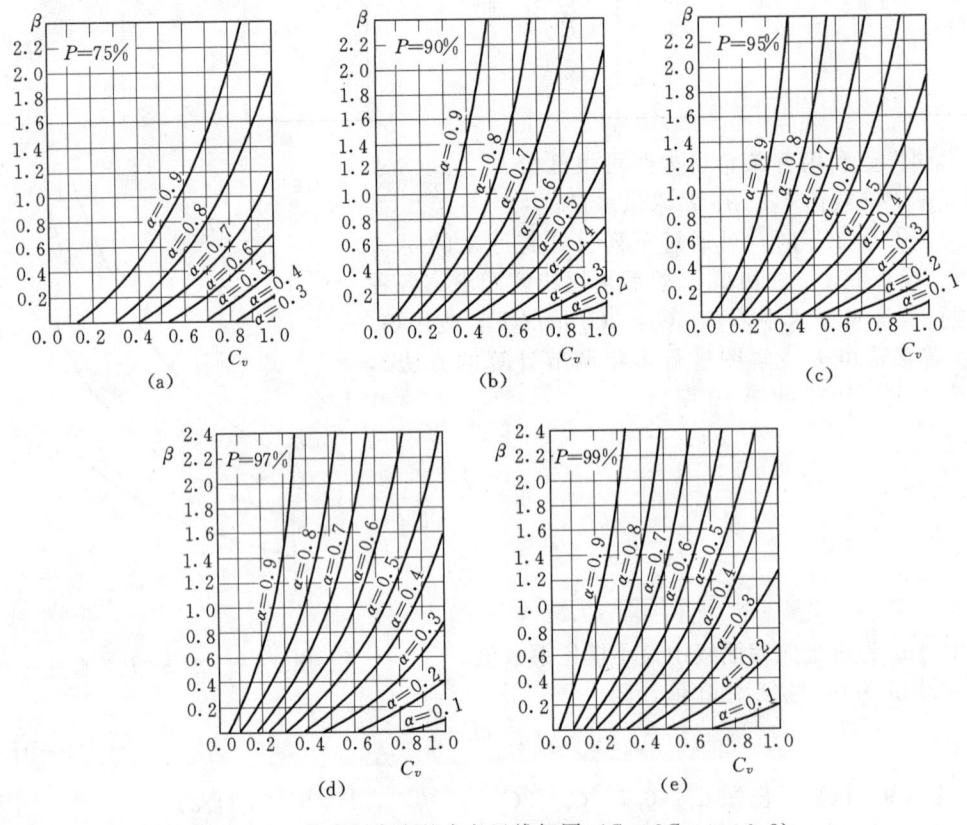

图 9-33 求多年库容的古戈里线解图（$C_s=2C_v$，$r=0.3$）

3. 年库容（或称季库容）计算

以上计算多年库容是以一年为计算时段，没有考虑年内来水与需水的变化。实际上由于洪枯期径流季节变化的存在，仅多年库容是不够的。如图 9-29 所示，若仅有多年库容 $V_{多}$，则枯水年组第一年（图中第 3 年）汛期余水量将无法再蓄，这就影响该年枯季用水的需要。从另一方面看，当仅有多年库容时，枯水年组前一年（图中第

2年）枯水期的缺水将无法获得满足。因此，除了调节年际间水量变化的多年库容外，还必须要有调节年内径流变化所需的年库容。$V_年$ 与 $V_多$ 两部分组合起来才是所需要的总调节库容。

由图 9-29 及上述讨论可知，多年调节水库中的年库容取决于枯水年组第一年（年来水量小于需水量）汛期之多余水量，或枯水年组前一年丰水年（年来水量大于需水量）枯季缺水量。应该选择怎样的年份来确定库容呢？选择原则如下：

(1) 就年水量而论，如果从枯水年组第一年汛期余水量来看，一般说来汛期余水量大小与年水量大小有关。年水量越大汛期余水量越大，要求年库容越大，为安全起见，应选取典型年年水量尽可能大些，但由于它属枯水年，所以其年水量最大不应超过年需水量。再从枯水年前一年的枯季水量来看，年水量越小枯季缺水量越多，要求年库容越大，为安全起见，应选取典型年年水量尽可能小些，但由于是丰水年，其年水量不应小于年需水量，否则就不属于丰水年了。综合上述两方面，应选取年来水量刚好等于需水量的那些年份作为典型年较为安全，因为这些年份需要的年库容较大。

(2) 年内分配可取平均情况。由于连续枯水年组出现机会不多，其第一年又是遇到来水与需水很接近的年份机会更少，因而年内分配不宜再考虑不利的情况。一般可选年水量最接近需水量的几个典型年通过同倍比缩放使年水量正好等于需水量，用前面介绍的列表法、图解法或简化水量平衡公式法进行调节计算求出几个年库容，然后取其均值作为多年调节水库的年库容。

多年调节水库的总兴利库容为

$$\beta_总 = \beta_多 + \beta_年 \tag{9-19}$$

将总库容人为地划分成多年库容和年库容两部分，虽然给计算带来很多方便，在多年库容计算中，来水、需水、库容和保证率四者之间的关系也比较明确，但是由于年库容保证率概念不清楚。所以，对于总库容而言，来水、需水、库容和保证率这四者之间的关系不明确，也就是说，总兴利库容放空的概率是否等于设计保证率，难以保证。因为在实际水库运用中，总兴利库容并不是按硬性划分的年库容与多年库容来起调节作用的。

为了克服把总库容硬性划分为年库容和多年库容这一缺陷，除了下面将要介绍的直接总库容法和随机资料生成法外，在如何把年库容与多年库容组合成总库容的方法上，有人提出了如下改进。

其基本思路是：在多年运行期间，年库容和多年库容并非固定不变，不同的枯水年组具有不同的年库容和多年库容，而总兴利库容应考虑各种不同的年库容与多年库容的组合，使得总兴利库容放空的概率等于设计保证率。

为此首先需分别作出在供水量固定的情况下，$\beta_多 \sim P$ 及 $\beta_年 \sim P$ 关系曲线。$\beta_多 \sim P$ 关系曲线，前面已经介绍，不赘述。

$\beta_年 \sim P$ 关系曲线，则取决于设计枯水年组第一年（枯水年）汛期多余水量 β' 或设计枯水年组前一年（丰水年）枯期缺水量 β''（见图 9-29）。若假定实测资料中每一枯水年在今后都有可能成为枯水年组的第一年，因而可将所有枯水年汛期余水量 β' 计算出来，并绘成频率曲线 $\beta' \sim P$。同理，若假定实测资料中每一丰水年在今后都有可能成为枯水年组前一年的丰水年，因而可将所有丰水年的枯期缺水量 β'' 计算出来，

并绘成频率曲线 $\beta' \sim P$。

根据年库容的概念,即每次从 β' 和 β'' 随机变量中各取一值,并取其中较大者作为 $\beta_{年}$,那么 $\beta_{年} \sim P$ 频率曲线可由 $\beta' \sim P$ 和 $\beta'' \sim P$ 组合而得,组合的函数关系为

$$\beta_{年} = \max(\beta', \beta'')$$

假定 β' 和 β'' 互相独立,$\beta' \sim P$ 和 $\beta'' \sim P$ 组合成 $\beta_{年} \sim P$ 的方法如下。

欲求 $\beta_{年} \geqslant C$ 之概率,它有三种可能性:

(1) $\beta' \geqslant C, \beta'' < C$,其出现概率为 $P'(1-P'')$。
(2) $\beta' < C, \beta'' \geqslant C$,其出现概率为 $P''(1-P')$。
(3) $\beta' \geqslant C, \beta'' \geqslant C$,其出现概率为 $P'P''$。

故 $\beta_{年} \geqslant C$ 之概率为

$$P = P'(1-P'') + P''(1-P') + P'P'' = P' + P'' - P'P''$$

用上式可以将 $\beta' \sim P$ 及 $\beta'' \sim P$ 组合成 $\beta_{年} \sim P$。

求得 $\beta_{年} \sim P$ 及 $\beta_{多} \sim P$ 后,用前述频率组合的方法将这两条频率曲线相加,即得 $\beta_{总} = \beta_{年} + \beta_{多}$ 的频率曲线。

求得 $\beta_{总}$ 频率曲线后,根据设计供水保证率 P 可由图上查得所需总兴利库容。

9.6.2 直接总库容法

为了克服把总库容硬性地划分成年库容和多年库容的缺陷,以及为了在计算中可以详细地考虑水库操作方式及需水量、损失水量随时间及水库蓄水量的变化,Gould (1961年) 在莫兰水库存储理论及其模型的基础上提出直接总库容法,基本思路如下。

1. 划分蓄水状态

将水库库容划分成 K 种状态,其中第 0 种状态为库空,第 $K-1$ 种状态为库满。在空库与满库之间,把总兴利库容 V 划分成相等的 $K-2$ 份,每份的库容增量为

$$\Delta V = \frac{V}{K-2} \tag{9-20}$$

状态与库容划分的对应关系见表 9-10。

表 9-10　　　　　　水库状态与库容划分对应关系表

水库状态	0	1	2	…	$K-2$	$K-1$
蓄水量区间	0	$0 \sim \Delta V$	$\Delta V \sim 2\Delta V$	…	$V-\Delta V \sim V$	V
代表蓄量	0	$\dfrac{\Delta V}{2}$	$\dfrac{3}{2}\Delta V$	…	$V-\dfrac{\Delta V}{2}$	V

显然,K 越大,状态越多,精度越高,但计算工作量越大,有人建议可参考年径流的 C_v 值选用 K,C_v 小者,取小值。Teoh (1977年) 建议

$C_v < 0.5$ 时　　　$K = 10$

$0.5 \leqslant C_v < 1.0$ 时　　　$K = 20$

$1.0 \leqslant C_v < 1.5$ 时　　　$K = 30$

$C_v \geqslant 1.5$ 时　　　$K = 40$

9.6 数理统计法多年调节计算

2. 计算状态转移概率矩阵

(1) 假定年初水库的状态,每种状态水库的蓄水量用水库蓄水量区间均值(即代表蓄量)表示。

(2) 对每一种状态用本章前面所讲的径流调节计算列表法、图解法等进行调节计算,可求得各年年末水库蓄水量。

(3) 对于每一种年初状态(状态0、状态1、状态2、……)统计年末状态及其出现概率(年末出现某种状态的年数与总年数的比值),将计算结果汇总在一起,就是状态转移概率矩阵。

3. 求水库初始状态与供水破坏率的关系

状态转移概率矩阵取决于来水特征、需水要求及水库操作方式等,需水要求及水库操作方式对于每年来说是固定不变的。在用径流调节方法计算水库状态转移的同时,可以求得正常供水破坏的情况,即供水破坏概率(年末状态为0的概率)与水库初始状态的关系。

4. 求水库稳定状态概率

根据状态转移概率矩阵,先任意假定第一年初水库的状态,例如从状态为0开始,进行概率演算,即由状态转移概率矩阵与年初库位状态概率矩阵相乘,便可计算第一年末水库的状态概率。第一年末水库状态概率即为第二年初水库状态概率,用同样方法计算第二年末水库状态概率。依次类推,可求得第三、四、……年末的水库状态概率。当水库年末状态概率固定不变时,则称为稳定状态概率。

计算结果表明稳定状态概率与开始演算时假定的水库初状态无关,即不管从哪一个初状态出发,稳定状态概率相同。

5. 计算水库供水保证率

由于水库供水破坏的概率只与年初水库所处状态有关,而稳定的水库状态概率代表水库正常运行时年末(初)水库蓄水情况,故只要将前面所计算年初水库状态与破坏概率的关系和水库稳定状态概率相乘,即可求得正常供水遭受破坏的概率,进而求得水库供水保证率。

【**例 9-13**】 某水库坝址处有15年实测流量资料(见表9-7),已知总兴利库容为 $400(m^3/s) \cdot 月$,水库均匀供水,调节流量为 $40m^3/s$,试用直接总库容法求水库供水保证率。

解:(1) 选取状态。

为了便于说明问题,本例仅取 $K=4$(取 K 为较大值时计算方法相同),状态与库容划分见表9-11。

表 9-11 水库状态与库容划分 单位:$(m^3/s) \cdot 月$

水库状态	0	1	2	3
蓄水量区间	0	0~200	200~400	400
代表蓄量	0	100	300	400

(2) 供水破坏率与水库初始状态的关系。

例9-10中已计算出各年余水量和亏水量[表9-8中第(3)栏和第(4)栏],

本例直接借用其结果[见表9-12中第(2)栏和第(3)栏],因而假定各种年初水库蓄水状态,即可求得各年年末水库蓄水量和相应状态。现以1937～1938年为例,将计算过程简要说明如下,有

$$V_{末} = V_{初} + \Delta V_{余} - \Delta V_{亏}$$

当年初蓄水量$V_{初}=0(m^3/s)\cdot$月时,则$V_{末}=0+392.4-103.7=288.7(m^3/s)\cdot$月。

当$V_{初}=100(m^3/s)\cdot$月时,由于$V_{初}+\Delta V_{余}=100+392.4=492.4(m^3/s)\cdot$月,而总兴利库容只有$400(m^3/s)\cdot$月,因此,供水期初水库蓄满,所以,$V_{末}=400-103.7=296.3(m^3/s)\cdot$月。

同理,当$V_{初}=300(m^3/s)\cdot$月时,$V_{末}=296.3(m^3/s)\cdot$月;当$V_{初}=400(m^3/s)\cdot$月时,$V_{末}=296.3(m^3/s)\cdot$月。

其他年份可仿照以上步骤逐年计算,计算结果列于标9-12中。

表9-12 年末状态计算表

年份	余水量 [$(m^3/s)\cdot$月]	亏水量 [$(m^3/s)\cdot$月]	年初状态(蓄水量)							
			0(0)		1[$100(m^3/s)\cdot$月]		2[$300(m^3/s)\cdot$月]		3[$400(m^3/s)\cdot$月]	
			年末蓄水量 [$(m^3/s)\cdot$月]	年末状态	年末蓄水量 [$(m^3/s)\cdot$月]	年末状态	年末蓄水量 [$(m^3/s)\cdot$月]	年末状态	年末蓄水量 [$(m^3/s)\cdot$月]	年末状态
(1)	(2)	(3)	(4)	(5)	(6)	(7)	(8)	(9)	(10)	(11)
1937～1938	392.4	103.7	288.7	2	296.3	2	296.3	2	296.3	2
1938～1939	615.1	139.9	260.1	2	260.1	2	260.1	2	260.1	2
1939～1940	42.1	313.3	0	0	0	0	28.8	1	86.7	1
1940～1941	66.6	154.1	0	0	12.5	1	212.5	2	245.9	2
1941～1942	67.0	189.3	0	0	0	0	177.7	1	210.7	2
1942～1943	160.8	125.3	35.5	1	135.5	1	247.7	2	274.7	2
1943～1944	193.6	242.7	0	0	50.9	1	157.3	1	157.3	1
1944～1945	96.1	115.9	0	0	80.2	1	280.2	2	284.1	2
1945～1946	220.9	146.0	74.9	1	174.9	2	254.0	2	254.0	2
1946～1947	301.5	109.0	192.5	1	291.0	2	291.0	2	291.0	2
1947～1948	428.8	199.0	201.0	2	201.0	2	201.0	2	201.0	2
1948～1949	415.1	117.3	282.7	2	282.7	2	282.7	2	282.7	2
1949～1950	131.5	179.1	0	0	52.4	1	220.9	2	220.9	2
1950～1951	354.4	108.7	245.7	2	291.3	2	291.3	2	291.3	2
1951～1952	112.7	166.5	0	0	46.2	1	233.5	2	233.5	2
破坏年数			7		2		0		0	
破坏概率			$\frac{7}{15}=0.467$		$\frac{2}{15}=0.133$		0		0	

表9-12中年末处于0状态包含两种情况:① 水库蓄水量恰好为零,正常供水能够保证,实际计算中遇上这种情况的机会极少;② 由于不能保证正常供水,水库不容许低于死水位,因而水库蓄水量为零,$V_{末}=0$,一般都属于这种情况。

表9-12中倒数第二行,列出了15年中各种年初状态相应的破坏年数。破坏年数除以总年数(15年),即为相应破坏概率(见表9-12中最后一行)。

(3) 求状态转移概率矩阵。

根据表 9-12 中计算结果，先对年初为 0 状态的一列进行统计，求得 15 年中年末为 0 状态、1 状态、2 状态、3 状态的年数分别为 7 年、3 年、5 年、0 年，将它们除以总年数 15 年，求得由 0 状态转移为各种状态的相应转移概率为 0.467、0.200、0.333、0，然后依次对表 9-12 中年初为 1 状态、2 状态、3 状态各列进行类似统计，于是可求得状态转移概率矩阵见表 9-13。

表 9-13　　　　　　　　　　状　态　转　移　概　率

年末状态 (蓄水量区间) $[(m^3/s) \cdot 月]$	年初状态（蓄水量）							
	0[0(m³/s)·月]		1[100(m³/s)·月]		2[300(m³/s)·月]		3[400(m³/s)·月]	
	年数	概率	年数	概率	年数	概率	年数	概率
$0(V=0)$	7	0.467	2	0.133	0	0	0	0
$1(0<V\leqslant 200)$	3	0.200	7	0.467	3	0.200	2	0.133
$2(200<V<400)$	5	0.333	6	0.400	12	0.800	13	0.867
$3(V=400)$	0	0	0	0	0	0	0	0

(4) 计算水库稳定状态概率。

由于稳定状态概率与水库初始状态无关，因此可任意假定第一年初水库所处的状态，假定从 0 状态（库空）开始，即 0 状态概率为 1，其余状态概率为 0。于是由状态转移概率矩阵乘年初状态概率矩阵即可得年末状态概率，依次逐年计算，直至状态概率稳定为止，本例计算过程如下：

先求第 1 年末水库状态概率，有

$$\begin{pmatrix} 0.467 & 0.133 & 0 & 0 \\ 0.200 & 0.467 & 0.200 & 0.133 \\ 0.333 & 0.400 & 0.800 & 0.867 \\ 0 & 0 & 0 & 0 \end{pmatrix} \begin{pmatrix} 1 \\ 0 \\ 0 \\ 0 \end{pmatrix} = \begin{pmatrix} 0.467 \\ 0.200 \\ 0.333 \\ 0 \end{pmatrix}$$

具体计算过程为

$$0.467 \times 1 + 0.133 \times 0 + 0 \times 0 + 0 \times 0 = 0.467$$
$$0.200 \times 1 + 0.467 \times 0 + 0.200 \times 0 + 0.133 \times 0 = 0.200$$
$$0.333 \times 1 + 0.400 \times 0 + 0.800 \times 0 + 0.867 \times 0 = 0.333$$

因第 1 年末即第 2 年初，所以可求得第二年末水库状态概率为

$$\begin{pmatrix} 0.467 & 0.133 & 0 & 0 \\ 0.200 & 0.467 & 0.200 & 0.133 \\ 0.333 & 0.400 & 0.800 & 0.867 \\ 0 & 0 & 0 & 0 \end{pmatrix} \begin{pmatrix} 0.467 \\ 0.200 \\ 0.333 \\ 0 \end{pmatrix} = \begin{pmatrix} 0.245 \\ 0.253 \\ 0.502 \\ 0 \end{pmatrix}$$

按同样方法求得第 3 年末至第 10 年末水库状态概率，现将各年所求结果汇总于表 9-14。

由表中数据可以看出，第 9 年和第 10 年两列数字完全相同，说明这就是要求的水库稳定状态概率。

由于稳定状态概率与水库初始状态无关，为了加速达到稳定，可根据达到稳定

时，年初和年末概率不变的条件，建立线性方程组，直接解出稳定状态概率，设 0、1、2、3 状态概率分别以 P_0、P_1、P_2、P_3 表示，则有

$$（状态转移概率矩阵）\begin{pmatrix} P_0 \\ P_1 \\ P_2 \\ P_3 \end{pmatrix} = \begin{pmatrix} P_0 \\ P_1 \\ P_2 \\ P_3 \end{pmatrix}$$

同时应满足总概率为 1，即

$$P_0 + P_1 + P_2 + P_3 = 1.0$$

用这两种方法计算，可求得同样结果，具体步骤不详述。

表 9-14　　　　　　　　　　年末水库状态概率

状态	计算年数									
	1	2	3	4	5	6	7	8	9	10
0	0.467	0.245	0.148	0.104	0.085	0.076	0.072	0.070	0.069	0.069
1	0.200	0.253	0.268	0.272	0.272	0.272	0.273	0.273	0.273	0.273
2	0.333	0.502	0.584	0.624	0.624	0.652	0.656	0.657	0.658	0.658
3	0	0	0	0	0	0	0	0	0	0

(5) 求水库供水保证率。

由于水库供水破坏率只与年初水库所处状态有关，其结果已在步骤 (2) 中求出，而步骤 (4) 中所求的稳定状态概率代表水库在多年运行中各种状态出现的概率，因此将两者相应概率进行相乘，然后再将各种不同状态的乘积相加，即可求得水库在多年运行中正常供水遭受破坏的概率，计算结果见表 9-15。

表 9-15　　　　　　　　　水库供水破坏率计算表

状　态	0	1	2	3	总　和
破坏率	0.467	0.133	0	0	0.600
稳定状态概率	0.069	0.273	0.658	0	1
乘　积	0.032	0.036	0	0	0.068

水库供水破坏率　　　　　　　$R = 0.068 \approx 7\%$
水库供水保证率　　　　　　　$P = 1 - R = 1 - 7\% = 93\%$

步骤 (5) 主要是为了概念的完整性，其实表 9-14 中状态为 0 的稳定状态概率 0.069 就是水库的供水破坏率。表 9-15 中 0.068 与表 9-14 中 0.069 之差是由于计算过程中舍入误差所致。

例 9-13 说明了已知来水过程、调节流量、兴利库容求供水保证率的步骤。如果问题为已知来水、调节流量、保证率求库容，或已知来水、库容、保证率求调节流量，则可先假定某一待求值，按同样步骤试求保证率。如果所求保证率不等于已知值，可假定另一待求值重新试求，直至保证率为已知值为止。当然，亦可根据试算结果，通过插值确定。

直接总库容法的优点：

(1) 不必将总库容划分成年库容和多年库容。
(2) 可以计入需水量、水量损失和水库蓄水量的随时间变化及水库操作方式。
(3) 计算起讫时间可以任意选择，不一定按水利年。

直接总库容法的缺点：
(1) 状态划分较多时，计算工作量大。
(2) 假定年径流间相互独立。

9.6.3 随机资料生成

1. 基本思路

首先把实测径流资料的多年变化特性概化为若干个统计特征值（如均值、C_v、C_s和相关系数等），然后利用各种随机变量数学模型，随机地生成任意长的年径流或月径流序列供调节计算应用，而这些随机生成的径流资料仍保持着实测资料的统计特征值。

实测径流过程如按年、月取离散数值，就是年、月径流序列。径流序列一般可假定由三部分组成，即趋势项、周期项和随机项，用公式表示为

$$Q(t) = T(t) + P(t) + \varepsilon(t) \tag{9-21}$$

式（9-21）中，$Q(t)$为实测径流序列。$T(t)$为趋势项，该项是由于大范围气象因素的变化或人类活动的渐近性影响所致。$P(t)$为周期项，有人认为它与太阳黑子的周期性变化及地球的自转、公转有关。例如松花江哈尔滨站、黄河陕县站从图9-34所示年径流差积曲线中均可以清楚地看到连续十多年的枯水年组和周期性变化的趋势。式（9-21）右端前两项不仅可以从径流序列中分离出来，而且可以用明确的数学式表示，例如趋势项可用线性方程或多项式逼近，周期项可通过不同周期不同振幅的周期函数的线性组合来描述，它们只是时间t的函数，因此是径流中的确定性部分。然而，实际上径流变化是比较复杂的，许多影响因素现在还没有认识清楚，因而除了可确定部分外，其余均归入随机项$\varepsilon(t)$。许多河流径流量的趋势变化、周期变化不甚明显，一般可不必分项研究，往往直接分析实测径流资料多年变化的统计特征值（如均值、C_v、C_s和相关系数等）。

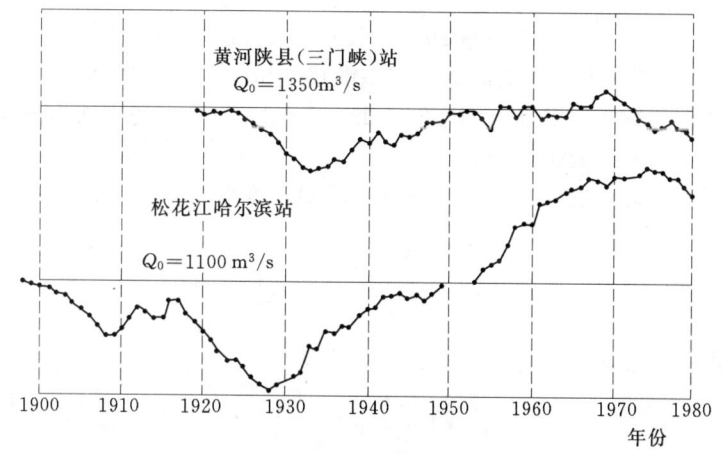

图9-34 年径流差积曲线

随机资料生成的目的,就是根据实测径流资料的统计特征值(或分离后随机项的统计特征值),利用一定的数学模型,随机地生成任意长的年径流或月径流序列,所生成的径流序列一般应尽可能保持与原实测资料统计特征值相同。因此人工生成的径流序列只能增加资料的长度,更多地反映各种资料出现的可能性和不同的组合,并不能提高序列的可信程度。足够长的序列生成以后,用前面介绍的时历法,便可求得库容、供水量和保证率三者之间的关系。

2. 生成模型

随机序列生成模型已出现许多种,例如线性平稳模型有:自回归模型、滑动平均模型、自回归滑动平均模型等。非平稳模型有:自回归积分滑动平均模型、分数高斯噪声模型等。

下面只介绍随机模型中比较基本的一种模型——自回归模型,其基本形式为

$$x_t = a_0 + a_1 x_{t-1} + a_2 x_{t-2} + \cdots + a_n x_{t-n} + \varepsilon_t \tag{9-22}$$

式中:x 为变量;a_0、a_1、…、a_n 为回归系数;t、$t-1$、…、$t-n$ 为时序数;n 为自回归模型的阶数;ε_t 为随机项。

如果只考虑前一时段 x_{t-1} 对 x_t 的影响,不考虑 x_{t-2}、x_{t-3}、…,这时就是一阶自回归模型,也就是最常用的马尔可夫单链,其数学表达式可写成

$$x_t = \bar{x} + r_1(x_{t-1} - \bar{x}) + \varepsilon_t \tag{9-23}$$

式中:$\bar{x}$ 为 x 的均值;r_1 为相邻时段径流相关系数;ε_t 为随机分量。

如果 x 序列为正态分布,则 ε 也是正态分布,而且可以证明随机分量与年径流均方差之间有以下关系,即

$$\sigma_\varepsilon^2 = \sigma_x^2 (1 - r_1^2) \tag{9-24}$$

一般正态分布序列 ε_t 与标准正态分布序列 ξ_t 之间的关系为

$$\varepsilon_t = \bar{\varepsilon} + \sigma_\varepsilon \xi_t$$

当 $\bar{\varepsilon} = 0$ 时,将式(9-24)代入可得

$$\varepsilon_t = \sigma_x (1 - r_1^2)^{\frac{1}{2}} \xi_t$$

这时式(9-23)可写成

$$x_t = \bar{x} + r_1(x_{t-1} - \bar{x}) + \xi_t \sigma_x (1 - r_1^2)^{\frac{1}{2}} \tag{9-25}$$

式中:ξ_t 为均值为 0,方差为 1 的标准正态随机变量,可简写成 $N(0,1)$。

若 x 序列为对数正态分布,可令 $y = \ln(x-c)$,先用上述方法生成 y 序列,然后再将生成的 y 序列变换成 x 序列。

若 x 序列为偏态,服从 Gamma 分布,其偏态系数为 C_{sx},则可通过下式先求随机变量 ε 的偏态系数 $C_{s\varepsilon}$,即

$$C_{s\varepsilon} = \frac{1 - r_1^3}{(1 - r_1^2)^{\frac{3}{2}}} C_{sx} \tag{9-26}$$

再由下式求偏态随机分量,即

$$\varepsilon_t = \frac{2}{C_{s\varepsilon}} \left(1 + \frac{C_{s\varepsilon} \xi_t}{6} - \frac{C_{s\varepsilon}^2}{36}\right)^3 - \frac{2}{C_{s\varepsilon}} \tag{9-27}$$

然后用 ε_t 代替式(9-25)中 ξ_t 得

$$x_t = \bar{x} + r_1(x_{t-1} - \bar{x}) + \varepsilon_t \sigma_x (1-r_1^2)^{\frac{1}{2}} \qquad (9-28)$$

便可由此生成具有近似 Gamma 分布的径流序列。

3. 年、月径流生成

由式 (9-28) 生成径流的步骤是：

(1) 根据实测年径流资料，计算多年平均流量 $\bar{x}$，年径流均方差 σ_x，相邻年径流相关系数 r_1，年径流偏态系数 C_{sx} 以及随机分量的偏态系数 $C_{s\varepsilon}$。

(2) 根据实测资料任意假定某一年径流初始值 x_0，然后可按随机数的生成方法，产生正态分布随机数 ξ_1、ξ_2、ξ_3、…、ξ_m。

(3) 利用式 (9-27) 和式 (9-28) 生成 m 年年径流系列 x_1、x_2、x_3、…、x_m。

上述模型也可用以生成月径流系列，但由于各月径流均值、方差不同，月与月径流之间的相关系数也不一样，所以各月都有一个方程，类似方程需 12 个，即

$$\begin{aligned}
x_2 &= \bar{x}_2 + b_1(x_1 - \bar{x}_1) + \varepsilon_2 \sigma_2 (1-r_1^2)^{\frac{1}{2}} \\
x_3 &= \bar{x}_3 + b_2(x_2 - \bar{x}_2) + \varepsilon_3 \sigma_3 (1-r_2^2)^{\frac{1}{2}} \\
&\vdots \\
x_{12} &= \bar{x}_{12} + b_{11}(x_{11} - \bar{x}_{11}) + \varepsilon_{12} \sigma_{12} (1-r_{11}^2)^{\frac{1}{2}} \\
x_1 &= \bar{x}_1 + b_{12}(x_{12} - \bar{x}_{12}) + \varepsilon_1 \sigma_1 (1-r_{12}^2)^{\frac{1}{2}}
\end{aligned} \qquad (9-29)$$

式中：x_i 为第 i 月月径流值；$\bar{x}_i$ 为第 i 月月径流多年平均值；σ_i 为第 i 月月径流均方差；r_i 为第 i 月与第 $i+1$ 月月径流相关系数；b_i 为回归系数，可由下式算得，即

$$b_i = r_i \frac{\sigma_{i+1}}{\sigma_i} \qquad (9-30)$$

生成步骤与年径流类似，计算可从任一月某一初值开始，然后生成逐月的月径流资料。一年完成后，下一年 1 月份径流根据本年 12 月份已产生的径流资料生成。

由于初值为任意给定值，为消除初值的影响，生成年、月径流系列后，一般可将最初生成的若干项舍去。

不论用什么方法生成的径流序列，都必须加以检验，然后才能使用。主要是比较随机生成资料的各种统计特征值、历时曲线是否与实测资料一致。

随机生成资料的依据是实测资料，当实测资料本身不精确或代表性不够时，即样本不能代表总体时，生成再多的资料也无济于事。

如果根据实测资料已能完成工程设计任务，一般无需生成人工径流系列。

9.7 水库水量损失计算

前面介绍的各种方法，都没有考虑到水库的水量损失。实际上，水库建成后，坝上形成很大水体，水库的水面积远远大于原来的河面。一部分原来是陆面蒸发的地方变成了水面蒸发，因而要考虑水库建成后所增加的水量蒸发损失。另外，水库蓄水量经过坝、建筑物和地基还有各种渗漏损失。在兴利库容确定的情况下，蒸发、渗漏损失常使调节流量减少，若保持调节流量不变，则所需兴利库容将增加。考虑水量损失的水库水量平衡公式为

$$Q_入 - \sum Q_用 - Q_蒸 - Q_渗 - Q_弃 = \frac{\Delta V}{\Delta T} \tag{9-31}$$

式中：$Q_入$ 为 ΔT 时段内平均入库流量，m³/s；$\sum Q_用$ 为 ΔT 时段内各兴利部门的综合用水流量，m³/s；$Q_蒸$ 为 ΔT 时段内蒸发损失流量，m³/s；$Q_渗$ 为 ΔT 时段内渗漏损失流量，m³/s；$Q_弃$ 为 ΔT 时段内水库的弃水流量，m³/s；ΔV 为 ΔT 时段内水库蓄水量的变化，m³/s·ΔT。

水库泄洪流量、灌溉引水流量、水电站的发电流量及水库蒸发、渗漏损失水量等，往往是随水库水位或引水水头而变化的。一般是水库蓄水量的函数。式（9-31）一般需通过多次试算才能求解，即先假定一个时段末水库水位，计算时段平均水位及相应的蓄水量，再用式（9-31）进行水量平衡计算，求出水库时段末的水位后，与假定值比较看是否相符，若不符，则应重新假定时段末水库水位重复试算，直至相符为止。

9.7.1 蒸发损失的计算

蓄水工程的蒸发损失是指水库修建前后由陆面面积变成水面而增加的蒸发损失：

$$Q_蒸 = 1000(E_水 - E_陆)F_V / \Delta T$$
$$E_水 = \eta E_皿$$
$$E_陆 = P_0 - R_0$$

式中：F_V 为建库增加的水面面积，km²；$E_水$ 为 ΔT 时段内的水面蒸发量，mm；$E_皿$ 为 ΔT 时段蒸发皿实测水面蒸发量，mm；η 为蒸发皿折算系数，以 E601 型蒸发皿为准，其他蒸发皿折算系数一般为 0.65~0.8；$E_陆$ 为 ΔT 时段陆面蒸发量，mm；P_0 为闭合流域多年平均降雨量，mm；R_0 为闭合流域多年平均径流深，mm。

9.7.2 渗漏损失计算

水库渗漏损失包括坝基渗漏，闸门止水不严，库底渗漏等，详细的渗漏损失计算可利用渗漏理论的达西公式估算。本节介绍经验估算方法。

1. 损失率法

$$Q_渗 = \alpha V$$

式中：α 为渗漏损失系数，据水文地质条件其取值为每月 0~3%；V 为 ΔT 时段水库平均蓄水量。

2. 渗漏强度法

$$Q_渗 = \beta h F$$

式中：β 为单位换算系数；h 为渗漏强度，据水文地质条件取值为每日 0~3mm；F 为 ΔT 时段内的平均水面面积，km²。

9.7.3 水库水量损失试算法

考虑水量损失径流调节计算，由于水量损失都与水库的蓄水量有关，一般需要通过逐时段试算求解。考虑各种水量损失，是为了酌量增大水库兴利库容或减小调节流量，以抵偿此部分耗水，保证正常供水。所以考虑水量损失重点是供水期，逐时段试算应逆时序进行。求解步骤如下：

(1) 已知时段末的水库蓄水量 V_t，起始时间 $V_t = V_{死}$。
(2) 假设时段初蓄量 $V_{t-1} = V_t + W_{亏,t}$，其中 $W_{亏,t}$ 为不考虑损失的本时段亏水量。
(3) 计算时段平均蓄量 $V = \dfrac{V_{t-1} + V_t}{2}$。
(4) 计算时段蒸发、渗漏损失 $Q_{损} = Q_{蒸} + Q_{渗}$。
(5) 重新计算时段初水库蓄水量 $V' = V_t + W_{亏,t} + Q_{损}$。
(6) 如果 $|V' - V_{t-1}| < \varepsilon$，转步骤(7)；否则，$V_{t-1} = V'$，转步骤(3)。
(7) 如果所有时段计算完毕，则输出计算结果；否则，$t = t - 1$，转步骤 (2)。

以上流程很适合编制计算机程序。

【例 9 - 14】 以表 9 - 2 中数据为例，考虑水量损失进行调节计算见表 9 - 16。其中水库各月蒸发损失强度已知［见表 9 - 16 中第（6）栏］，每月渗漏损失水量为水库月平均蓄水量的 2%，$V_{死} = 32 (m^3/s) \cdot 月$。

表 9 - 16 中第（1）～（5）栏的内容与表 9 - 2 相同，表 9 - 16 采用试算法进行水量平衡计算表，其步骤如下：

(1) 从 2 月末库空开始，即从死库容 $32.00 (m^3/s) \cdot 月$ 开始，逆时序进行水量平衡计算。表 9 - 16 中第（7）栏的最初及最后一行均为死库容。

(2) 先假定 2 月初水库蓄水量为 $37.30 (m^3/s) \cdot 月$，填在表 9 - 16 中第（7）栏倒数第二行中。

(3) 求得月平均蓄水量为 $34.65 (m^3/s) \cdot 月$ 及相应水库面积为 $8.5 km^2$（该值通过查水位面积关系曲线获得，本例中省略了水库水位面积关系曲线），分别填在表中第（8）栏、第（9）栏相应位置。

(4) 蒸发损失等于该月蒸发损失强度乘以该月水库平均水面积，再除以 1 个月的秒数，得蒸发损失流量，即：$Q_{蒸} = \dfrac{0.034 \times 8.5 \times 10^6}{86400 \times 30.4} = 0.11 m^3/s$，将得数填在表中第（10）栏的相应位置。

(5) 水库渗漏损失可根据库内地质情况取月平均水库蓄水量的 2%，即 $Q_{渗} = 0.02 \times 34.65 = 0.69 m^3/s$，填在表中第（10）栏相应位置。

(6) 计算本时段水量平衡，时段初（即 2 月初）水库蓄水量由下面水量平衡方程式计算得，即

$$V_{初} = V_{末} - (Q_{来} - Q_{用})\Delta T + \sum Q_{损} \Delta T$$
$$= 32.00 + 4.5 + 0.11 + 0.69 = 37.30 [(m^3/s) \cdot 月]$$

它与原来假定值相符，本时段试算结束，转入上一时段（即 1 月份）进行水量平衡计算。

若计算结果与假定值不符，则应重新假定时段初水库蓄水量再按以上步骤重算。

(7) 依次类推，一直计算到供水期开始时刻 9 月初水库蓄水量为 $110.58 (m^3/s) \cdot 月$，此即为所求之考虑水量损失的水库库容。

(8) 求得库容后，再从蓄水期开始时刻（本例为 3 月初），由死库容开始顺时序用同样方法进行逐时段水量平衡计算，到 6 月末水库蓄满，并有弃水，6 月末～9 月初水库保持库满。

表 9-16 水库水量损失计算（试算法）

月份	来水 (m³/s)	用水 [(m³/s)]	余水量 [(m³/s)·月]	亏水量 [(m³/s)·月]	蒸发损失强度 (mm)	水库蓄水量 [(m³/s)·月]	水库月平均蓄水量 [(m³/s)·月]	水库月平均水面面积 (km²)	水量损失[(m³/s)·月] 蒸发	水量损失 渗漏	水量损失 共计	弃水量 [(m³/s)·月]
(1)	(2)	(3)	(4)	(5)	(6)	(7)	(8)	(9)		(10)		(11)
3	31.1	20.0	11.1		49	32.00	37.10	9.1	0.17	0.74	0.91	
4	40.4	20.0	20.4		85	42.19	51.68	12.4	0.40	1.03	1.43	
5	68.2	20.0	48.2		131	61.16	83.86	22.7	1.13	1.68	2.81	
6	85.8	20.0	65.8		140	106.55	108.56	32.2	1.72	2.17	3.89	57.88
7	58.2	20.0	38.2		148	110.58	110.58	33.0	1.86	2.21	4.07	34.13
8	30.6	20.0	10.6		150	110.58	110.58	33.0	1.88	2.21	4.09	6.51
9	13.4	20.0		6.6	105	100.63	105.60	31.0	1.24	2.11	3.35	
10	6.5	20.0		13.5	71	84.58	92.60	25.8	0.70	1.85	2.55	
11	3.2	20.0		16.8	38	66.00	75.29	19.5	0.28	1.50	1.78	
12	4.4	20.0		15.6	32	49.08	57.54	14.0	0.17	1.15	1.32	
1	9.2	20.0		10.8	36	37.30	43.19	10.0	0.12	0.86	0.98	
2	15.5	20.0		4.5	34	32.00	34.65	8.5	0.11	0.69	0.80	
合计	366.5	240.0		67.8					9.78	18.20	27.98	98.52
			126.5				126.5				126.5	

根据表 9-16 计算结果，可以得出以下结论：

(1) 供水期水量损失影响兴利库容。表 9-16 中，考虑到水量损失后，所需之兴利库容（即调节库容）为 110.58－32.00＝78.58(m^3/s)·月，比不计损失时库容增大 10.78(m^3/s)·月（参见表 9-2）。增大的库容值等于供水期的 9 月～次年 2 月的损失水量。

(2) 蓄水期期间的水量损失值对兴利库容不起影响，只减少水库的无益弃水。

(3) 全年损失的总水量，减少弃水量。

在不计损失时总弃水量为 126.5(m^3/s)·月（参见表 9-2），而考虑损失后的总弃水量为 98.52(m^3/s)·月，减少的弃水量正好等于该年所损失的水量 27.98(m^3/s)·月。

9.7.4 水库水量损失简化算法

有些水库由于水量损失本身所占比重不大，或即使比重较大有时只要粗略地估计，在这种情况下，一般不需采用详细的试算，而可用一些较简单的方法估计水量损失。水库水量损失简化算法，先按不计损失进行调节计算求得各月水库平均蓄水量，并按此平均蓄水量来计算损失，然后从各月天然来水中扣去此损失水量或将此损失水量加入到需水量中，再进行一次调节计算。

上面已经说明，对于年调节水库而言，影响库容或调节流量的是供水期的水库损失水量。而对于多年调节水库来说，则是整个设计供水期（包括连续枯水年组与枯水年组前一年丰水年的供水期）的损失水量，其数值有时颇为可观。多年调节水量损失具体计算方法与年调节水库类似，不过一般很少采用详细试算法，而较多地采用简化法或近似方法估算，求出损失水量后再增加兴利库容或减小调节流量。

简化算法求解步骤如下：

(1) 不计损失计算水库蓄水量过程 V_t^0，$t=1, 2, \cdots, T$，V_t^0 中包含死库容。

(2) 逐时段计算时段平均蓄量 $\overline{V}_t = \dfrac{V_{t-1}^0 + V_t^0}{2}$。

(3) 计算蒸发、渗漏损失过程 $Q_{损,t} = Q_{蒸,t} + Q_{渗,t}$。

(4) 重新计算水库蓄水量过程 V_t（按式（9-5）水量平衡计算）。

(5) 如果 $|V_t - V_t^0| \leqslant \varepsilon$，$\forall t$，则输出计算结果；否则 $V_t^0 = V_t$，$\forall t$，转步骤(2)。

简化算法不仅可用于列表法，而且与图解法配合可编制出通用的考虑水量损失的径流调节计算机程序。

【例 9-15】 以表 9-17 中数据为例，各月蒸发损失强度已知，每月渗漏损失水量为水库月平均蓄水量的 2%，用简化法求考虑损失所需增加的兴利库容。

解：计算步骤如下：

(1) 先按不考虑损失进行调节计算，求得各月末水库蓄水量，列于表 9-17 中的第 (6) 栏，该栏与表 9-2 中第 (6) 栏不同之处，仅在于这里已加上死库容 32.0(m^3/s)·月。

(2) 求每月水库平均蓄水量和相应平均水库水面积，并分别记入表 9-17 中的第 (7) 栏和第 (8) 栏。

表 9-17 水库水量损失计算(简化法)

月份	来水 (m³/s)	用水 (m³/s)	余水量 [(m³/s)·月]	亏水量 [(m³/s)·月]	水库蓄水量 [(m³/s)·月]	月平均蓄水量 [(m³/s)·月]	水库水面积 (km²)	蒸发损失强度 (mm)	蒸发损失 [(m³/s)·月]	渗漏损失 [(m³/s)·月]	水库蓄水量 [(m³/s)·月]	弃水量 [(m³/s)·月]
(1)	(2)	(3)	(4)	(5)	(6)	(7)	(8)	(9)	(10)	(11)	(12)	(13)
3	31.1	20.0	11.1		32.0	37.6	9.2	49	0.17	0.75	32.00	
4	40.4	20.0	20.4		43.1	53.3	12.8	85	0.41	1.07	42.18	
5	68.2	20.0	48.2		63.5	81.6	21.7	131	1.08	1.63	61.10	58.85
6	85.8	20.0	65.8		99.8	99.8	28.7	140	1.53	2.00	106.59	34.58
7	58.2	20.0	38.2		99.8	99.8	28.7	148	1.62	2.00	109.91	6.96
8	30.6	20.0	10.6		99.8	99.8	28.7	150	1.64	2.00	109.91	
9	13.4	20.0		6.6	93.2	96.5	27.4	105	1.10	1.93	100.28	
10	6.5	20.0		13.5	79.7	86.4	23.6	71	0.64	1.73	84.41	
11	3.2	20.0		16.8	62.9	71.3	18.2	38	0.26	1.43	65.92	
12	4.4	20.0		15.6	47.3	55.1	13.3	32	0.16	1.10	49.06	
1	9.2	20.0		10.8	36.5	41.9	10.2	36	0.14	0.83	37.29	
2	15.5	20.0		4.5	32.0	34.2	8.5	34	0.11	0.68	32.00	
合计	366.5	240.0		67.8					8.86	17.15		100.49
			126.5	126.5							126.5	

(3) 根据表 9-17 中第 (7) 栏和第 (8) 栏数值，求蒸发、渗漏损失量，分别记入表中第 (10) 栏和第 (11) 栏。

(4) 考虑水量损失进行调节计算，求水库蓄水过程和弃水过程，分别记入表中第 (12) 栏和第 (13) 栏。

(5) 由计算结果可以得出，考虑水库蒸发、渗漏损失增加的兴利库容为 $\Delta V = 109.91 - 99.8 = 10.11 (m^3/s) \cdot 月$，该值为 9 月～次年 2 月的蒸发、渗漏损失水量之和。

显然，表 9-17 中计算由于不需试算，因此要比表 9-16 简单得多，但是，因为在计算过程中没有考虑本时段水量损失对计算成果的影响，会使计算损失偏小，不过影响一般不大，如果精度不满足要求，可用表中第 (12) 栏中数值代替表中第 (6) 栏数值进行迭代计算，直至满足精度要求为止。

【例 9-16】 某多年调节水库，死库容为 $98(m^3/s) \cdot 月$，设计供水期共 52 个月，不考虑损失时求得，当调节流量为 $330 m^3/s$ 时，兴利库容 $V_兴 = 3650 (m^3/s) \cdot 月$。已知各月蒸发和渗漏水量损失约为水库月平均蓄水量的 1.3%，用近似法估算水量损失对调节流量或兴利库容的影响。

解： (1) 求水库平均蓄水量为：$\overline{V} = 98 + \dfrac{3650}{2} = 1923 \,[(m^3/s) \cdot 月]$。

(2) 平均每月损失水量为：$\Delta W = 1923 \times 1.3\% = 25 \,[(m^3/s) \cdot 月]$。

(3) 设计枯水期总水量损失为：$\Delta V = \Delta W \times 52 = 1300 [(m^3/s) \cdot 月]$。

(4) 如兴利库容不变，考虑水量损失其调节流量为：$330 - 25 = 305 \,(m^3/s)$；如调节流量不变，则兴利库容应为：$3650 + 1300 = 4950 [(m^3/s) \cdot 月]$。

参 考 文 献

[1] 叶秉如编著. 水利计算及水资源规划. 北京：水利电力出版社，1995.
[2] 鲁子林主编. 水利计算. 南京：河海大学出版社，2003.
[3] 中华人民共和国水利部. SL104—95 水利工程水利计算规范，北京：中国水利水电出版社，1996.
[4] 周之豪，沈曾源，施熙灿，等. 水利水能规划. 第二版. 北京：中国水利水电出版社，1997.
[5] 叶守泽主编. 水文水利计算. 北京：水利电力出版社，1992.
[6] 钟平安，李伟，李兴学. 差积曲线径流调节计算程序设计与应用. 水利水电技术，2003 (11)：1-3.
[7] 成都科技大学，等. 工程水文及水利计算. 北京：水利电力出版社，1981.
[8] 长江流域规划办公室水文处. 水利工程实用水文水利计算. 北京：水利电力出版社，1980.

第 10 章

水电站水能计算

10.1 概　述

能源是实现社会现代化的重要物质基础。电力是保证国民经济发展，改善人民生活的基本条件。而以水流动力为原料的水力发电，不像煤和石油受储存量的限制，它是取之不尽，用之不竭的再生性清洁能源。

我国水力资源极其丰富，水能蕴藏量 6.76 亿 kW，可开发容量 3.78 亿 kW，居世界第一。我国水电建设从解放初期装机 16.3 万 kW，发展到 2002 年底装机 8607.5 万 kW，尽管在发展进程中曾数度遭遇困难和挫折，但是仍然顽强地从弱到强、由小到大发展。目前我国水电装机容量占可开发容量不足 30%，与水电事业发展较先进的国家相比有相当大的差距，这就表明我国水电建设发展潜力很大，根据我国"十五"计划和 2015 年远景规划，到 2010 年，我国水电装机将达到 1.25 亿 kW，占电力总装机容量的 28%；到 2015 年，水电装机达到 1.5 亿 kW，占电力总装机的比重仍维持 28%。届时，水能资源开发程度将达到 40%，我国将成为名副其实的世界水电大国，水电事业发展有着广阔的前景。

10.1.1 水能计算基本方程

天然河道中的水流，在重力作用下不断从上游流向下游，它所具有的能量，在流动过程中消耗于克服沿程摩阻、冲刷河床及挟带泥沙等。

天然河道水流能量可用伯努里方程来表示。河段纵剖面如图 10-1 所示，水量从断面 1—1 流到断面 2—2 所耗去的能量可用下式计算，即

$$E = \left[\left(Z_1 + \frac{p_1}{\gamma} + \frac{\alpha_1 v_1^2}{2g}\right) - \left(Z_2 + \frac{p_2}{\gamma} + \frac{\alpha_2 v_2^2}{2g}\right)\right]W\gamma$$

式中：E 为河段中消耗的能量，J；Z 为断面的水面高程，m；$\frac{p}{\gamma}$ 为断面的压力水头，m；v 为断面平均流速，m/s；α 为断面流速不均匀系数；γ 为

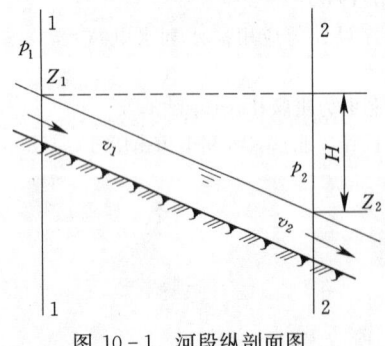

图 10-1 河段纵剖面图

水的容重，通常取 1000kg/m^3；g 为重力加速度；W 为水体体积，m^3。

在实际计算时，当河段较短，两个断面上的大气压强相差甚微，可认为 $p_1 = p_2$。如流量一定，两断面面积相差不大，则 $\dfrac{\alpha_1 v_1^2}{2g}$ 与 $\dfrac{\alpha_2 v_2^2}{2g}$ 之差值所占比重很小，也可以忽略，因而，上式可写成

$$E = (Z_1 - Z_2)W\gamma = HW\gamma \tag{10-1}$$

式中：H 为断面 1—1 至断面 2—2 的水位差，亦称水头或落差，m，$H = Z_1 - Z_2$。

式（10-1）表示水量 W 下落 H 距离时所做的功，单位时间所做的功称为功率。在水能利用中通常称为出力，一般用 N 表示。由于 Δt 时段内流过某断面的水量 $W(\text{m}^3)$，等于断面流量 $Q(\text{m}^3/\text{s})$ 与时段 $\Delta t(\text{s})$ 之乘积；$1\text{kgf} \cdot \text{m/s}$ 的功率等于 0.00981kW，由式（10-1）可得到

$$N = \frac{E}{\Delta t} = H\left(\frac{W}{\Delta t}\right)\gamma = \gamma QH = 1000 \times 0.00981QH$$

即
$$N = 9.81QH \tag{10-2}$$

式中：N 为出力，kW。

在电力工业方面，习惯用"$\text{kW} \cdot \text{h}$"（俗称"度"）为能量单位，因 $T(\text{h}) = \dfrac{1}{3600}\Delta t(\text{s})$，于是能量公式可写成

$$E = NT = 9.81QH\left(\frac{\Delta t}{3600}\right)$$

即
$$E = 0.00272WH \tag{10-3}$$

式中：E 为电能，$\text{kW} \cdot \text{h}$。

当一条河流各河段的落差和多年平均流量为已知时，就可利用式（10-2）估算这条河流各段蕴藏的水力资源。如果知道可利用的水量和落差，就可利用式（10-3）估算其具有的电能。

由上述公式可以看出，水头和流量（或水量）是构成水能的两个基本要素，它们是水电站动力特性的重要参数。

由于河流能量在一般情况下是沿程分散的，为了利用水能，就必须根据河流各河段的具体情况，采用经济有效的工程措施，如水坝、引水渠、隧洞等，将分散的水能集中起来，让水流从上游通过压力引水管、经水轮机、再由尾水管流向下游。当水流冲击水轮机时，水能就变为机械能，再由水轮机带动发电机，将机械能变为电能。

水能转变为电能的过程中，经历了集中能量、输入能量、转换能量、输出能量四个阶段，不可避免地会损失一部分能量，这种损失表现在两个方面：一方面，在水流自上游到下游的过程中，水流要通过拦污栅、进水口、引水管道流至水轮机，并经尾水管排至下游河道，在整个流动过程中，由于摩擦和撞击会损失一部分能量，这部分损失通常用水头损失来表示，即从水头 H 中扣除掉水头损失 ΔH，才是作用在水轮机上的有效水头，有效水头又称为净水头，以 $H_{净}$ 表示，有

$$H_{净} = H - \Delta H$$

另一方面，水轮机、发电机和传动设备在实现能量转换和传递的过程中，由于机械摩擦等原因，也将损失一部分能量，其有效利用的部分，分别用水轮机效率 $\eta_{水机}$、发电

机效率 $\eta_{电机}$ 及传动设备效率 $\eta_{传动}$ 来表示，如以 η 表示水电机组的总效率，则

$$\eta = \eta_{水机} \eta_{电机} \eta_{传动}$$

由于上述两方面的能量损失，所以水电站的实际出力总是小于由式（10-2）计算出的理论出力。水电站的实际出力和电能计算公式应分别为

$$N = 9.81\eta Q H_{净} \qquad (10-4)$$

$$E = 0.00272\eta W H_{净} \qquad (10-5)$$

η 值的大小与设备类型、性能、机组传动方式、机组工作状态等因素有关，同时也受设备生产和安装工艺质量的影响。在进行水电站规划或水电站初步设计方案比较时，由于机电设备资料不全或者没有，可近似地认为总效率 η 是一个常数，则式（10-4）可改写为

$$N = K Q H_{净} \qquad (10-6)$$

式中：K 为出力系数，等于 9.81η。

对于大中型水电站，K 值可取为 $8.0 \sim 8.5$；对于小型水电站的同轴或皮带传动水电机组一般取为 $6.5 \sim 7.5$，两次传动的水电机组 K 值可取用 6.0。

净水头 $H_{净} = H - \Delta H$，其中水头 $H = Z_{上} - Z_{下}$ 比较容易确定，而水头损失 ΔH 则与流道的长度、截面形状和尺寸、构造材料、敷设方式、施工工艺质量等因素有关，一般需在电站总体布置完成后才能作出比较精确的计算。在初步计算时，可参照已建成的同类型电站估计 ΔH 值，然后再作校核。根据一些工程单位的经验，ΔH 约为 H 的 $3\% \sim 10\%$，输水道短的取小值，输水道长的取大值。还需指出，若在初步计算中用 H 代替 $H_{净}$，亦即略去水头损失 ΔH 不计，这时出力系数 K 值应相应减小，否则会使计算成果偏大。

10.1.2 水电站开发方式

由上述可知，水电站的出力主要取决于落差和流量两个因素。在大多数情况下，天然河流的落差往往分散在各河段上，只有在少数急滩瀑布处，落差才比较集中。因此，为了获得一定的水头发电，就必须通过适当的工程措施将分散的落差集中起来。根据集中落差的方式不同，水电站的基本开发方式可分为坝式、引水式和混合式三种。

10.1.2.1 坝式水电站

坝式水电站就是在河道中修建拦河坝，抬高上游水位，形成坝上下游的水位差。坝式水电站又分为坝后式和河床式两种类型。

1. 坝后式

坝后式又称坝下式，这种形式的水电站的厂房修建在拦河坝后（拦河坝的下游侧），它不承受上下游水位差的水压力，全部水压力由坝承受，因而适合于高水头的水电站。坝后式水电站往往具有较大的调节库容。如我国的丹江口、新安江和龚咀等水电站就是这种类型。坝后式水电站如图 10-2 和图 10-3 所示。

2. 河床式

河床式水电站一般修建在河流中、下游河道比较平缓的河段中，其适用水头范围，大中型水电站一般在 25m 以下，小型水电站约为 10m 以下。中、下游河段由于

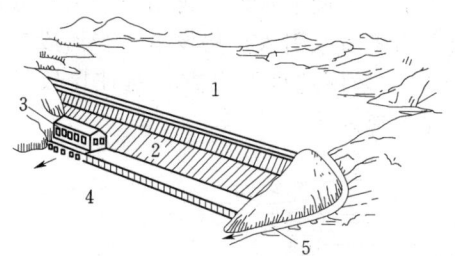
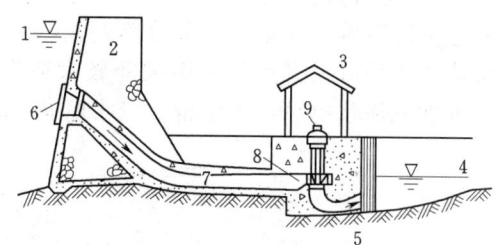

图 10-2 坝后式水电站布置图
1—水库；2—大坝；3—厂房；
4—下游河道；5—溢洪道

图 10-3 坝后式水电站剖面图
1—水库；2—大坝；3—厂房；4—下游河道；5—尾水管；
6—拦污栅；7—压力水管；8—水轮机；9—发电机

受地形限制，只能建造不太高的拦河坝，否则会造成过多的淹没损失。河床式水电站的厂房往往和坝（或闸）并列直接建造在河床中，厂房本身承受上游的水压力而成为挡水建筑物的一部分。河床式水电站引用流量一般较大，通常是低水头大流量径流式水电站，如富春江、葛洲坝等水电站都是这种类型。图 10-4 为河床式水电站示意图。

10.1.2.2 引水式水电站

在河流上游坡度比较陡峻的河段上，筑一低坝，通过引水建筑物（如明渠、隧洞、管道等）集中河段的落差，形成发电水头，这种开

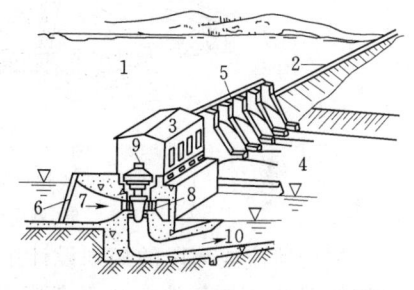

图 10-4 河床式水电站示意图
1—水库；2—大坝；3—厂房；4—下游河道；
5—溢流坝；6—拦污栅；7—进水口；
8—水轮机；9—发电机；10—尾水管

发方式称为引水式。引水式水电站按其引水建筑物中水流状态，又可分为无压引水式和有压引水式两种。

由于引水式水电站通常不受淹没和筑坝技术上的限制，因而在小型水电站中，引水式比坝式使用更为普遍。引水式水电站一般有较高的水头，没有或仅有很小的调节库容。我国南方许多省都有这种水电站，图 10-5 为引水式水电站示意图。

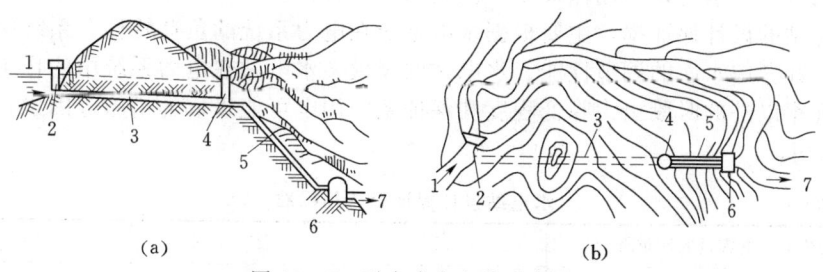

图 10-5 引水式水电站示意图
(a) 引水式水电站剖面图；(b) 引水式水电站平面图
1—上游河道；2—进水口；3—隧洞；4—调压井；5—引水管；6—厂房；7—下游河道

10.1.2.3 混合式水电站

这种类型的水电站是前两种开发方式的结合，故称混合式水电站。如图 10-6 所

示，在河段上游筑一拦河坝集中一部分落差，并形成一个调节水库；再用压力引水道引水至河段下游，又集中一部分落差，然后通过压力管将水引入厂房发电。当河段上游坡降平缓而淹没又小，下游坡降较大或有瀑布时，采用这种开发方式往往比较经济。江西龙潭水电站，天生桥二级水电站等都是这种形式。

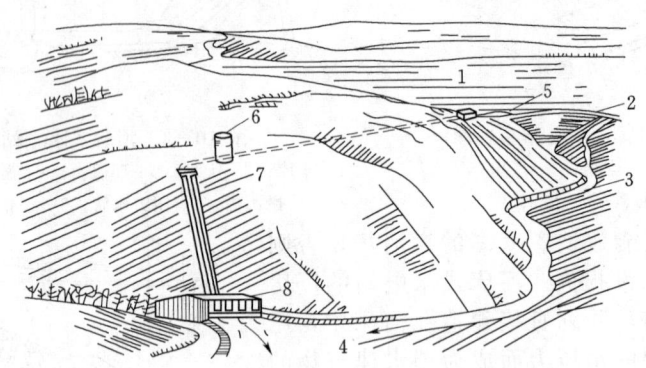

图 10-6 混合式水电站示意图
1—水库；2—大坝；3—溢洪道；4—下游河道；5—进水口；
6—调压塔；7—引水管；8—厂房

在进行河流或河段的规划设计中，究竟采用哪种开发方式，应根据水文、地形、地质等情况及施工条件，全面考虑各用水部门要求，进行技术、经济分析和综合比较，从而选择技术经济指标最优越的开发方式。

10.1.3 水电站的设计保证率

由于水电站的出力与流量和水头有关，而河川径流各年各月都是变化的，这就使水电站各年各月的出力和发电量也不相同。水电站在多年工作期间正常工作得到保证的程度，称为水电站的设计保证率，即

$$P_{设} = \frac{正常供电时间}{总供电时间} \times 100\%$$

年调节和多年调节水电站保证率一般用保证正常供电年数占总年数百分数表示，无调节和日调节水电站则用保证正常供电的相对日数表示。

水电站的设计保证率，主要根据水电站所在电力系统的负荷特性、系统中水电容量的比重并考虑水库的调节性能、水电站的规模、水电站在电力系统中的作用，以及设计保证率以外的时段出力降低程度和保证系统用电可能采取的措施等因素，参照表10-1选用。

表 10-1　　　　　　　　水电站设计保证率选用标准

电力系统中水电容量的比重（%）	<25	25~50	>50
水电站设计保证率（%）	80~90	90~95	95~98

对担负一般地方工业或农村负荷的小型水电站，其装机容量为1000~12000kW时，设计保证率可取80%~85%；如装机容量为100~1000kW，则设计保证率一般可取75%~80%。对于更小的水电站，如只负担农村照明和农副产品加工，其设计

保证率可以更低。

10.1.4 设计代表年及设计代表段的选择

在水能调节计算中,一般应根据长系列的水文资料进行计算,但在规划或初步设计阶段,要反复进行多方案比较时,计算工作量很大。此时,为了简化计算,可选择设计代表年或代表段来进行计算。

10.1.4.1 设计代表年的选择

在规划及初步设计阶段,对于无调节、日调节及年调节水电站,一般选三个设计代表年来进行计算,即设计枯水年、设计平水年和设计丰水年。有时还需再选一个特别枯水年,因为从这种年份的水能调节计算成果中,可以分析水电站及电力系统在特别枯水年的破坏历时和程度。对于低水头河床式水电站,还需选一个特别丰水年来校核水电站的工作情况,因为低水头河床式水电站,在丰水年的洪水期由于坝下水位猛涨水头降低,也可能使正常工作遭到破坏。选择设计代表年的方法主要有以下两种。

1. 按年水量选择设计代表年

先根据本枢纽历年径流资料,绘制(水利年的)年水量频率曲线 $W_年 \sim P$。再按照水电站的设计保证率 $P_设$ 在 $W_年 \sim P$ 曲线上查得 W_P,在径流系列中找出年径流与 W_P 相近的一年,作为设计枯水年。同样,按 $P_平 = 50\%$ 及 $P_丰 = 100\% - P_设$ 选出设计平水年及设计丰水年。三个设计代表年的平均年水量、平均洪水期水量及平均枯水期水量应分别与其多年平均值接近。

2. 按枯水期水量选择设计代表年

绘制枯水期水量频率曲线 $W_枯 \sim P$,然后用 $P_设$、$P_平$ 及 $P_丰$ 在 $W_枯 \sim P$ 曲线上选出与之相应的年份作为设计枯水年、设计平水年及设计丰水年。当然这三个设计代表年的平均水量也应与多年平均年水量接近。

实际工作中,也有人采用将枯水年按枯水期和全年水量同时控制选择代表年,平水年和丰水年只需按年水量控制进行选择。

10.1.4.2 设计代表段的选择

在规划阶段及初步设计方案比较阶段,当用时历法求多年调节水库水电站的保证出力和多年平均年发电量时,为了简化计算,也可在长系列水文资料中选取一个设计枯水段(或叫设计枯水年组)和一个设计代表段来计算保证出力和多年平均年发电量。设计枯水年组一般根据水电站设计保证率选择。设计代表段应满足下列条件:

(1) 在设计代表段内水库至少充满一次,放空一次。
(2) 设计代表段内必须包括有丰水年、平水年及枯水年。
(3) 设计代表段的平均年水量应与多年平均年水量接近。

10.2 电力系统的负荷及其容量组成

10.2.1 电力系统与负荷图
10.2.1.1 电力系统及其用户特点

所有大中型电站一般都不单独地向用户供电,而是把若干电站(包括水电站、火电站及其他类型的电站）联合起来，共同满足各类用户的需电要求。在各电站之间及电站与用户之间用输电线连成一个网络，该网络称为电力系统。各种不同特性的电站联在一起，可以互相取长补短，改善各电站的工作条件，提高供电的可靠性。规划设计水电站时，应首先了解电力系统中各类用户的需电要求以及其他电站组成等情况。

电力系统中有各种用户，它们有着不同的用电要求，通常按其特点，可将用户分为工业用电、农业用电、交通运输用电及城镇用电四种类型。

1. 工业用电

工业用电在一年之内负荷变化不大，而年际之间则由于工业的发展而增长。在一天之内，三班制生产的工矿企业用电也比较均匀。从产品种类来看，化学及冶金工业的负荷比较平稳，而机械制造工业及炼钢中的轧钢车间的负荷则是间歇性的，需电状况在短时间内有着剧烈的变动。

2. 农业用电

农业用电主要指农业排灌用电、农业耕作用电及农副产品加工用电，其次为农村生活、照明用电。它们都具有明显的季节性变化，特别在排灌季节用电较多，其余时间用电较少。

3. 交通运输用电

目前交通运输用电主要指电气火车用电，随着铁路运输电气化的发展，其用电量不断增长，这种负荷在一年之内和一天之内都很均匀，仅在电气火车启动时，负荷突然增加，才会出现瞬时的高峰负荷。

4. 市政公用事业用电

市政公用事业用电包括市内电车、给排水用电和生活、照明用电等。其中照明负荷在一天内和一年内均有较大变化，如冬季气温低、夜长，则用电较夏季多；一天内晚间又比白天用电多。

10.2.1.2 负荷图

如上所述，电力系统的负荷在一日、一月及一年之内都是变化的，其变化程度与系统中的用户组成情况有关。将系统内所有用户的负荷变化过程迭加起来，再加上线路损失和本厂用电，即得系统负荷变化过程线。

一日的负荷变化过程线称日负荷图；一年的负荷变化过程线称年负荷图。

1. 日负荷图

图 10-7 为一般大中型电力系统的日负荷图。在一天中，一般是 2 时~4 时负荷最低；清晨照明负荷增加，随后工厂陆续投入生产，在 8 时左右形成第一用电高峰；12 时左右午休，负荷下降；傍晚到入夜时出现第二用电高峰；深夜以后，某些工厂企业结束生产，负荷再次下降。一日内峰谷大小和出现时间与系统内的生产特性及系统所处的纬度有关，通常用电的第二高峰大于第一高峰。至于各地区的小型电力系统，其日负荷的变化则可能是各式各样的。

(1) 日负荷图的分区及特征值。日负荷图的三个特征值为日最大负荷 N''、日平均负荷 $\overline{N}$ 及日最小负荷 N'。日平均负荷图所包围的面积就是日用电量，有

$$E_日 = 24\overline{N} \tag{10-7}$$

式中：$E_日$ 为日用电量，kW·h；$\overline{N}$ 为日平均负荷，kW；24 为一天的小时数。

N''、$\overline{N}$ 及 N' 三个特征值将日负荷图划分成三个部分。在最小负荷 N' 以下的部分称为基荷;最小负荷 N' 与平均负荷 $\overline{N}$ 之间称为腰荷;$\overline{N}$ 以上至 N'' 部分称为峰荷。

(2) 日负荷特征系数。为了表明日负荷图的变化情况,以及便于各日负荷图之间的比较,一般用以下三个特征系数来表示日负荷特性,即

基荷指数 α $\alpha = N'/\overline{N}$

日最小负荷率 β $\beta = N'/N''$

日平均负荷率 γ $\gamma = \overline{N}/N''$

α 越大,表示基荷所占比重越大,说明用电户的用电情况比较稳定;β、γ 越大,表示日负荷变化越小,系统负荷比较均匀。大耗电工业占比重较大的系统,一般日负荷变化较均匀,γ 值往往较大;照明负荷占比重较大的系统,γ 值较小。

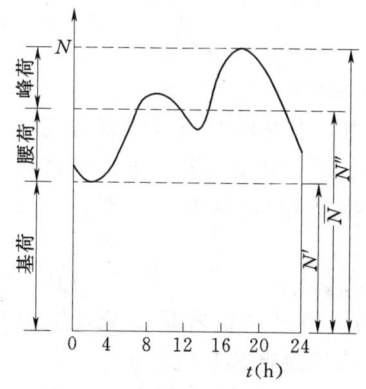

图 10-7 日负荷图

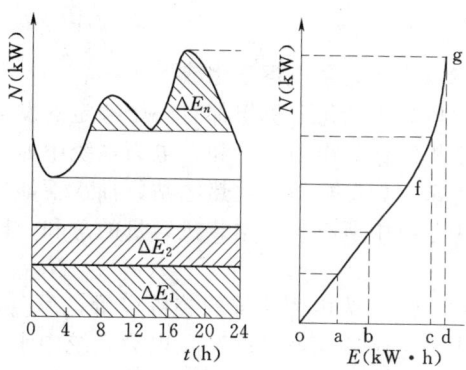

图 10-8 日电能累积曲线示意图

(3) 日电能累积曲线。电力系统日平均负荷曲线下面所包含的面积,代表系统全日所需要的电量 $E_日$。如将日负荷曲线下的面积自下而上分段叠加,如图 10-8 中 ΔE_1、ΔE_2、$\cdots$、ΔE_n 等。如果图 10-8 中右图纵坐标与左图相同,右图横坐标为电能,取 $\overline{oa} = \Delta E_1$,$\overline{ab} = \Delta E_2$,$\cdots$,$\overline{cd} = \Delta E_n$。则右图中 ofg 线称为日电能累积曲线,显然 f 点以下为基荷,因而 of 为直线。基荷以上,随着负荷的增长,相应供电时间越短,电能增量逐渐减小,所以日电能累积曲线,越向上越陡。

2. 年负荷图

年负荷图表示一年内负荷的变化过程,通常以日负荷特征值的年内变化来表示。日最大负荷 N'' 的年变化曲线称为年最大负荷图,如图 10-9 (a) 所示。年最大负荷反映系统负荷对各电站最大出力或发电设备容量的要求。显然,系统内各电站装机容量的总和至少应等于电力系统的最大负荷 N'',否则就不能满足系统负荷的要求。日平均负荷 $\overline{N}$ [图 10-9 (b) 中虚线] 或各月平均负荷 [图 10-9 (b) 中实线] 年过程称为年平均负荷图,它反映系统负荷对各电站平均出力的要求。显然,年平均负荷图所包含的面积相当于系统用户的年需电量,也是系统内各电站年发电量的总和。

需要指出,图 10-9 只是年负荷图的一种典型形式,夏季处于一年的用电低谷,实际上由于经济发展和人民生活水平的提高,近年来夏季用电大幅增长,一些电力系统呈现夏季为负荷高峰的特征。

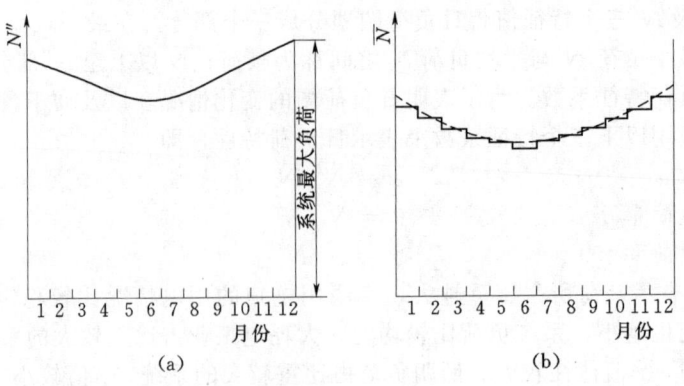

图 10-9 年负荷图
(a) 年最大负荷；(b) 年平均负荷

10.2.2 电力系统容量组成

电站中的每台机组都有一个额定的发电机铭牌出力，电站的装机容量就是该电站全部机组铭牌出力的总和。电力系统中如果包含有若干个水电站、若干个火电站和其他电站（如核电站、地热电站、抽水蓄能电站、潮汐电站等），则电力系统的装机容量为系统中所有各电站装机容量的总和，即

$$N_{系装} = N_{火装} + N_{水装} + N_{他装} \qquad (10-8)$$

式中：$N_{系装}$为电力系统的装机容量；$N_{火装}$电力系统中火电站装机容量；$N_{水装}$电力系统中水电站装机容量；$N_{他装}$电力系统中水火电站之外的其他电站装机容量。

以任一天为例，为了保证系统中各用户用电，必须同时满足两个条件：①电力系统中各电站当天能够随时投入运行的机电设备容量不小于该天最大的日负荷（图10-7中 N''）；②电力系统中各电站每天储备的水量以及燃料所能发出的电能，必须不小于日负荷图所要求的电量。

同样，在一年内各时刻，也必须满足年负荷图年内各时刻容量和电量要求，这两个条件分别称为容量平衡和电量平衡。年负荷图是确定电力系统中各电站装机容量的主要依据之一。根据机电设备容量的目的和作用，可将整个电力系统的装机容量划分成以下几个部分：

(1) 工作容量。为了满足最大负荷要求而设置的容量称为最大工作容量，以 $N_工$ 表示。它承担负荷图的正常负荷。

(2) 负荷备用容量。由于用电户负荷的突然投入和切除（如冶金工厂中大型轧钢机的启动和停机），都会使负荷突然跳动，所以系统的实际负荷是时刻波动而呈锯齿状变化。所以除工作容量外，还要增设一定数量的容量，来应付突然的负荷跳动，此部分容量称为负荷备用容量。

(3) 事故备用容量。任何一个电站工作过程中，都可能有一个甚至几个机组发生故障而停机。就全系统而言，也可能在某一时刻有几个电站若干个机组同时发生事故。为了避免因机组发生故障而影响系统正常供电，必须在电力系统中设置一定数量的事故备用容量。

(4) 检修备用容量。为了保证电站机组正常运行，减少事故及延长设备的使用期,必须有计划地对所有机组进行定期检修。在停机检修时,为了代替检修机组工作而专门设置的容量称为检修备用容量。

在电力系统中,各电站的工作容量和备用容量都是保证系统正常供电所必需的。因而,这两部分容量之和,称为系统的必需容量。

(5) 重复容量。水电站必需容量是保证系统正常供电所必需的,它是以设计枯水年的水量作为设计依据的。水电站在丰水年和平水年的全年或汛期若仅以必需容量工作会产生大量弃水。为了利用此部分弃水量来发电,只需要增加一部分机电容量,而可不增加大坝等水工建筑物的规模。显然,此部分容量在枯水期或枯水年组是得不到保证的,其作用完全在于利用部分弃水量来替代和减少火电站煤耗。由于这部分容量并非保证电力系统正常供电所必需的,故称为重复容量。重复容量为水电站所特有。

在设置有重复容量的电力系统中,系统的总装机容量就是必需容量与重复容量之和,如图10-10(a)所示。

从运行的观点看,整个系统并不是所有装机任何时候都能投入运行,由于某种原因(如火电站缺乏燃料,或水电站的水量、水头不足)不能投入工作的容量,称为受阻容量,以 $N_{阻}$ 表示。除受阻容量之外,其余称为可用容量。可用容量一般并非都投入工作,对于某一时刻来讲,实际运行的只是当时的工作容量,其余的容量称为待用容量,待用容量中一部分是计划中的备用容量,另一部分称为空闲容量,以 $N_{空}$ 表示。系统总装机容量从运行角度划分如图10-10(b)所示。

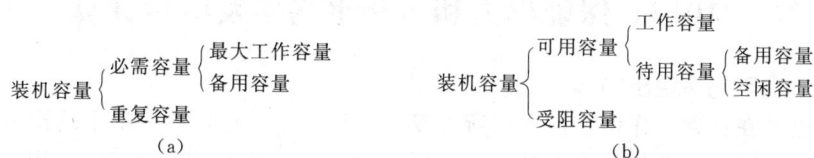

图10-10 装机容量组成

在实际运行时,这些容量的状态和数值是随时间和条件而变的,它们可在不同电站和机组间互相转换,不一定固定在某些机组上。

水火电组成的电力系统中上述各种容量的组成,如图10-11所示。

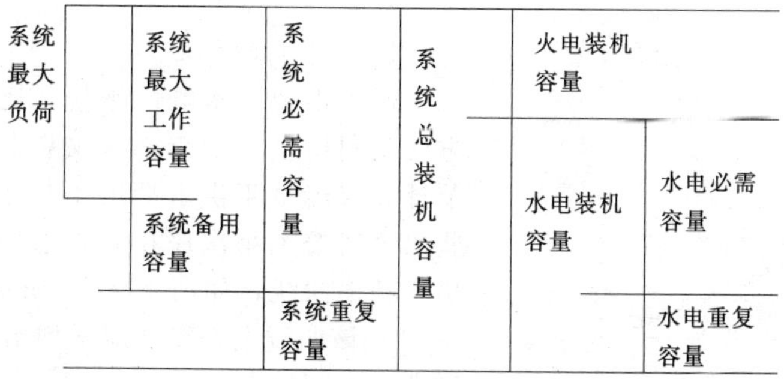

图10-11 电力系统容量组成示意图

10.2.3 水电站的工作特点

由于各类电站均有各自特点,电力系统中的不同电站可以相互取长补短,提高供

电的可靠性。鉴于目前我国电力系统,大多以水、火电站为主要电源,因此现以火电站为比较对象,将水电站的工作特点介绍如下:

(1) 水电站出力和发电量随天然径流情况而变化,一般变化较大,有时甚至会因流量或水头不足,而使正常工作遭到破坏。火电站只要有充足的燃料,供电可靠性较高。

(2) 水电站由于受地形、地质、水文等自然条件的限制,站址和规模常受到制约。火电站可直接兴建在负荷中心或燃料产地。

(3) 水电站除修建电厂外,尚需修建一系列水工建筑物,同时还要解决水库区的淹没移民问题,一般工程投资较大,施工期较长。火电站投资较少,收效较快。

(4) 水电站的能源是取之不尽、用之不竭的天然可再生能源,不像火电站那样需要燃料,水电站厂内用电也比较少,运行费较低,而且几乎与生产的电能数量无关。

(5) 水电站水轮发电机组启动和停机迅速,增减负荷灵活,一般从启动到满负荷工作只需几分钟。而火电站从启动到满负荷运行一般要 2~3 小时,火电站发电机组"惯性"很大,不易适应负荷的急速变化,而且当它担任变动负荷时,会增加每度电的燃料消耗,因此水电站在电力系统中比较适应担负峰荷、负荷备用和调节周波的任务。

(6) 水电站对环境没有污染,而火电站存在这个问题。

10.3 保证出力和多年平均年发电量计算

10.3.1 水电站保证出力

水电站在长期工作中,供水期所能发出的相应于设计保证率的平均出力,称为水电站的保证出力。例如某水电站设计保证率为 95%,保证出力为 3 万 kW,就表明在多年运行期间平均 100 年中,有 95 年该水电站供水期的平均出力大于 3 万 kW。保证出力是确定水电站装机容量的重要依据,也是水电站运行的一个重要指标。

10.3.1.1 年调节水电站的保证出力

在水库正常蓄水位和死水位已定的情况下,可用以下方法计算年调节水电站的保证出力。

1. 长系列操作法

对于年调节水电站来说,比较精确的计算方法是利用已有的全部水文资料,通过水能调节计算求出每年供水期的平均出力,然后将这些出力值按大小次序排列,绘成供水期的平均出力频率曲线,如图 10-12 所示。由设计保证率 P 在该曲线上查得相应平均出力值 N_P,即为欲求的保证出力。

2. 设计枯水年法

在规划阶段,或进行大量方案比较时,为减少计算工作量,也可只计算设计枯水年的供

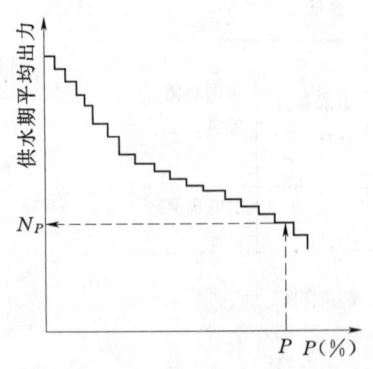

图 10-12 供水期平均出力频率曲线

水期平均出力，作为年调节水电站的保证出力，关于如何选择设计枯水年，已在 10.1 节中介绍，这里不再重复。

长系列操作法和设计枯水年法都可采用简化等流量法、逐时段等流量法和等出力法计算供水期平均出力，现以设计枯水年法为例，将三种方法分别介绍如下。

(1) 简化等流量法。

年调节水电站的保证出力，如用设计枯水年供水期的平均出力表示，则可根据设计枯水年供水期的调节流量 Q_P 和供水期的平均水头 $\overline{H}_供$ 估算，即

$$N_P = KQ_P\overline{H}_供 \tag{10-9}$$

设计枯水年供水期的调节流量计算公式为

$$Q_P = \frac{W_供 + V_兴}{T_供} \tag{10-10}$$

式中：Q_P 为设计枯水年供水期的调节流量，m³/s；$W_供$ 为设计枯水年供水期的天然来水量，m³ 或（m³/s）·月；$V_兴$ 为水库的兴利库容，m³ 或（m³/s）·月；$T_供$ 为设计枯水年供水期历时，s 或月。

$\overline{H}_供$ 计算公式为

$$\overline{H}_供 = Z_上 - Z_下 - \Delta H$$

式中：$\overline{H}_供$ 为设计枯水年供水期平均水头，m；$Z_上$ 为设计枯水年供水期水库上游平均水位，m，可由 $\left(V_死 + \frac{1}{2}V_兴\right)$ 之值查水库水位容积曲线求得；$Z_下$ 为设计枯水年供水期水电站下游平均水位，m，可由 Q_P 查下游水位流量关系曲线求得；ΔH 为水头损失，m，可根据同类水电站或水力学手册估算。

【例 10-1】 某水电站是一座以发电为主的年调节水电站，正常蓄水位为 112.0m，死水位为 91.5m，兴利库容 $V_兴 = 29.7$（m³/s）·月，死库容 $V_死 = 7.0$（m³/s）·月，水电站的设计保证率为 $P = 90\%$，坝址流域面积为 1311km²，有 30 年水文资料，坝址处多年平均流量为 26.1m³/s，选定的设计枯水年为 1960 年 4 月～1961 年 3 月，流量过程见表 10-2，试确定该水电站的保证出力 N_P。

表 10-2　　　　　　　　　设计枯水年流量过程

月　份	4	5	6	7	8	9	10	11	12	1	2	3
月平均流量（m³/s）	15.2	42.1	54.4	30.8	2.8	27.7	9.6	8.4	4.7	2.8	3.3	18.3

解：1) 经试算（具体见第 9 章相关内容）求得供水期为 10 月～次年 2 月，供水期调节流量为

$$Q_P = \frac{W_供 + V_兴}{T_供} = \frac{28.8 + 29.7}{5} = 11.7(\text{m}^3/\text{s})$$

2) 因为

$$V_死 + \frac{1}{2}V_兴 = 7.0 + \frac{29.7}{2} = 21.8\ [(\text{m}^3/\text{s})·月]$$

通过库容曲线查得 $Z_上 = 106\text{m}$。

3) 由 $Q_P = 11.7\text{m}^3/\text{s}$，查下游水位流量关系曲线，得 $Z_下 = 59.5\text{m}$。

4) 根据该水电站的具体情况取出力系数 $K=8.0$,水头损失 $\Delta H=1.0\text{m}$。

5) 供水期平均水头为
$$\overline{H}_{供}=Z_{上}-Z_{下}-\Delta H=106-59.5-1.0=45.5\ (\text{m})$$

6) 供水期平均(保证)出力为
$$N_P=KQ_P\overline{H}_{供}=8.0\times11.7\times45.5=4258.8\ (\text{kW})$$

(2) 逐时段等流量法。

简化等流量法,将整个供水期当作一个时段进行水能调节计算,逐时段等流量调节计算原理与简化等流量法基本相同,区别在于逐时段等流量法,考虑了不同时段的水头差别。计算步骤如下:

1) 按式(10-10)计算供水期平均流量 Q_P,各时段(月)的发电流量 $Q_t=Q_P$。

2) 从供水期初 $V_0=V_{兴}+V_{死}$ 开始,逐时段(顺算)求时段出力 N_t。

3) 计算供水期平均出力,有
$$N_P=\overline{N}_{供}=\frac{1}{T_{供}}\sum_{t=1}^{T_{供}}N_t$$

(3) 等出力法。

对于水电站来说,实际上并不要求供水期各月流量相等,而是希望出力相等或接近。等出力法在每一时段(例题中为一个月)进行计算时,不像等流量操作那么简单,因为只知道时段初蓄水位、本时段来水以及所假设的供水期平均出力还不够,还需知道本时段平均发电流量和平均水头,而时段平均发电流量直接影响着时段末水库蓄水量,因此与平均水头有密切相关,所以需要试算。在已知正常蓄水位和死水位,等出力操作方式包含着两步试算:①各时段出力等于预先假定值;②供水期末的最低水位为死水位。对于某一特定的来水过程,双重试算的计算步骤如下:

1) 假定供水期的平均出力 N'。

2) 各时段出力为 $N_t=N'$。

3) 从供水期初 $V_0=V_{兴}+V_{死}$ 开始,逐时段顺算求解 V_t,单时段(第 t 时段)试算步骤如下:①假定发电流量 q';②求出 $V_t=V_{t-1}+(Q_t-q')\Delta t$;③由 $\overline{V}=\dfrac{V_t+V_{t-1}}{2}$ 查库容曲线得 $Z_{上,t}$,由 q' 查下游水位流量关系曲线得 $Z_{下,t}$;④计算 $N'_t=Kq_t(Z_{上,t}-Z_{下,t}-\Delta H)$;⑤若 $|N'_t-N_t|<\varepsilon$,转下时段,否则令 $q'\Leftarrow q'-(N'_t-N_t)/K/(Z_{上,t}-Z_{下,t}-\Delta H)$,转步骤②。

4) 在整个供水期计算结束后,求供水期末的最低水位 $V_{\min}=\min\limits_{t\in T_{供}}\{V_t\}$。

5) 若 $|V_{\min}-V_{死}|<\varepsilon$,计算结束,输出供水期平均出力,否则令 $N'\Leftarrow N'+K\times\dfrac{V_{\min}-V_{死}}{T_{供}}(\overline{Z}_{上}-Z_{下})$,转步骤2)。其中:$T_{供}$ 为供水期的时段数;$\overline{Z}_{上}$ 为供水期平均库水位,由 $\left(\dfrac{1}{2}V_{兴}+V_{死}\right)$ 查库容曲线确定;$Z_{下}$ 为供水期发电尾水位,由 $\dfrac{V_{兴}+W_{供}}{T_{供}}$ 查尾水水位流量关系曲线确定。

以上试算过程工作量大,但计算精度高,可借助计算机完成。

手工计算时,一般算出几点后即可不再试算,而由计算结果根据已知死水位用插值法确定保证出力。为避免每一时段内的试算，减少手工计算工作量，前人已研究出许多水能计算的图解法和半图解法，下面介绍一种较为简便的半图解法，半图解法包括工作曲线绘制与工作曲线应用两步。

绘制水能计算工作曲线。设以 V_1、V_2 代表时段初、时段末水库蓄水量，V 代表时段平均蓄水量，Q 代表入库流量，则水量平衡方程可写成

$$Q - q = \frac{V_2}{\Delta t} - \frac{V_1}{\Delta t} = \frac{V_2 + V_1}{\Delta t} - \frac{2V_1}{\Delta t} = \frac{2}{\Delta t}(V - V_1)$$

将上式中已知变量移向左端，未知变量移向右端，得

$$\frac{V_1}{\Delta t} + \frac{Q}{2} = \frac{V}{\Delta t} + \frac{q}{2} \tag{10-11}$$

上式中 V 和 q 为未知量，但其和 $\frac{V}{\Delta t} + \frac{q}{2}$ 可以求得，因式（10-11）中左端 V_1 和 Q 均为已知量，如果能求得 $\frac{V}{\Delta t} + \frac{q}{2}$ 和 q 的关系，即可通过 $\frac{V}{\Delta t} + \frac{q}{2}$ 直接求 q，避免试算。$\frac{V}{\Delta t} + \frac{q}{2} \sim q$ 关系曲线称为水能计算工作曲线。

计算保证出力。工作曲线绘出后，可从供水期初正常蓄水位开始进行调节计算，计算前先假定供水期平均出力，然后用半图解法逐月计算，至供水期末，如果水库水位正好为死水位，则所假定的平均出力，就是欲求的保证出力；如供水期末库水位不是死水位，则另假定一个供水期平均出力重新计算，直至正好到达死水位为止。

等流量法的供水期与等出力法的供水期有可能不相同，等出力法的供水期初可能滞后等流量法，供水期末也可能滞后等流量法，在计算过程中，特别是在编程计算时应加以注意。

【例 10-2】 用等出力半图解法求例 10-1 的保证出力。水电站所选设计枯水年不变。水库容积曲线和下游水位流量关系已知，出力系数仍取用 $K=8.0$，水头损失仍为 $\Delta H = 1.0 \text{m}$，其余条件可见例 10-1 说明。

解：（1）计算工作曲线。

1）先根据电站实际情况，假定一组出力值 [表 10-3 中第（1）栏]。

2）对每一个出力，再假定若干个不同的 H 值 [表 10-3 中第（2）栏]，于是可由出力公式 $q = \frac{N}{KH}$ 计算各 H 相应的 q 值（出力系数 K 已预先给定）。

3）由 q 查下游水位流量关系，可得相应下游水位 $Z_下$，记入表中第（4）栏，同时可根据 $Z_上 = Z_下 + H + \Delta H$ 求 $Z_上$，并记入表中第（5）栏。

4）由 $Z_上$ 在库容曲线上可查出相应的蓄水量 V。

5）根据表中第（3）栏和第（6）栏，便可求得第（7）栏相应的 $\frac{V}{\Delta t} + \frac{q}{2}$ 值。

6）将表 10-3 中对应的 q 和 $\frac{V}{\Delta t} + \frac{q}{2}$ 关系点图，就是欲求的水能计算工作曲线（见图 10-13）。

（2）计算保证出力。

表 10-3　　　　　　　　　水能计算工作曲线计算表

出力 N (kW)	落差 H (m)	发电流量 q (m³/s)	下游水位 $Z_下$ (m)	上游水位 $Z_上$ (m)	水库蓄水量 $\dfrac{V}{\Delta t}$ (m³/s)	$\dfrac{V}{\Delta t}+\dfrac{q}{2}$ (m³/s)
(1)	(2)	(3)	(4)	(5)	(6)	(7)
4000	30	16.7	59.73	90.73	6.8	15.2
	35	14.3	59.62	95.62	9.2	16.4
	40	12.5	59.54	100.54	13.8	20.0
	45	11.1	59.46	105.46	20.8	26.4
	50	10.0	59.39	110.39	32.2	37.2
	55	9.1	59.32	115.32	47.2	51.8
5000	30	20.8	59.85	90.85	6.8	17.2
	35	17.9	59.76	95.76	9.3	18.2
	40	15.6	59.68	100.68	14.1	21.9
	45	13.9	59.60	105.60	21.2	28.2
	50	12.5	59.54	110.54	32.7	39.0
	55	11.4	59.47	115.47	47.9	53.6

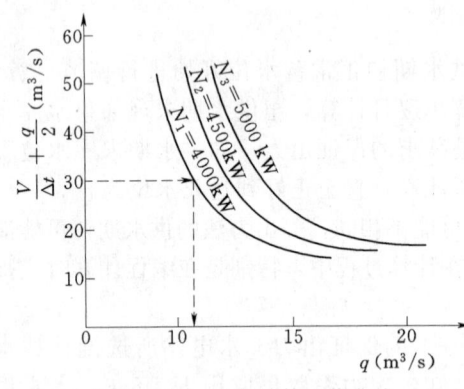

图 10-13　水能计算工作曲线

表 10-4 表示半图解计算保证出力的过程。表 10-4 中第（2）栏为设计枯水年供水期天然入库流量；第（3）栏第一行数字 36.70 为正常蓄水位相应的蓄水量[兴利库容为 29.7（m³/s）·月，死库容为 7.0（m³/s）·月]；第（4）栏为根据第（2）栏和第（3）栏逐月求得，如 $36.70+\dfrac{9.6}{2}=41.5$（m³/s）[见式(10-11)]；第（5）栏为假定供水期平均出力，第一次假定 $N=4000$ kW；第（6）栏为根据第（4）栏和第（5）栏数值，由工作曲线查得（见图 10-13）。

表 10-4　　　　　　　　　等出力计算表

月份	Q (m³/s)	V_1 [(m³/s)·月]	$\dfrac{V_1}{\Delta t}+\dfrac{Q}{2}$ (m³/s)	N (kW)	q (m³/s)	$\dfrac{V}{\Delta t}$ (m³/s)
(1)	(2)	(3)	(4)	(5)	(6)	(7)
		36.70				
10	9.6	36.60	41.50	4000	9.70	36.65
11	8.4	35.24	40.80	4000	9.75	35.92
12	4.7	29.96	37.59	4000	9.98	32.60
1	2.8	22.26	31.36	4000	10.50	26.11
2	3.3	14.02	23.91	4000	11.55	18.14
		36.70				
10	9.6	35.38	41.50	4500	10.92	36.04
11	8.4	32.70	39.58	4500	11.08	34.04
12	4.7	25.94	35.05	4500	11.46	29.32
1	2.8	16.24	27.34	4500	12.50	21.09
2	3.3	3.94	17.89	4500	15.60	10.09

由于 $\frac{V}{\Delta t} + \frac{q}{2} = \frac{V_1}{\Delta t} + \frac{Q}{2}$，因此，表中第（7）栏可由第（4）栏和第（6）栏求得，即

$$\frac{V}{\Delta t} = \left(\frac{V_1}{\Delta t} + \frac{Q}{2}\right) - \frac{q}{2}$$

例如，10月份的水库平均蓄水量为

$$41.50 - 9.70/2 = 36.65 \text{ (m}^3/\text{s)}$$

因为时段平均蓄水量为时段初与时段末蓄水量之均值，所以表中第（3）栏为

$$V_2 = V \times 2 - V_1$$

例如，10月底的水库蓄水量为

$$36.65 \times 2 - 36.70 = 36.60 \text{ (m}^3/\text{s)}。$$

由于本时段末就是下一时段初，因而可逐时段连续演算。

第一次假定 $N = 4000\text{kW}$，求得供水期末蓄水量为 14.02（m³/s）·月，大于死库容 7.0（m³/s）·月。

第二次假定 $N = 4500\text{kW}$，求得供水期末蓄水量为 3.94（m³/s）·月，小于死库容。

通过直线内插求得保证出力为

$$N_P = 4000 + \frac{14.02 - 7.00}{14.02 - 3.94} \times 500 = 4348.2(\text{kW})$$

长系列操作法与设计枯水年法不同之处在于，需每年按等流量法或等出力法求其供水期平均出力，然后点绘供水期平均出力频率曲线，最后再根据设计保证率，查得水电站的保证出力。

10.3.1.2 无调节和日调节水电站保证出力

前面介绍的主要是针对有较高调节能力的水电站的水能计算方法。这类水电站由于需要有较大的库容和相应的地形、地质条件，又常带来水库淹没迁移的困难，因此在河流的梯级或库群开发中，不能也不应要求所有的电站都设置较大的调节库容。也就是说，会有不少水电站是只具有日调节或无调节性能的。

对于无调节（也称径流式）水电站，因无调节库容来调蓄径流，所以来多少水就放多少水。这样，库水位一般保持不变，故坝前水位处在正常蓄水位（但在水库泄洪时，上游水位会被迫抬高，下泄流量也因水库调蓄而变化），而引用流量就是天然径流，因此水能计算比较简单。无调节水电站保证出力计算其步骤如下：

（1）根据水文资料（日或旬平均流量）绘制多年流量过程线，如图 10 - 14（a）所示。流量过程线可用长系列，或代表期，或代表年，视需要而定。

（2）下游水位过程线 $Z_下 \sim t$ 由图 10 - 14（a）之流量查下游水位—流量关系曲线而得，如图 10 - 14（b）所示。

（3）绘制水头 $H \sim t$ 过程线，如图 10 - 14（c）所示，$H = Z_上 - Z_下$。其中 H 为发电水头，$Z_上$ 是正常蓄水位，泄洪时要高于正常蓄水位，同时计算下游水位 $Z_下$，计算下游水位时，应包括弃水流量。

(4) 计算水流出力过程线 $N \sim t$，如图 10-14（d）所示。用出力公式 $N=kQH$，其中 k 为出力系数，H、Q 由图 10-14（a）、（c）提供，N 为水流出力，如果机组或装机容量已定时，则应考虑装机容量和水轮机水头等限制。

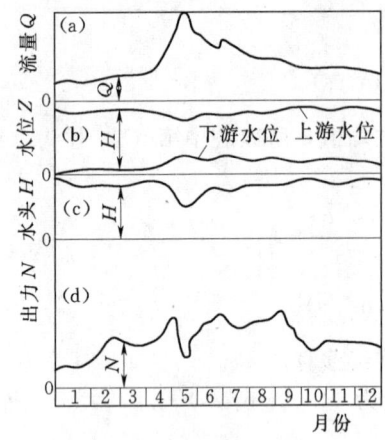

图 10-14 无调节水电站出力过程计算

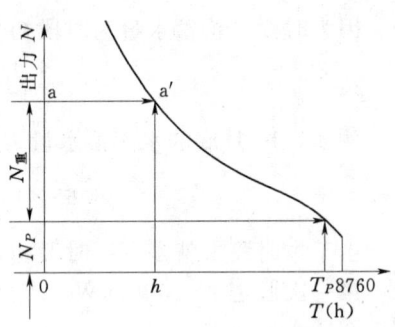

图 10-15 无调节电站保证出力计算

(5) 根据水流出力过程线，可绘制水流出力持续（按大小排列）曲线（见图 10-15）。该图纵坐标为出力，横坐标为时间（h），并取多年平均化算为一年（8760h）计。

(6) 由 $T_P=8760P$，查图 10-15 中曲线即得保证出力为 N_P，其中 P 为水电站设计保证率。

采用水文资料时，一般逐日计算较精确，但工作量大，故可先以旬平均计算，然后选几个典型年逐日计算，求得典型年的旬日之间的折算系数，最后修正之。

10.3.1.3 多年调节水电站保证出力

多年调节水电站，在正常蓄水位和死水位已定的情况下，计算保证出力的方法与年调节相同，可用等流量法，也可用等出力法，其差别只有一点，即不是对设计枯水年的供水期进行调节计算，而是对设计枯水段（或设计枯水年组）进行调节计算。关于设计枯水段的选择前面已经说明，不再赘述。

10.3.2 水电站多年平均年发电量

多年平均年发电量是水电站的一个重要动能指标，其计算方法分长系列法和代表年法。

1. 长系列法

年调节和多年调节水电站，一般可根据长系列水文资料，逐年逐月按水库调度图（水电站水库调度图如何绘制，10.6 节有具体介绍）进行水能调节计算，求出每个月的平均出力 N_i。

每年的发电量为 12 个月发电量之和，即

$$E_{年,i} = 730 \times \sum_{t=1}^{12} N_{i,t} \tag{10-12}$$

式中：$E_{年,i}$ 为第 i 年发电量，kW·h；$N_{i,t}$ 为第 i 年第 t 月平均出力；730 为一个月的平均小时数。

系列中各年年发电量的平均值，即为多年平均年发电量，计算公式为

$$\overline{E}_{年} = \frac{1}{n}\sum_{i=1}^{n} E_{年,i} \qquad (10-13)$$

式中：$\overline{E}_{年}$ 为多年平均年发电量，kW·h；n 为系列的年数。

应当注意在装机容量已初步选定的情况下，上面计算成果中凡是月平均出力大于装机容量 N_y 的应按 N_y 计算。

2. 代表年法

根据 10.1 节介绍的方法，选择枯、平、丰三个设计代表年，对每个设计代表年进行水能调节计算，求出三个设计代表年的年发电量 $E_枯$、$E_平$ 和 $E_丰$，则多年平均年发电量为

$$\overline{E}_{年} = \frac{1}{3}(E_枯 + E_平 + E_丰) \qquad (10-14)$$

同样，应注意将超过装机容量的部分扣除，因为超过装机容量的部分是弃水，水电站无法利用，不扣除会使多年平均发电量偏大。

日调节和无调节水电站一般应逐日进行计算，求各年年发电量。对于无调节水电站，在得到出力持续曲线后，多年平均发电量计算很简单，图 10-15 的装机容量水平线 aa′ 以下所包围面积为多年平均电能 $\overline{E}_年$。

10.4 水电站装机容量选择

水电站装机容量由最大工作容量、备用容量和重复容量三部分组成，现分述如下。

10.4.1 水电站最大工作容量

为讨论方便起见，假定研究的电力系统只有水电站与火电站两种电源。前面已经说明，系统所需负荷和所要求的保证电能，应由系统内的各电站共同提供。由上述水电站的特点可知，对于调节性能较高的水电站，让它担任峰荷，在系统负荷图上工作容量尽可能大些，尽量减少新建火电站的工作容量，一般总是有利的。

1. 无调节水电站最大工作容量

无调节水电站没有调节库容，只能按天然流量发电，天然水流不及时利用就被弃去，这种水电站担任基荷比较合适。因此，无调节水电站工作容量就等于保证出力，即

$$N_工 = N_P$$

2. 日调节水电站最大工作容量

日调节水电站工作容量主要决定于两个因素：①日保证电能 $E_日$，其中，$E_日 = 24N_P$。②水电站在电力系统负荷图上的工作位置。根据这两个因素，通过日电能累积曲线，便可确定其所担负的工作容量。

(1) 水电站担负峰荷。已知水电站日保证电能 $E_日$，该水电站担负第一峰荷（日负荷图上最高位置），则在图 10-16（a）上取 $ab=E_日$，则 bc 就是该日调节水电站的最大工作容量，即

$$N_工 = \overline{bc} = N''_工$$

(2) 水电站担负基荷和峰荷。如果日保证电能中由于航运或灌溉等综合用水部门的要求，需要其中一部分（$E_{日1}$）担负基荷，另一部分（$E_{日2}=E_日-E_{日1}$）担负峰荷，如图 10-16（b）所示，可分别由 $E_{日1}$ 和 $E_{日2}$ 在电能累积曲线上查得 $N''_{工1}$ 和 $N''_{工2}$，则该日调节水电站的最大工作容量为

$$N_工 = N''_{工1} + N''_{工2}$$

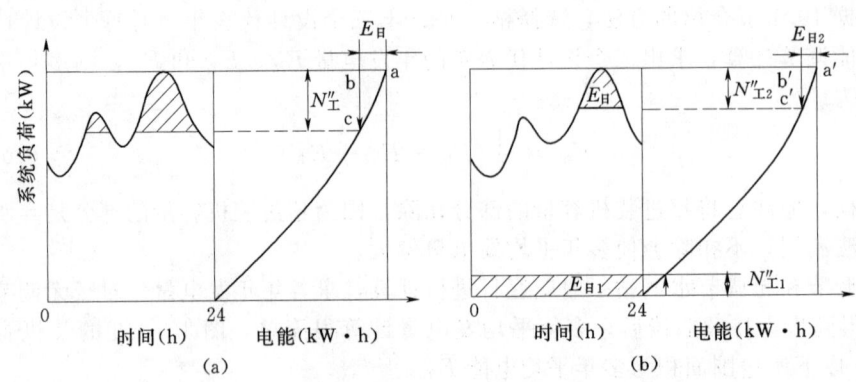

图 10-16 日调节水电站最大工作容量示意图

以上日调节水库均放在日负荷图上第一峰荷位置，当系统中有多个水电站可位于峰荷位置工作时，可以按水电站的调节性能从高到低排序，在计算设计电站的工作容量时，先从系统日负荷图中扣除前序各电站的工作容量，得到新的日负荷图和电能累积曲线，再按以上方法确定设计电站的最大工作容量。

3. 年调节水电站最大工作容量

年调节水电站最大工作容量也取决于两个因素：①水电站设计枯水年供水期保证电能 E_P；②水电站在电力系统负荷图上的工作位置。

计算时主要根据系统电能平衡的要求，即在任何时段内，水电站提供的保证电能与火电站所发电能之和，必须满足电力系统所需电能，因而当水电站担任峰荷，加大工作容量时，便可相应地减少新建火电站的工作容量。

水电站供水期保证电能，计算公式为

$$E_P = N_P T_供 \tag{10-15}$$

式中：E_P 为供水期保证电能，kW·h；N_P 为保证出力，kW；$T_供$ 为供水期历时，h。

关于年调节水电站的工作位置，为了充分发挥它的作用，供水期一般总是尽量让它担负峰荷或腰荷。蓄水期为了减少弃水，节省火电燃料消耗，年调节水电站的工作位置往往向下移动，担负基荷还是腰荷视来水情况而定。蓄水期水电站的工作位置不影响水电站的最大工作容量。

年调节水电站最大工作容量的计算步骤为:

(1) 计算水电站供水期保证电能 E_P,如式 (10-15)。

(2) 根据水电站的工作位置,在电力系统年最大负荷图(见图 10-17)上假定几个水电站最大工作容量方案,如 $N''_{水1}$、$N''_{水2}$、$N''_{水3}$ 等。

(3) 对第一方案 $N''_{水1}$,在年负荷图上摘取供水期各月相应的工作容量 $N''_{水1,t}$,$t \in$ 供水期(见图 10-17)。

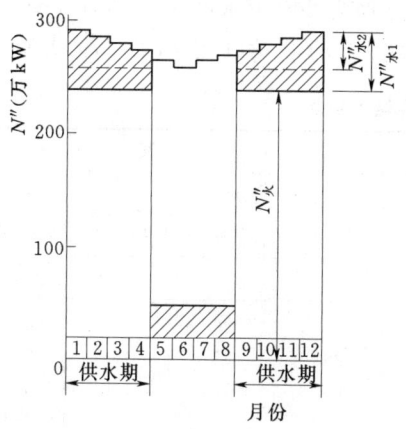

图 10-17 年调节水电站最大工作容量示意图

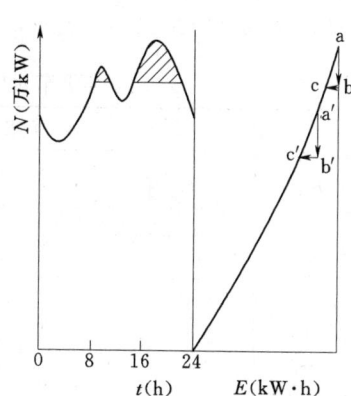

图 10-18 1月份典型日负荷图及电能累积曲线

(4) 在每月选择一张典型日负荷图,利用典型日负荷图及电能累积曲线求各月相应于 $N''_{水1,t}$ 的典型日电能 $E_{日,t}$。例如,图 10-18 为 1 月份典型日负荷图及电能累积曲线,在电能累积曲线上取 $ab=N''_{水1,1}$,则 $E_{日,1}=cb$。

(5) 由下式计算各月典型日平均出力,即

$$\overline{N}_t = \frac{E_{日,t}}{24} \tag{10-16}$$

式中:$\overline{N}_t$ 为第 t 月典型日平均出力,kW。

(6) 计算第一方案相应供水期电能,如 $E_{供,1}$,供水期电能计算公式为

$$E_{供,1} = 730\sigma \sum_{i=1}^{T} \overline{N}_i \tag{10-17}$$

式中:$E_{供,1}$ 为第一方案供水期电能,kW·h;$\overline{N}_i$ 为第一方案供水期中第 i 月典型日平均出力,kW;σ 为月负荷不均衡率,$\sigma = \overline{N}_月/\overline{N}_{日,max}$,一般取 0.86~0.95;$T$ 为供水期的月数;730 为每个月的平均小时数。

(7) 重复步骤 (1)~(6) 可得最大工作空量 $N''_{水1}$、$N''_{水2}$、$N''_{水3}$,与所求得的相应供水期电能 $E_{供,1}$、$E_{供,2}$、$E_{供,3}$,点绘 $N''_水 \sim E_供$ 关系曲线。

(8) 由水电站供水期的保证电能 E_P,即可查 $N''_水 \sim E_供$ 关系曲线,得最大工作容量。

【例 10-3】 某年调节水电站,供水期为 9 月~次年 4 月,已知供水期保证出力 $N_P=7.5$ 万 kW,系统年最大负荷如图 10-17 所示,具体数据见表 10-5 中第 (2)

栏。如果该水电站拟担负第一峰荷位置（即峰荷最高部分），试求该水电站最大工作容量。

解：(1) 该水电站供水期保证电能为

$$E_P = N_P T_{供} = 7.5 \times 8 \times 730 = 43800(万 \text{ kW} \cdot \text{h})$$

(2) 在图 10-17 上假定两个最大工作容量方案，即 $N''_{水1} = 30$ 万 kW，$N''_{水2} = 28$ 万 kW。因为电力系统中 12 月份所需容量最大，为 290 万 kW，所以 12 月份两个方案系统中的火电站和其他水电站的最大工作容量分别为 260 万 kW 和 262 万 kW，为简明起见，这部分容量以 $N''_{火}$ 表示，分别记在表 10-5 的第（3）栏和第（7）栏中。

表 10-5　　　　　　　　年调节水电站最大工作容量计算表

月份	N'' (万 kW)	第一方案				第二方案			
		$N''_{火}$ (万 kW)	$N''_{水}$ (万 kW)	$E_{日}$ (万 kW·h)	$\overline{N}$ (万 kW)	$N''_{火}$ (万 kW)	$N''_{水}$ (万 kW)	$E_{日}$ (万 kW·h)	$\overline{N}$ (万 kW)
(1)	(2)	(3)	(4)	(5)	(6)	(7)	(8)	(9)	(10)
1	288	260	28	232	9.7	262	26	210	8.8
2	284	260	24	195	8.1	262	22	171	7.1
3	280	260	20	156	6.5	262	18	124	5.2
4	275	260	15	107	4.5	262	13	88	3.7
9	278	260	18	135	5.6	262	16	113	4.7
10	282	260	22	170	7.1	262	20	152	6.3
11	286	260	26	210	8.8	262	24	191	8.0
12	290	260	30	270	11.2	262	28	239	10.0
总计					61.5				53.8

(3) 根据系统各月最大负荷及 $N''_{火}$，求得设计水电站供水期各月工作容量，分别记入表中第（4）栏［第（2）栏与第（3）栏之差］和第（8）栏［第（2）栏与第（7）栏之差］。

(4) 根据各月典型日负荷图及相应电能累积曲线，求各月的典型日电能 $E_{日}$。现以 1 月份为例说明（见图 10-18）：由表 10-5 中第（4）栏查得 1 月份 $N''_{水} = 28$ 万 kW，于是在图 10-18 电能累积曲线上取垂直距离 ab=28 万 kW，b 点与电能累积曲线间的水平距离 cb=232 万 kW·h，就是欲求的 1 月份相应的日电能（如该水电站不是担负最高峰荷，工作位置在图中 a' 以下，则求法类似，取 a'b'=28 万 kW，b'c' 为所求日电能）。各月按同样的方法可求得日电能，分别记入表中第（5）栏和第（9）栏。同时，由式（10-16）计算平均出力 $\overline{N}$，并记入第（6）栏和第（10）栏。

(5) 由式（10-17）求得两个方案的供水期电能分别为

$$E_{供1} = 730 \sum N_i = 730 \times 61.5 = 44895(万 \text{ kW} \cdot \text{h})$$

$$E_{供2} = 730 \sum N_i = 730 \times 53.8 = 39274(万 \text{ kW} \cdot \text{h})$$

(6) 通过直线内插求得该水电站最大工作容量为

$$N''_{水} = 28 + \frac{43800 - 39274}{44895 - 39274} \times 2 = 29.6(万 \text{ kW})$$

4. 多年调节水电站最大工作容量

确定多年调节水电站最大工作容量的原则和方法，与年调节水电站基本相同，差别在于不是以设计枯水年供水期的保证电能来确定最大工作容量，而是以设计枯水段（或设计枯水年组）的保证电能来确定最大工作容量。

多年调节水电站最大工作容量的计算步骤为：

(1) 计算水电站设计枯水段保证电能，即

$$E_P = N_P T_{枯}$$

式中：E_P 为设计枯水段保证电能，kW·h；N_P 为保证出力，kW；$T_{枯}$ 为设计枯水段历时，h。

(2) 根据水电站的工作位置，在系统年最大负荷图（见图 10-17）上假定几个水电站最大工作容量方案，如 $N''_{水1}$、$N''_{水2}$、$N''_{水3}$ 等。

(3) 对第一方案 $N''_{水1}$，在年负荷图上摘取各月（因为设计枯水段包含若干年，所以应包含年内所有月份）相应的工作容量 $N''_{水1,t}$（见图 10-17）。

(4) 利用典型日负荷图及电能累积曲线，求各月相应于 $N''_{水1,t}$ 的典型日电能 $E_{日,t}$。

(5) 计算各月典型日平均出力，即

$$\overline{N}_t = \frac{E_{日,t}}{24}$$

式中：$\overline{N}_t$ 为第 t 月典型日平均出力，kW。

(6) 计算第一方案相应设计枯水段电能，如 $E_{枯1}$，设计枯水段电能计算公式为

$$E_{枯1} = 730\sigma \sum_{i=1}^{T} \overline{N}_i$$

式中：$E_{枯1}$ 为设计枯水段电能，kW·h；$\overline{N}_i$ 为设计枯水段中第 i 月平均出力，kW；σ 为月负荷不均衡率，$\sigma = \overline{N}_月 / N_{日,\max}$，一般取 0.86～0.95；$T$ 为设计枯水段的月数；730 为每个月的平均小时数。

(7) 重复步骤 (1)～(6) 可得最大工作容量 $N''_{水1}$、$N''_{水2}$、$N''_{水3}$，与所求得的相应设计枯水段电能 $E_{枯1}$、$E_{枯2}$、$E_{枯3}$，点绘 $N''_{水} \sim E_{枯}$ 关系曲线。

(8) 由水电站设计枯水段的保证电能 E_P 即可查得最大工作容量。

5. 水电站工作容量简化公式

按电力系统电力电能平衡方法确定水电站工作容量，计算工作量较大，需较详细的负荷资料。在工作中如缺乏远景负荷资料，或尚处于方案比较阶段，无需详细计算时，可用简化公式计算水电站的工作容量。简化公式基本出发点是：如果将日负荷图 10-19(a) 中的负荷不考虑具体时间按其大小重新排列如图 10-19(b) 所示，然后假定图 10-19(b) 中基荷以上部分为指数曲线，从而可推出只含日最大负荷 N''、日平均负荷 $\overline{N}$ 和日最小负荷 N' 的计算公式。

指数公式为

$$N = (N'' - N')h_1^\lambda$$

式中：N 为日负荷图上的峰荷出力，kW；h_1 为相对小时数，$h_1 = \frac{h}{24}$；λ 为指数，$\lambda =$

$\frac{\gamma-\beta}{1-\gamma}$；$\beta$ 为日最小负荷率，$\beta=N'/N''$；γ 为日平均负荷率，$\gamma=\overline{N}/N''$。

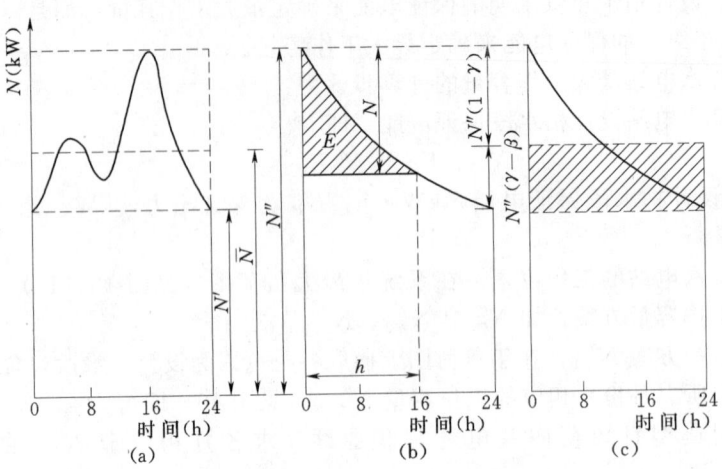

图 10-19　典型日负荷图及指数曲线

图 10-19（b）中 E 和 N、h 的关系为 $E=\int_0^h N\mathrm{d}h$，于是通过积分和简单变换可求得工作容量与保证出力的关系，如式（10-18）所示。由于图 10-19（c）中基荷以上电能为 $24N''(\gamma-\beta)$，故有：

(1) 当水电站担任基荷以上负荷时，即 $KN_P<N''(\gamma-\beta)$ 时，水电站的工作容量为

$$N_\mathrm{I}=N''(1-\beta)\left[\frac{KN_P}{(\gamma-\beta)N''}\right]^{\frac{\gamma-\beta}{1-\gamma}} \tag{10-18}$$

式中：K 为水电站调节系数，一般取 1.05~1.10。

(2) 当水电站承担负荷等于或大于基荷以上部分时，即 $KN_P\geqslant N''(\gamma-\beta)$ 时，水电站的工作容量为

$$N_\mathrm{I}=KN_P+N''(1-\gamma) \tag{10-19}$$

用式（10-18）和式（10-19）计算水电站工作容量时，不要求有详细的负荷图，只需知道 N'、$\overline{N}$、N'' 等特征值即可，有关单位曾收集国内十几座大、中型水电站资料对简化公式进行过验证，其结果与电力电能平衡结果甚为接近。

10.4.2　电力系统备用容量

为了保证电力系统的正常工作，提高供电的可靠性，除满足电力系统年最大负荷所需最大工作容量外，还必须装设一定备用容量。备用容量包括负荷备用、事故备用和检修备用。

1. 负荷备用容量

电力系统中用户投入和切除，往往都会引起负荷的突然变化，如冶金工厂中大型轧钢机启动和停机，铁路上电气机车启动等，都会使负荷突然跳动，所以系统的实际负荷经常是剧烈变动的。为了适应这种负荷跳动，维持系统电流周波稳定，系统需要

设置负荷备用容量,其数值可采用系统最大负荷的5%左右。

由于水电站机组启动灵活,担任负荷备用比较适宜。一般电力系统的负荷备用,总是尽量由靠近负荷中心,调节性能较好的大型水电站担任。只有在洪水期当水电站转移到基荷位置工作时,负荷备用才改由火电站担任,容量较大(大于100万kW),输电距离较远的系统,一般应由两个或更多的电站分担负荷备用容量。

2. 事故备用容量

电力系统事故备用容量的大小可采用系统最大负荷的5%~10%,但不得小于系统最大一台机组的容量。

在初步设计中,通常按系统中水、火电站的最大工作容量的比例来分配事故备用容量。分配给水电站的事故备用容量,应设置在水库调节性能好,靠近负荷中心的大型水电站上。

3. 检修备用容量

一般检修尽可能安排在系统负荷较低的时间内进行。通常来水较丰的夏季,水电站充分利用天然径流发电,若此时系统年负荷图又处于低谷,则火电站有空闲容量可以安排检修。在系统年负荷图较低的冬春季里,水电站有空闲容量可以安排检修。经过安排和平衡,如果不能完成系统所有机组检修计划,这时才需在系统中某些电站上设置一定的检修备用容量。

每台机组大修时间:水电机组检修时间平均为15~20天;火电机组检修时间平均为20~30天。

10.4.3 水电站重复容量

无调节水电站及调节性能不太高的水电站,洪水期往往会产生大量弃水。为了利用弃水增发季节性电能,节省火电站的燃料消耗,可在水电站上增设一部分装机容量,由于它不能替代火电站的工作容量,因而称为重复容量。

水电站重复容量越大,增发的电能和节省的燃料费越多,但随着重复容量增加,电能的增率将越来越小。另一方面,随着水电站重复容量增加,弃水越来越少,所增加容量的设备利用率将越来越低,因而需进行经济比较。

1. 重复容量年利用小时数

水电站增加单位装机容量在多年运行中,平均每年利用的小时数,称为重复容量年利用小时数。它决定于多年的弃水情况,一般可通过增加的装机容量和相应增加的多年平均年发电量来估算,具体计算过程见表10-6。表10-6中第一行表明不考虑设置重复容量,在已知正常蓄水位和死水位的情况下,按前面介绍的方法求得多年平均年发电量为17.56亿kW·h。然后每隔5万kW(实际计算中可根据电站规模酌情确定)假定一个重复容量方案,按同样方法求得多年平均年发电量,列于表中第(4)栏。表中第(5)栏为第(4)栏相邻的方案差值,第(6)栏的利用小时数由式(10-20)计算。

$$t = \frac{\Delta E}{\Delta N} \tag{10-20}$$

式中:t为重复容量年利用小时数(或补充千瓦年利用小时数),h;ΔE为相邻装机容量方案年发电量差值,kW·h;ΔN为相邻装机容量方案重复容量差值,kW。

表 10-6　　　　　　　重复容量平均年利用小时数计算表

必需容量 （万 kW） (1)	重复容量 （万 kW） (2)	装机容量 （万 kW） (3)	多年平均年发电量 （亿 kW·h） (4)	年发电量差值 （亿 kW·h） (5)	利用小时数 (h) (6)
28	0	28	17.56		
28	5	33	19.57	2.01	4020
28	10	38	20.93	1.36	2720
28	15	43	21.81	0.88	1760
28	20	48	22.30	0.49	980

2. 重复容量年经济利用小时数

根据表 10-6 计算结果可绘出重复容量与年利用小时数的关系曲线（见图 10-20）。

假如设置的重复容量 $N_重$ 是经济的，但在 $N_重$ 基础上再增大重复容量则不经济，则 $N_重$ 对应的年利用小时数，称为重复容量年经济利用小时数，并记为 $t_{经济}$。这样，只要求得 $t_{经济}$ 便可由图 10-20 确定水电站的重复容量。下面说明 $t_{经济}$ 的计算方法。

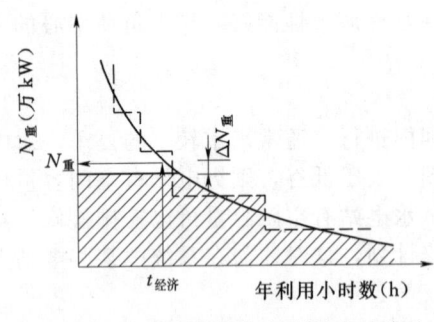

图 10-20　重复容量与年利用小时关系

在图 10-20 中某重复容量之外，设一容量增量为 $\Delta N_重$，$\Delta N_重$ 平均每年工作小时为 $t_{经济}$，则水电站因此而增加的年计算支出（参看有关工程经济书籍）为

$$U_支 = \Delta N_重 K_水 \left(\frac{1}{T_抵} + p \right) \quad (10-21)$$

式中：$K_水$ 为水电站单位千瓦补充投资，元/kW；p 为水电站单位千瓦年运行费占投资的百分数，可采用 5%～8%；$T_抵$ 为抵偿年限（或投资回收期），一般取 $T_抵 = 6 \sim 10$ 年；$\Delta N_重$ 平均每年生产的电能为 $\Delta E = \Delta N_重 t_{经济}$，相应可节省火电站的年燃料费为

$$U_燃 = \alpha \Delta N_重 t_{经济} bd \quad (10-22)$$

式中：α 为考虑水火电站厂内用电差异的系数，通常取 $\alpha = 1.05 \sim 1.10$；b 为每千瓦时电能消耗的燃料，kg/(kW·h)；d 为每千克燃料到厂价格，元/kg。

设置 $\Delta N_重$ 的有利条件为

$$\alpha \Delta N_重 t_{经济} bd \geqslant \Delta N_重 K_水 \left(\frac{1}{T_抵} + p \right)$$

即

$$t_{经济} \geqslant \frac{K_水 \left(\dfrac{1}{T_抵} + p \right)}{\alpha bd} \quad (10-23)$$

【例 10-4】 已知某水电站补充每千瓦装机容量投资 $K_水 = 300$ 元/kW，单位千瓦年运行费百分率 $p = 0.06$，$T_抵 = 10$ 年，$\alpha = 1.05$，所在系统中火电站 $b = 0.35$ kg/

(kW·h)，$d=0.05$ 元/kg，求年经济利用小时数。

解：将已知数值代入式（10-23），则有

$$t_{经济} = \frac{300 \times \left(\frac{1}{10} + 0.06\right)}{1.05 \times 0.35 \times 0.05} = 2612(\text{h})$$

10.4.4 确定装机容量的简化方法

大中型水电站在初步规划阶段或小型水电站由于资料不充分，或为了节省计算工作量，一般可采用以下简化方法估算装机容量。

1. 保证出力倍比法

在求出设计水电站的保证出力 N_P 后，可由 $N_y = \alpha N_P$ 求装机容量 N_y。α 是经验系数，与水电站在系统中的比重、水电站工作位置、水库调节性能有关。我国几座大型水电站的装机容量与保证出力的倍比见表 10-7。

表 10-7　　　　　　　　装机容量 N_y 与保证出力 N_P 比值

水电站名	葛洲坝	龙羊峡	刘家峡	丹江口	新安江	丰满	柘溪
N_y（万 kW）	271.5	128	116	90	66.25	55.4	44.75
N_P（万 kW）	76.8	64.7	40	24.7	17.8	16.8	12
N_y/N_P	3.5	2.0	2.9	3.6	3.7	3.3	3.7

2. 装机容量年利用小时数法

水电站的多年平均年发电量 E 与装机容量 N_y 的比值，称为装机容量年利用小时数 $T_装$，即

$$T_装 = E/N_y$$

$T_装$ 反映了设备平均每年（全年为 8760h）利用的程度。水电站装机容量利用小时数一般与地区水力资源状况、系统负荷特性、水电站的工作位置、水火电站容量比重、水库调节性能、国家经济条件等有关，可参考表 10-8 选用。$T_装$ 选定后，可根据 $N_y = E/T_装$ 确定水电站装机容量。

表 10-8　　　　　　　装机容量年利用小时数　　　　　　　　单位：h

调节特性	水电站比重大的电力系统		水电站比重小的电力系统
	单位产品用电大的工业用户比重大	单位产品用电大的工业用户比重小	
无调节	6000～7000	6000～7000	5000～6000
日调节	6000～7000	5000～6000	4000～5000
年调节	5000～6000	3500～4500	3000～4000
多年调节	5000～6000	3000～4000	2500～3500

10.4.5 电力系统容量平衡图

一般用图表示电力系统的容量平衡比较简明，如图 10-21 所示，图中有三条基本线。

(1) 系统装机容量线（图中最上面的水平线①线），此线表示系统中各类电站装

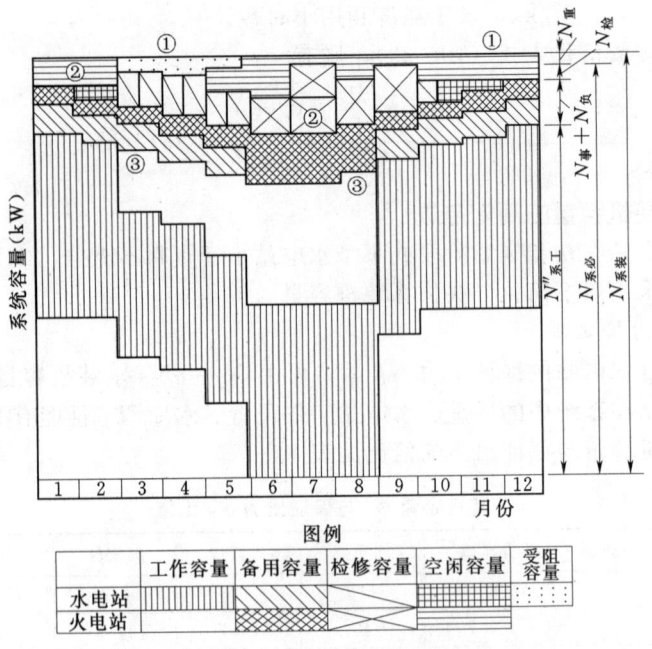

图 10-21　电力系统容量平衡图

机容量的总值。

（2）系统要求的可用容量线（图中②线），该线表示为了保证系统正常运行，要求各月完全处于正常状态时正在工作或立即可投入工作的容量值，包括各类电站的工作容量、负荷备用容量和事故备用容量。

（3）系统最大负荷过程线（图中③线），它表示系统各月所要求提供的负荷，其值应等于各类电站工作容量之和。①线、②线之间包括处在计划检修中的容量，由于各种原因无法投入工作的受阻容量，以及暂不需要投入工作的空闲容量。②线、③线之间是为了保证系统安全正常运行安排的负荷备用和事故备用容量。③线以下为各类电站的工作容量。图中以水电站和火电站为例，同时标明了各类电站的容量分配和工作位置。

由于水电站每年来水不同，其出力也每年发生变化，所以在绘制系统容量平衡图时，至少应研究两种典型年度，即设计枯水年和中水年。设计枯水年反应了在较不利的水文条件下，欲使系统供电得到完全保证，系统装机容量与工作容量及各种备用容量之间的平衡。中水年表示水电站在一般水文条件下的运行状况，其平衡图可反映系统中最常见的情况。对于低水头水电站，尚需作出丰水年的容量平衡图，以检查机组受阻情况，必要时尚需对设计保证率以外的特别枯水年作容量平衡图，主要目的是检查水电站出力不足，使电力系统正常工作遭受破坏的程度。

10.5　正常蓄水位与死水位选择

10.5.1　正常蓄水位选择

正常蓄水位是水电站非常重要的参数，它决定了水电站的工程规模。具体地说，一方面，它决定了水库的大小和调节性能，水电站的水头、出力和发电量，以及其他综合利用效益；另一方面，它也决定了水工建筑物及有关设备的投资，水库淹没带来的损失。因此，需通过技术经济比较和综合分析论证，慎重决定。

1. 正常蓄水位与经济指标的关系

随着正常蓄水位的增高，水电站的保证出力、装机容量和多年平均年发电量等指标也随之增加，但正常蓄水位较低时这些效益指标增加较快。随着正常蓄水位上升，这些指标增加速度越来越慢。正常蓄水位 $Z_蓄$ 与保证出力 N_P 及多年平均年发电量 E 的关系如图 10-22（a）所示。

另一方面，随着正常蓄水位的增高，水利枢纽的投资和运行费以及淹没损失不断增加，但正常蓄水位较低时，这些费用指标增加较慢。随着正常蓄水位上升，这些指标增加速度越来越快。正常蓄水位 $Z_蓄$ 与投资 K 及年运行费 U 关系如图 10-22（b）所示。

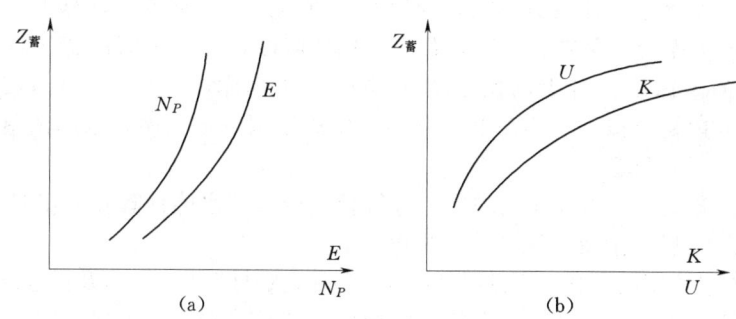

图 10-22 正常蓄水位与投资效益关系
(a) $Z_蓄 \sim E$，$Z_蓄 \sim N_P$ 关系曲线；(b) $Z_蓄 \sim K$；$Z_蓄 \sim U$ 关系曲线

由于随着正常蓄水位增高，其效益指标增加速度是递减的，费用指标增加速度是递增的。因此，正常蓄水位太高或太低，都不够经济，必须通过方案比较，从中选出经济合理的方案。

2. 正常蓄水位影响因素

正常蓄水位比较方案应在正常蓄水位的上、下限值范围内选定。

正常蓄水位的下限值主要根据发电、灌溉、航运、供水等各用水部门的最低要求确定。例如，以发电为主的水库，必须满足系统对水电站的保证出力要求；以灌溉为主的水库，必须满足灌溉需水量等。

正常蓄水位的上限值，主要考虑以下因素：

(1) 坝址及库区的地形地质条件。坝址处河谷宽窄将影响主坝的长度，当坝高到达一定高程后，由于河谷变宽或库区周边出现许多垭口，使主坝加长，副坝增多，工程量过大而显然不经济。坝址区内如地质条件不良不宜修筑高坝，以及水库某一高程有断层、裂隙会出现大量漏水，都会限制正常蓄水位的抬高。

(2) 库区的淹没和浸没情况。由于水库区大片土地、重要城镇、矿藏、工矿企业、交通干线、名胜古迹等淹没，大量人口迁移，造成淹没损失过大，或安置移民有困难，往往限制正常蓄水位的提高。此外，如果造成大面积内水排泄困难，或使地下水抬高引起严重浸没和盐碱化，也必须认真考虑。

（3）河流梯级开发方案。上下游衔接的梯级，上游水库往往对下游水库的正常蓄水位有所限制。

（4）径流利用程度和水量损失情况。当正常蓄水位到达某一高程后，调节库容较大，弃水量很少，径流利用率已较高，如再增高蓄水位，可能使水库蒸发损失和渗漏损失增加较多，亦应进行技术比较。

（5）其他条件。如资金、劳动力、建筑材料和设备的供应，施工期限和施工条件等因素，都可能限制正常蓄水位增高。

正常蓄水位上、下限值选定后，就可在其范围内选择若干个方案（一般选3～5个）进行比较，通常在地形、地质、淹没情况发生显著变化的高程处选择方案。如在上、下限范围内无特殊变化，则各方案可等水位间距选取。

3. 选择正常蓄水位的方法与步骤

在拟定正常蓄水位比较方案后，应对每个方案进行下列各项计算工作：

（1）拟定水库消落深度。在正常蓄水位比较阶段，一般采用较简化的方法拟定各方案的水库消落深度。对于以发电为主要任务的水库，可以根据水电站最大水头H_{max}某一百分数初步拟定消落深度。例如，坝式年调节水电站，水库消落深度$h_消$可取（25%～30%）H_{max}。

（2）对各方案可采用较简化的方法进行径流调节和水能计算，求出各方案水电站的保证出力、装机容量及多年平均年发电量。

（3）计算各方案的水利枢纽各项工程量，各种建筑材料的消耗量及机电设备投资。

（4）计算各方案的淹没和浸没的实物指标及其补偿费用。先根据回水计算资料确定淹没和浸没的范围，然后计算淹没耕地面积、房屋间数和迁移的人口数、铁路公路里程等指标，再根据拟定的移民安置方案，求出实际所需的移民补偿费用，工矿企业的迁移费和防护费以及防止浸没和盐碱化措施的费用等。

（5）水利动能经济计算。根据水电站各项效益指标及其应负担的投资数，计算水电站的年运行费及各种单位经济指标。如总投资、年运行费、单位千瓦投资、单位电量投资、单位电量成本以及替代火电站有关经济指标等。

（6）经济比较。根据规范要求，选定适当的经济比较方法，进行各正常蓄水位方案经济比较，并结合其他非经济因素综合分析，从中选出最有利的方案。

如果水库除发电外，尚有灌溉、航运、给水等其他综合利用任务，则在选择正常蓄水位时，应同时考虑其他部门效益和投资的变化，并注意对各有关部门合理进行投资，效益分摊。

【例10-5】 正常蓄水位选择例题。

某水利枢纽工程是一个以发电为主，兼有防洪、航运等效益的综合利用工程。根据地形地质条件及水库淹没、综合利用要求等，初步拟定四个正常蓄水位方案进行比较，各方案技术经济指标见表10-9。试从中选择经济上最有利的方案。

解：（1）经济分析的准则和方法。

水利工程的经济效益和经济合理性，一般采用效益费用比、净收益、内部经济回收率等指标表示，有关经济比较原理与方法的详细知识，可参阅水利经济或工程经济

表 10-9　　　　　　　　正常蓄水位方案技术经济指标

项目	单位	第一方案	第二方案	第三方案	第四方案
正常蓄水位	m	100	108	115	120
死水位	m	90	90	93	96
防洪限制水位	m	95	95	106.8	116
正常蓄水位以下库容	亿 m³	18.5	29.9	44	57.4
防洪库容	亿 m³	0	16	30	41
兴利库容	亿 m³	8.8	20.2	32.2	43.0
保证出力	万 kW	19.0	25.5	32.9	39.3
装机容量	万 kW	92	110	150	175
年发电量	亿 kW·h	45.7	50.7	65.0	75.1
防洪效益（减少淹没农田）	万 hm²/年	0	3.3	4.3	5.0
防洪效益（减少分洪损失）	万元/年	0	3300	4300	5000
迁移人口	万人	6.61	10.11	14.55	21.13
淹没耗地	万 hm²	2.42	4.88	8.12	13.03
工程投资	亿元	12.52	14.25	15.02	16.20
水库补偿投资	亿元	2.5	3.85	5.71	8.0
总投资	亿元	15.02	18.10	20.73	24.20

教材。对以发电为主的水电工程，方案选择的经济准则是在同等程度满足国家对电力电量和其他综合利用要求的前提下，选用年费用最小或在计算期内总费用最小的方案。

1) 总费用最小法。总费用是将投资和各年支出折算到基准年（施工期末）的总和，其表达式为

$$C = K + U\left[\frac{(1+i)^n - 1}{i(1+i)^n}\right] \to 最小 \qquad (10-24)$$

式中：K 为工程投资的折算值；U 为年运行费（不包括折旧费）；$\left[\frac{(1+i)^n - 1}{i(1+i)^n}\right]$ 为等额系列现值因子；i 为折算率；n 为计算期。

2) 年费用最小法。该法是将总费用均匀折算到正常使用期各年中，使年费用最小，即

$$\overline{C} = C\left[\frac{i(1+i)^n}{(1+i)^n - 1}\right] = K\left[\frac{i(1+i)^n}{(1+i)^n - 1}\right] + U \to 最小 \qquad (10-25)$$

(2) 计算依据。

不同正常蓄水位方案，保证出力、发电量不同，费用最小法要求各方案的效益相同，所以常以效益最大的方案为基准，效益小的方案通过补建一个电站（称为替代电站）来抵偿各方案效益的差异。本例确定火电站为替代电站。

1) 不同方案的工程投资，替代电站投资，煤矿投资等均按第一方案施工结束年份为折算基准年进行折算，折算率采用 0.1。折算公式为

$$B = B_t(1+i)^{t_0-t}$$

式中：B_t 为第 t 年末的资金（投资、效益或运行费）；t_0 为基准年；B 为 B_t 折算到基准年的值。

2) 经济计算公式为

水电站年运行费＝大修提成＋电站运行费＋水库补偿提成费

其中，大修提成为工程投资的 0.6%，水库补偿提成为水库补偿费的 1.6%，电站运行费为 2 元/kW。

3) 方案之间容量、电量差值采用单机容量为 20 万 kW 的凝汽式火电机组替代，其补充千瓦投资为 750 元/kW，替代电站煤耗采用 400g/(kW·h)，每千瓦时煤耗费为 0.02 元，煤矿投资按每千瓦时 0.07 元计，替代电站年运行费按造价的 5% 计。方案之间容量、电量差值，考虑了水、火电站厂内用电、备用、输电损失不同，分别加以修正，即容量乘系数 1.1，电量乘系数 1.05。

(3) 计算成果与分析。

首先用"年费用最小法"进行计算比较，各方案年费用见表 10-10。从表 10-10 可以看出，第三方案（正常蓄水位 115m）的年费用最小，为经济上最有利的方案，故选用正常蓄水位为 115m 方案。

表 10-10　　各正常蓄水位方案"年费用"计算成果表

序号	项 目	单位	第一方案	第二方案	第三方案	第四方案	备 注
(1)	正常蓄水位 h	m	100	108	115	120	
(2)	水电站必需容量 Nh	万 kW	65.0	84.0	107.6	127.0	
(3)	水电站平均年电量 Eh	亿 kW·h	45.7	50.7	65.0	75.1	
(4)	水电站投资原值 Kh	万元	150244	180986	207246	241988	未考虑时间因素
(5)	水电站折算投资 $K'h$	万元	253096	299560	343400	437306	折算至基准年
(6)	水电站本利年摊还值 Rh	万元	25527	30213	34635	44106	$K'h(A/P, i_0=0.1, Ns=50)$①
(7)	水电站初期运行费摊还值 Ut	万元	240	280	288	589	
(8)	水电站正常运行费 U_0	万元	1310	1660	2060	2540	
(9)	水电站年费用 NFh	万元	27077	32153	36983	47235	(6)＋(7)＋(8)
(10)	替代电站补充必需容量 ΔNs	万 kW	68.2	47.3	21.3	0	$1.1\Delta Nh$（以第四方案为准）
(11)	替代电站补充年电量 ΔEs	亿 kW·h	30.9	25.6	10.6	0	$1.05\Delta Eh$（以第四方案为准）
(12)	替代电站补充投资 ΔKs	万元	51150	35475	15975	0	$750\Delta Ns$
(13)	替代电站折算补充投资 $\Delta K's$	万元	64912	45109	20273	0	折算至同一基准年
(14)	替代电站本利年摊还值 ΔRs	万元	7153	4961	2234	0	$\Delta K's(A/P, i_0=0.1, Ns=25)$①
(15)	替代电站初期运行费摊还值 ΔUs	万元	2280	2084	1768	0	
(16)	替代电站正常年运行费 ΔU_0	万元	8738	6894	2919	0	包括燃料费
(17)	替代电站年费用 NFs	万元	18171	13939	6921	0	(14)＋(15)＋(16)
(18)	防洪年费用 Δf	万元	5000	1700	700	0	
(19)	系统年费用 NF	万元	50248	47792	44604	47235	(9)＋(17)＋(18)

① $(A/P, i_0=0.1, Ns=50) = \dfrac{0.1\times(1+0.1)^{50}}{(1+0.1)^{50}-1}$，$(A/P, i_0=0.1, Ns=25) = \dfrac{0.1\times(1+0.1)^{25}}{(1+0.1)^{25}-1}$。

以上经济评价的结论,只是反映了工程自身的资金平衡状况,正常蓄水位的最终选择,还必须综合考虑以下方面因素。

(1) 经济方面。

1) 当地的间接经济效益,如由于提供廉价的电力和充分的水源而促进工业,特别是耗电大和耗水多的冶金、化肥等工业的发展;由于灌溉使粮棉等农业产品增产促进食品工业、纺织工业的发展;由于航道的改善而促进交通运输业的发展,并由此促进了商业和其他服务业的发展等。

2) 国家的间接经济效益,如由于调节河川径流可以减轻下游地区的洪水灾害,并增加下游各水电站的发电量和各灌区的保证供水量;当地经济发展带动相邻地区经济的发展;国家从而增加各种税收和利润收入,并减少对经济落后地区的补贴;也可增加农副产品和工业品的出口并减少粮、棉、饲料等农产品的进口等。

(2) 环境生态方面。

如建设水库可以开辟或扩大风景游览区;增加水面有利于野生禽类的栖息和调节气候;保持水土有利于生态环境的改善;增加河流枯水流量有利于净化水质等。

(3) 社会方面。

如改善城乡饮水水质可以减少各种传染病和地方病的发生;发展小水电有利于提高山区农村的生活水平并促进文化、教育、卫生事业的发展;促进工农业发展可以增加社会就业人数,并缩小地区间经济水平的差别等。

(4) 政治方面。

如在农村和少数民族地区兴修水利,有利于提高当地人民生活水平,巩固城乡之间和民族之间的团结;在邻近国境地区兴修工程向外国供水、供电,或在国际河流上与邻国共同修建水利工程,有利于加强国际友好关系等。

10.5.2 死水位选择

选择水库死水位应考虑哪些方面,在 9.1 节中已经介绍,这里再从水能利用的角度作进一步讨论。

在正常蓄水位一定的情况下,死水位决定着水库的工作深度和兴利库容,影响到水电站的利用水量和工作水头,死水位越低,兴利库容越大,水电站利用的水量越多,但水电站的平均水头却随着死水位的降低而减小。所以,对发电来说,考虑到水头因素的影响,并不总是死水位越低、兴利库容越大,对动能越有利,而应该通过分析进行选择。

10.5.2.1 水库消落深度与电能的关系

以年调节水电站为例,来说明水库消落深度与电能的关系。将水电站供水期电能 $E_{供}$ 划分为两部分,一部分为水库的蓄水电能(即水库电能)$E_{库}$;另一部分为天然来水所产生的不蓄电能 $E_{不蓄}$,即

$$E_{供} = E_{库} + E_{不蓄} \qquad (10-26)$$

其中
$$E_{库} = 0.00272\eta V_{兴} \overline{H}_{供}$$

$$E_{不蓄} = 0.00272\eta W_{供} \overline{H}_{供}$$

式中：$E_库$ 为蓄水电能，$kW \cdot h$；$E_{不蓄}$ 为不蓄电能，$kW \cdot h$；$V_兴$ 为兴利库容，m^3；$W_供$ 为供水期天然来水量，m^3；$\overline{H}_供$ 为供水期水电站平均水头，m。

对水库蓄水电能 $E_库$ 而言，在正常蓄水位已定的情况下，死水位越低，$V_兴$ 越大，虽然供水期平均水头 $\overline{H}_供$ 小些，但其乘积还是增大的，只是所增加的速度随着消落深度加大而逐渐减小，水库消落深度与 $E_库$ 关系如图 10-23（b）中①线所示。

对天然来水产生的不蓄电能而言，情况恰好相反。由于设计枯水年供水期的天然来水 $W_供$ 是定值，消落深度越大，$\overline{H}_供$ 越小，$E_{不蓄}$ 也越小。水库消落深度与 $E_{不蓄}$ 关系如图 10-23（b）中②线所示。

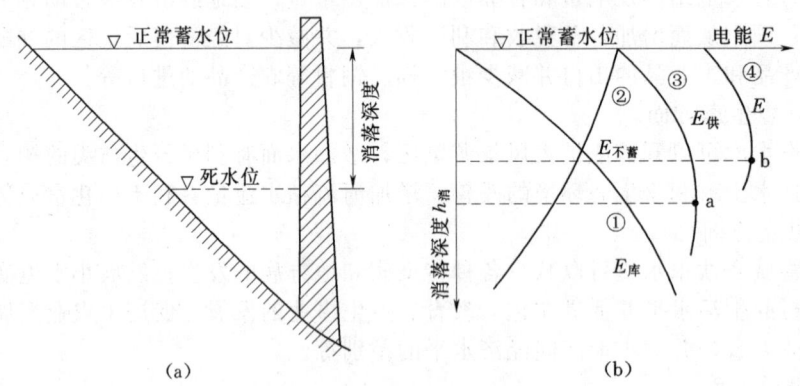

图 10-23 死水位选择示意图
(a) 水库消落深度；(b) 水库消落深度与电能关系

10.5.2.2 死水位选择方法

1. 根据保证电能或多年平均年发电量选择死水位

图 10-23（b）中③线和④线分别为供水期电能 $E_供$ 和多年平均年电能 E 与消落深度 $h_消$ 的关系。如该水电站考虑以供水期保证电能为主，可由 a 点确定死水位；如考虑以多年平均年发电量为主，可由 b 点确定死水位；如需同时兼顾两者，则可在 ab 之间选择。一般情况下，多年平均的年不蓄电能大于多年平均的供水期不蓄电能，为了减少不蓄电能损失，b 点总是高于 a 点。

由于上述计算中，水头是采用平均水头，没有考虑最小水头的限制；效率系数 η 是采用近似值，并没有考虑机组效率对消落深度的影响。图 10-24 为水轮机机组综合特性曲线，由图中可见，水头不同，水轮机的效率不同。发电机容量限制线为某水头下的最大可能出力，又称水头预想出力，水头预想出力线存在拐点，在设计水头以下，水头预想出力随水头减小而减小很快。图 10-24 中最大水头 H_{max} 相当于正常蓄水位的水头，最小水头 H_{min} 相当于死水位的水头。由图 10-24 中可以看出，如果死水位过低，水头预想出力将明显减小（容量受阻），水电站在低效率区工作时间增多而不能充分发挥河川径流的电能效益。为此，根据经验对不同水电站可拟定如下水库极限工作深度 $h''_消$，以保证水电站能在较优的状态下工作：

年调节水电站　　　　　$h''_消 = (25\% \sim 30\%) H_{max}$
多年调节水电站　　　　$h''_消 = (30\% \sim 40\%) H_{max}$

混合式水电站　　$h''_{消} = 40\% H_{max}$

其中 H_{max} 为坝所集中的最大水头。

以上数值一方面可供初步选择水电站消落深度时采用，另一方面也可作为一般选择消落深度范围的限制，即如果图 10-23 中③线或④线不存在极值点，或极值点太低时，应考虑用 $h''_{消}$ 作为控制。

2. 通过经济比较选择死水位

前面已经说明，大坝和溢洪道等主要水工建筑物的工程量及投资，主要取决于正常蓄水位，在正常蓄水位已定的情况下，不会因死水位不同而改变。但是，死水位不同，可能会引起水工建筑物的闸门和启闭设备、引水隧洞、水电站的土建和设备投资的变化，库区航深和码头也会有所不同，使替代措施的投资会有变化。例如水电站规模小了，需用增加火电厂规模来弥补，减少的部分自流灌溉要用抽水灌溉来替代等。这样，可像选择正常蓄水位一样，先建立几个死水位方案，然后计算各方案的动能经济指标，再从中选择最有利的方案，其计算方法和步骤大致如下：

(1) 根据水电站设计保证率，选择设计枯水年或枯水段。

(2) 在选定的正常蓄水位下，根据各水利部门的要求，假设几个死水位方案，求相应兴利库容和水库消落深度。

(3) 对设计代表年（或代表段）进行径流调节计算，求各方案保证电能、必需容量和多年平均发电量。

(4) 计算各方案的水工和机电投资，并求各方案的差值和经济指标。

(5) 通过经济比较和综合分析选择最有利的死水位。

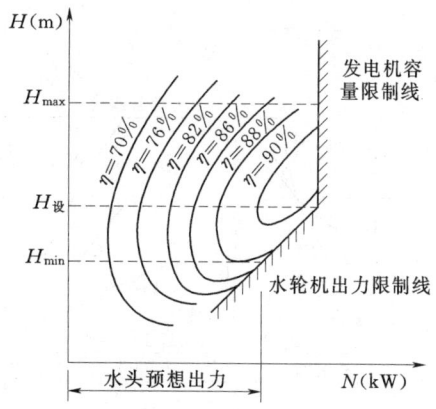

图 10-24　水轮机机组综合特性曲线

10.6　水电站水库调度图

10.6.1　水库调度图组成与作用

水电站工作情况与水库入流密切相关，而天然河川径流变化往往比较复杂，目前由于科学水平所限，还不能准确地预报未来的长期径流过程，这就给水电站运行带来了很大困难。水电站水库调度图是指导年或多年调节水库运行的工具，它假定过去的径流资料反映未来水文情势，利用历史径流资料绘制而成。它是一张以时间为横坐标，以蓄水量（或库水位）为纵坐标，包含有一些指示线和指示区的曲线图（见图 10-25）。

图 10-25 中有四种调度线，现分述如下。

(1) 防破坏线。图中①线为防破坏线（有些书中称为上基本调度线），当水库水位低于此线时，水电站发电不得大于保证出力，以使设计枯水年正常工作不致遭到破坏。

(2) 限制供水线。图中②线为限制供水线（或限制出力线，或下基本调度线），

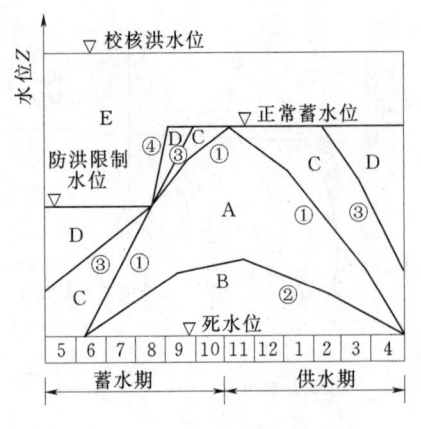

图 10-25 年调节水库调度图

当水库水位低于此线时，应适当均匀地降低供水量或发电出力低于保证出力。

(3) 防弃水线。图中③线为防弃水线，当水库水位介于①线和③线之间时，水库应逐步加大供水或加大出力；当水库水位超过③线时，水电站应以装机容量工作，以尽量减少弃水。

(4) 防洪调度线。图中④线为防洪调度线，在汛期非洪水期间，水库水位不得超过防洪调度线，超过此线时，则按防洪要求泄流。

四条调度线将水电站水库调度图分为以下五个区。

(1) 保证出力区。水库水位处于图 10-25 中 A 区时，水电站应按保证方式运行，即水电站应向系统提供保证容量和保证电量，这样凡来水大于设计枯水年的年份均能按保证出力工作，使系统正常工作不致遭到破坏。

(2) 降低出力区。水库水位处于图中 B 区时，水电站应以降低出力方式运行，以便在遭到设计枯水年以外的特殊枯水年时，水电站适当地、均匀地降低出力工作，可减轻电力系统遭到破坏的程度。

(3) 加大出力区。水库水位处于图中 C 区时，水电站应加大出力工作，适当向系统多提供电量。

(4) 装机工作区。水库水位处于图中 D 区时，水电站应以全部装机容量投入工作，以减少弃水，节省火电站的燃料消耗。

(5) 防洪操作区。水库水位处于图中 E 区时，必须按水库所规定的防洪要求放水，以保证大坝或下游地区的防洪安全。

10.6.2 调度图绘制方法

现仍以年调节水库为例，来说明调度图中各种调度线的绘制方法。

1. 防破坏线

防破坏线的作用是保证来水在设计保证率范围内的年份其正常供水不致遭受破坏，即来水大于、等于设计枯水年的年份，应保证正常供水，只有来水小于设计枯水年的特枯年份才允许破坏。

为便于理解，先对任一年进行等流量调节计算（见表 10-11）。该水库有效库容为 60 (m^3/s)·月，每月要求正常供水 20 (m^3/s)·月，表中第 4 行供水量负值表示为可蓄水量，第 5 行是第 4 行从供水期末（4 月末）逆时序计算的累计过程。将第 5 行的水库蓄水过程绘出，则为图 10-26 所示。

表 10-11 中数据表明，4 月初水库必须存水 5 (m^3/s)·月，否则就不能保证 4 月份 20 (m^3/s)·月的正常供水。同理，3 月初水库至少必须存在水 13 (m^3/s)·月，2 月初水库至少必须存水 27 (m^3/s)·月等，方能保证供水。即为了保证该年正常供水，水库各月蓄水量不应低于图 10-26 中蓄水过程，该年供水期如果沿水库蓄水过程线正

常供水，到 4 月末水库蓄水量正好用完。

表 10-11　　　　　　　　防 破 坏 线 计 算 表　　　　　　单位：(m³/s)·月

月 份	5	6	7	8	9	10	11	12	1	2	3	4
来水量	52	201	222	41	39	30	17	11	4	6	12	15
正常供水量	20	20	20	20	20	20	20	20	20	20	20	20
水库供水量	−32	−181	−202	−21	−19	−10	3	9	16	14	8	5
水库有效蓄水量	0	0	0	5	26	45	55	52	43	27	13	5	0

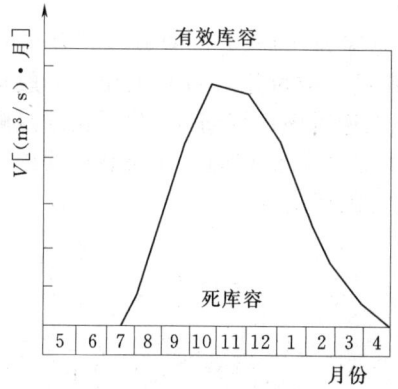

图 10-26　水库蓄水过程

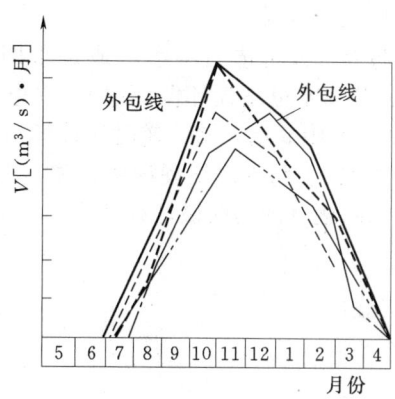

图 10-27　防破坏线示意图

以上通过任一年来水过程，说明了水库蓄水量与正常供水的关系。如果对所有应保证的年份（注意从径流系列中剔除破坏年份）仿表 10-11 进行同样计算，则每年可绘出一条蓄水过程线，如图 10-27 所示，取各年蓄水过程的外包线（或称上包线）即为防破坏线。来水越少的年份，需要水库存蓄水量越多，在图 10-27 中的蓄水过程线位置越高；反之，来水量较多的年份，需要水库存蓄水量较少，图中的蓄水过程线位置反而较低。如果水库蓄水量在外包线以下，都按正常供水进行工作，则所有应保证的年份将不致遭到破坏。因此防破坏线是防止不适当的加大供水而引起破坏的限制线，即库水位只有在此调度线以上，方可加大供水。

表 10-11 是按照等流量法计算水库蓄水过程线的，对于发电站的防破坏线，可以采用逆时序等出力法（各时段出力等于保证出力）计算水库蓄水过程线，采用等出力操作需要试算，计算步骤可参阅 10.3 节等出力法计算保证出力的相关内容。

2. 限制出力线

限制出力线可用求防破坏线的类似方法推求，选取保证正常供水的那些年份，按保证出力工作，顺时序进行调节计算，绘出各年水库蓄水过程，然后取下包线就是限制出力线。限制出力线与防破坏线求法上的主要差别在于，防破坏线是逆时序计算，取上包线；限制出力线是顺时序计算，取下包线。顺时序计算，来水越丰，蓄水过程线越高，顺时序取下包线表示，水库水位在此线以下，对于历史资料而言，正常供水肯定要破坏，因而需要缩减供水，降低出力工作。

3. 防洪调度线

先通过实测和调查历史洪水资料，分析洪水发生最迟时刻 t_k，再根据 t_k 在防破坏线上查得 a 点（见图 10-28），a 点以左水平线为防洪限制水位，即在汛期中，为了防洪的需要，水库兴利蓄水不应超过此水位。然后从 a 点起，对水库设计洪水进行调洪演算，得到的蓄水过程线，就是防洪调度线（见图 10-25 中的④线）。调洪演算方法将在第 12 章详细介绍。由于水库设计洪水过程流量很大，历时很短，因而 t_k 以后防洪调度线一般都很陡，非常接近垂直线。

对于前、后期洪水在成因上和数量上有明显差异的水库，为充分发挥水库的防洪、兴利作用，可分期拟定防洪限制水位和分别确定防洪调度线（见图 10-29）。

4. 防弃水线

防弃水线可选用年水量或蓄水期水量的保证率为 $(1-P)$ 的典型年径流过程（其中 P 为水电站设计保证率），水电站以装机容量（或可用容量）工作，一般可从图 10-28 中 a 点开始，逆时序计算到 b，再从 c 点逆时序计算到 d，然后由 a 点顺时序计算到 e。防弃水线理论依据并不充分，目前作法不完全相同，在绘制过程中经常会遇到问题（如与防破坏线相交时，只能令它与防破坏线重合）。

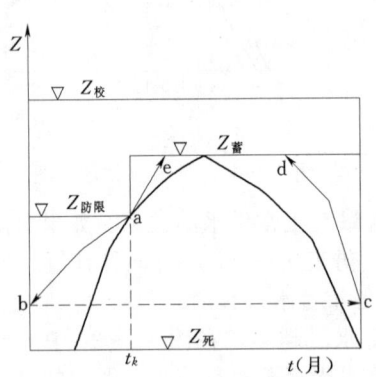

图 10-28 防洪调度线与防弃水线

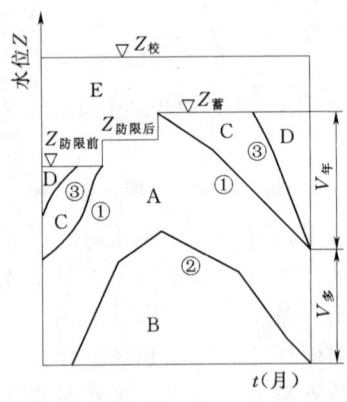

图 10-29 多年调节水库调度图

以上为年调节水库各调度线的绘制方法。多年调节水库调度图绘制方法与年调节水库相似，所不同的只是保证出力区较大，图 10-29 为某多年调节水库调度图，图中所注调度线和分区符号的含义与图 10-25 相同。

调度图是指导水电站运行的工具，而规划设计时水电站有一些参数与运行方式密切相关，如多年平均年发电量、机组设备的利用率等，在调度图绘出后，必须重新按调度图进行调节计算，才能求得比较精确的数据。水能计算中许多参数是互相联系、互相制约的，往往需由粗到细反复计算才能确定。

10.7 抽水蓄能电站简介

抽水蓄能电站是指利用单向或可逆式水泵在系统负荷低落时把水抽到高处储蓄起来，供电力系统负荷高峰时补充用电之需。这种装置称为抽水蓄能电站，也叫水利蓄能电站（简称蓄能电站）。

世界上第一个抽水蓄能电站1882年建于欧洲。1920年美国在罗克河修建了第一台蓄能电站，此后其他国家也陆续兴建，但数量不多，规模不大。直到20世纪70年代以后，一些国家水力资源缺乏，而电力增长很快，燃油、燃气电站又不经济，故调峰问题较为突出，加上蓄能电站高水头，大容量机组研制成功，效率较高，因此发展很快。如美国到1975年已建蓄能电站973万kW，到1995年达4000万kW，到2000年蓄能电站容量占水电站容量的50%。在日本，1980年已达1420万kW，占水电站的47%，占全国总容量的9%。我国自20世纪60年代开始先后在岗南水库、密云水库安装抽水蓄能机组。密云水库装有3台机组，其中1台可逆机，总容量为4.5万kW。另外，已设计的有河北省潘家口电站，容量为40万kW，浙江省湖南镇电站容量为20万kW等。随着国民经济发展，在水电站比重较小的地区，蓄能电站还将加速发展。

图10-30是利用电力系统空闲电能，转化为水的位能，加以临时储蓄，以备需要时，通过反向水轮机再发电，供系统负荷高峰之用。它是系统中解决电站群调峰能力不足时的一个有效方法。抽水蓄能有季节性蓄能和昼夜间蓄能两种。前者是把夏季多余电能以水的位能存蓄，供枯季高峰负荷之用；后者为昼夜间调节，利用电力系统日负荷图中多余容量发电，以水的位能形式储蓄，供填补高峰负荷之用（见图10-31）。图中N_k为火电站工作容量，以均匀出力工作，其中阴影部分电能是供水泵抽水之用。$N_1 N_1$线以上的峰荷部分可由蓄能电站担任。

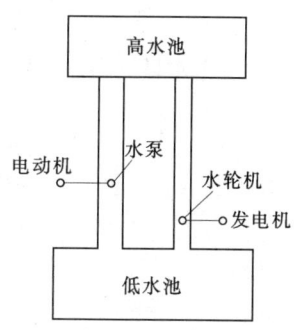

图10-30 蓄能电站示意图

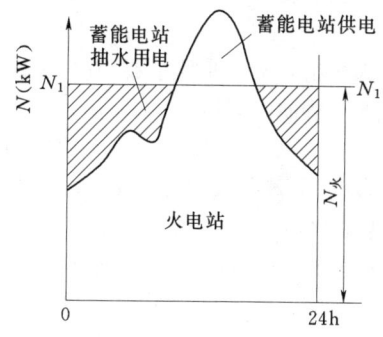

图10-31 蓄能电站在日负荷图上工作情况

在电力系统中，蓄能电站除平缓负荷变化（充满负荷低谷部分）外，和日调节水电站一样，可提高系统运行的可靠性。能承担系统负荷备用和瞬时事故备用，改善电力系统调频调压条件，而且蓄能电站无论以水泵或水轮机工作时，都能起到这种作用。

日调节水电站是直接存蓄天然径流，而蓄能电站是利用火电站多余电能抽水存蓄，相当于二次用电。这样，日调节水电站生产电能成本就比蓄能电站便宜得多，因为后者通过水泵抽水要消耗能量，此部分能量就是火电站电力成本中的燃料部分。因此有调节性能的水电站一般比蓄能电站经济。但电力系统中若水电站的比重较小而不足以担任全部峰、腰荷时，或有调节水电站距负荷中心很远，不便于电力潮流长距离往复输送时，由蓄能电站担任部分峰、腰荷，其经济效益是肯定的。因燃煤火电站适宜于基荷工作,任峰荷的机组效率就差得多。例如,目前高效率火电机组均匀工作时 1kW·h 耗煤量约为 340g。而在峰荷低效率工作时 1kW·h 总耗煤量(包括开机、停机、热备用等)约为 556g。而目前蓄能电站综合经济效率已达 70%~75%,即用 1kW·h 抽的水可发电 0.7~0.75kW·h,若以 0.7kW·h 计,相当于火电站峰荷时煤耗为 486g,则蓄能电站每发 1kW·h 可节约用煤 70g,所以运转费用比火电站任峰荷时为低。至于基建投资,以国内某一容量为 60 万 kW 的蓄能电站估计,在 5~10 年内便可回收。

蓄能电站与日调节水电站不仅性质上相似,而且在规划设计、计算方法上也类似(见图 10-32)。若电力系统中水电站的比重较小,只能任图中 N_1N_1 线以上的峰荷部分,而火电站和蓄能电站共同承担 N_1N_1 线以下负荷时,怎样求得它们各自的工作容量呢?令图中 $N_火$ 为火电站工作容量,E_1 为蓄能电站任腰荷时的电能,E_2 为火电站抽水电能(图中阴影部分),由此可绘制 $N_火$ 与 $K_0(=E_1/E_2)$ 关系曲线,如图 10-32 中右边部分。有此曲线,只要求得 K_0,即可确定火电站的位置和相应的蓄能电站的工作容量 $N_蓄 = N_1 - N_火$。该比值 K_0 就是蓄能电站的总效率系数,可由下列关系得出。

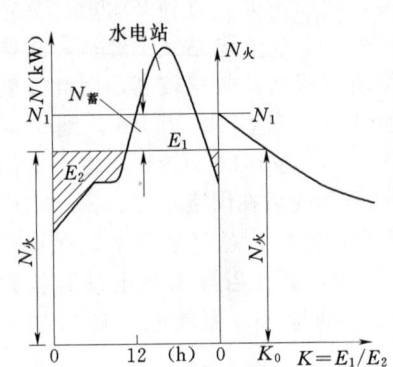

图 10-32 蓄能电站工作容量

当蓄能电站发电时

$$E_1 = K_1 H_1 W \qquad (10-27)$$

式中:K_1 为机组效率和摩阻系数;H_1 为发电水头;W 为相应的发电水量(即抽水量)。

当蓄能电站抽水时

$$W = K_2 E_2 / H_2 \qquad (10-28)$$

式中:K_2 为水泵效率及摩阻系数;H_2 为抽水水头[它一般比式(10-27)中的值略大];E_2 为抽水电能。

将两式合并(取 $H_1 = H_2$)可得

$$E_1 = K_1 K_2 E_2$$

或

$$E_1/E_2 = K_1 K_2 = K_0$$

式中:K_0 为蓄能电站总效率系数,由此值在图 10-32 $N_火$~K 曲线上查得相应的 $N_火$ 值,即为火电站的工作容量。

蓄能电站的工作容量

$$N_蓄 = N_1 - N_火$$

以上简单介绍单个蓄能电站工作容量的计算。通常是蓄能电站和水电站需同时考虑,这种计算较为复杂,可参阅有关专门文献,本书不作详细介绍。

参 考 文 献

[1] 鲁子林主编. 水利计算. 南京:河海大学出版社,2003.

[2]　叶秉如编著.水利计算及水资源规划.北京:水利电力出版社,1995.

[3]　中华人民共和国水利部.水利工程水利计算规范(SL 104—95).北京:中国水利水电出版社,1996.

[4]　周之豪,沈曾源,施熙灿,等,水利水能规划.第 2 版.北京:中国水利水电出版社,1997.

[5]　叶守泽主编.水文水利计算.北京:水利电力出版社,1992.

[6]　长江流域规划办公室水文处.水利工程实用水文水利计算.北京:水利出版社,1980.

[7]　水电部成都勘测设计院.水能设计.北京:电力出版社,1981.

[8]　武汉水利电力学院,等.水能利用.北京:电力出版社,1981.

[9]　华东水利学院,等.水电站.北京:水利出版社,1980.

[10]　中华人民共和国水利部.水利建设项目经济评价规范(SL 72—94).北京:水利电力出版社,1994.

[11]　施熙灿.水利工程经济.北京:水利电力出版社,1985.

第11章 灌溉工程水利计算

11.1 概　述

我国新疆、青海、甘肃、宁夏、陕西北部、内蒙古西部和北部地区以及青藏和云贵高原部分地区，降雨量稀少，绝大部分地区年降雨量在 100～200mm 之间，有的地方甚至终年无雨，而蒸发量大，年蒸发量平均为 1500～2000mm，大部分地区没有灌溉就没有农业。华北平原、黄河中游黄土高原、东北松辽平原、淮北平原以及内蒙古南部和东部地区，这些地区大部分年平均降雨量在 500～700mm 之间，降雨量虽然可以满足作物大部分需要，但由于年变差大和年内分布不均，因而经常出现干旱年份和干旱季节，水资源与作物需水不相适应（见表 11-1），需要采取适当水利措施解决农业缺水问题。秦岭山脉和淮河以南地区雨量丰沛，年降雨量为 800～2000mm，但年内雨量分布不均，由于降雨过程分配与作物生长季节的田间需水不相适应，该地区经常会遭受不同程度的春旱或秋旱，也需要灌溉。由此可见，为了实现农业高产稳产，在全国范围内，都有通过灌溉来补充作物需水的要求。

我国劳动人民兴修水利发展农业已有数千年历史。例如公元前四世纪，魏国的西门豹曾发动人民修建了 12 条渠道，引漳水灌溉，已出现较大的引水灌溉工程。公元前三世纪，秦朝李冰带领广大群众在四川兴建了我国古代最大的灌溉工程——都江堰，这项工程不仅具有完善的渠道枢纽，而且灌区有干、支渠道 500 余条，总长 1100 余 km，它是我国古代农田水利工程的杰出代表。解放后，经过改建、扩建，都江堰已能灌溉 27 个县、市，53.3 万多 hm² 农田。

建国 50 多年来，全国已建成大中小型水库 8.5 万多座，塘坝等工程 585 万座，蓄水工程总库容达 5756 亿 m³；电力和机械排灌能力已从解放初 6.6 万 kW，增长到 5733 万 kW，已建成机井 220 万眼；全国总灌溉面积已达 0.56 亿 hm²，其中 666.7hm² 以上的大、中型灌区有 5500 余处，喷灌面积 53.3 万 hm²；滴灌面积 1 万 hm²；灌溉面积中有一半耕地，已建设成为旱涝保收、高产稳产农田。

我国灌溉水利事业虽然已取得很大成绩，但与世界先进国家相比仍存在较大差距。

表 11-1　　　　　　华北地区几种作物需水量与降水量对照表　　　　　　单位：mm

月　份	1	2	3	4	5	6	7	8	9	10	11	12	合计
降水量	2.9	5.8	6.7	14.5	29.6	59.0	166.6	158.7	38.2	18.3	11.9	4.0	516.2
有效利用降水量	2.0	4.1	4.7	10.2	20.7	41.3	116.6	111.0	26.7	12.8	8.3	2.8	361.2
小麦田间需水量	17.7	16.4	42.0	114.3	152.9	21.0				80.0	27.6	28.1	500.0
小麦缺水量	15.7	12.3	37.3	104.1	132.2	—				67.3	19.3	25.3	413.4
棉花田间需水量				9.9	35.3	68.3	75.7	103.2	94.5	26.7	16.4		430.0
棉花缺水量				—	14.6	27.0	—	—	67.8	13.9	8.1		131.4
水稻田间需水量						95	252.5	338.0	74.4				760.0
水稻缺水量						53.7	135.9	227.0	47.7				464.3

注　生长期总缺水量为：小麦 4134m³/hm²，棉花 1314m³/hm²，水稻 4642m³/hm²。

例如我国灌溉总面积尚未达到耕地面积的半数。即使在已灌溉的面积内，发展也不平衡，有些地区抗御自然灾害的能力还很不高。一些发达国家随着工农业生产的发展和科学技术的进步，已实行灌溉、发电、防洪等水利资源的全面综合开发，对地表水与地下水进行统一安排；田间灌溉技术的机械化与自动化已逐步扩大，电子计算机技术在灌溉中的应用已较为广泛；灌溉方法方面，喷灌已获得迅速推广，滴灌也发展起来，有些国家并已实施地面及地下管道浸润灌溉；在水源利用方面已探索向大气层要水，从事开发和兴建地下水库、淡化海水等新途径的研究。我国对于全面规划、综合治理、重视生态平衡与环境保护、加强配套管理、提高灌溉工程经济效益等，只是近几年才比较重视；关于合理排灌和适当控制地下水位，爱惜水土资源，改善灌溉系统，对渠道进行衬砌，将明渠改为地下管道，发展喷灌、滴灌技术等也还处于初步阶段或试验阶段。从目前情况看，现有灌溉设施还远远不能适应农业生产的需要。因此，实现农业现代化，把农田水利事业推向新的高度，仍然是水利工作者面临的重要任务。

11.1.1　灌溉设计标准

灌溉设计保证率 P 是当前灌溉工程规划设计采用的主要标准。它的含义是：在干旱期作物缺水的情况下，由灌溉设施供水抗旱的保证程度，即灌溉工程供水的保证率。

灌溉设计保证率常以正常供水的年数或供水不被破坏的年数占总年数的百分数来表示。例如 $P=80\%$，表示在平均每 100 年中，有 80 年可由灌溉设施保证正常供水。灌溉设计保证率可参照规范选用，规范中规定灌溉保证率见表 11-2。

表 11-2　　　　　　　　　灌　溉　设　计　保　证　率

地　　区	作物种类	灌溉设计保证率 P（%）
干旱地区	以旱作物为主 以水稻为主	50～75 70～80
水源丰富地区	以旱作物为主 以水稻为主	70～80 75～95

目前对灌溉设计保证率选用的情况是：南方地区较北方为高；远景较近期为高；自流灌溉较提水灌溉为高；大型工程较中小型工程为高。

11.1.2 灌溉水源与水质要求

1. 灌溉水源

灌溉水源主要有河川径流、当地地表径流、地下水及城市污水等。

河流、湖泊来水，为我国最主要的灌溉水源。这种水源集水面积在灌区以外，引用这种水源灌溉时，应尽可能考虑水电、航运与给水等各方面的要求，使河流水利资源得到合理的综合利用。

当地地表径流是指由当地降雨产生的径流。我国南方地区利用当地地表径流进行灌溉十分普遍，不仅小型灌溉工程（如塘坝、小水库）利用它，而且大、中型灌区，往往也尽量利用它，充分发挥其灌溉作用。

地下水一般指浅层地下水。我国广大地区地下水资源丰富，特别是西北、华北平原等地表径流不足的地区，开发利用地下水，对发展农业生产尤为重要。

城市污水一般包括工业废水和生活污水。污水经过净化处理以后，可作为灌溉水源。利用污水灌溉，不仅是解决灌溉水源的重要途径，而且也是防止水质污染的有效措施，现在我国已有一些大中城市开始利用城市废污水灌溉郊区农田。

2. 水质要求

灌溉对水质的要求，主要指水中所含泥沙、盐类、其他有害物质及水源的温度。灌溉水源的水质应能满足和有利作物生长，维护生态平衡，防止环境污染等要求。

(1) 关于泥沙。一般粒径小于 $0.0001\sim0.0005$mm 的泥沙，常具有一定的肥分，应适量输入田间，但不宜太多，因细泥沙大量淤积在地面，会减少土壤透水性与通气条件。粒径 $0.005\sim0.1$mm 的泥沙，可少量输入田间，以减少土壤的黏结性和改良土壤的结构，但肥分价值不大。至于河中粒径大于 $0.1\sim0.15$mm 的泥沙，由于容易淤积在渠道中，而且对农田有害，一般不允许引入渠道和送入田间。

(2) 关于含盐量。各地试验与观测资料表明，矿化度（水中可溶性盐类的总量）小于 1.7g/L，一般对作物无害。当矿化度为 $1.7\sim3.0$g/L，则应对其中盐类进行分析化验，以判断其是否适宜灌溉。矿化度大于 5g/L 的水，不宜用于灌溉。钙盐对作物影响较小，钠盐危害性最大，几种钠盐极限含量为：Na_2CO_2 为 1g/L，NaCl 为 2g/L，Na_2SO_4 为 5g/L。如果这些盐类同时存在于水中，其极限值还应降低。

(3) 关于有害物质。随着现代工业的发展，废水、废气、废渣日益增多，水源极易受到污染。如果对水中所含微量危害物质，没有进行分析测定和净化处理，而直接用于灌溉，其结果不仅会影响作物产量，而且会破坏土壤，污染环境，危及人民身体健康。

(4) 关于水温。灌溉对水温也有一定要求。如三麦根系生长适宜温度为 $15\sim20$℃，最低允许温度为 2℃；水稻生长的适宜温度一般不低于 20℃，灌溉水温应尽量适应作物正常生长的要求，以增加产量。

11.1.3 取水方式和灌溉计算任务

1. 灌溉取水方式

就灌溉而言，常见的取水方式和工程措施有下面几种。

(1) 引水灌溉工程。

1) 无坝引水。如河流水量丰富，且水位也能满足灌溉引水要求，则仅需在河段适宜位置修建引水渠，即可引水自流灌溉。

2) 有坝引水。如河流水量丰富，但水位不能满足自流灌溉要求，则要在河道上修建壅水建筑物（坝或闸），抬高水位以便引水入渠。

(2) 提水灌溉工程。当河流水位不能满足自流灌溉要求时，也可修建抽水站将河水抽入引水渠。

(3) 蓄水灌溉工程。

1) 水库取水。当河流水位、水量均不能满足灌溉引水要求时，则要在河流上修建水库进行水位、水量调节，以满足灌溉需要。

2) 小型塘坝。利用灌区当地径流作为灌溉水源，是各地最普遍的灌溉措施。但小型塘坝一般集水面积较小，容积和来水量有限，干旱年份常不能满足农田缺水要求，因此常需与其他方式相结合。

(4) 地下水灌溉工程。我国北方大部分地区地表水不足，需打井挖泉，利用地下水进行灌溉。

对于一个确定的灌区，可以选用上述某种取水方式，也可根据具体情况选用两种或多种方式和水源组成综合灌溉系统（见图11-1）。

2. 灌溉工程水利计算任务

灌溉工程措施是多种多样的，应根据当地实际情况、特点和具体条件，进行规划并通过水利计算进行方案比较，选用其中最合理、最经济的一种方案。

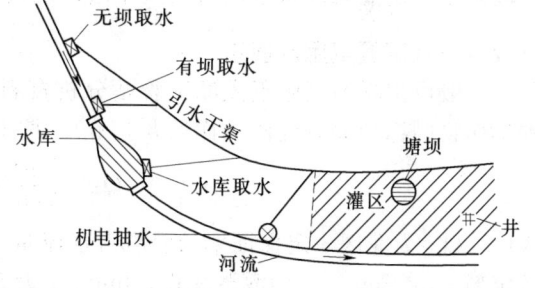

图 11-1 各种取水方式示意图

(1) 灌溉计算的主要任务是：根据地区具体情况（包括灌区面积、农作物组成、地形及水源情况），规划安排各种可能取水方式与合理的灌溉工程措施方案。

(2) 运用径流调节的基本原理与方法，对规划中各种灌溉工程措施进行分析，从而计算出所要求的水工建筑物参数（如水库库容、抽水机容量、拦河坝高、进水闸孔宽、渠道高程与断面等）与工程效益（如灌溉面积）。

(3) 对各种方案进行技术经济比较和综合分析，根据当地具体情况选用最佳方案。

3. 灌溉系统供水次序

本章主要讨论，以引进灌区外水量的骨干工程为主，配之以灌区内小型塘坝，共同满足灌区需水的常见灌溉系统（俗称长藤结瓜式灌溉系统）。对于这种灌溉系统，其灌溉计算任务主要可归纳为两种：①已知灌区需水面积、作物种类、灌区内塘坝库容，求解满足灌区在设计保证率年份内的需水要求，以及需要兴建的骨干工程规模；②已知骨干工程规模及灌区内塘坝库容，求解在设计保证率年份内能满足需水要求的灌溉面积。

长藤结瓜式灌溉系统供水、蓄水的先后次序往往与骨干工程的类型有关。对有坝或无坝引水工程，一般是先用外水后用塘水，外水闲时灌塘，忙时灌田；最紧张时外水与塘水同时灌田，塘坝起反调节作用。这样运用，可减轻在用水高峰时引用外水的水量，从而可减小引水渠道的断面。

对抽水工程，一般是先用塘水后抽外水，塘坝不起反调节作用。这样，虽然在用水高峰时抽引外水较多，增加了抽水机容量及渠道断面面积，但因充分利用了塘坝来水量，总的抽引外水量较少，减小了经常性的机电费用开支。

对水库蓄水工程，先库后塘，可减小引水渠道断面，但多用库水增加了所需库容。反之，先塘后库可减小所需库容，但将增加引水渠断面面积。因此，究竟如何运用需经详细研究比较。

11.2 引水灌溉工程水利计算

引水灌溉工程没有调蓄径流的能力，只能将河川径流引到其他地区，在空间上重新调配，以满足灌溉的需要，有坝引水与无坝引水的水利计算任务和方法基本相同，其任务主要是推求符合一定保证率的设计引水流量和保证灌溉面积。对于中小型工程一般采用固定灌溉用水量法与典型年法；规模较大的工程可考虑采用长系列法。

11.2.1 固定灌溉用水量法

一般可根据灌区附近灌溉试验站分析资料，确定某一灌溉保证率 P 的水稻及各种旱作物的综合灌溉定额（详见 8.3 节），按下式估算引水流量，即

$$Q_{引} = \frac{M_{毛}\omega}{86400t} \tag{11-1}$$

式中：$Q_{引}$ 为灌区一定保证率的灌溉引水流量，m^3/s；$M_{毛}$ 为灌区一定保证率的毛灌溉定额，m^3/hm^2；ω 为灌溉面积，hm^2；t 为灌溉期中灌水总天数。

对于中等干旱年（灌溉保证率 $P=75\%$ 左右），一般水田每万公顷灌溉引水流量为 $9\sim15m^3/s$，旱地为 $3\sim6m^3/s$，具体数值视土壤情况而定。

11.2.2 典型年法

如果已知灌区需要灌溉的面积，作物组成及灌区内现有塘坝库容 $V_{塘}$，采用典型年法可求出满足一定设计保证率的灌溉引水流量，现将该法计算步骤说明如下：

(1) 计算灌区综合需水过程，具体方法见 8.3 节。
(2) 计算来水过程。
(3) 计算引水流量。

前面已讲过引水工程与塘坝配合时，供水次序一般是，忙时灌田，闲时充塘，先用外水后用塘水，塘坝起反调节作用。灌水高峰的时候，由外水与塘坝共同供水，因此引水流量 $Q_{引}$ 计算公式为

$$Q_{引} = \frac{W_{灌} - W_{地} - W_{塘}}{t} \tag{11-2}$$

式中：$W_{灌}$ 为调节时段 t 内灌区总灌溉用水量，m^3；$W_{地}$ 为调节时段 t 内可利用的当地径流，m^3；$W_{塘}$ 为灌区内可用以灌溉的塘坝蓄水量，m^3，通过实地调查决定。

显然，在径流调节计算中这是已知库容求调节流量的问题，其中调节时段 t，一

11.2 引水灌溉工程水利计算

段要通过试算确定。

【例 11-1】 求引水工程引水流量。计算条件：

(1) 表 11-3 中第 (2) 栏，灌区单位面积综合灌溉定额按 8.3 节所介绍方法计算，该项数据引自表 8-19 中第 (10) 栏的数据（假定该年为所选典型年）。

(2) 表中第 (3) 栏数据，由第 (2) 栏数据乘以耕地面积 $1960 hm^2$，经单位换算求得。

(3) 表中第 (4) 栏中为本灌区可用以灌溉的当地径流。

(4) 表中第 (5) 栏、第 (6) 栏数据为塘坝来水量与净用水量之差值。

(5) 灌区现有可用以灌溉的塘坝容积为 $V_塘 = 200$ 万 m^3，因此第 (7) 栏数据中的最大值为 200 万 m^3。

解： 根据表 11-3 中数据，按径流调节计算中已介绍的方法（参见第 9 章），经试算求得本年度最大旬净引水量为 111.0 万 m^3，调节时段为 7 月下旬至 8 月下旬，因此，$t = 42 \times 86400 s$。调节时段 t 内灌区总灌溉用水量为 681.6 万 m^3，当地可利用径流量为 37.6 万 m^3。

表 11-3　　　　　　　　　　灌溉引水量计算表

时间	灌区综合定额 (mm)	净用水量 (万 m^3)	塘坝来水量 (万 m^3)	余水 (万 m^3)	缺水 (万 m^3)	塘坝蓄水量 (万 m^3)	净引水量 (万 m^3)
(1)	(2)	(3)	(4)	(5)	(6)	(7)	(8)
11 月中下旬	1.0	2.0	24.5	22.5		22.5	
12 月	0	0	49.2	49.2		71.7	
1 月	8.6	16.9	41.1	24.2		95.9	
2 月	6.8	13.3	42.7	29.4		125.3	
3 月	0	0	160.7	160.7		200.0	
4 月上中旬	0	0	143.0	143.0		200.0	
4 月下旬	83.8	164.3	116.3		48.0	152.0	
5 月上旬	34.0	66.6	71.7	5.0		157.0	
5 月中旬	31.6	62.0	59.8		2.2	154.8	
5 月下旬	39.6	77.7	12.0		65.7	89.1	
6 月上旬	91.0	178.4	6.2		172.2	20.9	104.0
6 月中旬	63.7	124.9	0		124.9	0	104.0
6 月下旬	0	0	91.6	91.6		91.6	
7 月上旬	0	0	222.9	222.9		200.0	
7 月中旬	32.9	64.5	141.4	76.9		200.0	
7 月下旬	103.0	202.0	37.4		164.6	146.4	111.0
8 月上旬	68.3	133.9	0.2		133.7	123.7	111.0
8 月中旬	71.6	140.4	0		140.4	94.3	111.0
8 月下旬	104.7	205.3	0		205.3	0	111.0
9 月上旬	0	0	13.8	13.8		13.8	
9 月中旬	68.4	134.1	39.0		95.1	18.7	100.0
9 月下旬	68.0	133.3	25.0		108.3	10.4	100.0
10 月上旬	54.5	106.9	2.3		104.6	5.8	100.0
10 月中旬	53.4	104.7	0		104.7	1.1	100.0
10 月下旬	39.7	77.9	0		77.9	0	76.8
11 月上旬	23.8	46.7	0		46.7	0	46.7

现在补充说明一下试算过程。试算的目的在于根据表 11-3 中第 (6) 栏中缺水

过程，充分发挥塘坝容积的调节作用，使表中第（8）栏的最大引水流量尽可能减小。因为引水工程的规模取决于最大引水流量，该值越小，表示在满足灌溉引水要求的前提下，灌溉工程投资越小。怎样才能使最大引水流量尽可能减小呢？即应使控制时段内的引水流量尽可能均匀，同时引水开始前塘坝应处于蓄满状态。针对本例具体情况，7月下旬至8月下旬缺水量最多，四旬共缺水644万 m^3。考虑充分利用塘坝蓄水量200万 m^3，使7月中旬末塘坝处于蓄满状态。这样四旬必须共引水444万 m^3，因而每旬约为111万 m^3。这是一个极限值，引水量小于该值即不能满足灌溉要求。7月下旬至8月下旬引水量确定后，便可根据表中第（6）栏、第（8）栏数据按水量平衡公式计算第（7）栏塘坝蓄水量过程。由于各旬塘坝蓄水量均在0～200万 m^3 之间，它表示每旬引111万 m^3 能满足灌溉需要。经检验全年中其余各旬引水量均可小于111万 m^3。因此7月下旬至8月下旬为对最大引水流量起控制作用的时段，111万 m^3 即为本典型年最大旬引水量。

由式（11-2）求得灌溉净引水流量为

$$Q_引 = \frac{W_灌 - W_地 - W_塘}{t}$$

$$= \frac{(681.6 - 37.6 - 200) \times 10^4}{42 \times 86400}$$

$$= 1.22 (m^3/s)$$

考虑引水渠输水损失，取渠系利用系数为0.75，故毛引水流量 $Q_毛$ 为

$$Q_毛 = \frac{1.22}{0.75} = 1.63 (m^3/s)$$

引水流量确定后，尚需进一步分析引水处河道各时段来水能否满足灌溉引水要求。如果不能满足，则需缩小灌溉面积或降低保证率，否则需另找水源或修建水库调节径流。

当工程规模较大，资料较多，需要采用比较详细的方法进行逐年计算时，可采用长系列法。

11.2.3 长系列法

所谓长系列法，就是首先计算历年渠首河流来水过程和灌区灌溉用水过程，将两者逐年进行比较，求出河流来水满足灌溉用水的保证年数及相应保证率。如果计算得到的灌溉保证率大于该灌区所要求的灌溉设计保证率，则可根据设计保证率选择引水渠道的设计过水能力；如果求得的保证率小于要求的设计保证率，则需调整灌溉面积或改变作物种植比例，重复以上计算，直到计算保证率与要求的设计保证率一致，由此可求得设计引水流量。长系列法考虑了历年引水流量的实际变化及配合，能较好地反映灌区多年水量平衡情况和设计保证率，其成果一般比较可靠，缺点是计算工作量较大。

11.2.4 灌区渠首水位计算

灌溉引水工程除了确定引水渠断面与水闸孔径需要知道引水流量外，还需为确定引水口的位置或拦河坝的高度，进行灌区渠首水位 $H_首$ 计算，其计算式为

$$H_{首} = h_{田} + \Delta h_{灌} + \Delta h_{渠} + \Delta h_{闸} \tag{11-3}$$

式中：$h_{田}$ 为灌区内最高田面高程，m；$\Delta h_{灌}$ 为田面上的灌水深度，即适宜水深，一般取 $0.02 \sim 0.05$m；$\Delta h_{渠}$ 为引水渠道上的水头损失，为渠道长度 L 与渠底坡降的乘积，m；$\Delta h_{闸}$ 为水流通过进水闸及渠道上其他建筑物的水头损失，m。

11.3 蓄水灌溉工程水利计算

11.3.1 塘坝产水量估算

塘坝是散布在流域面上的小型蓄水工程，塘坝蓄水是当地径流利用的主要形式，本节只对用于灌溉的塘坝产水量，即当地径流作补充说明。

塘坝产水量计算一般采用以下几种方法。

1. 复蓄指数法

可用于灌溉的塘坝产水量为

$$W = nV \tag{11-4}$$

式中：W 为可用于灌溉的塘坝产水量，m³；n 为塘坝一年内的复蓄次数，一般通过灌区调查获得；V 为可用于灌溉的塘坝库容，m³，等于总库容减去养鱼、种植水生作物等所需的死库容，V 值也可通过调查确定。

2. 按抗旱天数计算

塘坝的抗旱天数综合反映了塘坝供水量的大小，即反映了塘坝的抗旱能力。通过对干旱年份的调查，可收集灌区内塘坝的抗旱天数 t 及作物耗水强度 e（mm/d），由此可按下式计算塘坝产水量，即

$$W = 10teF_{水田} \tag{11-5}$$

式中：W 为塘坝产水量，m³；$F_{水田}$ 为灌区内水田面积，hm²；10 为单位换算系数，$1\text{hm}^2 = 10000\text{m}^2$。

湖北省丘陵地区的塘坝抗旱天数一般为 30 天左右，但有些塘坝少的地区，只达 $10 \sim 20$ 天，塘坝多的地区可达 $40 \sim 50$ 天。湖南省作物耗水强度按 9mm/d 计算（即相当于每天每公顷水田耗水 90m³）。

【例 11-2】 某灌区水田面积为 800hm²，经调查得出干旱年中灌区塘坝抗旱天数 $t=30$d，作物（水田）耗水强度 $e=10$mm/d，试求该灌区塘坝产水量 W。

解：采用式（11-5）计算，即

$$\begin{aligned} W &= 10teF_{水田} \\ &= 10 \times 30 \times 10 \times 800 \\ &= 2.40 \times 10^6 (\text{m}^3) \end{aligned}$$

3. 按塘坝集雨面积计算

各时段塘坝供水量可用下式推求，即

$$W_i = 10\alpha_i P_i F \eta_i \tag{11-6}$$

式中：W_i 为某一时段的塘坝产水量，m³；P_i 为同一时段降雨量，mm，根据灌区内

或灌区附近降雨观测资料查得；F 为塘坝集雨面积，常以每公顷水田的集雨面积表示，或以每个塘坝平均集雨面积表示，hm^2；η_i 为塘坝有效利用系数，它与塘坝渗漏、蒸发、弃水等有关，一般采用 0.5～0.7；α_i 为同一时段的径流系数。

径流系数可根据灌区附近的径流站观测资料分析确定。例如，湖北省汉北地区上年 9 月～次年 5 月的 $\alpha_i=0.2～0.4$，6～8 月的 $\alpha_i=0.4～0.6$。丰水年、山丘区用较大数值；枯水年、平原区用较小数值。

塘坝是很分散的，可假定其均匀分布在灌区内，计算时可概化作为一个"水库"，"水库"库容为灌区塘坝的容积之和，其容积一般可通过调查和测量求得。

有调蓄库容的灌溉工程，主要任务在于研究来水、调蓄库容、供水量或灌溉面积及设计保证率之间的关系。关于径流调节计算的原理和方法在第 9 章已作过较详细的介绍。尽管在研究灌溉问题时，灌溉用水过程变化较大，不可能像第 9 章讨论时，假定全年用水均匀，在时段选取方面，灌溉期一般需按旬或候（5 天）进行水量平衡计算，但其调节计算的原理和方法基本上是相同的。

蓄水灌溉一般以水库为蓄水工程。当水库入流较多，超过水库供水时，将多余的水量蓄在库内；在作物需水量较大，干旱少雨的季节，水库将存蓄的水通过输水渠道送入田间，以补充有效降雨与塘坝供水的不足部分，保证农作物所需水量。灌溉水库调节计算任务主要有两类：①已知来水、灌溉用水、设计保证率，求灌溉库容；②已知来水、库容、设计保证率，求灌溉供水量或灌溉面积。

11.3.2 年调节灌溉水库调节计算

年调节水库是以一年作为调节周期，将一年内天然来水按灌溉用水要求由水库进行调蓄，因而水库必须有一定灌溉库容。年调节水库灌溉调节计算一般采用时历法。对于大型水库，应采用长系列法进行计算，中小型水库可采用典型年法。

1. 长系列法

先研究上述第一类问题，即已知来水、灌溉用水、设计保证率，求所需库容。为此，必须求每年所需库容，绘制库容频率曲线，最后方可根据设计保证率，求得所需设计灌溉库容。而在推求每年所需库容时，必须进行逐时段（月或旬）的水量平衡计算。

水量平衡计算公式为

$$\Delta V = (Q_{来} - q_{用} - q_{损} - q_{弃})\Delta t \tag{11-7}$$

式中：ΔV 为计算时段（月或旬）内水库蓄水量变化值，m^3；$Q_{来}$ 为计算时段内入库平均流量，m^3/s；$q_{用}$ 为计算时段内毛灌溉用水流量，m^3/s（参见 8.3 节）；$q_{损}$ 为计算时段内的水库水量损失，m^3/s；$q_{弃}$ 为计算时段内的水库弃水量，m^3/s；Δt 为计算时段，s。

【例 11-3】 某灌溉水库共有 30 年水文资料，其中某一年水库来水量、水库水量损失、灌区综合毛灌溉用水量，见表 11-4，试用列表法求该年所需灌溉库容。

解：计算步骤如下。

（1）计算净来水量。净来水量＝河川来水量－水库损失量 [表 11-4 中第（4）栏＝第（2）栏－第（3）栏]。

表 11-4　　　　　　　灌溉水库水量平衡计算表　　　　　　单位：万 m³

月份	水库来水量	水库水量损失	净来水量	毛灌溉用水量	ΔV	
					余水量	亏水量
(1)	(2)	(3)	(4)	(5)	(6)	(7)
3	14.9	2.12	12.78	0.12	12.66	
4	152.6	2.51	150.09	62.1	87.99	
5	210.2	2.60	207.60	73.2	134.4	
6	110.3	3.01	107.29	54.9	52.39	
7	19.6	3.32	16.28	68.7		52.42
8	25.2	3.20	22.00	56.2		34.20
9	21.7	2.81	18.89	59.6		40.71
10	6.24	2.61	3.63	21.4		17.77
11	20.3	2.16	18.14	0.09	18.05	
12	15.4	2.03	13.37	0	13.37	
1	7.1	1.92	5.18	4.24	0.94	
2	7.9	2.03	5.87	3.33	2.54	
总计	611.44	30.32	581.12	403.88	322.34	145.10

(2) 计算 ΔV。$\Delta V=$净来水量－毛灌溉用水量。$\Delta V > 0$ 时，将数字填入表中第 (6) 栏；$\Delta V < 0$ 时，将数字填入表中第 (7) 栏。

(3) 计算灌溉库容 $V_{灌}$。从表中 ΔV 计算结果可知，3～6 月和 11 月～次年 2 月，净来水量大于毛灌溉用水量，而 7～10 月，净来水量小于毛灌溉用水量，其差值 ΔV 的总和为 145.1 万 m³，应由水库供水，因此水库的灌溉库容 $V_{灌}=145.1$ 万 m³。

该年只有一个亏水期，计算比较简单。如果有两个或三个亏水期，这时确定本年所需库容要复杂一些，但第 9 章中差积曲线法可以较好解决多回运用问题。

以上只说明了推求某灌溉库容的水量平衡计算方法，对于本例而言，30 年中的每年均可按同样方法求得所需库容，将 30 个库容由小到大排队，并绘成库容保证率曲线，由设计保证率在该曲线上查得相应库容值，就是长系列法所要求的设计灌溉库容。

对于第二类问题，即已知来水、库容、设计保证率，求灌溉面积。一般可在一定范围内先假定几种可能的灌溉面积方案，每一方案在灌溉面积确定后，即可求出相应的综合灌溉用水过程，这时，可按第一类问题的求解步骤，求出相应的库容保证率曲线。由于每一个方案均可绘制一条库容保证率曲线，将其汇总在一起，可点绘成以灌溉面积为参数的库容保证率曲线（见图 11-2）。

图 11-2 中 ω 为灌溉面积，由此图可得到已知设计保证率条件下的库容与灌溉面积的关系，然后根据已知库容便可求得保证的灌溉面积。

2. 典型年法

由上述可知，长系列法一般能较好地反映灌溉用水、库容及设计保证率之间的关系，但

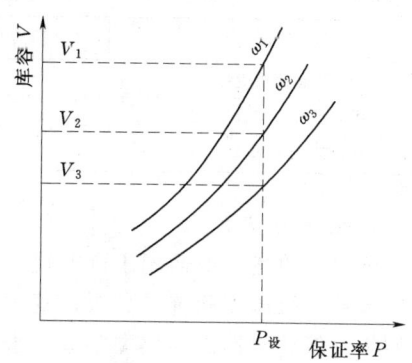

图 11-2　$V \sim \omega \sim P$ 关系

计算工作量较大。典型年法采用一个或几个典型年代替长系列计算,以节省工作量,而两者水量平衡计算方法相同。

(1) 当各年灌溉用水量和来水量之间关系比较密切时,可选取水库年来水量频率接近设计保证率,而在年内分配不同的几个典型年。灌溉用水量采用同年用水过程,进行逐时段水量平衡计算,求得各典型年所需库容,然后取其偏大值作为设计值。

(2) 当各年灌溉用水量和来水量关系不密切时,可先在年来水量频率曲线上,选择年水量保证率在设计保证率左右的几年,灌溉用水量采用相应年用水过程,分别计算各典型年所需库容,再将所求库容按大小重新排列,根据设计保证率求其库容值。然后在用水量频率曲线上,选择用水量保证率在设计保证率左右的几年,来水过程采用相应年资料,计算这几年所需库容,再将所求库容按大小重新排列,根据设计保证率求其库容值。最后,可在两个库容中,选其大者作为设计值。

(3) 如果已对一个方案进行过长系列调节计算,为了比较更多方案而采用典型年法,应选灌溉库容符合设计保证率的年份为典型年,因为这样的典型年与长系列法计算结果最接近。

【例 11-4】 某水库有 30 年资料,经分析年灌溉用水量和来水量关系不密切,灌溉工程设计保证率 $P=80\%$,试用典型年法求所需灌溉库容。

解:(1) 根据年来水量大小选择年水量接近设计保证率 $P=80\%$ 的 4 年,列于表 11-5 第 (1)、(2) 行。

(2) 灌溉用水过程也选 1974 年、1967 年、1962 年、1979 年这 4 年,对每年进行水量平衡计算,求各年所需库容,列于表中第 (3) 行。

(3) 将求得的 4 个库容值,由小到大重新排列,填入表中第 (4) 行,由第 (1) 行和第 (4) 行求得 $P=80\%$ 时之所需库容 $V_1=0.95$ 亿 m^3。

(4) 根据灌溉用水量大小,另选用水量保证率接近 $P=80\%$ 的 4 年,来水采用新选 4 年的同年过程。

(5) 按上述第 (2)、(3) 两个步骤,又可每年求出相应库容,并重新排列求得另一个 $P=80\%$ 的库容 $V_2=0.93$ 亿 m^3(表略)。

(6) 综合以上两种成果,取其大者 $V=0.95$ 亿 m^3,为灌溉库容设计值。

表 11-5　　　　　　　　　典型年法库容频率

保证率 P (%)	(1)	74.7	78.0	81.2	84.5
年来水量相应年份	(2)	1974	1967	1962	1979
该年所需灌溉库容 V_1 (亿 m^3)	(3)	0.97	0.86	1.04	0.91
重新排列后的库容 V_1 (亿 m^3)	(4)	0.86	0.91	0.97	1.04

3. 抗旱天数法

抗旱天数法一般适用于资料缺乏的中小型灌溉工程。首先要对灌区过去的旱情和抗旱天数进行调查和统计分析;其次选择几个实际旱情接近设计抗旱天数的年份作为典型年;然后对选出的典型年进行水量平衡计算,求每年所需灌溉库容;最后,选用偏于安全的库容作为设计值。

11.3.3 多年调节灌溉水库调节计算

1. 时历法

当具有较长系列的来水和用水过程时（一般要求具有 30 年以上资料），大多采用时历法进行长系列水量平衡计算。计算方法与年调节水库相同，这里不再重复。但有一点必须注意，即起始条件应选取适当，一般可从连续丰水年蓄水期末库满开始，或从连续枯水年供水期末库空开始。

2. 数理统计法

(1) 固定用水量法。若设计灌区以旱作物为主，历年灌溉用水定额变化很小，这种情况可作为固定用水量处理，即可用第 9 章介绍的数理统计法推求多年库容。年库容可采用年调节灌溉水库典型年法确定，设计灌溉库容等于多年库容与年库容之和。

(2) 变动用水量法。这里只介绍一种简化的数理统计法——总来水量保证率曲线法。

该法基本思路是：将水库天然来水量 Y 的频率曲线与灌区有效降雨量 R 的频率曲线，按频率组合原理进行相加，求得总来水量 Z 的频率曲线。另外将灌溉用水量 X 加上相应有效降雨量 R 当做作物生长期的极限耗水量，或称最大灌溉需水量 M。对于一定灌溉面积、作物组成和一定气候条件的灌区，最大灌溉需水量 M 可认为是固定值，这样就将由水库调节天然来水量 Y，满足变动灌溉用水量 X 的调节计算，转化为由水库调节总来水量 Z，满足固定最大灌溉需水量 M 的调节计算。此时，便可用第 9 章介绍的数理统计法求解。

由于作物生长期的天然来水量 Y 和有效降雨量 R，这两种随机变量的分布，一般均可认为服从 Γ 分布，因而总来水量频率曲线可根据水库天然来水量和灌区有效降雨量资料推求，其统计参数之间关系为

$$\overline{Z} = \overline{Y} + \overline{R} \tag{11-8}$$

$$\sigma_Z = \sqrt{\sigma_Y^2 + \sigma_R^2 + 2r_{RY}\sigma_Y\sigma_R} \tag{11-9}$$

$$C_{VZ} = \frac{\sigma_Z}{\overline{Z}} \tag{11-10}$$

$$C_{SZ} = \frac{C_{SY}}{C_{VY}} C_{VZ} \tag{11-11}$$

式中：$\overline{Z}$、σ_Z、C_{VZ}、C_{SZ} 分别为总来水量的均值、均方差、变差系数和偏态系数；$\overline{Y}$、σ_Y、C_{VY}、C_{SY} 分别为水库天然来水量的均值、均方差、变差系数和偏态系数；$\overline{R}$、σ_R 分别为水库灌区有效降雨量的均值和均方差；r_{RY} 水库来水量和灌区有效降雨量相关系数。

11.4 提水灌溉工程水利计算

引水灌溉是采用自流的方式将高处的水量输送到田面较低的灌区。与此相反，提水灌溉则是采用提水的方法，将低处的水量输送到田面较高的灌区。提水灌溉工程的主体为抽水站。

提水灌溉工程水利计算主要任务是：制定抽水站的规划，确定抽水站的水泵设计扬程、设计流量、选择机组机型、确定装机容量。

11.4.1 抽水站规划

提水灌区的划分,主要应根据当地的地形、水源、能源和行政区划等条件,同时应考虑建站投资、渠道占地、土石方量、管理运用等各方面的因素。在确定本灌区内采用集中建站还是分散建站时,必须首先分析一个抽水站控制多大灌溉面积较为适宜。集中建站与分散建站相比,集中建站每千瓦装机的造价低,输电线路短,便于集中管理,年费用少,但渠道土方量和占地较大,交叉建筑物数量多;分散建站可以减少渠道工程量和占地面积,也可减少交叉建筑物的数量,但分散站过多,建站的总投资将加大,运行管理不便,年费用增加。采用集中分散相结合的建站方式,其优缺点介于两者之间。确定合理的抽水站布局的方法是,建立各种可行方案,通过技术经济比较,找出抽水站和渠系工程投资较少、运行费用较小、受益较快的方案。

根据灌区的不同特点,灌区划分常有以下几种形式。

1. 一级提水,一区灌溉

由一条干渠控制全部灌溉面积,抽水站将全灌区的灌溉用水先提升到灌区的最高点,然后由各级渠道供全灌区。这种形式适用于面积较小,地面高差不大的灌区。

2. 多级提水,分区灌溉

当灌区面积较大,地面高差也较大时,如采用一级提水,一区灌溉的方式,则灌区低处的用水也要提升到灌区的最高点,然后再经渠道送回低处灌溉,这样,不仅浪费动力,加大了抽水站的装机容量和能源消耗,而且还要增加压力管道和渠系的投资。在这种情况下,应根据地形条件,分级设站,分级提水,分区灌溉。

3. 分区一级提水,分区灌溉

当灌区地形平坦,水系密集时,可根据河流分布情况,将全灌区划分为若干个小灌区,每个小灌区由单独的抽水站和渠系供水。

分级设站的站址高程一般可按水泵总功率最小的原则确定,水泵总功率计算公式为

$$N = \frac{\gamma q \omega}{102 \eta} H_p \qquad (11-12)$$

式中:N 为水泵总功率,kW;γ 为水的容重,kg/m³;q 为灌区设计毛灌溉模数(单位灌溉面积上所需的设计毛灌溉流量),(m³/s)/hm²;ω 为保证灌溉面积,hm²;η 为水泵装置效率;H_p 为水泵设计扬程,m。

根据水泵的设计扬程,可先假定提水级数分别为一级、二级、三级、……,对于每一种提水级数方案,再假定各级抽水站的高程,按式(11-12)分别计算其总功率,选择总功率最小的方案来决定分级设站的站址高程。

11.4.2 设计流量计算

设计流量应对每一级分别计算。第一级设计流量,其确定方法与引水灌溉工程确定设计引水流量的方法相同,不再赘述。第二级计算来水量时,应扣除第一级灌区灌溉用水量,第三级计算来水量时,应扣除第一级和第二级灌区灌溉用水量,依次类推。

有些地区,采用典型年毛灌溉用水量过程中的时段最大灌溉用水量,计算提水灌溉工程的设计流量,其计算公式为

$$Q = \frac{10M\omega}{t} \tag{11-13}$$

式中：Q 为灌溉保证率为 P 的设计流量，m^3/s；M 为典型年内时段最大毛灌溉用水量，mm；ω 为灌溉面积，hm^2；t 为时段内提水时间，s，一般每天开机时间约为 $15\sim22h$。

【例 11-5】 设某灌区灌溉面积 $\omega=1960hm^2$，最大综合净灌溉用水量 $M_{净}=104.7mm$（8月下旬，11天），假定灌区田面高程较高，需采用一级提水灌溉，试求设计流量。

解： 考虑渠道输水损失取利用系数为 0.75，则最大毛灌溉用水量为

$$M = \frac{M_{净}}{\eta} = \frac{104.7}{0.75} = 139.6(mm)$$

每天开机时间假定为 20h，则设计流量为

$$Q = \frac{10M\omega}{t} = \frac{10 \times 139.6 \times 1960}{11 \times 20 \times 3600} = 3.45(m^3/s)$$

取 $Q=3.5 m^3/s$。

11.4.3 水泵设计扬程计算

水泵的设计流量和扬程是选择水泵的主要依据，设计流量与扬程确定是否合理，直接影响装机大小与抽水站的建站投资。

水泵设计扬程计算公式为

$$H_p = H_p' + \Delta H \tag{11-14}$$

式中：H_p 为水泵设计扬程，m；H_p' 为水泵设计净扬程，m，它表示设计条件下的水泵实际提水高度；ΔH 为总水头损失，m，其中包括吸水管、压力水管的沿程水头损失及局部水头损失。

1. 水泵设计净扬程 H_p' 计算

水泵设计净扬程为压力水池水位 Z_1 与前池设计水位 Z_2 之差，即

$$H_p' = Z_1 - Z_2 \tag{11-15}$$

其中

$$Z_2 = Z_3 + \Delta h \tag{11-16}$$

式中：Z_1 为压力水池的水位，m，一般可根据灌区渠首灌溉水位高程确定；Z_2 为前池设计水位，m；Z_3 为灌溉水源处，灌溉保证率为 P 的河流设计水位，m；Δh 为引水渠沿程水头损失及过闸水头损失，m。

Z_3 确定方法如下：根据灌溉保证率 P 选择典型年，以旬为计算时段，确定典型年内各旬毛灌溉用水量，选择旬毛灌溉用水量较大而旬平均水位较低的水位，作为河流设计水位 Z_3。

2. 总水头损失 ΔH 计算

总水头损失计算公式为

$$\Delta H = H_1 + H_2 = S_0 Q_1^2 L + \sum \zeta \frac{V^2}{2g} \tag{11-17}$$

式中：ΔH 为总水头损失，m；H_1 为吸水管及压力水管管路水头损失，m；H_2 为局部水头损失，m；S_0 为单位阻力，与粗糙系数 n、水管直径 D 有关，可参阅水力学等有关书籍；Q_1 为水泵出水流量，m^3/s；L 为管路长度，m；ζ 为局部阻力系数，可查

阅水力学等有关书籍；V 为吸水管或压力水管中的流速，m/s；g 为重力加速度（$g=9.81\text{m/s}^2$）。

对于中小型提水灌溉工程，也可参考表（11-6）估算总水头损失 ΔH。

表 11-6　　　　　　　　总水头损失 ΔH 估算表

设计净扬程 H'_p (m)	管路直径 D (mm)		
	<250	250～350	>350
	$\Delta H / H'_p$ (%)		
<10	30～50	20～40	10～25
10～30	20～40	15～30	5～15
>30	10～30	10～20	3～10

11.5　地下水灌溉工程水利计算

地下水是埋藏在地表以下土壤和岩石孔隙中的水，它包括土壤水和饱和带中的地下水。饱和带水又可分潜水和承压水。

土壤水处于地下水面以上，可直接与大气相通，它是地表水与地下水相互转化的过渡带，又称包气带水。潜水处于地下水面以下，它是地表以下第一区域性弱透水层之上的饱和地下水。自由潜水面通过包气带与地表相通，属无压水。承压水处于地下水面以下，任意两个弱透水层之间，它是具有承压性质的饱和承压水。

灌溉开采利用的地下水主要是指潜水，要确定地区可以开发利用的地下水量，首先必须估算其补给量和消耗量。

11.5.1　地下水补给量计算

地下水补给项有降雨入渗补给、河渠渗漏补给、灌溉回归水补给、越层补给、人工回灌和区外侧向补给等。

1. 降雨入渗补给

雨降到地面后，一部分形成径流，一部分渗入土壤。渗入土壤的雨水在重力作用下，一部分继续下渗，补给地下水。形成的坡面流和洼地积水，也会有一部分渗入地下，补给地下水。

如果当地具有地下水位的长期观测资料，可由下式估算降雨的补给量，即

$$P_r = \mu \Delta Z \qquad (11-18)$$

式中：P_r 为降雨对地下水的补给量，mm；μ 为地下水面以上土层的给水度；ΔZ 为雨后地下水位上升值，mm。

1m^3 饱和土中能排出重力水的体积称为给水度，其值等于排出水的体积与饱和土体积之比，不同土层的给水度见表 11-7。

如地下水位观测资料较少，降雨量的观测年份较长，可由下式估算降雨的补给量，即

$$P_r = \alpha(P + P_a) \qquad (11-19)$$

式中：α 为降雨入渗补给系数；P 为一次降雨量，mm；P_a 为该次降雨的前期影响雨量，mm，其反映降雨前土壤的含水量。

表 11-7　　　　　　　　　各种土层给水度 μ 表

岩层（土质）	给 水 度	岩层（土质）	给 水 度
黏土	0.01~0.02	粉砂	0.07~0.11
亚黏土（壤土）	0.02~0.04	细砂	0.12~0.16
粉质亚黏土（粉砂壤土）	0.02~0.05	中砂	0.18~0.22
亚黏土（砂壤土）	0.05~0.07	粗砂	0.22~0.26

规划设计中如选用计算时段较长，则式（11-19）中的 P_a 可以略去。北京水文地质一大队根据试验资料，求得不同土质、不同地下水埋深的降雨入渗补给系数 α，见表 11-8。

表 11-8　　　　　　　降雨入渗补给系数 α 表　　　　　　　单位：%

土质（岩性）	地下水埋深（m）				
	0.5	1.0	1.5	2.0	3.0
黄土质黏砂（亚砂）	56.9	42.6	34.1	28.7	25.2
黏砂（亚砂）	46.4	36.9	31.4	28.0	
粉细砂	56.6	48.7	43.7	39.0	
砂砾石	65.7	67.6	68.7	69.0	64.4
砂黏（亚黏土）	47.0	35.1	28.1	23.7	20.8

2. 河渠渗漏补给

河流和大型骨干沟渠，其渗漏损失流量就是对地下水的补给量，如果河渠有实测流量资料，则其区间损失量可由河渠首尾实测流量差值确定。无水文测验资料，也可根据河渠两侧地下水观测井资料估算，其计算公式为

$$q = K \bar{h} J \tag{11-20}$$

式中：q 为河渠单位长度向一侧的渗漏量，$(m^3/d)/m$；K 为地下水含水层平均渗漏系数，m/d；$\bar{h}$ 为地下含水层平均厚度，m；J 为地下水水力坡降。

3. 灌溉回归水补给

灌溉水入渗补给地下水，与降雨入渗补给相似，它与土质、灌水定额、土壤含水量及灌水前地下水的埋深等因素有关。表 11-9 是北京水利水电科学研究院与河南省引黄人民胜利渠忠义灌溉试验站所取得的资料，其中数据表明，在灌水适量，地下水埋深大于 2m 的情况下，田面灌水对地下水的补给量较小。

表 11-9　　　　　　　不同灌水定额对地下水补给量　　　　　　　单位：mm

地下水埋深（m）	灌水定额（m^3/hm^2）						
	300	450	600	750	900	1050	1200
1.0	4.0	10	17	25	34	49	72
1.5		1.5	4.0	9.0	16	25	38
2.0				2.0	5.0	10	20

灌溉对地下水的补给主要来源于灌溉渠系的渗漏，其渗漏量一般可根据渠系有效利用系数用下式进行估算，即

$$W_s = W(1-\eta) \tag{11-21}$$

式中：W_s 为灌溉渠系补给量，m³；W 为灌溉渠系引用水量，m³；η 为渠系水量有效利用系数。

4. 越层补给

上层潜水与下部承压水层间尽管有弱透水层隔开，但仍有一定补排关系。由于相邻含水层具有不同压力水头差，因而承压水可通过对弱透水层顶托渗漏补给浅层潜水。越层补给强度可按达西公式计算，即

$$\varepsilon = K\frac{\Delta H}{m} \tag{11-22}$$

式中：ε 为越层补给强度，m/d；K 为弱透水层的渗透系数，m/d；m 为弱透水层的厚度，m；ΔH 为承压水与潜水位的水头差，m。

5. 侧向补给

地下含水层往往是相互连通的，当规划区开发利用地下水时，由于地下水位下降，会使规划区内外产生水头差，从而增加水力坡度，这时便会产生周边对规划区的侧向补给，其补给强度，可按达西公式计算。

6. 人工回灌

人工回灌是指当灌区外的地表水或其他水源有余时，将其通过渠道引入灌区，经过沉淀和过滤，再注入井中，以便灌溉需水时取用。地下含水层作为地下水库，起调蓄作用。

11.5.2 地下水消耗量计算

地下水消耗项有农业灌溉用水、潜水蒸发、越层排泄、地下补给河流、侧向流出等。

1. 农业灌溉用水

对于灌区来说，地下水消耗项中，农业用水是最重要的项目，灌溉用水量等于灌区毛综合灌水定额 $M_{毛}$（m³/hm²）乘以灌溉面积 ω（hm²）。$M_{毛}$ 由下式计算，即

$$M_{毛} = \frac{M_{净}}{\eta}$$

式中：$M_{净}$ 为灌区净综合灌水定额，m³/hm²，其具体计算方法见 8.3 节；η 为渠系水量利用系数，对于井灌区因一般渠系较短，质量较高，η 可选用较高数值，如 0.85～0.9。

2. 潜水蒸发量

地下水埋深较浅的地区，潜水蒸发可达相当数量。潜水蒸发强度与土壤输水性能、地下水埋深和气候条件有着密切关系。根据山东省打渔张灌区六户试验站资料，在轻质土（粉砂壤土）情况下，潜水蒸发强度 ε 与地下水埋深和水面蒸发强度 ε_0 之间的关系见表 11-10。

根据各地资料，一般潜水蒸发强度 ε 与水面蒸发强度 ε_0 的关系如下

$$\varepsilon = \varepsilon_0 \left(1 - \frac{\Delta}{\Delta_0}\right)^n \tag{11-23}$$

式中：Δ 为地下水埋深，m；Δ_0 为地下水蒸发极限深度（或潜水停止蒸发的深度），m；n 为指数，与土壤性质有关。

表 11-10　　　　　　　　　轻质土潜水蒸发　　　　　　　　　单位：mm

水面蒸发 (mm)	地下水埋深 (m)					
	0.50	0.90	1.40	1.80	2.20	2.50
2.0～3.0			1.62	1.36	1.21	0.38
3.1～4.5	4.18	3.85	2.08	1.97	1.22	0.34
4.6～6.0	4.26	3.38	3.13	2.62	1.12	
6.1～7.5	6.13	4.04	3.31	2.76	1.10	
7.6～9.0	6.30	5.12	2.39	2.77	0.73	
9.1～10.5	7.09	5.35	2.29	2.80	0.42	
>10.5	7.47		3.71	2.66	0.01	

3. 其他消耗项

其他消耗项，如越层排泄、流入河沟及侧向流出等，分别与上述越层补给、河渠渗漏补给、侧向补给等只是流向不同，计算方法类似，不再重复。

井灌区民用饮水量相对较小，可不考虑，但如城镇、工矿区以地下水为水源，则应考虑其需水量，折合成水深作为消耗项。

11.5.3　地下水均衡计算

地下水均衡区的水量平衡方程可用下式表示，即

$$W_1 - W_2 = \mu \Delta Z \tag{11-24}$$

式中：W_1 为时段内地下水补给总量，m；W_2 为时段内地下水消耗总量，m；ΔZ 为时段始末地下水位的变化，m，上升为正，下降为负；μ 为给水度。

地下水均衡计算时，时段不宜取得太短，如太短，则许多数据难以确定，误差较大，计算工作繁重。一般可按作物生长期划分为若干计算时段，有时也可以灌溉年（例如安徽淮北取 10 月～次年 9 月）作为时段。

地下水均衡计算，可采用典型年调节法和长系列操作法，典型年可按降雨量和灌溉需水量选取，可分别以保证率为 80%、50%、20% 的年份作为枯水年、平水年和丰水年三种典型。

11.5.4　井灌区规划

1. 井型选择

农用机井按其构造，一般可分为管井、筒井和筒管井三种类型。在管井中又分为敞开管井和封闭管井两种。

井型主要根据水文地质条件和当地实际情况而定。含水层厚、分选性好的浅层地区和有数层含水层的中深层地区，一般均应选管井。地下水埋藏浅的地区（包括承压水位高的地区）可选用封闭管井。含水层埋藏深度浅，含水层厚度尚能满足农田灌溉需水量时可选用筒井或筒管井。当含水层薄，含水层分选性较差，满足农田供水有困难时，一般可选用大口井。

2. 井深的确定

井深应根据含水层的性质和厚度决定。规划区如有数层含水层，一般应考虑采用不同井深相结合，以防止机井过密而引起抽水干扰。井深除考虑利用含水层的层数和厚度外，还应考虑沉淀管的长度。终孔的深度，应尽量位于非含水层中，这样既可增加滤水

管下入长度，加大机井出水量，又可避免因井底处理不善而引起井孔涌砂。根据设计单井出水量（一般要求出水量大于 $30m^3/h$）和当地各种砂层的出水率，可先计算出需要取用砂层的厚度，然后结合地层情况，再加上沉淀管的长度，即为机井的深度。

3. 井距的确定

(1) 单井灌溉面积法。在大面积水文地质条件差异不大，地下水补给比较充足，地下水水源丰富，地下水水位降深在一定时间内可达到相对稳定时，机井的间距主要决定于井的出水量和所能灌溉的面积，其计算公式为

$$\omega = \frac{QTt\eta}{m} \qquad (11-25)$$

式中：ω 为单井控制的灌溉面积，hm^2；Q 为单井流量，m^3/h；T 为整个灌溉面积一次灌水所需要的天数，d；t 为每天灌水时间，h；η 为渠系水量有效利用系数；m 为灌水定额，m^3/hm^2。

如果按正方形网状布井，则机井间距可用下式计算，即

$$D = 100\sqrt{\omega} \qquad (11-26)$$

式中：D 为机井间距，m。

(2) 水位削减法。群井同时抽水时，由于水位下降，相互干扰，使出水量减少，如用 α 表示出水量减少系数，则总出水量减少系数 $\sum\alpha$ 可用下式表示，即

$$\sum\alpha = \frac{\sum h}{S + \sum h} \qquad (11-27)$$

式中：S 为单井抽水降深，m；$\sum h$ 为周围井同时抽水时本井总水位削减值，m。

干扰后的出水流量 Q' 为

$$Q' = Q(1 - \sum\alpha) \qquad (11-28)$$

在相互干扰的情况下，每眼机井实灌面积 ω' 为

$$\omega' = \frac{Q'Tt\eta}{m}$$

井间距离可根据 ω' 确定。

参 考 文 献

[1] 鲁子林主编．水利计算．南京：河海大学出版社，2003．
[2] 中华人民共和国水利电力部．灌溉排水渠系设计规范（SDJ 217—84）．北京：水利电力出版社，1984．
[3] 季山，周偁合编．水利计算及水利规划．北京：中国水利电力出版社，1998．
[4] 武汉水利电力学院．农田水利学．北京：水利出版社，1980．
[5] 施成熙，粟宗嵩．农业水文学．北京：农业出版社，1984．
[6] 沈阳农业院．农田水利学．北京：农业出版社，1980．
[7] 扬州水利学校．抽水站．北京：水利电力出版社，1982．
[8] 山东省水利学校，等．地下水开发利用．水利电力出版社，1983．
[9] 中华人民共和国水利部．水利工程水利计算规范（SL 104—95）．北京：中国水利水电出版社，1996．

第12章 防洪工程水利计算

12.1 概　述

　　洪水灾害主要是指河水泛滥，影响工农业生产，冲毁和淹没耕地；或洪水猛涨，中断交通，危及人民生命安全；或山洪暴发，泥石流造成破坏；以及冰凌带来的灾害等。我国地处季风活动剧烈地带，洪水灾害十分频繁。据记载，公元前206年～1949年的2155年间，我国发生较大洪水灾害共1029次，平均大约每两年一次。仅黄河1933年一次洪水，就使黄河下游决口54处，河南、河北、山东、江苏等省67个县受灾面积达11000km^2，造成360万人受灾，18000人死亡。解放后，全国兴建各类水库85000余座，总库容超过5000亿m^3；整修各类堤防27万余km；兴建水闸24900余座，疏浚整治了许多河道，开辟了一批行蓄滞洪区；增辟了海河和淮河等排洪出路。这些工程对于减免洪水灾害，保护工农业生产和交通运输，保卫国家财产和人民生命安全起了很大作用。但是对于较大洪水，尤其是特大洪水灾害目前还不能抵御，例如1963年海河大水，1975年河南特大暴雨造成板桥、石漫滩水库垮坝，1981年7月发生在四川的特大洪水，使长江水位达到了85年来的最高记录。几次洪水都造成房屋倒塌，人员伤亡，交通中断，使国家和人民财产的损失都十分严重。国外洪水泛滥造成危害的例子也屡见不鲜。例如：1981年7月22日下午，日本东京骤然一场暴雨，1小时降雨量达55mm，市内街道成河，有3700户浸入水中，17万户停电，铁路与地下铁道运行中断，110万人行动受阻；1981年8月印度的一次洪水，曾使10个邦中97个县1657万人遭受不同程度的灾害，经济损失非常严重。又如1993年7月4日起，发生在美国密西西比河流域特大洪水，迅速上涨的河水冲破或漫溢2/3以上的堤岸，淹没了4.4万平方公里的土地，造成桥梁毁坏、交通瘫痪、电力中断，7.4万人无家可归，财物损失120多亿美元；2005年8月29日发生在美国的卡特琳娜飓风，带来了狂风暴雨，致使海水冲破堤防倒灌，新奥尔良市的大部分地区成为汪洋大海，造成大批房屋受淹，部分建筑倒塌，交通及电力供应中断，新奥尔良市遭受了毁灭性的破坏，损失高达2000亿美元。

因此，今后采取各种措施防洪减灾仍将是长期而艰巨的任务。

12.1.1 防洪措施

防洪措施可分为工程防洪措施和非工程防洪措施两类。

12.1.1.1 工程防洪措施

常见的工程防洪措施有以下几种。

1. 水库蓄洪

在防洪区上游河道适当位置，兴建能调蓄洪水的综合利用水库，利用水库库容拦蓄洪水，削减进入下游河道的洪峰流量，达到减免洪水灾害的目的。对于一年中可能出现数次洪水的河流，可在洪峰过后将滞留在水库中的洪水在确保下游安全的前提下下泄到原河道，使水库水位回落到防洪限制水位，以迎接下一次洪水，多次发挥水库防洪库容的调蓄作用。同时综合利用水库汛期拦蓄的水量，还可用以提高发电、灌溉、航运等兴利部门枯水期的调节流量和供水保证率，这是我国广泛采用的防洪措施之一，如三峡、小浪底、丹江口、大伙房、密云等水库。但兴建水库调蓄洪水必须有适当的地形、地质条件。在防护区附近有适宜建库的坝址最为理想，如水库离防护区较远，水库与防护区之间不能控制的区间面积较大，则水库的防洪作用将明显减小。此外，随着生产的发展，人口的增长，库区的移民和淹没损失，已成为一个非常突出的问题。

2. 修筑堤防、整治河道

堤防的主要作用在于防止河水泛滥，加大河槽泄洪能力。堤防可以直接筑于防护区附近，防洪效果明显，它是我国历史最久，广为应用的一种防洪措施，仍是目前大中型河流、中下游平原地区主要防洪措施之一，如我国黄河下游两岸大堤及长江中游的荆江大堤等。这种措施的不足之处是堤线较长，工程浩大，坚固性差，需年年培修，汛期防汛任务艰巨。疏浚与整治河道的目的在于，拓宽与浚深河槽，裁弯取直，除去阻碍水流的障碍物等，以使河床平顺通畅，它与筑堤一样，最终也是为了加大河槽的泄洪能力。这种措施同时可以缩短河道长度，增加枯水期航道水深，改善水运交通条件。

3. 建设行洪、蓄洪、滞洪区

为了减轻洪水对某一段重要城镇的威胁，使其控制在河槽安全泄量之内，可在重要城镇上游适当地点，修建分洪闸和分洪道，有计划地将部分洪水引向别处，以减轻洪水损失。暂时滞留洪水的地区一般为湖泊、洼地等，这些地区的土地，一般年份仍然可以利用，但必须加以限制，以便在发生大洪水时，作出必要的牺牲，确保重要城镇、工矿以及江河沿线广大地区的安全，把洪水灾害限制在最小范围之内，如长江中游的荆江分洪工程及黄河下游的北金堤分洪工程等。

4. 水土保持

高原和山丘区常因大规模砍伐森林，破坏植被，引起水土流失现象。水土保持是在流域面上通过修建淤地坝、谷坊、塘、埝，植树种草，修筑梯田，改进农牧生产技术，达到减少洪水灾害，防止水土流失，是进行大范围径流调节的一种根本性治山治水措施。

5. 防汛抢险

主要是指汛前对堤防、水库、闸坝等进行检查、维修、加固，消除隐患；汛期根据水情预报，及时采取护岸、堵漏或突击加高培厚堤防等，避免大堤溃决、水库失事的临时应急工程措施；汛后适时修复险工，堵塞决口等。

12.1.1.1.2 非工程防洪措施

长期以来，工程防洪措施占据防洪减灾的主导地位。然而，近来的研究表明，情况发生了较大变化，具体表现：① 很多国家工程措施的花费与洪水损失同步在增加；② 由工程建设引发的社会与生态环境问题越来越严峻；③ 人口的增加与有效耕地的减少，严重制约防洪工程的建设；④ 防洪工程在很多国家都被当作公益性工程，投资主要由政府财政负担，越来越昂贵的建设成本制约工程防洪措施的发展。

从 20 世纪 60 年代以来，世界各国在探讨利用工程和非工程防洪减灾措施相结合的手段。可以说，非工程防洪措施的确立，是 20 世纪后期对人类灾害观和防洪策略的修正，是对各种防御手段和救援行为的最终目标重新定位。广义地说，除了工程措施之外的防洪措施，都可以称为非工程防洪措施，但目前广泛使用并被普遍接受的有以下几种。

1. 洪水预报与预警系统

利用洪水的形成和传播特性，预见洪水的形成和发展过程，并根据预报的结果，制定应对洪水的方案。现代洪水预报技术得到了迅速发展，在洪水预报的支持下兴起洪水调度技术，形成了实时洪水预报调度系统，借助洪水预报调度系统，决策防洪工程运行方式，利用工程系统的作用改变洪水特性，削减洪峰、滞蓄洪量、延长洪水传播历时等，使沿河居民有较多时间，采取有效应对措施或及时撤离可能被淹没的地区。

洪水预报调度的最高追求，就是通过充分发挥防洪工程措施的功能，缓和洪水情势，达到最大限度减轻洪水灾害的目的。根据世界气象组织（WMO）的估计，洪水预报调度系统在全球防洪减灾中的贡献率约为防洪总效益的 10%～15%。

我国在防洪调度系统的研究与建设方面基本与国外同步，长江、黄河、淮河等重点大江大河先后开展防洪决策支持系统的开发，并逐步形成了中国自己的特色。

2. 洪水风险图

洪水风险图是一种标明发生不同重现期洪水时，可能淹没范围、水深及造成的洪水灾害危险程度和经济损失大小的防洪减灾专用地图。洪水风险图是该地区的洪水特征信息、地理信息和社会经济信息的综合反映。洪水风险图中有地形等高线、微地貌、行政区划、重要设施、淹没范围边界线等，详细的洪水风险图中还标出淹没范围内各处的淹没深度、淹没历时、居民疏散道路等。洪水风险图最初是由美国于 20 世纪 60 年代推行洪水保险计划而发展起来的。1978 年日本绘制了东京都的洪水风险图，是东亚地区较早的洪水风险图。1988 年联合国亚洲及太平洋地区经济社会发展理事会在曼谷举行"根据洪水风险分析及洪水风险图改进防洪系统专家会议"，随后洪水风险图在亚太地区逐渐推广。中国于 1990 年绘制了海河流域永定河、子牙河洪水风险图。浙江省已绘制了全省洪水风险图，包含 70 座县级以上城镇的洪水风险图；钱塘江、苕溪、曹娥江、甬江、椒江、瓯江、飞云江和鳌江等"八大水系"的洪水风险图；以及杭嘉湖平原、萧绍宁平原、温黄临平原、温州滨海平原等四大平原的洪水风险图；并建立了洪涝灾害模拟数据库。

风险图在防洪减灾中起到重要的指导价值：① 指导制定本地区的开发规划，鼓励在洪水风险小的区域进行投资和开发，尽量限制在洪水危险大的区域内发展和开发；②指导调整土地开发利用方式，如对于农业淹没损失较大的区域，指导农业种植结构的改变和作物品种的选择；③指导制定防洪规划，选择防洪标准，效益计算，防洪工程布局；④辅助制定洪水保险的费率，合理分摊洪灾风险；⑤ 作为各级防汛部门防洪调度、指挥抗洪减灾提供直观灵活的实用工具，如根据发生洪水的大小，指挥抗洪抢险、合理调配救灾的人力、财力和物力，减少经济损失和人员伤亡，根据洪水风险图在城市、乡镇设立各种形式的警示标志，并确定风险区域内居民的避洪方式和路线；设立指示牌，减少洪水发生时可能造成的混乱和不必要的损失。

3. 洪水保险

洪水保险是一种灾害保险，它的意义和作用主要表现在以下方面：①在较大甚至全国范围内分摊洪水造成的损失，增强社会消纳洪灾损失的能力；②体现了国家引导公众对洪泛平原进行合理有序开发的政策导向，洪泛平原开发是一种风险开发，欲想在洪水风险大的地区进行经济开发活动，就必须付出与该地区防洪费用相应的洪水保险费，这就迫使开发者不得不对其开发活动所能取得的收益和必须支付的洪水保险费用进行经济分析，从而引导开发者的开发活动从风险较大的地区转向风险较小的地区，达到引导公众对洪泛平原进行合理有序开发的目的；③能增强国民的防洪减灾意识，减轻政府财政负担；④洪水保险作为一种社会学行为，能促进社会的公正、互助和友善，作为一种经济行为，有利于提高洪泛平原开发的整体经济效益和社会效益。

4. 洪泛区管理

造成洪泛区洪水风险增大的主要原因是人们对洪泛平原区长期无序和过度的开发行为，是人水争地矛盾在洪泛区长期积累的结果。洪泛区管理的经济目标，包括减轻洪灾经济损失和促进经济开发两个方面。中国人多耕地少，更应当注重提高洪泛区整体经济效益。洪泛平原管理的社会目标是通过科学管理，使洪泛平原成为具有较强灾前预防能力、遇灾应变能力和灾后恢复与重建能力的社会环境。

5. 建立健全法律法规

防洪减灾政策与法规，是政府为防洪减灾目的而制定的有约束力的经济与社会活动行为规范。政府利用防洪减灾政策与法规，鼓励符合防洪减灾要求的经济社会活动，约束和制裁不利于防洪减灾要求的经济社会行为，保证防洪减灾目标的实现。我国已制定了《中华人民共和国水法》、《中华人民共和国防洪法》等专门法律，在防洪减灾中发挥了重要作用。

防洪减灾非工程措施是在防洪工程措施不足以解决洪水灾害的背景下提出的，因此在一定意义上它可以被视为防洪工程措施的一种补充。人类通过调整自身行为尽可能避让洪水的袭击，以达到防止和减轻洪水灾害的目的。

12.1.2 防洪工程效益计算

12.1.2.1 防洪工程效益估算方法

目前国内外所采用的防洪工程效益估算方法有多种，归纳起来可分为6种，即：

典型年法，长系列法，模拟系列法，风险分析法，保险法，频率法等。

1. 典型年法

该法假定工程建成后遭遇历史上已出现过的典型大水年重现，可减免的洪灾损失。该法所选典型年在流域内具有较好的代表性，概念明确，具有重现期的概念，易被接受，但没有平均效益的概念，缺乏进行工程经济评价基础。而且，随着时间的推移，其代表性越来越差。

2. 长系列法

该法是假定历史上出现过的洪水重现。此法可用来推求多年平均效益，可与工程投入在同一基础上进行经济评价，在规划设计中常作为评价工程修建在经济上是否合理的依据，但对洪水和洪灾资料缺乏的地区缺乏代表性，有的尚无重现期的概念。

3. 模拟系列法

该法主要认为已有的洪水系列太短，不足以代表多年平均，采用不同的数学模型将洪水系列延长。此法从表面来看，洪水系列越长，代表性越强，但因所采用的模型不同，其结果也不一样。该法认为延长系列统计参数与母体样本的统计参数一致。实际上，母体样本的系列不同，其统计参数不一定相同。

4. 风险分析法

该法是用于发生某一频率洪水时，由于水文、地形、防洪措施以及洪灾损失调查等诸因素存在不确定性，为决策者事先提供一种预估信息所采用的科学方法。有些学者将风险用以研究洪水频率曲线或淹没损失频率曲线。换言之，认为发生某一频率的洪水或损失也有一个概率或风险率，以此出发点来计算防洪工程效益。

5. 保险法

该法是以保险费来代替洪灾损失，若干年后的洪灾损失仍然利用频率法计算。国内对洪灾损失的保险刚刚起步，即使欧、美、日等国家已实行强制性保险也没有采用保险费法估算防洪效益。

6. 频率法

该法主要认为洪水发生是随机的，所以洪灾损失也是随机的。其实洪水的发生有一定的规律，只是这种规律尚未被人们完全掌握，故人们在不能预知若干年后洪灾发生的情况下，采用此法计算年平均防洪效益较为合理。学者普遍认为该法不能反映大洪水的防洪效益，但大洪水发生的概率比常遇洪水要小得多，在年平均防洪效益中所占的比重当然也较小。

在防洪经济分析中，工程投资比较容易计算，由于兴建水库，修造堤防，整治河道等防洪措施所造成的耕地或淹没损失，相对也比较容易计算，而洪灾损失和防洪效益却是一项工作量既大，又非常艰苦细致的工作，它往往不太容易估算，不同单位估算的结果甚至会相差很大。

洪灾损失主要包括：① 面上的损失，如农业损失，群众财产损失及城镇工业、商业、水电等各有关部门固定、流动资金造成的损失，以及因淹没停产、减产造成的损失等；② 铁路、公路、航运等因水灾中断遭受的损失，洪灾给大型工矿企业造成的损失；③ 其他损失，如抗洪抢险费、医疗救护费、伤亡抚恤费及生产救灾费等。

12.1.2.2 单体防洪工程效益估算

防洪工程本身不能直接创造财富，其效益主要由修建工程后减免的洪灾损失来体现，由于水文现象具有随机性，防洪工程完成后，有可能很快遇上一次甚至几次洪水，这时防洪的投资效益非常明显，但也可能在很长时间内遇不上大洪水，暂时看不出实际效益。鉴于这种情况，目前一般都采用以工程减免洪灾多年平均损失来估算防洪工程的经济效益。常用方法有频率法和实际典型年法。

1. 频率法

首先根据不同频率的洪水分别求得采取某种工程措施前的洪灾损失（图 12-1 中 A 线），其相应多年平均损失为 Y_A。然后再对不同频率的洪水分别求得采取该工程措施后的洪灾损失（图 12-1 中 B 线）其相应多年平均损失为 Y_B。Y_A 与 Y_B 之差就是兴建该防洪工程的多年平均效益。

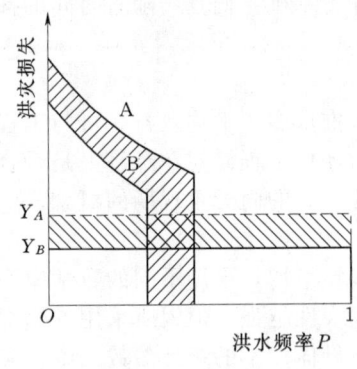

图 12-1 防洪效益计算示意图

2. 实际典型年法

选一段洪水灾害资料较完全的实际系列（如长江曾选用 1931～1956 年）逐年计算，然后取其平均值作为多年平均洪灾损失。

衡量不同方案的防洪效果，过去常用投资回收年限法，即

$$\text{投资回收年限} = \frac{\text{防洪总投资}}{\text{年平均毛效益} - \text{工程年费用}}$$

也可用效益费用比、内部经济回收率或增量内部回收率等方法（参见有关水利经济书籍）。

12.1.2.3 防洪工程体系效益估算方法

水利部 SL 206—98《已成防洪工程经济效益分析计算及评价规范》明确定义已成防洪工程经济效益是分析计算防洪工程建成后实际产生的经济效益（不同于拟建防洪工程预测可能产生的经济效益），因而规定应采用实际发生年法，计算已成防洪工程的经济效益，而不采用频率曲线法（该法适用于拟建防洪工程）。为统一规范防洪减灾效益计算及评价工作，国家防汛抗旱总指挥部《防洪减灾经济效益计算办法（试行）》明确界定防洪减灾经济效益是防洪体系所减免的洪涝灾害直接经济损失，采用对比法按计算基准年的还原洪灾损失与计算年实际洪灾损失的差值作为防洪减灾效益，即防洪工程体系的防洪减灾经济效益。有

$$B = \sum b_i \tag{12-1}$$

$$b_i = (A_0 - A_1) V_i \eta_{综} \tag{12-2}$$

式中：B 为防洪工程体系减灾经济效益；b_i 为第 i 单元防洪减灾经济效益；A_0 为洪水还原至基准年的淹没面积；A_1 为计算年实际淹没面积；V_i 为单位面积上资产值；$\eta_{综}$ 为洪灾综合财产损失率。

1. 单位面积上财产值的计算

单位面积上财产值通过开展洪灾典型区财产调查获得。单位面积财产值若采用参照年数值，应根据年修正系数来修正。有

$$V = V_0(1+r)^n \qquad (12-3)$$

式中：V 为计算年单位面积财产值；V_0 为参照年单位面积财产值；r 为年修正系数，一般参考当地的统计年鉴，采用年综合物价增长指数；n 为计算年与参照年相隔的年数。

2. 洪灾财产损失率

洪灾财产损失率是指洪灾区各类财产单位面积上的损失值与灾前或正常年份原有各类财产价值之比，简称洪灾损失率。各类财产有不同的洪灾损失率：农业、林业、牧业、渔业；水利、交通、电信、矿产；城市居民、乡镇居民。洪灾综合财产损失率根据各类财产损失加权平均计算，即

$$\eta_{\text{综}} = \frac{\sum_{j=1}^{m} V_j \eta_j}{\sum_{j=1}^{m} V_j} \qquad (12-4)$$

或简化为

$$\eta_{\text{综}} = \sum_{j=1}^{m} \eta_j \omega_j$$

式中：$\eta_{\text{综}}$ 为洪灾综合财产损失率；η_j 为 j 类经济部门的财产损失率；V_j 为 j 类经济部门单位面积财产值；ω_j 为 j 类经济部门财产权重；m 为经济部门的类别数。

12.2 水库防洪水利计算

12.2.1 水库防洪计算任务

有调节能力的水库在作水利水能计算的同时，还要作防洪计算。水库防洪设计分两种情况。

一种为水库下游无防洪要求。有的水库下游没有重要的防护对象，因此下游对水库无防洪要求；有的水库下游虽有防护对象，但水库控制流域面积太小或本身库容很小，难以担负下游防洪任务。这种情况的防洪计算比较简单，水库主要考虑本身的安全，一般只要对坝高和泄洪建筑物规模进行比较和选择。若泄洪建筑物规模大些，水库可多泄少蓄，所需调洪库容较小，坝可修得低一些；反之，若泄洪建筑物规模小些，坝就要修得高一些。

另一种为水库下游有防洪要求。当水库下游对水库有防洪要求时，水库除担负本身的防洪任务外，还应考虑下游的防洪任务。如果下游防洪标准和河道允许泄量均已确定，则应首先对下游防洪标准的设计洪水，满足下游防洪要求，通过调节计算，求水库的防洪高水位，然后再对相应于大坝设计标准的设计洪水进行调节计算，在计算过程中，当水库水位达到防洪高水位前，应满足下游防洪要求，在水位超过防洪高水位后，为了大坝本身安全则应全力泄洪。据此，通过方案比较可选择坝高和泄洪建筑物的规模。如果下游防洪标准和河道允许泄量均未定，则应配合下游防洪规划综合比较水库、堤防、分洪、蓄洪、河道整治等各种可能措施及其互相配合的可能性，统一分析防洪和兴利，上游和下游的矛盾，通过综合比较合理确定下游防洪标准和河道允许泄量，以及水库和泄洪建筑物的规模。

水库防洪计算的主要内容有以下几项。

1. 搜集基本资料

根据规范确定防护对象的防护标准，搜集所需基本资料，包括：①设计洪水过程线。如与大坝设计标准相应的设计洪水过程线，与校核标准相应的校核洪水过程线。当下游有防护要求时，尚需与下游防洪标准相应的设计洪水过程线，坝址至下游防护区的区间设计洪水过程线，上下游洪水遭遇组合方案或分析资料；②库容曲线；③防洪计算有关经济资料。

2. 拟定比较方案

根据地形、地质、建筑材料、施工设备条件等，拟定泄洪建筑物型式、规模及组合方案，初步确定溢洪道、隧道、底孔的型式、位置、尺寸、堰顶高程和底孔进口高程等，同时还需拟定几种可能的水库防洪限制水位（起调水位），并通过水力学计算，推求各方案的溢洪道及泄洪底孔的泄洪能力曲线。

3. 拟定合理的水库防洪运行方式

例如按最大泄洪能力下泄，控制不超过安全泄量下泄，根据不同防洪标准分级调节，考虑区间来水进行补偿调节，考虑预报预泄等。有时在一次洪水调节计算中需根据防洪任务分别采用几种运行方式。

4. 推求水库水位和最大泄量

通过调洪演算确定各种防洪标准的库容和相应水库水位，以及最大下泄流量。如设计洪水位及相应最大泄量，校核洪水位及相应最大泄量，当下游有防洪要求时，还应推求防洪高水位等。

5. 投资和效益分析

根据上述求得的各种水库水位和相应下泄量，计算各方案的大坝造价，上游淹没损失，泄洪建筑物投资，下游堤防造价，下游受淹的经济损失及各方案所能获得的防洪效益等，进行综合比较和分析。

6. 选择参数

通过各方案的经济比较和综合分析，从而选择技术上可行，经济上合理的水库泄洪建筑物及下游防洪工程的规模和有关参数。

12.2.2 水库调洪作用

水库之所以能防洪调洪，是因为它设有调节库容。当入库洪水较大时，为使下游地区不遭受洪灾，可临时将部分洪水拦蓄在水库之中，等洪峰过后再将其放出，这就是水库的调洪作用。现在通过图12-2来看一次洪水的调节过程。

为便于说明，假定水库溢洪道无闸门控制，水库防洪限制水位与溢洪道堰顶高程齐

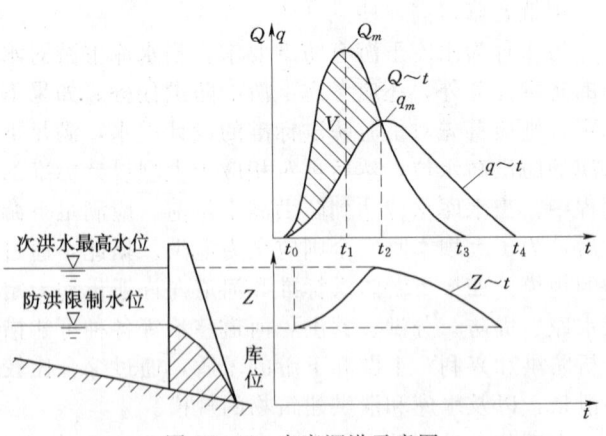

图12-2 水库调洪示意图

平。图中 $Q\sim t$ 为入库流量过程，$q\sim t$ 为水库出库过程，$Z\sim t$ 为水库水位变化过程。

t_0 时刻，$Z_0=$ 防洪限制水位，$q_0=0$。随后，入流增大，水库水位被迫上升，溢洪道开始溢流，q 随水位升高而逐渐增大。t_1 为入库洪峰出现时间，t_1 以后入流虽然减小，但仍大于下泄流量，因而水库水位继续抬高，下泄量不断加大，一直到 t_2 时刻，$Q=q$ 时水库出现最高水位和最大泄量。此后，由于入流小于出流，水位便逐渐下降，下泄流量亦随之减小，直至 t_4 时刻，水库回到防洪限制水位，本次洪水调节完毕。图中阴影面积 V 是本次洪水拦蓄在水库中的水量，这部分水量在 $t_2\sim t_4$ 期间逐渐放出。例如河南薄山水库在"75.8"特大洪水中，入库洪峰为 $10200\text{m}^3/\text{s}$，最大下泄流量仅为 $1600\text{m}^3/\text{s}$，入库洪水总量为 4.28 亿 m^3，水库拦蓄洪水高达 3.56 亿 m^3，可见水库的调洪作用是非常明显的。

12.2.3 水库调洪演算方法

1. 洪水调节计算原理

由水量平衡原理可知，在某一时段内（$\Delta t=t_2-t_1$），进入水库的水量与水库下泄水量之差，应等于该时段内水库蓄水量的变化值（见图 12-3），用数学式表示为

$$\frac{Q_1+Q_2}{2}\Delta t-\frac{q_1+q_2}{2}\Delta t=V_2-V_1$$

（12-5）

式中：Q_1、q_1 分别为时段初入库、出库流量，m^3/s；Q_2、q_2 分别为时段末入库、出库流量，m^3/s；V_1、V_2 分别为时段初、时段末水库蓄水量，m^3。

一般情况下，入库洪水过程 $Q\sim t$ 为已知，即式（12-5）中 Q_1、Q_2 为已知数，Δt 可根据计算精度要求选定，时段初下泄量 q_1 和水库蓄水量 V_1 由前一段求得，在式（12-5）中亦为已知数，因此只有 q_2、V_2 是未知数，但是一个方程不能确定两个未知数，还需要一个方程。在无闸门控制的情况下，水库下泄量 q 和蓄水量 V（或水库水位 Z）是单一函数关系，即一个 V 值（或 Z 值）对应一个 q 值，如用公式表示可写成

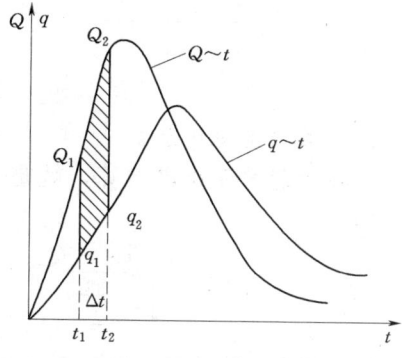

图 12-3 水量平衡示意图

$$q=f(V)$$

或
$$q=f_1(Z)$$
（12-6）

于是联解式（12-5）、式（12-6）便可求得 q_2、V_2。

这里，具体说明一下 q 和 V 的关系。在无闸门控制或闸门全开的情况下，表面溢洪道与有压底孔的泄流公式分别为

溢洪道泄流公式

$$q'=\varepsilon m\sqrt{2g}Bh_1^{3/2}$$

底孔泄流公式

$$q''=\mu\omega\sqrt{2gh_2}$$

式中：ε 为侧向收缩系数；m 为流量系数；B 为溢洪道净宽，m；h_1 为堰顶水头，m，$h_1 = Z - Z_{堰坝}$；ω 为底孔断面面积，m^2；μ 为流量系数；h_2 为孔中心以上水头，m，$h_2 = Z - Z_{孔中心}$。

在泄洪建筑物型式、尺寸已定的情况下，式中 ε、m、μ 可由水力学手册查得，因而溢洪道和底孔的泄流量都是水位（或库容）的单值函数，总下泄量必定也是水位（或库容）的单值函数。所以假定不同水位，便可求得：$q = f(V)$ 或 $q = f_1(Z)$ 关系曲线。如图 12-4 中的 $Z \sim q$ 线所示。

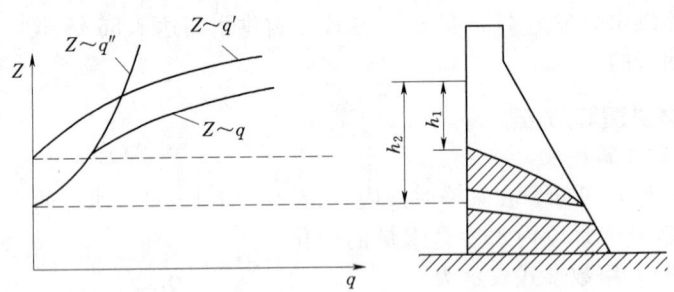

图 12-4 泄洪建筑物水力特性示意图

2. 水库调洪演算方法

一般所谓水库调洪演算，就是逐时段联解式（12-5）和式（12-6）两个方程，即

$$\begin{cases} \dfrac{Q_1 + Q_2}{2}\Delta t - \dfrac{q_1 + q_2}{2}\Delta t = V_2 - V_1 \\ q = f(V) \end{cases}$$

解这两个方程的具体方法非常之多，下面先说明试算法，然后介绍一种比较简单的半图解法。

(1) 试算法。对于某一计算时段来说，式（12-5）中的 Q_1、Q_2 及 q_1、V_1 为已知，q_2、V_2 为未知。因此，如果假定一个时段末水库蓄水量 V_2，即可由式（12-5）求得相应时段末出流量 q_2。同时由假定的 V_2 根据式（12-6）的 $q = f(V)$ 关系可查出 q_2'，如果 $q_2 = q_2'$，则 V_2、q_2 即为所求，否则重新假定 V_2，直至 $q_2 = q_2'$ 为止。因第一时段的 V_2、q_2 为第二时段的 V_1、q_1，于是可连续进行计算，图 12-5 为单时段试算程序框图。

(2) 半图解法。为避免试算，可先将式（12-5）改写成

$$\left(\dfrac{V_1}{\Delta t} + \dfrac{q_1}{2}\right) + \overline{Q} - q_1 = \dfrac{V_2}{\Delta t} + \dfrac{q_2}{2}$$

(12-7)

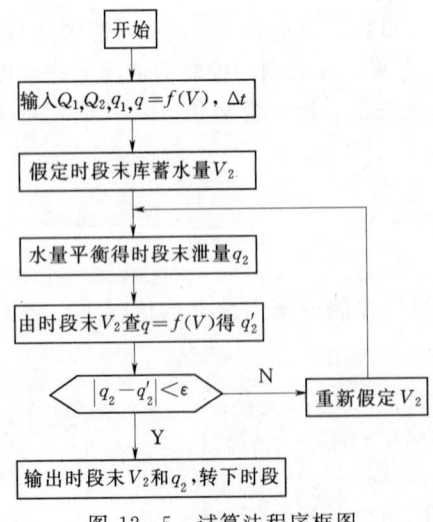

图 12-5 试算法程序框图

式中：$\overline{Q}$ 为时段平均入流，$\overline{Q}=\dfrac{Q_1+Q_2}{2}$。

式(12-7) 右端项如果利用式(12-6) 代入，显然可化为 q 的函数。也就是说，可以事先绘制 $q\sim\left(\dfrac{V}{\Delta t}+\dfrac{q}{2}\right)$ 关系曲线，此线被称为调洪演算工作曲线。由于式(12-7)中左边各项均为已知数，因此右端两项之和 $\dfrac{V_2}{\Delta t}+\dfrac{q_2}{2}$ 的总数也就可求出，于是根据 $\dfrac{V_2}{\Delta t}+\dfrac{q_2}{2}$ 值，通过刚才已作出的曲线 $\left(\dfrac{V}{\Delta t}+\dfrac{q}{2}\right)\sim q$ 便可查出 q_2。因第一时段 V_2、q_2 即为第二时段 V_1、q_1，于是可重复以上步骤连续进行计算。

12.2.4　水库防洪计算
12.2.4.1　溢洪道尺寸选择

水库防洪计算的主要内容，是根据设计洪水，推求防洪库容和选择溢洪道尺寸。

水库泄洪建筑物的型式主要有底孔、溢洪道和泄洪隧洞三种。底孔可位于不同高程，可结合用以兴利放水、排沙、放空，一般都设有闸门控制。底孔的缺点是造价高，操作管理不便，泄洪能力小。泄洪隧洞的性能与泄洪孔类似。溢洪道的特点则不同，它泄洪量大，操作管理方便，易于排泄冰凌和漂浮物。溢洪道可以设闸门加以控制也可无闸门控制。小型水库为节省工程投资，多数采用无闸门控制溢洪道。大中型水库为了提高防洪操作的灵活性，增加工程综合效益，特别是当下游有防洪要求时，多采用有闸门控制。无闸门控制溢洪道堰顶高程一般采用与正常蓄水位齐平。有闸门控制溢洪道，往往正常蓄水与溢洪道闸门顶高一致。溢洪道宽度和堰顶高程，通常与坝址地形与下游地质条件所允许的最大单宽泄量有关，一般通过技术经济比较确定。

1. 水库下游无防洪要求

水库下游无防洪要求的计算程序是：

（1）假定不同溢洪道宽度方案 B_1、B_2、$\cdots$。

（2）根据大坝设计洪水分别对各宽度方案用上述调洪演算方法求相应防洪库容 V_1、V_2、$\cdots$ 和最大泄量 q_{m1}、q_{m2}、$\cdots$。

（3）然后点绘 $B\sim V$ 和 $B\sim q_m$ 关系线［见图 12-6 (a)］，图中表明，在其余条件相同的情况下，B 越大，下泄流量越大，防洪库容越小。

（4）设溢洪道和消能设施的造价及管理维修费为 S_B，大坝造价和淹没损失及管理维修费为 S_V，下游堤防培修费为 S_D，则总费用 $S=S_B+S_V+S_D$，它们与 B 的关系如图 12-6 (b) 所示，那么由总费用最小点 $S_{\min}$ 便可查得最佳溢洪道宽度 B_P 和相应防洪库容 V_P。

2. 水库担负下游防洪任务

当水库担负下游防洪任务时，防洪标准一般有两种，即下游防护对象的防洪标准 P_1 和大坝（水库）防洪标准 P_2（水库防洪标准 P_2 一般均高于下游防洪标准 P_1），下游防护要求通常以某断面允许达到的泄量 $q_{安}$（或水位）来反映。下游有防洪要求与无防洪要求不同之处主要有两点：

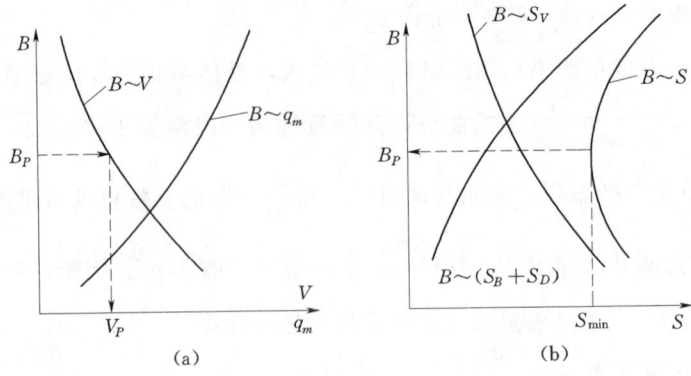

图 12-6 防洪各参数关系
(a) $B\sim V$、$B\sim q_m$ 曲线；(b) 费用曲线

(1) 要考虑 $q_安$ 的限制。

(2) 要分别对两种设计标准（下游防洪标准和大坝防洪标准）的洪水进行调洪演算，具体计算程序和经济比较方法与上述基本相同。

12.2.4.2 防洪多级调节

由于下游防护对象的防洪标准和水库防洪设计标准及校核标准不一致，水库泄洪方式又随防洪标准而有所不同，在不能确知未来洪水大小的情况下，只能先按最低标准控制下泄，当肯定本次洪水超过较低标准时，再按较高标准控制下泄，这样由低到高分级控制泄洪，称为防洪多级调节。防洪多级调节是在不考虑预报的情况下，尽量满足不同防洪标准要求，处理各种洪水的一种调节方式。

本节着重讨论有闸门的情况下，水库担负下游防洪任务时，不同设计标准的洪水的多级调节方法。

有闸门控制的闸门在全开的情况下，水库蓄水位所对应的泄量，称为该水位的下泄能力。显然，通过改变闸门的开度，可以使水库下泄量小于下泄能力，但任何时候水库的下泄量绝不能超过溢洪设备的下泄能力。

假如下游防洪标准为 P_1，下游要求凡发生小于 P_1 的洪水，水库下泄流量不得超过 $q_安$，超过下游防洪标准的洪水，水库泄流可不受 $q_安$ 的限制。此时，为了大坝本身的安全，应尽量下泄，以降低库水位，这说明不同标准的洪水，水库下泄方式是不一样的。但是怎样判别水库当时所发生洪水的大小呢？一般可根据库水位、入库流量、流域降雨量等指标进行判别。为便于讨论，这里假定以常用的库水位作为判别指标。具体方法如下。

1. 对下游防洪标准 P_1 的设计洪水过程进行调节计算

开始尽量维持防洪限制水位［见图 12-7（a）中 $0\to t_1$］。当入库流量大于防洪限制水位相应的下泄能力时，按下泄能力下泄［见图 12-7（a）中 $t_1\to t_2$］，此时下泄能力随水库水位上升而加大。当下泄能力超过 $q_安$ 时，为满足下游防洪要求，应控制泄流，使水库下泄流量不超过 $q_安$［见图 12-7（a）中 $t_2\to t_3$］。于是可求得所需防洪库容 V_{P_1} 及水库防洪高水位。此水位为今后判别所发生洪水是否超过 P_1 的指标。

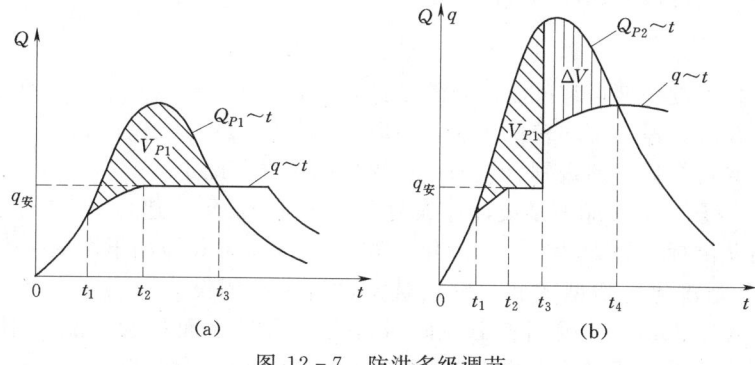

图 12-7 防洪多级调节

2. 对水库设计标准 P_2 的设计洪水过程进行调节计算

按多级调节方法求水库设计洪水位步骤如下：设大坝设计防洪标准为 P_2，其设计洪水过程线如图 12-7（b）中 $Q_{P2} \sim t$ 所示。在不考虑洪水预报时，是否发生大坝设计洪水，事先不能预知。因此，开始仍应使水库出流 q 等于入流 Q，尽量使水库维持在防洪限制水位［见图 12-7（b）中 $0 \to t_1$］，当入流大于防洪限制水位相应下泄能力时，只能按泄洪设备的下泄能力泄流［见图 12-7（b）中 $t_1 \to t_2$］。当下泄能力超过 $q_{安}$ 时，先控制下泄，使其不超过 $q_{安}$［见图 12-7（b）中 $t_2 \to t_3$］。当库水位达到防洪高水位（即蓄洪量达到 V_{P1}）时，如果入库流量仍较大，说明该次洪水已超过下游设计标准 P_1，此时，为了大坝本身的安全，应将闸门打开全力泄洪［见图 12-7（b）中 t_3 时刻］。因此，对水库设计标准洪水所需设计拦洪库容为 V_{P1} 与 ΔV 之和，即 $V_{P2} = V_{P1} + \Delta V$，由此可求得水库设计洪水位。

3. 对水库校核标准 P_3 的设计洪水过程进行调节计算

水库校核标准为非常运用标准，在一定的条件下需要启用非常泄洪设施，调节计算方法与设计标准的洪水相似，差别在于在拦洪库容装满后，在一定的条件下，加入非常泄洪设施的泄流能力，最后得校核洪水位和调洪库容。

水库防洪的多级调节方法，在生产实践中具有现实意义。由于长期精确的洪水过程预报并非易事，为了避免出现中小洪水时，水库操作不当造成人为洪水，引起下游防汛的紧张，故一般应采用分级调洪的方法。即把洪水分为寻常洪水、下游标准设计洪水、大坝安全设计洪水以及非常校核洪水等几级，水库下游按防护对象不同亦可分数级。这样依次进行分级调节，在没有可靠情报的条件下，可一定程度上实现大水大放，小水小放的原则，避免在中小洪水时，人为地加重下游防汛负担或农田排涝的困难。

12.2.4.3 坝顶高程计算

坝顶高程计算公式为

坝顶高程 1 = 设计洪水位 + 风浪高 1 + 安全超高 1

坝顶高程 2 = 校核洪水位 + 风浪高 2 + 安全超高 2

为安全起见，一般取其中较高的数据为设计值。

风浪高一般可按下式计算，即

$$\Delta h = 0.0208 V^{5/4} D^{1/3} \tag{12-8}$$

式中：V 为发生设计洪水时可能出现的设计风速，m/s，考虑发生校核洪水时，不一定同时发生设计风速，常取较低风速，如取 0.8V 等；D 为吹程，km。

安全超高可根据坝的级别、坝型及运用情况由规范确定。

【例 12-1】 某水库安全设计标准为 $P_2 = 1\%$（百年一遇），下游对水库有防洪要求，下游防洪标准为 $P_1 = 5\%$（20 年一遇），与该标准相应的下游堤防安全泄量 $q_{安} = 480\text{m}^3/\text{s}$。泄洪建筑物型式和尺寸已选定，河岸一侧设有溢洪道，其堰顶高程为 22.0m，净宽为 20m，有闸门控制，同时设有一个过水面积为 10m²，洞心高程为 12.0m 的泄洪隧洞，两者流态均不受下游水位影响，为自由泄流。

水库水位容积关系已知，见表 12-1。

表 12-1　　　　　　　　水库水位—容积关系

水库水位 Z (m)	22	24	26	28	30	32
容积 V (亿 m³)	0.610	0.694	0.876	1.133	1.450	1.852

试求水库防洪库容。

解： 水库发生 20 年一遇洪水时，下泄量不超过 480m³/s，求得防洪库容为 $V_{P1} = 0.696$ 亿 m³，相应防洪高水位为 29.2m（计算过程略，参照例 12-2）。

【例 12-2】 基本条件同例 12-1，水库发生百年一遇设计洪水过程线已知，见表 12-2，汛期水库防洪限制水位为 22.0m，试用半图解法求水库设计洪水位 Z_{P2} 和设计防洪库容 V_{P2}。

解：（1）求水库水位与闸门全开时的下泄流量关系。

溢洪道下泄流量公式为

$$q_1 = \varepsilon m \sqrt{2g} B h_1^{3/2}$$

由于已知 $B = 20\text{m}$，$h_1 = Z_{上} - 22$，取 $\varepsilon m = 0.4$，并代入式中进行计算。

表 12-2　　　　　　　　百年一遇设计洪水过程

时间（日　时）	6　8:00	6　10:00	6　12:00	6　14:00	6　16:00	6　18:00	6　20:00	6　22:00
流量 (m³/s)	28	69	105	367	1320	2440	2760	3020
时间（日　时）	6　24:00	7　2:00	7　4:00	7　6:00	7　8:00	7　10:00	7　12:00	7　14:00
流量 (m³/s)	3140	2900	2750	1870	1300	1100	980	820

泄洪隧洞下泄流量公式为

$$q_2 = \mu \omega \sqrt{2gh_2}$$

由于已知 $\omega = 10\text{m}^2$，$h_2 = Z_{上} - 12$，取 $\mu = 0.75$，并代入式中进行计算。

根据假定不同水库上游水位，便可求得相应溢洪设备泄洪能力见表 12-3。表中先根据假定的 $Z_{上}$ 求 h_1 和 h_2，然后分别求相应的 q_1 和 q_2，最后一栏为 q_1 与 q_2 之和。

12.2 水库防洪水利计算

表 12-3 水库水位与下泄流量关系

水库上游水位 $Z_上$(m)	堰顶水头 h_1(m)	溢洪道流量 q_1(m³/s)	洞心水头 h_2(m)	泄洪隧洞流量 q_2(m³/s)	总下泄流量 q(m³/s)
22	0	0	10	105.1	105.1
24	2	100.2	12	115.1	215.3
26	4	283.5	14	124.3	407.8
28	6	620.9	16	132.9	753.8
30	8	801.9	18	141.0	942.9
32	10	1120.7	20	148.6	1269.3

(2) 绘制调洪演算工作曲线。根据水库容积曲线（见表 12-1）和水位与下泄流量关系（见表 12-3），取 Δt 为 2h，可计算半图解法调洪演算工作曲线，计算过程见表 12-4，表中水库蓄水位 $Z_上$ 为假定数值，V 由库容曲线查得，$\Delta t = 2h = 7200s$。将其中 q 与 $\left(\dfrac{V}{\Delta t} + \dfrac{q}{2}\right)$ 点绘成相关图，就是所需绘制的工作曲线（见图 12-8）。

(3) 水库调洪演算。已知汛期水库防洪限制水位为 22.0m，对于 20 年一遇设计洪水已进行过调节计算，求得防洪高水位为 29.2m。现根据已知百年一遇设计洪水过程（见表 12-2）和绘制的工作曲线（见图 12-8）求水库设计洪水位，计算过程见表 12-5。

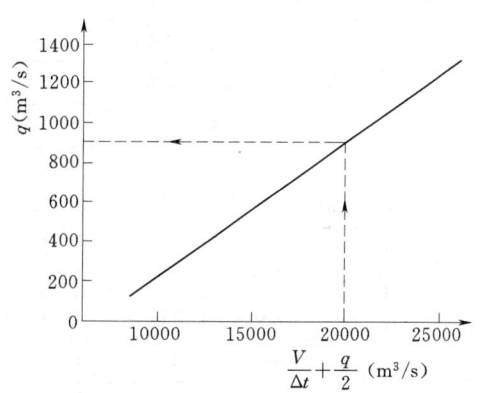

图 12-8 调洪演算工作曲线

表 12-4 $q \sim \dfrac{V}{\Delta t} + \dfrac{q}{2}$ 工作曲线计算表

$Z_上$ (m)	V (亿 m³)	$\dfrac{V}{\Delta t}$ (m³/s)	q (m³/s)	$\dfrac{q}{2}$ (m³/s)	$\dfrac{V}{\Delta t} + \dfrac{q}{2}$ (m³/s)
22	0.610	8472	105.1	53	8525
24	0.694	9639	215.3	108	9747
26	0.876	12167	407.8	204	12371
28	1.133	15736	653.8	327	16063
30	1.450	20139	942.9	471	20610
32	1.852	25722	1269.3	635	26357

由表 12-3 可知，当库水位为 22.0m 时，其泄洪设备的下泄能力为 105.1m³/s。由于表 12-5 中 6 日 8~12 时水库来水小于此值，因而可使泄量等于来量，使库水位维持在防洪限制水位 22.0m。6 日 12 时以后，欲使水位维持 22.0m 已不可能，这时应按闸门全开的情况，用工作曲线进行调洪演算。表 12-5 中的 $\dfrac{V}{\Delta t} + \dfrac{q}{2}$ 栏第一个数字

表 12-5　　　　　　　　　百年一遇洪水调洪计算表

t (日　时)	Q (m^3/s)	$\overline{Q}$ (m^3/s)	$\dfrac{V}{\Delta t}+\dfrac{q}{2}$ (m^3/s)	q (m^3/s)	$\overline{q}$ (m^3/s)	$\dfrac{\Delta V}{\Delta t}$ (m^3/s)	$\dfrac{V}{\Delta t}$ (m^3/s)	$Z_上$ (m)	说　明
(1)	(2)	(3)	(4)	(5)	(6)	(7)	(8)	(9)	(10)
6　8:00	28			28	48	0	8472	22.00	泄量等于来量维持防洪限制水位
6　10:00	69	48	(8525)	69	87	0	8472	22.00	
6　12:00	105	87		105			8472	22.00	
6　14:00	367	236	8656	117					
6　16:00	1320	844	9383	176					闸门全开
6　18:00	2440	1880	11087	317					
6　20:00	2760	2600	13370	480	480	2410	13130		
6　22:00	3020	2890		480	480	2600	15540		泄量等于$q_安$
6　24:00	3140	3080	(18548)	480 (815)			18140	29.20	
7　2:00	2900	3020	20753	950					
7　4:00	2750	2825	22628	1060					水库已达到防洪高位,闸门全开
7　6:00	1870	2310	23878	1130					
7　8:00	1300	1585	24333	1153					
7　10:00	1100	1200	24380	1160			23800	31.35	水库达到最高水位
7　12:00	980	1040	24260	1150					
7　14:00	820	900	24010	1140					

(8525) 为表 12-4 中 $Z_上=22.0$m 的相应值,因为 $\left(\dfrac{V_1}{\Delta t}+\dfrac{q_1}{2}\right)+\overline{Q}-q_1=\dfrac{V_2}{\Delta t}+\dfrac{q_2}{2}$ [见式 (12-7)],所以表 12-5 中,$8656=8525+236-105$,于是可由 $\dfrac{V_2}{\Delta t}+\dfrac{q_2}{2}=8656$ 在工作曲线上查得:$q_2=117m^3/s$。由于本时段末 q_2 即下一时段初 q_1,因此可通过半图解法连续演算。到 6 日 20 时,下泄量已达到下游堤防的安全泄量 (480m^3/s),由于不知道未来入库流量大小,这时应使泄量等于 $q_安$。6 日 20 时~24 时闸门并未全开泄量,$q_2=q_安$ 为已知,不必通过工作曲线求解,可直接由水量平衡方程式求时段末蓄水量,表 12-5 中第 (7) 栏为第 (3) 栏与第 (6) 栏之差即,时段末蓄水量 $\dfrac{\Delta V}{\Delta t}=\overline{Q}-\overline{q}$ 为时段初蓄水量与蓄水增量之和即 $\dfrac{V_2}{\Delta t}=\dfrac{V_1}{\Delta t}+\dfrac{\Delta V}{\Delta t}$。6 日 24 时库水位已达防洪高水位 29.20m,而且入库流量仍很大,表明这次洪水已超过 20 年一遇,这时为了水库本身的安全,应将泄洪闸全部打开,全力泄洪。此后需用调洪演算工作曲线进行演算。闸门全部打开时,表 12-5 中第 (4) 栏 $18584=18140+\dfrac{815}{2}$,第 (5) 栏 $q=815m^3/s$,由 $Z_上=29.2$m 查 $Z_上$ 与 q 关系曲线得。6 日 24 时以后泄洪流量全部用工作曲线计算,

求得百年一遇洪水的水库设计洪水位为 31.35m（7 日 10 时），相应水库蓄水量为 1.71 亿 m^3，设计拦洪库容为 1.71－0.61＝1.10 亿 m^3（其中 0.61 为 22.0m 相应的库容）。

如绘出水库的入流、出流过程，则与图 12－7（b）相似。

12.3 水库防洪计算有关问题

12.3.1 防洪限制水位

在综合利用水库中，一般可先根据最迟发生的设计洪水进行调洪演算，绘出防洪调度线。为简明起见，图 12－9 中假定入库流量小于 $q_{安}$ 均可下泄，$q_{安}$ 以上部分留在库内，从而可求得库位变化过程 ab 和防洪库容 $V_{防}$。ab 是防洪调度线，将调度图中的防破坏线 cde 与防洪调度线 ab 绘在一起，当两线相切时，便可求得防洪限制水位 aa'。如果两线不正好相切，可通过变动防洪高水位或变动正常蓄水位使其相切。正常蓄水位与防洪限制水位之间的库容既可用以防洪，又可用来兴利，称为结合库容。

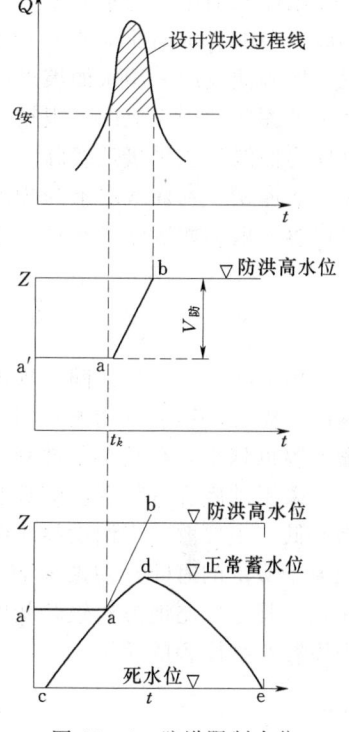

图 12－9 防洪限制水位

防洪限制水位与防洪高水位、正常蓄水位及死水位之间的关系一般如图 12－9 所示，即防洪高水位高于正常蓄水位，防洪限制水位位于正常蓄水位与死水位之间，其他情况有以下几类。

1. **防洪限制水位与正常蓄水位重合**

当洪水无定期、大洪水任何时候都可能出现时，防洪与兴利完全不能结合，防洪库容全部位于兴利库容之上。

2. **防洪高水位与正常蓄水位重合**

这种情况发生于洪水变化规律较为明显、稳定，或溢洪道泄流能力很大，或所需防洪库容较小的河流，其防洪库容与兴利库容完全可以结合。

3. **防洪限制水位低于死水位**

某些低水头河床式水电站，由于各方面条件限制，不容许建造高坝大库，以及平时为了增加发电效益，死水位定得较高。但在洪水期时为了防洪需要，只得牺牲某些发电效益，短期将防洪限制水位降到死水位以下，如长江葛洲坝水电站就是如此。

4. **分期防洪限制水位**

有些河流，具有比较明显的前后期洪水规律或下游河道允许泄量不同时期有不同的要求，则各时期预留防洪库容可有所不同。可以分期设置不同的防洪限制水位。例如：浙江沿海地区，4～6 月一般为梅雨型洪水，7～9 月主要是台风雨型洪水。又如丹江口水库根据历史上所发生洪水的规律，已将防洪限制水位分别定为：前期（7 月

1日～8月31日）149.5m；后期（9月1日～10月15日）152.5m（参见图10-29）。后来又有人建议分为三期，其防洪限制水位分别定为：前期（6月21日～7月20日）148.0m；中期（7月21日～8月20日）152.0m；后期（8月21日～10月15日）153.0m。分期定防洪限制水位的优点非常明显，可使防洪兴利更好地结合，既可在不同时期留有足够防洪库容，又可防止汛末兴利库容蓄不满。但它存在一定经验性，到目前为止，洪水分期后，总的防洪破坏率究竟是多少，是否恰好符合防洪设计标准，从理论上讲，这些问题还不太明确。

12.3.2 水库动库容

前面所介绍的试算法和半图解法，所用库容曲线一般称为静库容曲线，即近似地假定水库水面始终为水平面，库面随水位变化水平升降，但实际上水库水面的变化是比较复杂的。水面非但不一定水平，而且有时水面坡度变化还相当大，因此一般来说，库容曲线应采用水面坡度变化的动库容曲线。水库对洪水的调节作用是由静库容和楔形库容共同完成的。根据一些大型水库实测结果表明，采用动库容曲线调洪，比静库容曲线调洪更接近实际。

水库实际水面线以下与坝前水位水平面以上之间所包含的容积称为楔形库容。楔形库容一般为库区流量和坝前水位的函数，其变化可用下式表示，即

$$dV = \frac{\partial V}{\partial Q}dQ + \frac{\partial V}{\partial Z}dZ \qquad (12-9)$$

楔形库容特性是：同一坝前水位，库区稳定流量越大，水库末端所形成的水面就越高，楔形库容也就越大；同一库区入流，坝前水位越高，整个水面线就越平缓，楔形库容也越小，在其他条件基本相同的条件下，水库下泄流量越大，楔形库容越大。

采用动库容进行调洪演算和采用静库容演算相比较，两者所求得的最高洪水位有高有低，主要取决于调洪终止时间（指最高洪水位出现时间）与起始时间（指入流开始大于泄量的时间）楔形库容之差，其次是泄流设备的泄流能力特性。对于重要水库，尤其是库尾地形比较开阔的水库，楔形库容数值占调洪库容比重较大时，应分析动库容和静库容的差别。

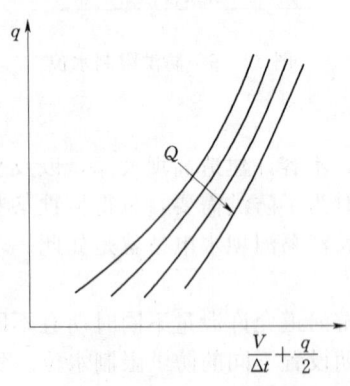

图 12-10 动库容调洪演算工作曲线

在调洪演算中如何考虑动库容的影响呢？对于库面宽度变化不大的水库，可用坝前水位涨率与入库站水位涨率的均值代表时段内库水位的变化，这样可以近似地考虑动库容的影响；另一种方法可在上述静库容半图解法的基础上考虑动库容的影响，即根据动库容曲线，绘制以入库流量为参数的一组工作曲线（见图 12-10），然后进行调洪计算。演算时，根据入库流量 Q 大小选用相应曲线，再由 $\frac{V}{\Delta t} + \frac{q}{2}$ 值确定下泄量 q，其余与前述半图解法完全相同，不再赘述。

当然，动库容法也还是一种近似方法，更严格的方法是进行库区不稳定流计算。

12.3.3 防洪补偿调节

如果在上游水库与下游防洪区之间有一定距离，两者之间的区间来水又不可忽略；区间有洪水预报方案，能及时提供较精确的预报成果，并有一定的预见期；为了充分发挥水库防洪库容的作用和充分利用下游堤防的泄洪能力，可考虑进行补偿调节，以便将洪峰错开。设图 12-11 中水库 A 至防护区 B 与区间来水 $Q_区$ 至 B 的洪水传播时间之差为 τ，则 A 库补偿放水可由下式确定，即

$$q_{A,t} \leqslant q_安 - Q_{区,t+\tau}$$

至于如何由上式确定 A 库的下泄流量过程，现通过一个简单的算例说明如下（见表 12-6）。表中 $Q_{A,t}$ 为 A 库入流过程，$Q_{区,t}$ 为区间入流过程，水库与区间洪水传播时间差 $\tau=2h$，$q_安=2000m^3/s$。6 时入库流量为 $300m^3/s$，可使泄量等于来量，使水库维持防洪限制水位，这是因为 $300m^3/s$ 入库流量 8 时到达 B 处时与区间 $1000m^3/s$ 流量相遇未超过 $2000m^3/s$。由于 7 时水库泄流量将与 9 时的区间来水在 B 处相遇，为使两部分流量之和不超过 $q_安$，7 时水库只能下泄 $700m^3/s$。同理，考虑 8 时放水和 10 时区间来水相遇，水库 8 时只能下泄 $400m^3/s$，否则会超过安全泄量，其余各时段计算方法相同。表 12-6 的计算过程可用作图法表示。在图 12-11 上可先将区间入流向前平移 τ，然后将其倒置于 $q_安$ 水平线之下，即可求得 A 库考虑补偿情况的下泄流量过程。由图 12-11 可以看出，不考虑补偿所需防洪库容为 V_1，考虑区间来水进行补偿调节需增加库容 V_2，因此实际所需防洪库容为 V_1+V_2。

表 12-6　　　　　水库防洪补偿调节计算　　　　　单位：m^3/s

t (h)	$Q_{A,t}$	$Q_{区,t}$	$Q_{区,t+\tau}$	$q_{A,t}$	备注
6	300	100	1000	300	
7	800	600	1300	700	
8	1400	1000	1600	400	
9	2500	1300	1400	600	$\tau=2h$
10	3000	1600	⋮	⋮	$q_安=2000m^3/s$
11	3500	1400			
⋮	⋮	⋮			

12.3.4 简化调洪计算方法

当水库工程规模较小，资料缺乏或初步规划精度要求较低时，可用简化计算法进行调洪演算，其设想是将入库与出库流量过程简化为三角形，如图 12-12 所示（必要时亦可简化为梯形）。

此时入库洪水总量 W 为

$$W = \frac{1}{2}Q_m T \tag{12-10}$$

滞洪库容为

$$V_m = \frac{1}{2}(Q_m T - q_m T) = \frac{1}{2}Q_m T\left(1 - \frac{q_m}{Q_m}\right) \tag{12-11}$$

式中：V_m 为滞洪库容，m^3；T 为洪水历时，s；Q_m 为洪峰流量，m^3/s；q_m 为最大下

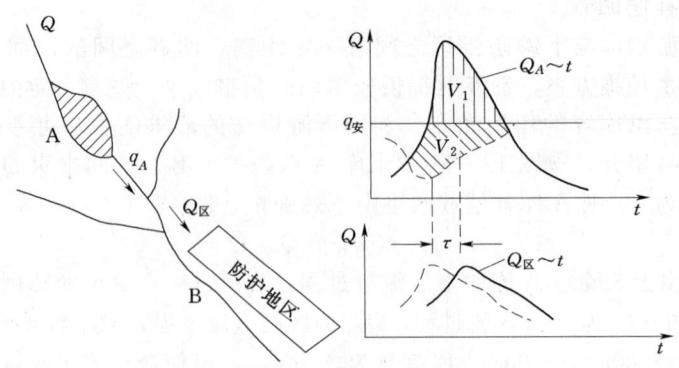

图 12-11 水库防洪补偿调节示意图

泄流量，m^3/s。

将式(12-10)代入式(12-11)得

$$V_m = W\left(1 - \frac{q_m}{Q_m}\right) \qquad (12-12)$$

或

$$q_m = Q_m\left(1 - \frac{V_m}{W}\right) \qquad (12-13)$$

当入库来水过程（即 Q_m，W）已知时，式(12-12)中 q_m 与 V_m 为直线关系（见图 12-13 中 AB 线）。

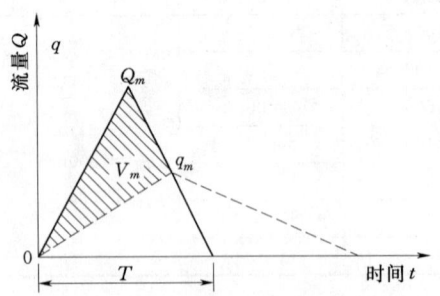

图 12-12 调洪演算简化三角形法

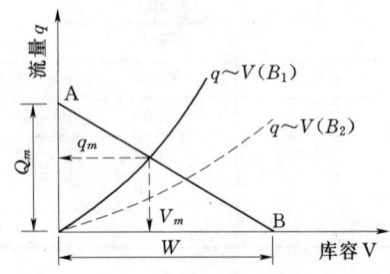

图 12-13 简化法求解示意图

如果假定不同溢洪道方案（如不同溢洪道宽度 B_1，B_2），则由水力学公式可求得各方案的蓄水量（或蓄水位）与下泄量的关系 $q \sim V(B)$。$q \sim V(B)$ 曲线与 AB 线的交点，就是该溢洪道方案相应的最大滞洪库容 V_m 和最大泄量 q_m（见图 12-13）。

12.4 堤防防洪水利计算

12.4.1 堤防工程

1. 堤防设计标准

堤防工程的设计标准，可根据防护对象的重要性参照 GB 50201—94《防洪标准》

中的标准选定,一般采用实际年法(如长江干流堤防常以1954年洪水位为标准)和频率法(防御多少年一遇的洪水)两种表示方法。如果单靠堤防不能满足规定设计标准要求,则应配合采取其他防洪措施。

若河道两岸防护对象的重要性差别较大,两岸堤防可采用不同的设计标准,这样可减小投资,确保主要对象的安全。

校核时可采用比设计标准更高的洪水或已发生过的较大的洪水作为标准。

2. 堤线选择

堤线选择需要考虑保护区的范围、地形、土质、河道情况、洪水流向等因素,一般应注意:

(1) 少占耕地、住房。

(2) 堤线应短直平顺,尽可能与洪水流向平行。堤线位置不应距河槽太近,以保证堤身安全。在满足防洪要求的前提下,尽可能减少工程量。

(3) 堤线尽可能选在地势较高,土质较好,基础较为坚实的土层上,以确保堤基质量。

3. 堤防间距和堤顶高程

堤防间距与堤顶高程紧密相关。在设计洪水过程线已定的情况下,一般堤防间距越宽,河槽过水断面增大,河槽对洪水的调蓄作用也大一些,因而将使最高洪水位降低,堤顶也可低一些,修堤土方量会有所减少,对防汛抢险也较为有利,但河流两岸农田面积损失将增大。反之,堤防间距越窄,河槽过水断面随之减小,则堤顶要高一些,修堤土方量要大些,但河流两岸损失的农田会少一些。因此堤防间距和堤顶高程的选择,应在可能的堤线方案的基础上,依据河道地形、地质条件拟定不同堤防间距和堤顶高程的组合方案,并对各方案的工程量、投资、占用土地面积等因素进行综合分析和经济比较,以便从中选择最优方案。在规划局部地区堤防拟订方案时,尚应考虑上、下游河段堤防间距、堤顶高程的现实情况。

堤顶高程可按下式计算,即

$$Z = Z_1 + h + \Delta \tag{12-14}$$

式中:Z为堤顶高程,m;Z_1为设计洪水位,m;h为波浪爬高,m,与堤的护坡情况、临水面边坡系数及风浪高有关,可参照水工建筑物设计规范确定;Δ为安全超高,m,一般为0.5~1.0m,有些设计将$h+\Delta$统称为超高,对于干堤常取1.5~2.0m。

12.4.2 河道洪水演算

沿河若要采取任何防洪措施,研究工程的规模、作用,投资和效益,或进行技术经济比较,都必须知道洪水在河道中的演变情况,因此河道洪水演算是一项基础工作。例如要进行上述不同堤防间距和堤顶高程的组合方案比较,就必须首先求出河道各控制断面处的水位及流速变化情况。

河道洪水演算方法,本章主要介绍差分方程数值解法。

1. 基本方程

天然河道中水流运动一般为缓变不稳定流运动。描述明渠不稳定流运动的基本微

分方程组,首先由法国科学家圣·维南于1871年提出,其形式为

连续方程

$$\frac{\partial F}{\partial t} + \frac{\partial Q}{\partial x} = 0 \qquad (12-15)$$

动力方程

$$\frac{\partial Z}{\partial x} + \frac{1}{g}\frac{\partial v}{\partial t} + \frac{v}{g}\frac{\partial v}{\partial x} + \frac{v^2}{C^2 R} = 0 \qquad (12-16)$$

式中:Q 为流量,m³/s,$Q=Fv$;v 为流速,m/s;t 为时间,s;Z 为水位,m;F 为过水断面面积,m²;x 为距离,m;g 为重力加速度,m/s²;R 为水力半径;C 为谢才系数,$C=\frac{1}{n}R^{1/6}$,n 为糙率。

该方程是一组拟线性双曲线型偏微分方程,目前仍无法直接求解析解。电子计算机普及以后,使圣维南方程有可能用数值法直接求解,其中以差分法最为方便。差分法一般可分两大类:一类是将原方程直接化为差分形式求解,称为直接差分法;另一类是将方程组先化为特征线方程,然后将特征线方程化为差分形式求解,称为特征差分法。

上述两种方法的差分格式又有显函数形式和隐函数形式之分。显式差分是将非线性微分方程直接化为线性代数方程,并可逐时段求解,计算比较简便。其缺点是这种差分格式稳定性较差,步长限制较严,如步长取得较大,则计算精度不能保证,甚至会使计算无法进行。隐式差分求解虽然比较复杂一些,但稳定性较好,可选用较大的计算步长,计算速度相对较快。

差分方程建立后,可用直接线性化迭代法或牛顿迭代法将圣维南非线性方程组线性化,然后再用追赶法求解线性代数方程组,现将其解法分别说明如下。

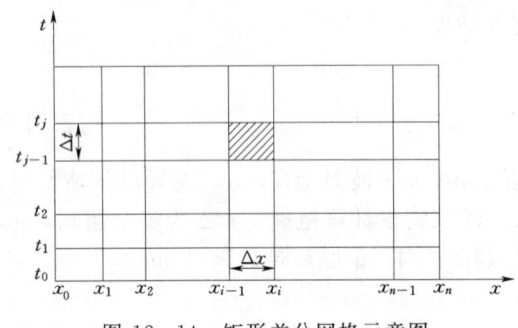

图 12-14 矩形差分网格示意图

具体计算时,首先参照空间步长将整个研究河段 x 分为若干计算河段,按时间步长将整个洪水过程 t 分为若干计算时段(见图 12-14)。其次,对于每一河段,每一时段写出动力方程和连续方程。最后,再根据边界条件和起始条件求解。

2. 差分解法

所谓差分法,就是用差商近似地代替微商,然后求方程组的数值解。差分格式有多种,现以矩形网格四点中心差分为例说明如下。

为明确起见,将图 12-14 中的某一矩形网格取出,放大绘成如图 12-15 所示,其中 Δt 和 Δx 分别为时间 t 和空间 x 所取的步长。对于任一网格可按四点隐式差分格式写出,即

$$\frac{\Delta A}{\Delta x} = \frac{A_2 - A_1 + A_4 - A_3}{2\Delta x} \qquad (12-17)$$

$$\frac{\Delta A}{\Delta t} = \frac{A_3 - A_1 + A_4 - A_2}{2\Delta t} \qquad (12-18)$$

$$A_0 = \frac{1}{4}(A_1 + A_2 + A_3 + A_4) \qquad (12-19)$$

式中：A 代表某一变量。

按此差分格式，可将圣维南方程组中的连续方程写成

$$\frac{Q_2 - Q_1 + Q_4 - Q_3}{2\Delta x} + B_0 \frac{Z_3 - Z_1 + Z_4 - Z_2}{2\Delta t} = 0$$

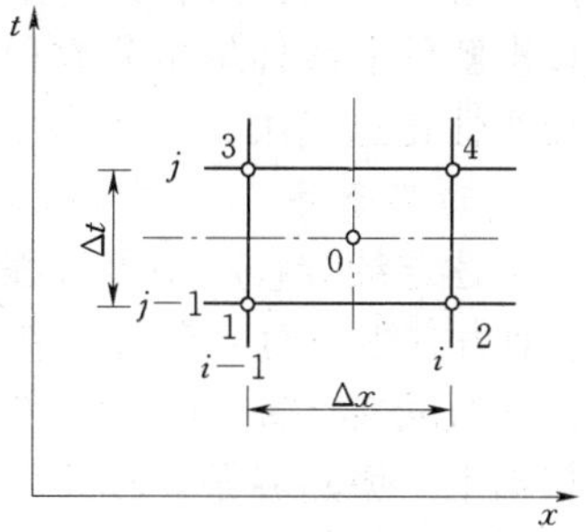

经整理可写成

图 12-15 四点中心差分示意图

$$c_1 Z_3 + d_1 v_3 + e_1 Z_4 + f_1 v_4 = g_1 \qquad (12-20)$$

其中

$$\left.\begin{aligned} c_1 &= e_1 = B_0 \frac{\Delta x}{\Delta t} \\ d_1 &= -F_3 \\ f_1 &= F_4 \\ g_1 &= c_1(Z_1 + Z_2) + F_1 v_1 - F_2 v_2 \end{aligned}\right\} \qquad (12-21)$$

式中：B_0 为河宽，$B_0 = \Delta F/\Delta Z$。

同理，动力方程可表示为

$$\frac{Z_2 - Z_1 + Z_4 - Z_3}{2\Delta x} + \frac{1}{2g\Delta t}(v_3 - v_1 + v_4 - v_2) + \frac{v_0}{2g\Delta x}(v_2 - v_1 + v_4 - v_3) + \frac{|v_0| v_0}{C^2 R} = 0$$

可整理成同样形式，即

$$c_2 Z_3 + d_2 v_3 + e_2 Z_4 + f_2 v_4 = g_2 \qquad (12-22)$$

其中

$$\left.\begin{aligned} c_2 &= -1 \\ d_2 &= \frac{1}{g}\left(\frac{\Delta x}{\Delta t} - v_0\right) \\ e_2 &= 1 \\ f_2 &= \frac{1}{g}\left(\frac{\Delta x}{\Delta t} + v_0\right) \\ g_2 &= Z_1 - Z_2 + f_2 v_1 - d_2 v_2 - \frac{2\Delta x |v_0| v_0}{C^2 R} \end{aligned}\right\} \qquad (12-23)$$

这里将 v_0^2 写成 $|v_0| v_0$，目的在于可考虑水流方向。

显然，如能确定式（12-20）和式（12-22）中系数 c_1、d_1、e_1、f_1、g_1 和 c_2、d_2、e_2、f_2、g_2 的值，则连续方程和动力方程便成为线性代数方程。

由式（12-21）和式（12-23）可知，这些系数不仅与时段初（$j-1$）的水位、流速有关，而且包括时段末（j）的某些参数。为便于计算，j 时刻的参数可暂用上

一次求得的迭代值代替,于是便可采用迭代法求解。至此,通过差分和迭代已将不能直接求解的非线性偏微分方程组转化为线性代数方程组,因而可求其数值解,这就是直接线性化迭代法。

3. 边界条件

上述连续方程和动力方程都是针对任一计算河段的。n 个河段有 n 个连续方程和 n 个动力方程,而 n 个河段有 $n+1$ 个断面,每个段面有水位和流速两个未知数,所以未知数共有 $2(n+1)$ 个,$2n$ 个线性代数方程不能确定 $2(n+1)$ 个未知数,因此需要根据上下游边界条件补充两个方程。

上游边界条件一般为已知入流过程,即 0 断面任一时刻的流量为已知数。对于任一时段用公式表示为

$$Q_{0,j} = g_0 \tag{12-24}$$

上游边界条件有时也可以是已知水位过程,或其他形式。

下游边界条件可有三种表示方法:①已知第 n 断面出流过程;②已知第 n 断面水位过程;③已知第 n 断面水位流量关系。

如以②方法为例,下游边界条件可写成

$$Z_{n,j} = g_n \tag{12-25}$$

4. 初始条件

计算开始时,t_0 时刻 ($j=0$) 沿程各断面水位、流量值必须已知,然后方可依次推求 $j=1$,$j=2$,…各时刻的水位、流量值。t_0 时的参数称为计算初始条件,若有实测资料,初始值可采用测站的实测值,未设站的断面则根据实测资料内插。若无实测资料,一般可从稳定流态开始,确定沿程各断面的水位、流量初始值。初值误差一般不影响计算成果,它对精度的影响随计算时段增长而逐渐消失。

5. 追赶法

将各河段连续方程的动力方程以及上、下游边界条件,用四点隐式差分格式按河段顺序写出,即

$$
\begin{aligned}
& Q_{0,j} = g_0 \qquad\qquad\qquad\qquad\text{上游边界条件} \\
& \left.\begin{aligned} c_{1,1}Z_{0,j} + d_{1,1}Q_{0,j} + e_{1,1}Z_{1,j} + f_{1,1}Q_{1,j} = g_{1,1} \\ c_{1,2}Z_{0,j} + d_{1,2}Q_{0,j} + e_{1,2}Z_{1,j} + f_{1,2}Q_{1,j} = g_{1,2} \end{aligned}\right\} \text{第一河段} \\
& \left.\begin{aligned} c_{2,1}Z_{1,j} + d_{2,1}Q_{1,j} + e_{2,1}Z_{2,j} + f_{2,1}Q_{2,j} = g_{2,1} \\ c_{2,2}Z_{1,j} + d_{2,2}Q_{1,j} + e_{2,2}Z_{2,j} + f_{2,2}Q_{2,j} = g_{2,2} \end{aligned}\right\} \text{第二河段} \\
& \qquad\qquad\qquad\qquad \vdots \\
& \left.\begin{aligned} c_{i,1}Z_{i-1,j} + d_{i,1}Q_{i-1,j} + e_{i,1}Z_{i,j} + f_{i,1}Q_{i,j} = g_{i,1} \\ c_{i,2}Z_{i-1,j} + d_{i,2}Q_{i-1,j} + e_{i,2}Z_{i,j} + f_{i,2}Q_{i,j} = g_{i,2} \end{aligned}\right\} \text{第}i\text{河段} \\
& \qquad\qquad\qquad\qquad \cdots\cdots \\
& Z_{n,j} = g_n \qquad\qquad\qquad\qquad \text{下游边界条件}
\end{aligned}
\tag{12-26}
$$

上述线性代数方程组中 j 时刻各断面的水位和流量 $Z_{0,j}$、$Z_{1,j}$、…、$Z_{n-1,j}$、$Q_{1,j}$、$Q_{2,j}$、…、$Q_{n,j}$ 为待求变量,其余为常系数,可由 $j-1$ 时刻的水位、流量以及上一次迭代值计算。如将等式左边的系数用矩形阵表示,即

$$\begin{bmatrix} 1 & & & & & & & & \\ c_{1,1} & d_{1,1} & e_{1,1} & f_{1,1} & & & & & \\ c_{1,2} & d_{1,2} & e_{1,2} & f_{1,2} & 0 & & & & \\ & & c_{2,1} & d_{2,1} & e_{2,1} & f_{2,1} & & & \\ & & c_{2,2} & d_{2,2} & e_{2,2} & f_{2,2} & & & \\ & & & & \cdots\cdots & & & & \\ & 0 & & & & & & & \\ & & & & & c_{n,1} & d_{n,1} & e_{n,1} & f_{n,1} \\ & & & & & c_{n,2} & d_{n,2} & e_{n,2} & f_{n,2} \\ & & & & & & & & 1 \end{bmatrix}$$

可以看出,其中每一行最多只有四个非零元素,而且分布在对角线两旁,其余都是零元素。这种方程组用追赶法求解较为便利。

为使表达式一致起见,上游边界条件可写成如下形式,即

$$Q_{0,j} = P_0 + S_0 Z_{0,j} \tag{12-27}$$

式中:$P_0 = g_0$;$S_0 = 0$。

将式(12-27)代入式(12-26)第一河段的连续方程和动力方程中第二、第三行,则有

$$\left. \begin{array}{l} c_{1,1} Z_{0,j} + d_{1,1}(P_0 + S_0 Z_{0,j}) + e_{1,1} Z_{1,j} + f_{1,1} Q_{1,j} = g_{1,1} \\ c_{1,2} Z_{0,j} + d_{1,2}(P_0 + S_0 Z_{0,j}) + e_{1,2} Z_{1,j} + f_{1,2} Q_{1,j} = g_{1,2} \end{array} \right\} \tag{12-28}$$

将式(12-28)中上式乘以 $f_{1,2}$,下式乘以 $f_{1,1}$,然后相减,消去 $Q_{1,j}$,可得

$$Z_{0,j} = L_1 + M_1 Z_{1,j}$$

其中

$$L_1 = \frac{f_{1,2}(g_{1,1} - d_{1,1} P_0) - f_{1,1}(g_{1,2} - d_{1,2} P_0)}{f_{1,2}(c_{1,1} - d_{1,1} s_0) - f_{1,1}(c_{1,2} - d_{1,2} s_0)}$$

$$M_1 = \frac{e_{1,2} f_{1,1} - e_{1,1} f_{1,2}}{f_{1,2}(c_{1,1} - d_{1,1} s_0) - f_{1,1}(c_{1,2} - d_{1,2} s_0)}$$

再将 $Z_{0,j} = L_1 + M_1 Z_{1,j}$ 代入式(12-28),消去 $Z_{0,j}$ 可得 $Q_{1,j} = P_1 + S_1 + Z_{1,j}$,写成一般形式为

$$\left. \begin{array}{l} Z_{0,j} = L_1 + M_1 Z_{1,j} \\ Q_{1,j} = P_1 + S_1 Z_{1,j} \end{array} \right\} \tag{12-29}$$

式中:L_1、M_1、P_1 和 S_1 为系数,可由 $j-1$ 时刻(时段初)参数及上游边界条件求得。

同理,将式(12-29)代入第二河段的连续方程和动力方程可得

$$\left. \begin{array}{l} Z_{1,j} = L_2 + M_2 Z_{2,j} \\ Q_{2,j} = P_2 + S_2 Z_{2,j} \end{array} \right\} \tag{12-30}$$

依次类推直至第 n 河段为

$$\left. \begin{array}{l} Z_{n-1,j} = L_n + M_n Z_{n,j} \\ Q_{n,j} = P_n + S_n Z_{n,j} \end{array} \right\} \tag{12-31}$$

以上由上游断面至下游断面,逐段建立递推关系的过程可称为"追"的过程,因为建立方程时,假定采用的是第二种下游边界条件,即 j 时刻 n 断面水位为已知值,

所以将 $Z_{n,j}$ 代入到式(12-31)便可求得 $Q_{n,j}$ 和 $Z_{n-1,j}$，再根据 $Z_{n-1,j}$ 由下游断面向上游断面逐步回代，依次求得 $Q_{n-1,j}$，$Z_{n-2,j}$ 及 $Q_{n-2,j}$，$Z_{n-3,j}$ 等，最后求得 $Z_{0,j}$，这些水位和流量就是所求的近似值。由下游边界条件依次向上游断面回代的过程，可称为"赶"，如求出的近似值不满足精度要求，则需要继续进行迭代，直到全部待求变量都满足精度要求，便可转入下一时段计算，整个计算过程可通过图12-16说明。

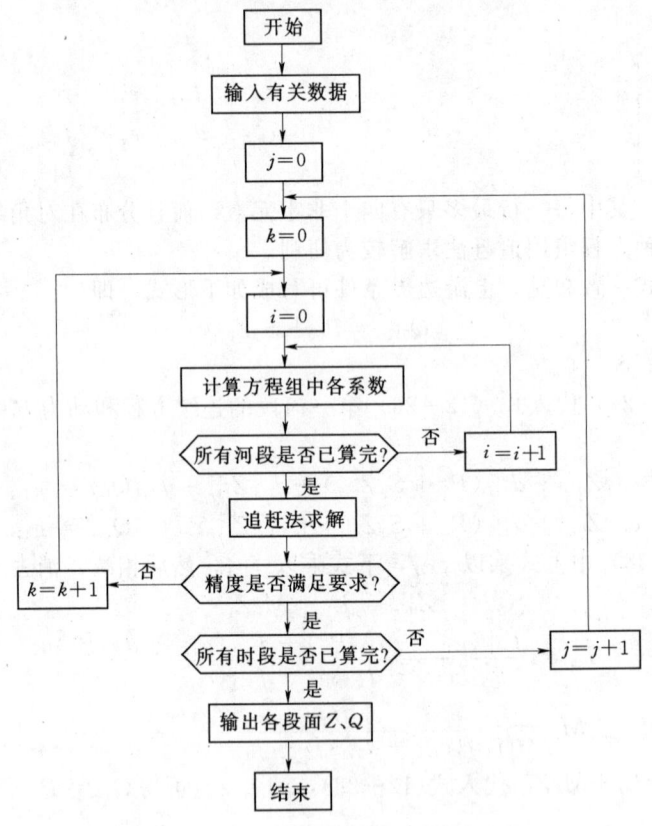

图 12-16 单式河段差分法计算框图

6. 几个有关问题

(1) 差分格式的稳定性。除上述四点中心差分外，解圣维南方程组还常采用四点矩形加权差分格式(见图12-17)，其中 $\alpha = \dfrac{\Delta t'}{\Delta t}$ 称为权重系数 ($0 \leqslant \alpha \leqslant 1$)。图中 O 点的某一水力要素 A 及其微商可写成

$$A_0 = \frac{\alpha(A_3 + A_4) + (1-\alpha)(A_1 + A_2)}{2} \tag{12-32}$$

$$\frac{\partial A}{\partial t} \approx \frac{1}{\Delta t}\left(\frac{A_3 + A_4}{2} - \frac{A_1 + A_2}{2}\right) \tag{12-33}$$

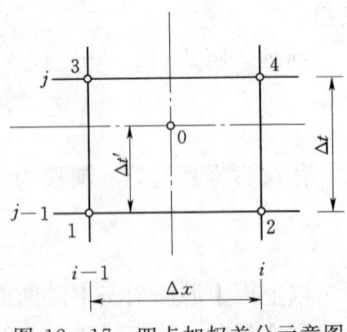

图 12-17 四点加权差分示意图

$$\frac{\partial A}{\partial x} \approx \frac{1}{\Delta x}[\alpha(A_4 - A_3) + (1-\alpha)(A_2 - A_1)] \qquad (12-34)$$

此外，有时根据需要也可采用菱形格式或其他差分格式。

实用上可行的差分格式按其稳定性可分以下两种。

1) 条件稳定，所有显式差分格式计算时所取步长应满足以下条件，即

$$\frac{\Delta x}{\Delta t} \geqslant \left| v \pm \sqrt{g\frac{A}{B}} \right| \qquad (12-35)$$

2) 无条件稳定，其步长不受稳定条件限制，可在较大范围内任意选择。隐式差分格式一般只要所取权重系数 $\alpha > 0.5$，即属无条件稳定。

(2) 牛顿迭代法。牛顿迭代法的基本途径为：

各河段圣维南非线性方程组如用下式表示，即

$$f_j(x) = 0 \quad j = 1, 2, \cdots, m \qquad (12-36)$$

式中，向量 $X = (x_1, x_2, \cdots, x_n)$ 表示待求的变量。

给定一组初始值，记为 $x_1^{(0)}, x_2^{(0)}, \cdots, x_n^{(0)}$。初始值与真值之差，记为 Δ_1，$\Delta_2, \cdots, \Delta_n$。

$$x_i = x_i^0 + \Delta_i \quad i = 1, 2, \cdots, n \qquad (12-37)$$

如函数在 x_i^0 附近连续可微，则在 x_i^0 附近作泰勒级数展开，略去高阶项得

$$f_j(x) \approx f_j(x^{(0)}) + \frac{\partial f_j(x^{(0)})}{\partial x_1}\Delta_1 + \frac{\partial f_j(x^{(0)})}{\partial x_2}\Delta_2 + \cdots + \frac{\partial f_j(x^{(0)})}{\partial x_n}\Delta_n = 0$$

$$(12-38)$$

因为 $f_j(x^{(0)})$ 及 $\dfrac{\partial f_j(x^{(0)})}{\partial x_i}$ 都是 x 的函数，所以 $x^{(0)}$ 给定后，各项可直接由 $x^{(0)}$ 推出式(12-38)，式中只有 $\Delta_1, \Delta_2, \cdots, \Delta_n$ 是未知数，这样就将解非线性方程组（求 x）的问题，变成为解线性方程组（求残差 Δ）的问题。

如将残差线性方程组写成一般形式，即

$$A \cdot \Delta = B \qquad (12-39)$$

则式中系数矩阵和列向量为

$$A = \begin{bmatrix} \dfrac{\partial f_1(x^{(0)})}{\partial x_1} & \dfrac{\partial f_1(x^{(0)})}{\partial x_2} & \cdots & \dfrac{\partial f_1(x^{(0)})}{\partial x_n} \\ \dfrac{\partial f_2(x^{(0)})}{\partial x_1} & \dfrac{\partial f_2(x^{(0)})}{\partial x_2} & \cdots & \dfrac{\partial f_2(x^{(0)})}{\partial x_n} \\ & & \cdots & \\ \dfrac{\partial f_m(x^{(0)})}{\partial x_1} & \dfrac{\partial f_m(x^{(0)})}{\partial x_2} & \cdots & \dfrac{\partial f_m(x^{(0)})}{\partial x_n} \end{bmatrix}$$

$$B = \begin{bmatrix} f_1(x^{(0)}) \\ f_2(x^{(0)}) \\ \cdots \\ f_m(x^{(0)}) \end{bmatrix}$$

残差 $\Delta_1^{(0)}, \Delta_2^{(0)}, \cdots, \Delta_n^{(0)}$ 解出后，可由下式推求第一次近似值，即

$$x_i^{(1)} = x_i^{(0)} + \Delta_i^{(0)} \quad i = 1, 2, \cdots, n \qquad (12-40)$$

以第一次近似值 $x_1^{(1)}, x_2^{(1)}, \cdots, x_n^{(1)}$ 作为新的初始值重复上述步骤可以求得新的残差 $\Delta_1^{(0)}, \Delta_2^{(0)}, \cdots, \Delta_n^{(0)}$ 如此继续，直至各残差小于允许误差（$|\Delta_i|<\varepsilon$）为止，这时 x 即为所求。

用牛顿迭代法解圣维南方程组的计算公式如下。

1) 连续方程。

$$v\frac{\partial F}{\partial x} + F\frac{\partial v}{\partial x} + \frac{\partial F}{\partial t} = 0$$

按上述式(12-32)～式(12-34)四点加权差分格式将上式写成残差分方程，经整理后得

$$\phi = \alpha v_4 F_4 - \alpha v_3 F_3 + \frac{\Delta x}{2\Delta t}F_3 + \frac{\Delta x}{2\Delta t}F_4 + g_1 = 0 \quad (12-41)$$

其中
$$g_1 = (1-\alpha)(Q_2 - Q_1) - \frac{\Delta x}{2\Delta t}(F_1 - F_2)$$

分别对式(12-41)求 v_3、v_4、Z_3、Z_4 的一阶偏导数，得

$$\left.\begin{aligned}
\frac{\partial \phi}{\partial v_3} &= -\alpha F_3 \\
\frac{\partial \phi}{\partial v_4} &= \alpha F_4 \\
\frac{\partial \phi}{\partial Z_3} &= \left(\frac{\Delta x}{2\Delta t} - \alpha v_3\right) B_3 \\
\frac{\partial \phi}{\partial Z_4} &= \left(\frac{\Delta x}{2\Delta t} + \alpha v_4\right) B_4
\end{aligned}\right\} \quad (12-42)$$

2) 动力方程。

$$\frac{1}{g}\frac{\partial v}{\partial t} + \frac{v}{g}\frac{\partial v}{\partial x} + \frac{\partial Z}{\partial x} + \frac{v^2}{K^2} = 0$$

其中
$$K = C\sqrt{R}$$

同样按四点加权差分格式代入，经整理后上式可写成

$$\begin{aligned}
\psi &= \frac{\Delta x}{2\Delta t}(v_3 + v_4) + v_0[\alpha(v_4 - v_3) + (1-\alpha)(v_2 - v_1)] \\
&+ g\alpha(Z_4 - Z_3) + g\Delta x \frac{v_0^2}{K_0^2} + g_2 = 0
\end{aligned} \quad (12-43)$$

其中
$$g_2 = -\frac{\Delta x}{\Delta t}(v_1 + v_2) + g(1-\alpha)(Z_2 - Z_1)$$

分别对式(12-43)求 v_3、v_4、Z_3、Z_4 的一阶偏导数，并取

$$\frac{\partial K_0}{\partial Z_3} \approx \frac{1}{4}\left(\frac{\partial K}{\partial Z}\right)_0; \quad \frac{\partial K_0}{\partial Z_4} \approx \frac{1}{4}\left(\frac{\partial K}{\partial Z}\right)_0$$

可得

$$\left.\begin{aligned}\frac{\partial \psi}{\partial v_3} &= \frac{\Delta x}{2\Delta t} - \alpha[\alpha v_3 + (1-\alpha)v_1] + g\alpha \Delta x \frac{v_0}{K_0^2} \\ \frac{\partial \psi}{\partial v_4} &= \frac{\Delta x}{2\Delta t} + \alpha[\alpha v_4 + (1-\alpha)v_2] + g\alpha \Delta x \frac{v_0}{K_0^2} \\ \frac{\partial \psi}{\partial Z_3} &= -g\alpha - \frac{g\Delta x}{2} \frac{v_0 \mid v_0 \mid}{K_0^3} \left(\frac{\partial K}{\partial Z}\right)_0 \\ \frac{\partial \psi}{\partial Z_4} &= -g\alpha - \frac{g\Delta x}{2} \frac{v_0 \mid v_0 \mid}{K_0^3} \left(\frac{\partial K}{\partial Z}\right)_0 \end{aligned}\right\} \quad (12-44)$$

式(12-42)和式(12-44)中的偏导数，就是式(12-44)中残差线性方程的系数，关于如何用追赶法解这种线性代数方程，前面已经介绍，这里不再赘述。

(3) 复式河段。天然河流一般是由许多支流交汇而成，在支流交汇处，通常有两种处理方法。

1) 在交汇处虚拟一个长度很小的河段，如图 12-18 (a) 所示，对于该河段根据水流连续性原理，写出如下两个方程，即

$$Z_1 = Z_2 = Z_3$$
$$Q_1 + Q_2 = Q_3$$

在整个方程组中增加一个河段，多两个变量，增加两个方程，求解方法不变。

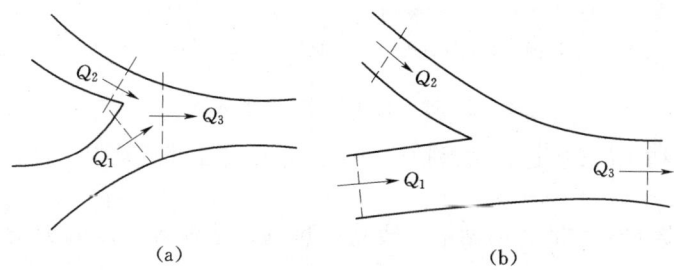

图 12-18 支流交汇示意图

2) 根据选择的计算河长，在交汇处划分一段，如图 12-18 (b) 所示，对于该河段可写出下式，即

$$Z_1 - Z_3 = (Z_2 - Z_3)\beta$$
$$Q_1 + Q_2 - Q_3 = \Delta Z\omega$$

式中：ΔZ 为时段内平均水位增量，m；ω 为河段水面面积，m^2；β 为经验系数，根据水文资料确定，计算时为已知值。

如果沿河道不断有分散的旁流加入，进行河道洪水演算时，亦可用沿河均匀加入的方法在圣维南方程组中加以考虑，鉴于堤防工程中一般很少涉及这种情况，因此这里未作具体说明。

12.5 分（蓄）洪工程水利计算

12.5.1 分（蓄）洪工程规划

我国许多江河中下游平原地区人口密集，经济比较发达，这些地区防洪手段主要

采取堤防的方式，现有堤防只能防御一定标准的设计洪水，一旦发生大洪水或特大洪水，必须牺牲部分地区的利益，以确保沿江重要城镇、工矿企业的安全。因此分洪、蓄洪对于江河中下游地区而言，是一项极为重要的战略性防洪措施。

分洪、蓄洪工程规划主要包括：分析原有河道泄洪能力；拟定设计分洪标准；选择分洪、蓄洪区；研究分洪、蓄洪工程（进洪闸、排洪闸、分洪道、围堤、安全区等）的合理布局；对各种可行方案进行分析论证和经济比较；最终确定各种工程的规模。图12-19为长江某分洪工程示意图，其中扒口是预先计划，并建有适当工程，供紧急过水的地方。

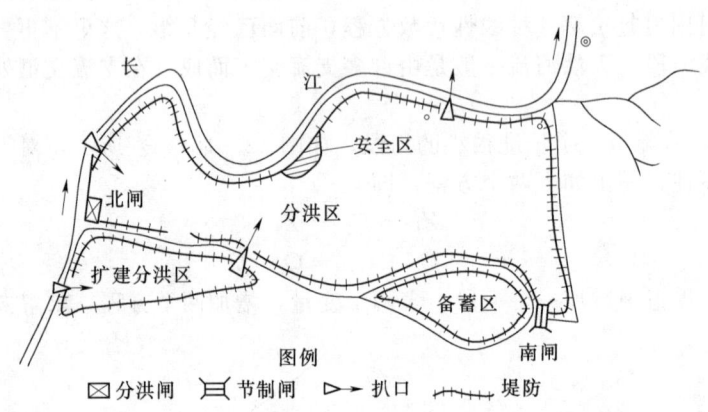

图12-19 长江某分洪工程示意图

一般分洪区的位置应选在被保护区的上游，尽可能邻近被保护区，以便发挥它的最大防护作用。

引洪道和蓄洪区尽量利用湖泊、废垸、坑塘、洼地等，以减少淹没损失和少占耕地。

进洪处最好有控制工程，进洪闸闸址一般选在河岸稳定的凹岸或直段，闸孔轴心尽量与河道水流方向一致。

12.5.2 分（蓄）洪工程水利计算

分洪、蓄洪区的进洪闸和排洪闸，其闸门底板一般为宽顶堰（平底闸也属宽顶堰，它是上、下游堰高为零的宽顶堰）和实用堰。过闸水流状态开始为自由出流，然后逐渐变为淹没出流。当闸门局部开启，过闸水流受闸门控制，上、下游水面不连续时，为闸孔出流；当闸门逐渐开启，过闸水流不受闸门控制，上、下游水面为一光滑曲面时，为堰流。

矩形堰出流计算普遍公式为

$$Q = \sigma \varepsilon m B \sqrt{2g} H_0^{\frac{3}{2}} \tag{12-45}$$

式中：σ 为淹没系数，自由出流时取 $\sigma=1$；ε 为侧向收缩系数；m 为堰流流量系数；B 为闸孔净宽，m；H_0 为堰上总水头，m，$H_0 = H + \dfrac{v^2}{2g}$（见图12-20），其中 v 为水流速度。

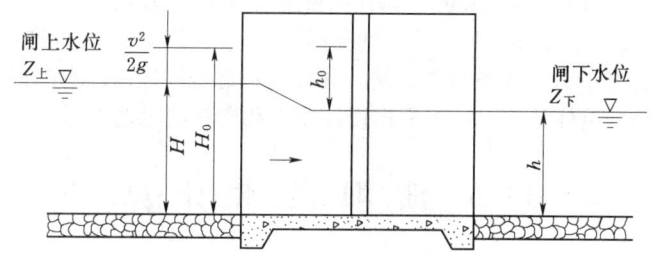

图 12-20 宽顶堰淹没出流示意图

闸孔出流计算普遍公式为

$$Q = \sigma\mu Be\sqrt{2gH_0} \qquad (12-46)$$

式中：μ 为闸孔自由出流流量系数；e 为闸门开启度，m。

泄洪闸型式和尺寸选定后，式（12-45）、式（12-46）中的各项系数可根据《水力学手册》选取。为便于进行调节计算，对于自由出流，一般可先绘出闸上水位与流量的关系曲线；对于淹没出流，可先绘出闸上水位—流量—闸下水位关系曲线（见图 12-21）。

扒口流量可按上述堰流公式估算。

进洪闸闸上水位为江河水位，闸下水位为分洪区水位。分洪区水位由计算时段内分洪区蓄水量的变化及分洪区容积曲线确定，像水库调洪计算一样通常需要试求。排洪闸相反，闸上水位为分洪区水位，闸下水位为排入河道的水位。

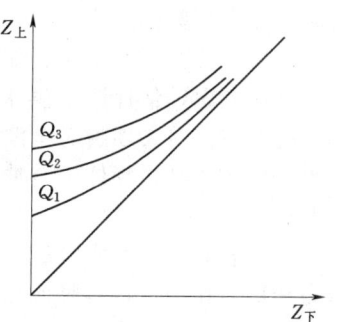

图 12-21 闸上水位—流量—闸下水位关系曲线

由此可见，当分洪区容积曲线确定后，假定不同进洪闸和排洪闸方案，即可对设计洪水进行分（蓄）洪调节计算，从而求得各方案的水位、流量过程，然后对于满足设计要求的方案进一步作分析论证和经济比较，最后从中找出最佳方案。

【**例 12-3**】 某分洪区有进洪闸和排洪闸各一座，其闸上水位—流量—闸下水位曲线及分洪区容积曲线均为已知，试述任一时段的计算步骤。

解：假定时段初进洪闸流入分洪区的流量为 Q_1，时段初排洪闸排出分洪区流量为 q_1，时段初分洪区水位为 Z_1，计算时这三个数值均为已知，时段末进洪闸闸上水位和排洪闸闸下水位若为已知，则可先假定时段末分洪区水位 Z_2。

知道时段末分洪区水位后，便可根据进洪闸泄流曲线查得时段末进入分洪区的流量 Q_2，同时可根据排泄闸泄流曲线查得时段末分洪区的排洪量 q_2。

由水量平衡公式计算时段末分洪区蓄水量为

$$V_2 = V_1 + \frac{Q_1 + Q_2}{2}\Delta t - \frac{q_1 + q_2}{2}\Delta t$$

由 V_2 查分洪区容积曲线，看查得的水位是否与假定的 Z_2 值相等，若不相等时，

需重新假定 Z_2 值进行计算，直至计算结果满足精度要求为止。

由于本时段 Q_2、q_2、Z_2 即为下一时段的 Q_1、q_1、Z_1，因而可连续演算。

当然，以上介绍的只是一种近似方法，并没有考虑分洪区内洪水的传播情况，实际分洪也许比本例复杂，具体计算时，可根据设计要求和资料情况选用适宜的方法。

12.6 溃坝洪水计算

兴修水库，对防洪、发电、灌溉、航运、养殖都起着很大的作用，一般情况下必须确保大坝的安全，但因战争、地震、超标洪水、大坝的施工质量不佳、地基不良及水库调度管理不善等原因，都有可能致使坝体突然遭到破坏，而形成灾难性的溃坝洪水，给下游带来极其严重的危害。例如，1975 年 8 月淮河上游发生特大暴雨洪水，使石漫滩、板桥、田岗三座水库相继溃坝，造成的生命财产损失极为严重，成为新中国水利史之最。因此，研究和预估溃坝洪水，对于合理确定水库的防洪标准和下游制定防洪安全预案都是非常必要的。

溃坝可分为瞬时全溃、部分溃和逐渐全溃。由于导致溃坝的因素非常复杂，难于事先全面考虑，估计溃坝洪水时应着眼最不利的后果，由此可认为溃坝是瞬时完成的。故本节仅对大坝瞬时全溃或部分溃的情况进行讨论，所谓全溃，是指坝体全部被冲毁；部分溃则指坝体未全冲毁，或溃口宽度未及整个坝长，或深度未达坝底，或两者兼有。

实验表明，溃坝水流的物理过程，如图 12-22 所示，溃坝初期，库内蓄水在水压力和重力作用下，奔腾而出，在坝前形成负波，逆着水流方向向上游传播，称为落水逆波；在坝下形成正波，顺着水流方向向下游传播，称为涨水顺波。由于波速随水深而增加，所以落水逆波前边的波速总大于后面的波速，使其波形逐渐展平（但并非水平）；坝下游涨水顺波的变化正相反，因为后面的波速总大于前面的波速，于是形成了后波赶前波的现象，使波峰变陡，成为来势凶猛的立波（不连续波）。例如，1928 年美国圣弗朗西斯科（San Francisco）坝失事，下游 2.2km 处观测得波峰高达 37m，万吨重的混凝土巨块都被冲走，经过一段河槽调蓄及河床阻力作用之后，立波逐渐坦化，最终消失。图 12-23 示意地表示出一次溃坝洪水在坝址及下游各断面的

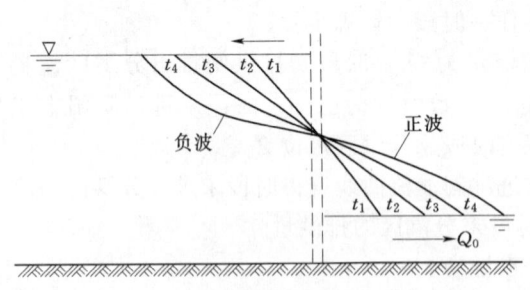

图 12-22 溃坝洪水沿程演进示意图

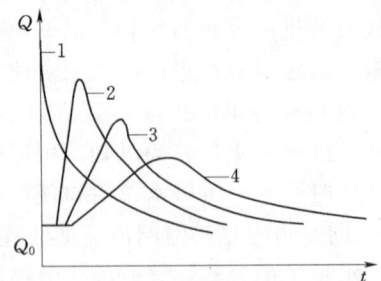

图 12-23 溃坝水流状态示意图
1—坝址断面（第Ⅰ断面）；2—坝下游第Ⅱ断面；
3—坝下游第Ⅲ断面；4—坝下游第Ⅳ断面

流量过程线,从图上可以看出,坝址处峰形极为尖瘦,溃坝后瞬息之间即达最大值,然后随时间的推移而急速下降,呈乙字形的退水线。随着溃坝洪水向下游的演进,过程线渐渐变缓。

根据对溃坝水流物理过程的试验研究,曾提出许多关于溃坝流量过程计算方法及其向下游传播的演算方法,其中有些在理论上是比较严密的。但这些方法计算工作量大,资料条件要求高,限于溃坝的边界条件难确定,其计算成果的精度并不一定高。因此,对于中小水库,多采用具有一定精度、且较为简便的半理论、半经验公式或经验公式,计算坝址处溃坝最大流量及其向下游的传播。

12.6.1 坝址处溃坝最大流量的计算

调查溃坝的情况表明,中小水库的土坝、堆石坝短时间局部溃的较多,刚性坝(如拱坝)和山谷中的土坝容易瞬间溃毁,为安全计,对于设计情况可考虑按瞬间溃坝处理,以瞬间全溃及局部溃的最大水流理论为指导,在总结国内外各种计算方法的基础上,对所做600多次试验资料综合归纳,得到了适合于瞬间全溃或局部溃的坝址处溃坝最大流量计算公式。经使用200多组溃坝试验记录和实际的溃坝资料,对该公式和国内外的其他公式进行检验,表明该公式适用条件广、计算精度高、误差均不超过±20%。例如,事后估测板桥水库溃坝最大流量为77400m³/s,按该式计算的为76300m³/s,相对误差仅为1.4%。该公式的形式为

$$Q_m = 0.27\sqrt{g}\left(\frac{L}{B}\right)^{1/10}\left(\frac{B}{b}\right)^{1/3}b(H-K'h)^{3/2} \qquad (12-47)$$

式中:Q_m 为坝址处溃坝最大流量,m³/s;g 为重力加速度,m/s²;B 为坝址处的库面宽,m,通常就等于坝长;H 为坝前水深,m,对于设计条件,可取得坝高值;L 为库区长度,m,一般可采用坝址断面至库区上游库面宽度突然缩小处的距离,但实验表明:$L>5B$ 后,其影响不再增加,故计算的 L/B 大于5时,仍取 L/B 等于5;h 为溃口处残留坝体的平均高度,m,为安全计,对于设计条件可取 $h=0$;K' 为经验系数,近似按 $K'=1.4\left(\frac{bh}{BH}\right)^{1/3}$ 估计;b 为溃口的平均宽度,m,最大(全溃时)等于坝长,此值可按以下方法估计。

当溃坝时的蓄水 $V \geqslant 100$ 万 m³ 时,有

$$b = k_1 V^{1/4} B^{1/7} H^{1/2}$$

式中:k_1 为坝体材质系数,对黏土类坝、黏土心墙或斜墙坝和混凝土坝取1.19,均质壤土坝取1.98。

当 $V<100$ 万 m³ 时,有

$$b = k_2(VH)^{1/4}$$

式中:坝体施工和管理质量好的 k_2 取6.6,差的取9.1。

两式中 B、b、H 单位为 m,V 单位为万 m³,B/b 一般不应超过17。

12.6.2 溃坝最大流量向下游演进的计算

如图12-23所示,坝址处的溃坝流量过程线在向下游演进中,将不断展平,溃坝和最大流量将很快衰减。可采用非恒定流解法,由坝址处的溃坝流量过程逐段演算

出下游各断面处的流量过程，中小水库设计中使用的不多，这里介绍使用简便且有一定精度的经验公式方法。

1. 水库下游某断面溃坝最大流量的计算

溃坝在下游某断面处形成的最大流量，根据国内外许多单位的研究，大都采用下面的经验公式计算，即

$$Q_{m,l} = \frac{V}{\dfrac{V}{Q_m} + \dfrac{l}{k_v v}} \qquad (12-48)$$

式中：Q_m 为坝址处的溃坝最大流量，m^3/s；$Q_{m,l}$ 为 Q_m 演进至距坝址 l 处的溃坝最大流量，m^3/s；V 为溃坝时的水库有效蓄水容积，m^3；v 为洪水期间河道断面最大平均流速，m/s；k_v 为经验系数；$k_v v$ 值相当于洪水传播速度。黄河水利委员会黄河水利科学研究院，根据实际资料分析，认为 k_v 可取下列数值：山区河道 7.15m/s，半山区河道 4.76m/s；平原河道 3.13m/s。

2. 溃坝最大流量到达下游某断面所需时间的计算

除了要知道溃坝之后在下游各断面形成的最大流量外，还需要估计它们在下游各断面什么时候出现，即需要计算溃坝最大流量，从坝址到下游某处的传播时间。黄河水利委员会黄河水利科学研究院根据实验求得其计算公式为

$$\tau = k_\tau \frac{l^{7/5}}{V^{1/5} H^{1/2} h_m^{1/4}} \qquad (12-49)$$

式中：τ 为溃坝最大流量从坝址到下游 l 处传播时间，s；h_m 为下游断面处最大流量时的平均水深，m，可根据式（12-48）计算的 $Q_{m,l}$ 查该断面的水位流量关系曲线和水位平均水深关系线求得；k_τ 为经验系数，等于 0.8～1.2，水深小时取小值，大时取大值；H 为溃坝时的坝前水深，m；V、l 与式（12-48）中同。

【**例 12-4**】 某水库位于山区，库容 $V=2280$ 万 m^3，坝址处的库面宽 B 等于坝长 230m，库长 L 与 B 之比远大于 5，坝高 $H=18.7$m，黏性土壤，由于洪水漫顶，招致溃坝，溃口深至坝底，平均宽度 $b=80$m，溃坝洪水最大流量到达下游 38km 处的历时为 4.5h，最大流量 $Q_{m,l}=2710m^3/s$，最大水深为 7.5m；溃坝最大流量到达下游 68km 处的历时为 7h，最大流量 $Q_{m,l}=1660m^3/s$，最大水深为 7.92m，现用这些资料对上述方法进行验证。

解：（1）求坝址处溃坝最大流量。按 $V \geqslant 100$ 万 m^3 的溃口平均宽度公式 $b=k_1 V^{1/4} B^{1/7} H^{1/2}$ 求得 $b=77.3$m。求坝址处溃坝最大流量：因溃口深至坝底，残留坝体高度 $h=0$，又 $L/B>5$ 故取其值等于 5，将上述资料代入式（12-47），求得 $Q_m=8920m^3/s$。

（2）求下游 38km 处和 68km 处的溃坝最大流量。按式（12-48）取 $k_v v=7.15$m/s，求得 38km 处的 $Q_{m,l}=2890m^3/s$，68km 处的 $Q_{m,l}=1890m^3/s$。

（3）求溃坝最大流量到达下游各断面的历时。按式（12-49）取 $k_\tau=1.0$，求得 38km 处的 $\tau=3.4$h，68km 处的 $\tau=7.5$h。

以上计算结果表明，与实测值还比较接近，并可看出，溃坝最大流量随着传播距离的增加很快衰减。

参 考 文 献

[1] 叶秉如. 水利计算及水资源规划. 北京：水利电力出版社，1995.
[2] 鲁子林. 水利计算. 南京：河海大学出版社，2003.
[3] 叶守泽. 水文水利计算. 北京：中国水利水电出版社，2001.
[4] 长江流域规划办公室水文处. 水利工程实用水文水利计算. 北京：水利电力出版社，1980.
[5] 成都科技大学，等. 工程水文及水利计算. 北京：水利电力出版社，1981.
[6] 李芳英. 城镇防洪. 北京：中国建筑工业出版社，1983.
[7] 国家技术监督局，中华人民共和国建设部. 防洪标准（GB 50201—94）. 北京：水利电力出版社，1994.
[8] 武鹏林. 水利计算与水库调度. 北京：地震出版社，2000.

附

1000hPa 地面到指定高度（高出地面米数）间饱和假绝热大气

高度(m)	0	1	2	3	4	5	6	7	8	9	10	11	12	13	14	15
200	1	1	1	1	1	1	1	2	2	2	2	2	2	2	2	2
400	2	2	2	2	2	3	3	3	3	3	4	4	4	4	5	5
600	3	3	3	3	3	4	4	4	5	5	5	6	6	6	7	7
800	3	3	4	4	4	5	5	5	6	6	7	7	8	8	9	9
1000	4	4	4	5	5	6	6	6	7	7	8	9	9	10	10	11
1200	4	5	5	6	6	7	7	8	8	9	9	10	11	11	12	13
1400	5	5	6	6	7	7	8	8	9	10	10	11	12	13	14	15
1600	5	6	6	7	7	8	9	9	10	11	11	12	13	14	15	16
1800	6	6	7	7	8	9	9	10	11	12	12	13	14	15	17	18
2000	6	7	7	8	9	9	10	11	11	12	13	14	16	17	18	19
2200	7	7	8	8	9	10	10	11	12	13	14	15	16	18	19	20
2400	7	8	8	9	9	10	11	12	13	14	15	16	17	19	20	22
2600	7	8	8	9	10	11	11	12	13	14	16	17	18	20	21	23
2800	7	8	9	9	10	11	12	13	14	15	16	18	19	21	22	24
3000	8	8	9	10	10	11	12	13	14	15	17	18	20	21	23	25
3200	8	8	9	10	11	12	13	14	15	16	17	19	20	22	24	26
3400	8	8	9	10	11	12	13	14	15	16	18	19	21	23	24	26
3600	8	9	9	10	11	12	13	14	15	17	18	20	22	23	25	27
3800	8	9	10	10	11	12	13	14	16	17	19	20	22	24	26	28
4000	8	9	10	11	11	12	14	15	16	17	19	21	22	24	26	28
4200	8	9	10	11	12	13	14	15	16	18	19	21	23	25	27	29
4400	8	9	10	11	12	13	14	15	16	18	20	21	23	25	27	29
4600	8	9	10	11	12	13	14	15	17	18	20	22	24	25	28	30
4800	8	9	10	11	12	13	14	15	17	18	20	22	24	26	28	30
5000	8	9	10	11	12	13	14	16	17	19	20	22	24	26	28	31
5200	8	9	10	11	12	13	14	16	17	19	20	22	24	26	29	31
5400	8	9	10	11	12	13	14	16	17	19	20	22	24	26	29	31
5600	8	9	10	11	12	13	14	16	17	19	21	22	24	27	29	32
5800	8	9	10	11	12	13	14	16	17	19	21	22	25	27	29	32
6000	8	9	10	11	12	13	15	16	17	19	21	23	25	27	30	32

录 一

中的可降水量（mm）与1000hPa露点（℃）函数关系表

温度（℃）															高度
16	17	18	19	20	21	22	23	24	25	26	27	28	29	30	(m)
3	3	3	3	3	4	4	4	4	4	5	5	5	6	6	200
5	5	6	6	6	7	7	8	8	9	9	10	10	11	12	400
7	8	8	9	10	10	11	11	12	13	14	15	15	16	17	600
10	10	11	12	13	13	14	15	16	17	18	19	20	21	22	800
12	13	13	14	15	16	17	18	20	21	22	23	25	26	28	1000
14	15	16	17	18	19	20	21	23	24	26	27	29	31	32	1200
16	17	18	19	20	22	23	24	26	28	29	31	33	35	37	1400
17	19	20	21	23	24	25	27	29	31	32	35	37	39	41	1600
19	20	22	23	25	26	28	30	32	34	36	39	41	43	46	1800
21	22	24	25	27	29	31	33	35	37	39	42	44	47	50	2000
22	24	25	27	29	31	33	35	37	40	42	45	48	51	54	2200
23	25	27	29	31	33	35	37	40	43	45	48	51	54	57	2400
24	26	28	30	32	35	37	40	42	45	48	51	55	58	61	2600
26	27	30	32	34	36	39	42	45	48	51	54	58	61	65	2800
27	29	31	33	35	38	41	44	47	50	53	57	61	64	68	3000
28	30	32	34	37	40	42	45	49	52	56	59	63	67	71	3200
29	31	33	36	38	41	44	47	51	54	58	62	66	70	74	3400
29	32	34	37	39	42	45	49	52	56	60	64	68	73	77	3600
30	32	35	38	41	44	47	50	54	58	62	66	70	75	80	3800
31	33	36	39	42	45	48	52	56	60	64	68	73	78	83	4000
31	34	37	40	43	46	49	53	57	61	66	70	75	80	85	4200
32	34	37	40	44	47	51	54	58	63	67	72	77	82	87	4400
32	35	38	41	44	48	52	56	60	64	69	74	79	84	90	4600
33	36	39	42	45	49	53	57	61	65	70	75	81	86	92	4800
33	36	39	42	46	50	54	58	62	67	72	77	82	88	94	5000
34	37	40	43	47	50	54	59	63	68	73	78	84	90	96	5200
34	37	40	44	47	51	55	60	64	69	74	80	86	92	98	5400
35	38	41	44	48	52	56	60	65	70	76	81	87	93	100	5600
35	38	41	45	48	52	57	61	66	71	77	82	88	95	101	5800
35	38	42	45	49	53	57	62	67	72	78	84	90	96	103	6000

附　录　一

高度(m)	0	1	2	3	4	5	6	7	8	9	10	11	12	13	14	1000hPa 15
6200	8	9	10	11	12	13	15	16	17	19	21	23	25	27	30	32
6400	8	9	10	11	12	13	15	16	17	19	21	23	25	27	30	32
6600	8	9	10	11	12	13	15	16	18	19	21	23	25	27	30	33
6800	8	9	10	11	12	13	15	16	18	19	21	23	25	27	30	33
7000	8	9	10	11	12	13	15	16	18	19	21	23	25	27	30	33
7200	8	9	10	11	12	14	15	16	18	19	21	23	25	28	30	33
7400	8	9	10	11	12	14	15	16	18	19	21	23	25	28	30	33
7600	8	9	10	11	12	14	15	16	18	19	21	23	25	28	30	33
7800	8	9	10	11	12	14	15	16	18	19	21	23	25	28	30	33
8000	8	9	10	11	12	14	15	16	18	19	21	23	26	28	30	33
8200	8	9	10	11	12	14	15	16	18	19	21	23	26	28	30	33
8400	8	9	10	11	12	14	15	16	18	19	21	23	26	28	30	33
8600	8	9	10	11	12	14	15	16	18	19	21	23	26	28	30	33
8800	8	9	10	11	12	14	15	16	18	19	21	23	26	28	30	33
9000	8	9	10	11	12	14	15	16	18	19	21	23	26	28	31	33
9200	8	9	10	11	12	14	15	16	18	19	21	23	26	28	31	33
9400						14	15	16	18	19	21	23	26	28	31	33
9600						14	15	16	18	19	21	23	26	28	31	33
9800						14	15	16	18	19	21	23	26	28	31	33
10000						14	15	16	18	19	21	23	26	28	31	33
11000											21	23	26	28	31	33
12000																33
13000																
14000																
15000																
16000																
17000																

续表

温度（℃）														高度（m）
16	17	18	19	20	21	22	23	24	25	26	27	28	29	30	
35	38	42	45	49	54	58	63	68	73	79	85	91	98	104	6200
35	39	42	46	50	54	58	63	68	74	80	86	92	99	106	6400
36	39	42	46	50	54	59	64	69	74	80	87	93	100	107	6600
36	39	42	46	50	55	60	65	70	75	81	87	94	101	108	6800
36	39	43	46	51	55	60	65	70	76	82	88	95	102	110	7000
36	39	43	47	51	55	60	65	71	76	82	89	96	103	111	7200
36	39	43	47	51	56	61	66	71	77	83	90	97	104	112	7400
36	39	43	47	51	56	61	66	72	77	83	90	98	105	113	7600
36	39	43	47	51	56	61	66	72	78	84	91	98	106	114	7800
36	40	43	47	52	56	61	66	72	78	85	92	99	107	115	8000
36	40	43	47	52	57	62	67	73	78	85	92	100	108	115	8200
36	40	43	47	52	57	62	67	73	79	85	92	100	108	116	8400
36	40	43	47	52	57	62	68	73	79	86	93	101	109	117	8600
36	40	43	47	52	57	62	68	73	79	86	93	101	109	118	8800
36	40	43	47	52	57	62	68	74	80	86	94	102	110	118	9000
36	40	43	48	52	57	62	68	74	80	87	94	102	110	119	9200
36	40	44	48	52	57	62	68	74	80	87	94	102	110	119	9400
36	40	44	48	52	57	63	68	74	80	87	94	102	111	120	9600
36	40	44	48	52	57	63	68	74	80	87	95	103	111	120	9800
37	40	44	48	52	57	63	68	74	80	87	95	103	112	121	10000
37	40	44	48	52	57	63	68	74	81	88	96	104	113	122	11000
37	40	44	48	52	57	63	68	74	81	88	96	105	114	123	12000
				52	57	63	68	74	81	88	97	105	114	124	13000
				52	57	63	68	74	81	88	97	105	115	124	14000
									81	88	97	106	115	124	15000
									81	88	97	106	115	124	16000
										89	97	106	115	124	17000

附

1000hPa 地面到指定压力（hPa）间饱和假绝热大气中

压力 (hPa)	0	1	2	3	4	5	6	7	8	9	10	11	12	13	14	1000hPa 15
990	0	0	0	0	0	0	1	1	1	1	1	1	1	1	1	1
980	1	1	1	1	1	1	1	1	1	1	1	2	2	2	2	2
970	1	1	1	1	1	2	2	2	2	2	2	3	3	3	3	3
960	1	2	2	2	2	2	2	3	3	3	3	3	4	4	4	4
950	2	2	2	2	2	3	3	3	3	3	4	4	4	4	5	5
940	2	2	2	3	3	3	3	4	4	4	5	5	5	5	6	6
930	2	3	3	3	3	4	4	4	4	5	5	5	6	6	7	7
920	3	3	3	3	4	4	4	5	5	5	6	6	7	7	8	8
910	3	3	3	4	4	4	5	5	5	6	6	7	7	8	8	9
900	3	4	4	4	4	5	5	6	6	6	7	7	8	9	9	10
890	4	4	4	5	5	5	6	6	7	7	8	8	9	9	10	11
880	4	4	4	5	5	6	6	7	7	8	8	9	9	10	11	12
870	4	4	5	5	6	6	7	7	8	8	9	9	10	11	12	13
860	4	5	5	6	6	6	7	7	8	9	9	10	11	12	12	13
850	5	5	5	6	6	7	7	8	9	9	10	11	11	12	13	14
840	5	5	6	6	7	7	8	8	9	10	10	11	12	13	14	15
830	5	5	6	6	7	7	8	9	9	10	11	12	13	14	15	16
820	5	6	6	7	7	8	8	9	10	11	11	12	13	14	15	17
810	5	6	6	7	8	8	9	10	10	11	12	13	14	15	16	17
800	6	6	7	7	8	8	9	10	11	12	12	13	15	16	17	18
790	6	6	7	7	8	9	9	10	11	12	13	14	15	16	17	19
780	6	7	7	8	8	9	10	11	11	12	13	14	16	17	18	19
770	6	7	7	8	9	9	10	11	12	13	14	15	16	17	19	20
760	6	7	7	8	9	10	10	11	12	13	14	15	17	18	19	21
750	6	7	8	8	9	10	11	12	13	14	15	16	17	18	20	21
740	7	7	8	9	9	10	11	12	13	14	15	16	18	19	20	22
730	7	7	8	9	9	10	11	12	13	14	15	17	18	20	21	23
720	7	7	8	9	10	11	11	12	13	15	16	17	18	20	22	23
710	7	8	8	9	10	11	12	13	14	15	16	17	19	20	22	24
700	7	8	8	9	10	11	12	13	14	15	16	18	19	21	23	24
690	7	8	9	9	10	11	12	13	14	15	17	18	20	21	23	25
680	7	8	9	10	10	11	12	13	15	16	17	19	20	22	24	25
670	7	8	9	10	11	11	12	14	15	16	17	19	20	22	24	26
660	8	8	9	10	11	12	13	14	15	16	18	19	21	23	24	26
650	8	8	9	10	11	12	13	14	15	16	18	19	21	23	25	27
640	8	8	9	10	11	12	13	14	15	17	18	20	21	23	25	27
630	8	8	9	10	11	12	13	14	16	17	18	20	22	24	26	28
620	8	9	9	10	11	12	13	14	16	17	19	20	22	24	26	28
610	8	9	9	10	11	12	13	15	16	17	19	20	22	24	26	28
600	8	9	9	10	11	12	13	15	16	17	19	21	23	25	27	29

录 二

的可降水量（mm）与 1000hPa 露点（℃）函数关系表

温度（℃）

16	17	18	19	20	21	22	23	24	25	26	27	28	29	30	压力(hPa)
1	1	1	1	1	1	2	2	2	2	2	2	2	2	3	990
2	2	2	3	3	3	3	3	4	4	4	4	5	5	5	980
3	4	4	4	4	5	5	5	5	6	6	7	7	7	8	970
4	5	5	5	6	6	6	7	7	8	8	9	9	10	11	960
6	6	6	7	7	8	8	9	9	10	10	11	12	12	13	950
7	7	7	8	9	9	10	10	11	12	12	13	14	15	16	940
8	8	9	9	10	11	11	12	13	14	14	15	16	17	18	930
9	9	10	10	11	12	13	14	14	15	16	17	19	20	21	920
10	10	11	12	13	13	14	15	16	17	18	20	21	22	23	910
11	11	12	13	14	15	16	17	18	19	20	22	23	24	26	900
12	12	13	14	15	16	17	18	20	21	22	24	25	27	28	890
12	13	14	15	16	17	19	20	21	23	24	26	27	29	31	880
13	14	15	16	18	19	20	21	23	24	26	28	29	31	33	870
14	15	16	18	19	20	21	23	24	26	28	30	32	34	36	860
15	16	18	19	20	21	23	24	26	28	30	32	34	36	38	850
16	17	19	20	21	23	24	26	28	30	32	34	36	38	40	840
17	18	19	21	22	24	26	27	29	31	33	35	38	40	43	830
18	19	20	22	24	25	27	29	31	33	35	37	40	42	45	820
19	20	21	23	25	26	28	30	32	34	37	39	42	44	47	810
19	21	22	24	26	28	29	32	34	36	38	41	44	46	49	800
20	22	23	25	27	29	31	33	35	38	40	43	46	49	52	790
21	23	24	26	28	30	32	34	37	39	42	45	48	51	54	780
22	23	25	27	29	31	33	35	38	41	43	46	49	53	56	770
22	24	26	28	30	32	34	37	39	42	45	48	51	55	58	760
23	25	27	29	31	33	35	38	41	44	47	50	53	57	60	750
24	26	28	30	32	34	37	39	42	45	48	51	55	59	62	740
24	26	28	30	33	35	38	40	43	46	50	53	57	60	64	730
25	27	29	31	34	36	39	42	45	48	51	55	58	62	66	720
26	28	30	32	35	37	40	43	46	49	53	56	60	64	68	710
26	28	31	33	35	38	41	44	47	50	54	58	62	66	70	700
27	29	31	34	36	39	42	45	48	52	55	59	63	68	72	690
27	30	32	34	37	40	43	46	49	53	57	61	65	69	74	680
28	30	33	35	38	41	44	47	51	54	58	62	67	71	76	670
29	31	33	36	39	42	45	48	52	55	60	64	69	73	78	660
29	31	34	37	39	42	46	49	53	57	61	65	70	75	80	650
29	32	35	37	40	43	46	50	54	58	62	67	71	76	81	640
30	32	35	38	41	44	47	51	55	59	63	68	73	78	83	630
30	33	36	38	42	45	48	52	56	60	65	69	74	79	85	620
31	33	36	39	42	45	49	53	57	61	66	71	76	81	87	610
31	34	37	40	43	46	50	54	58	62	67	72	77	82	89	600

压力(hPa)	0	1	2	3	4	5	6	7	8	9	10	11	12	13	14	15 1000hPa
590	8	9	10	10	11	12	14	15	16	18	19	21	23	25	27	29
580	8	9	10	11	11	13	14	15	16	18	19	21	23	25	27	30
570	8	9	10	11	12	13	14	15	16	18	20	21	23	25	27	30
560	8	9	10	11	12	13	14	15	17	18	20	21	23	26	28	30
550	8	9	10	11	12	13	14	15	17	18	20	22	24	26	28	30
540	8	9	10	11	12	13	14	15	17	18	20	22	24	26	28	31
530	8	9	10	11	12	13	14	15	17	18	20	22	24	26	28	31
520	8	9	10	11	12	13	14	16	17	19	20	22	24	26	29	31
510	8	9	10	11	12	13	14	16	17	19	20	22	24	26	29	31
500	8	9	10	11	12	13	14	16	17	19	20	22	24	27	29	32
490	8	9	10	11	12	13	14	16	17	19	21	22	25	27	29	32
480	8	9	10	11	12	13	14	16	17	19	21	23	25	27	29	32
470	8	9	10	11	12	13	14	16	17	19	21	23	25	27	29	32
460	8	9	10	11	12	13	14	16	17	19	21	23	25	27	30	32
450	8	9	10	11	12	13	14	16	17	19	21	23	25	27	30	32
440	8	9	10	11	12	13	15	16	17	19	21	23	25	27	30	33
430	8	9	10	11	12	13	15	16	17	19	21	23	25	27	30	33
420	8	9	10	11	12	13	15	16	18	19	21	23	25	27	30	33
410	8	9	10	11	12	13	15	16	18	19	21	23	25	27	30	33
400	8	9	10	11	12	13	15	16	18	19	21	23	25	28	30	33
390	8	9	10	11	12	13	15	16	18	19	21	23	25	28	30	33
380	8	9	10	11	12	13	15	16	18	19	21	23	25	28	30	33
370	8	9	10	11	12	13	15	16	18	19	21	23	25	28	30	33
360	8	9	10	11	12	13	15	16	18	19	21	23	25	28	30	33
350	8	9	10	11	12	13	15	16	18	19	21	23	25	28	30	33
340	8	9	10	11	12	13	15	16	18	19	21	23	25	28	30	33
330	8	9	10	11	12	13	15	16	18	19	21	23	25	28	30	33
320	8	9	10	11	12	13	15	16	18	19	21	23	25	28	30	33
310	8	9	10	11	12	13	15	16	18	19	21	23	25	28	30	33
300	8	9	10	11	12	13	15	16	18	19	21	23	25	28	30	33
290	8	9	10	11	12	13	15	16	18	19	21	23	25	28	30	33
280	8	9	10	11	12	13	15	16	18	19	21	23	25	28	30	33
270	8	9	10	11	12	13	15	16	18	19	21	23	25	28	30	33
260	8	9	10	11	12	13	15	16	18	19	21	23	25	28	30	33
250	8	9	10	11	12	13	15	16	18	19	21	23	25	28	30	33
240	8	9	10	11	12	13	15	16	18	19	21	23	25	28	30	33
230	8	9	10	11	12	13	15	16	18	19	21	23	25	28	30	33
220	8	9	10	11	12	13	15	16	18	19	21	23	25	28	30	33
210	8	9	10	11	12	13	15	16	18	19	21	23	25	28	30	33
200	8	9	10	11	12	13	15	16	18	19	21	23	25	28	30	33

附　录　二　　　　　375

续表

温度（℃）															压力 (hPa)
16	17	18	19	20	21	22	23	24	25	26	27	28	29	30	
32	34	37	40	43	47	51	55	59	63	68	73	78	84	90	590
32	35	38	41	44	48	51	55	60	64	69	74	80	85	91	580
32	35	38	41	45	48	52	56	61	65	70	75	81	87	93	570
33	36	39	42	45	49	53	57	61	66	71	77	82	88	94	560
33	36	39	42	46	49	53	58	62	67	72	78	83	90	96	550
33	36	39	43	46	50	54	58	63	68	73	79	85	91	97	540
34	37	40	43	47	50	55	59	64	69	74	80	86	92	99	530
34	37	40	43	47	51	55	60	64	70	75	81	87	93	100	520
34	37	40	44	48	51	56	60	65	70	76	82	88	95	102	510
34	37	41	44	48	52	56	61	66	71	77	83	89	96	103	500
35	38	41	45	48	52	57	61	66	72	78	84	90	97	104	490
35	38	41	45	49	53	57	62	67	73	78	85	91	98	105	480
35	38	42	45	49	53	58	62	68	73	79	85	92	99	106	470
35	38	42	45	49	54	58	63	68	74	80	86	93	100	108	460
35	39	42	46	50	54	58	63	68	74	81	87	94	101	109	450
35	39	42	46	50	54	59	64	69	75	81	88	95	102	110	440
36	39	42	46	50	55	59	64	70	76	82	88	96	103	111	430
36	39	43	46	50	55	60	65	70	76	82	89	96	104	112	420
36	39	43	47	51	55	60	65	71	77	83	90	97	105	113	410
36	39	43	47	51	55	60	65	71	77	84	90	98	105	114	400
36	39	43	47	51	56	60	66	71	77	84	91	98	106	115	390
36	39	43	47	51	56	61	66	72	78	85	92	99	107	115	380
36	40	43	47	51	56	61	66	72	78	86	92	100	108	116	370
36	40	43	47	51	56	61	66	72	79	86	93	100	108	117	360
36	40	43	47	52	56	61	67	73	79	86	93	101	109	118	350
36	40	43	47	52	56	61	67	73	79	86	93	101	109	118	340
36	40	43	47	52	56	61	67	73	79	86	94	102	110	119	330
36	40	44	48	52	57	62	67	73	80	87	94	102	111	120	320
36	40	44	48	52	57	62	67	73	80	87	94	102	111	120	310
36	40	44	48	52	57	62	67	73	80	87	95	103	111	121	300
36	40	44	48	52	57	62	68	74	80	87	95	103	112	121	290
36	40	44	48	52	57	62	68	74	80	88	95	103	112	121	280
36	40	44	48	52	57	62	68	74	81	88	95	104	112	122	270
36	40	44	48	52	57	62	68	74	81	88	96	104	113	122	260
36	40	44	48	52	57	62	68	74	81	88	96	104	113	122	250
36	40	44	48	52	57	62	68	74	81	88	96	104	113	123	240
36	40	44	48	52	57	62	68	74	81	88	96	104	113	123	230
36	40	44	48	52	57	62	68	74	81	88	96	104	113	123	220
36	40	44	48	52	57	62	68	74	81	88	96	105	114	123	210
36	40	44	48	52	57	62	68	74	81	88	96	105	114	123	200